西门子 S7-1500 PLC 编程及项目实践

刘忠超　肖东岳　主　编

盖晓华　范灵燕　熊　雷　王海红　副主编

化学工业出版社

·北京·

内容提要

本书从PLC基础入门和工程实践出发，涵盖内容包括电气控制基础、S7-1500 PLC编程技术及项目应用实践。电气控制部分包括常用低压电器的工作原理及选型、电气控制电路的分析与设计等；PLC编程技术以西门子S7-1500 PLC为主线，详细介绍了S7-1500 PLC的硬件结构和指令体系，同时还介绍了西门子人机界面的相关设计方法，重点讲解了西门子最新TIA博途软件的使用，并将S7-1500 PLC系统的知识体系贯穿于PLC项目应用实践中。

本书可作为高等院校自动化、电气工程及其自动化、机器人工程、计算机科学与技术、机械设计制造及其自动化等相关专业的教材，也可作为工程技术人员培训及自学参考使用。

图书在版编目（CIP）数据

西门子S7-1500 PLC编程及项目实践/刘忠超，肖东岳主编. —北京：化学工业出版社，2020.8（2023.4重印）
ISBN 978-7-122-37118-8

Ⅰ.①西… Ⅱ.①刘… ②肖… Ⅲ.①PLC技术-程序设计 Ⅳ.①TM571.61

中国版本图书馆CIP数据核字（2020）第092378号

责任编辑：高墨荣　　装帧设计：刘丽华
责任校对：张雨彤

出版发行：化学工业出版社（北京市东城区青年湖南街13号　邮政编码100011）
印　　装：天津盛通数码科技有限公司
787mm×1092mm　1/16　印张25¼　字数624千字　2023年4月北京第1版第3次印刷

购书咨询：010-64518888　　售后服务：010-64518899
网　　址：http://www.cip.com.cn
凡购买本书，如有缺损质量问题，本社销售中心负责调换。

定　　价：88.00元

前言

工业制造是国民经济的主体，近年来随着“工业 4.0”和“中国制造 2025”等概念的提出，工业自动化技术开始了新一轮的革命，可编程序控制器（PLC）技术在这次革命中起着至关重要的作用。PLC 以其控制能力强、可靠性高、配置灵活、编程简单、使用方便、易于扩展等优点，已经成为工业控制领域中增长速度最迅猛的工业控制设备，也是现代工业自动化的三大支柱之一，在机械制造、石油化工、冶金钢铁、汽车、轻工业等领域得到了广泛的应用。

德国西门子 S7 系列是国内应用最广、市场占有率非常高的 PLC。2012 年 11 月 29 日，西门子公司推出全新的 SIMATIC S7-1500 PLC 在德国正式亮相，S7-1500 PLC 包含了多种创新技术，能够与全集成自动化 TIA Portal 软件实现无缝集成，最大程度地提高生产效率，创造出最佳工程效益，符合今后 PLC 的发展方向。但很多工程技术人员都觉得西门子系列 PLC 不容易自学，入门比较困难。目前市面上大部分图书主要介绍 S7-300/400 PLC，系统而又比较详细地介绍 SIMATIC S7-1500 PLC 的书籍还相对较少，因此本书以西门子公司 S7-1500 PLC 为主，从工程应用的角度出发，突出应用性和实践性，通过通俗易懂的语言和大量的项目案例，使学习和实践能融会贯通。通过案例编程技术的介绍，提供给读者易于学习掌握的平台和清晰的编程思路，使读者在实践中循序渐进，掌握 S7-1500 PLC 的知识体系和应用。

全书共分为 11 章，系统地介绍了西门子 S7-1500 PLC 控制器的相关知识。第 1 章介绍了低压电器及基本控制线路，可供没有电气控制基础的相关读者进行选学；第 2 章主要介绍可编程控制器的发展、定义和工作原理；第 3 章介绍 S7-1500 PLC 的硬件体系和模块特性；第 4 章介绍西门子最新集成开发环境 TIA 博途软件；第 5 章介绍 TIA 博途软件的项目应用和调试方法；第 6 章介绍 S7-1500 PLC 的相关编程基础；第 7 章介绍 S7-1500 PLC 的编程语言与指令系统；第 8 章介绍 S7-1500 PLC 的用户程序结构；第 9 章介绍模拟量处理及闭环控制技术；第 10 章介绍西门子人机界面 HMI 的组态和设计；第 11 章结合工程实例给出了 PLC 控制系统的设计原则、内容和步骤。

本书由南阳理工学院刘忠超、肖东岳任主编，盖晓华、范灵燕、熊雷、王海红任副主编。第 1 章、第 6 章由肖东岳编写，第 2 章、第 11 章由盖晓华编写，第 3 章、第 9 章由王海红编写，第 4 章、第 5 章由范灵燕编写，第 7 章由熊雷编写，第 8 章、第 10 章由刘忠超编写。刘忠超负责本书的结构和组织安排，并对全书进行了整理和统稿。翟天嵩教授对本书进行了通读、校对并提出了宝贵的意见。本书还得到了范伟强、刘忠静、于平、刘尚争、殷华文、崔世林、杨旭、刘增磊、刘源、刘勇军的指导与帮助。全书由朱清慧教授主审。在此一并表示衷心的感谢！

本书配套了电子课件和相关电子素材，读者如果需要请发送电子邮件至liuzhongchao2008@sina.com联系索取。

本书的出版获得了《可编程序控制器》河南省一流本科课程建设项目、南阳理工学院一流课程建设项目、南阳理工学院新工科专题教改项目（NIT2020XGKJY-05）和南阳理工学院青年学术骨干项目的资助，特此感谢！

由于水平和时间有限，书中难免有疏漏和不足之处，恳请广大读者批评指正。

编者

目录

第 3 章 S7-1500 PLC 硬件系统 / 054

第 4 章 西门子 TIA 博途软件概述 / 081

第 5 章 TIA 博途软件使用 / 102

第 6 章 S7-1500 PLC 编程基础 / 145

第7章 S7-1500 PLC 指令系统及编程应用 / 170

第8章 S7-1500 PLC 的用户程序结构 / 226

第11章 S7-1500 PLC系统设计与诊断 / 365

参考文献 / 390

低压电器及基本控制电路

电气控制技术是以各类电动机为动力的传动装置与系统为对象，以实现生产过程自动化的控制技术。随着电力电子技术和计算机技术的快速发展及生产工艺的要求不断提高，电气控制技术也进入快速发展的通道，经历了从手动控制到自动控制、从简单控制到复杂控制、从有触点的硬接线控制到以计算机为中心的存储控制的不断变革。电气控制技术具有可靠、安全、反应快速、节能等优点，越来越多的行业开始引入电气控制系统，小到家用电器，大到航空航天，电气控制技术都被广泛地应用。因此，了解和掌握电气控制技术具有重要意义。

本章主要介绍电气控制的基本原理、基本电路。

1.1 常用低压电器

电器和电气是两个不同的概念，在使用中容易混淆，下面对其进行简单说明。

凡是能自动或手动地接通或断开电路，连续或间断地改变电路参数，以实现对电路或非电对象的切换、控制、检测、保护、变换和调节的电气元件，统称为电器。简单地说，电器就是一种能控制电的工具，是所有电工器械的简称。电器单指设备，比如继电器、接触器、互感器、开关、熔断器和变阻器等。

电气是电能的生产、传输、分配、使用和电工装备制造等学科或工程领域的统称。它是以电能、电气设备和电气技术为手段来创造、维持与改善限定空间和环境的一门科学，涵盖电能的转换、利用和研究三方面，包括基础理论、应用技术、设施设备等。电气是广义词，指一种行业，一种专业，也可指一种技术，而不具体指某种产品。

电气控制主要分为两大类：一种是传统的以继电器、接触器为主搭建起来的逻辑电路，即继电-接触器控制；另一种是基于 PLC（Programmable Logic Controller，可编程序控制器）的系统——PLC 控制。

低压电器被广泛地应用于工业电气和建筑电气控制系统中，它是实现继电器-接触器控制的主要电气元件。通常将额定工作电压在交流 1200V、直流 1500V 以下，在电路中起通断、保护、控制或调节等作用的电气设备（器件）总称为低压电器。

低压电器种类繁多，功能各样，构造各异，用途广泛，工作原理各不相同，常用低压电器的分类方法也很多。

（1）按用途或控制对象分类

① 配电电器：主要用于低压配电系统中。要求系统发生故障时准确动作、可靠工作，在规定条件下具有相应的动稳定性与热稳定性，使电器不会被损坏。常用的配电电器有刀开关、转换开关、熔断器、断路器等。

② 控制电器：主要用于电气传动系统中。要求寿命长、体积小、重量轻且动作迅速、准确、可靠。常用的控制电器有接触器、继电器、启动器、主令电器、电磁铁等。

（2）按动作方式分类

① 自动电器：依靠自身参数的变化或外来信号的作用，自动完成接通或分断等动作，如接触器、继电器等。

② 手动电器：用手动操作来进行切换的电器，如刀开关、转换开关、按钮等。

（3）按触点类型分类

① 有触点电器：利用触点的接通和分断来切换电路，如接触器、刀开关、按钮等。

② 无触点电器：无可分离的触点。主要利用电子元件的开关效应，即导通和截止来实现电路的通、断控制，如接近开关、霍尔开关、电子式时间继电器、固态继电器等。

（4）按工作原理分类

① 电磁式电器：根据电磁感应原理动作的电器，如接触器、继电器、电磁铁等。

② 非电量控制电器：依靠外力或非电量信号（如速度、压力、温度等）的变化而动作的电器，如转换开关、行程开关、速度继电器、压力继电器、温度继电器等。

1.1.1 刀开关

刀开关俗称闸刀开关，是一种结构简单的手动电器，主要作用为隔离电源的开关使用，也可以用来不频繁接通和分断电路。常用的刀开关有 HD 型单投刀开关、HS 型双投刀开关、HR 型熔断器式刀开关、HZ 型组合开关、HK 型闸刀开关、HY 型倒顺开关等。

HD 型单投刀开关、HS 型双投刀开关、HR 型熔断器式刀开关主要用于在成套配电装置中作为隔离开关，装有灭弧装置的刀开关也可以控制一定范围内的负荷线路。作为隔离开关的刀开关的容量比较大，其额定电流在 100～1500A 之间，主要用于供配电线路的电源隔离作用。隔离开关没有灭弧装置，不能操作带负荷的线路，只能操作空载线路或电流很小的线路，如小型空载变压器、电压互感器等。操作时应注意，停电时将线路的负荷电流用断路器、负荷开关等开关电器切断后再将隔离开关断开，送电时操作顺序相反。隔离开关断开时有明显的断开点，有利于检修人员的停电检修工作。隔离刀开关由于控制负荷能力很小，也没有保护线路的功能，所以通常不能单独使用，一般要和能切断负荷电流和故障电流的电器（如熔断器、断路器和负荷开关等电器）一起使用。

HZ 型组合开关、HK 型闸刀开关一般用于电气设备及照明线路的电源开关。HY 型倒顺开关、HH 型铁壳开关装有灭弧装置，一般可用于电气设备的启动、停止控制。

（1）HD 型单投刀开关

HD 系列单投、HS 系列双投刀开关适用于交流 50HZ、额定电压至 380V、直流至 440V；额定电流至 1500A 的成套配电装置中，作为不频繁地手动接通和分断交、直流电路或作隔离开关用。HD 型单投刀开关按极数分为 1 极、2 极、3 极、4 极几种，其实物图如图 1-1 所示。

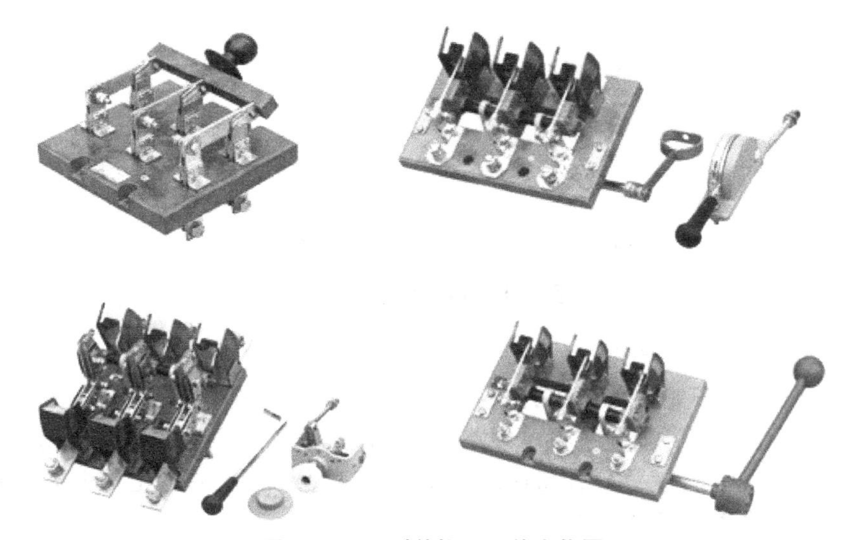

图 1-1　HD 型单投刀开关实物图

图 1-2 为刀开关的图形符号和文字符号。其中图 1-2（a）为一般图形符号，图 1-2（b）为手动符号，图 1-2（c）为三极单投刀开关符号。

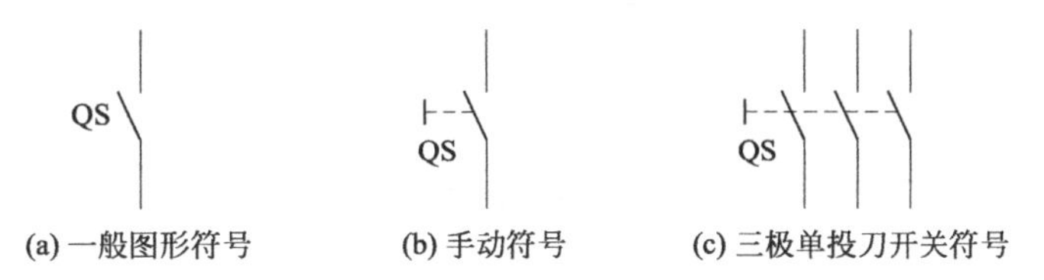

(a) 一般图形符号　(b) 手动符号　(c) 三极单投刀开关符号

图 1-2　HD 型单投刀开关图形符号

当刀开关用作隔离开关时，其图形符号上加有一横杠，如图 1-3（a）、图 1-3（b）、图 1-3（c）所示。

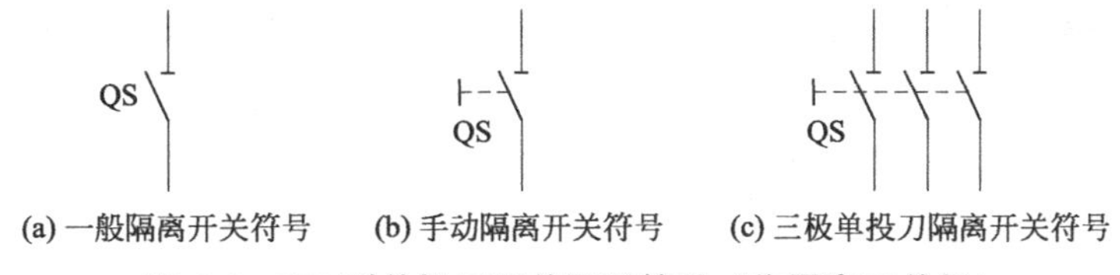

(a) 一般隔离开关符号　(b) 手动隔离开关符号　(c) 三极单投刀隔离开关符号

图 1-3　HD 型单投刀开关图形符号（作隔离开关用）

单投刀开关的型号含义如下：

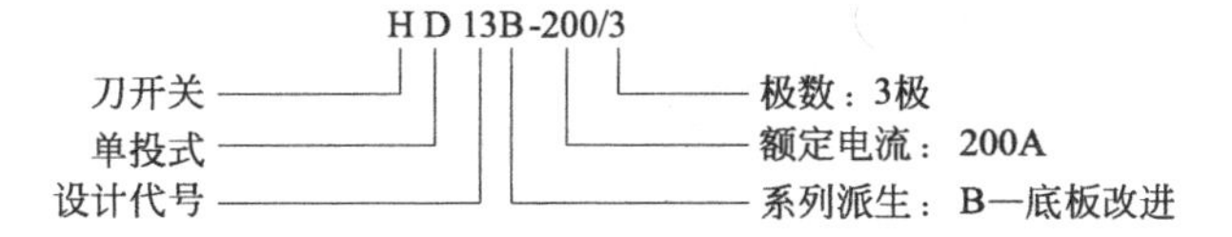

设计代号：11—中央手柄式；12—侧方正面杠杆操作机构式；13—中央正面杠杆操作机构式；14—侧面手柄式。

（2）HS 型双投刀开关

HS 型双投刀开关也称转换开关，其作用和单投刀开关类似，常用于双电源的切换或双供电线路的切换等，其实物图及图形符号如图 1-4 所示。由于双投刀开关具有机械互锁的结构特点，因此可以防止双电源的并联运行和两条供电线路同时供电。

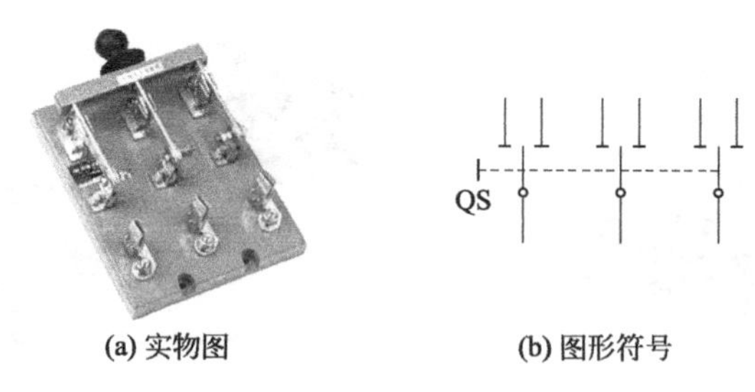

(a) 实物图　　(b) 图形符号

图 1-4　HS 型双投刀开关

(3) HR 型熔断器式刀开关

HR 型熔断器式刀开关也称刀熔开关，它实际上是将刀开关和熔断器组合成一体的电器。刀熔开关操作方便，并简化了供电线路，在供配电线路上应用很广泛，其实物图及图形符号如图 1-5 所示。刀熔开关可以切断故障电流，但不能切断正常的工作电流，所以一般应在无正常工作电流的情况下进行操作。

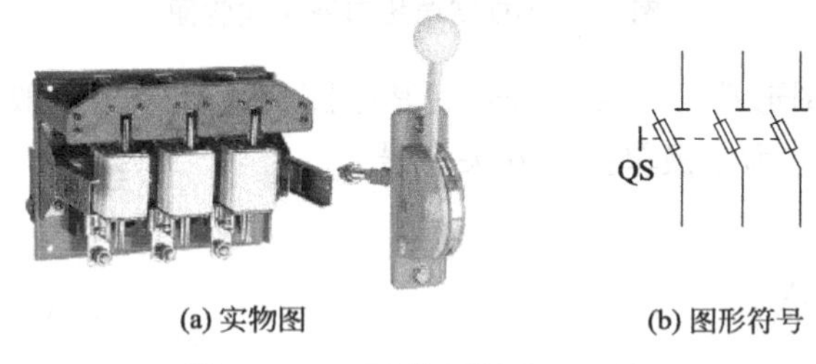

(a) 实物图　　(b) 图形符号

图 1-5　HR 型熔断器式刀开关

(4) 组合开关

组合开关又称转换开关，控制容量比较小，结构紧凑，常用于空间比较狭小的场所，如机床和配电箱等。组合开关一般用于电气设备的非频繁操作、切换电源和负载以及控制小容量感应电动机和小型电器。

组合开关由动触点、静触点、绝缘连杆转轴、手柄、定位机构及外壳等部分组成。其动、静触点分别叠装于数层绝缘壳内，当转动手柄时，每层的动触片随转轴一起转动。

常用的产品有 HZ5、HZ10 和 HZ15 系列。HZ5 系列是类似万能转换开关的产品，其结构与一般转换开关有所不同。组合开关有单极、双极和多极之分。

组合开关的实物图及图形符号如图 1-6 所示。

(a) 实物图　　(b) 图形符号

图 1-6　组合开关

1.1.2　熔断器

熔断器在电路中主要起短路保护作用，用于保护线路。熔断器的熔体串接于被保护的电路中，熔断器以其自身产生的热量使熔体熔断，从而自动切断电路，实现短路保护及过载保护。熔断器具有结构简单、体积小、重量轻、使用维护方便、价格低廉、分断能力较强、限流能力良好等优点，因此在电路中得到广泛应用。

（1）熔断器的结构原理及分类

熔断器由熔体和安装熔体的绝缘底座（或称熔管）组成。熔体由易熔金属材料铅、锌、锡、铜、银及其合金制成，形状常为丝状或网状。由铅锡合金和锌等低熔点金属制成的熔体，因不易灭弧，多用于小电流电路；由铜、银等高熔点金属制成的熔体，易于灭弧，多用于大电流电路。

熔断器串接于被保护电路中，电流通过熔体时产生的热量与电流平方和电流通过的时间成正比，电流越大，则熔体熔断时间越短，这种特性称为熔断器的反时限保护特性或安秒特性，如图 1-7 所示。图中 I_{fn} 为熔断器额定电流，熔体允许长期通过额定电流而不熔断。

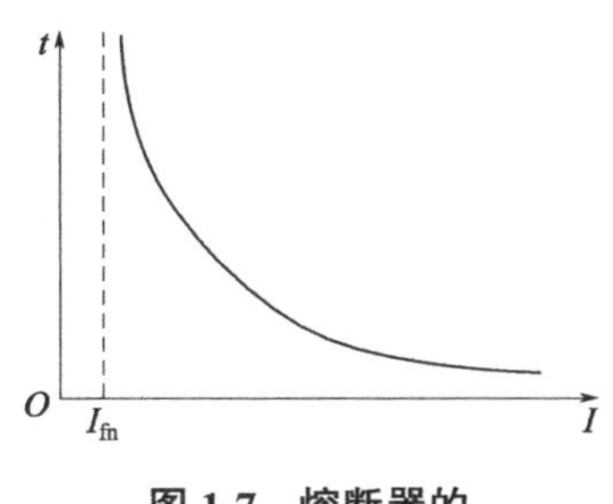

图 1-7　熔断器的反时限保护特性

熔断器种类很多，按结构分为开启式、半封闭式和封闭式；按有无填料分为有填料式、无填料式；按用途分为工业用熔断器、保护半导体器件熔断器及自复式熔断器等。

（2）熔断器的主要技术参数

熔断器的主要技术参数包括额定电压、熔体额定电流、熔断器额定电流、极限分断能力等。

① 额定电压：指保证熔断器能长期正常工作的电压。

② 熔体额定电流：指熔体长期通过而不会熔断的电流。

③ 熔断器额定电流：指保证熔断器能长期正常工作的电流。

④ 极限分断能力：指熔断器在额定电压下所能开断的最大短路电流。在电路中出现的最大电流一般是指短路电流值，所以，极限分断能力也反映了熔断器分断短路电流的能力。

（3）常用的熔断器

① 插入式熔断器　插入式熔断器如图 1-8（a）所示。常用的产品有 RC1A 系列，主要用于低压分支电路的短路保护，因其分断能力较小，多用于照明电路和小型动力电路中。

② 螺旋式熔断器　螺旋式熔断器如图 1-8（b）所示。熔芯内装有熔丝，并填充石英砂，用于熄灭电弧，分断能力强。熔体上的上端盖有一熔断指示器，一旦熔体熔断，指示器马上弹出，可透过瓷帽上的玻璃孔观察到。常用产品有 RL6、RL7 和 RLS2 等系列，其中 RL6 和 RL7 多用于机床配电电路中；RLS2 为快速熔断器，主要用于保护半导体元件。

③ RM10 型密封管式熔断器　RM10 型密封管式熔断器为无填料管式熔断器，如图 1-8（c）所示。主要用于供配电系统作为线路的短路保护及过载保护，它采用变截面片状熔体和密封纤维管。由于熔体较窄处的电阻小，在短路电流通过时产生的热量最大，先熔断，因而可产生多个熔断点使电弧分散，以利于灭弧。短路时其电弧燃烧密封纤维管产生高压气体，以便将电弧迅速熄灭。

④ RT 型有填料密封管式熔断器　RT 型有填料密封管式熔断器如图 1-8（d）所示。熔断器中装有石英砂，用来冷却和熄灭电弧，熔体为网状，短路时可使电弧分散，由石英砂将电弧冷却熄灭，可将电弧在短路电流达到最大值之前迅速熄灭，以限制短路电流。此为限流式熔断器，常用于大容量电力网或配电设备中。常用产品有 RT12、RT14、RT15 和 RS3 等

系列，RS2 系列为快速熔断器，主要用于保护半导体元件。

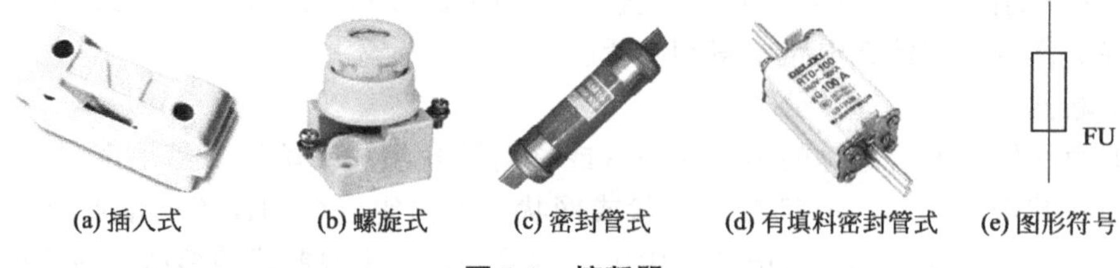

(a) 插入式　(b) 螺旋式　(c) 密封管式　(d) 有填料密封管式　(e) 图形符号

图 1-8　熔断器

（4）熔断器选择

① 低压熔断器的类型选择　选择熔断器可依据负载的保护特性、短路电流的大小和使用场合。一般按电网电压选用相应电压等级的熔断器，按配电系统中可能出现的最大短路电流选择有相应分断能力的熔断器，根据被保护负载的性质和容量选择熔体的额定电流。

② 低压熔断器的容量选择　可依据不同的电气设备和线路进行。

a. 照明回路冲击电流很小，所以熔断器的选用系数应尽量小一些。

$$I_{RN} \geqslant I \quad 或 \quad I_{RN} = (1.1 \sim 1.5)I$$

式中　I_{RN}——熔体的额定电流，A；

I——电器的实际工作电流，A。

b. 单台电动机负载电气回路中有冲击电流，熔断器的选用系数应尽量大一些。

$$I_{RN} \geqslant (1.5 \sim 2.5)I$$

c. 多台电动机负载电气回路中，应考虑电动机有同时启动的可能性，所以熔断器的选用应按下列原则选用。

$$I_{RN} = (1.5 \sim 2.5)I_{Nm} + \Sigma I_N$$

式中　I_{Nm}——设备中最大的一台电动机的额定电流，A；

I_N——设备中去除最大一台电动机后其他电动机的额定电流之和，A。

低压熔断器在选用时应严格注意级间的保护原则，切忌发生越级保护的现象，选用中除了依据供电回路短路电阻外，还应适当地考虑上下级的级差，一般级差在 1～2 个级差。

1.1.3　断路器

低压断路器俗称自动开关或空气开关，用于低压配电电路中不频繁的通断控制。在电路发生短路、过载或欠电压等故障时能自动分断故障电路，是一种控制兼保护电器。

断路器的种类繁多，按其用途和结构特点可分为 DW 型框架式断路器、DZ 型塑料外壳式断路器、DS 型直流快速断路器和 DWX 型、DWZ 型限流式断路器等。框架式断路器主要用作配电线路的保护开关，而塑料外壳式断路器除可用作配电线路的保护开关外，还可用作电动机、照明电路及电热电路的控制开关。

（1）断路器的结构和工作原理

断路器主要由 3 个基本部分组成，即触点、灭弧系统和各种脱扣器，包括过电流脱扣器、失压（欠电压）脱扣器、热脱扣器、分励脱扣器和自由脱扣器。

图 1-9 是断路器实物图及图形符号。断路器开关是靠操作机构手动或电动合闸的，触点闭合后，自由脱扣机构将触点锁在合闸位置上。当电路发生上述故障时，通过各自的脱扣器使自由脱扣机构动作，自动跳闸以实现保护作用。分励脱扣器则作为远距离控制分断电路之用。

过电流脱扣器用于线路的短路和过电流保护，当线路的电流大于整定的电流值时，过电流脱扣器所产生的电磁力使挂钩脱扣，动触点在弹簧的拉力下迅速断开，实现短路器的跳闸功能。

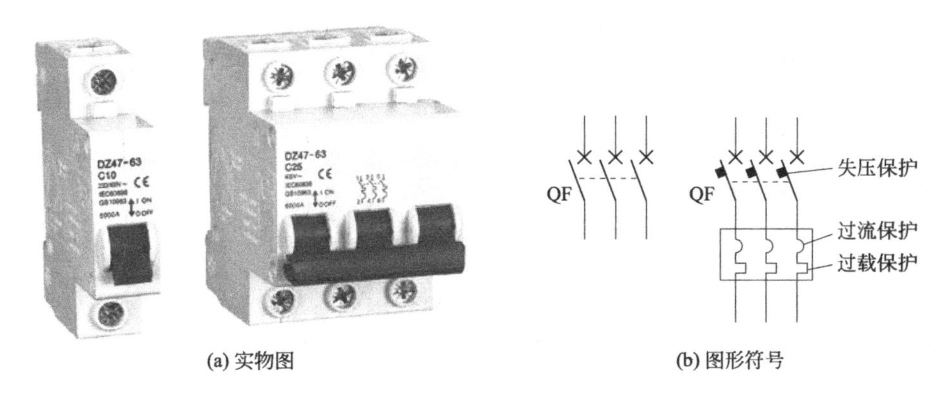

(a) 实物图　　(b) 图形符号

图 1-9　断路器

热脱扣器用于线路的过负荷保护，工作原理和热继电器相同。

失压（欠电压）脱扣器用于失压保护，如图 1-9(b) 所示，失压脱扣器的线圈直接接在电源上，处于吸合状态，断路器可以正常合闸；当停电或电压很低时，失压脱扣器的吸力小于弹簧的反力，弹簧使动铁芯向上使挂钩脱扣，实现短路器的跳闸功能。

分励脱扣器用于远方跳闸，当在远方按下按钮时，分励脱扣器得电产生电磁力，使其脱扣跳闸。

不同断路器的保护是不同的，使用时应根据需要选用。在图形符号中也可以标注其保护方式，如图 1-9(b) 所示，断路器图形符号中标注了失压、过负荷、过电流 3 种保护方式。

(2) 低压断路器的选择原则

低压断路器的选择应从以下几方面考虑：

① 断路器类型的选择：应根据使用场合和保护要求来选择。如一般选用塑壳式；短路电流很大时选用限流型；额定电流比较大或有选择性保护要求时选用框架式；控制和保护含有半导体器件的直流电路时应选用直流快速断路器等。

② 断路器额定电压、额定电流应大于或等于线路、设备的正常工作电压、工作电流。

③ 断路器极限通断能力大于或等于电路最大短路电流。

④ 欠电压脱扣器额定电压等于线路额定电压。

⑤ 过电流脱扣器的额定电流大于或等于线路的最大负载电流。

⑥ 低压断路器的容量选择：低压断路器的容量选择要综合考虑短路、过载时的保护特性。

a. 单台电动机的过流保护应按下式计算：

$$I_{SZD} \geqslant K I_{SN}$$

式中　I_{SZD}——瞬时或短时过电流脱扣器整定电流值，A；

K——可靠系数，对动作时间大于 0.02s 的断路器，K 取 1.35，对动作时间小于 0.02s 的断路器，K 取 1.7～2.0；

I_{SN}——电动机的启动电流，A。

b. 多台电动机的过流保护应按下式计算：

$$I_{SZD} \geqslant 1.35(I_{SNMAX} + \Sigma I)$$

式中 I_{SNMAX}——最大的电动机启动电流，A；

ΣI——其余电动机工作电流之和，A。

c. 单台电动机的过载保护应按下式计算：

$$I_{gzd} > KI_{js}$$

式中 I_{gzd}——过载电流的整定值，A；

K——可靠系数，一般取 0.9～1.1；

I_{js}——线路的计算电流或实际电流，A。

（3）低压断路器的型号种类

低压断路器的结构和型号种类很多，目前我国常用的有 DW 和 DZ 系列。DW 型也叫万能式空气开关，DZ 型叫塑料外壳式空气开关，其产品代号含义如下：

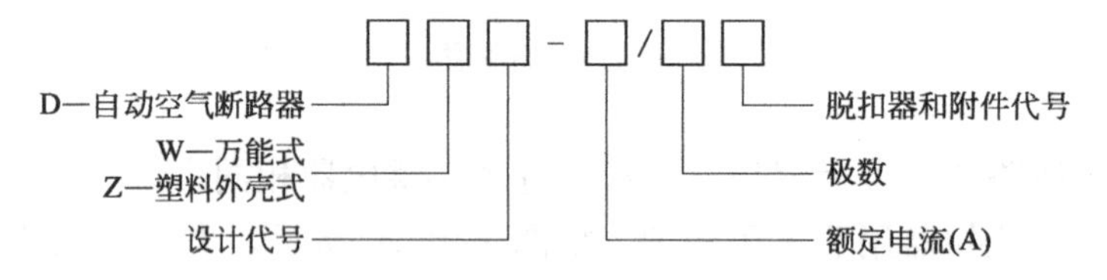

应注意的是，不同型号的低压断路器分别具有不同的保护机构和参数的整定方法，使用时应根据电路的保护要求选择其型号并进行参数的整定。

1.1.4 接触器

接触器主要用于控制电动机、电热设备、电焊机、电容器组等，能频繁地接通或断开交直流主电路，实现远距离自动控制。它具有低电压释放保护功能，在电力拖动自动控制线路中被广泛应用。

接触器有交流接触器和直流接触器两大类型。下面介绍交流接触器。

图 1-10 所示为交流接触器的结构示意图及图形符号。

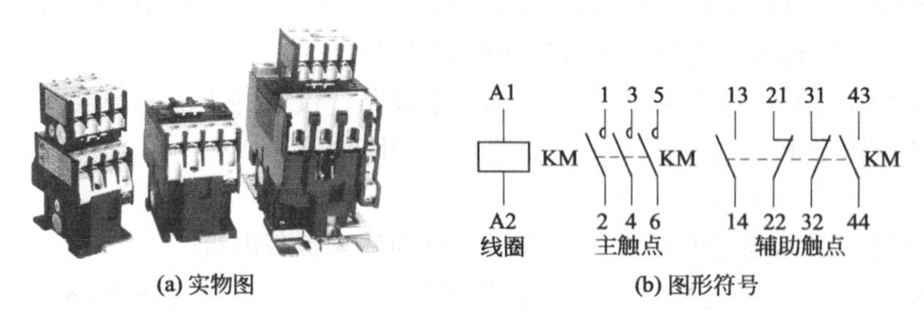

图 1-10 交流接触器

（1）交流接触器的组成部分

① 电磁机构：电磁机构由线圈、动铁芯（衔铁）和静铁芯组成。

② 触点系统：交流接触器的触点系统包括主触点和辅助触点。主触点用于通断主电路，有 3 对或 4 对常开触点；辅助触点用于控制电路，起电气联锁或控制作用，通常有两对常开两对常闭触点。

③ 灭弧装置：容量在 10A 以上的接触器都有灭弧装置。对于小容量的接触器，常采用

双断口桥形触点以利于灭弧；对于大容量的接触器，常采用纵缝灭弧罩及栅片灭弧结构。

④ 其他部件：包括反作用弹簧、缓冲弹簧、触点压力弹簧、传动机构及外壳等。

接触器上标有端子标号，线圈为 A1、A2，主触点 1、3、5 接电源侧，2、4、6 接负荷侧。辅助触点用两位数表示，前一位为辅助触点顺序号，后一位的 3、4 表示常开触点，1、2 表示常闭触点。

接触器的控制原理很简单，当线圈接通额定电压时，产生电磁力，克服弹簧反力，吸引动铁芯向下运动，动铁芯带动绝缘连杆和动触点向下运动使常开触点闭合，常闭触点断开。当线圈失电或电压低于释放电压时，电磁力小于弹簧反力，常开触点断开，常闭触点闭合。

(2) 接触器的主要技术参数和类型

① 额定电压：接触器的额定电压是指主触点的额定电压。交流有 220V、380V 和 660V，在特殊场合应用的额定电压高达 1140V，直流主要有 110V、220V 和 440V。

② 额定电流：接触器的额定电流是指主触点的额定工作电流。它是在一定的条件（额定电压、使用类别和操作频率等）下规定的，目前常用的电流等级为 10～800A。

③ 吸引线圈的额定电压：交流有 36V、127V、220V 和 380V，直流有 24V、48V、220V 和 440V。

④ 机械寿命和电气寿命：接触器是频繁操作电器，应有较高的机械和电气寿命，该指标是产品质量的重要指标之一。

⑤ 额定操作频率：接触器的额定操作频率是指每小时允许的操作次数，一般为 300 次/h、600 次/h 和 1200 次/h。

⑥ 动作值：动作值是指接触器的吸合电压和释放电压。规定接触器的吸合电压大于线圈额定电压的 85%时应可靠吸合，释放电压不高于线圈额定电压的 70%。

常用的交流接触器有 CJ10、CJ12、CJ10X、CJ20、CJX1、CJX2、3TB 和 3TD 等系列。

(3) 接触器的选择

① 根据负载性质选择接触器的类型。

② 额定电压应大于或等于主电路工作电压。

③ 额定电流应大于或等于被控电路的额定电流。对于电动机负载，还应根据其运行方式适当增大或减小。

④ 吸引线圈的额定电压与频率要与所在控制电路的选用电压和频率相一致。

1.1.5 继电器

继电器用于电路的逻辑控制，具有逻辑记忆功能，能组成复杂的逻辑控制电路。继电器用于将某种电量（如电压、电流）或非电量（如温度、压力、转速、时间等）的变化量转换为开关量，以实现对电路的自动控制功能。

继电器的种类很多，按输入量可分为电压继电器、电流继电器、时间继电器、速度继电器、压力继电器等；按工作原理可分为电磁式继电器、感应式继电器、电动式继电器、电子式继电器等；按用途可分为控制继电器、保护继电器等；按输入量变化形式可分为有无继电器和量度继电器。

(1) 电磁式继电器

在控制电路中用的继电器大多数是电磁式继电器。电磁式继电器具有结构简单、价格低廉、使用维护方便、触点容量小（一般在 5A 以下）、触点数量多且无主、辅之分、无灭弧装置、体积小、动作迅速、准确、控制灵敏、可靠等特点，广泛地应用于低压控制系统中。常用的电磁式继电器有电流继电器、电压继电器、中间继电器以及各种小型通用继电器等。

电磁式继电器的结构和工作原理与接触器相似，主要由电磁机构和触点组成。电磁式继电器也有直流和交流两种。

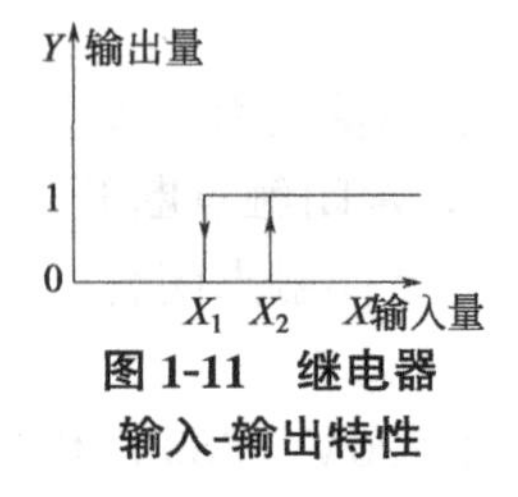

图 1-11 继电器输入-输出特性

继电器的主要特性是输入-输出特性，又称为继电特性，如图 1-11 所示。

当继电器输入量 X 由 0 增加至 X_2 之前，输出量 Y 为 0。当输入量增加到 X_2 时，继电器吸合，输出量 Y 为 1，表示继电器线圈得电，常开触点闭合，常闭触点断开。当输入量继续增大时，继电器动作状态不变。

当输出量 Y 为 1 的状态下，输入量 X 减小，当小于 X_2 时 Y 值仍不变，当 X 再继续减小至小于 X_1 时，继电器释放，输出量 Y 变为 0，X 再减小，Y 值仍为 0。

在继电特性曲线中，X_2 称为继电器吸合值，X_1 称为继电器释放值。$k=X_1/X_2$，称为继电器的返回系数，它是继电器的重要参数之一。

返回系数 k 值可以调节，不同场合对 k 值的要求不同。例如一般控制继电器要求 k 值低些，在 0.1～0.4 之间，这样继电器吸合后，输入量波动较大时不致引起误动作。保护继电器要求 k 值高些，一般在 0.85～0.9 之间。k 值是反映吸力特性与反力特性配合紧密程度的一个参数，一般 k 值越大，继电器灵敏度越高，k 值越小，灵敏度越低。

（2）中间继电器

中间继电器是最常用的继电器之一，它的结构和接触器基本相同，其实物图如图 1-12（a）所示，其图形符号如图 1-12（b）所示。

中间继电器在控制电路中起逻辑变换和状态记忆的功能，以及用于扩展接点的容量和数量。另外，在控制电路中还可以调节各继电器、开关之间的动作时间，防止电路误动作的作用。中间继电器实质上是一种电压继电器，它是根据输入电压的有或无而动作的，一般触点对数多，触点容量额定电流为 5～10A 左右。中间继电器体积小，动作灵敏度高，一般不用于直接控制电路的负荷，但当电路的负荷电流在 5～10A 以下时，也可代替接触器起控制负荷的作用。中间继电器的工作原理和接触器一样，触点较多，一般为四常开和四常闭触点。

常用的中间继电器型号有 JZ7、JZ14 等。

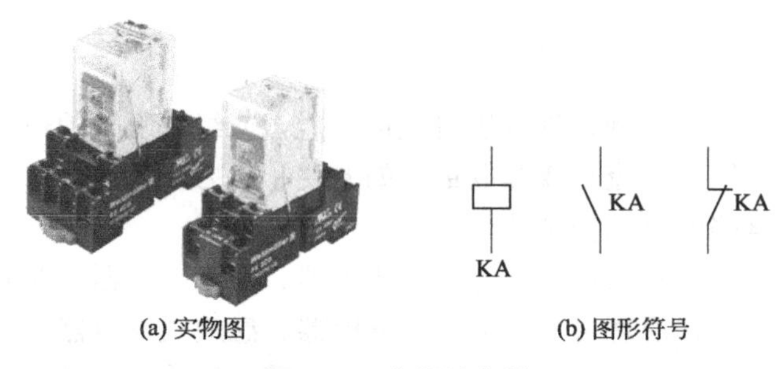

(a) 实物图　　(b) 图形符号

图 1-12 中间继电器

（3）电流继电器

电流继电器的输入量是电流，它是根据输入电流大小而动作的继电器。电流继电器的线圈串入电路中，以反映电路电流的变化，其线圈匝数少、导线粗、阻抗小。电流继电器可分为欠电流继电器和过电流继电器。

欠电流继电器用于欠电流保护或控制，如直流电动机励磁绕组的弱磁保护、电磁吸盘中的欠电流保护、绕线式异步电动机启动时电阻的切换控制等。欠电流继电器在电路正常工作时处于吸合动作状态，常开触点处于闭合状态，常闭触点处于断开状态，当电路出现不正常现象或故障现象导致电流下降或消失时，继电器中流过的电流小于释放电流而动作；过电流继电器用于过电流保护或控制，如起重机电路中的过电流保护。过电流继电器在电路正常工作时流过正常工作电流，正常工作电流小于继电器所整定的动作电流，继电器不动作，当电流超过动作电流整定值时才动作。过电流继电器动作时其常开触点闭合，常闭触点断开。

电流继电器作为保护电器时，其实物图与图形符号如图 1-13 所示。

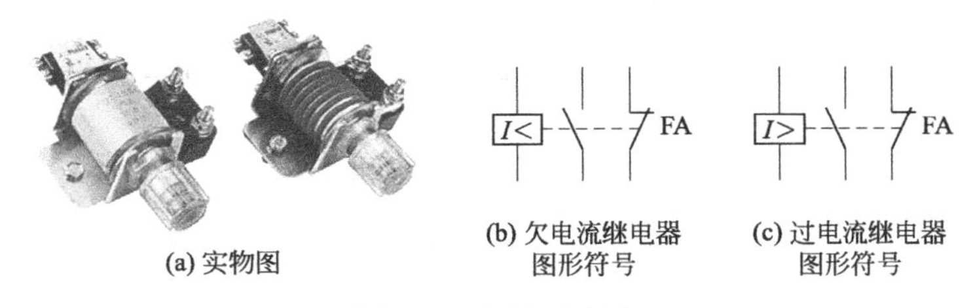

(a) 实物图　(b) 欠电流继电器图形符号　(c) 过电流继电器图形符号

图 1-13　电流继电器

（4）电压继电器

电压继电器的输入量是电路的电压大小，其根据输入电压大小而动作。电压继电器工作时并联在电路中，因此线圈匝数多、导线细、阻抗大，反映电路中电压的变化，用于电路的电压保护。与电流继电器类似，电压继电器也分为欠电压继电器和过电压继电器两种。

过电压继电器动作电压范围为（105%～120%）U_N；欠电压继电器吸合电压动作范围为（20%～50%）U_N，释放电压调整范围为（7%～20%）U_N；零电压继电器当电压降低至（5%～25%）U_N 时动作，它们分别起过压、欠压、零压保护。电压继电器常用在电力系统继电保护中，在低压控制电路中使用较少。

电压继电器作为保护电器时，其图形符号如图 1-14 所示。

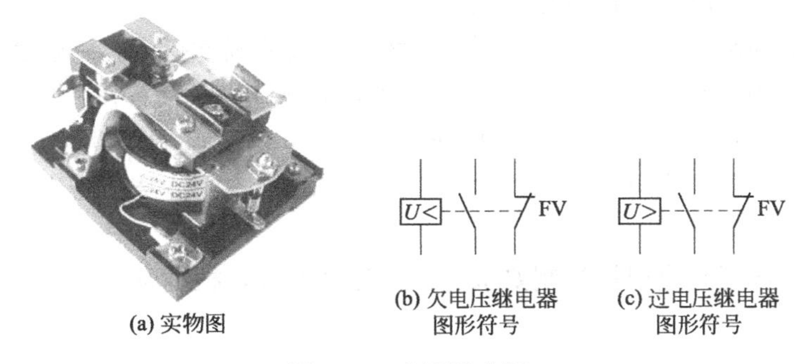

(a) 实物图　(b) 欠电压继电器图形符号　(c) 过电压继电器图形符号

图 1-14　电压继电器

（5）时间继电器

时间继电器在控制电路中用于时间的控制。其种类很多，按其动作原理可分为电磁式、空气阻尼式、电动式和电子式等；按延时方式可分为通电延时型和断电延时型。下面以 JS7 型空气阻尼式时间继电器为例说明其工作原理。

空气阻尼式时间继电器是利用空气阻尼原理获得延时的，它由电磁机构、延时机构和触点系统 3 部分组成。电磁机构为直动式双 E 形铁芯，触点系统借用 LX5 型微动开关，延时机构采用气囊式阻尼器。

空气阻尼式时间继电器可以做成通电延时型，也可改成断电延时型，电磁机构可以是直流的，也可以是交流的，如图 1-15 所示。

现以通电延时型时间继电器为例介绍其工作原理。

图 1-15（a）中通电延时型时间继电器为线圈不得电时的情况，当线圈通电后，动铁芯吸合，带动 L 形传动杆向右运动，使瞬动触点受压，其触点瞬时动作。活塞杆在塔形弹簧的作用下，带动橡皮膜向右移动，弱弹簧将橡皮膜压在活塞上，橡皮膜左方的空气不能进入气室，形成负压，只能通过进气孔进气，因此活塞杆只能缓慢地向右移动，其移动的速度和进气孔的大小有关（通过延时调节螺栓调节进气孔的大小可改变延时时间）。经过一定的延时后，活塞杆移动到右端，通过杠杆压动微动开关（通电延时触点），使其常闭触点断开，常开触点闭合，起到通电延时作用。

当线圈断电时，电磁吸力消失，动铁芯在反力弹簧的作用下释放，并通过活塞杆将活塞推向左端，这时气室内中的空气通过橡皮膜和活塞杆之间的缝隙排掉，瞬动触点和延时触点迅速复位，无延时。

如果将通电延时型时间继电器的电磁机构反向安装，就可以改为断电延时型时间继电器，如图 1-15（c）中断电延时型时间继电器所示。线圈不得电时，塔形弹簧将橡皮膜和活塞杆推向右侧，杠杆将延时触点压下（注意，原来通电延时的常开触点现在变成了断电延时的常闭触点了，原来通电延时的常闭触点现在变成了断电延时的常开触点），当线圈通电时，动铁芯带动 L 形传动杆向左运动，使瞬动触点瞬时动作，同时推动活塞杆向左运动，如前所述，活塞杆向左运动不延时，延时触点瞬时动作。线圈失电时动铁芯在反力弹簧的作用下返回，瞬动触点瞬时动作，延时触点延时动作。

时间继电器线圈和延时触点的图形符号都有两种画法，线圈中的延时符号可以不画，触点中的延时符号可以画在左边也可以画在右边，但是圆弧的方向不能改变，如图 1-15（b）和（d）所示。

空气阻尼式时间继电器的优点是结构简单、延时范围大、寿命长、价格低廉，且不受电源电压及频率波动的影响，其缺点是延时误差大、无调节刻度指示，一般适用延时精度要求不高的场合。常用的产品有 JS7-A、JS23 等系列，其中 JS7-A 系列的主要技术参数为延时范围，分 0.4～60s 和 0.4～180s 两种，操作频率为 600 次/h，触点容量为 5A，延时误差为 ±15%。在使用空气阻尼式时间继电器时，应保持延时机构的清洁，防止因进气孔堵塞而失去延时作用。

时间继电器在选用时应根据控制要求选择其延时方式，根据延时范围和精度选择继电器的类型。

（6）热继电器

热继电器主要是用于电气设备（主要是电动机）的过负荷保护。热继电器是一种利用电流热效应原理工作的电器，它具有与电动机容许过载特性相近的反时限动作特性，主要与接触器配合使用，用于对三相异步电动机的过负荷和断相保护。

三相异步电动机在实际运行中，常会遇到因电气或机械原因等引起的过电流（过载和断相）现象。如果过电流不严重，持续时间短，绕组不超过允许温升，这种过电流是允许的；如果过电流情况严重，持续时间较长，则会加快电动机绝缘老化，甚至烧毁电动机，因此，

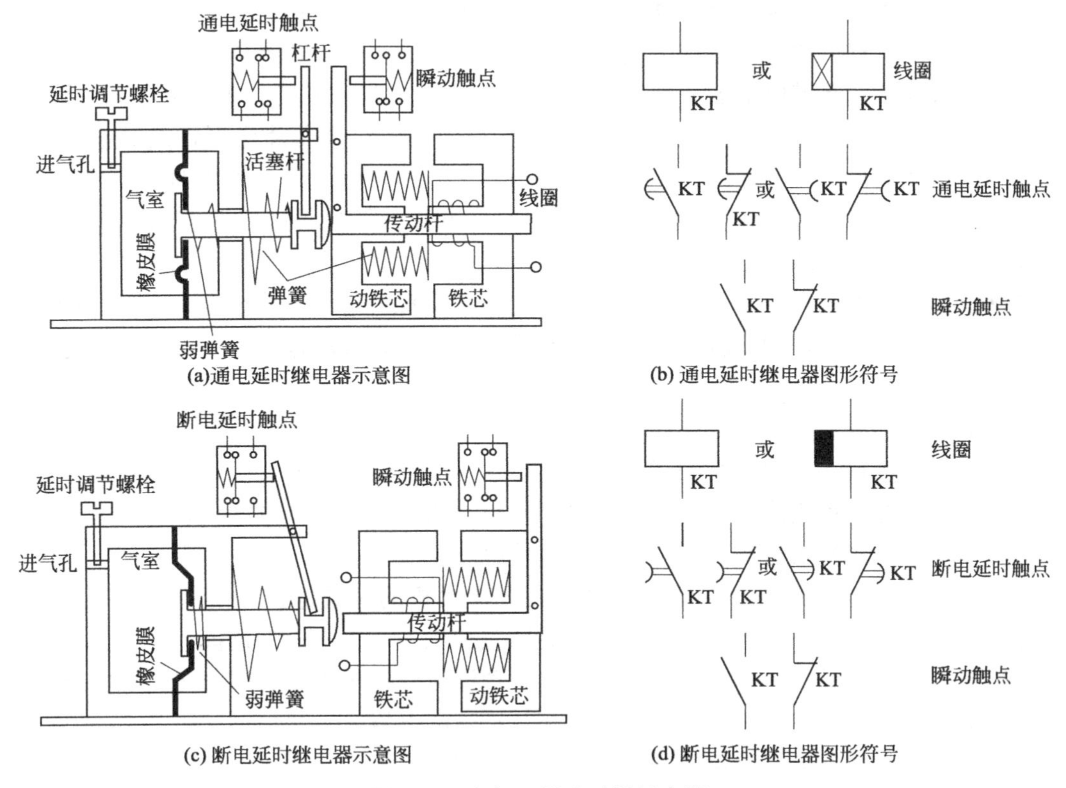

(a)通电延时继电器示意图　(b) 通电延时继电器图形符号

(c) 断电延时继电器示意图　(d) 断电延时继电器图形符号

图 1-15　空气阻尼式时间继电器

在电动机回路中应设置电动机保护装置。常用的电动机保护装置种类很多，使用最多、最普遍的是双金属片式热继电器。目前，双金属片式热继电器均为三相式，有带断相保护和不带断相保护两种。

① 热继电器的工作原理　图 1-16（a）所示是双金属片式热继电器的实物图，图 1-16（b）所示是其图形符号。热继电器主要由双金属片、热元件、复位按钮、传动杆、拉簧、调节旋钮、复位螺栓、触点和接线端子等组成。

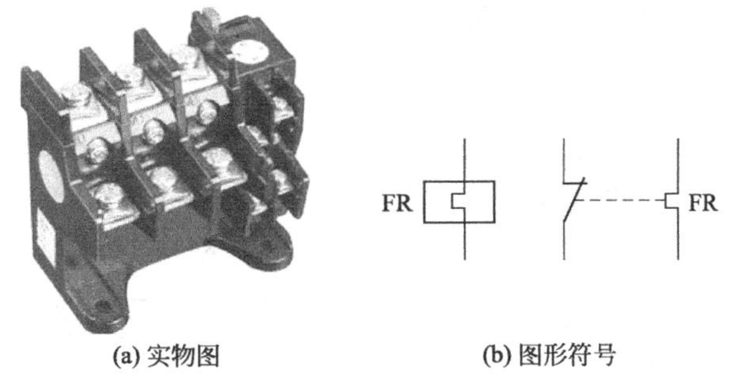

(a) 实物图　(b) 图形符号

图 1-16　热继电器

双金属片是一种将两种线胀系数不同的金属用机械碾压方法使之形成一体的金属片。线胀系数大的（如铁镍铬合金、铜合金或高铝合金等）称为主动层，线胀系数小的（如铁镍类合金）称为被动层。由于两种线胀系数不同的金属紧密地贴合在一起，当产生热效应时，使得双金属片向线胀系数小的一侧弯曲，由弯曲产生的位移带动触点动作。

热元件一般由铜镍合金、镍铬铁合金或铁铬铝等合金电阻材料制成，其形状有圆丝、扁丝、片状和带材几种。热元件串接于电动机的定子电路中，通过热元件的电流就是电动机的工作电流（大容量的热继电器装有速饱和互感器，热元件串接在其二次回路中）。当电动机正常运行时，其工作电流通过热元件产生的热量不足以使双金属片变形，热继电器不会动作。当电动机发生过电流且超过整定值时，双金属片的热量增大而发生弯曲，经过一定时间后，使触点动作，通过控制电路切断电动机的工作电源。同时，热元件也因失电而逐渐降温，经过一段时间的冷却，双金属片恢复到原来状态。

热继电器动作电流的调节是通过旋转调节旋钮来实现的。调节旋钮为一个偏心轮，旋转调节旋钮可以改变传动杆和动触点之间的传动距离，距离越长动作电流就越大，反之动作电流就越小。

热继电器复位方式有自动复位和手动复位两种，将复位螺栓旋入，使常开的静触点向动触点靠近，这样动触点在闭合时处于不稳定状态，在双金属片冷却后动触点也返回，为自动复位方式。如将复位螺栓旋出，触点不能自动复位，为手动复位置方式。在手动复位置方式下，需在双金属片恢复状时按下复位按钮才能使触点复位。

② 热继电器的选择原则　热继电器主要用于电动机的过载保护，使用中应考虑电动机的工作环境、启动情况、负载性质等因素，具体应按以下几个方面来选择：

a. 热继电器结构形式的选择：星形接法的电动机可选用两相或三相结构热继电器，三角形接法的电动机应选用带断相保护装置的三相结构热继电器。

b. 热继电器的动作电流整定值一般为电动机额定电流的 1.05～1.1 倍。

c. 对于重复短时工作的电动机（如起重机电动机），由于电动机不断重复升温，热继电器双金属片的温升跟不上电动机绕组的温升，电动机将得不到可靠的过载保护。因此，不宜选用双金属片热继电器，而应选用过电流继电器或能反映绕组实际温度的温度继电器来进行保护。

（7）速度继电器

速度继电器又称为反接制动继电器，主要用于三相笼型异步电动机的反接制动控制。图 1-17 为速度继电器的原理示意图及图形符号，它主要由转子、定子和触点 3 部分组成。

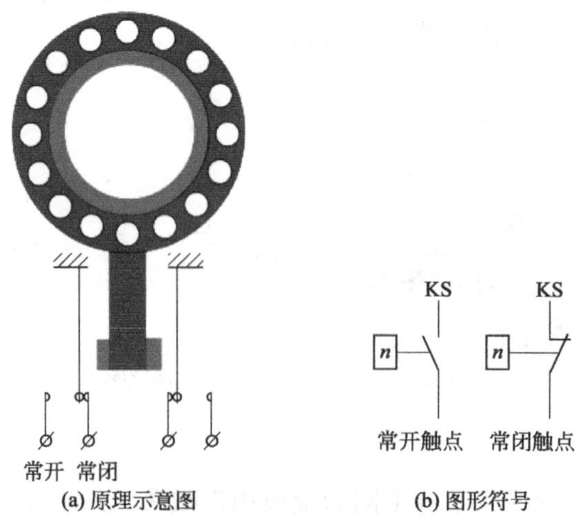

(a) 原理示意图　(b) 图形符号

图 1-17　速度继电器

转子是一个圆柱形永久磁铁，定子是一个笼型空心圆环，由硅钢片叠成，并装有笼型绕组。其转子的轴与被控电动机的轴相连接，当电动机转动时，转子（圆柱形永久磁铁）随之转动产生一个旋转磁场，定子中的笼型绕组切割磁力线而产生感应电流和磁场，两个磁场相互作用，使定子受力而跟随转动，当达到一定转速时，装在定子轴上的摆锤推动簧片触点运动，使常闭触点断开，常开触点闭合。当电动机转速低于某一数值时，定子产生的转矩减小，触点在簧片作用下复位。

常用的速度继电器有JY1型和JFZ0型两种。其中JY1型可在700～3600r/min范围工作，JFZ0-1型适用于300～1000r/min，JFZ0-2型适用于1000～3000r/min。

一般速度继电器都具有两对转换触点，一对用于正转时动作，另一对用于反转时动作。触点额定电压为380V，额定电流为2A。通常速度继电器动作转速为130r/min，复位转速在100r/min以下。

(8) 液位继电器

液位继电器主要用于对液位的高低进行检测并发出开关量信号，以控制电磁阀、液泵等设备对液位的高低进行控制。液位继电器的种类很多，工作原理也不尽相同，下面介绍JYF-02型液位继电器。其实物图及图形符号如图1-18所示。浮筒置于液体内，浮筒的另一端为一根磁钢，靠近磁钢的液体外壁也装一根磁钢，并和动触点相连，当水位上升时，受浮力上浮而绕固定支点上浮，带动磁钢条向下，当内磁钢N极低于外磁钢N极时，由于液体壁内外两根磁钢同性相斥，壁外的磁钢受排斥力迅速上翘，带动触点迅速动作。同理，当液位下降，内磁钢N极高于外磁钢N极时，外磁钢受排斥力迅速下翘，带动触点迅速动作。液位高低的控制是由液位继电器安装的位置来决定的。

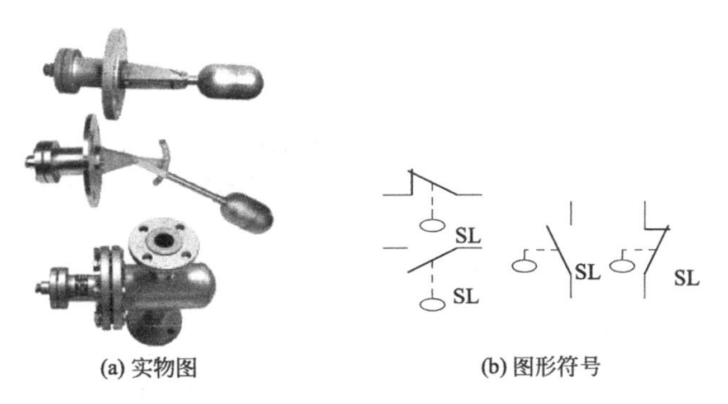

(a) 实物图　(b) 图形符号

图1-18 JYF-02型液位继电器

(9) 压力继电器

压力继电器主要用于对液体或气体压力的高低进行检测并发出开关量信号，以控制电磁阀、液泵等设备对压力的高低进行控制。图1-19为压力继电器实物图及图形符号。

(a) 实物图　(b) 图形符号

图1-19 压力继电器

压力继电器主要由压力传送装置和微动开关等组成，液体或气体压力经压力入口推动橡皮膜和滑杆，克服弹簧反力向上运动，当压力达到给定压力时，触动微动开关，发出控制信号，旋转调压螺母可以改变给定压力。

1.1.6 主令电器

主令电器在控制电路中主要是用来发布控制命令，其作用是实现远程操作和自动控制。常用的主令电器有：控制按钮、行程开关、接近开关，万能转换开关。主令控制器有：脚踏开关、倒顺开关、紧急开关、钮子开关等。

（1）控制按钮

控制按钮一般和接触器或继电器配合使用，实现对电动机的远程操作、控制电路的电气联锁等。它是一种结构简单、使用广泛的手动主令电器。控制按钮的结构由按钮帽、复位弹簧、桥式触点和外壳等组成，如图 1-20 所示。

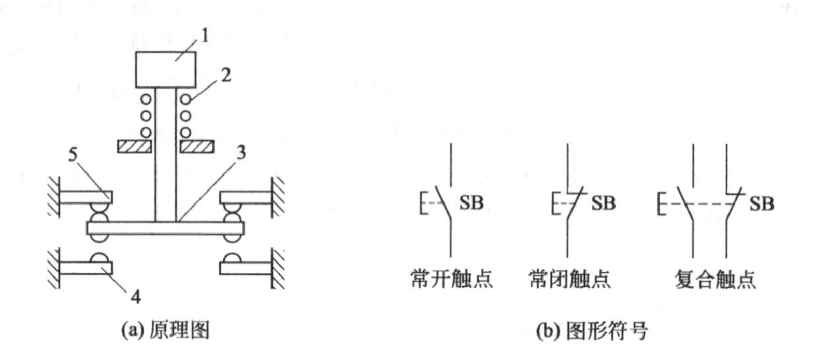

图 1-20 控制按钮

1—按钮帽；2—复位弹簧；3—动触点；4—常开静触点；5—常闭静触点

控制按钮通常配备一个常开触点和一个常闭触点（也可以进行多组触点的扩展），当控制按钮被按下时，桥式动触点将常闭静触点断开，常开静触点闭合。释放后，弹簧将桥式动触点拉回原位，相应的触点也复位。

① 常开按钮是用来控制电动机和控制电路的启动和运行开始。使用时一般只对其常开触点进行接线。常开按钮通常选其颜色为绿色，安装时布局在上方或是左侧。

② 常闭按钮是用来控制电动机和控制电路的停止。使用时一般只对其常闭触点进行接线。常闭按钮通常选其颜色为红色，安装时布局在下方或是右侧。

（2）行程开关

行程开关又叫限位开关，它的种类很多，按运动形式可分为直动式、微动式、转动式等；按触点的性质分可为有触点式和无触点式。

① 有触点行程开关　有触点行程开关简称行程开关，行程开关的工作原理和按钮相同，区别在于它不是靠手的按压，而是利用生产机械运动的部件碰压而使触点动作来发出控制指令的主令电器。它用于控制生产机械的运动方向、速度、行程大小或位置等，其结构形式多种多样。

图 1-21 所示为几种操作类型的行程开关及图形符号。

行程开关的主要参数有形式 、动作行程、工作电压及触点的电流容量。目前国内生产的行程开关有 LXK3、3SE3、LX19、LXW 和 LX 等系列。

常用的行程开关有 LX19、LXW5、LXK3、LX32 和 LX33 等系列。

(a) 直动式行程开关　(b) 微动式行程开关　(c) 图形符号

图 1-21　行程开关实物图及图形符号

② 无触点行程开关　无触点行程开关又称接近开关，它可以代替有触点行程开关来完成行程控制和限位保护，还可用于高频计数、测速、液位控制、零件尺寸检测、加工程序的自动衔接等的非接触式开关。由于它具有非接触式触发、动作速度快、可在不同的检测距离内动作、发出的信号稳定无脉动、工作稳定可靠、寿命长、重复定位精度高以及能适应恶劣的工作环境等特点，所以在机床、纺织、印刷、塑料等工业生产中应用广泛。

无触点行程开关分为有源型和无源型两种，多数无触点行程开关为有源型，主要包括检测元件、放大电路、输出驱动电路 3 部分，一般采用 5～24V 的直流电流，或 220V 交流电源等。如图 1-22 所示为三线式有源型接近开关结构框图。

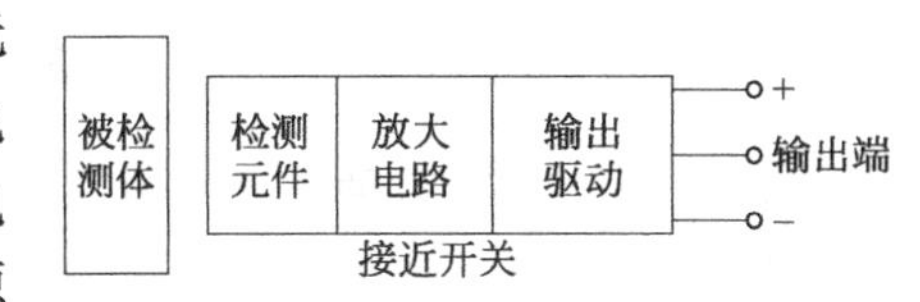

图 1-22　三线式有源型接近开关结构框图

接近开关按检测元件工作原理可分为高频振荡型、超声波型、电容型、电磁感应型、永磁型、霍尔元件型与磁敏元件型等。不同形式的接近开关所检测的被检测体不同。

电容式接近开关可以检测各种固体、液体或粉状物体，其主要由电容式振荡器及电子电路组成，它的电容位于传感界面，当物体接近时，将因改变了电容值而振荡，从而产生输出信号。

霍尔接近开关用于检测磁场，一般用磁钢作为被检测体。其内部的磁敏感器件仅对垂直于传感器端面的磁场敏感，当磁极 S 极正对接近开关时，接近开关的输出产生正跳变，输出为高电平，若磁极 N 极正对接近开关时，输出为低电平。

超声波接近开关适于检测不能或不可触及的目标，其控制功能不受声、电、光等因素干扰，检测物体可以是固体、液体或粉末状态的物体，只要能反射超声波即可。其主要由压电陶瓷传感器、发射超声波和接收反射波用的电子装置及调节检测范围用的程控桥式开关等几个部分组成。

高频振荡式接近开关用于检测各种金属，主要由高频振荡器、集成电路或晶体管放大器和输出器 3 部分组成，其基本工作原理是当有金属物体接近振荡器的线圈时，该金属物体内部产生的涡流将吸取振荡器的能量，致使振荡器停振。振荡器的振荡和停振这两个信号，经整形放大后转换成开关信号输出。

接近开关输出形式有两线、三线和四线式几种，晶体管输出类型有 NPN 和 PNP 两种，外形有方形、圆形、槽形和分离型等多种，图 1-23 为槽形三线式 NPN 型光电式接近开关和远距分离型光电开关。

(a) 槽形光电式接近开关　　(b) 远距分离型光电开关

图 1-23　槽形和远距分离型光电开关

接近开关的主要参数有形式 、动作距离范围、动作频率、响应时间、重复精度、输出形式 、工作电压及输出触点的容量等。接近开关的图形符号见图 1-24。

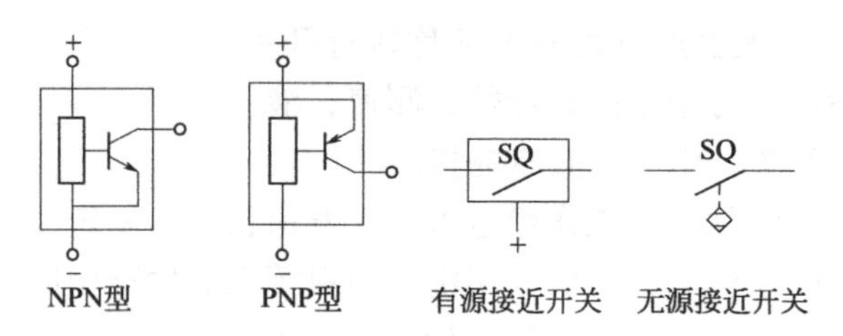

图 1-24　接近开关的图形符号

接近开关的产品种类十分丰富，常用的国产接近开关有 LJ、3SG 和 LXJ18 等多种系列，国外进口及引进产品亦在国内有大量的应用。

(3) 万能转换开关

万能转换开关是一种多挡式、控制多回路的主令电器。它主要用于完成对电路的选择控制、信号转换、电源的换相测量等任务。如手动、自动的切换、多路信号的输入选择、电流表和电压表的换相测量等。结构原理如图 1-25 所示。

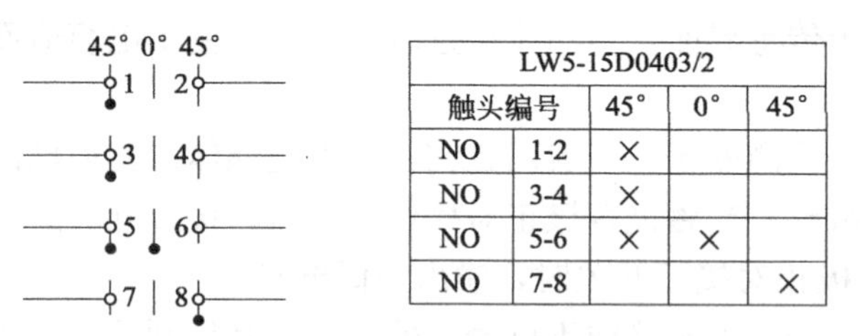

LW5-15D0403/2				
触头编号		45°	0°	45°
NO	1-2	×		
NO	3-4	×		
NO	5-6	×	×	
NO	7-8			×

图 1-25　万能转换开关结构原理图

图 1-25 中万能转换开关打向左 45°时，触点 1-2、3-4、5-6 闭合，触点 7-8 打开；打向 0°时，只有触点 5-6 闭合，右 45°时，触点 7-8 闭合，其余打开。

(4) 信号灯

信号灯是用来指示电气运行状态、生产节拍、机械位置、控制命令等的电气器件。其发光源有白炽灯、氖炮、LED 发光元件等形式，通常在低电压中用白炽灯和 LED 发光元件，而在高压中用氖炮。可以单独使用，也可以和按钮组合使用。

信号灯的图形符号如图 1-26 所示。

如果要在图形符号上标注信号灯的颜色，可在靠近图形处标出对应颜色的字母：

红色：RD；黄色：YE；绿色：GN；蓝色：BU；白色：WH。

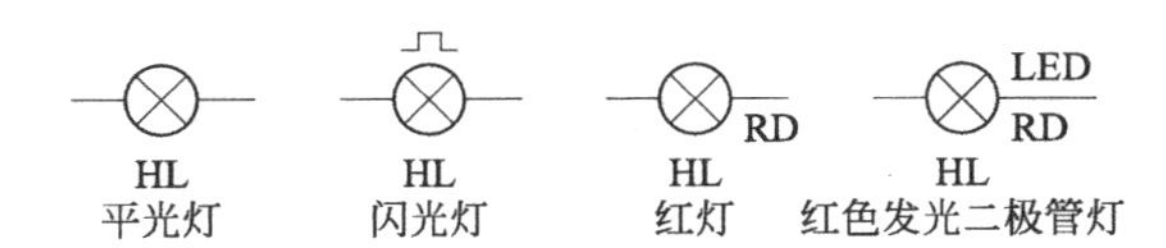

图 1-26　信号灯的图形符号

常用的信号灯型号有 AD11、AD30、ADJ1 等，信号灯的主要参数有工作电压、安装尺寸及发光颜色等。指示灯的颜色及其含义如表 1-1 所示。

表 1-1　指示灯的颜色及其含义

颜色	含义	说明	典型应用
红色	危险 告急	可能出现危险和需要立即处理	温度超过规定(或安全)限制 设备的重要部分已被保护电器切断 润滑系统失压 有触及带电或运动部件的危险
黄色	注意	情况有变化或即将发生变化	温度(或压力)异常 当仅能承受允许的短时过载
绿色	安全	正常或允许进行	冷却通风正常 自动控制系统运行正常 机器准备启动
蓝色	按需要指定用意	除红、黄、绿三色外的任何指定用意	遥控指示 选择开关在设定位置
白色	无特定用意	任何用意。不能确切地用红黄绿时，以及用作执行时	

（5）报警器

常用的报警器有电铃和电喇叭等，一般电铃用于正常的操作信号（如设备启动前的警示）和设备的异常现象（如变压器的过载、漏油）。电喇叭用于设备的故障信号（如线路短路跳闸）。报警器的图形符号如图 1-27 所示。

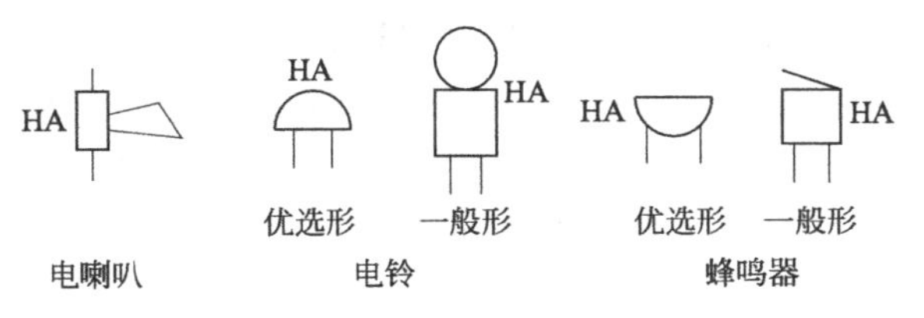

图 1-27　报警器的图形符号

1.2　电气图形符号和文字符号

1.2.1　电气文字符号

电气文字符号目前执行国家标准 GB/T 5094—2005《工业产品结构原则与参照代号概念说明》和 GB/T 20939—2007《技术产品及技术产品文件结构原则》。这两个标准都是根据 IEC 国际标准而制定的。

在 GB/T 20939—2007《技术产品及技术产品文件结构原则》中将所有的电气设备、装置和元件分成 23 个大类，每个大类用一个大写字母表示。文字符号分为基本文字符号和辅助文字符号。

基本文字符号分为单字母符号和双字母符号两种。单字母符号应优先采用，每个单字母符号表示一个电器大类，如表 1-2 所示。如 C 表示电容器类，R 表示电阻器类等。

双字母符号由一个表示种类的单字母符号和另一个字母组成，第一个字母表示电器的大类，第二个字母表示对某电器大类的进一步划分。例如 G 表示电源大类，GB 表示蓄电池，S 表示控制电路开关，SB 表示按钮，SP 表示压力传感器（继电器）。

文字符号用于标明电器的名称、功能、状态和特征。同一电器如果功能不同，其文字符号也不同，例如照明灯的文字符号为 EL，信号灯的文字符号为 HL。

辅助文字符号表示电气设备、装置和元件的功能、状态和特征，由 1～3 位英文名称缩写的大写字母表示，例如辅助文字符号 BW（Backward 的缩写）表示向后，P（Pressure 的缩写）表示压力。辅助文字符号可以和单字母符号组合成双字母符号，例如单字母符号 K（表示继电器接触器大类）和辅助文字符号 AC（交流）组合成双字母符号 KA，表示交流继电器；单字母符号 M（表示电动机大类）和辅助文字符号 SYN（同步）组合成双字母符号 MS，表示同步电动机。辅助文字符号可以单独使用，例如图 1-26 中的 RD 表示信号灯为红色。

1.2.2 电气图形符号

电气图形符号目前执行国家标准 GB/T 4728—2018《电气简图用图形符号》，也是根据 IEC 国际标准制定的。该标准给出了大量的常用电气图形符号，表示产品特征。通常用比较简单的电器作为一般符号。对于一些组合电器，不必考虑其内部细节时可用方框符号表示，如表 1-2 中的整流器、逆变器、滤波器等。

国家标准 GB/T 4728—2018《电气简图用图形符号》的一个显著特点就是图形符号可以根据需要进行组合，在该标准中除了提供了大量的一般符号之外，还提供了大量的限定符号和符号要素，限定符号和符号要素不能单独使用，它相当于一般符号的配件。将某些限定符号或符号要素与一般符号进行组合就可组成各种电气图形符号，例如图 1-9 所示的断路器的图形符号就是由多种限定符号、符号要素和一般符号组合而成的，如图 1-28 所示。

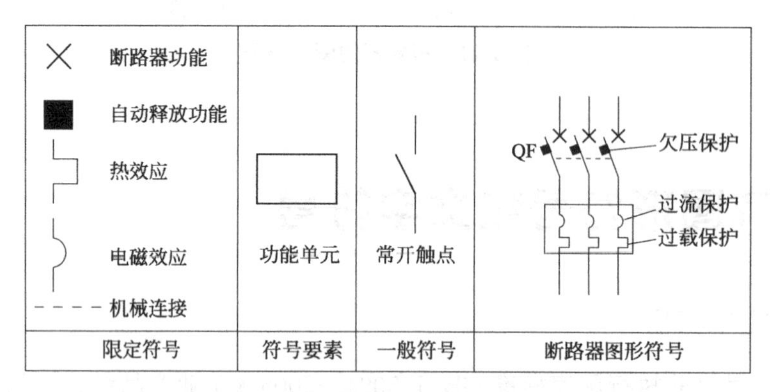

图 1-28　断路器图形符号的组成

表 1-2　常用电器分类及图形符号、文字符号举例

分类	名称	图形符号 文字符号
A 组件 部件	启动装置	A SB1 SB2 KM KM HL
B 将电量变换成非电量，将非电量变换成电量	扬声器	B （将电量变换成非电量）
	传声器	B （将非电量变换成电量）
C 电容器	一般电容器	C
	极性电容器	+ C
	可变电容器	C
D 二进制元件	与门	D &
	或门	D ⩾1
	非门	D
E 其他	照明灯	EL
F 保护器件	欠电流继电器	I< FA
	过电流继电器	I> FA
	欠电压继电器	U< FV
F 保护器件	过电压继电器	U> FV
	热继电器	FR FR FR FR FR
	熔断器	FU
G 发生器，发电机，电源	交流发电机	G ~
	直流发电机	G —
	电池	GB − +
H 信号器件	电喇叭	HA
	蜂鸣器	HA HA 优选形　一般形
	信号灯	HL
I		（不使用）
J		（不使用）
K 继电器，接触器	中间继电器	KA KA
	通用继电器	KA KA
	接触器	KM KM

续表

分类	名称	图形符号 文字符号
K 继电器，接触器	通电延时型时间继电器	KT 或 KT KT KT 或 KT KT
	断电延时型时间继电器	KT 或 KT KT KT 或 KT KT
L 电感器，电抗器	电感器	L (一般符号) L (带磁芯符号)
	可变电感器	L
	电抗器	L
M 电动机	笼型电动机	U V W M 3～
	绕线型电动机	U V W M 3～
	他励直流电动机	M
	并励直流电动机	M
	串励直流电动机	M

分类	名称	图形符号 文字符号
M 电动机	三相步进电动机	M
	永磁直流电动机	M
N 模拟元件	运算放大器	▷ ∞ − + + N
	反相放大器	N ▷ 1 + −
	数-模转换器	#/U N
N	模-数转换器	U/# N
O		(不使用)
P 测量设备，试验设备	电流表	PA A
	电压表	PV V
	有功功率表	KW PW
	有功电度表	kWh PJ
Q 电力电路的开关器件	断路器	QF
	隔离开关	QS
	刀熔开关	QS

续表

分类	名称	图形符号 文字符号
Q 电力电路的开关器件	手动开关	QS　QS
	双投刀开关	QS
	组合开关 旋转开关	QS
	负荷开关	QL
R 电阻器	电阻	R
	固定抽头电阻	R
	可变电阻	R
	电位器	RP
	频敏变阻器	RF
S 控制、记忆、信号电路开关器件选择器	按钮	SB
	急停按钮	SB
	行程开关	SQ
	压力继电器	*p*　SP　*p*
	液位继电器	SL　SL　SL　SL
S 控制、记忆、信号电路开关器件选择器	速度继电器	SV *n*　SV　*n*　SV
	选择开关	SA
	接近开关	SQ
	万能转换开关，凸轮控制器	SA 2 1 0 1 2 1 2 3 4
T 变压器互感器	单相变压器	T
	自耦变压器	T 形式1　形式2
	三相变压器（星形/三角形接线）	T 形式1　形式2
	电压互感器	电压互感器与变压器图形符号相同，文字符号为 TV
	电流互感器	TA 形式1　形式2
U 调制器变换器	整流器	U
	桥式全波整流器	U
	逆变器	U
	变频器	f_1　f_2　U

续表

分类	名称	图形符号 文字符号	分类	名称	图形符号 文字符号
V 电子管 晶体管	二极管	V	Y 电器操作的机械器件	电磁铁	或 YA
	三极管	V V PNP型 NPN型		电磁吸盘	或 YH
	晶闸管	V V 阳极侧受控 阴极侧受控		电磁制动器	YB M
W 传输通道，波导，天线	导线，电缆，母线	W		电磁阀	或 或 YV
	天线	W	Z 滤波器、限幅器、均衡器、终端设备	滤波器	Z
X 端子 插头 插座	插头	XP 优选型 其他型		限幅器	Z
	插座	XS 优选型 其他型		均衡器	Z
	插头插座	X 优选型 其他型			
	连接片	断开时 XB 接通时			

1.3 电气控制电路图绘制原则

电气控制电路是用导线将电动机、电气、仪表等元器件按一定的要求连接起来，并实现某种特定控制要求的电路。为了表达生产机械电气控制系统的结构、原理等设计意图，便于电气系统的安装、调试、使用和维修，将电气控制系统中各电气元件及其连接线路用一定的图形表达出来，就是所谓的电气控制电路图。

而电气图是根据国家电气制图标准，使用电气图例符号和文字符号以及规定的画法绘制而成的技术图纸。它包括电气控制电路图、电气平面图、设备布局图、安装施工图、电气图例说明、设备材料明细表等。电气控制电路图一般有三种：电气原理图、电气接线图、电气元件布置图。

（1）电气原理图

电气原理图表示电气控制线路的工作原理以及各电气元件的作用和相互关系，而不考虑各电气元件实际安装位置和实际连线情况，具有结构简单、层次分明、便于研究和电路分析等优点，如图 1-29 所示。

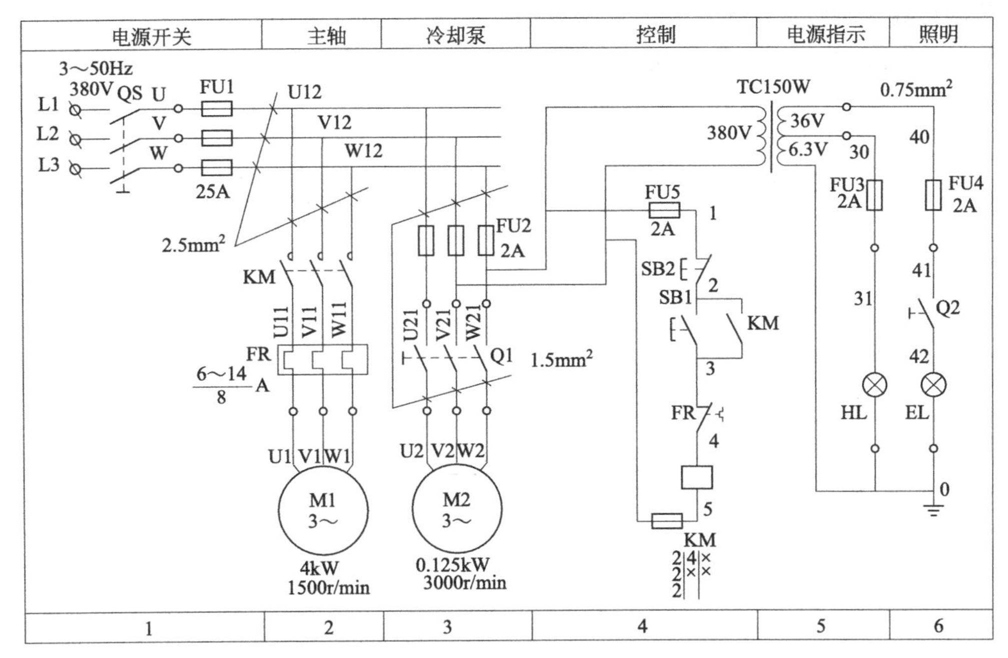

图 1-29　电气原理图

电气原理图根据控制对象的不同可分为主电路和控制电路。主电路是将电源与电气设备（电动机或电负荷）借助于低压电器进行可靠连接的电路，涉及的低压电器有低压断路器、熔断器、接触器（智能控制单元）、热过载保护器、接线端子等。控制电路是由主令电器、接触器和继电器的线圈、各种电器的常开和常闭辅助触点、电磁阀、电磁铁等按控制要求和控制逻辑进行的组合。

绘制电气原理图时，一般遵循下面的规则：

① 电气控制电路分主电路和辅助电路。主电路一般是电气控制电路中大电流通过的部分，包括从电源到电动机之间相连的电气元件；一般由组合开关、主熔断器、接触器主触点、热继电器的热元件和电动机等组成。辅助电路是控制电路中除主电路以外的电路，其流过的电流比较小。辅助电路包括控制电路、照明电路、信号电路和保护电路。其中控制电路是由按钮、接触器和继电器的线圈及辅助触点、热继电器触点、保护电器触点等组成。通常主电路用粗实线绘出，而辅助电路用细实线画。一般主电路画在左侧或上部，辅助电路画在右侧或下部。

② 电气控制电路中，同一电器的各导电部分如线圈和触点常常不画在一起，但要用同一文字符号标注。若有多个同类电器，可在文字符号后加上数字序号，如 KM1、KM2 等。

③ 电气控制电路的全部触点都按“非激励”状态绘出。“非激励”状态对电操作元件如接触器、继电器等是指线圈未通电时的触点状态；对机械操作元件如按钮、行程开关等是指没有受到外力时的触点状态；对主令控制器是指手柄置于“零位”时各触点的状态；断路器和隔离开关的触点处于断开状态。

④ 控制电路的分支线路，原则上按照动作先后顺序排列，两线交叉连接的电气连接点须用黑点标出，两线连接的接线端子用空心圆画出。

（2）电气接线图

电气接线图是将分布在电控柜和现场的电气元件和设备进行线路连接（如图 1-30 所示），绘制接线图时应把各电器的各个部分（如触点与线圈）画在一起，文字符号、元件连接顺序、线路号码编制必须与电气原理图一致。以安装接线为主，基本不涉及电气设备的整体结构和工作原理，着重表达接线过程。

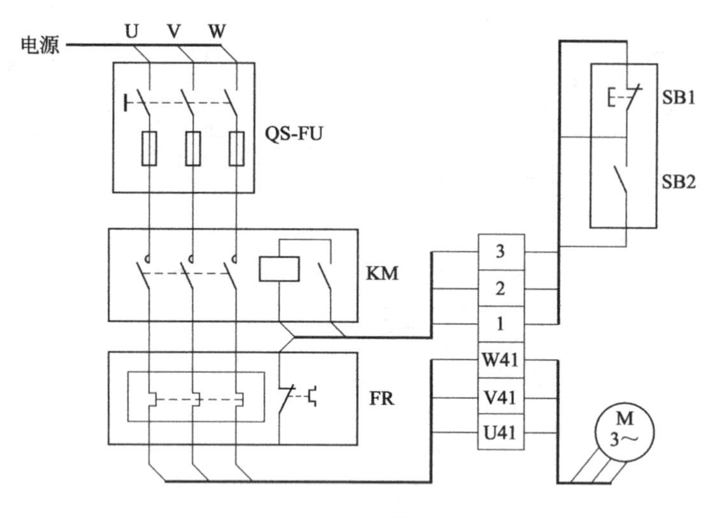

图 1-30　电气接线图

绘制电气安装图应遵循的主要原则如下：

① 必须遵循相关国家标准绘制电气安装接线图。

② 各电气元件的位置、文字符号必须和电气原理图中的标注一致，同一个电气元件的各部件（如同一个接触器的触点、线圈等）必须画在一起，各电气元件的位置应与实际安装位置一致。

③ 不在同一安装板或电气柜上的电气元件或信号的电气连接一般应通过端子排连接，并按照电气原理图中的接线编号连接。

④ 走向相同、功能相同的多根导线可用单线或线束表示。画连接线时，应标明导线的规格、型号、颜色、根数和穿线管的尺寸。对于控制装置的外部接线应在图上绘出或用接线表表示清楚，并注明电源的引入点。

（3）电气元件布置图

电气元件布置图是器件的布局和位置安装，主要用来表明电气设备或系统中所有电气元件的实际位置，为制造、安装、维护提供必要的参考资料。包括在电控柜和现场的分布，如电控柜中器件的分布、控制操作盘中器件的分布、器件的间隔和排放顺序、安装方式和定位等。在进行元器件布局时要注意整齐、美观、对称、外形尺寸与结构类型类似的电器安装在一起，以利于加工、安装和配线。在电气元件布置图中，一般标有各元件间距尺寸、安装孔距和进出线的方式。

如图 1-31 所示为 CW6132 型车床电气元件布置图。图中各电器代号与有关电路图和电器清单上的所有元件代号相同，电气元件布置图不需要标注尺寸。图中 FU1～FU4 为熔断器，FR 为热继电器，TC 为照明变压器。

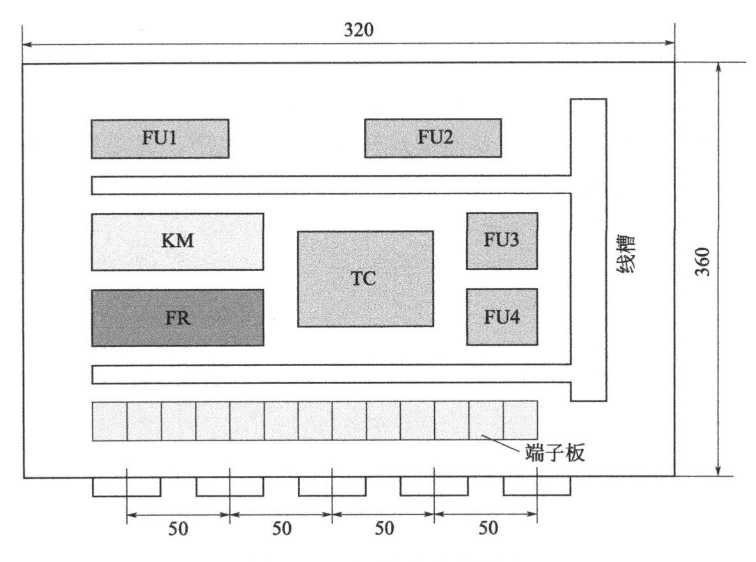

图 1-31　电气元件布置图

电气元件布置图的设计应遵循以下原则：

① 必须遵循相关国家标准设计和绘制电气元件布置图。

② 相同类型的电气元件布置时，应把体积较大和较重的安装在控制柜或面板的下方。

③ 发热的元器件应该安装在控制柜或面板的上方或后方，但热继电器一般安装在接触器的下面，以方便与电动机和接触器的连接。

④ 需要经常维护、整定和检修的电气元件、操作开关、监视仪器仪表，其安装位置应高低适宜，以便工作人员操作。

⑤ 强电、弱电应该分开走线，注意屏蔽层的连接，防止干扰的窜入。

⑥ 电气元件的布置应考虑安装间隙，并尽可能做到整齐、美观。

1.4　三相异步电动机的基本控制电路

1.4.1　基本控制环节

（1）自锁控制电路

自锁控制电路如图 1-32 所示。

当按下 SB2 启动按钮时，电流经 SB1、SB2 到达线圈 KM，接触器动作，接触器的主触点和辅助触点均闭合，电动机开始运转。松开 SB2 时，电流经 SB1、KM 的辅助触点到达线圈 KM，线圈保持一直得电。这种依靠接触器的辅助触点使线圈保持一直得电的方式称为自锁控制。当按下 SB1 停止按钮时，线圈 KM 失电，所有触点返回，电动机停止转动。

这个电路是单向自锁控制电路，它的特点是启动、保持、停止，所以称为“启、保、停”控制电路。

（2）点动控制电路

实际生产中，生产机械常需点动控制，如机床调整对刀和刀架、立柱的快速移动等。所谓点动，指按下启动按钮，电动机转动；松开按钮，电动机停止运动。与之对应的，若松开按钮后能使电动机连续工作，则称为长动。区分点动与长动的关键是控制电路中控制电器通电后能否自锁，即是否具有自锁触点。点动控制电路如图 1-33 所示。

生产实际中，有的生产机械既需要连续运转进行加工生产，又需要在进行调整工作时采用点动控制，这就产生了点动、长动混合控制电路。

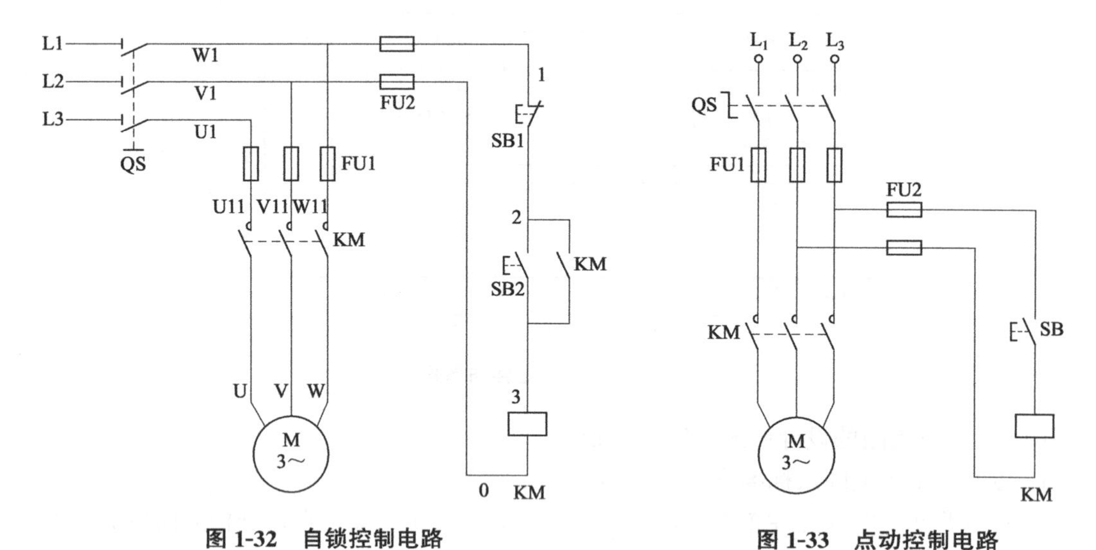

图 1-32　自锁控制电路

图 1-33　点动控制电路

(3) 点动/长动混合控制电路

生产实际中，有的生产机械既需要连续运转进行加工生产，又需要在进行调整工作时采用点动控制，这就产生了点动、长动混合控制电路。常用控制电路如图 1-34 所示。

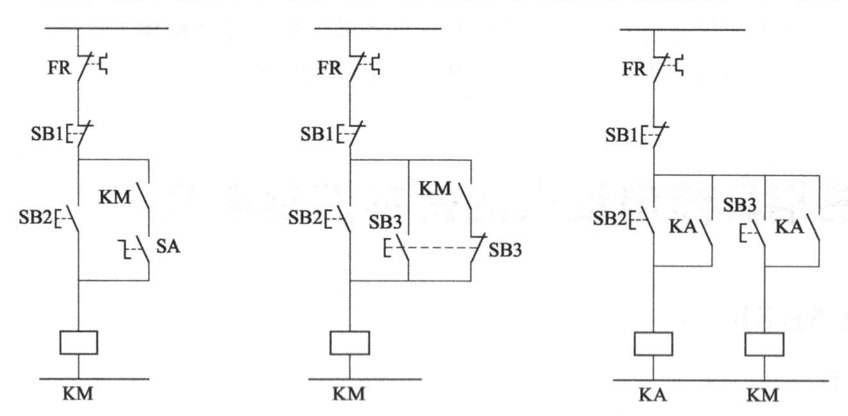

图 1-34　点动/长动混合控制电路

(4) 多地点与多条件控制电路

多地点控制是指在两地或两个以上地点进行的控制操作，多用于规模较大的设备，为了操作方便常要求能在多个地点进行操作。在某些机械设备上，为保证操作安全，需要多个条件满足，设备才能工作。这样的控制要求可通过在电路中串联或并联电器的常闭触点和常开触点来实现。

多地点控制按钮的连接原则为：常开按钮均相互并联，组成“或”逻辑关系，常闭按钮均相互串联，组成“与”逻辑关系，任一条件满足，结果即可成立。遵循以上原则还可实现三地及更多地点的控制，多地点控制电路如图 1-35（a）所示。多条件控制按钮的连接原则为：常开按钮均相互串联，常闭按钮均相互并联，所有条件满足，结果才能成立，遵循以上原则还可实现更多条件的控制，多条件控制电路如图 1-35（b）所示。

（5）顺序控制电路

有多台电动机拖动的机械设备，在操作时为了保证设备的运行和工艺过程的顺利进行，对电动机的启动、停止，必须按一定顺序来控制，这就称为电动机的顺序控制。这种情况在机械设备中是常见的。例如，有的机床的油泵电动机要先于主轴电动机启动，主轴电动机又先于切削液电动机启动等。顺序控制电路如图 1-36 所示。

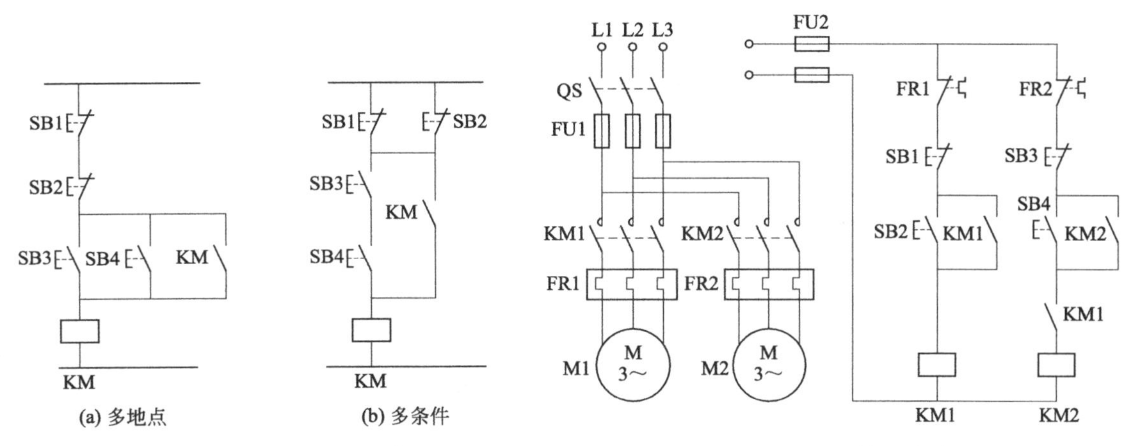

图 1-35　多地点与多条件控制电路　　　图 1-36　顺序控制电路

（6）正反转控制电路

生产实践中，许多设备均需要两个相反方向的运行控制，如机床工作台的进退、升降以及主轴的正反向运转等。此类控制均可通过电动机的正转与反转来实现。由电动机原理可知，电动机三相电源进线中任意两相对调，即可实现电动机的反向运转。正反转控制电路如图 1-37 所示。

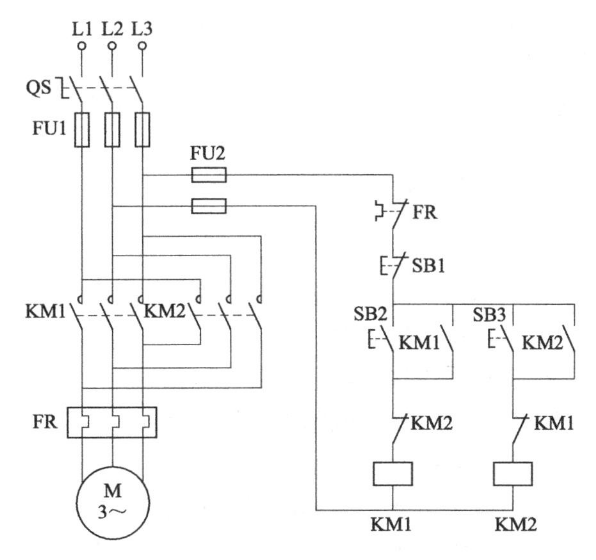

图 1-37　正反转控制电路

接触器 KM1 和 KM2 触点不能同时闭合，以免发生相间短路故障，因此需要在各自的控制电路中串接对方的常闭触点，构成互锁。

电动机由正转到反转，需先按停止按钮 SB1，在操作上不方便，为了解决这个问题，可利用复合按钮进行控制，采用复合按钮，还可以起到联锁作用，这是由于按下 SB2 时，只有 KM1 可得电动作，同时 KM2 回路被切断。同理按下 SB3 时，只有 KM2 可得电动作，同时 KM1 回路被切断。按钮联锁正反转控制电路如图 1-38 所示。

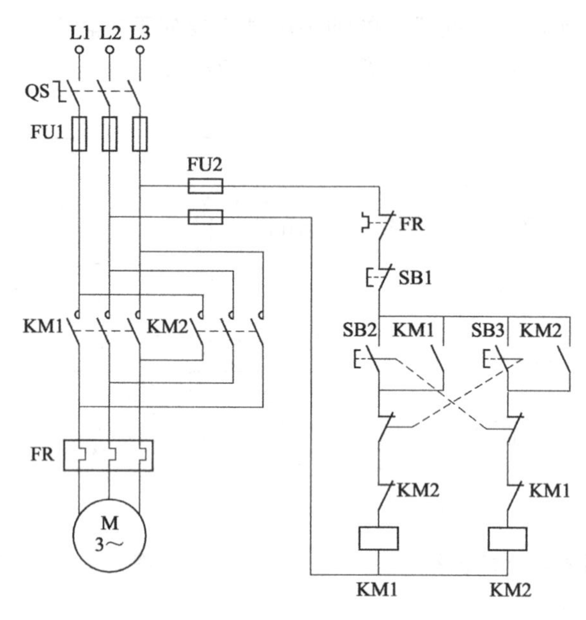

图 1-38　按钮联锁的正反转控制电路

但只用按钮进行联锁，而不用接触器常闭触点之间的联锁，是不可靠的。在实际中可能出现这样的情况，由于负载短路或大电流的长期作用，接触器的主触点被强烈的电弧“烧焊”在一起，或者接触器的机构失灵，使衔铁卡住总是在吸合状态。这都可能是主触点不能断开，这时如果另一接触器动作，就会造成电源短路事故。

如果用的是接触器常闭触点进行联锁，不论什么原因，只要一个接触器是吸合状态，它的联锁常闭触点就必然将另一接触器线圈电路切断，这就能避免事故的发生。

1.4.2　三相异步电动机启动控制

（1）直接启动控制电路

对容量较小，并且工作要求简单的电动机，如小型台钻、砂轮机、冷却泵的电动机，可用手动开关在动力电路中接通电源直接启动。

一般中小型机床的主电动机采用接触器直接启动，接触器直接启动电路分为两部分，主电路由接触器的主触点接通与断开，控制电路由按钮和辅助常开触点控制接触器线圈的通断电，实现对主电路的通断控制。直接启动控制电路如图 1-39 所示。

直接启动的优点是电气设备少，线路简单。实际的直接启动电路一般采用断路器直接启动控制。对于容量大的电动机来说，由于启动电流大，会引起较大的电网压降，所以必须采用减压启动的方法，以限制启动电流。

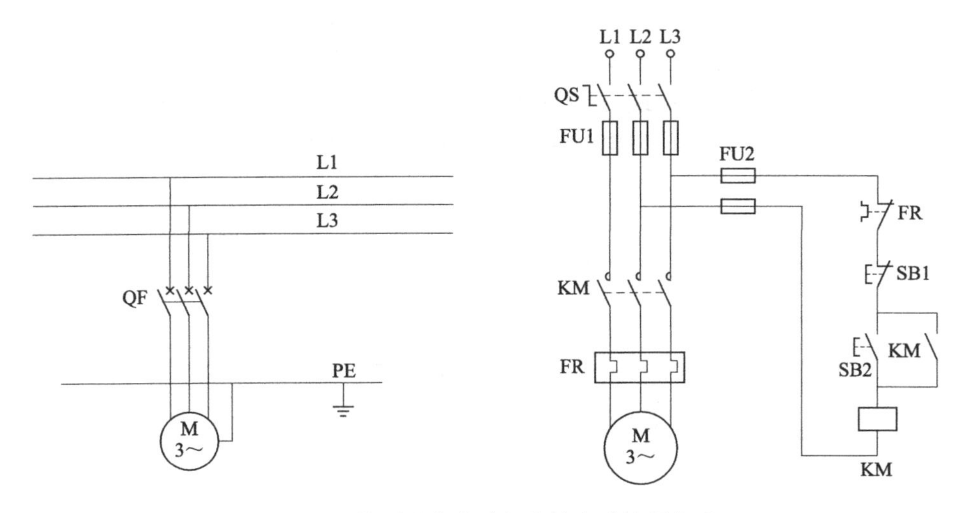

图 1-39　笼型异步电动机直接启动控制电路

（2）降压启动控制电路

容量大于 10kW 的笼型异步电动机直接启动时，启动冲击电流为额定值的 4～7 倍，故一般均需采取相应措施降低电压，即减小与电压成正比的电枢电流，从而在电路中不至于产生过大的电压降。常用的降压启动方式有定子电路串电阻降压启动、星形-三角形（Y-△）降压启动和自耦变压器降压启动。

① 星形-三角形降压启动控制电路　正常运行时，定子绕组为三角形连接的笼型异步电动机，可采用星形-三角形的降压启动方式来达到限制启动电流的目的。启动时，定子绕组首先连接成星形，待转速上升到接近额定转速时，将定子绕组的连接由星形连接成三角形，电动机便进入全压正常运行状态。星形-三角形降压启动控制电路如图 1-40 所示。

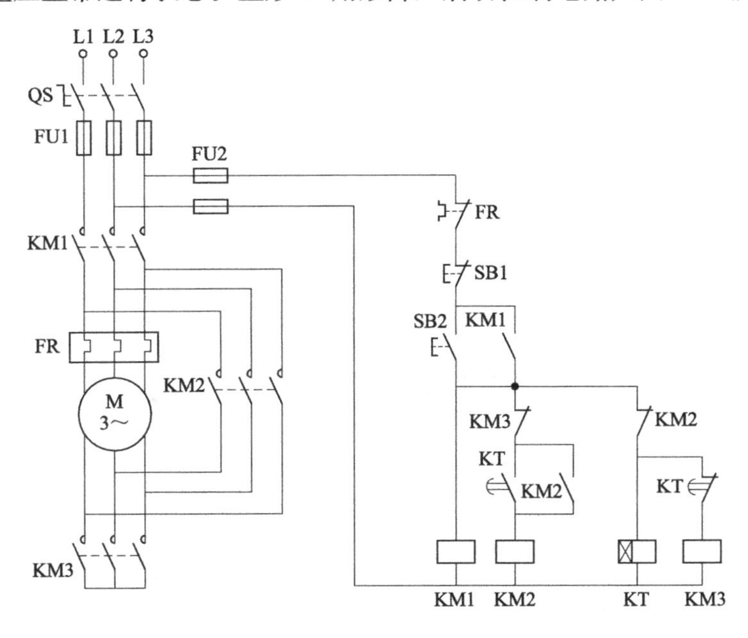

图 1-40　星形-三角形降压启动控制电路

② 定子串电阻降压启动控制电路　电动机串电阻降压启动是电动机启动时，在三相定子绕组中串接电阻分压，使定子绕组上的压降降低，启动后再将电阻短接，电动机即可在全压下运行。这种启动方式不受接线方式的限制，设备简单，常用于中小型设备和用于限制机床点动调整时的启动电流。定子串电阻降压启动控制电路如图 1-41 所示。

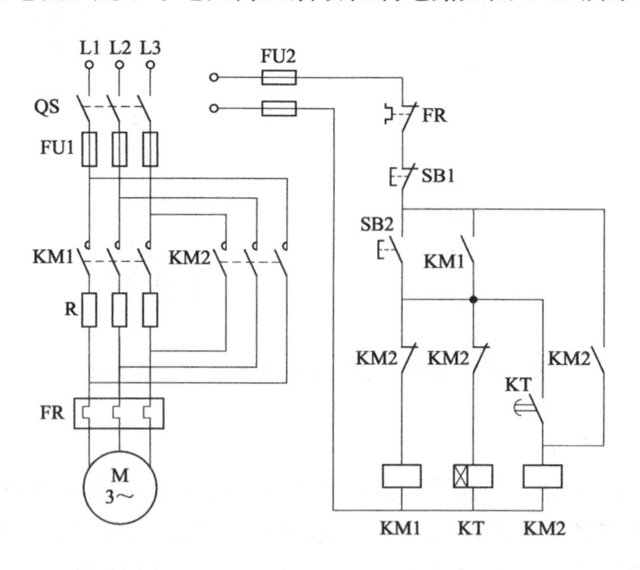

图 1-41　定子串电阻降压启动控制电路

③ 自耦变压器降压启动控制电路　在自耦变压器降压启动的控制电路中，电动机启动电流的限制，是依靠自耦变压器的降压作用来实现的。电动机启动的时候，定子绕组得到的电压是自耦变压器的二次电压。一旦启动结束，自耦变压器便被切除，额定电压通过接触器直接加于定子绕组，电动机进入全压运行的正常工作。自耦变压器降压启动控制电路如图 1-42 所示。

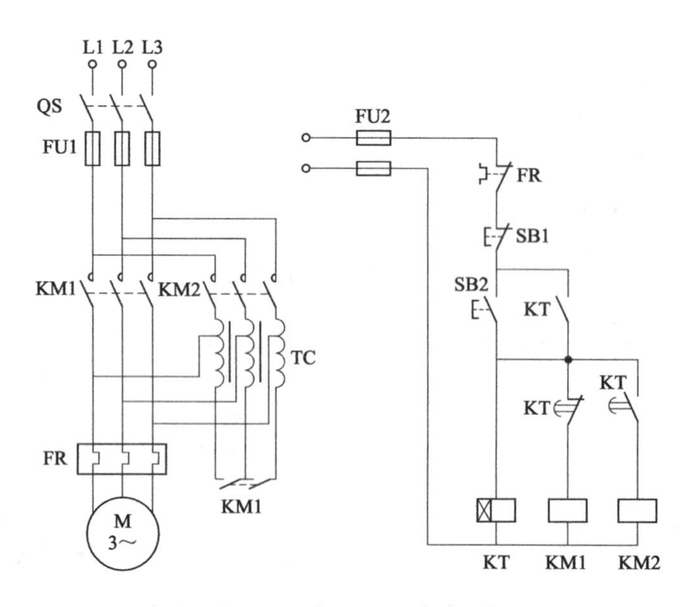

图 1-42　自耦变压器降压启动控制电路

1.4.3 三相异步电动机制动控制

三相异步电动机从切除电源到完全停止运转。由于惯性的关系，总要经过一段时间，这往往不能适应某些生产机械工艺的要求。如万能铣床、卧式镗床、电梯等，为提高生产效率及准确停位，要求电动机能迅速停车，对电动机进行制动控制。制动方法一般有两大类：机械制动和电气制动。电气制动中常用反接制动和能耗制动。

(1) 反接制动控制电路

反接制动控制的工作原理：改变异步电动机定子绕组中的三相电源相序，使定子绕组产生方向相反的旋转磁场，从而产生制动转矩，实现制动。反接制动要求在电动机转速接近零时及时切断反相序的电源，以防止电动机反向启动。

反接制动过程为：当想要停车时，首先将三相电源切换，然后当电动机转速接近零时，再将三相电源切除。反接制动控制电路如图 1-43 所示。

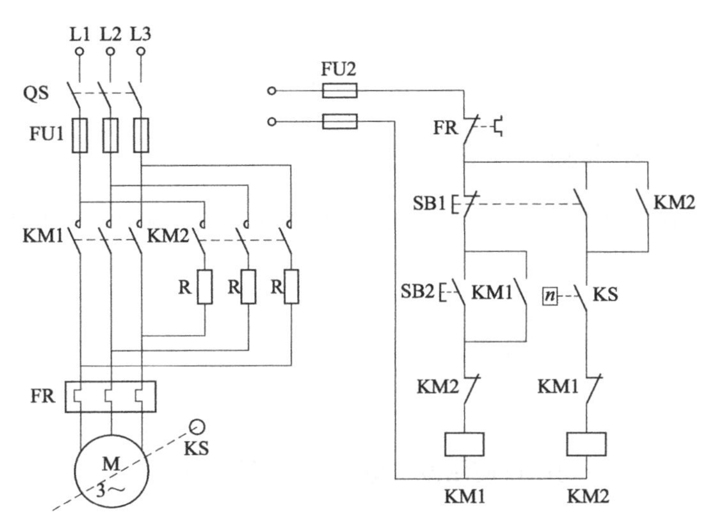

图 1-43　反接制动控制电路

控制电路中停止按钮使用了复合按钮 SB1，并在其常开触点上并联了 KM2 的常开触点，使 KM2 能自锁。这样在用手转动电动机时，虽然 KS 的常开触点闭合，但只要不按复合按钮 SB1，KM2 就不会通电，电动机也就不会反接于电源，只有按下 SB1，KM2 才能通电，制动电路才能接通。因电动机反接制动电流很大，故在主回路中串入电阻 R，可防止制动时电动机绕组过热。

(2) 能耗制动控制电路

能耗制动控制的工作原理：在三相电动机停车切断三相交流电源的同时，将一直流电源引入定子绕组，产生静止磁场。电动机转子由于惯性仍沿原方向转动，则转子在静止磁场中切割磁力线，产生一个与惯性转动方向相反的电磁转矩，实现对转子的制动。能耗制动控制电路如图 1-44 所示。

反接制动时，制动电流很大，因此制动力矩大，制动效果显著，但在制动时有冲击，制动不平稳且能量消耗大。能耗制动与反接制动相比，制动平稳，准确，能量消耗少，但制动力矩较弱，特别在低速时制动效果差，并且还需提供直流电源。在实际使用时，应根据设备的工作要求选用合适的制动方法。

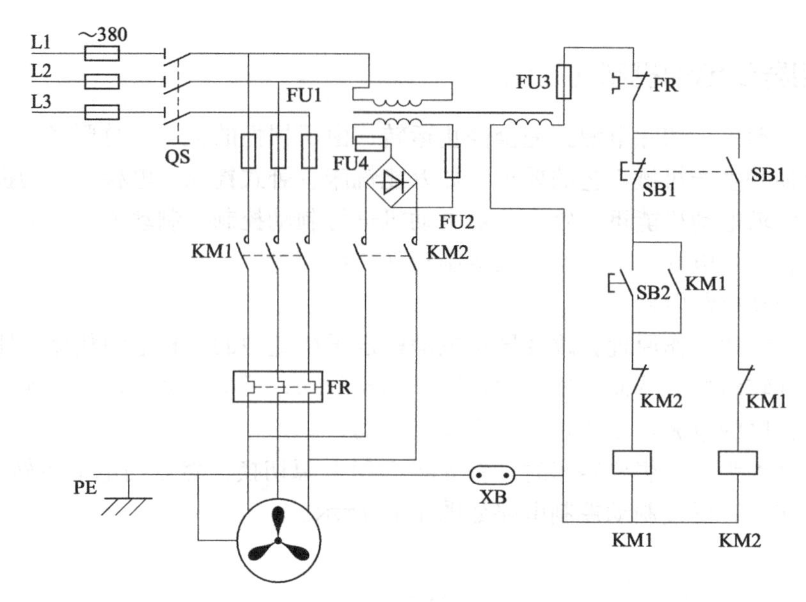

图 1-44　能耗制动控制电路

1.4.4　三相异步电动机调速控制电路

实际生产中，对机械设备常有多种速度输出的要求，通常采用单速电动机时，需配有机械变速系统以满足变速要求。当设备的结构尺寸受到限制或要求速度连续可调时，常采用多速电动机或电动机调速。

根据三相异步电动机的转速公式：

$$n=\frac{60f_1}{p}(1-s)$$

得出三相异步电动机的调速可使用改变电动机定子绕组的磁极对数，改变电源频率或改变转差率的方式。

三相笼型电动机采用改变磁极对数调速。当改变定子极数时，转子极数也同时改变。笼型转子本身没有固定的极数，它的极数随定子极数而定。电动机变极调速的优点是，它既适用于恒功率负载，又适用于恒转矩负载，线路简单，维修方便；缺点是有级调速且价格昂贵。

改变定子绕组极对数的方法有：

① 装一套定子绕组，改变它的连接方式，得到不同的极对数。

② 定子槽里装两套极对数不一样的独立绕组。

③ 定子槽里装两套极对数不一样的独立绕组，而每套绕组本身又可以改变它的连接方式，得到不同的极对数，如图 1-45 所示。

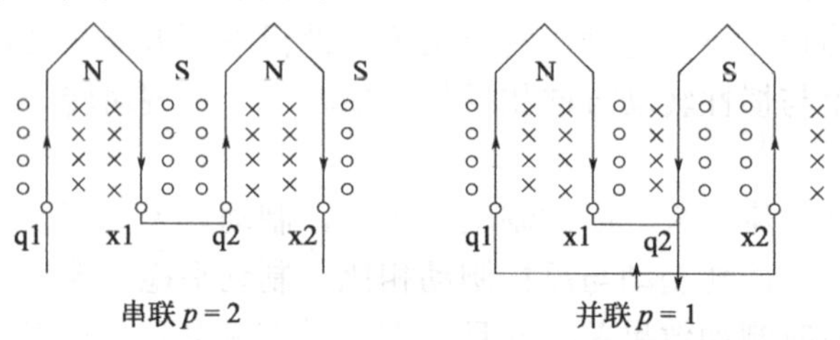

图 1-45　改变定子绕组极对数

调速控制电路如图 1-46 所示。

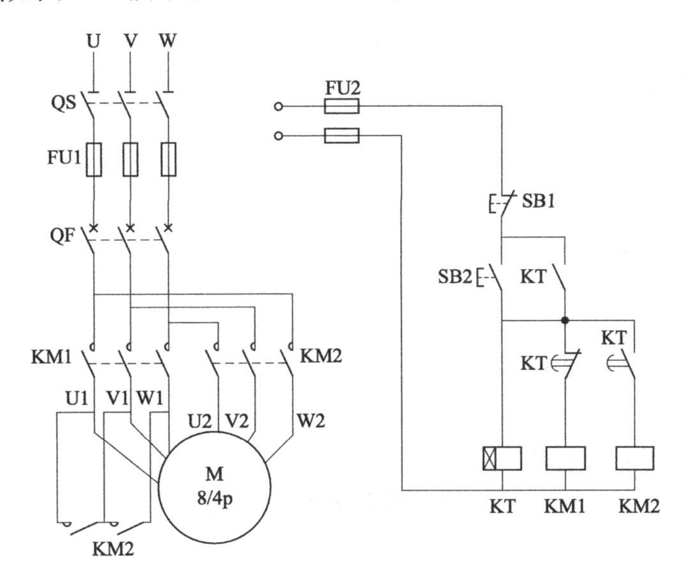

图 1-46　调速控制电路

项目训练一　三相异步电动机星-三角降压启动控制

一、训练目的

(1) 了解接触器、时间继电器等低压电气元件结构，工作原理及使用方法。

(2) 掌握异步电动机星-三角降压启动控制电路的工作原理及接线方法。

(3) 熟悉这种电路的故障分析与排除方法。

二、实训设备及电气元件

电动机、交流接触器、热继电器、时间继电器，熔断器、控制按钮、导线、电工工具等。

三、实训步骤

1. 检验器材

在不通电的情况下，用万用表或肉眼检查各元器件各触点的分合情况是否良好；用手感觉熔断器在插拔时的松紧度，及时调整瓷盖夹片的夹紧度；检查按钮中的螺栓是否完好，是否滑丝；检查接触器的线圈电压与电源电压是否相符。

2. 接线

分析图 1-40 的电气原理图，画出电气接线图，先接主电路，然后接控制电路。

3. 安装电气元件

紧固各元器件时应用力均匀，紧固程度适当。在紧固熔断器、接触器等易碎元件时，应用手按住元件，一边轻轻摇动，一边用旋具轮流旋紧对角线的螺钉，直至手感摇不动后，直至手感摇不动后再适度旋紧一些即可。

4. 检查接线

检查控制回路时，可用万用表表棒分别搭在 FU 的出线端上，此时读数应为 0，按下启动按钮时，读数应为某条支路上的单个或几个接触器线圈的并联直流电阻阻值，在较繁电路中，应能找出其他回路，并用万用表的电阻挡进行检查，尤其是注意延时通断的触点是否正确，延时长短是否合理；检查主回路时，可以用手或平口起子按压接触器代替触点吸合时的情况进行检查。

5. 通电试车

通电前必须自检无误并征得指导教师的同意，通电时必须有指导教师在场方能进行在操作过程中应严格遵守操作规程以免发生意外。

6. 操作

按下启动和停止按钮观察电动机启动情况；调节时间继电器的延时，观察时间继电器动作时间对电动机的启动过程的影响。

7. 故障分析

实验过程中出现不正常时，应断开电源，分析并排除故障；在分析过程中，应通过“望、闻、问、切”了解故障前作情况和故障发生后的异常现象，判断故障发生的可能部位，进而判断故障范围，查找故障点。

8. 仪器整理

实验后，先断开电源，后拆电动机和连线。将实验台（柜）整理好，等待老师的验收，验收后方可离开实验室。

四、思考

（1）时间继电器通电延时常开与常闭触点接错，电路工作状态怎样？

（2）设计一个用断电延时继电器控制的星形-三角形降压启动控制电路。

（3）若在实训中听到电动机“嗡嗡”响时，如何分析故障原因并排除故障？

第2章

可编程序控制器（PLC）概述

2.1 PLC的介绍与特点

可编程控制器（Programmable Controller，PC）是新一代的工业控制装置，是工业自动化的基础平台，目前已被广泛应用到石油、化工、电力、机械制造、汽车、交通等各个领域。早期的可编程控制器只能用于进行逻辑控制，因此被称为可编程逻辑控制器（Programmable Logic Controller，PLC）。随着现代技术的发展，可编程控制器用微处理器作为其控制的核心部件，其控制的功能也远远超过了逻辑控制的范围，于是这种装置被称为可编程控制器（Programmable Controller），简称为PC。但是为了避免与个人计算机（Personal Computer，PC）相混淆，可编程控制器仍然被简称为PLC。

2.1.1 PLC的产生

PLC产生之前，继电器控制系统广泛应用于工业生产的各个领域，起着不可替代的作用。随着生产规模的逐步扩大，继电器控制系统已越来越难以适应现代工业生产的要求。继电器控制系统通常是针对某一固定的动作顺序或生产工艺而设计的，它的控制功能仅局限于逻辑控制、定时、计数等一些简单的控制，一旦动作顺序或生产工艺发生变化，就必须重新进行设计、布线、装配和调试，造成时间和资金的严重浪费。另外继电器控制系统体积大、耗电多、可靠性差、寿命短、运行速度慢、适应性差。在PLC发明之前，全世界都是采用这种控制方式。

为了改变这一现状，人们在想能否使用计算机进行逻辑运算来替代由继电器搭配逻辑电路呢？1968年美国最大的汽车制造商通用汽车公司（GM），为了适应汽车型号不断更新的需求，并能在竞争激烈的汽车工业中占有优势，提出要研制一种新型的工业控制装置来取代继电器控制装置，并拟定了10项公开招标的技术要求（GM10条），这10项技术如下：

① 编程简单方便，可在现场修改程序；

② 硬件维护方便，最好是插件式结构；

③ 可靠性高于继电器控制系统；

④ 体积小于继电器控制柜；

⑤ 可将数据直接送入管理计算机；

⑥ 在成本上可与继电器控制柜竞争；

⑦ 输入可以是 AC 115V；

⑧ 输出是交流 115V、2A 以上，可直接驱动电磁阀等；

⑨ 在扩展时，原系统只要很小变更；

⑩ 用户程序存储器容量至少可以扩展到 4KB。

根据这些要求，1969 年美国数字设备公司（DEC）研制出了世界上第一台 PLC，并在美国通用汽车公司自动装配生产线上试用成功。这种新型的工控装置，以其体积小、可靠性高、使用寿命长、简单易懂、操作维护方便等一系列优点，很快就在美国许多行业里得到推广和应用，同时也受到了世界上许多国家的高度重视。1971 年，日本从美国引进了这项新技术，并研制出了日本第一台 PLC。1973 年西欧一些国家也研制出了自己的 PLC。我国从 20 世纪 70 年代中期开始研制 PLC，1977 年我国采用美国 Motorola 公司的集成芯片研制成功了国内第一台有实用价值的 PLC。

2.1.2 PLC 的定义

1987 年国际电工委员会（International Electrotechnical Commission，IEC）在可编程控制器国际标准草案中对可编程控制器作出如下定义：可编程控制器是一种数字运算操作的电子系统，专为在工业环境下应用而设计。它采用了可编程序的存储器，用来在其内部存储执行逻辑运算、顺序控制、定时、计数和算术运算等操作的指令，并通过数字式、模拟式的输入和输出，控制各种类型的机械或生产过程。可编程控制器及其有关的外围设备都应按易于与工业控制系统形成一个整体、易于扩充其功能的原则设计。

由 PLC 的定义可以看出，PLC 具有和计算机相类似的结构，也是一种工业通用计算机，只不过 PLC 为适应各种较为恶劣的工业环境而设计，具有很强的抗干扰能力，这也是 PLC 区别于一般微机控制系统的一个重要特征，并且 PLC 必须经过用户二次开发编程才能使用。

2.1.3 PLC 的分类

PLC 是根据现代化大生产的需要而产生的，PLC 的分类也必然要符合现代化生产的需求。PLC 产品的种类繁多，其功能、内存容量、控制规模、外形等方面均存在较大差异，型号规格不统一，还没有一个权威的统一分类标准，准确分类也是困难的。目前，一般按照控制规模、结构形式和实现的功能粗略地对 PLC 进行分类。

（1）按 PLC 的控制规模分类

控制规模主要指 PLC 可控制的最大 I/O 点数。通常而言，PLC 能控制的 I/O 点数越多，其控制的对象就越复杂，控制系统的规模也越大。PLC 按控制规模分，可以分为小型机、中型机和大型机 3 类。

① 小型机　小型机的控制点数一般在 256 点以内，通常采用整体式结构，适用于机电一体化设备或各种自动化仪表的单机控制。如日本 OMRON 公司生产的 CQM1、三菱公司

生产的FX2和德国西门子公司生产的S7-200。这类PLC由于控制点数不多，控制功能有一定局限性。但它价格低廉，并且小巧、灵活，可以直接安装在电气控制柜内，很适合用于单机控制或小型系统的控制。

② 中型机 中型机的控制点数一般在256～2048点之间，一般采用模块式结构，常用于大型机电一体化设备的控制。如日本OMRON公司生产的C200H、日本富士公司生产的HDC-100和德国西门子公司生产的S7-300。这类PLC由于控制点数较多，控制功能较强，有些PLC还有较强的计算能力，不仅可用于对设备进行直接控制，也可以对多个下一级的PLC进行监控，适用于中型或大型控制系统的控制。

③ 大型机 大型机的控制点数一般大于2048点，大型PLC使用32位微处理器，多CPU并行工作，并具有大容量存储器。均采用模块式结构，具有较强的网络通信功能，可用于大型自动化生产过程，组成分布式控制系统。如日本OMRON公司生产的C2000H、日本富士公司生产的F200和德国西门子公司生产的S7-400。这类PLC控制点数多，控制功能很强，有很强的计算能力。同时，这类PLC运行速度很高，不仅能完成较复杂的算术运算，还能进行复杂的矩阵运算，它不仅可以用于对设备进行直接控制，可以对多个下一级的PLC进行监控，还可以完成现代化工厂的全面管理和控制任务。

上述划分方式没有一个十分严格的界限，也不是一成不变的。随着PLC技术的飞速发展，某些小型PLC也具有中型或大型PLC的功能，这也是PLC的发展趋势。

（2）按PLC的结构分类

为了方便在工业现场安装，便于扩展，方便接线，其结构与普通计算机有很大区别。通常从组成结构形式上将PLC分为整体式和模块式两大类。

① 整体式 整体式结构的PLC把电源、CPU、存储器和I/O系统都集成在一个单元内，该单元叫做基本单元。一个基本单元就是一台完整的PLC。控制点数不满足需要时，可再接扩展单元，扩展单元不带CPU，在安装时不用基板，仅用电缆进行单元间的连接，由基本单元和若干扩展单元组成较大的系统。整体式结构的特点是紧凑、体积小、成本低、安装方便，其缺点是各个单元输入与输出点数有确定的比例，使PLC的配置缺少灵活性，有些I/O资源不能充分利用。早期的小型机多为整体式结构。

② 模块式 PLC的模块式结构通常也叫做组合式结构。模块式结构的PLC是把PLC系统的各个组成部分按功能分成若干个模块，如CPU模块、输入模块、输出模块和电源模块等，其中各模块功能比较单一，模块的种类却日趋丰富。例如，一些PLC除了一些基本的I/O模块外，还有一些特殊功能模块，如温度检测模块、位置检测模块、PID控制模块和通信模块等。模块式结构的PLC采用搭积木的方式，在一块基板插槽上插上所需模块组成控制系统（又叫做组合式结构）。有的PLC没有基板而是采用电缆把模块连接起来组成控制系统（又叫做叠装式结构）。模块式结构的PLC特点是CPU、输入和输出均为独立的模块。模块尺寸统一、安装整齐、I/O点选型自由，并且安装调试、扩展和维修方便。中型机和大型机多为模块式结构。

（3）按PLC的功能分类

PLC按功能强弱来分，可以分为低档机、中档机和高档机3类。

① 低档机 低档机具有基本的控制功能和一般的运算能力。工作速度比较低，能带的输入/输出模块的数量比较少，种类也比较少。这类可编程序控制器只适合于小规模的简单控制，在联网中一般适合作从站使用。如日本OMRON公司生产的C60P就属于低档机。

② 中档机　中档机具有较强的控制功能和较强的运算能力，它不仅能完成一般的逻辑运算，也能完成比较复杂的三角函数、指数运算和 PID 运算。工作速度比较快，能带的输入/输出模块的数量和种类也比较多。这类可编程序控制器不仅能完成小型系统的控制，也可以完成较大规模的控制任务。在联网中可以作从站，也可以作主站。如德国西门子公司生产的 S7-300 就属于中档机。

③ 高档机　高档机具有强大的控制功能和强大的运算能力，它不仅能完成逻辑运算、三角函数运算、指数运算和 PID 运算，还能进行复杂的矩阵运算。工作速度很快，能配带的输入/输出模块的数量很多，种类也很全面。这类可编程序控制器不仅能完成中等规模的控制工程，也可以完成规模很大的控制任务。在联网中一般做主站使用。如德国西门子公司生产的 S7-400 就属于高档机。

2.1.4 PLC 的发展

可编程控制器（PLC）自问世以后就凭借其优越的性能得到了迅速的发展，现在 PLC 已经成为一种最重要的也是应用场合最多的工业控制器。

最初的 PLC 限于当时元器件的条件及计算机的发展水平，主要由分立元件和中小规模集成电路组成，存储器采用的是磁芯存储器。它只能完成简单的开关量逻辑控制以及定时、计数功能。这时的 PLC 主要是被用作继电器控制装置的替代品，但它的性能要优于继电器，其主要优点包括体积小、易于安装、能耗低、简单易学等。为了方便熟悉继电器、接触器系统的工程技术人员使用，可编程控制器在软件编程上采用和继电器控制电路相似的梯形图作为主要的编程语言。

20 世纪 70 年代出现的微处理器使可编程控制器发生了巨大的变化。欧美及日本的一些厂家以微处理器和大规模集成电路芯片作为 PLC 的中央处理单元（CPU），使 PLC 增加了运算、数据传送及处理通信、自诊断等功能，可靠性也得到了进一步的提升。PLC 成了真正具有计算机特征的工业控制装置。70 年代中后期，可编程控制器进入实用化发展阶段，计算机技术已全面引入可编程控制器中，使其功能发生了飞跃。更高的运算速度、更小的体积、更可靠的工业抗干扰设计、模拟量运算、PID 功能以及极高的性价比，奠定了 PLC 在现代工业中的地位。

20 世纪 80 年代至 90 年代中期，可编程控制器在先进工业国家中已获得广泛应用。这个时期可编程控制器发展的特点是大规模、高速度、高性能、产品系列化。PLC 在处理模拟量能力、数字运算能力、人机接口能力和网络能力等方面得到大幅度提高，PLC 逐渐进入过程控制领域，在某些应用上取代了在过程控制领域处于统治地位的 DCS 系统。这个时期 PLC 的另一个特点是世界上生产可编程控制器的国家日益增多，产量日益上升。这标志着可编程控制器已步入成熟阶段。

20 世纪末期至今，可编程控制器的发展更加适应于现代工业的需要。从产品规模上来看，PLC 会进一步向超小型及超大型方向发展；从控制能力上来看，诞生了各种各样的特殊功能单元，用于压力、温度、转速、位移等各式各样的控制场合；从产品的配套能力来看，生产了各种人机界面单元、通信单元，使应用可编程控制器的工业控制设备的配套更加容易。目前，可编程控制器在机械制造、石油化工、冶金钢铁、汽车、轻工业等领域的应用都得到了长足的发展。伴随着计算机网络的发展，可编程控制器作为自动化控制网络和国际通用网络的重要组成部分，将在工业及工业以外的众多领域发挥越来越大的作用。

2.1.5　PLC 的特点

PLC 具有通用性强、使用方便、适应面广、可靠性高、抗干扰能力强、编程简单等优越的性能，这些特点使其在工业自动化控制特别是顺序控制领域拥有无法取代的地位。

（1）可靠性高、抗干扰能力强

在传统的继电器控制系统中，由于器件的老化、脱焊、触点的抖动、触点的电弧、接触不良等现象，大大降低了系统的可靠性。继电器控制系统的维修不仅耗费时间金钱，重要的是由于维修停产所带来的经济损失更是不可估量的。在 PLC 控制系统中，由于大量的开关动作是由无触点的半导体电路完成的，而且 PLC 在硬件和软件方面都采取了强有力的措施，使得产品具有极高的可靠性和抗干扰性。

在硬件方面 PLC 对所有的 I/O 接口电路都采用光电隔离措施，使工业现场的外部电路与 PLC 内部电路之间被有效地隔离开来，以减少故障和误动作；电源、CPU、编程器等都采用屏蔽措施，防止外界的干扰；供电系统及输入电路采用多种形式的滤波，以消除或抑制高频干扰，也削弱了各个部分之间的相互影响；采用模块式结构，当某一模块出现故障时，可以迅速更换该模块，从而尽可能缩短系统的故障停机时间。

在软件方面，PLC 设置了监视定时器，如果程序每次循环的执行时间超过了设定值，则表明程序已经进入死循环，可以立即报警。PLC 具有良好的自诊断功能，一旦电源或其他软件、硬件发生异常情况，CPU 会立即把当前状态保存起来，并禁止对程序的任何操作，以防止存储信息被冲掉，等故障排除后则会立即恢复到故障前的状态继续执行程序。另外 PLC 还加强对程序的检查和校验，当发现错误时会立即报警，并停止程序的执行。

（2）编程方法简单易学

大多数的 PLC 采用梯形图语言编程，其电路符号和表达方式与继电器电路原理图相似。只用少量的开关量逻辑控制指令就可以很方便地实现继电器电路的功能。另外梯形图语言形象直观、编程方便、简单易学，熟悉继电器控制电路图的电气技术人员很快就可以熟悉梯形图语言，并用来进行编写程序。

（3）灵活性和通用性强

PLC 是利用程序来实现各种控制功能的。在 PLC 控制系统中，当控制功能改变时只需修改控制程序即可，PLC 的外部接线一般只需做少许改动。一台 PLC 可以用于不同的控制系统，只要加载相应的程序就行了。而继电器控制系统中当工艺要求稍有改变时，控制电路就必须随之做相应的变动，耗时又费力。所以说 PLC 的灵活性和通用性是继电器电路所无法比拟的。

（4）丰富的 I/O 接口模块

PLC 针对不同的工业现场信号，如交流或直流、开关量或模拟量、电压或电流、脉冲或电位、强电或弱电信号，都能选择到相应的 I/O 模块与之相匹配。对于工业现场的器件或设备，如按钮、行程开关、接近开关、传感器及变送器、电磁线圈、控制阀等设备都有相应的 I/O 模块与之相连接。另外，为了提高 PLC 的操作性能，还有多种人机对话的接口模块；为了组成工业局域网络，还有多种通信联网的接口模块。

（5）采用模块化结构

为了适应各种工业控制的需求，除了单元式的小型 PLC 以外，绝大多数 PLC 都采用模块化结构。PLC 的各个部件，包括 CPU、电源、I/O 接口等均采用模块化结构，并由机架及电缆将各模块连接起来。系统的规模和功能可以根据用户自己的需要自行组合。

（6）控制系统的设计、调试周期短

由于 PLC 是通过程序来实现对系统的控制的，所以设计人员可以在实验室里设计和修改程序。还可以在实验室里进行系统的模拟运行和调试，使工作量大大减少。而继电器控制系统是靠调整控制电路的接线来改变其控制功能的，调试时费时又费力。

（7）体积小、能耗低、易于实现机电一体化

小型 PLC 的体积仅相当于几个继电器的大小，其内部电路主要采用半导体集成电路，具有结构紧凑、体积小、重量轻、功耗低的特点。PLC 还具有很强的抗干扰能力，能适应各种恶劣的环境，并且其易于装入机械设备内部，因此 PLC 是实现机电一体化的理想控制装置。

2.1.6 PLC 性能指标

PLC 的主要性能指标包括以下几个方面。

（1）输入/输出点数

I/O 点数即 PLC 面板上的输入、输出端子的个数，这是一项重要的技术指标。I/O 点数越多，外部可接的输入器件和输出器件就越多，控制规模也就越大。通常小型机最多有几十个点，中型机有几百个点，大型机超过千点。

（2）存储容量

PLC 中的存储器包括系统存储器和用户程序存储器。这里的存储容量是指用户程序存储器的容量。用户程序存储器容量越大，可存储的程序就越大，可以控制的系统规模也就越大。一般以字节（B）为单位。

（3）扫描速度

扫描速度是指 PLC 执行程序的速度，是衡量 PLC 性能的重要指标之一，主要取决于所用芯片的性能。一般以执行 1000 步指令所需的时间来衡量，单位为 ms/千步。有时也以执行 1 步指令的时间计算，单位为 μs/步。扫描速度越快，PLC 的响应速度也越快，对系统的控制也就越及时、准确、可靠。

（4）指令的数量和功能

用户编写的程序所完成的控制任务，取决于 PLC 指令的多少。编程指令的数量和功能越多，PLC 的处理能力和控制能力就越强。

（5）内部器件的种类和数量

内部器件包括各种继电器、计数器、定时器、数据存储器等。其种类和数量越多，存储各种信息的能力和控制能力就越强。

（6）扩展能力

在选择 PLC 时，需要考虑其可扩展性。它主要包括输入、输出点数的扩展，存储容量的扩展，联网功能的扩展和可扩展模块的多少。

2.2 PLC 硬件组成

PLC 本身就是一台适合工业现场使用的专用计算机，其硬件结构如图 2-1 所示。

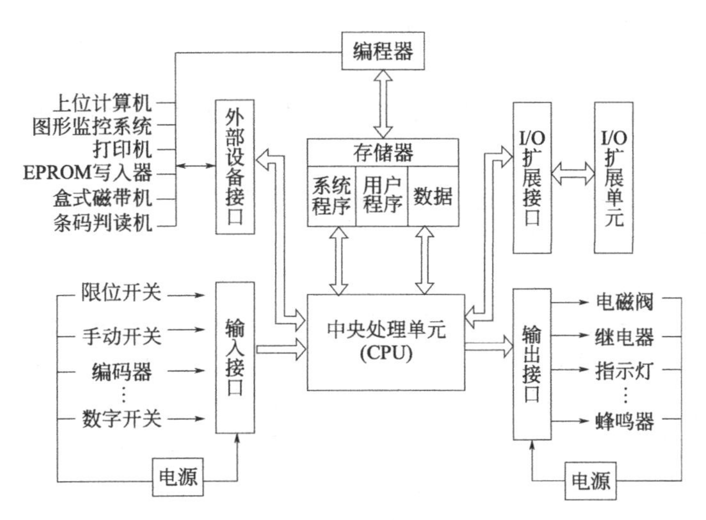

图 2-1　PLC 硬件结构

PLC 是一种以微处理器为核心的专用于工业控制的特殊计算机，其硬件组成与一般的微型计算机相类似，虽然不同厂家 PLC 的结构多种多样，但其基本结构是相同的，即主要由中央处理器（CPU）、存储器、输入/输出单元、电源、I/O 扩展端口、通信单元等有机组合而成的。根据结构的不同，PLC 可以分为整体式和组合式（也称模块式）两类。整体式 PLC 所有部件都装在同一机壳内，结构紧凑、体积小。小型机常采用这种结构，如德国西门子（SIEMENS）公司的 S7-200 系列 PLC。组合式 PLC 是将组成 PLC 的多个单元分别做成相应的模块，各模块在导轨上通过总线连接起来。大中型 PLC 常采用这种方式，如西门子公司的 S7-300/400 系列 PLC。西门子公司整体式 PLC 如图 2-2 所示，组合式 PLC 如图 2-3 所示。

图 2-2　整体式 PLC

图 2-3　组合式 PLC

（1）中央处理器单元（CPU）

CPU 是 PLC 的核心部件，能使 PLC 按照预先编好的系统程序来完成各种控制。小型 PLC 多用 8 位微处理器或单片机；中型 PLC 多用 16 位微处理器或单片机；大型 PLC 多用双极型位片机。其作用主要有：

① 接收并存储用户程序和数据。

② 接收、调用现场输入设备的状态和数据。先将现场输入的数据保存起来，在需要用的时候调用该数据。

③ 诊断电源及 PLC 内部电路的工作状态和编程过程中的语法错误，发现错误时会立即报警。

④ 当 PLC 进入运行（Run）状态时，CPU 根据用户程序存放的先后顺序依次执行，完成程序中规定的操作。

⑤ 根据程序运行的结果更新有关标志位的状态和输出映像寄存器的内容，再经输出部件实现输出控制或数据通信功能。

（2）存储器

PLC 的存储器是用来存储数据和程序的，可以分为系统程序存储器（ROM 或 EPROM）、用户程序存储器（RAM）、工作数据存储器（RAM/FLASH）。系统程序存储器决定了 PLC 的功能，它是只读存储器，用户不能更改其内容。PLC 中常用 RAM 来存储用户程序，RAM 的工作速度快，价格便宜、改写方便，同时在 PLC 中配有锂电池，当外部电源断电时，可以保存 RAM 中的信息。用来存储工作数据的区域称为工作数据区。工作数据是经常变化和存取的，所以工作数据存储器必须是可读写的。

（3）输入/输出单元

输入/输出单元是 PLC 与外部设备互相联系的窗口。实际的生产中信号电平是多样的，外部执行机构所需要的电平也是不同的。但是 CPU 所处理的信号只能是标准电平，因此需要通过输入/输出单元来实现对这些信号电平的转换。它实质上是 PLC 与被控对象之间传送信号的接口部件。输入单元接收现场设备向 PLC 提供的信号，如按钮、开关、继电器触点、拨码器等开关量信号。这些信号经过输入电路的滤波、光电隔离、电平转换等处理后变成 CPU 能够接收和处理的信号。输出单元将经过 CPU 处理的微弱电信号通过光电隔离、功率放大等处理后转换成外部设备所需要的强电信号，从而来驱动各种执行元件，如接触器、电磁阀、调节器、调速装置等。

（4）电源

一般情况下 PLC 使用 220V 的交流电源或 24V 的直流电源。电源部件将外部输入的交流电经整流滤波处理后转换成供 PLC 的中央处理器、存储器等内部电路工作所需要的 5V、12V、24V 等不同电压等级的直流电源，使 PLC 能正常工作。许多 PLC 的直流电源多采用直流开关稳压电源，不仅可以提供多路独立的电压供内部电路使用，还可以向外部提供 24V 的直流电源，给输入单元所连接的外部开关或传感器供电。

一般对于整体式 PLC，电源部件封装在主机内部，对于模块式 PLC，电源部件一般采用单独的电源模块。

（5）I/O 扩展端口

PLC 的 I/O 端口是十分重要的资源，扩展 I/O 端口是提高 PLC 控制系统经济性能指标的重要手段。当 PLC 主控单元的 I/O 点数不能满足用户的需求时，可以通过 I/O 扩展端口用扁平电缆将 I/O 扩展单元与主控单元相连，以增加 I/O 点数。大部分的 PLC 都有扩展端口。主机可以通过扩展端口连接 I/O 扩展单元来增加 I/O 点数，也可以通过扩展端口连接各种特殊功能单元以扩展 PLC 的功能。

（6）外设端口

PLC 可以通过外设端口与各种外部设备相连接。例如连接终端设备 PT 进行程序的设计、调试和系统监控；连接打印机可以打印用户程序、打印 PLC 运行过程中的状态、打印故障报警的种类和时间等；连接 EPROM 写入器，将调试好的用户程序写入 EPROM，以免被误改动等；有的PLC还可以通过外部设备端口与其他PLC、上位机进行通信或加入各种网络。

（7）编程工具

编程工具是开发应用和检查维护PLC以及监控系统运行不可或缺的外部设备。利用编程工具可以将用户程序输入到PLC的存储器，还可以检查、修改、调试程序以及监视程序的运行。PLC的编程工具有两种形式：一种是手持编程器，它由键盘、显示器和工作方式选择开关等组成，主要用于调试简单的程序、现场修改参数以及监视PLC自身的工作情况；另一种是利用上位计算机中的专业编程软件（如西门子S7-300 PLC用的STEP7软件），它主要用于编写较大型的程序，并能够灵活地修改、下载、安装程序以及在线调试和监控程序。编程软件的应用更为广泛。

（8）智能单元

为了增强PLC的功能，扩大其应用领域，减轻CPU的数据处理负担，PLC厂家开发了各种各样的功能模块，以满足更加复杂的控制功能的需要。这些功能模块一般都内置了CPU，具有自己的系统软件，能独立完成一项专门的工作。智能单元是PLC中的一个模块，它与CPU通过系统总线连接，并在CPU的协调管理下独立地进行工作。常用的智能单元包括对高速脉冲进行计数和处理的高速计数模块、A/D单元、D/A单元、位置控制单元、PID控制单元、温度控制单元等。

2.3 PLC开发环境和工作原理

2.3.1 PLC编程语言及编程软件

可编程控制器是通过程序来实现控制的，编写程序时所用的语言就是PLC的编程语言，PLC编程语言有多种，它是用PLC的编程语言或某种PLC指令的助记符编制而成的。各个元件的助记符随PLC型号的不同而略有不同。PLC编程语言根据生产厂商的不同而不同。由于目前没有统一的通用编程语言，所以在使用不同厂商的PLC时，同一种编程语言也有所不同。在PLC控制系统设计中，要求设计人员不但要对PLC的硬件性能了解外，也要了解PLC对编程语言支持的种类。

国际电工委员会（IEC）1994年5月公布IEC 61131-3标准（PLC的编程语言标准，也是至今唯一的工业控制系统的编程语言标准）中详细地说明了句法、语义和下述5种编程语言：语句表（Statement List，STL）、梯形图（Ladder Diagram，LAD）、功能块图（Function Block Diagram，FBD）、结构文本（Structured Text，ST）、顺序功能图（Sequential Function Chart，SFC）。其中梯形图和语句表编程语言在实际中用的最多，下面着重介绍这两种语言。

（1）梯形图（LAD）

梯形图（LAD）是最常用的PLC编程语言。梯形图与继电器的电路图很相似，它是从继电器控制系统原理图演变而来的，是一种类似于继电器控制电路图的一种语言。其画法是从左母线开始，经过触点和线圈，终止于右母线，具有直观、易学、易懂的优点，而且很容易被熟悉继电器控制的工厂电气技术人员所掌握。西门子PLC的梯形图具有以下几个特点：

① 梯形图是一种图形语言，沿用继电器控制中的触点、线圈、串并联等专业术语和图形符号；

② 梯形图中的触点有常开触点和常闭触点两种，触点可以是 PLC 输入点接的开关，也可以是内部继电器的触点或内部寄存器、计数器的状态；

③ 触点可以串联或并联，但线圈只能并联，不能串联；

④ 触点和线圈等组成的独立电路称为网络（Network）或程序段；

⑤ 在程序段号的右边可以加上程序段的标题，在程序段号的下边可以加上注释；

⑥ 内部继电器、计数器、寄存器都不能直接控制外部负载，只能作为中间结果供 CPU 内部使用。图 2-4 是启保停电路的梯形图表示。

OB1: "Main Program Sweep (Cycle)"
程序段 1：启保停电路

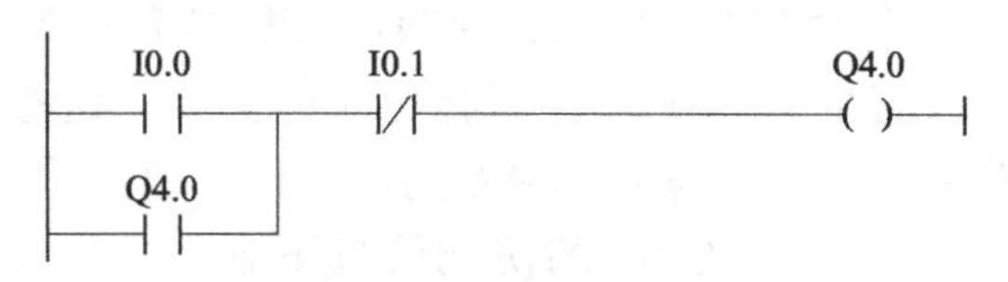

图 2-4 启保停电路梯形图

（2）语句表（STL）

语句表（STL）类似于计算机的汇编语言，但比汇编语言通俗易懂，是 PLC 的基本编程语言。它用助记符来表示各种指令的功能，指令语句是 PLC 程序的基本元素，多条语句组合起来就构成了语句表。在编程器的键盘上或利用编程软件的语句表格式都可以进行语句表编程。一般情况下语句表和梯形图是可以相互转换的，例如西门子 S7-300 PLC 的 STEP 7 编程软件在视图选项中就可以进行语句表和梯形图的相互转换。或者用快捷键 Ctrl＋1/2 就可以实现语句表和梯形图的相互转换。要说明的是部分语句表是没有梯形图与之相对应的。启保停电路的梯形图所对应的语句表如图 2-5 所示。

OB1:"Main Program Sweep (Cycle)"
程序段 1：启保停电路

```
A(
O    I    0.0
O    Q    4.0
)
AN   I    0.1
=    Q    4.0
```

图 2-5 语句表

（3）编程软件

编程器是 PLC 重要的编程设备，它不仅可以用来编写程序，还可以用来输入数据，以及检查和监控 PLC 的运行。一般情况下，编程器只在 PLC 编程和检查时使用，在 PLC 正式运行后往往把编程器卸掉。

随着计算机技术的发展，PLC 生产厂家越来越倾向于设计一些满足某些 PLC 的编程、监控和设计要求的编程软件，这类编程软件可以在专用的编程器上运行，也可以在普通的个人计算机上运行。这类编程软件利用了计算机的屏幕大，输入/输出信息量多的优势，使 PLC 的编程环境更加完美。在很多情况下，装有编程软件的计算机在 PLC 正式运行后还可以挂在系统上，作为 PLC 的监控设备使用。比如有下列编程软件。

① OMRON 公司设计的 CX-P 编程软件可以为 OMRON C 系列 PLC 提供很好的编程环境。

② 松下电工设计的 FPWin _ GR 编程软件可以为 FP 系列 PLC 提供很好的编程环境和仿真。

③ 西门子公司设计的 STEP 7 Micro/WIN 32 编程软件可以为 S7-200 系列 PLC 提供编程环境。

④ 西门子公司设计的 SIMATIC Manager 编程软件可以为 S7-300/400 系列 PLC 提供编程环境。

编程软件在使用前一定要把其装入满足条件的计算机中，同时要用专用的通信电缆把计算机和 PLC 连接好，在确认通信无误的情况下才能运行编程软件。

在编程环境中，可以打开编程窗口、监控程序运行窗口、保存程序窗口和设定系统数据窗口，并进行相应的操作。

（4）仿真软件

随着计算机技术的发展，PLC 的编程环境越来越完善。很多 PLC 生产厂家不仅设计了方便的编程软件，而且设计了相应的仿真软件。只要把仿真软件嵌入到编程软件当中，就可以在没有具体的 PLC 的情况下利用仿真软件直接运行和修改 PLC 程序，使 PLC 的学习、设计和调试更方便、快捷。西门子公司设计的 S7 _ PLCSIM 仿真软件就是专门为 S7-300/400 PLC 设计的仿真软件，S7 _ 200SIM 是专门为 S7-200 PLC 设计的仿真软件，利用这些仿真软件可以直接运行 S7-200 和 S7-300/400 的 PLC 程序。

2.3.2 PLC 的工作原理

PLC 是一种工业控制用的计算机，它的外形不像个人计算机，工作方式也与计算机差别很大。编程语言甚至工作原理都与个人计算机有所不同。

PLC 上电后首先要对硬件和软件进行初始化，当其进入运行状态后，PLC 则采用循环扫描的方式工作。在 PLC 执行用户程序时，CPU 对程序采取自上而下、自左向右的顺序逐次进行扫描，即程序的执行是按语句排列的先后顺序进行的。每一次循环扫描所经历的时间称为一个扫描周期。每个扫描周期又主要包括输入刷新、用户程序执行、输出刷新三个阶段。当 PLC 初始化后，就会重复执行以上三个阶段。在进行用户程序执行阶段时，还包括系统自诊断、通信处理、中断处理、立即 I/O 处理等过程。图 2-6 所示为 PLC 的循环扫描工作过程图。

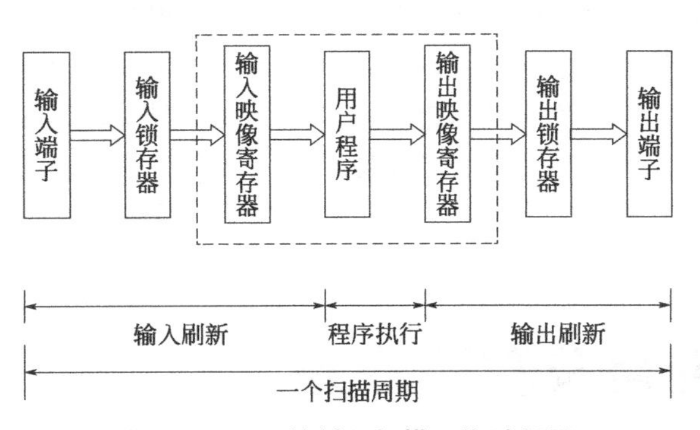

图 2-6　PLC 的循环扫描工作过程图

（1）输入刷新（采样）阶段

在输入刷新阶段，PLC 以扫描的方式顺序读入所有输入端子的状态，并将此状态存入输入锁存器。如果输入端子上外接电器的触点闭合，锁存器中与端子编号相同的那一位就置“1”，否则为“0”。把输入各端子的状态全部扫描完毕后，PLC 将输入锁存器的内容输入到输入映像寄存器中。输入映像寄存器中的内容则直接反映了各输入端子此刻的状态。这一过程就是输入刷新阶段。随着输入数据输入到输入映像寄存器，标志着输入刷新阶段的结束。

所以输入映像寄存器中的内容只是本次输入刷新时各端子的状态。在输入刷新阶段结束后，PLC 接着进入执行用户程序阶段。在用户程序执行和输出刷新期间，输入端子与输入锁存器之间的联系被中断，在下一个扫描周期的输入刷新阶段到来之前，无论输入端子的状态如何变化，输入锁存器的内容都始终保持不变。

(2) 用户程序执行阶段

输入刷新阶段结束后，PLC 进入用户程序执行阶段。在用户程序执行阶段，PLC 总是按照自上而下、自左向右的顺序依次执行用户程序的每条指令。从输入映像寄存器中读取输入端子和内部元件寄存器的状态，按照控制程序的要求进行逻辑运算和算术运算，并将运算的结果写入输出映像寄存器中，如果此时程序运行过程中需要读入某输出状态或中间状态，则会从输出映像寄存器中读入，然后进行逻辑运算，运算后的结果再存入输出映像寄存器中。对于每个元件，反映各输出元件状态的输出映像寄存器中所存储的内容，会随着程序的执行而发生变化，当所有程序都执行完毕后，输出映像寄存器中的内容也就固定了下来。

(3) 输出刷新阶段

当用户程序的所有指令都执行完后，PLC 就进入输出刷新阶段。输出刷新阶段将输出映像寄存器中的内容存入输出锁存器后，再驱动外部设备工作。与输入刷新阶段一样，PLC 对所有外部信号的输出是统一进行的。在用户程序执行阶段，如果输出映像寄存器的内容发生改变将不会影响外部设备的工作，直到输出刷新阶段将输出映像寄存器的内容集中送出，外部设备的状态才会发生相应的改变。

由 PLC 的工作过程可以看出，在输入刷新期间如果输入变量的状态发生变化，则在本次扫描过程中，改变的状态会被扫描到输入映像寄存器中，在 PLC 的输出端也会发生相应的变化。如果变量的状态变化不是发生在输入刷新阶段，则在本次扫描期间 PLC 的输出保持不变，等到下一次扫描后输出才会发生变化。也就是说只有在输入刷新阶段，输入信号才被采集到输入映像寄存器中，其他时刻输入信号的变化不会影响输入映像寄存器中的内容。

由于 PLC 采用循环扫描的工作方式，并且对输入、输出信号只在每个扫描周期的 I/O 刷新阶段集中输入和集中输出，所以必然会产生输出信号相对输入信号的滞后现象。扫描周期越长，滞后现象就越严重。但是一般扫描周期只有十几毫秒，因此在慢速控制系统中，可以认为输入信号一旦发生变化就能立即进入输入映像寄存器中，其对应的输出信号也可以认为是会及时发生变化的。当某些设备需要输出对输入做出快速响应时，可以采取快速响应模块、高速计数模块以及中断处理等措施来尽量减少滞后时间。

2.4 PLC 应用及发展趋势

工业自动化系统通常分成三类：一类是控制开关量的逻辑装置，一类是控制慢连续量的过程控制系统，一类是控制快连续量的运动控制系统。在传统上对于这三种控制系统用不同的控制装置。逻辑控制系统通常使用电控装置（电气控制装置即继电器接触器控制柜），过程控制系统通常使用电仪装置（电动单元组合仪表），运动控制系统通常使用电传装置（电气传动控制装置）。所谓三电就是指的是电控、电仪、电传。

PLC 集三电于一体，是一种同时具备逻辑控制功能、过程控制功能、运动控制功能、数据处理功能和联网通信功能的多功能控制器。因此PLC及其网络被公认为是现代工业自动化三大支柱（PLC、机器人、CAD/CAM）之一。

目前PLC已经广泛应用到石油、化工、机械、钢铁、交通、电力、采矿、环保等各个领域中，还包括从单机自动化到工厂自动化，从机器人、柔性制造系统到工业控制网络等。从功能上看，PLC的应用范围大致包括以下几个方面。

（1）开关量的逻辑控制

开关量逻辑控制是PLC最基本最广泛的应用领域，它取代了传统的继电器电路实现逻辑控制。既可以用于单机控制，也可以用于多机控制及自动化生产线检测。如机床、装配生产线、电镀流水线、运输与检测等方面。

（2）运动控制

通过利用PLC的单轴或多轴等位置控制模块、高速计数模块等来控制步进电机或伺服电机，使运动部件以适当的速度来实现平滑的直线运动或圆弧运动。可以用于精密的金属切削机床、装配机械、成型机械、机器人等设备的控制。

（3）模拟量处理和PID控制

利用A/D、D/A转换模块和智能PID模块，实现对生产过程中的温度、压力、液位、流量等连续变化的模拟量进行闭环调节控制。

（4）数据处理

PLC具有数据处理能力，可以完成算术运算、逻辑运算、数据比较、数据传送、数制转换、数据移位、数据显示和打印、数据通信等功能，还可以完成数据采集、分析和处理任务。数据处理一般应用于大型控制系统，如无人控制的柔性制造系统等。

（5）通信联网

PLC具有通信功能，既可以对远程I/O进行控制，又能实现PLC与PLC、PLC与计算机之间的通信。PLC与其他智能设备一起可以构成“集中管理，分散控制”的分布式控制系统，以满足计算机集成制造系统及智能化工厂发展的需要。

PLC自问世以来经过近40年的发展，已经成为很多国家的重要产业。另外在国际市场中，PLC已经成为最受欢迎的工业控制产品。随着科学技术的发展以及市场需求量的增加，PLC的结构和功能也在不断地改进。生产厂家不停地将功能更强的PLC推入市场，平均3到5年就更新一次。PLC的发展趋势主要有以下几个方面。

① 向高速度、大容量方向发展　为了提高PLC的处理能力，则要求PLC具有更好的响应速度和更大的存储容量。目前，有的PLC的扫描速度可以达到0.1ms/千步左右。在存储容量方面，有的PLC最多可以达到几十兆字节。

② 向超大型和超小型方向发展　当今中小型PLC比较多，为了适应市场的需求，PLC今后会向着多方向发展，特别是超大型机和超小型机两个方向。现在已经有I/O点数达到14336点的超大型PLC，它使用32位微处理器，多CPU并行工作。小型机由整体式结构向小型模块化结构发展，使之配置更加灵活。为了适应市场的需求，现在已经开发出了超小型PLC，其最小配置的I/O点数为8～16点，以适应单机及小型自动控制的需求。

③ 大力开发智能模块，加强联网通信能力　为了满足各种控制系统的要求，近年来不断开发出许多功能模块，如高速计数模块、温度控制模块、远程I/O模块、通信和人机接口模块等等。这些智能模块既扩展了PLC的功能，又扩大了PLC的使用范围。加强PLC的联网通信能力是PLC技术进步的潮流。PLC的联网通信分为两类：一类是PLC之间的联

网通信，另一类是 PLC 与计算机之间的联网通信。

④ 加强故障检测与处理能力　在 PLC 的控制系统故障中，由于 CPU、I/O 接口导致的故障占 20%左右，它可以通过 PLC 本身的软硬件来检测和处理。由输入输出设备和线路等外部设备导致的故障占 80%左右，所以 PLC 的厂家都致力于研制用于检测外部故障的专用智能模块，进一步提高系统的可靠性。

⑤ 编程语言的多样化　在 PLC 系统结构不断发展的同时，PLC 的编程语言也越来越丰富，功能也不断提高。除了常用的梯形图、语句表语言之外，又出现了面向顺序控制的步进编程语言、面向过程控制的流程图语言、与计算机兼容的高级语言（C 语言、BASIC 语言）等。多种编程语言的并存、互补与发展是 PLC 进步的一种趋势。

⑥ 功能模块的多样化　随着科技的发展，对工业控制领域将提出更高的、更特殊的要求，因此，必须开发特殊功能模块来满足这些要求。

2.5 PLC 产品概况

2.5.1 国外 PLC 品牌

① 美国是 PLC 生产大国，在美国注册的 PLC 厂商已超过百家，有 100 多家 PLC 生产厂家。其中著名的厂家有罗克韦尔（ROCKWELL）国际公司、A-B 公司、通用电气（GE）公司、莫迪康（MODICON）公司、德州仪器（TI）公司、西屋电气公司等。A-B 公司是美国最大的 PLC 制造商，其产品约占美国 PLC 市场份额的 50%左右，主推大中型 PLC，主要产品系列是 PLC-5。通用电气也是知名的 PLC 生产厂商，大中型 PLC 产品系列有 RX3i 和 RX7i 等。

② 欧洲的 PLC 产品也久负盛名。德国的西门子（SIEMENS）公司、AEG 以及法国的施耐德（TE）公司、瑞士的 SELECTRON 公司等是欧洲著名的 PLC 制造商。西门子公司的产品以其优良的性能与美国 A-B 公司的 PLC 产品齐名，主要有 S5、S7 系列，其 S7 系列的主要产品有 S7-200（小型机）、S7-300（中型机）、S7-400（大型机）等。

③ 日本的小型 PLC 具有一定的特色，性价比比较高。1971 年，日本从美国引进了这项新技术，由日立公司研制出日本第一台可编程控制器 DSC-8。日本的 PLC 生产厂家有 40 余家。其中以小型机最具代表性，如欧姆龙、三菱、松下、富士、日立、东芝等。在世界小型 PLC 市场中，日本的产品约占有 70%的份额。

目前在中国市场上，95%以上的 PLC 产品来自国外公司，在我国市场上影响力较大、应用较多的国外 PLC 厂家及产品如表 2-1 所示。

表 2-1　常用国外 PLC 生产厂家及产品

生产厂家	产品名称
美国罗克韦尔(ROCKWELL)国际公司	MicroLogix1500、SLC-500、CompactLogix、ControlLogix 系列
美国通用电气(GE)公司	90-70 系列
德国西门子(SIEMENS)公司	S7 系列
日本三菱(MITSUBISHI)公司	FX 系列、Q 系列
日本欧姆龙(OMRON)公司	C 系列

2.5.2　国产PLC品牌

我国在1974年开始引进PLC，1977年开始于工业应用，但仅仅是初步认识与消化阶段。我国PLC的发展过程大致可分为4个阶段：20世纪70年代初步认识；80年代引进试用；90年代后推广应用；2000年以后PLC生产有一定的发展，小型PLC已批量生产，中型PLC已有产品，大型PLC已开始研制。国内产品在价格上占有明显的优势，而在质量上还稍欠缺或不足。

我国自主品牌的PLC生产厂家大约有30余家，国内产品市场占有率不超过10%。目前已经上市的众多PLC产品中，还没有形成规模化的生产和品牌产品，甚至还有一部分是以仿制、来件组装或“贴牌”方式生产。主要生产单位有：北京和利时系统工程股份有限公司、深圳汇川和无锡信捷等。目前，国产小型PLC与国际知名品牌小型PLC的差距正越来越小，其可靠性在许多低端应用中得到了验证，并具有和国外同类产品进行竞争的能力，相信在不久的将来，国产PLC将占市场更大份额。

总的说来，我国使用的小型可编程序控制器主要以日本的品牌为主，而大中型可编程序控制器主要以欧美的品牌为主。目前国内的PLC市场95%以上被国外品牌所占领。

2.6　西门子自动化产品介绍

德国的西门子（SIEMENS）公司是欧洲最大的电子和电气设备制造商之一，其注册商标SIMATIC（Siemens Automatic）即西门子自动化，是由一系列的部件组合而成的，包括SIMATIC PLC、PROFIBUS-DP分布式I/O、PROFINET I/O系统中的分布式I/O、SIMATIC HMI、SIMATIC NET和标准工具STEP7等，其中PLC是它的核心部件。

西门子公司是全世界最大的生产PLC产品的厂家之一，经历了C3、S3、S5及S7系列，其中产品发展至今，S3、S5系列PLC已逐步退出市场，而S7系列PLC已发展成为西门子自动化系统的控制核心。1975年，西门子S3系列PLC正式进入自动化领域，它实际上是带有简单操作接口的二进制控制器。1979年，S3系统被SIMATIC S5系列所取代，该系统广泛地使用了微处理器。20世纪80年代初，S5系统进一步升级为U系列PLC，当时比较常用机型有S5-90U、95U、100U、115U、135U、155U。1994年4月，S7系列诞生，它具有更国际化、更高性能等级、安装空间更小、更良好的Windows用户界面等优势。

S7系列是传统意义的PLC产品，它包括通用逻辑模块（LOGO!）、S7-200系列、S7-200 SMART系列、S7-300系列、中、高性能要求的S7-400系列、S7-1200和S7-1500系列等。S7-200是在德州仪器公司的小型PLC的基础上发展而来，因此其指令系统、程序结构和编程软件和S7-300/400有较大的区别，在西门子PLC产品系列中是一个特殊的产品。S7-200 SMART是2012年7月推出的，是S7-200的升级版，是西门子家族的新成员，其绝大多数的指令和使用方法与S7-200类似。S7-1200系列是在2009年才推出的新型小型PLC，定位于S7-200和S7-300产品之间。S7-300/400是由西门子的S5系列发展而来，是西门子公司的最具竞争力的 PLC 产品。西门子在 2013 年汉诺威发布了 S7-1500，现已有产品出售。

S7-200 PLC 是超小型化的 PLC，是西门子专门应用于小型自动化设备的控制装置，主要包括 CPU22X 系列。它适用于各行各业，各种场合中的自动检测、监测及控制等。S7-200 PLC 的强大功能使其无论单机运行，或连成网络都能实现复杂的控制功能。S7-300 是模块化小型 PLC 系统，能满足中等性能要求的应用。各种单独的模块之间可进行广泛组合构成不同要求的系统。图 2-7 为某款 S7-200 PLC 的外观。

与 S7-200 PLC 相比，S7-300 PLC 是模块化的中小型 PLC 系统，能满足中等性能要求的应用，具备高速的指令运算速度；用浮点数运算，有效地实现了更为复杂的算术运算；带有用户接口的软件工具，方便用户给所有模块进行参数赋值；方便的人机界面服务已经集成在 S7-300 操作系统内，人机对话的编程要求大大减少。图 2-8 为某款 S7-300 PLC 的 CPU 外观。

图 2-7 S7-200 PLC 外观

图 2-8 S7-300 PLC 的 CPU 外观

S7-400 PLC 是中、高档性能的可编程序控制器。它采用模块化无风扇的设计，可靠耐用，易于扩展，同时可以选用多种级别的 CPU，并配有多种功能模板，这使用户能根据需要组合成不同的专用系统。当控制系统规模扩大或升级时，只要适当地增加一些模板，便能使系统升级以充分满足需要。适合于对可靠性要求极高的大型复杂的控制系统。

SIMATIC S7-1200 和 SIMATIC S7-1500 控制器是 SIMATIC PLC 产品家族的旗舰产品。SIMATIC S7-1200 是 2009 年西门子公司最新推出的面向离散自动化系统和独立自动化系统的紧凑型自动化产品，定位在原有的 SIMATIC S7-200 PLC 和 S7-300 PLC 产品之间，主要应用在简单控制和单机应用，而 SIMATIC S7-1500 产品家族为中高端工厂自动化控制任务量身定制，适合较复杂的应用。SIMATIC S7-1200 是西门子低端 PLC 产品的一记重拳，西门子已经停止除在中国的 S7-200CN 系列以外的 S7-200 生产线，S7-200CN 以其低廉的价格还要争夺第三发展中国家的自动化市场份额。而在欧美低端市场将全部被 S7-1200 产品覆盖。在中国有很多厂商相继推出兼容 S7-200 的模块，这也使得西门子在低端市场的份额占去一部分，所以为了降低成本而保住市场，还要延续 200CN 系列的辉煌，而西门子将会把最新的通信和控制技术应用在 S7-1200 这款产品上，同样西门子也将会用 S7-1200 这款产品强力打造全球 PLC 中低端市场。图 2-9 和图 2-10 分别为某款 S7-1200 PLC 和 SIMATIC S7-1500 的外观。

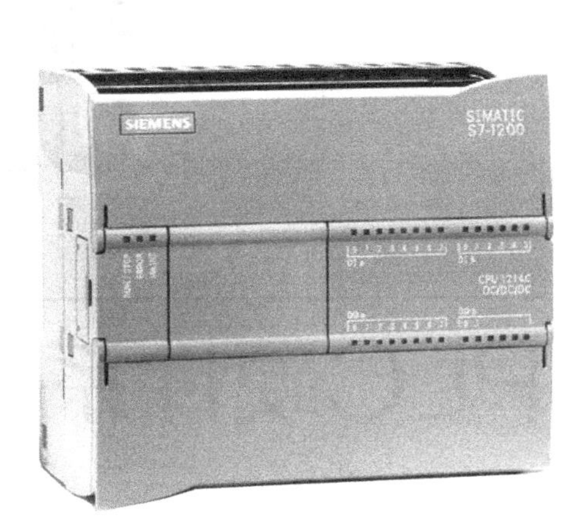

图 2-9　S7-1200 PLC 外观

图 2-10　SIMATIC S7-1500 外观

第3章

S7-1500 PLC硬件系统

3.1 S7-1500 PLC 产品概述

S7-1500 自动化系统是西门子工业自动化集团在 S7-300 和 S7-400 系统的基础上进一步改良开发的自动化系统，于 2013 年正式推出。该系列专为中高端设备和工厂自动化设计，不仅具有卓越的系统性能，还集成运动控制、工业信息安全以及可实现便捷安全应用的故障安全功能，创新的设计使调试和安全操作简单便捷。

SIMATIC S7-1500 初期上市产品包括三种型号的 CPU，分别是 1511、1513 和 1516，这三种型号适用于中端性能的应用。每一种型号也都将推出 F 型产品（故障安全型），以提供安全应用，并根据端口数量、位处理速度、显示屏规格和数据内存等性能特点分成不同等级。S7-1500 系统与传统 PLC 相比，增加了内置显示屏，在技术、工业信息安全、故障安全和系统性能方面都有显著提高。

西门子新的自动化设备都要集成到 TIA Portal 工程设计软件平台中，新品 SIMATIC S7-1500 控制器也不例外。该设计为控制器、HMI 和驱动产品在整个项目中共享数据存储和自动保持数据一致性提供了标准操作的概念，同时提供了涵盖所有自动化对象的强大的库。新版 TIA Portal V13 不仅有更强的性能，还涵盖自动系统诊断功能，集成故障安全功能性，强大的 PROFINET 通信，集成工业信息安全和优化的编程语言。

3.2 S7-1500 PLC 产品新功能

SIMATIC S7-1500 具有以下新的性能特点：提高了系统性能；集成了运动控制功能；PROFINET IO IRT 通信；集成式显示屏，可以抵近机器进行各种操作及诊断；通过保留一些成熟可靠的功能实现 STEP 7 语言的创新。

通过集成大量的新功能和新特性，SIMATIC S7-1500 自动化系统具有卓越的性能和出色的可用性。借助于西门子新一代框架结构的TIA博途软件，可在同一开发环境下组态开发可编程序控制器、人机界面和驱动系统等。统一的数据库使各个系统之间轻松、快速地进行互连互通，真正达到了控制系统的全集成自动化。在提升客户生产效率、缩短新产品上市时间、提高客户关键竞争力方面树立了新的标杆。

3.3 S7-1500 PLC组成

S7-1500 PLC是模块化结构设计的PLC，各个单独模块之间可以进行广泛组合和扩展。其硬件系统主要包括本机模块和分布式模块。本机模块的主要组成部分有电源模块（PM/PS）、中央处理器模块（CPU）、导轨（RACK）、信号模块（SM）、通信模块（CP/CM）和工艺模块（TM）等。其外观与西门子的S7-300 PLC相似，如图3-1所示。一个机架上最多可以安装32个模块。分布式模块如ET200SP和ET200MP等。

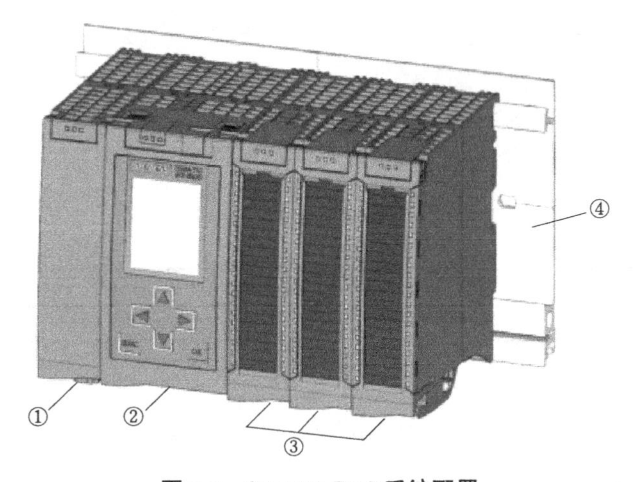

图3-1 S7-1500 PLC系统配置

①—系统电源模块；②—CPU；③—I/O模块；④—带有集成顶帽翼形导轨的安装导轨

3.4 S7-1500电源模块

S7-1500的电源模块分为PS电源模块（系统电源模块，Power Supply）和PM电源模块（负载电源模块，Power Module）。S7-1500的电源模块功能、安全及电磁兼容性EMC（Electro Magnetic Compatibity）完全满足系统需求，最佳匹配于S7-1500 PLC系统。

3.4.1 PS电源模块

系统电源用于向系统供电，可通过U形连接器连接到背板总线上，为背板总线提供内部所需的系统电压。也可以为模块的电子元件和LED指示灯供电，具有诊断报警和诊断中断功能。系统电源应安装在背板总线上，必须用 TIA 博途组态。

目前可以使用的系统电源 PS 有 PS 25W 24VDC、PS 60W 24/48/60VDC 和 PS 60W 120/230V AC/DC 这三种型号。一个机架最多可以使用 3 个 PS 模块，通过系统电源模块内部的反向二极管，划分不同的电源段。除系统电源 PS 向背板总线供电外，CPU 或者接口模块 IM155-5 也可以向背板总线供电，但是功率有限，最多只能连接 12 个模块。如果需要连接更多的模块，需要增加系统电源模块 PS，这样使得系统的配置更加灵活。

可以借助于 TIA 博途软件查看功率分配详细信息。如果系统电源模块 PS 安装在插槽 0，则功率分配的详细信息在 CPU 或者接口模块 IM155-5 的属性中查看。如图 3-2 所示。

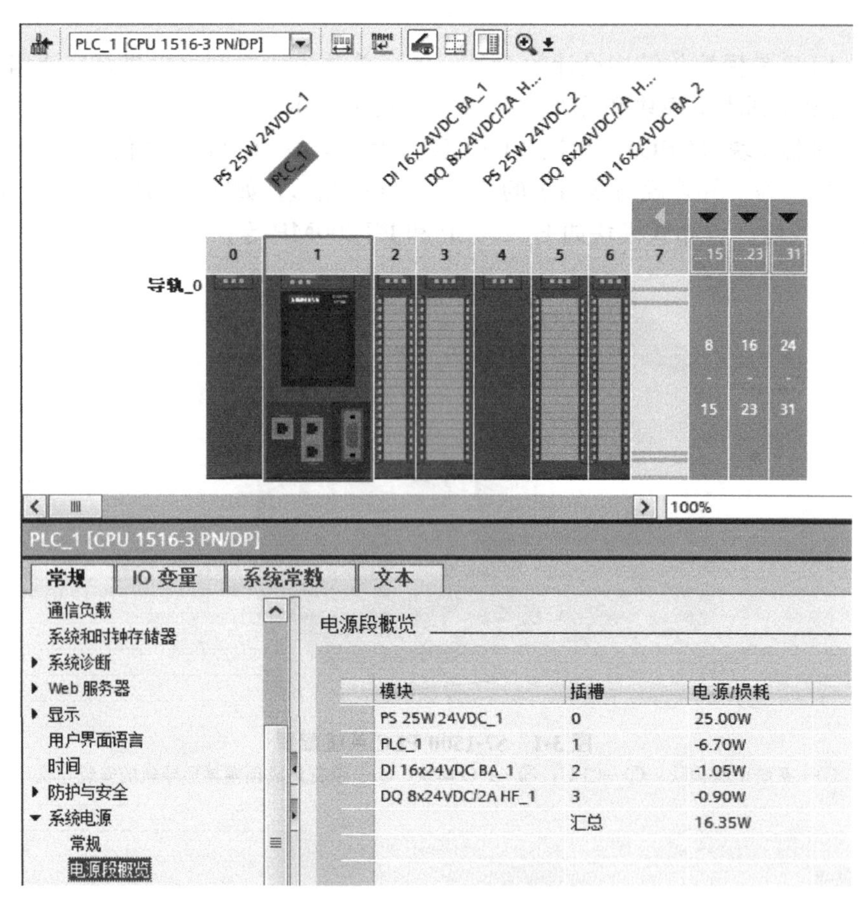

图 3-2　功率分配详细信息

如果系统电源 PS 安装在其他插槽，则功率分配的详细信息在系统电源 PS 属性中查看。如图 3-3 所示，4 号槽的系统电源模块为 5、6 号槽的模块供电。选中 4 号槽的电源模块后，选中巡视窗口左边的“电源段概览”，可以查看 PS 模块功率分配的详细信息。负的功率表示消耗，该 PS 模块还剩余 23.05W 的功率。

3.4.2　PM 电源模块

负载电源模块 PM 通过外部接线可以为 CPU/IM、I/O 模块、PS 电源、设备的传感器和执行器（如果已安装）等提供高效、稳定、可靠的 DC 24V 供电。输入电压为 AC 120V/230V 自适应，可用于世界各地的供电网络。负载电源不能通过背板总线向 S7-1500 以及分

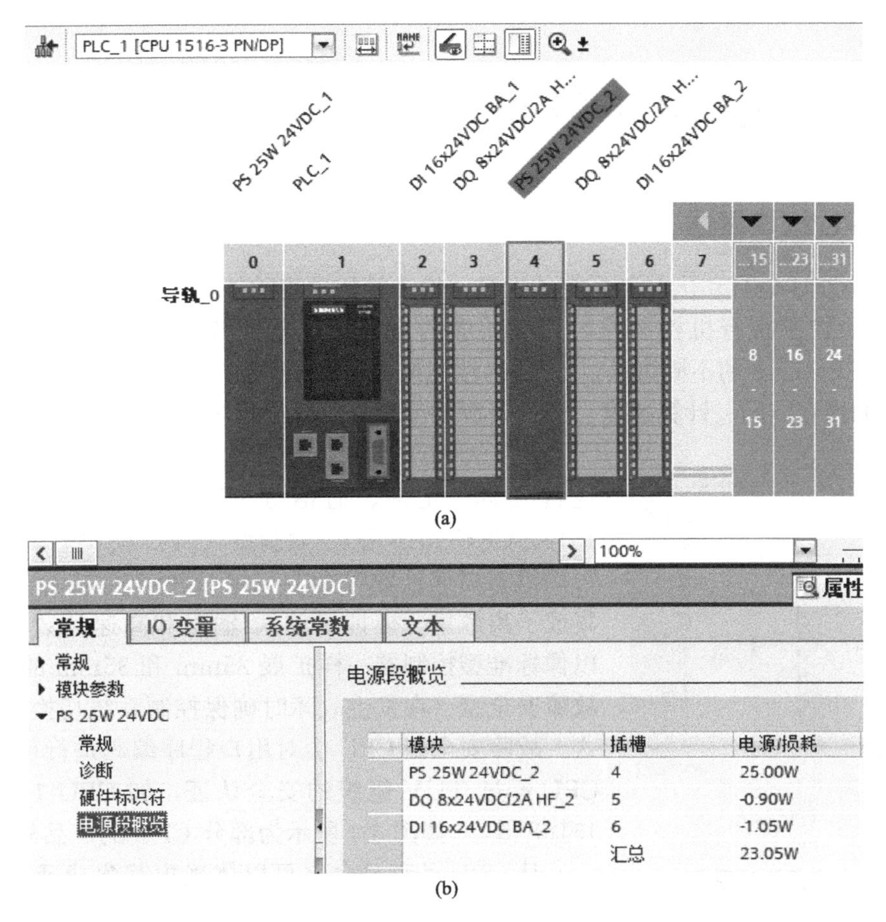

图 3-3　系统电源功率分配详细信息

布式 I/O ET200MP 供电，可以不安装在机架上，因此可以不在博途软件中组态。它具有输入抗过压性能和输出过压保护功能。负载电源有 24V/3A 和 24V/8A 两种型号的模块。

3.4.3　为模板供电的配置方式

电源为 S7-1500 PLC 模板供电的配置方式有三种。

① 只通过 CPU 给背板总线供电。通过负载电源向 CPU 提供 24VDC 电压，再由 CPU 向背板总线供电。CPU 的参数分配：STEP 7 的“常规”（General）选项卡内“属性”（Properties navigation）区域导航中，选择“连接电源电压 L+”（Connection to supply voltage L+）选项，以便 STEP 7 可以正确进行供电平衡计算。

② 只通过系统电源 PS 给背板总线供电。位于 CPU 左侧 0 号槽的系统电源通过背板总线为 CPU 供电。CPU 的参数分配：在 STEP 7 的“常规”（General）选项卡内“属性”（Properties navigation）区域导航中，选择“未连接电源电压 L+”（No connection to supply voltage L+）选项，以便 STEP 7 可以正确进行供电平衡计算。

③ 通过 CPU 和系统电源 PS 给背板总线供电。向系统电源提供允许的电源电压，并通过负载电源向 CPU 提供 24VDC 电压，CPU 和系统电源 PS 为背板总线提供允许的电源电压。CPU 的参数分配同第一条。在 CPU 右侧的插槽中，最多插入 2 个系统电源（电源段）。

3.5 S7-1500CPU 模块

3.5.1 CPU 模块概述

S7-1500 CPU 是自动化控制系统的大脑，输入模块采集的外部信号经过 CPU 的处理后，通过输出模块控制执行机构动作，完成相应的自动化控制任务。S7-1500 CPU 包含了从 CPU1511～CPU1518 的不同型号，CPU 的性能按照序号由低到高逐渐增强。性能指标主要根据 CPU 的内存空间、计算速度、通信资源和编程资源等进行区别。

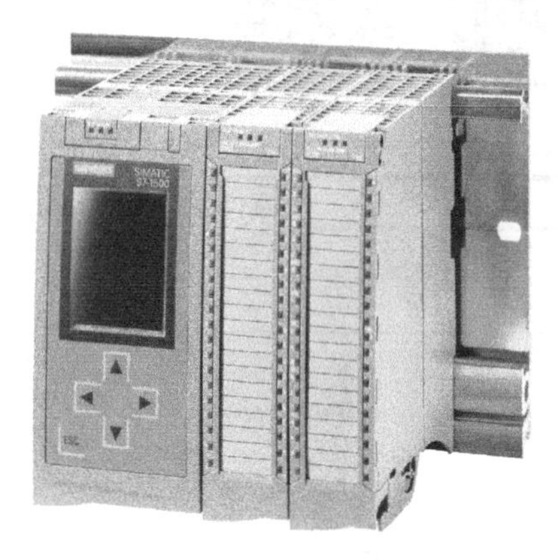

图 3-4　产品外观图

S7-1500 CPU 按功能划分主要有普通型（实现计算、逻辑处理、定时、通信等 CPU 的基本功能，如 CPU 1513、CPU 1516 等）、紧凑型（CPU 模块上集成 I/O，还可以组态高速计数等功能。如 CPU 1511C 和 CPU 1512C 集成了离散量、模拟量输入/输出和高速计数功能，还可以像标准型控制器一样扩展 25mm 和 35mm 的 IO 模块）、故障安全型（在发生故障时确保控制系统切换到安全的模式。故障安全型 CPU 会对用户程序编码进行可靠性校验。CPU 经过 TUV 组织的安全认证，如 CPU 1515F、CPU 1516F 等。）如图 3-4 所示为部分 CPU 的产品外观图。

从 CPU 的型号命名可以体现出其集成通信接口的个数和类型，如 CPU 1511-1PN，表示 CPU 1511 集成一个 PN（PROFINET）通信接口，在硬件配置时显示为带有两个 RJ45 接口的交换机；又如 CPU 1516-3 PN/DP 表示 CPU 1516 集成一个 DP（PROFIBUS-DP，仅支持主站）接口、两个 PN 接口（一个 PN 接口支持 PROFINET IO，另一个 PN 接口支持 PROFINET 基本功能，例如 S7、TCP 等协议，但是不支持 PROFINET IO）。

S7-1500 CPU 不支持 MPI 接口，因为通过集成的 PN 接口即可进行编程调试。与计算机连接时也不需要额外的适配器，使用 PC 机上的以太网接口即可直接连接 CPU。此外 PN 接口还支持 PLC-PLC、PLC-HMI 之间的通信，已完全覆盖 MPI 接口的功能。同样 PROFIBUS-DP 接口也被 PROFINET 接口逐渐替代。相比 PROFIBUS，PROFINET 接口可以连接更多的 I/O 站点，具有通信数据量大、速度更快、站点的更新时间可手动调节等优势。一个 PN 接口既可以作为 IO 控制器（类似 PROFIBUS DP 主站），又可以作为 IO 设备（类似 PROFIBUS DP 从站）。在 CPU 1516 及以上的 PLC 中还集成 DP 接口，这主要是考虑到设备集成、兼容和改造等实际需求。

3.5.2 CPU 模块外观

S7-1500 CPU 均配有显示面板，可以方便地拆卸，同时也可以在运行时期间卸下和更换前面板，不会产生影响。如图 3-5 所示为 CPU 1516-3 PN/DP 的前显示面板。

为了锁住前盖板，防止 CPU 受到未经授权访问，可以在前盖板上粘贴一个密封条，或者锁上一个直径为3mm的挂锁，如图3-6所示。

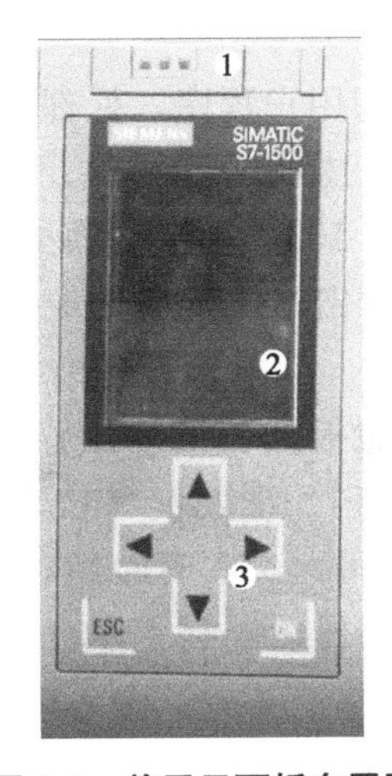

图3-5 前显示面板布置图

①—CPU当前操作模式和诊断状态的LED指示灯；②—显示屏；③—操作员控制按钮

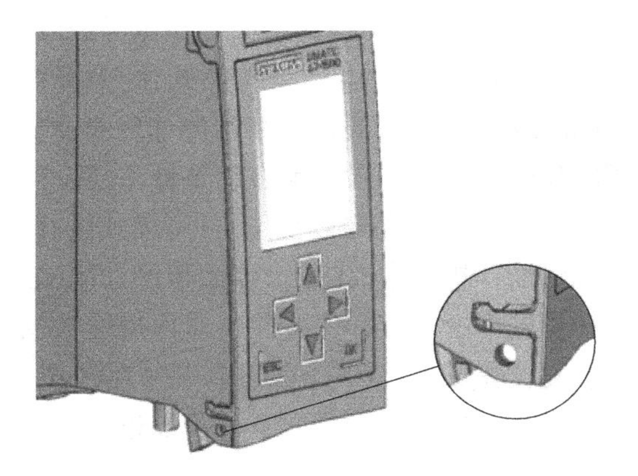

图3-6 CPU上的锁紧装置

将CPU 1516-3 PN/DP的显示器面板拆下后，其模块前视图如图3-7所示。

CPU 1516-3 PN/DP后视图如图3-8所示。

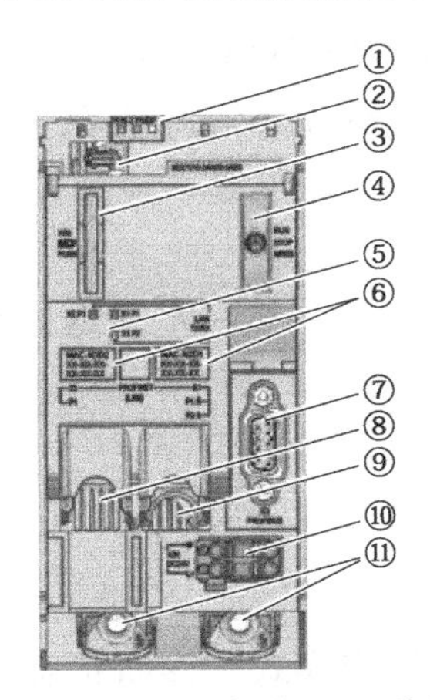

图3-7 不带前面板的CPU前视图

①—CPU当前操作模式和诊断状态的LED指示灯；②—显示屏连接器；③—SIMATIC存储卡的插槽；④—模式选择器开关；⑤—PROFINET接口X1和X2的3个端口的LED指示灯；⑥—接口中的MAC地址；⑦—PROFIBUS接口（X3）；⑧—PROFINET接口（X2），带有1个端口；⑨—PROFINET接口（X1），带有2端口交换机；⑩—电源接口；⑪—固定螺钉

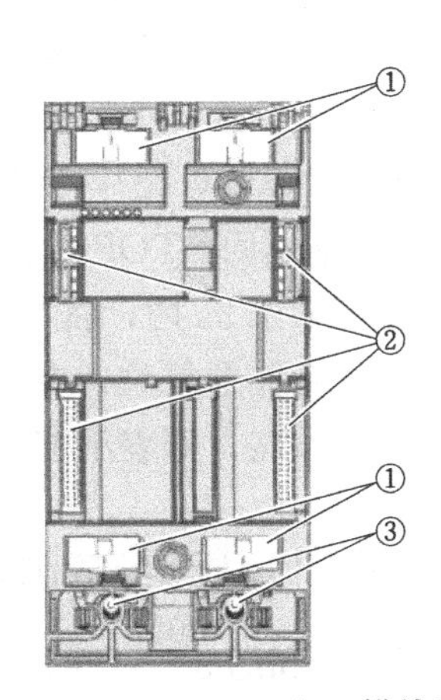

图3-8 CPU 1516-3 PN/DP模块后视图

①—屏蔽端子表面；②—背板总线接头；③—固定螺钉

3.5.3 CPU操作模式

通过CPU上的模式选择开关、CPU的显示屏和TIA博图软件，可以切换S7-1500 CPU的操作模式。

① STOP（停止）模式：该模式不执行用户程序。如果从运行模式切换到停止模式，

CPU 将根据输出模块的参数设置，禁用或激活相应的输出。通过 CPU 上的模式开关、显示屏或 TIA 博途软件可以切换到停止模式。

② RUN（运行）模式：刷新过程映像输入和输出，执行用户程序，处理中断和故障信息。通过 CPU 上的模式开关、显示屏或 TIA 博途软件可以切换到运行模式。

③ STARTUP（启动）模式：与 S7-300/400 相比，S7-1500 的启动模式只有暖启动（Warm Restart），暖启动将清除非保持存储器和过程映像输出，执行启动组织块，更新过程映像输入等。如果满足启动条件，CPU 将进入运行模式。

④ MRES（存储器复位）：将模式选择开关从 STOP 位置扳到 MRES 位置，或单击“在线和诊断”视图中 CPU 操作面板的“MRES”按钮，将使 CPU 切换到“初始”状态，即工作存储器中的内容和保持性、非保持性数据被删除，诊断缓冲区、实时时间和 IP 地址被保留。复位完成后，CPU 存储卡中保存的项目数据从装载存储器复制到工作存储器。只有在 CPU 处于“STOP”模式下才可以进行存储器复位操作。

3.5.4 CPU 存储器复位

“存储器复位”将清除所有的内部存储器，然后再读取 SIMATIC 存储卡上的数据。可以使用模式选择开关、CPU 的显示屏和 TIA 博图软件来复位 CPU 的存储器。要使用模式选择开关执行 CPU 存储器复位，按以下步骤操作：

① 将模式选择开关设置为 STOP 位置，RUN/STOP LED 指示灯黄色点亮。

② 将操作模式开关切换到 MRES 位置。将开关保持在此位置，直至 RUN/STOP LED 指示灯第二次黄色点亮并持续处于点亮状态（需要 3s）。该位置不能保持，在这个位置松手，开关自动返回 STOP 位置。

③ 在接下来 3s 内，将模式选择器开关切换回 MRES，然后重新返回到 STOP 模式。CPU 将执行存储器复位，在此期间 RUN/STOP LED 指示灯黄色闪烁。如果 RUN/STOP LED 为黄色点亮，则表示 CPU 已完成存储器复位。

3.5.5 CPU 状态与故障显示灯

由图 3-5 和图 3-7 可知，CPU 的指示灯包括当前操作模式和诊断状态的 LED 指示灯，以及 PROFINET 接口的 LED 指示灯，CPU 1516-3 PN/DP 的 LED 指示灯具体分布如图 3-9 所示。

CPU 1516-3 PN/DP 上有三个 LED 指示灯，可以指示当前操作状态和诊断状态。表 3-1 列出了 RUN/STOP、ERROR 和 MAINT LED 指示灯各种颜色组合的含义。

表 3-1 CPU 1516-3 PN/DP 的 LED 指示灯含义

RUN/STOP LED 指示灯(绿色/黄色)	ERROR LED 指示灯(红色)	MAINT LED 指示灯(黄色)	含义
灭	灭	灭	CPU 电源缺失或不足
灭	闪	灭	发生错误
绿色点亮	灭	灭	CPU 处于 RUN 模式
绿色点亮	闪	灭	诊断事件未决

续表

RUN/STOP LED 指示灯(绿色/黄色)	ERROR LED 指示灯(红色)	MAINT LED 指示灯(黄色)	含义
绿色点亮	灭	亮	设备要求维护 必须在短时间内检查/更换受影响的硬件 激活强制功能
绿色点亮	灭	闪	设备要求维护 必须在短时间内检查/更换受影响的硬件 组态错误
黄色点亮	灭	闪	固件更新已成功完成
黄色点亮	灭	灭	CPU 处于 STOP 模式
黄色点亮	闪	闪	SIMATIC 存储卡上的程序出错 CPU 故障
黄色闪烁	灭	灭	装载用户程序 CPU 处 STOP 状态时，将执行内部活动，如 STOP 之后启动
黄色/绿色闪烁	灭	灭	启动(从 RUN 转为 STOP)
黄色/绿色闪烁	闪	闪	启动(CPU 正在启动) 启动、插入模块时测试 LED 指示灯 LED 指示灯闪烁测试

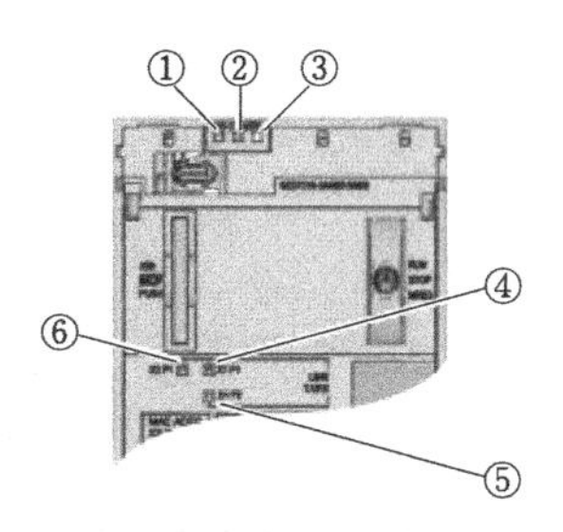

图 3-9　CPU 1516-3 PN/DP 的 LED 指示灯（不带前面板）

①—RUN/STOP LED 指示灯（LED 指示灯黄色/绿色点亮）；②—ERROR LED 指示灯（LED 指示灯红色点亮）；③—MAINT LED 指示灯（LED 指示灯黄色点亮）；④—X1 P1 端口的 LINK RX/TX-LED（LED 指示灯黄色/绿色点亮）；⑤—X1 P2 端口的 LINK RX/TX-LED（LED 指示灯黄色/绿色点亮）；⑥—X2 P1 端口的 LINK RX/TX-LED（LED 指示灯黄色/绿色点亮）

3.5.6　CPU 的显示屏

S7-1500 CPU 带有一个前盖板，上面有一个显示屏和一些操作按键。在显示屏上可通过各种菜单显示控制数据和状态数据，并可执行大量组态设置。通过操作键，可以在菜单之间进行切换。

SIMATIC S7-1500 PLC 可以脱离显示屏运行。显示屏在 PLC 运行期间可以插拔，不会影响 PLC 的运行，可以在运行期间卸下或更换显示屏。为了提高显示屏的服务寿命，显示屏将在达到允许的操作温度前就关闭。当显示屏再次冷却后，将再次自动打开。显示屏关闭期间，将通过 LED 指示灯指示 CPU 的状态。

CPU 的显示屏具有下列优点：

① 通过纯文本形式的诊断消息缩短停机时间。

② 无需编程设备便可更改站点上的界面设置。

③ 可通过 TIA Portal 对显示屏分配密码。

每个 SIMATIC S7-1500 PLC 都标配一个显示屏，不需要单独订货。根据 PLC 类型不同有两种尺寸的显示屏。如图 3-10 所示。

① 1.36in（1in=0.0254m）显示屏：用于 S7-1511、S7-1513 等。

② 3.4in 显示屏：用于 S7-1515、S7-1516、S7-1517、S7-1518 等。

CPU 的显示屏上包含四个箭头键："向上"、"向下"、"向左"和"向右"，用来进行菜单选择和设置。一个"ESC"键和一个"OK"键用于退出和确认。如果显示屏处于省电模式或待机模式，则可通过按任何键退出此模式。

如图 3-11 说明了左侧 CPU 1516-3 PN/DP 和右侧 CPU 1511-1 PN 或 CPU 1513-1 PN 显示屏的视图。

图 3-10 SIMATIC S7-1500 显示屏

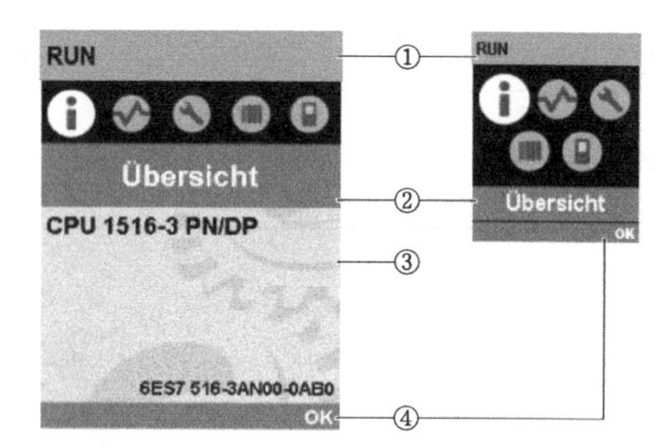

图 3-11 显示屏的示例视图

①—CPU 状态数据；②—子菜单名称；③—数据显示域；④—导航帮助，例如，OK/ESC 或页码

表 3-2 列出了可通过显示屏检索的 CPU 状态数据。

表 3-2 CPU 状态数据含义

状态数据的颜色和图标	含义
绿色	RUN RUN，但有报警
黄色	STOP
红色	ERROR
白色	在 CPU 和显示屏之间建立连接显示屏固件更
	组态的保护等级
	中断（CPU 中至少激活一个中断）
	故障（CPU 中至少激活一个故障）
	在 CPU 中激活了强制表

表 3-3 列出了显示屏中的子菜单含义。

表 3-3　子菜单名称

主菜单项	含义	描述
	概述	“概述”(Overview)菜单包含有关CPU属性的信息
	诊断	“诊断”(Diagnostics)菜单包含有关诊断消息、诊断说明和中断指示的信息。此外，还包含每个CPU接口的网络属性信息
	设置	在“设置”(Settings)菜单中，可以指定CPU的IP地址，设置日期、时间、时区、操作模式(RUN/STOP)和保护等级，在CPU上执行存储器复位和复位为出厂设置以及显示固件更新状态
	模块	“模块”(Modules)菜单则包含组态中所使用的模块信息。可以集中或外围方式部署模块。外围部署的模块可通过PROFINET和/或PROFIBUS连接到CPU。 可在此设置CPU的IP地址
	显示屏	在“显示”(Display)菜单中，可以组态有关显示屏的设置，例如，语言设置、亮度和省电模式(省电模式将使显示屏变暗。待机模式将关闭显示屏)

表3-4列出了子菜单中显示的图标含义。

表 3-4　菜单图标含义

图标	含义
	可编辑的菜单项
	在此选择所需语言
	下一个较低级别的对象中存在报警
	下一个较低级别的对象中存在故障
	浏览到下一子级，或者使用“确定”(OK)和“ESC”进行浏览
	在编辑模式中，可使用两个箭头键进行选择： 向下/向上：跳至某个选择，或用于选择指定的数字/选项
	在编辑模式中，可使用四个箭头键进行选择： 向下/向上：跳至某个选择，或用于选择指定的数字 向左/向右：向前或向后跳过一个选择点

前盖板是可移除的，在操作（RUN）或扩展操作期间可取走或更换前盖板。移除或更换显示屏不会影响CPU的运行。

要从CPU上移除前盖板，可以按以下步骤操作：

① 向上翻开前盖板，直至前盖板与模块前部呈90°。

② 在前盖板的上方区域，同时按住锚点并向前拉动前盖板，将其从模块上卸下。图3-12为CPU 1516-3 PN/DP的前盖板移除示意图。

还可以更换显示屏的LOGO图标，通过使用“用户自定义徽标”功能，将文件系统中的图片通过STEP 7下载至CPU的显示屏中。在主画面中按下“ESC”键，会显示自定义徽标。

图 3-12　拆卸前盖板

①—卸下和安装前面板时用到的坚固件

配置方法：在硬件配置中选中 CPU，在 CPU 属性框中依次点击“显示”→“用户自定义徽标”。如图 3-13 所示。图片支持的格式有“Bitmap”、“JPEG”、“GIF”和“PNG”等。不同型号的 S7-1500 CPU 对应大小不同的显示屏，所以相应的分辨率也不同，且不能修改，图片尺寸最好按给出的分辨率大小。如果图片的尺寸超出指定的尺寸，激活“修改徽标”选项则可以缩放图像尺寸以适合显示屏的分辨率，但是不保持原始图像的宽高比。在显示屏的主画面中按下“ESC”按键，就会显示用户自定义徽标。

图 3-13　更换显示屏图标

CPU显示屏可为菜单和消息文本单独设置德语、英语、法语、西班牙语、意大利语和简体中文。可在显示屏中的“显示”（Display）菜单或在STEP 7中的CPU硬件配置下的“用户界面语言”（User interface languages）下直接进行这些设置。

3.6 SIMATIC存储卡

S7-1500自动化系统使用SIMATIC存储卡作为程序存储器。SIMATIC存储卡是与Windows文件系统兼容的预格式化存储卡。存储卡具有多种不同的存储空间大小，最大32GB，最小为4MB，可用于下列用途：

① 数据存储介质，用于传输数据。

② 程序卡。

③ 固件更新卡。

需要使用市售SD读卡器通过PG/PC读/写SIMATIC存储卡。这样就可使用Windows Explorer将文件直接复制到SIMATIC存储卡。由于CPU没有集成式装载存储器，因此要运行CPU，就必须插入SIMATIC存储卡后，才能操作CPU。SIMATIC存储卡不支持热插拔，建议在CPU断电时插拔SIMATIC存储卡。SIMATIC存储卡如图3-14所示。

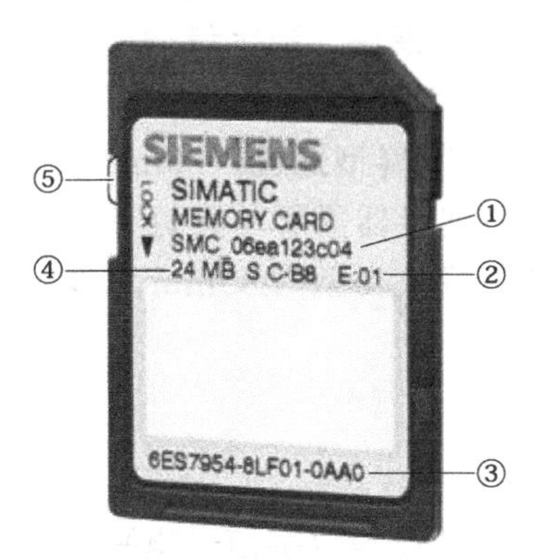

图3-14　SIMATIC存储卡实物

①—序列号，如SMC_06ea123c04；②—产品版本，如E：01；③—订货号，如6ES7954-8LF01-0AA0；④—存储空间大小，如24M；⑤—使用写保护的滑块：滑块向上滑动表示无写保护，滑块向下滑动表示写保护

格式化SIMATIC存储卡只能在CPU上执行，否则，SIMATIC存储卡将不能用于S7-1500 CPU。如果要使用STEP 7格式化SIMATIC存储卡，必须在线连接到相关CPU。而且，相关的CPU应处于STOP模式。要格式化SIMATIC存储卡，需要按以下步骤操作：

① 打开CPU的“在线与诊断”（Online and Diagnostics）视图（从项目环境中或通过“可访问的设备”）。

② 在“功能”（Functions）文件夹中，选择“格式化存储卡”（Format memory card）组。

③ 单击“格式化”（Format）按钮。

④ 在确认提示窗口中，单击“是”（Yes）。

格式化SIMATIC存储卡后的结果：

① 格式化 SIMATIC 存储卡，以便用于 S7-1500 CPU。

② 将删除 CPU 中除了 IP 地址之外的数据。

3.7 S7-1500 信号模块

信号模块（SM）通常作为控制器与过程之间的接口。控制器将通过所连接的传感器和执行器检测当前的过程状态，并触发相应的响应。与 S7-300/400 的信号模块相比，S7-1500 信号模块种类更加优化，集成更多功能并支持通道级诊断，采用统一的前连接器，具有预接线功能，电源线与信号线分开走线使设备更加可靠。它们既可以用于中央机架进行集中式处理，也可以通过 ET 200MP 进行分布式处理。模块的设计紧凑，用 DIN 导轨安装，中央机架最多可以安装 32 个模块。

S7-1500 的模块型号中的 BA（Basic）为基本型，它的价格便宜，功能简单，需要组态的参数少，没有诊断功能。型号中的 ST（Standard）为标准型，中等价格，有诊断功能。型号中的 HF（High Feature）为高性能型，功能复杂，可以对通道组态，支持通道级诊断。高性能型模拟量模块允许较高的共模电压。HS（High Speed）为高速型，用于高速处理，有最短的输入延时时间、最短的转换时间和等时同步功能。

信号模块分为数字量输入（DI）模块、数字量输出（DO）模块、模拟量输入（AI）模块和模拟量输出（AO）模块、数字量输入/输出混合模块和模拟量输入/输出混合模块，模块的宽度有 35mm 标准型和 25mm 紧凑型之分。25mm 宽的模块自带前连接器，接线方式为弹簧压接。35mm 宽的模块的前连接器需要单独订货，统一采用 40 针前连接器，接线方式为螺栓连接或弹簧连接。常用的模块类型为 35mm 宽度。

3.7.1 数字量模块

（1）数字量输入模块

数字量输入模块用于采集现场过程的数字信号电平，并把它转换为 PLC 内部的信号电平。一般数字量输入模块连接外部的机械触点和电子数字式传感器。S7-1500 PLC 的数字量输入模块型号以“SM521”开头，“5”表示为 SIMATIC S7-1500 系列，“2”表示为数字量，“1”表示输入类型。数字量输入模块的最短输入延时时间为 50μs，DI 模块型号中的 SRC 为源型输入，无 SRC 的为漏型输入。

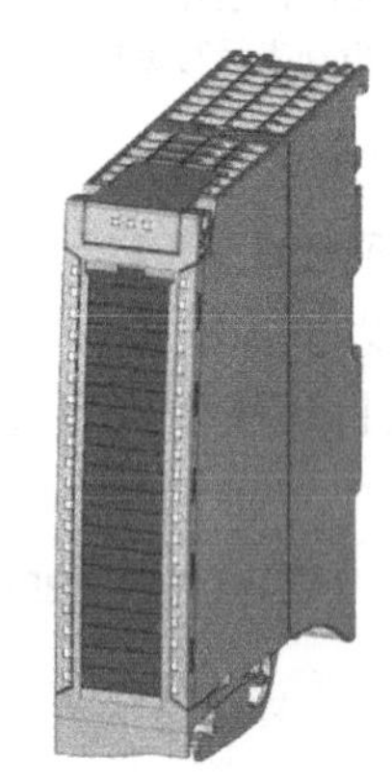

图 3-15 DI 32×24 VDC BA 模块外观视图

如图 3-15 所示为 DI 32×24VDC BA 模块外观视图。该模块具有下列技术特性：

① 32 点数字量输入，按每组 16 个进行电隔离。

② 额定输入电压 24VDC。

③ 适用于开关以及 2/3/4 线制接近开关。

④ 与数字量输入模块 DI 16×24VDC BA（6ES7521-1BH10-0AA0）的硬件相兼容。

DI 32×24VDC BA 模块的方框图和接线端子分配如图 3-16 所示。

通道地址的分配为输入字节 a 到 d。图中①代表背板总线接口，CHx 代表通道或通道状态 LED 指示灯（绿色），RUN 代表运行状态 LED 指示灯（绿色），ERROR 代表错误 LED 指示灯（红色），PWR 是电源电压 POWER LED 指示灯（绿色），M 接地。

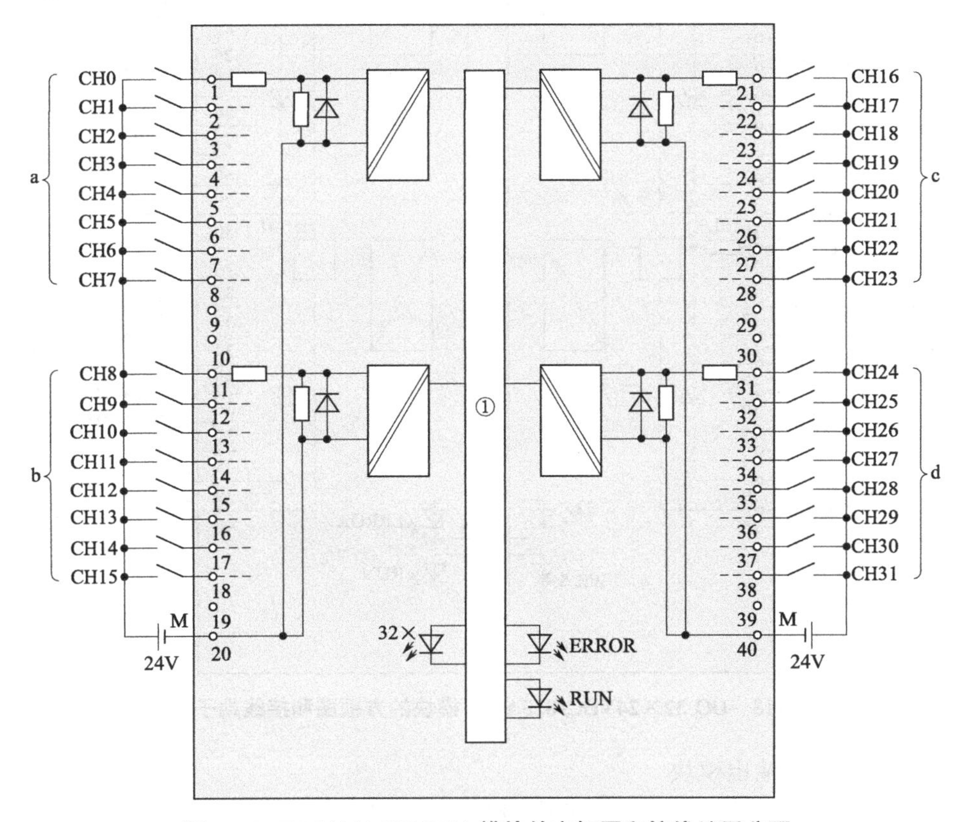

图 3-16　DI 32×24VDC BA 模块的方框图和接线端子分配

（2）数字量输出模块

S7-1500 PLC 的数字量输出模块型号以“SM522”开头，“5”表示为 SIMATIC S7-1500 系列，“2”表示为数字量，“2”表示输出类型。如图 3-17 所示为 DQ 32×24VDC/0.5A BA 模块外观视图。该模块具有下列技术特性：

① 32DO；每组 8 个电气隔离。

② 额定输出电压 24VDC。

③ 每个通道的额定输出电流 0.5A。

④ 适用于电磁阀、直流接触器和指示灯。

⑤ 与数字量输出模块 DQ 16×24VDC/0.5A BA（6ES7522-1BH10-0AA0）的硬件相兼容。

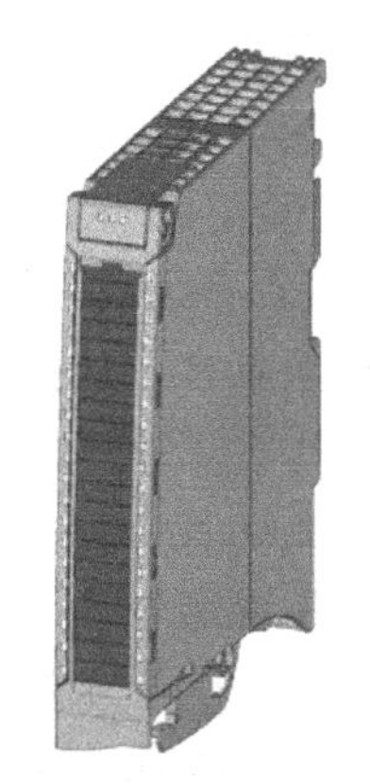

图 3-17　DQ 32×24VDC/0.5ABA 模块外观视图

DQ 32×24VDC/0.5A BA 模块的方框图和接线端子分配如图 3-18 所示。通道地址的分配为输出字节 a 到 d。图中①代表背板总线接口，CHx 代表通道或通道状态 LED 指示灯（绿色），RUN 代表运行状态 LED 指示灯（绿色），ERROR 代表错误 LED 指示灯（红色），PWR 是电源电压 POWER LED 指示灯（绿色），xL+接电源电压 24VDC，xM 接地。

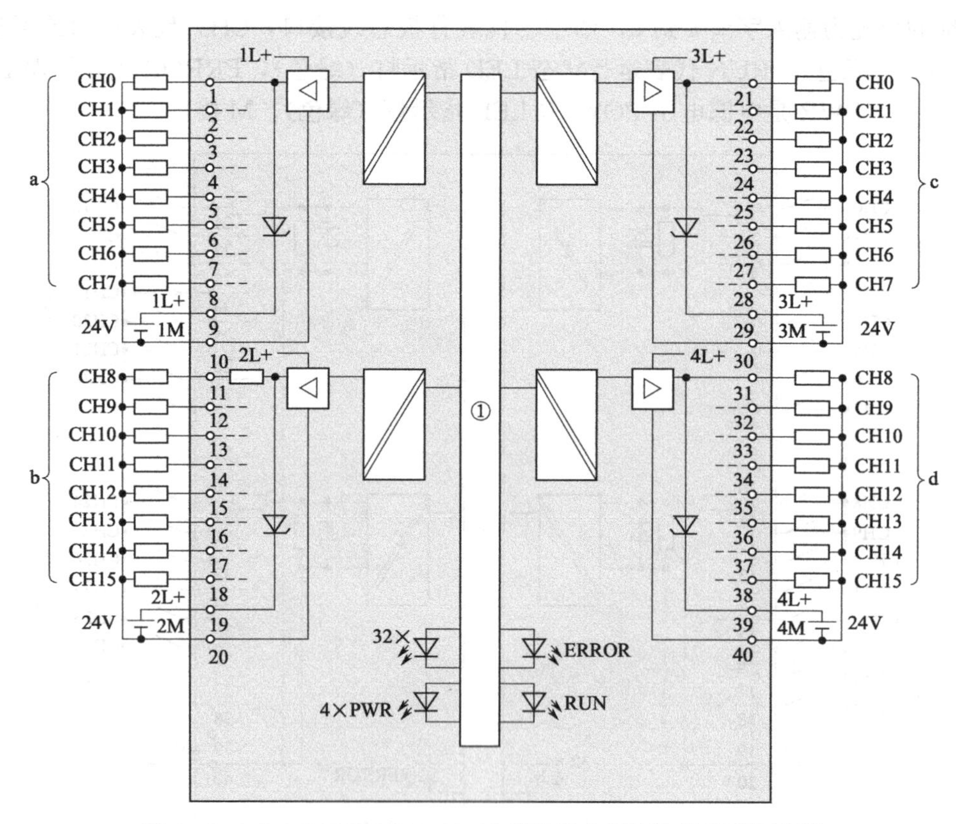

图 3-18　DQ 32×24VDC/0.5A BA 模块的方框图和接线端子分配

（3）数字量输入/输出模块

S7-1500 PLC 的数字量输入/输出模块型号以“SM523”开头，“5”表示为 SIMATIC S7-1500 系列，“2”表示为数字量，“3”表示数字量输入/输出类型。目前只有一种 25mm 宽的模块。

数字量输入/输出混合模块“DI 16×24VDC/DQ 16×24VDC/0.5ABA”是输入模块“DI 16×24VDC 基本型”和输出模块“DQ 16×24VDC/0.5A 基本型”的组合。16 点数字输入和 16 点数字输出各两组，模块自身要由电源模块供电，采用 24V 直流稳压电源即可。该模块具有下列技术特性：

① 数字量输入

a. 16 路数字量输入，以 16 个为一组进行电隔离。

b. 额定输入电压 24 VDC。

c. 适用于开关以及 2/3/4 线制接近开关。

② 数字量输出

a. 16 个数字量输出，按每组 8 个进行电气隔离。

b. 额定输出电压 24 VDC。

c. 每个通道的额定输出电流 0.5 A。

d. 适用于电磁阀、直流接触器和指示灯。

DI 16×24VDC/DQ 16×24VDC/0.5A BA 模块的方框图和端子分配如图 3-19 所示。其中通道分配地址为：输入字节 a 和 b，输出字节 c 和 d。

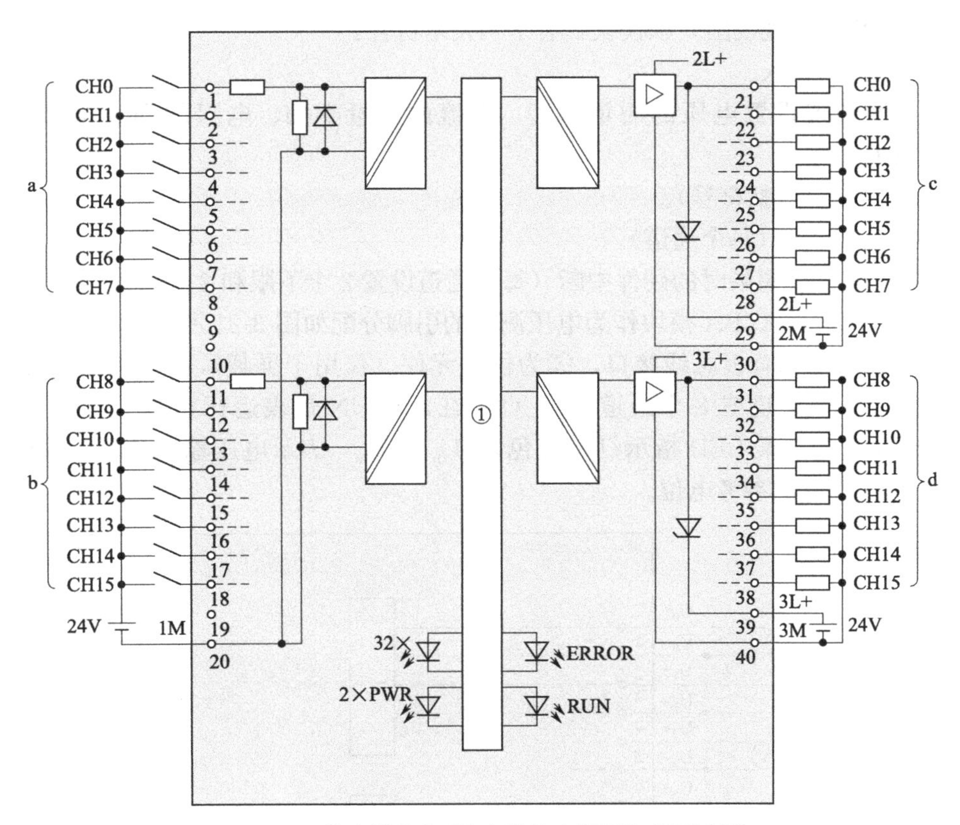

图 3-19　数字量输入/输出模块方框图和端子分配

3.7.2　模拟量模块

（1）模拟量输入模块

模拟量输入模块将模拟量信号转换为数字信号用于 CPU 的计算。如阀门的开度信号，阀门从关到开输出为 0～10V，通过 A/D 转换器按线性比例关系转化为数字量信号为 0～27648，从而使 CPU 计算出当前阀门的开度。并且采样的数值还可以用于其他计算，比如发送到人机界面用于阀门的开度显示。

SIMATIC S7-1500 标准型模拟量输入模块为多功能测量模块，具有多种量程。每一个通道的测量类型和范围可以任意选择，不需要量程卡，只需要改变硬件配置和外部接线。随着模拟量输入模块包装盒带有屏蔽套件，具有很高的抗干扰能力。

S7-1500 PLC 的模拟量输入模块型号以“SM531”开头，“5”表示为 SIMATIC S7-1500 系列，“3”表示为模拟量，“1”表示输入类型。

4AI 和 8AI U/I/RTD/TC 标准型模块的输入信号为电压、电流、热电阻、热电偶和电阻。每通道的转换时间分别为 9/23/27/107ms（与组态的 A-D 转换的积分时间有关）。电流/电压、热电阻/热电偶和电阻输入时屏蔽电缆的最大长度分别为 800m、200m 和 50m。每个通道的测量类型和范围可以任意选择，不需要 S7-300 模拟量输入模块那样的量程卡，只需要改变硬件配置和外部接线。如图 3-20 所示为 AI 8×U/

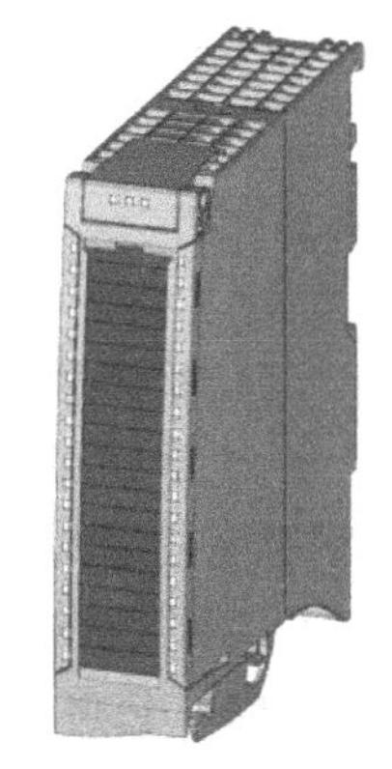

图 3-20　AI 8×U/I/R/RTD BA 模块外观视图

I/R/RTD BA 模块外观视图。该模块具有下列技术特性：

① 8 个模拟量输入。

② 可按照通道设置电压的测量类型、电流的测量类型、电阻的测量类型、热电阻（RTD）的测量类型。

③ 16 位精度（包括符号）。

④ 可组态的诊断（每个通道）。

⑤ 可按通道设置超限时的硬件中断（每个通道设置 2 个下限和 2 个上限）。

AI 8×U/I/R/RTD BA 模块作为电压测量的引脚分配如图 3-21 所示。图中①代表模数转换器（ADC），①为背板总线接口，③为供电元件（仅用于屏蔽），④为等电位连接电缆（可选），CHx 代表通道或 8 个通道状态（绿/红），RUN 代表运行状态 LED 指示灯（绿色），ERROR 代表错误 LED 指示灯（红色）。U_n+/U_n−表示电压输入通道 n（仅电压），M_{ANA} 表示模拟电路的参考电位。

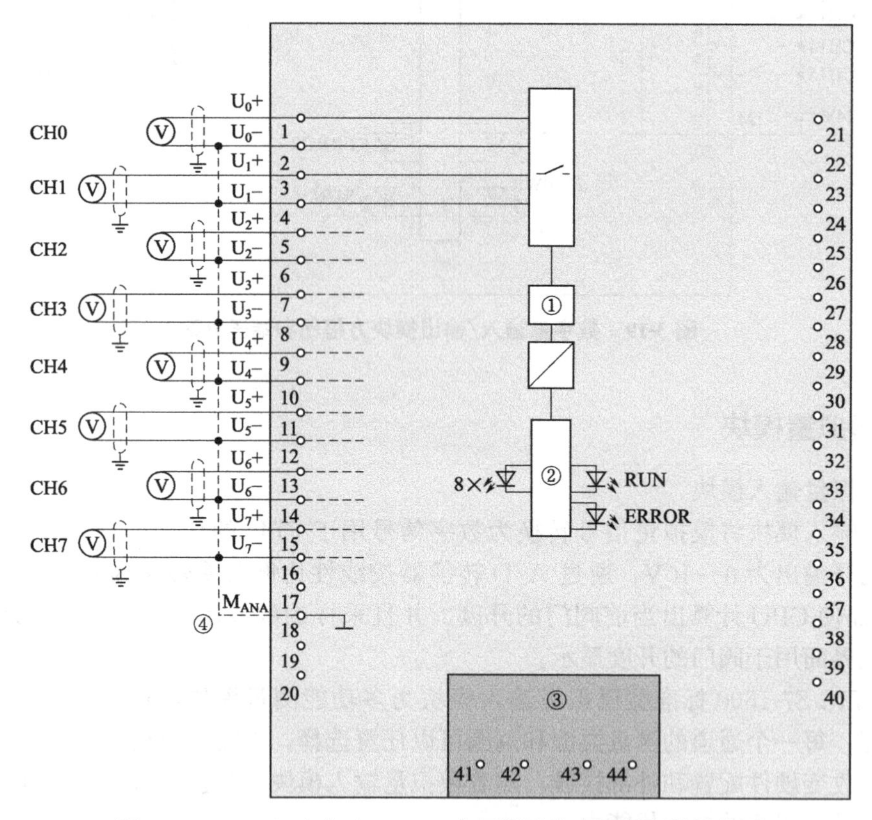

图 3-21 AI 8×U/I/R/RTD BA 电压测量的方框图和引脚分配

（2）模拟量输出模块

模拟量输出模块将数字量信号转换为模拟量信号输出。比如控制阀门的开度，假设 0～10V 对应控制阀门从关闭到全开，则在模拟量输出模块内部，通过 D/A 转换器将数字量信号 0～27648 按线性比例关系转换为模拟量 0～10V。这样，当模拟量输出模块输出数值 13824 时，它将转换为 5V 信号，控制阀门开度为 50%。

模拟量输出模块只有电流和电压两种信号输出。S7-1500 PLC 的模拟量输出模块型号以“SM532”开头，“5”表示为 SIMATIC S7-1500 系列，“3”表示为模拟量，“2”表示输出类型。

“2AQ，U/I”和“4AQ，U/I”标准型模块可输出电流和电压，转换时间为0.5ms。电流、电压输出时屏蔽电缆的最大长度分别为800m和200m。“8AQ，U/I”高速型模块可输出电流和电压，通道的转换时间为50μs。屏蔽电缆的最大长度为200m。AQ 4×U/I ST模块作为电流输出的方框图和引脚分配如图3-22所示。图中①电流输出的负载，②数模转换器（DAC），③背板总线接口，④电源模块的电源电压，CHx代表通道或4个通道状态（绿/红），RUN代表运行状态LED指示灯（绿色），ERROR代表错误LED指示灯（红色），PWR代表电源LED指示灯（绿色）。QI_n代表电流输出通道，M_{ANA}表示模拟电路的参考电位。将电源元件插入前连接器，可为模拟量模块供电。连接电源电压与端子41(L+）和44(M)。然后通过端子42(L+）和43(M）可为下一个模块供电。

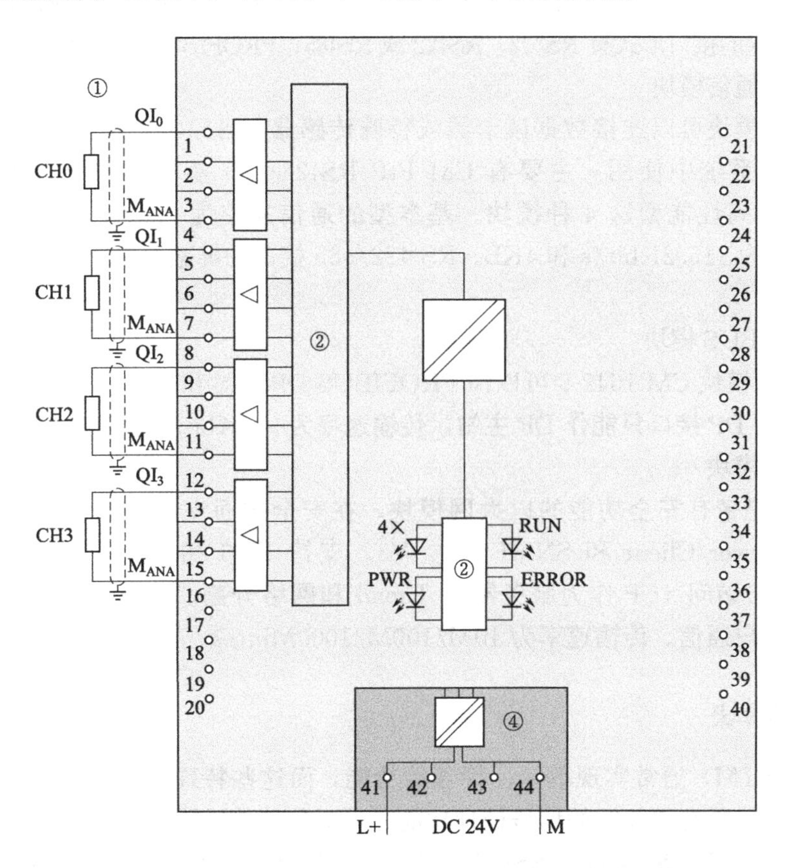

图3-22　AQ 4×U/I ST模块电流输出电路方框图和引脚分配

（3）模拟量输入/输出模块

S7-1500 PLC的模拟量输入/输出模块型号以“SM534”开头，“5”表示为SIMATIC S7-1500系列，“3”表示为模拟量，“4”表示模拟量输入/输出模块。目前只有一种25mm宽的模块。

“AI 4×U/I/RTD/TC/AQ 2×U/I ST”模块的性能指标分别与“4AI，U/I/RTD/TC标准型”模块和“2AQ，U/I标准型”模块的相同，相当于这两种模块的组合。

注意：命名方式便于记忆，只适合SIMATIC S7-1500系列。

3.8 通信模块和工艺模块

3.8.1 通信模块

通信模块为 S7-1500 PLC 提供通信接口，主要包括 CM 通信模块和 CP 通信处理器模块。CM 模块通常进行小数据量通信，而 CP 模块通常进行大量数据交换。通信模块主要有 CM PtP 点对点接口模块、CM 1542-5 PROFIBUS 通信模块和 CP 1543-1 PROFINET/工业以太网通信模块，所提供的接口形式有 RS232、RS422 或 RS485、PROFIBUS 和工业以太网接口。

（1）点对点通信模块

点对点通信模块可以连接数据读卡器或特殊传感器，可以集中使用，也可以在分布式 ET 200MP I/O 系统中使用。主要有 CM PtP RS422/485 基本型和高性能型、CM PtP RS232 基本型和高性能型这 4 种模块。基本型的通信速率为 19.2Kbit/s，最大报文长度 1KB，高性能型为 115.2Kbit/s 和 4KB。RS-422/485 接口的屏蔽电缆最大长度 1200m，RS-232 接口为 15m。

（2）PROFIBUS 模块

PROFIBUS 模块 CM 1542-5 可以作 PROFIBUS-DP 主站和从站，有 PG/OP 通信功能，CPU 集成的 DP 接口只能作 DP 主站。传输速率为 9.6Kbit/s～12Mbit/s。

（3）以太网模块

CP 1543-1 是带有安全功能的以太网模块，在安全方面支持基于防火墙的访问保护、VPN、FTPS Server/Client 和 SNMP V1、V3。支持 IPv6 和 IPv4、FTP Server/Client、FETCH/WRITE 访问（CP 作为服务器）、Email 和网络分割。支持 Web 服务器访问，S7 通信和开放式用户通信。传输速率为 10M/100M/1000Mbit/s。

3.8.2 工艺模块

工艺模块（TM）通常实现单一、特殊的功能，而这些特殊的功能往往单靠 CPU 无法实现。而工艺模块具有硬件级的信号处理功能，可对各种传感器进行快速计数、测量和位置记录，支持定位增量式编码器和 SSI 绝对值编码器。S7-1500PLC 的工艺模块目前有 TM Count 计数模块、TM PosInput 定位模块和 TM Timer DIDQ 16×24V 时间戳模块。

3.9 分布式模块

分布式外围设备是一款模块化的分布式外围系统，用于将过程信号连接至中央自动化系统。当输入/输出与自动化系统距离很远时，布线将变得复杂而且成本较高，因此可以以分散的形式现场收集信号，并通过一个总线系统与中央控制系统实现连接。分布式 I/O 系统便是比较理想的解决方案。

西门子传统的分布式模块是ET 200系列，例如ET 200M、ET 200S、ET 200iS、ET 200X、ET200B以及ET200L等分布式设备，通常直接连接现场设备。西门子的ET 200是基于现场总线PROFIBUS-DP和PROFINET的分布式I/O，可以分别与经过认证的非西门子公司生产的PROFIBUS-DP主站或PROFINET IO控制器协同运行。在组态时，STEP 7自动分配ET 200的输入/输出地址。DP主站或IO控制器的CPU分别通过DP从站或IO设备的I/O模块的地址直接访问它们。

ET 200MP和ET 200SP是专门为S7-1200/1500设计的分布式I/O，可通过PROFINET与S7-1500 PLC相连。它们也可以用于S7-300/400，与S7-300/400的分布式设备相比，S7-1500的分布式设备不再局限于从站的概念。

ET 200MP模块包括IM接口模块和I/O模块。ET 200MP接口模块将ET 200MP连接到PROFINET或者PROFIBUS总线，与S7-1500本机通信，实现了S7-1500PLC的扩展。这里不再详细介绍，读者可以查阅西门子相关技术手册。下面重点介绍实际应用中广泛使用的ET 200SP。

3.9.1 ET 200SP简介

ET 200SP是新一代分布式I/O系统，通过现场总线将过程信号连接至中央控制器，支持PROFINET和PROFIBUS，具有体积小、使用灵活、性能突出的特点。最多可带64个I/O模块，每个数字量模块最多16点。图3-23为一个完整的ET 200SP分布式I/O系统的组态示意图。

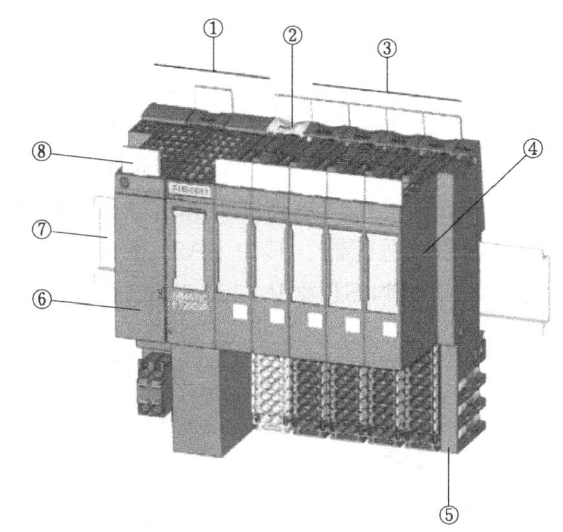

图3-23 ET 200SP系统的组态示意图

①—接口模块；②—浅色BaseUnit BU..D，连接输入电源电压或打开一个电位组；
③—深色BaseUnit BU..B，进一步传导电位组；④—I/O模块；
⑤—服务器模块（包含在接口模块的交付清单内）；
⑥—BusAdapter（总线适配器）；⑦—安装导轨；⑧—参考标识标签

ET 200SP安装于标准DIN导轨，一个站点的基本配置包括IM通信接口模块、各种I/O模块、功能模块和对应的基座单元。最右侧是用于完成配置的服务器模块，无需单独订购，它作为ET 200SP系统结构的终端，并断开ET 200SP的背板总线，代表机架到这里结束，不可或缺，随接口模块附带。基座单元为I/O模块提供可靠的连接，实现供电及背板通信等功能，基座为直插式端子，接线无工具，单手即可完成。ET 200SP 的基座可以实现模块空缺运行（模块可以不插），运行中更换模块不会影响到接线。如图 3-24 所示为配置好的 ET 200SP 模块组。

图 3-24　ET 200SP 模块配置实物图

3.9.2　ET 200SP 接口模块

接口模块将 SIMATIC ET 200SP 连接到 PROFINET 或者 PROFIBUS 总线，目前 ET 200SP 的接口模块有 3 种类型，分别为 IM 155-6 PN ST、IM 155-6 PN HF 和 IM 155-6 DP HF，接口模块 IM155-6PN ST 与 IM155-6 DP HF 支持最多 32 个模块；IM155-6 PN HF 支持最多 64 个模块。

PROFINET 接口模块可选多种总线适配器。对于标准应用，中度的机械振动和电磁干扰条件下，可选用 BA2×RJ45 总线适配器，它带有两个标准的 RJ45 接口。对于有更高的抗振和抗电磁干扰要求的设备，推荐采用 BA 2×FC 总线适配器。在这种情况下，电缆通过快连端子直接连接，该种方式有 5 倍的机械抗振能力和抗电磁干扰能力。对于高性能接口模块，还可以选择带有光纤接口的总线适配器。其中 BA2×RJ45 标准总线适配器和快连式总线适配器 BA2×FC 均可用于 IM155-6PN ST 及 IM 155-6PN HF，二者的区别如图 3-25 所示。

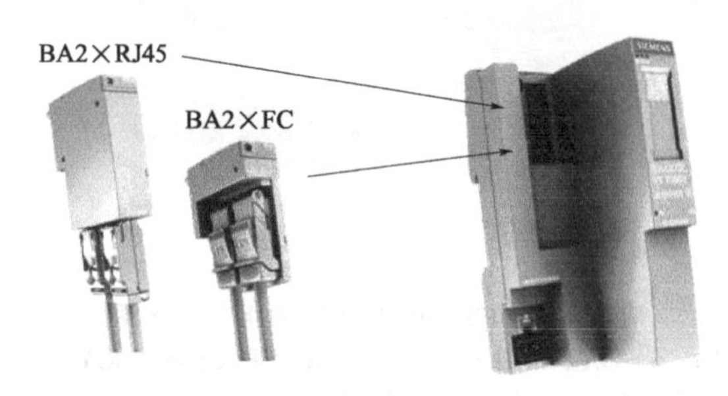

图 3-25　BA2×RJ45 与 BA2×FC 的区别

3.9.3　ET 200SP 的 I/O 模块

ET 200SP 具有多种 I/O 模块，包括常规输入/输出模块、工艺模块和通信模块等，具有输入时间短，模拟量模块的精度高等特点。与 ET 200S 相比，性能进一步提升，表现如下。

① 模块有标准型、基本型、高性能型和高速型，丰富的种类可以满足不同的应用需要。

② 不同模块通过不同的颜色进行标识，DI 为白色，DQ 为黑色，AI 为淡蓝色，AQ 为深蓝色。

③ 模块可热插拔，正面带有接线图。

④ 电能测量模块可以实现各种电能参数的测量。

⑤ LED 诊断、供电电压、运行状态显示灯。

⑥ 有 16 点、8 点和 4 点的数字量模块，8 点、4 点、2 点的 AI 模块，以及 4 点、2 点的 AQ 模块。

项目训练二　S7-1500 的硬件配置、安装与接线

一、训练目的

（1）认识 S7-1500 PLC 的相关硬件模块。

（2）学会对 S7-1500 PLC 系统进行基本的配置。

（3）学会安装和拆卸 S7-1500 PLC 相关模块。

二、训练储备知识

1. S7-1500 的硬件配置

S7- 1500 PLC 自动化系统需要按照系统手册的要求和规范进行安装，安装前需要依照安装清单检查是否准备好系统中所有硬件，并按照配置要求安装导轨、电源、CPU 或接口模块以及 I/O 模块等硬件设备。

S7-1500 自动化系统采用单排配置，所有模块都安装在同一根安装导轨上。这些模块通过 U 形连接器连接在一起，形成了一个自装配的背板总线。在一条导轨上，虚拟槽号为 0～31，故 S7-1500 本机的最大配置为 32 个模块，例如导轨上除了 1 个电源模块（可选）和 1 个 CPU 模块，最多还可安装 30 个模块。S7-1500 系统最大组态配置如图 3-26 所示。

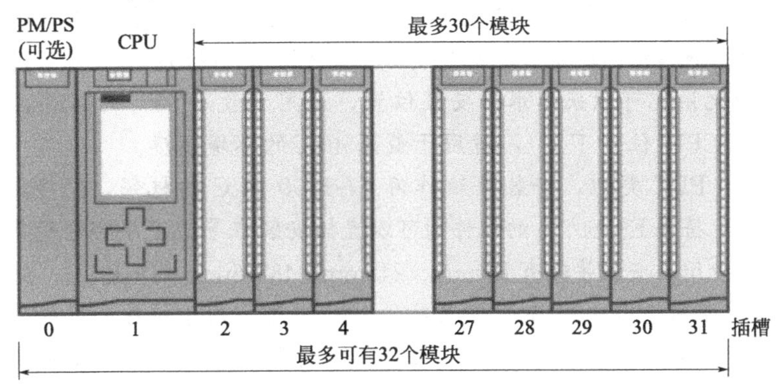

图 3-26　S7-1500 系统最大组态配置

硬件配置中需要注意以下事项：

（1）在 S7-1500 本机的安装导轨上，负载电源只能位于 0 号槽，CPU 位于 1 号槽，不能更改，且只能各组态 1 个。

（2）插槽 0 可以放入负载电源模块 PM 或者系统电源模块 PS。由于负载电源 PM 不带有背板总线接口，所以也可以不进行硬件配置。电源模块 PS 也可以位于 2～31 号槽，最多可组态 3 个系统电源（PS）。一个系统电源（PS）插入到 CPU 的左侧，其他两个系统电源（PS）插入到 CPU 的右侧。如果需要在 CPU 的右侧使用其他系统电源（PS），则这些电源也会占用一个插槽。如果在 CPU 左侧使用系统电源（PS），则最多将生成 32 个模块的组态，这些模块分别占用插槽 0 到 31。所有模块的功耗总和决定了需要的系统电源模块数量。如图 3-27 为带有 3 个电源段的配置形式。

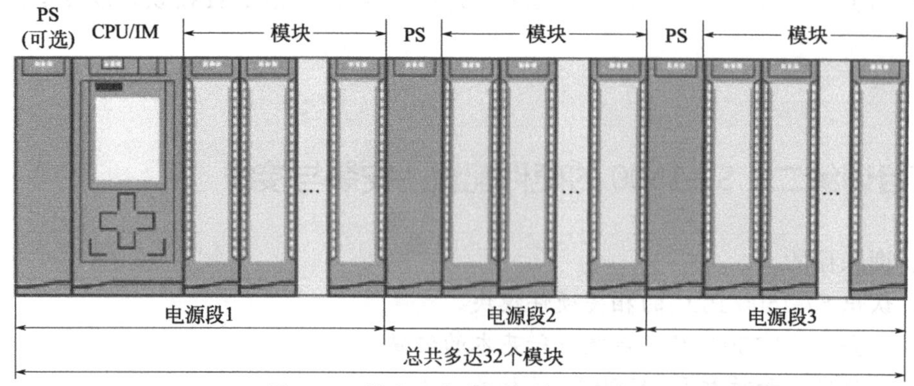

图 3-27　带有 3 个电源段的配置形式

（3）从 2 号槽起，可以依次放入模拟量和数字量 I/O 模块、工艺模块和点对点通信模块，最多可以组态 30 个。由于目前机架不带有源背板总线，相邻模块间不能有空槽位。

（4）SIMATIC S7-1500 系统不支持中央机架的扩展。

（5）PROFINET/以太网和 PROFIBUS 通信模块最多只能组态 4～8 个，具体数量依据型号而定。如果需要配置更多的模块则需要使用分布式 I/O。

2. S7-1500 的硬件安装规则

S7-1500 自动化系统的所有模块都是开放式设备，这意味着，该系统只能安装在室内的外壳、控制柜或电气操作室中。在室内、控制柜和电气操作室内，还需提供安全防护，以防止触电和火灾蔓延，此外，还需满足有关机械强度的相关要求。不仅如此，室内、控制柜和电气操作室的数据访问还需通过钥匙或工具。有使用权限的人员必须经过培训或授权。

S7-1500 自动化系统可以采用水平安装位置，适用于最高 60℃的环境温度；也可以采用垂直安装位置（CPU 位于下方），适用于最高 40℃的环境温度。

与 S7-300/400 PLC 类似，安装导轨作为 S7-1500 PLC 的机架，S7-1500 的模块可以直接挂装在导轨上，符合 EN 60715 的组件则可以直接安装在导轨下半部分所集成的顶帽翼形导轨上。为了方便使用，安装导轨有 160mm、245mm、482.6mm（19 英寸）、530mm、830mm 不等的 5 种规格，还有 2000mm 不带安装孔的特殊规格，用于特殊长度的安装。

放置安装导轨，需要保留足够的空间来安装模块和散热，保证安装完毕的模块和导轨底部和顶部至少保留 25mm 的最小间隙，如图 3-28 所示。

安装从左侧开始，先安装 CPU/接口模块或系统电源/负载电流源，在安装中，除了负载电源，其他相邻模块间要安装 U 形连接器，构成背板总线，在模块之间进行传递。无 U 形连接器从第一个和最后一个模块伸出。注意：只有在关闭系统电源后，才能拆卸和插入各模块。

S7-1500 自动化系统必须连接到电气系统的保护导线系统，以确保电气安全。如图 3-29 所示。

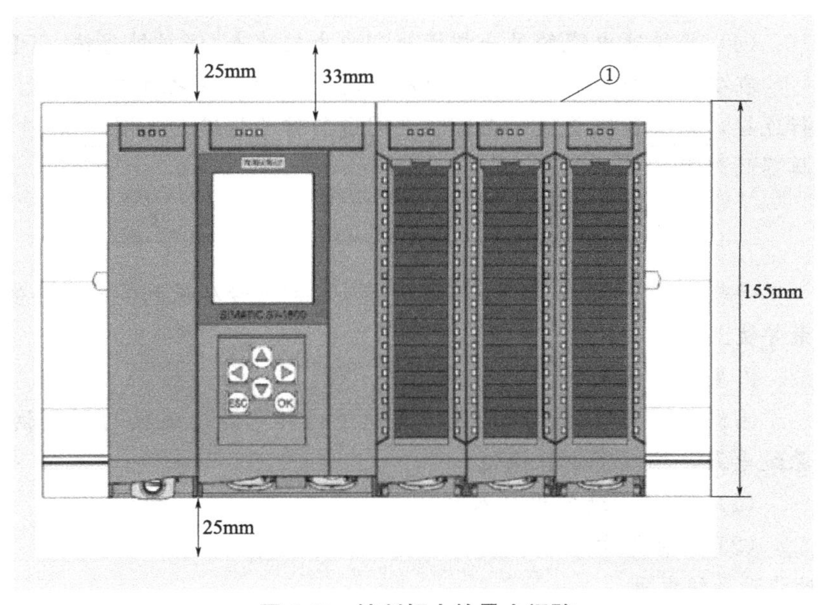

图 3-28　控制柜中的最小间隙

①—安装导轨的上边缘

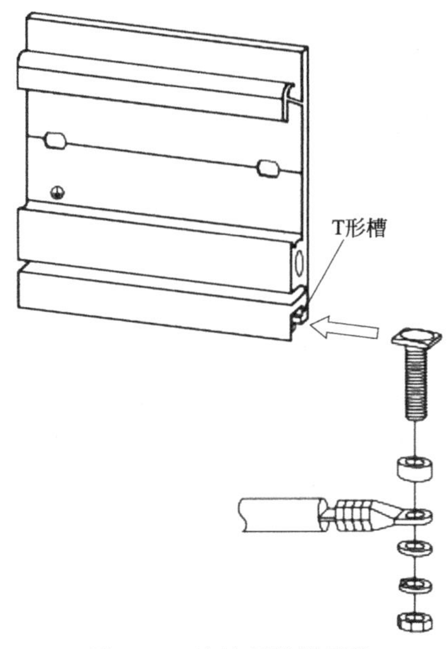

图 3-29　连接保护性导线

如果采用符合适用标准的类似装置将安装导轨可靠地连接至保护电路，例如永久连接至已经接地的控制柜壁，则可以不需要用接地螺钉进行接地。

要连接保护性导线，执行以下步骤：

（1）剥去截面积最小为 $10mm^2$ 的接地导线外皮。使用压线钳连接一个用于M6螺栓的环形电缆接线片。

（2）将附带的螺栓滑入T形槽中。

（3）将垫片、带接地连接器的环形端子、扁平垫圈和锁定垫圈插入螺栓（按该顺序）。旋转六角螺母。通过该螺母将组件拧紧到位（拧紧扭矩4N·m）。

图 3-30 U 形连接器

(4) 将接地电缆的另一端连接到中央接地点/保护性母线（PE)。

在安装过程中，除了负载电源，其他相邻模块之间要通过 U 形连接器进行连接，构成背板总线，在模块之间进行信号传递。如图 3-30 所示为 U 形连接器的外观。

三、硬件安装步骤

1. 安装导轨

导轨安装完毕后，将 S7-1500 的模块按照槽号从低到高的顺序依次挂接在安装导轨上。

2. 安装系统电源

系统电源与背板总线相连，并通过内部电源为连接的模块供电。要安装系统电源，按以下步骤操作：

(1) 将 U 形连接器插入系统电源背面。

(2) 将系统电源挂在安装导轨上。

(3) 向后旋动系统电源。

(4) 打开前盖。

(5) 从系统电源断开电源线连接器的连接。

(6) 拧紧系统电源（拧紧扭矩为 1.5N·m)。

(7) 将已经接好线的电源线连接器插入系统电源模块。

如图 3-31 所示为安装系统电源示意图。

3. 安装 CPU

CPU 执行用户程序并通过背板总线为模块电子元件供电。要安装 CPU，可以按以下步骤操作：

(1) 将 U 形连接器插入 CPU 后部的右侧。

(2) 将 CPU 安装在安装导轨上。必要时还可将 CPU 推至左侧的系统电源。

(3) 确 U 形连接器插入系统电源。向后旋动 CPU。

(4) 拧紧 CPU（拧紧扭矩为 1.5N·m)。

如图 3-32 所示为安装 CPU 示意图。

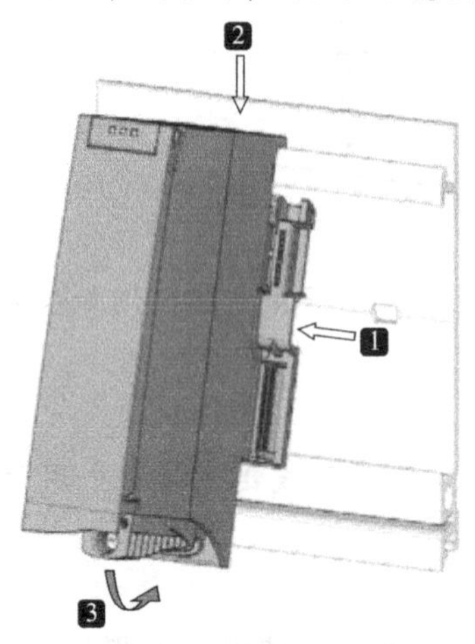

图 3-31 安装系统电源

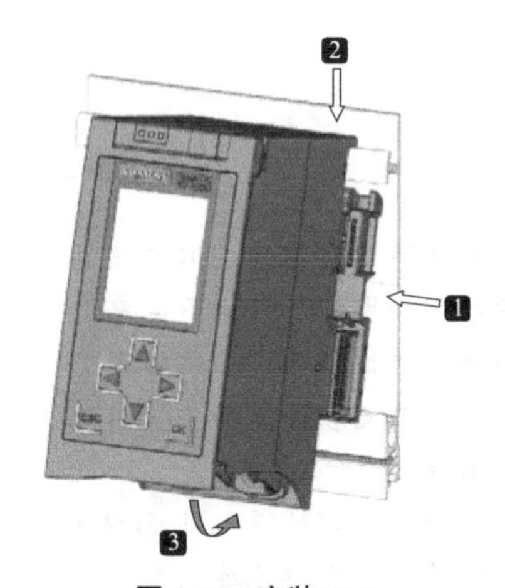

图 3-32 安装 CPU

4. 安装I/O模块

将I/O模块安装到CPU/接口模块的右侧。I/O模块形成控制器与过程之间的接口。控制器将通过所连接的传感器和执行器检测当前的过程状态，并触发相应的响应。可以按下列步骤安装I/O模块：

(1) 将U形连接器插入I/O模块后部的右侧。

例外：组合件中的最后一个I/O模块。

(2) 在安装导轨上安装I/O模块。将I/O模块向上推动到左侧模块处。

(3) 向后旋转I/O模块。

(4) 拧紧I/O模块（拧紧扭矩为1.5N·m）。

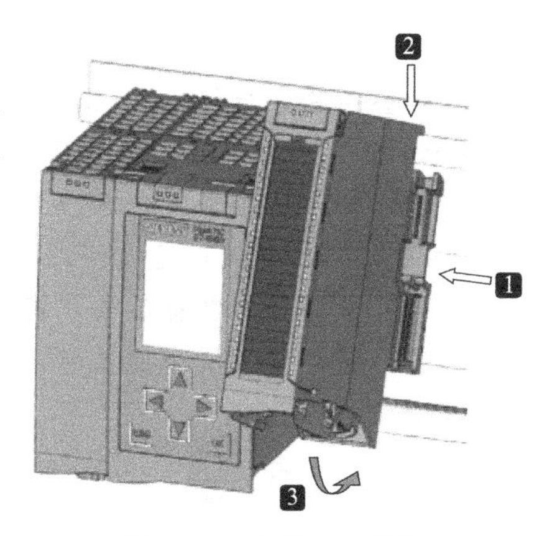

图3-33 安装I/O模块

如图3-33所示为安装I/O模块示意图。

四、硬件系统接线

1. 将电源电压连接到系统电源/负载电流电源。

2. 连接CPU模块和负载电源模块，可以按以下步骤操作：

(1) 打开负载电源的前盖。向下拉出24VDC输出端子。

(2) 连接24VDC输出端子和CPU的4孔连接插头。

(3) 连接负载电源和CPU模块。

如图3-34所示为CPU模块和负载电源接线示意图。

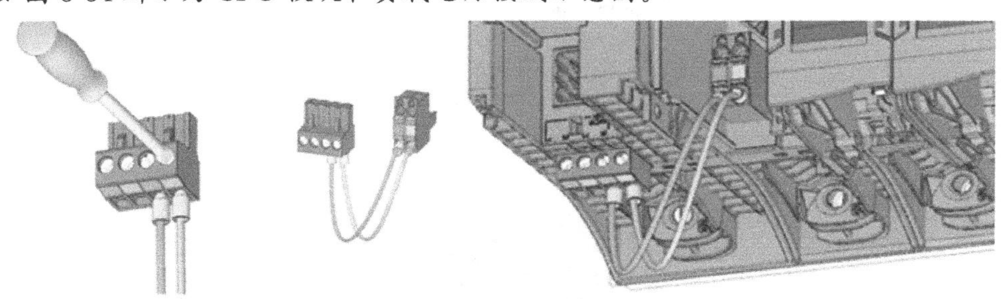

图3-34 CPU模块和负载电源接线示意图

注意：CPU的24V外接电源可以不需要，例如CPU左侧配一个PS电源模块，该模块可以向背板总线供电。将CPU属性中的供电属性选择没有到外部24V的连接，即CPU的供电取自背板总线，由PS提供。这样的话，CPU的24V电源根本不用接线。

3. 安装I/O模块的前连接器

设备的传感器和执行器通过前连接器连接到自动化系统。将传感器和执行器接线到前连接器。将连接了传感器和执行器的前连接器插入I/O模块中。前连接器的型号外观如图3-35所示。其中，推入式前连接器使接线更加方便轻松。

前连接器的接线方法如下：

(1) 接线到“预接线位置”以方便接线。

(2) 再将前连接器插入I/O模块。

可以从已经接线的I/O模块上轻松地拆下前连接器，当更换模块时无需松开接线连接。

4. 标记 I/O 模块

标签条用于标记 I/O 模块的引脚分配。根据需要将标签条标好后，并将它们滑出前盖。如图 3-36 中的①为标签条。准备并安装标签条，可以按以下步骤操作：

（1）标注标签条。在 STEP 7 中，可打印项目中各模块的标签条。标签条可导出为 Microsoft Word DOCX 文件，并在文字编辑程序打印。

（2）使用预打孔标签条，将标签条与标签纸分隔开。

（3）将标签条滑出前盖。

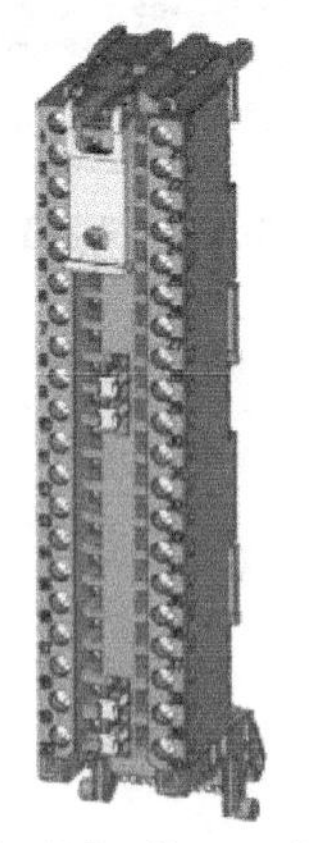

(a) 带螺钉型端子的35mm前连接器

(b) 带推入式端子的25mm前连接器

(c) 带推入式端子的35mm前连接器

图 3-35 前连接器的型号外观

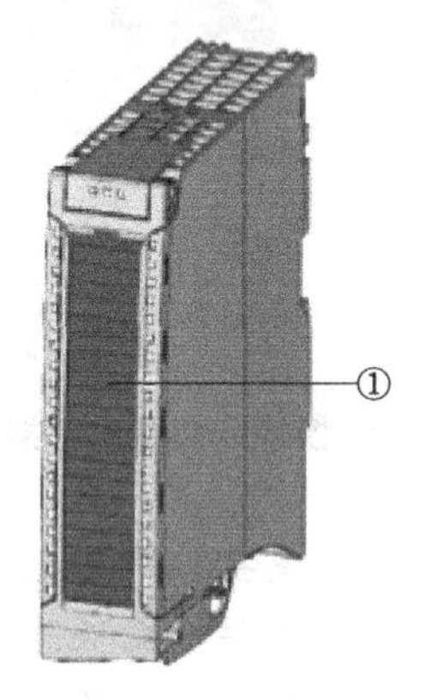

图 3-36 标签条标记

5. 根据控制功能需要，完成外部输入/输出设备与 I/O 模块的相应连接。

需要注意：以上接线过程需要在断电的情况下完成。

西门子TIA博途软件概述

4.1 TIA 博途软件介绍

西门子 PLC 的编程及组态软件为 STEP 7 系列，其中 S7-300/400 专用的编程软件为 STEP 7，后来随着西门子推出 S7-1200 和 S7-1500 PLC，相应的编程及组态软件也叫 STEP 7。为了区分这两款不同的软件，S7-300/400 专用的 STEP 7 编程软件称为经典 STEP 7，而适用于 S7-1200 和 S7-1500 PLC 的编程软件称为 TIA（Totally Integrated Automation，TIA）Portal 软件，也称 TIA 博途 STEP 7 软件。

TIA 博途是全集成自动化软件 TIA portal 的简称，是西门子工业自动化集团发布的一款全新的全集成自动化软件。它是业内首个采用统一的工程组态和软件项目环境的自动化软件，几乎适用于所有自动化任务，这是软件开发领域的一个里程碑，也是工业领域第一个带有“组态设计环境”的自动化软件。借助该全新的工程技术软件平台，用户能够快速、直观地开发和调试自动化系统，提高项目管理的一致性和集成性。

TIA 博途 STEP 7 与传统 STEP 7 方法相比，无需花费大量时间安装集成各个软件包，同时显著降低了成本。TIA 博途的设计兼顾了高效性和易用性，适合新老用户使用。TIA 博途软件包含 TIA 博途 STEP7、TIA 博途 WinCC、TIA 博途 Startdrive 和 TIA 博途 SCOUT，如图 4-1 所示（以 TIA V13 版本为例）。用户可以单独购买 TIA 博途 STEP 7 V14，也可以购买多种产品的组合。其中任一产品平台中都已包含 TIA 博途平台系统，以便于与其他产品的集成。

4.2 TIA 博途软件组成

西门子博途软件系列分为主要以下几种：

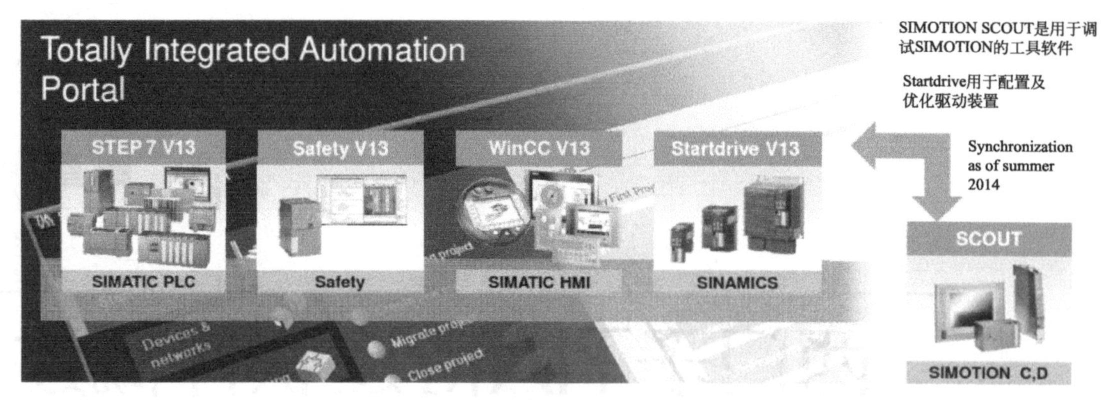

图 4-1 TIA 博途软件平台

(1) 西门子博途软件 STEP7 V14

这款软件适用于所有西门子控制器的工程组态平台，在 STEP7 V14 中，增加了对西门子 PLC S7-1500 系列各类 CPU 的支持；具有团队编程功能，项目完整上传功能，具有更高的操作保护，更好地保护用户知识产权。

(2) 西门子博途软件 WinCC V14

这款软件适用于所有西门子 HMI 的应用，对于使用精简面板系列和使用多用户系统的 SCADA 都可以提供支持。博途软件 WinCC 分为基本版、精智版、高级版和专业版 4 种。其中基本版适用于精简面板（Basic Panels），精智版适用于精智面板（Comfort Panels）和精简面板，高级版适用于 PC 单站、精智面板和精简面板；专业版适用于 SCADA、PC 单站、精智面板和精简面板。

(3) 西门子博途软件 STEP7 Safety V14

这款软件适用于标准和故障安全自动化的工程组态系统，它支持所有 S7-1500F 类型的 CPU，可以在 STEP7 PROFESSIONAL V14 的基础上进行安装，并通过统一的安全管理平台实现安全相关工程。

(4) 西门子博途软件 PLCSIM V14

这款软件是西门子公司为其高端产品开发的仿真软件，但是只能仿真 PLC 的部分功能，其中在 1200 系列 PLC 中只支持 4.0 版本及以上的 PLC。

(5) 西门子 Startdrive V14

这款软件适用于所有驱动装置和控制器的工程组态平台，它集成了硬件组态、参数设置以及调试和诊断操作，集成驱动诊断功能，从而完整地集成到西门子自动化解决方案中。

博途系列的软件用户可以根据自己的需要选择安装。

TIA 博途 STEP7 产品有 Professional（专业版）和 Basic（基本版）两个版本。其中基本版只能用于组态 S7-1200 控制器，而专业版可以用于组态 SIMATIC S7-1500、SIMATIC S7-1200、SIMATIC S7-300 和 SIMATIC S7-400 控制器，同时也支持基于 PC 的 SIMATIC WinAC 自动化系统。

同理，TIA 博途 WinCC 也划分了更多的版本，越高级的版本可调试的设备就越高级且向下兼容，但必须经过转换才能被识别。安装 TIA 博途 STEP 7 产品，就会附带安装 TIA 博途 WinCC 产品中的 Basic（基本版）。TIA 博途 STEP7 和 TIA 博途 WinCC 等所具有的功能和覆盖的产品范围如图 4-2 所示。

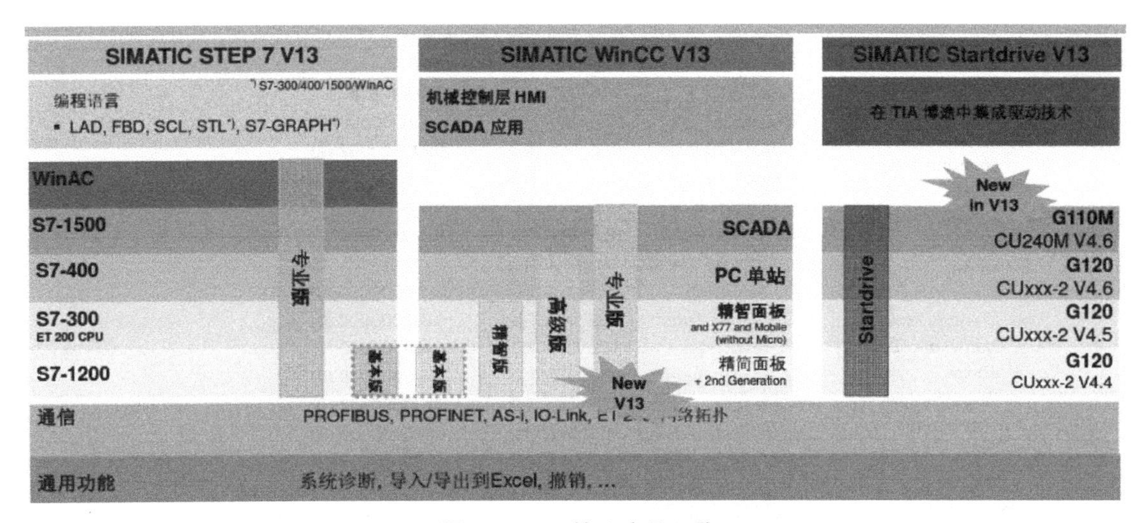

图 4-2　TIA 博途产品一览

4.3　TIA 博途软件安装

支持 TIA 博途软件的操作系统主要有 Windows 7（企业版或者旗舰版，32 位或者 64 位）和 Windows 8，电脑建议使用 64 位旗舰版操作系统，在安装博途软件之前关闭或卸载杀毒软件、360 卫士、防火墙、防木优化之类的软件，若不是系统自带的软件都需要关闭。同时注意不要在安装路径的名称中使用或者包含任何使用 UNICODE 编码的字符（例如中文字符）。软件安装比较简单，通过安装程序引导可以自动安装。

安装 TIA 博途对计算机硬件的最低要求如下：i5 以上及性能相当的处理器，主频 3.3 GHz，内存 8GB，硬盘 300GB，15.6in 宽屏显示器，分辨率 1920×1080。其 TIA 博途软件家族的安装顺序一般为：STEP 7 Professional V14 SP1、TIA V14 SP1 UPD9、S7- PLCSIM V14 SP1、S7-PLCSIM V14 SP1 UPD1。安装好后可安装其他博途软件，例如 WinCC Professional V14 SP1、Startdrive V14 SP1、STEP 7 Safety Advanced V14 SP1。

软件安装要求如下：

① PG/PC 的应激和软件满足系统要求。

② 具有计算机的管理员权限。

③ 关闭所有正在运行的程序。

下面详细介绍 TIA Portal（博途）V14 的安装步骤。

注意：安装之前要删除注册表否则会出现无限重启的现象。其解决方法如下。

使用 Windows 搜索功能搜索“regedit”，打开如图 4-3 所示的注册表，然后依次打开下列文件夹，删除“HKEY _ LOCAL _ MACHINE \ SYSTEM \ Current Control Set \ Control \ Session Manager”下面的键值 Pending File Rename Operations，之后再进行安装。在 win10 系统中 Pending File Rename Operations 可能会恢复，在安装过程中需要多次删除注册表。

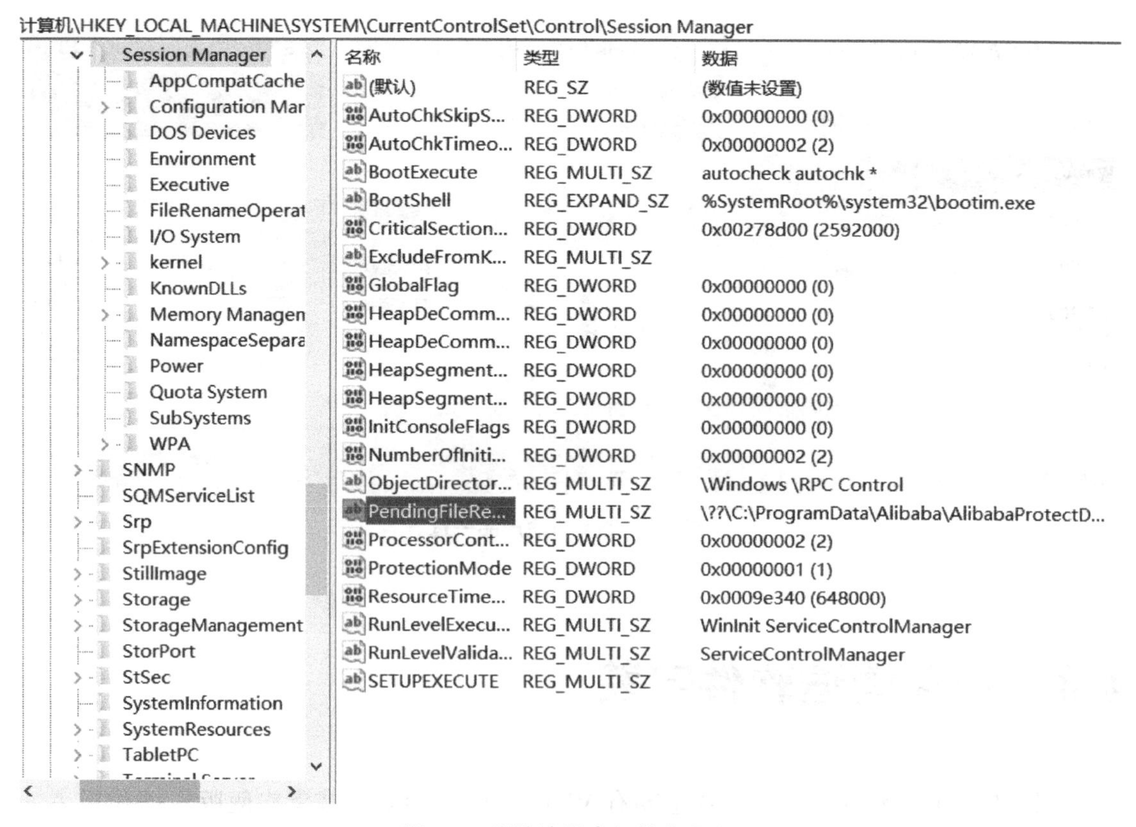

图 4-3　删除注册表相关选项图

① 将安装盘放入光盘驱动器。安装程序将自动启动（除非在计算机上禁用了自动启动功能），如图 4-4 所示。选中单击“下一步”即可往下执行安装。

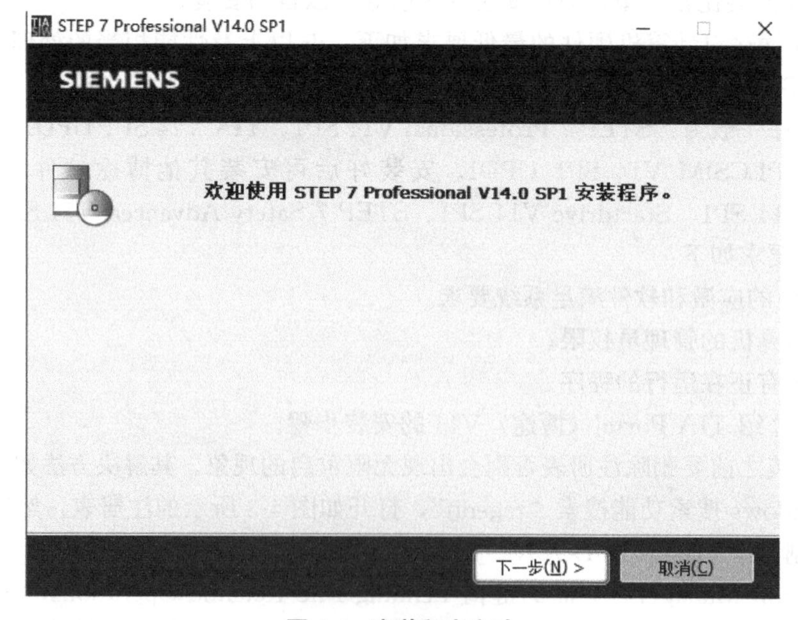

图 4-4　安装程序启动

② 如果安装程序没有自动启动，则可通过双击“Start. exe”文件手动启动，通过更改安装目录，在选择安装语言的对话框中选择安装过程中的界面语言，采用默认的安装语言中文。如图 4-5 所示。

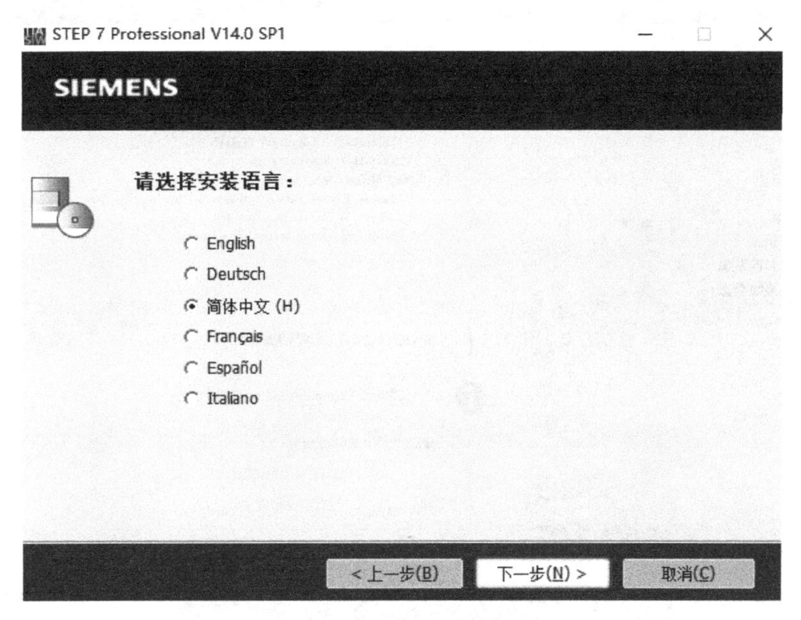

图 4-5　安装语言选择页面

③ 选择完安装语言后，单击下一步。进入软件解压目录页面，如图 4-6 所示。在这个页面可以更改软件解压目录。更改时，选择浏览即可选择解压目录。

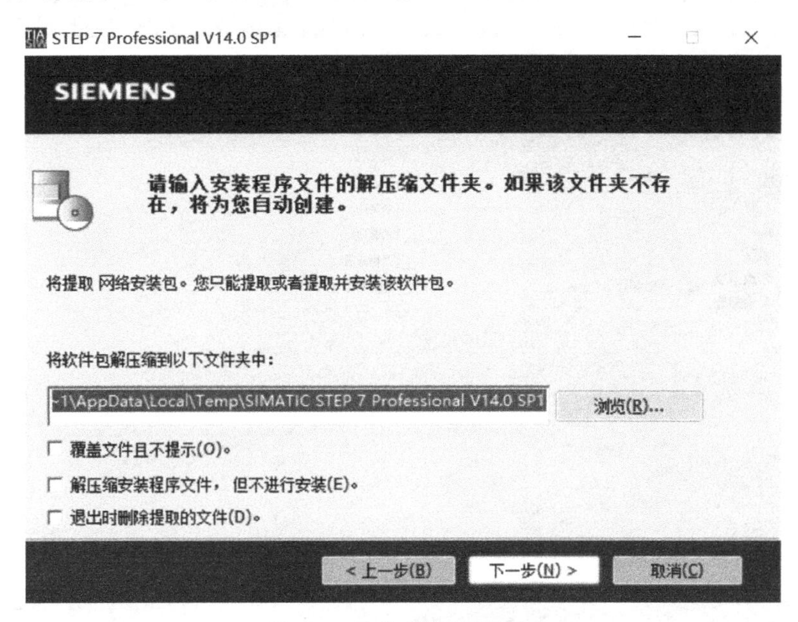

图 4-6　软件安装目录页面

④ 选择安装目录后接下来的是选择安装语言，在安装过程中可选择阅读安装注意事项或产品信息，如图 4-7 所示。之后，点击“下一步”按钮。在打开的选择产品语言的对话框中，选择 TIA 博途软件的用户界面要使用的语言。“英语”（English）作为基本产品语言进

行安装，不可取消。一般采用默认的英语和中文，如图 4-8 所示。

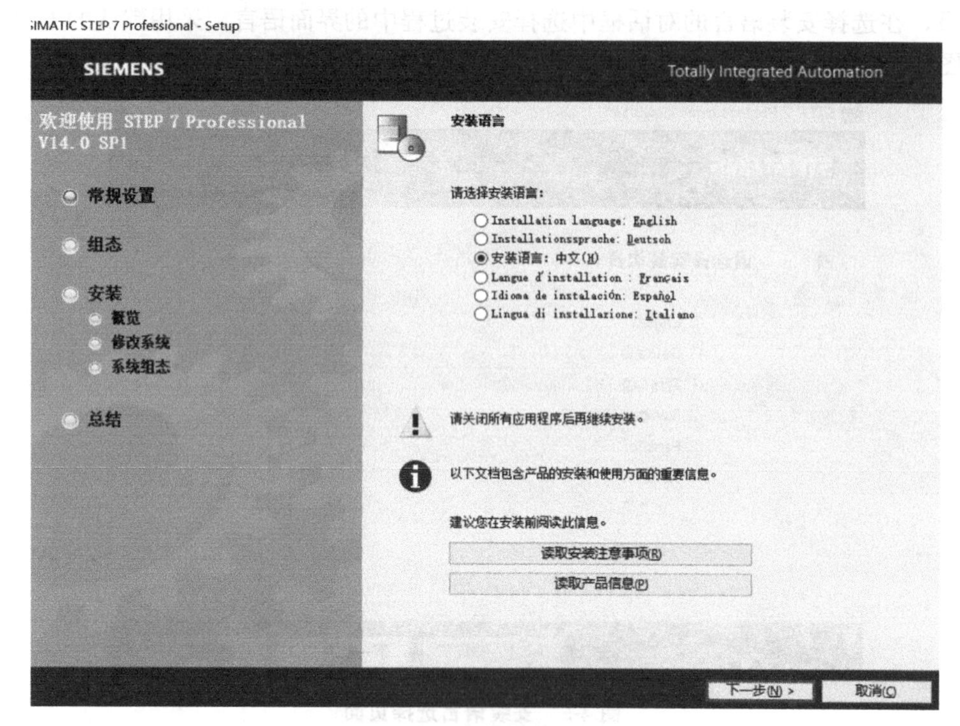

图 4-7　选择安装中文语言

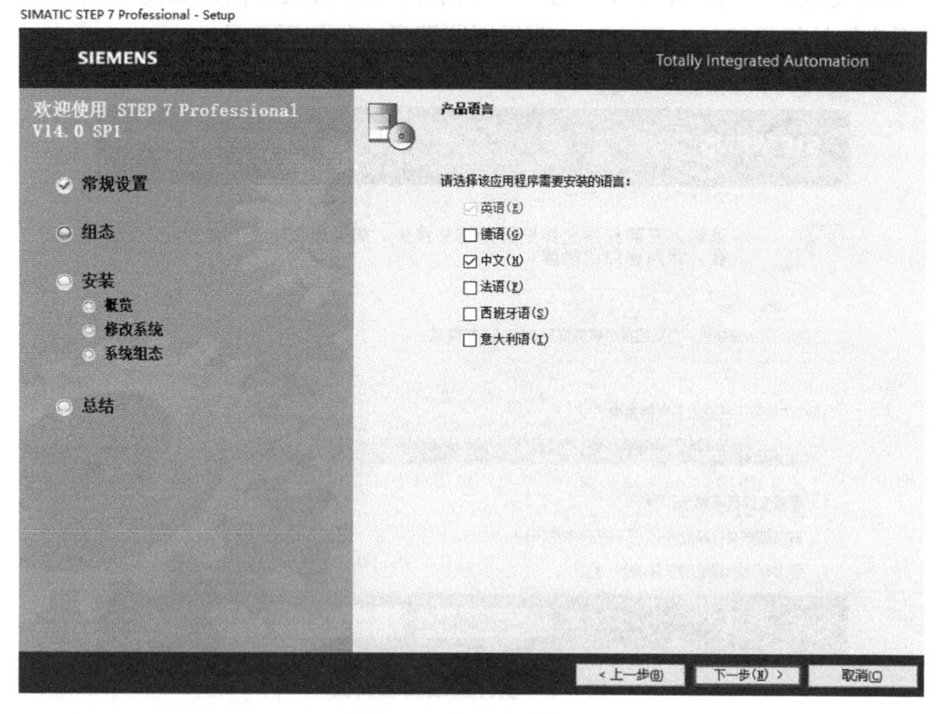

图 4-8　产品语言选择

⑤ 然后单击“下一步”按钮，将打开选择产品组件的对话框，如图 4-9 所示。在这里可以根据自己的需求安装不同功能的组件，并且在页面下方可以更改软件的安装目录。

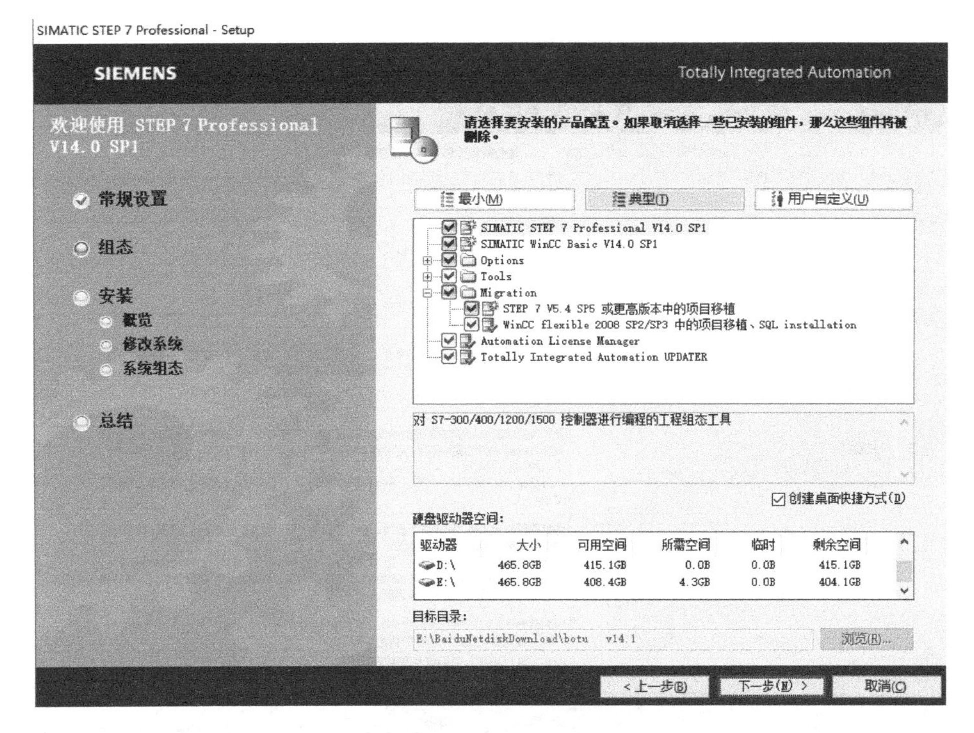

图 4-9　产品配置对话框

如果需要以最小配置安装程序，则单击“最小”（Minimal）按钮。如果需要以典型配置安装程序，则单击“典型”（Typical）按钮。如果自主选择需要安装的组件，请单击“用户自定义”（User-defined）按钮。然后勾选需要安装的产品对应的复选框。

如果要在桌面上创建快捷方式，请选中“创建桌面快捷方式”(Create desktop shortcut) 复选框；如果要更改安装的目标目录，请单击“浏览”（Browse）按钮。安装路径的长度不能超过 89 个字符。建议采用“典型”配置和 C 盘中默认的安装路径。

⑥ 单击“下一步”按钮。将打开许可条款对话框。要继续安装，请阅读并接受所有许可协议，勾选同意确认并单击“下一步”，如图 4-10 所示。

如果在安装 TIA 博途时需要更改安全和权限设置，则会打开安全控制对话框，如图 4-11 所示。

⑦ 要继续安装，请接受对安全和权限设置的更改，并单击“下一步”按钮。下一对话框将显示安装设置概览，如图 4-12 所示。安装概览对话框列出了当前设置的产品配置、产品语言和安装路径。

⑧ 确认信息正确后，单击图 4-12 中的“安装”（Install）按钮。安装随即启动，如图 4-13 所示。若信息不正确，可点击“上一步”返回至更改页面进行信息更改。

⑨ 在安装快结束时，会弹出如图 4-14 所示的许可证传送对话框，如果安装过程中未在 PC 上找到许可密钥，可以通过从外部导入的方式将其传送到 PC 中。如果跳过许可密钥传送，稍后可通过 Automation License Manager 进行注册。安装过程中可能需要重新启动计算机，如图 4-15 所示。在这种情况下，请选择“是，立即重启计算机。”（Yes，restart my computer now.）选项按钮。然后单击“重启”（Restart），直至安装完成。

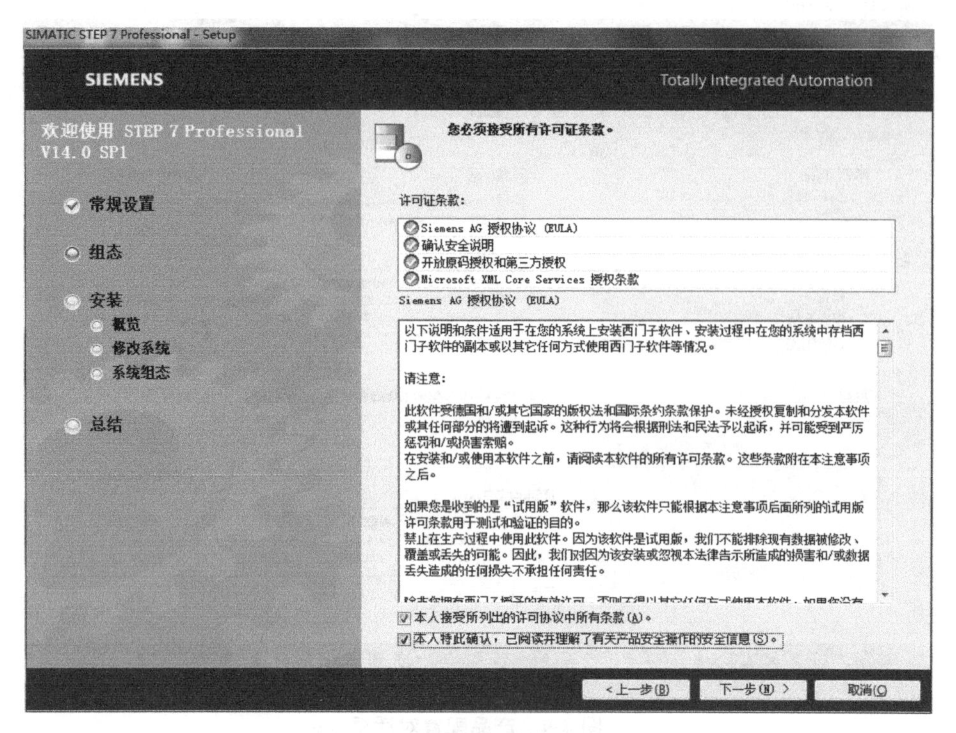

图 4-10　许可证条款选择对话框

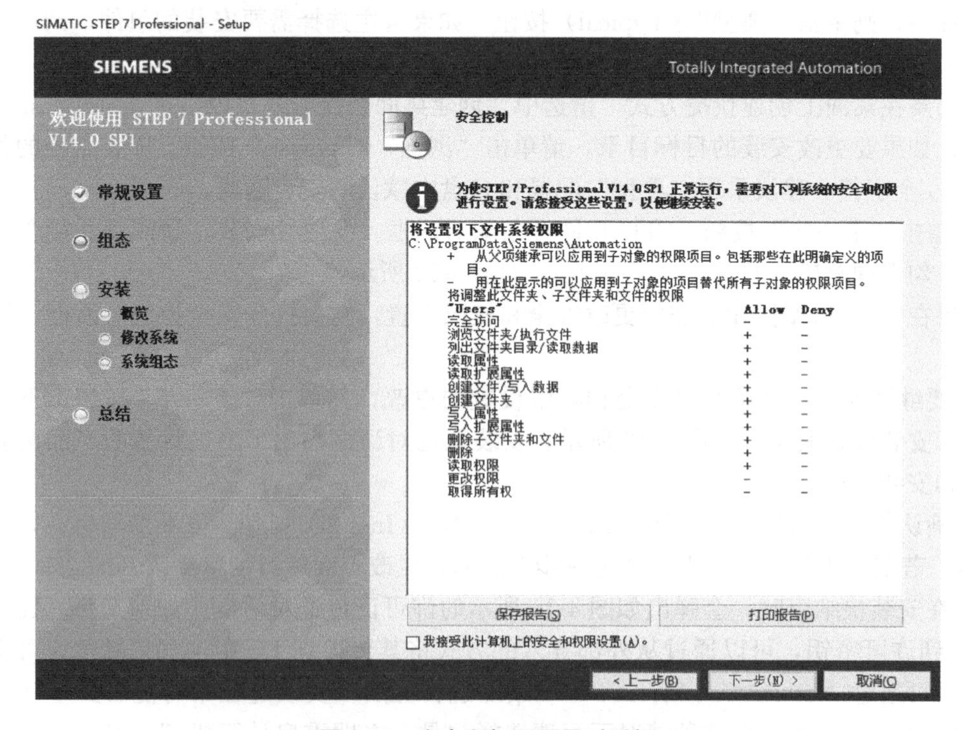

图 4-11　安全和权限设置对话框

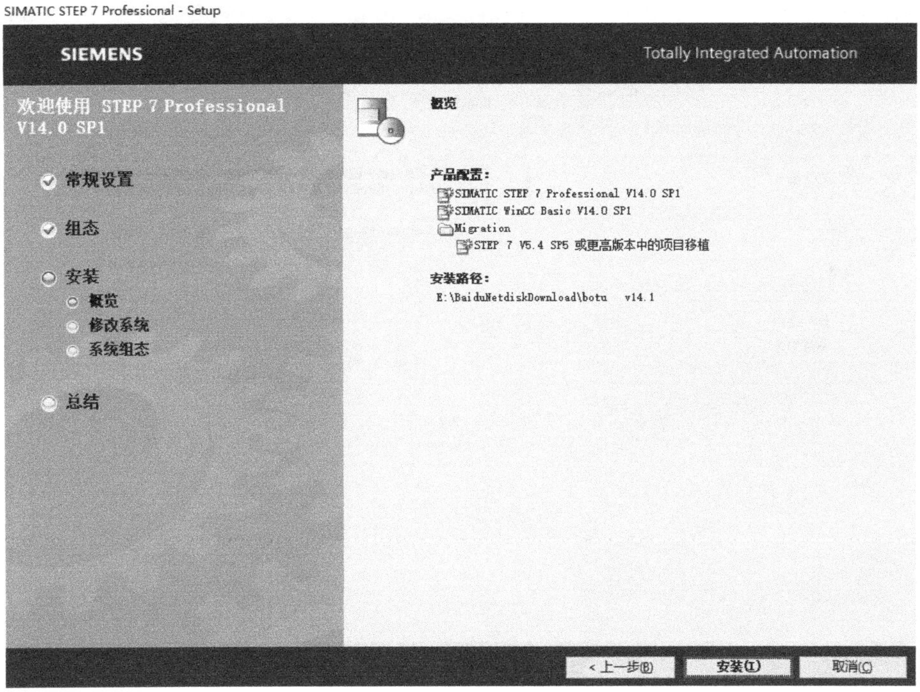

SIMATIC STEP 7 Professional - Setup
SIEMENS
Totally Integrated Automation
欢迎使用 STEP 7 Professional V14.0 SP1
常规设置
组态
安装
概览
修改系统
系统组态
总结
概览
产品配置：
SIMATIC STEP 7 Professional V14.0 SP1
SIMATIC WinCC Basic V14.0 SP1
Migration
STEP 7 V5.4 SP5 或更高版本中的项目移植
安装路径：
E:\BaiduNetdiskDownload\botu v14.1
< 上一步(B)
安装(I)
取消(C)

图 4-12　安装概览对话框

SIMATIC STEP 7 Professional - Setup
SIEMENS
Totally Integrated Automation
欢迎使用 STEP 7 Professional V14.0 SP1
常规设置
组态
安装
概览
修改系统
系统组态
总结
估计剩余时间：26 分钟
TIA Portal：化繁为简，事半功倍
直观易用
< 上一步(B)
安装(I)
取消(C)

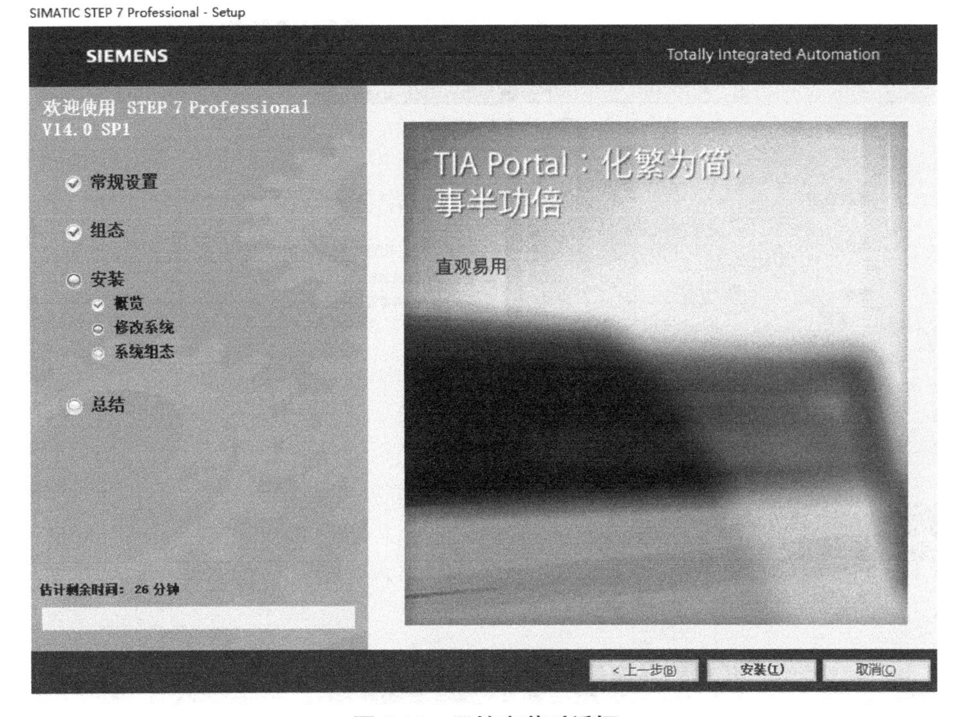

图 4-13　开始安装对话框

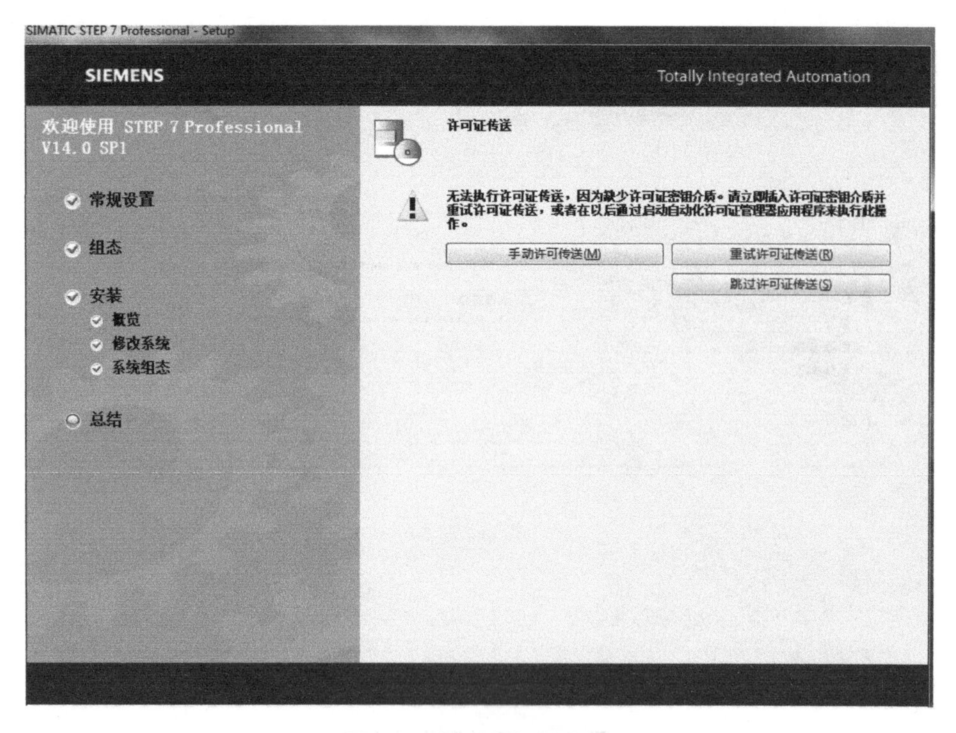

图 4-14　许可证传送对话框

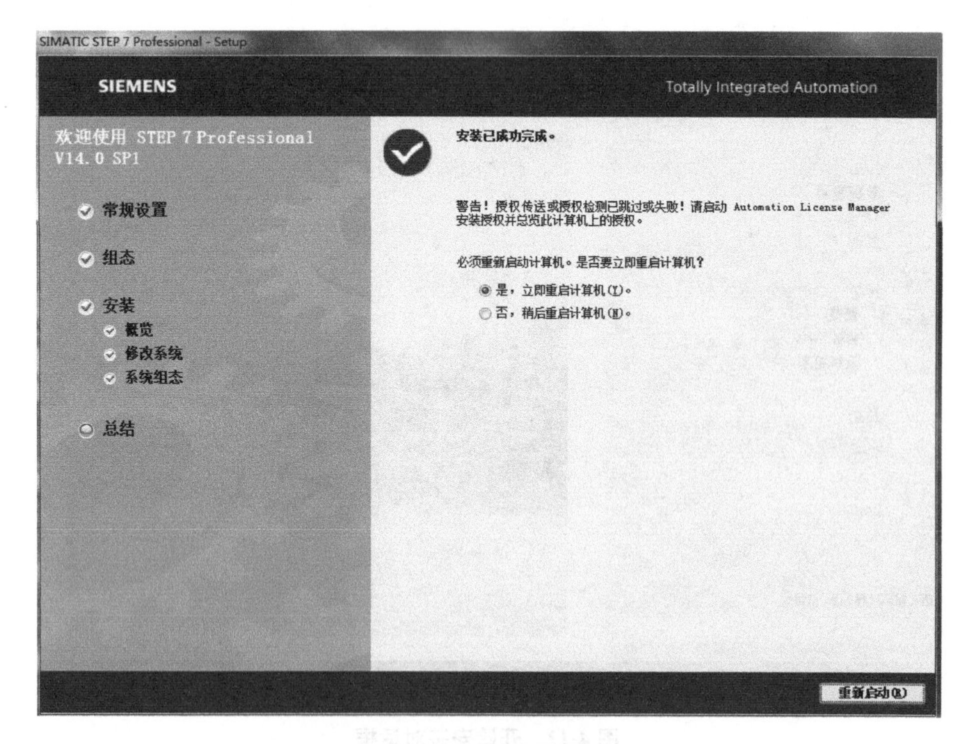

图 4-15　重启页面

⑩ 仿真软件 S7-PLCSIM V14 SP1 的安装过程和 STEP 7 Professional V14 SP1 几乎一样，通过双击 Start. exe 文件就可以进行相应软件的安装。把这两个软件安装完成后，还需要安装更新包 TIA V14 SP1 UPD9 和 S7-PLCSIM V14 SP1 UPD1。

⑪ 软件安装完成启动时，如果没有安装软件的自动化许可证，则在第一次使用时，会出现如图 4-16 所示的对话框。可以选中其中的 STEP 7 Professional，然后单击“激活”按钮，可以激活试用许可证密钥，能够获得 21 天的试用期，如图 4-17 所示。

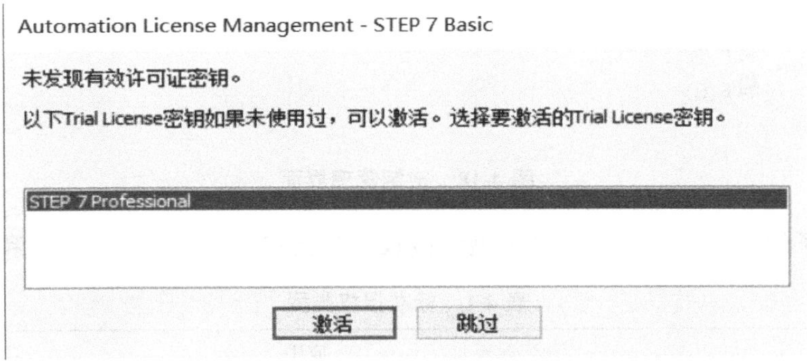

Automation License Management - STEP 7 Basic

未发现有效许可证密钥。

以下Trial License密钥如果未使用过，可以激活。选择要激活的Trial License密钥。

STEP 7 Professional

激活　跳过

图 4-16　未发现有效许可证密钥

Status	Family	Product	Version	Number of lic...	License key	License numb...	Standard lice...	License type	Validity	Arti
	SIMATIC STEP 7	STEP 7 Profes...	14.0	1	SITTS7PROT1...	00000000000...	Single	Trial	21 day(s) (21 ...	-

图 4-17　21 天试用密钥权限

博途软件是一种大型软件，对计算机硬件配置要求较高，功能非常强大，集成环境使得使用起来也非常方便，想学习掌握好该软件的使用，一定要动手结合实例进行操作，才能掌握好用好该软件。

4.4　TIA 博途软件授权

授权管理器是用于管理授权密钥（许可证的技术形式）的软件。软件要求使用授权密钥时自动将此要求报告给授权管理器，当授权管理器发现该软件的有效授权密钥时，便可遵照最终用户授权协议的规定使用该软件。

在安装 TIA 博途软件时，必须安装授权管理器。授权管理器可以传递、检测或删除授权，可以在安装软件产品期间安装授权密钥，或者在安装结束后使用授权管理器进行授权操作。可以通过授权管理软件以拖拽的方式从授权盘中转移到目标硬盘。有些软件产品允许在安装程序本身时安装所需要的许可证密钥。计算机安装完软件，授权密钥自动安装。

西门子的密钥管理软件是“Automation License Manager”可以点击图标打开密钥管理软件，软件启动后如图 4-18 所示，可以通过密钥管理软件来查看或更改密钥。只需打开密钥管理软件，点击相应的磁盘即可查看磁盘中已安装的密钥。点击相应的密钥可以进行更改。

注意：不能在执行安装程序时安装升级授权密钥。

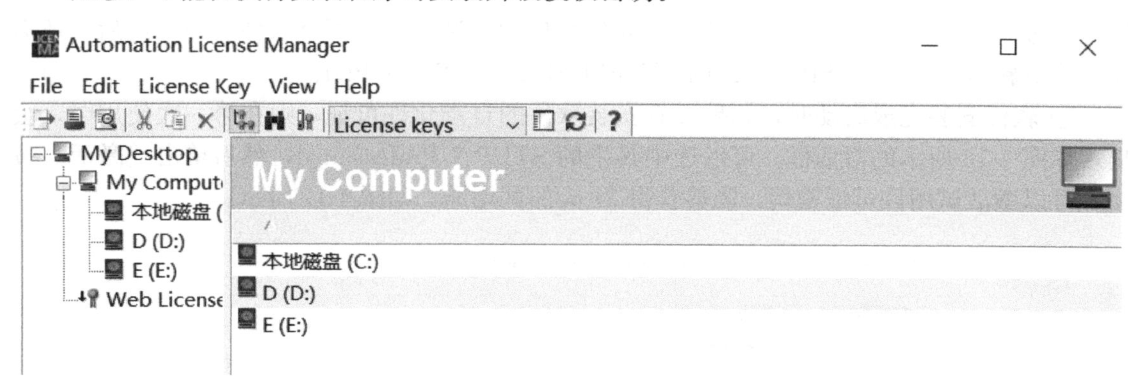

图 4-18 密钥管理界面

对于西门子软件产品有下列不同类型的授权，其授权类型说明如表 4-1 和表 4-2 所示。

表 4-1 标准授权类型

标准授权类型	描述
Single	使用该授权，软件可以在任意一个单 PC 机(使用本地硬盘中的授权)上使用
Floating	使用该授权，软件可以安装在不同的计算机上，且可以同时被有权限的用户使用
Master	使用该授权，软件可以不受任何限制
升级类型授权	在升级可用之前，系统状态可能需要满足某些要求： 利用 Upgrade 许可证，可将旧版本的许可证转换成新版本。升级可能十分必要，例如在不得不扩展组态限制时

表 4-2 授权类型

授权类型	描述
无限制	使用具有此类授权的软件可不受限制
Count relevant	使用具有此类授权的软件要受到下列限制：合同中规定的标签数量
Count Objects	使用具有此类授权的软件要受到下列限制：合同中规定的对象的数量
Rental	使用具有此类授权的软件要受到下列限制： 合同中规定的工作小时数； 合同中规定的自首次使用日算起的天数； 合同中规定的到期日。 注意：可以在任务栏的信息区内看到关于 Rental 授权剩余时间的简短信息
Trial	使用具有此类授权的软件要受到下列限制： 有效期，如最长为 14 天； 自首次使用日算起的特定天数； 用于测试和验证(免责声明)
Demo	使用具有此类授权的软件要受到下列限制： 合同中规定的工作小时数； 合同中规定的自首次使用日算起的天数； 合同中规定的到期日。 注意：可以在任务栏的信息区内看到关于演示版授权剩余时间的简短信息

4.5 TIA 博途软件卸载

对于 STEP 7 Basic / Professional V14 有三种方式可以卸载：

① 通过控制面板卸载（在 Windows 7 操作系统）；

② 通过 SIMATIC STEP 7 V14 安装盘卸载；

③ 通过 MS Windows 的功能或 Inventory Tool [STEP 7（TIA Portal）V13+SP1 或更高版本] 完全卸载 STEP 7（TIA Portal）软件。

在完全卸载 STEP 7（TIA Portal）软件之前请先备份相关的项目、库和授权，同时对 STEP 7（TIA Portal）软件的卸载过程还包括如何从电脑上清除剩余的文件。不然当重装 STEP 7（TIA Portal）软件时被中断，提示必须先卸载 STEP 7（TIA Portal）软件，虽然之前已经卸载 STEP 7（TIAPortal）软件。

通常用控制面板或 STEP 7（TIA Portal）CD 光盘卸载全部的 TIA Portal 软件，其通过控制面板卸载的具体操作如下 6 步骤：

① 在控制面板打开“更改/删除程序”对话框，双击“Siemens Totally Integrated Automation Portal Vxx”应用程序，如图 4-19 所示。按照屏幕上的提示选择“yes”确认此消息。双击后，在对话框中选择卸载。

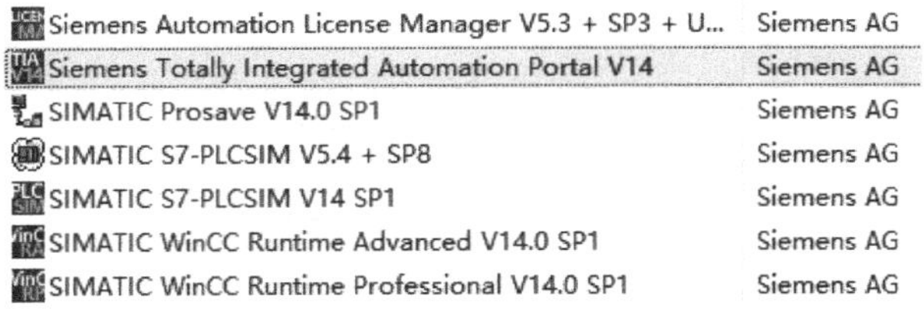

Siemens Automation License Manager V5.3 + SP3 + U...　Siemens AG
Siemens Totally Integrated Automation Portal V14　Siemens AG
SIMATIC Prosave V14.0 SP1　Siemens AG
SIMATIC S7-PLCSIM V5.4 + SP8　Siemens AG
SIMATIC S7-PLCSIM V14 SP1　Siemens AG
SIMATIC WinCC Runtime Advanced V14.0 SP1　Siemens AG
SIMATIC WinCC Runtime Professional V14.0 SP1　Siemens AG

图 4-19　控制面板中选择程序

或者使用 STEP 7（TIAPortal）CD 光盘进行卸载操作。插入 CD 到电脑的 CD 光驱，打开“Start. exe”文件。选择对话框语言，然后选择“卸载”选项，并按照屏幕上的提示操作。

点击卸载之后出现卸载程序对话框，如图 4-20 所示。等待稍许会弹出卸载程序对话框，如图 4-21 所示。选择卸载程序所用语言，在此选择中文然后单击“下一步”。

选择完卸载程序语言后，进入程序卸载页面如图 4-22 所示。在此页面选择要卸载的程序，然后点击“下一步”。

之后，进入确认卸载软件页面如图 4-23 所示。确认无误后单击“卸载”即可。确认卸载后，卸载程序开始运行如图 4-24 所示。

程序卸载完后会出现如图 4-25 所示对话框。点击“关闭”即可完成卸载。

② 当上述卸载功能执行完毕后，还不能保证彻底删除掉相应的一些安装文件，需要重新启动电脑进行如下操作，以保证彻底卸载彻底。

③ 使用搜索功能，在 Windows 资源管理器中删除所有的“Portal Vxx”文件夹，其中“Vxx”代表 V11、V12 或 V13。

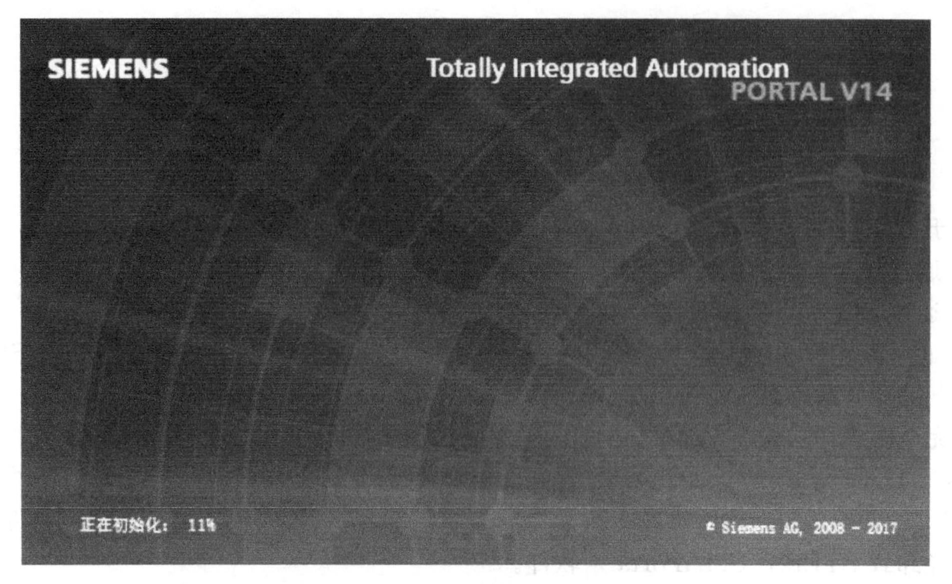

图 4-20　卸载初始页面

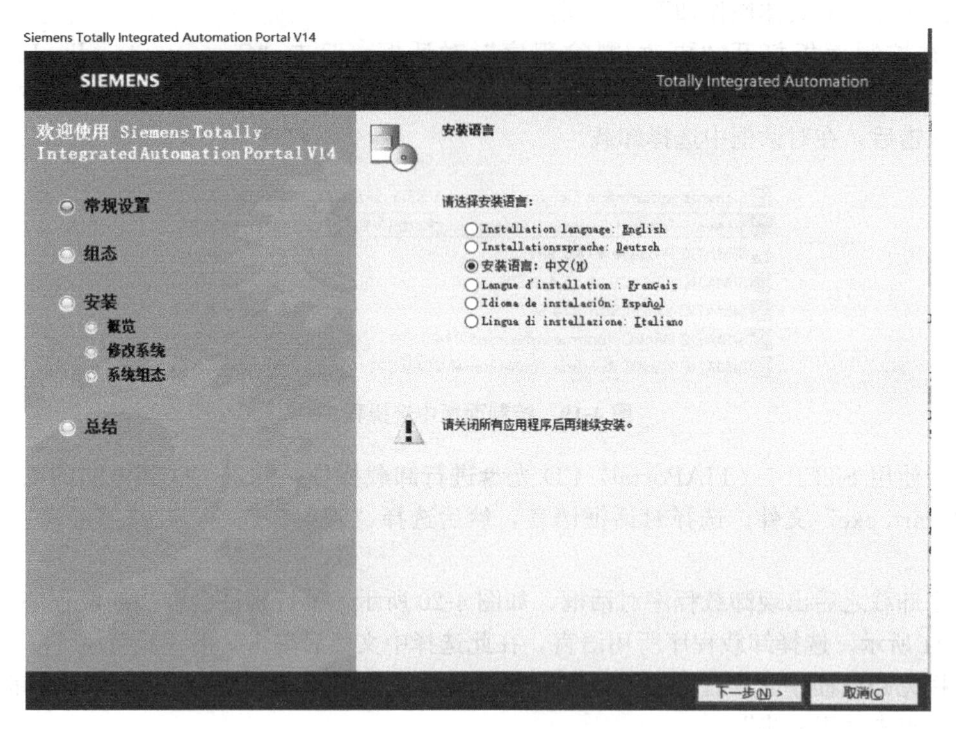

图 4-21　卸载程序语言选择

④ 在 Windows 资源管理器中删除“MergeSysLib. log”文件。该文件可以通过以下目录找到。

在 Windows 7（标准的安装目录）C:\ProgramData\Siemens\Automation\Logfiles\Setup。

在 Windows XP(标准的安装目录)C:\Documents and Settings\All Users\Application Data\Siemens\Automation\Logfiles\Setup。

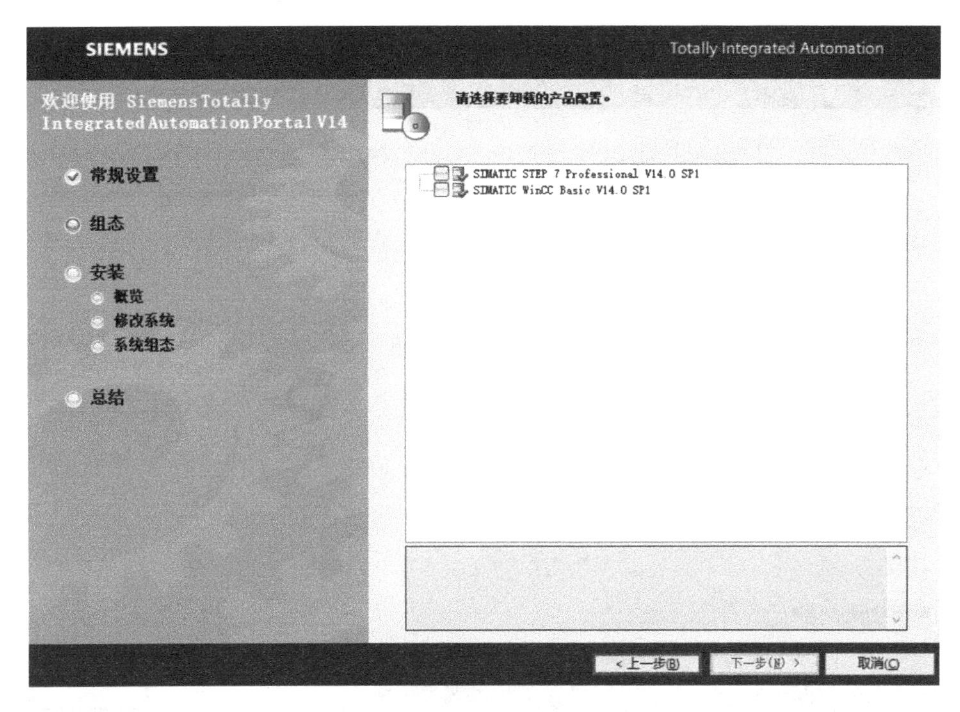

图 4-22　选择要卸载的程序页面

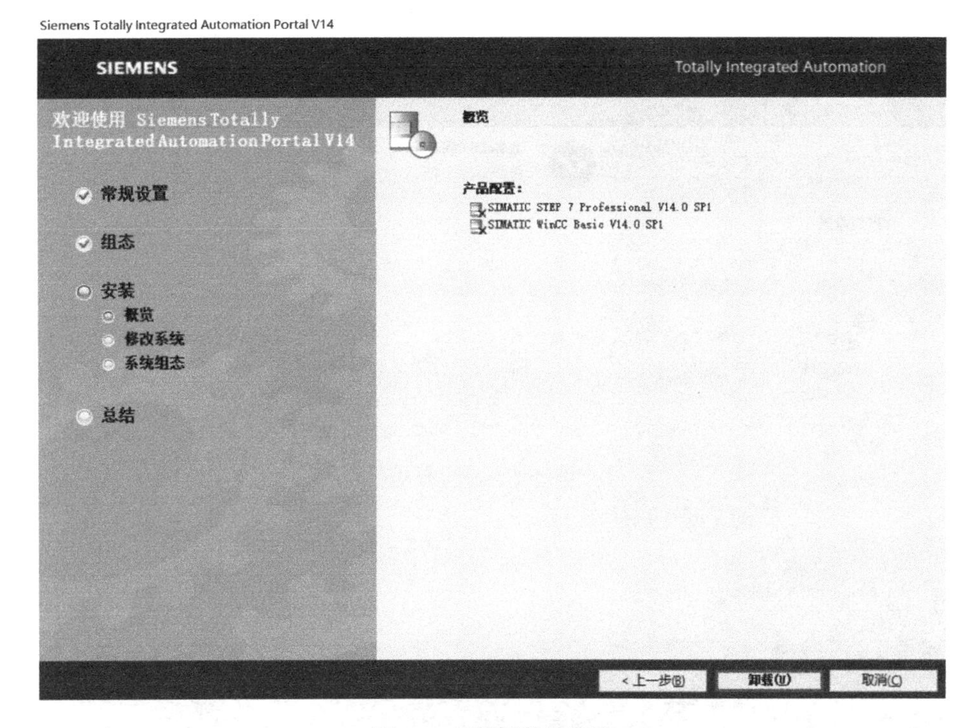

图 4-23　要卸载的程序

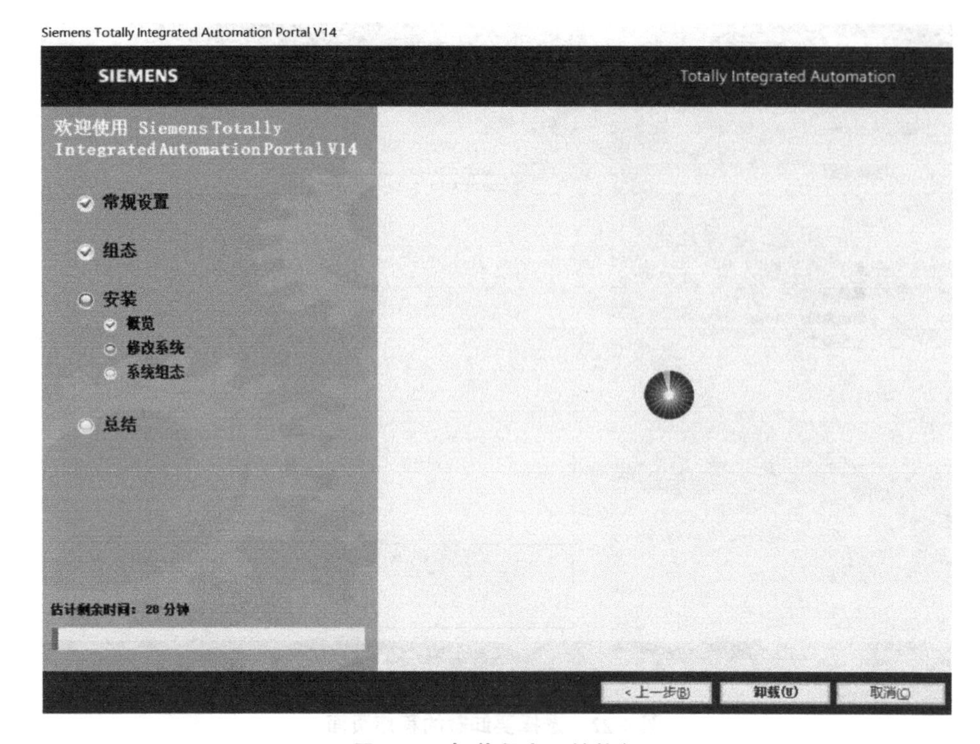

图 4-24 卸载程序开始执行

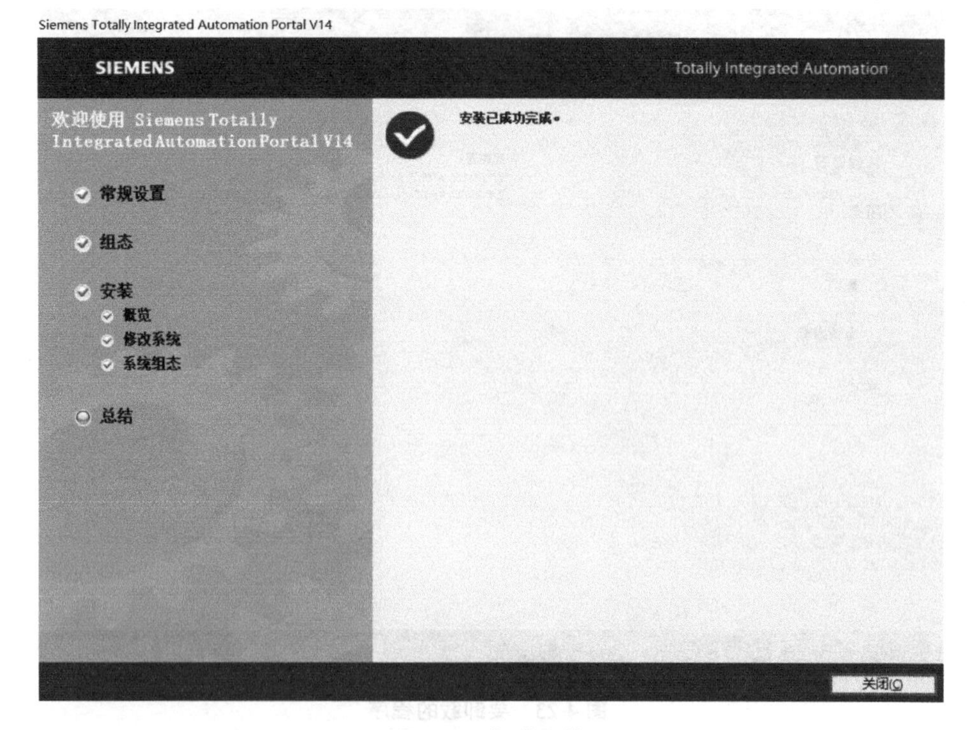

图 4-25 卸载完毕

如图 4-26 所示为日志文件位置图。

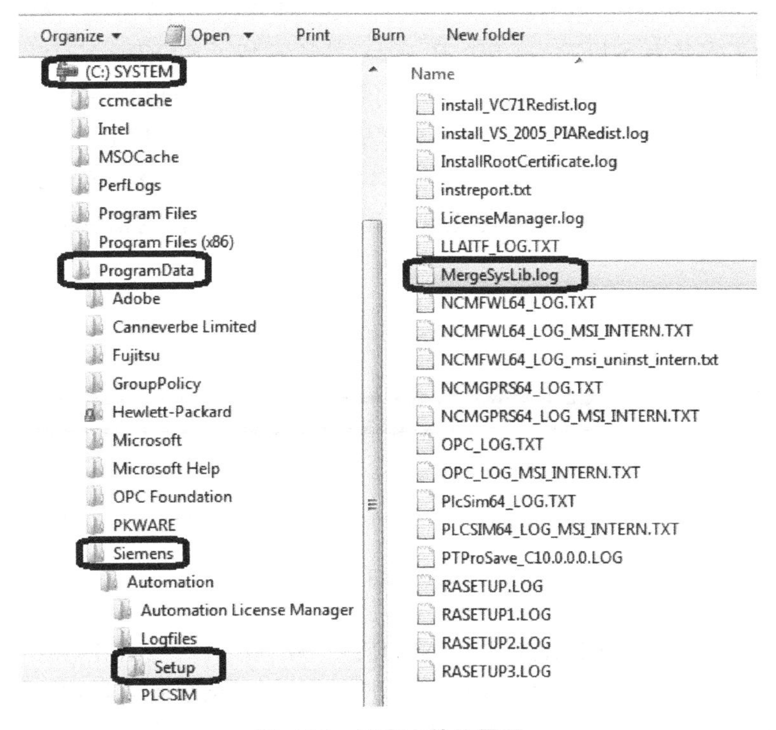

图 4-26　日志文件位置图

注意：如果“C：\ ProgrammData”文件夹在电脑中不可见，则必须在控制面板的文件夹选项使能“Show hidden files、folders and drives”选项。以 Windows 7 操作系统为例其设置如图 4-27 所示。

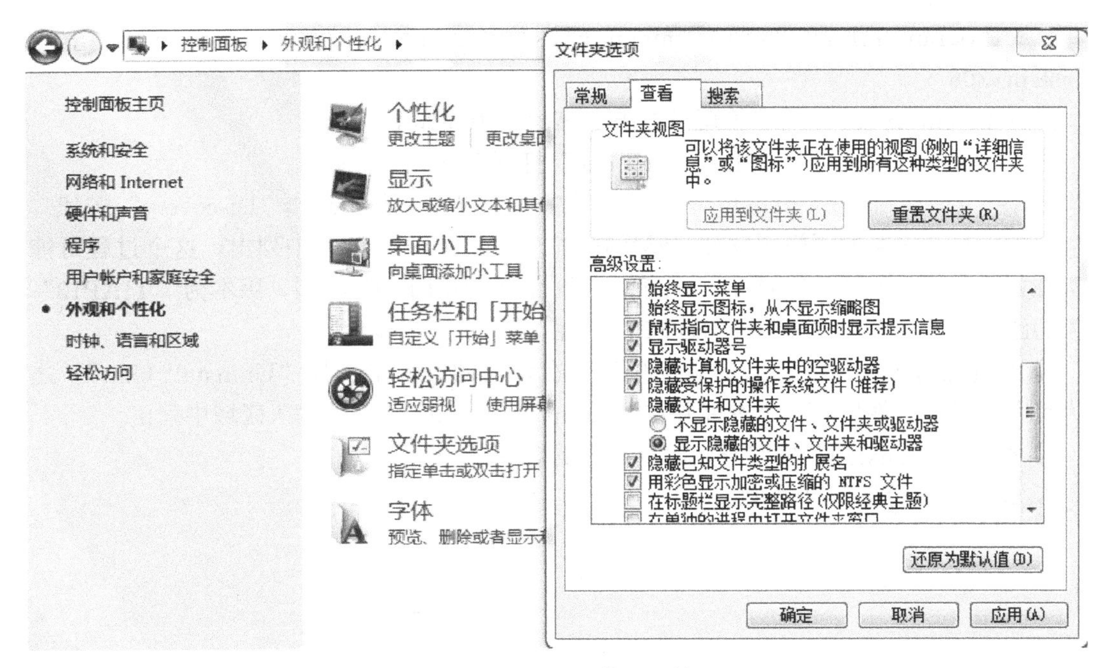

图 4-27　设置文件可见性

⑤ 删除 STEP 7（TIA Portal）相应的日志文件。

⑥ 清空回收站，卸载完成，则可以重新安装 STEP 7（TIA Portal）软件。

如果电脑除了安装有 STEP 7（TIA Portal）外还安装了 STEP 7 V5.5，在使用“更改/删除程序”功能卸载 STEP 7（TIA Portal）的最后步骤可能会出现一个错误消息。产生这种现象的原因是某些软件（例如，SIMATIC NET V7/V8）与 STEP 7 V5.5 不兼容。卸载结束后会产生一个软件卸载因错误被终止的文本摘要。但这并不意味着卸载是不正确的。尽管有这个消息，在大多数情况下软件能正常被卸载。更多这方面的信息可以查看相应的日志文件。如图 4-28 所示。

```
13:28:06|INFO1      |ExecutionEngine::PrintOutLogSummary()    |(01) Setting
######## ---------- END LOG ------------------------------- #############
######## ---------- START SUMMARY ------------------------- #############
13:28:06|RETURN     |ERRORS                                   |(01) 0
13:28:06|RETURN     |WARNINGS                                 |(01) 0
13:28:06|RETURN     |TOTAL_TIME                               |(01) Elapsed
13:28:06|RETURN     |TIME                                     |(01) INSTALL
######## ---------- END SUMMARY --------------------------- #############
```

图 4-28　日志文件

日志文件的最后，在“START SUMMARY ”和“END SUMMARY”之间，可以看到卸载时发生的错误。如果看到“ERRORS=0”条目，表示尽管有错误消息但卸载成功的概率还是很大的，这也说明电脑上有存在不兼容的软件。其解决措施如下：

不要在控制面板中卸载 STEP 7（TIA Portal），而是使用 CD 可以通过 Inventory Tool 卸载。在 STEP 7（TIA Portal）V13＋SP1 或更高版本中可以使用 Inventory Tool 完全卸载单独的 TIA Portal 软件包（STEP 7、WinCC、Startdrive……）。Inventory Tool 位于 Windows 资源管理器的路径：

C:\Program Files (x86)\Common Files\Siemens\Automation\Siemens Installer Assistant\306

运行 Inventory Tool 需要管理员权限。其操作步骤如下：

① 双击西门子安装助手“Inventory. exe”打开 Inventory Tool。

② 在“Uninstall command”的输入区域中默认是“All”，点击“Discovery”按钮。系统会扫描所有已安装的西门子软件，然后在“Uninstall script”表中列出，这个过程可能会花费几分钟时间。如图 4-29 所示，注意图中条目为“SEPRO”类型，版本为“TIAP13”的相关的已安装包（例如“SEBU _ STEP7”）由黑体字突出显示。

③ 右键点击每个想要卸载的软件条目，在弹出的菜单中选择“Uninstall Unit”。之后会为每个选择的软件生成一个查询并在“Uninstall command”的输入区域中列出。

④ 点击“Uninstall”按钮开始卸载选中的软件包。

⑤ 卸载完成后重新启动 PC。

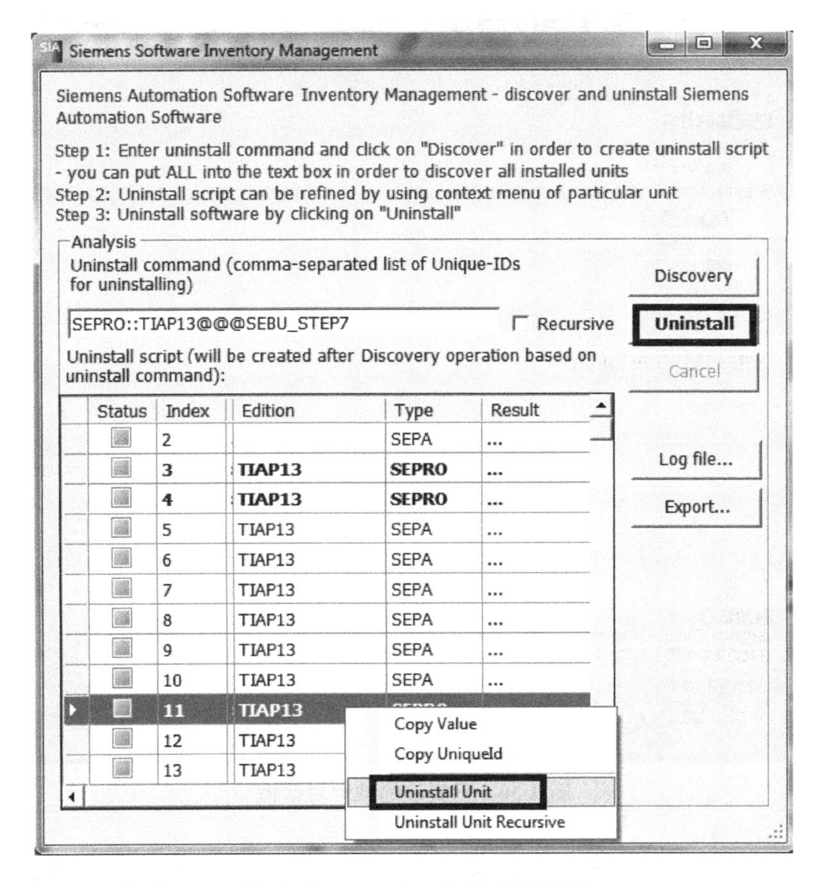

图 4-29　Inventory 软件操作界面

4.6　TIA 博途软件升级

TIA 博途软件有自动更新的功能。在 TIA Portal 中，可选择检查新软件更新包或支持包是否可用，例如硬件支持包（HSP）。如果可用，则可安装本软件。要检查软件更新包和支持包的可用性并进行安装，可以按以下步骤操作。

① 使用以下两种方法之一启动安装过程：

a. 在 TIA Portal 的“帮助”（Help）菜单中单击“已安装的软件”（Installed software）。“已安装的软件”（Installed software）对话框随即打开。如图 4-30 所示。

b. 在计算机上使用程序链接打开安装目录“Totally Integrated Automation UPDATER”程序。“TIA Software Updater”对话框随即打开，并显示可用的软件包。如图 4-31 所示。

② 单击“检查更新”（Check for updates）。如果“TIA Software Updater”对话框已打开，该步骤则为可选步骤。

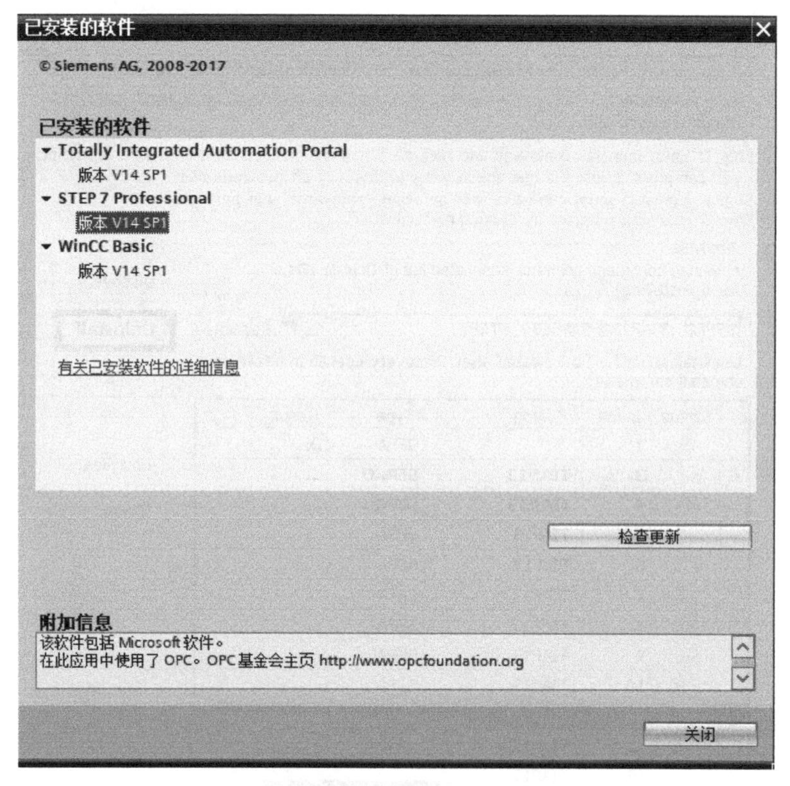

图 4-30　已安装的软件对话框

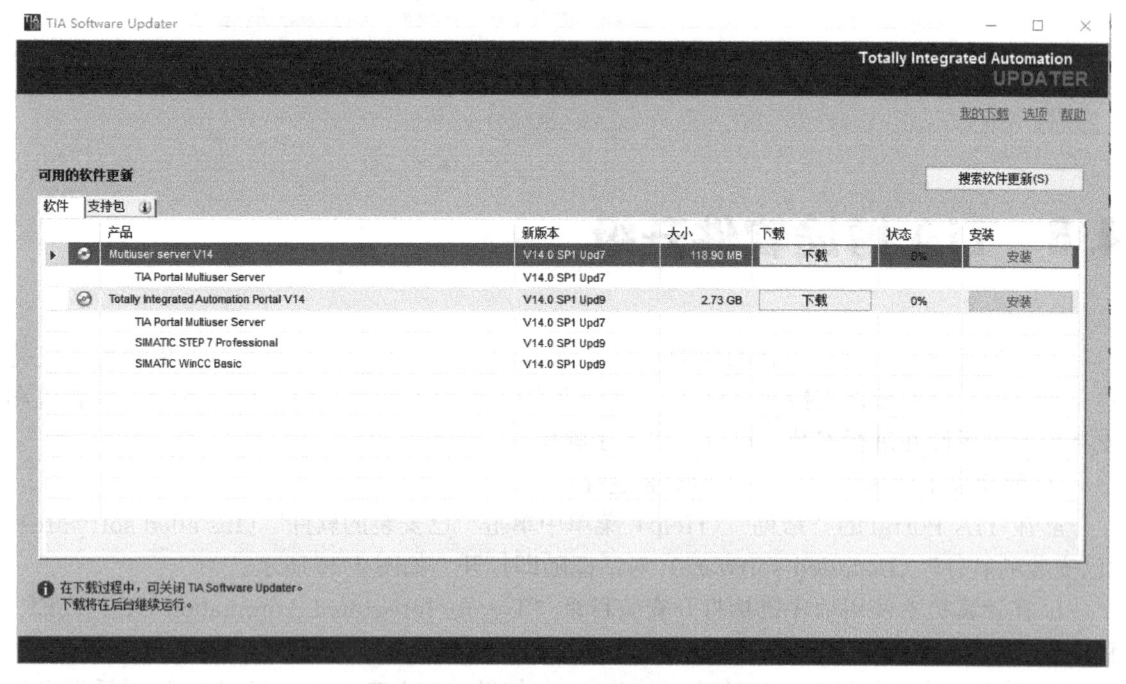

图 4-31　TIA Software Updater 对话框

③ 在要安装的更新包或支持包行中单击“下载”（Download），即会下载更新包或支持包，可同时启动多个下载过程。相关“安装”（Install）按钮在下载过程完成后随即激活。单击图 4-31 中的“选项”对话框显示保存下载的文件的文件夹，如图 4-32 所示。

④ 选中显示“已下载”的某个软件后，单击“安装”按钮，即可安装选中的软件。

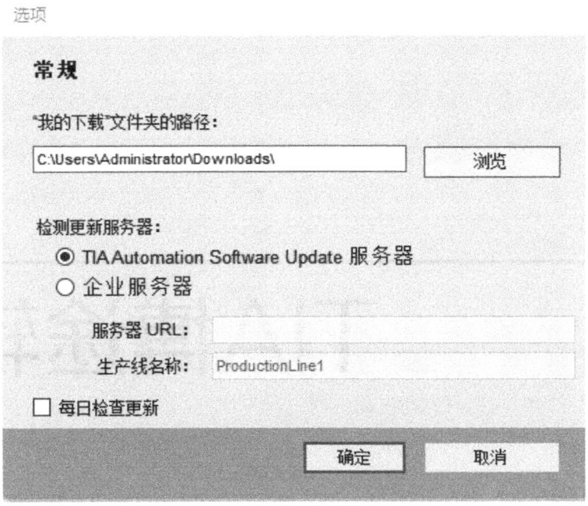

图 4-32　选项对话框

4.7　TIA 博途软件特性

TIA 博途以一致的数据管理、统一的工业通信、集成的工业信息安全和功能安全为基础，贯穿项目规划、工程研发、生产运行到服务升级的各个工程阶段，从提高效率、缩短开发周期、减少停机时间、提高生产过程的灵活性、提升项目信息的安全性等各个方面，为用户时时刻刻创造着价值，具有无可比拟的功能优势。

① 使用统一操作概念的集成工程组态　过程自动化和过程可视化“齐头并进”。

② 通过功能强大的编辑器和通用符号实现一致的集中数据管理　变量创建完毕后，在所有编辑器中都可以调用。变量的内容在更改或纠正后将自动更新到整个项目中。

③ 全新的库概念　可以反复使用已存在的指令及项目的现有组件，避免重复性开发，缩短项目开发周期。TIA 博途支持“类型”的版本管理功能，便于库的统一管理。

④ 轨迹 Trace（S7-1200 和 S7-1500）　实时记录每个扫描周期数据，以图形化的方式显示，并可以保存和复制，帮助用户快速定位问题，提高调试效率，从而减少停机时间。

⑤ 系统诊断　系统诊断功能集成在 S7-1500、S7-1200 等 CPU 中，不需要额外资源和程序编辑，以统一的方式将系统诊断信息和报警信息显示于 TIA 博途、HMI、Web 浏览器或 CPU 显示屏中。

⑥ 易操作性　TIA 博途中提供了很多优化的功能机制，例如通过拖放的方式，可将变量添加到指令、或添加到 HMI 显示界面、或添加到库中等。在变量表中点击变量名称，通过下拉功能可以按地址顺序批量生成变量。用户可以创建变量组，以便于对控制对象进行快速监控和访问。用户也可以自定义常用指令收藏夹。此外，可给程序中每条指令或输入/输出对象添加注释，提高程序的易读性等。

⑦ 集成信息安全　通过程序专有技术保护、程序与 SMC 卡或 PLC 绑定等安全手段，可以有效地保护用户的投资和知识产权，更加“安全”地操控机器。

TIA博途软件使用

5.1 TIA博途软件界面介绍

TIA 博途软件在自动化项目中可以使用两种不同的视图：Portal 视图和项目视图，Portal 视图是面向任务的视图，而项目视图是项目各组件的视图。可以使用链接在两种视图间进行切换。

项目初期，可以选择面向任务的 Portal 视图简化用户操作，也可以选择一个项目视图快速访问所有相关工具。Portal 视图以一种直观的方式进行工程组态。不论是控制器编程、设计 HMI 画面还是组态网络连接，TIA 博途的直观界面都可以帮助新老用户事半功倍。TIA 博途平台中，每款软件编辑器的布局和浏览风格都相同。从硬件配置、逻辑编程到 HMI 画面设计，所有编辑器的布局都相同，可大大节省用户的时间和成本。

下面具体介绍两种视图的基本功能。

（1）Portal 视图

Portal 视图提供面向任务的工具箱视图，可以提供一种简单的方式来浏览项目任务和数据，如图 5-1 所示显示了 Portal 视图的结构。

① 不同任务的登录选项　任务选项为各个任务区提供了基本功能。在 Portal 视图中提供的任务选项取决于所安装的软件产品。

② 任务选项对应的操作　此处提供了对所选任务选项可使用的操作，操作的内容会根据所选的任务选项动态变化。

③ 操作选择面板　所有任务选项中都提供了选择面板，该面板的内容取决于当前的选择。

④ 切换到项目视图　可以使用“项目视图”链接切换到项目视图。

（2）项目视图

项目视图是项目所有组件的结构化视图。项目视图提供可各种编辑器，可以用来创建和编辑相应的项目组件。如图 5-2 所示显示了项目视图的结构。

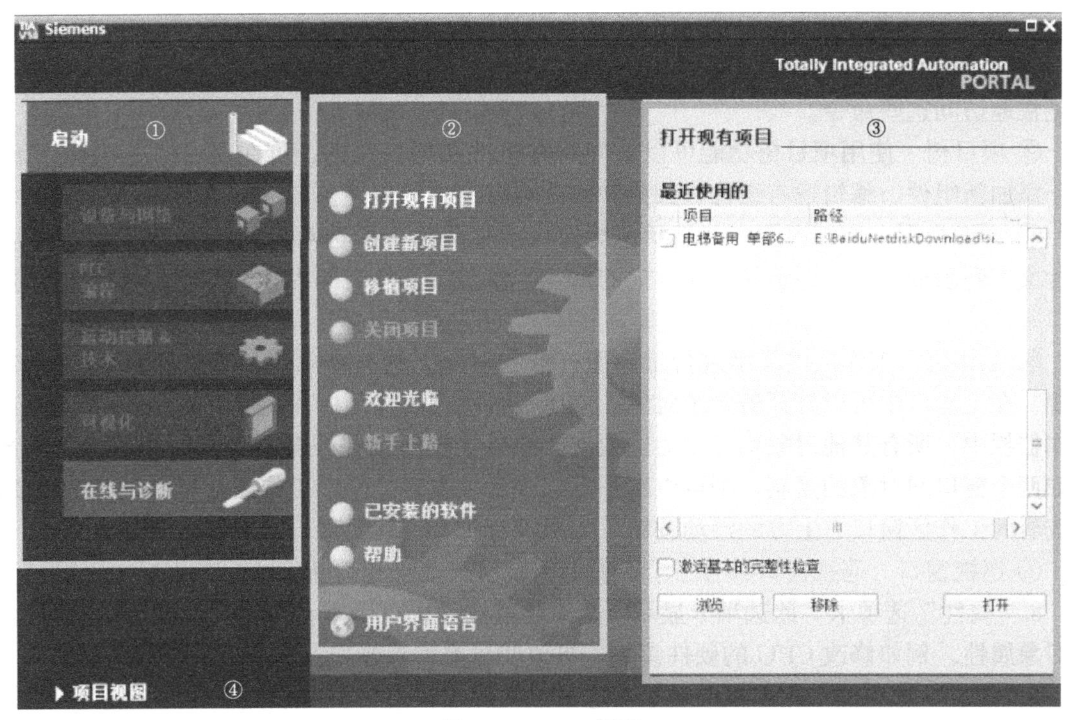

图 5-1　Portal 视图

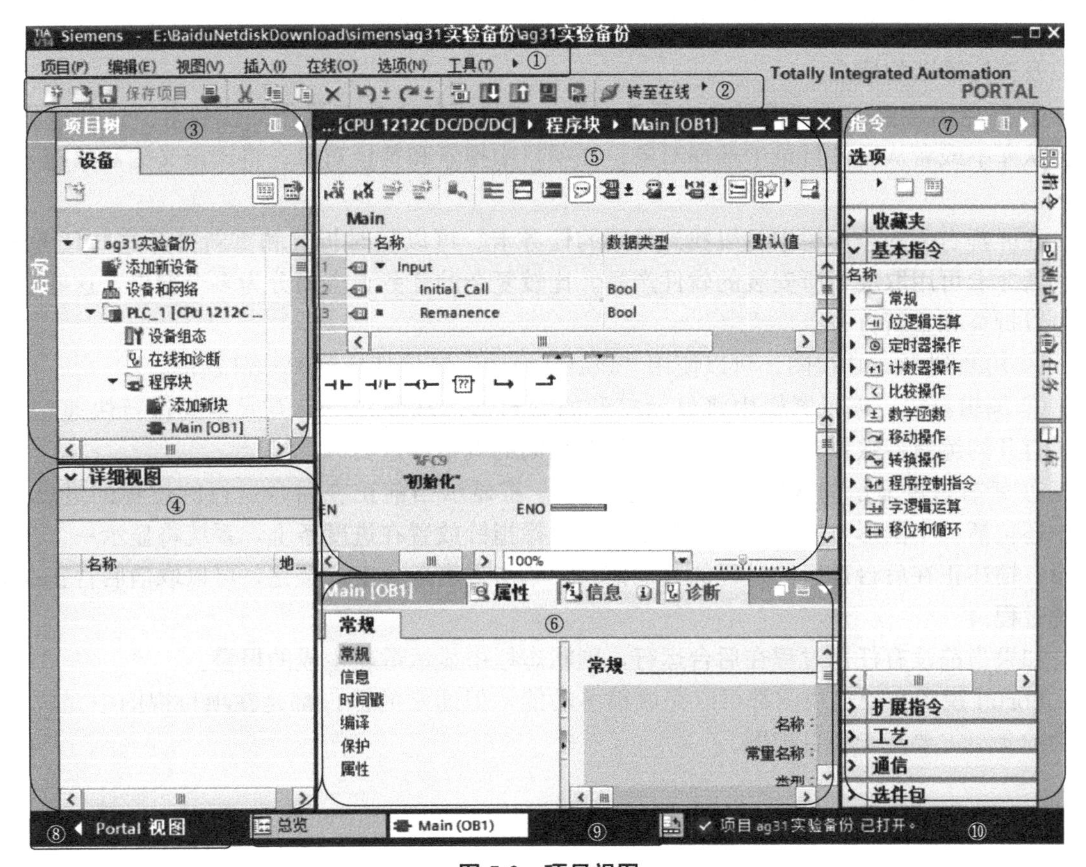

图 5-2　项目视图

① 菜单栏　菜单栏包含用户工作所需的全部命令。

② 工具栏　工具栏提供了常用命令的按钮，如上传、下载等功能。通过工具栏图标可以更快地访问这些命令。

③ 项目树　使用项目树功能可以访问所有组件和项目数据。可在项目树中执行以下任务：添加新组件、编辑现有组件、扫描和修改现有组件的属性。

④ 详细视图　详细视图中将显示总览窗口或项目树中所选对象的特定内容，其中可以包含文本列表或变量，但不显示文件夹的内容。要显示文件夹的内容，可使用项目树或巡视窗口。

⑤ 工作区　工作区内显示进行编辑而打开的对象。这些对象包括编辑器、视图或者表格等。在工作区中可以打开若干个对象，但通常每次在工作区中只能看到其中一个对象。在编辑器栏中，所有其他对象均显示为选项卡。如果在执行某些任务时要同时查看两个对象，例如两个窗口间对象的复制，则可以水平方式或者垂直方式平铺工作区，也可以点击需要同时查看的工作区窗口右上方的浮动按钮。如果没有打开任何对象，则工作区是空的。

⑥ 巡视窗口　巡视窗口具有三个选项卡：属性、信息和诊断。

a.“属性”选项卡　此选项卡显示所选对象的属性，可以查看对象属性或者更改可编辑的对象属性。例如修改 CPU 的硬件参数，更改变量类型等操作。

b.“信息”选项卡　此选项卡显示所选对象的附加信息如交叉引用、语法信息等内容以及执行操作（例如编译）时发出的报警。

c.“诊断”选项卡　此选项卡中将提供有关系统诊断事件、已组态消息事件、CPU 状态以及连接诊断的信息。

⑦ 任务卡　根据所编辑对象或所选对象，提供了用于执行操作的任务卡。这些操作包括：从库中或者从硬件目录中选择对象；在项目中搜索和替换对象；将预定义的对象拖入工作区。

在屏幕右侧的条形栏中可以找到可用的任务卡。可以随时折叠和重新打开这些任务卡。哪些任务卡可用取决于所安装的软件产品。比较复杂的任务卡会划分为多个窗格，这些窗格也可以折叠和重新打开。

⑧ 切换到 Portal 视图　可以使用“Portal 视图”链接切换到 Portal 视图。

⑨ 编辑器栏　编辑器栏中将显示打开的编辑器，从而在已打开元素间进行快速切换。如果打开的编辑器数量非常多，则可对类型相同的编辑器进行分组显示。

⑩ 带有进度显示的状态栏　在状态栏中，将显示当前正在后台运行的过程的进度条。其中还包括一个图形方式显示的进度条。将鼠标指针放置在进度条上，系统将显示一个工具提示，描述正在后台运行的过程的其他信息。单击进度条边上的按钮，可以取消后台正在运行的过程。

如果当前没有任何过程在后台运行，则状态栏中显示最新生成的报警。

Portal 视图和项目视图都可以完成很多功能，但通常的操作都是在项目视图中完成的。后面的介绍主要基于项目视图。

5.2　TIA 博途项目创建

在 TIA 博途中，新建一个项目的步骤：

① 双击打开已安装的 TIA 博途软件图标。

② 在 Portal 视图界面，点击“创建新项目”，如图 5-3 所示。在新建项目对话框中设置项目名称，选择存储路径，添加作者和注释等信息，点击“创建”即可生成项目。

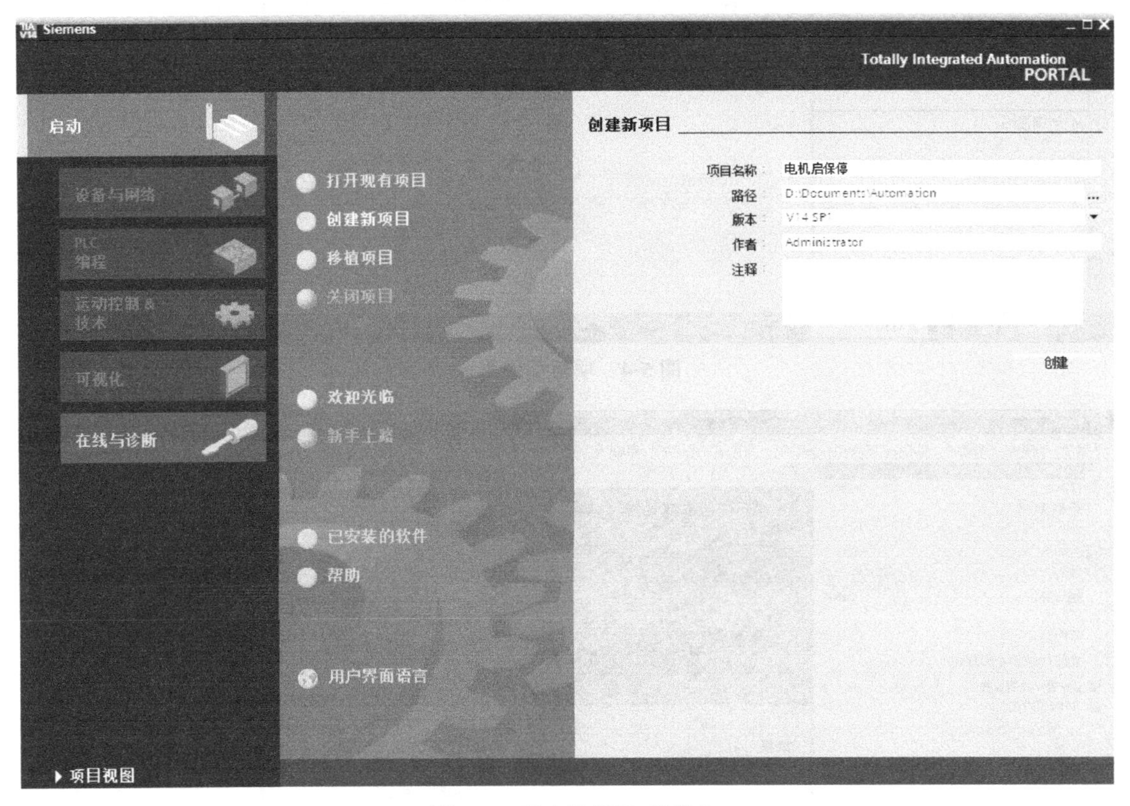

图 5-3　创建新项目对话框

③ 或点击左下角的“项目视图”，切换到项目视图，如图 5-4 所示，也可以使用“Portal 视图”链接切换到 Portal 视图。然后点击“项目”在项目下的文本框中选择“新建”如图 5-5 所示。最后在项目创建框中更改项目信息，更改完信息后点击“创建”即可完成项目创建如图 5-6 所示，最终生成项目如图 5-7 所示。

如果项目已经创建好，下一次需要打开，则选择打开现有项目即可。对于 Portal 软件，每次只能打开一个项目，这一点与 S7-300/400 所使用的 STEP 7 软件（可同时打开多个项目）不同。

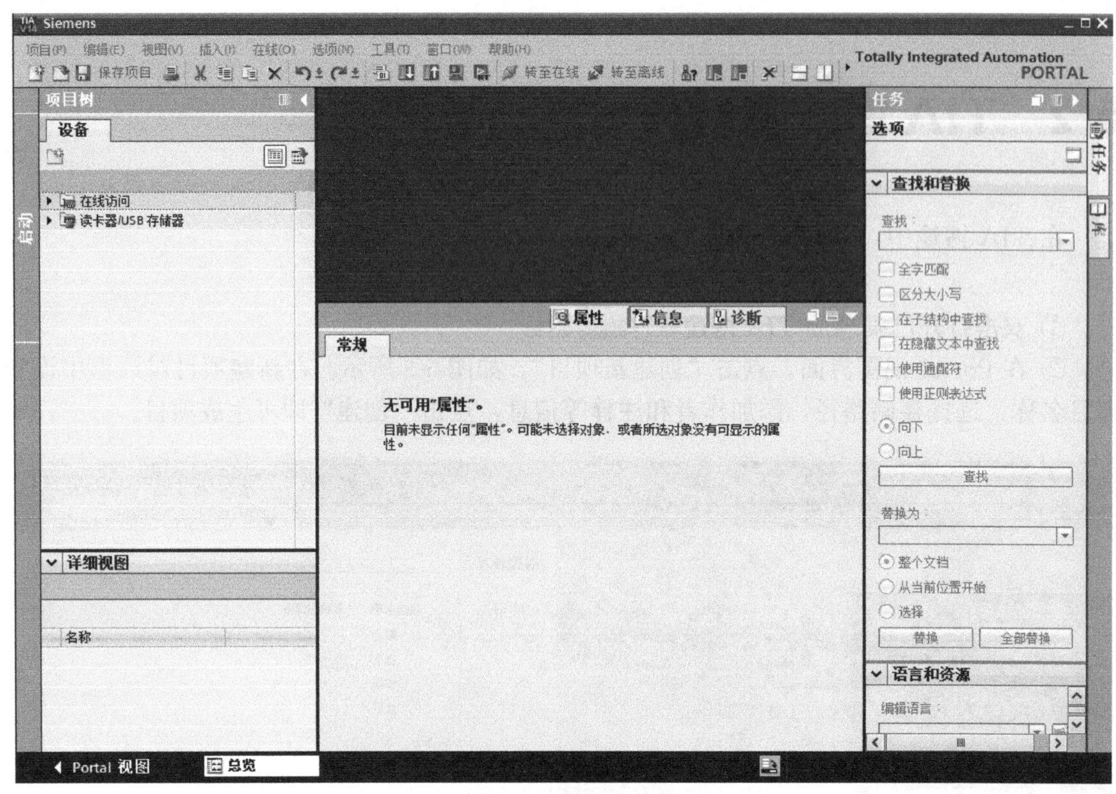

图 5-4　项目视图界面

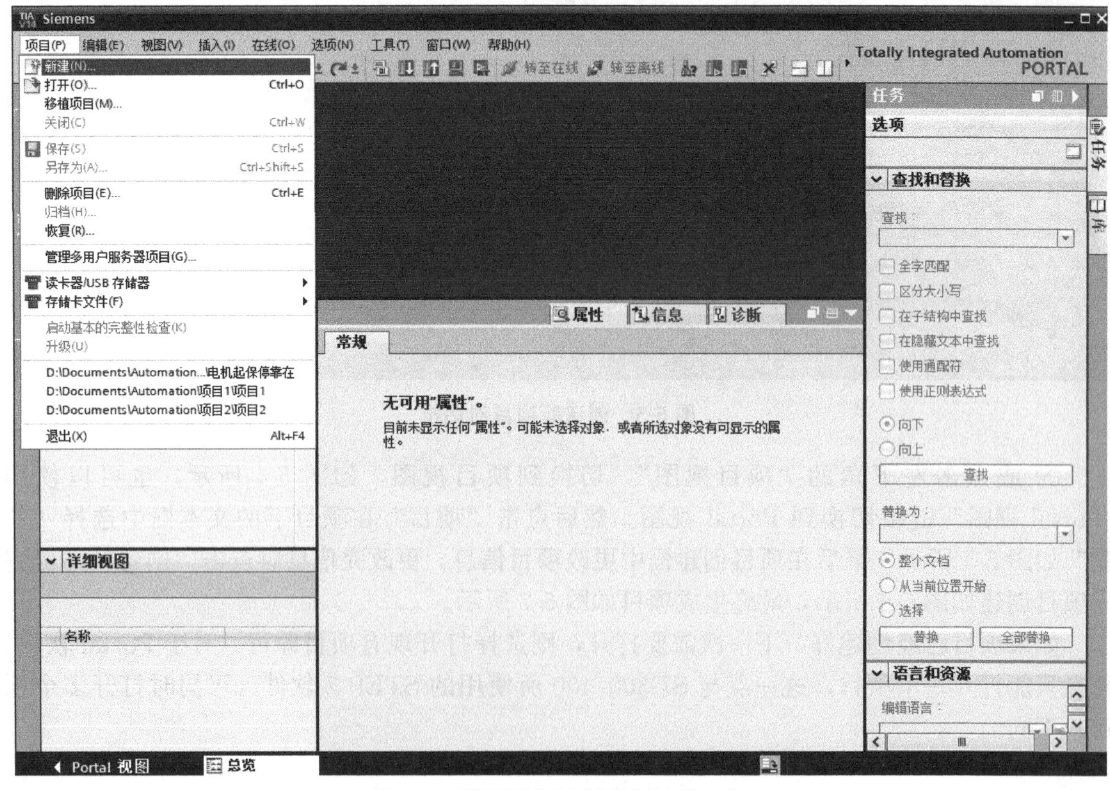

图 5-5　项目视图下创建项目第一步

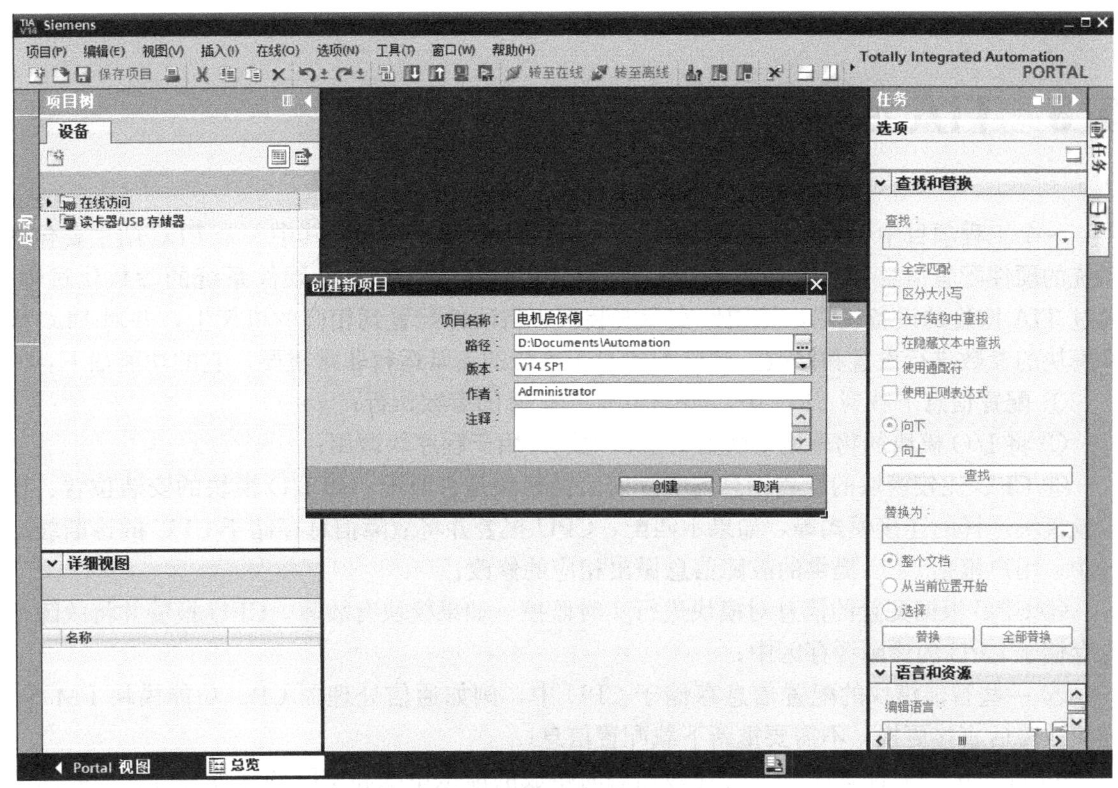

图 5-6　项目视图下创建项目第二步

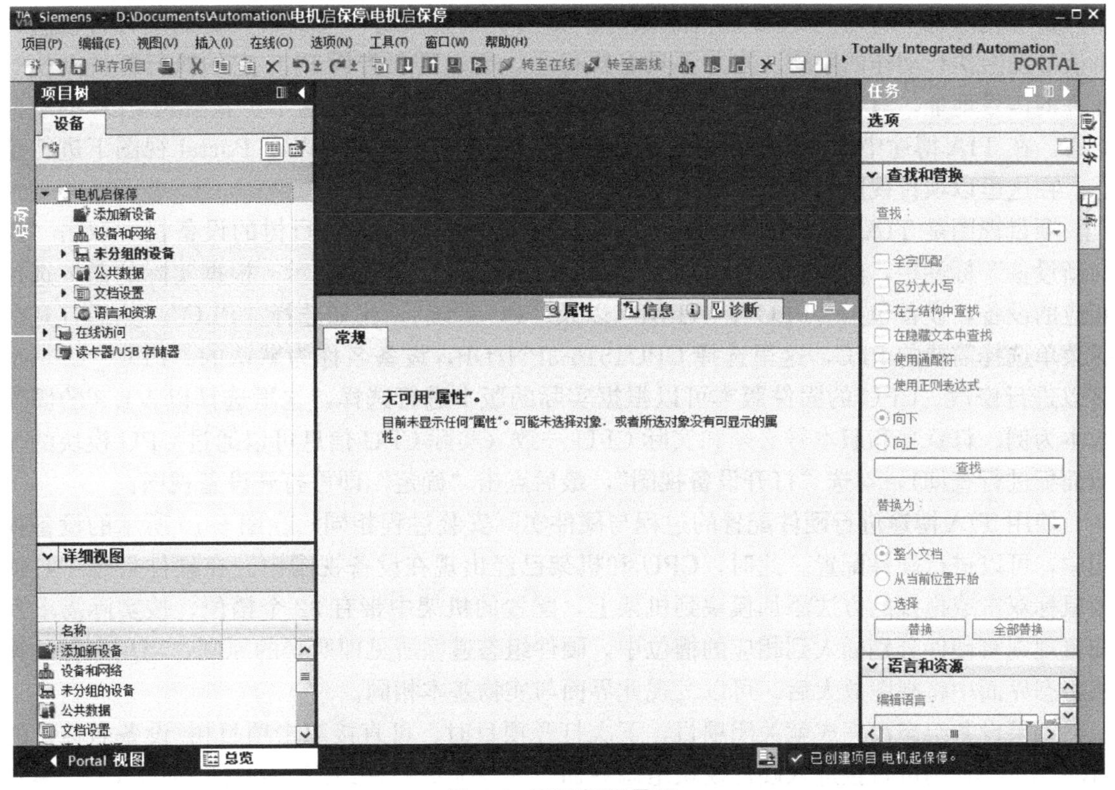

图 5-7　项目视图界面

5.3 TIA 博途硬件组态

一个工程项目中可以包含多个 PLC 站、HMI、驱动等设备，其中一个 PLC 站主要包含系统的硬件配置信息和控制设备的用户程序。硬件配置是对 PLC 硬件系统的参数化过程，通过 TIA 博途的设备视图，按硬件实际安装次序将硬件配置到相应的机架上，并对 PLC 硬件模块的参数进行设置和修改。硬件配置对于系统的正常运行非常重要，它的功能如下：

① 配置信息下载到 CPU 中，CPU 功能按配置的参数执行；

② 将 I/O 模块的物理地址映射为逻辑地址，用于程序块调用；

③ CPU 比较模块的配置信息与实际安装的模块是否匹配，如 I/O 模块的安装位置、模拟量模块选择的连接模式等，如果不匹配，CPU 报警并将故障信息存储于 CPU 的诊断缓存区中，用户根据 CPU 提供的故障信息做出相应的修改；

④ CPU 根据配置的信息对模块进行实时监控，如果模块有故障，CPU 报警并将故障信息存储于 CPU 的诊断缓存区中；

⑤ 一些智能模块的配置信息存储于 CPU 中，例如通信处理器 CP、功能模块 FM 等，模块故障后直接更换，不需要重新下载配置信息；

⑥ 自动化系统启动时，CPU 比较组态时生成的虚拟系统和实际的硬件系统，如果两个系统不一致，一般不能切换到 RUN 模式。

自动化系统中所用的 PLC 通俗点来讲就相当于人类大脑，大脑只负责处理各种信息再将信号发给执行动作的手脚。它并不具有执行力，所以需要告诉 PLC 它的执行部件及执行部件的信号地址。只有这样 PLC 才能根据指令做出正确的动作。这个步骤就是 PLC 的硬件组态。在 TIA 博途中硬件组态可以在项目视图下进行组态，也可以在 Portal 视图下进行组态。在这里以项目视图中进行硬件组态。

项目视图是 TIA 博途硬件组态和编程的主视窗，在图 5-8 项目树的设备栏中双击“添加新设备”标签栏，然后弹出“添加新设备”对话框，如图 5-9 所示。根据实际的需要选择相应的设备，设备包括“PLC”、“HMI”以及“PC 系统”，比如选择“PLC”，然后打开分级菜单选择需要的 PLC，这里选择 CPU1516-3PN/DP，设备名称为默认的“PLC _ 1”，也可以进行修改。CPU 的固件版本可以根据实际的版本进行选择，这里选择以 V1.8 的固件版本为例。订货号和版本号必须和实际 CPU 一致（实际 CPU 信息可以通过 CPU 模块的显示面板进行查询），勾选“打开设备视图”，最后点击“确定”即可打开设备视图。

使用 TIA 博途进行硬件配置的过程与硬件实际安装过程相同，在图 5-10 所示的设备视图中，可以进行硬件配置。此时，CPU 和机架已经出现在设备视图中。在硬件目录中，使用鼠标双击或拖拽的方法添加模块到机架上，配置的机架中带有 32 个槽位，按实际需求及配置规则将硬件分别插入到相应的槽位中，硬件组态遵循所见即所得的原则，当用户在计算机组态界面中将视图放大后，可以发现此界面与实物基本相同。

如果设备组态没完成就关闭项目，下次打开项目时，可直接双击项目树/设备名称下的“设备组态”，则可直接进入硬件模块组态界面，继续完成硬件组态。同样添加非 CPU 模块时，也要保证所选择的订货号和版本号与实际模块保持一致。

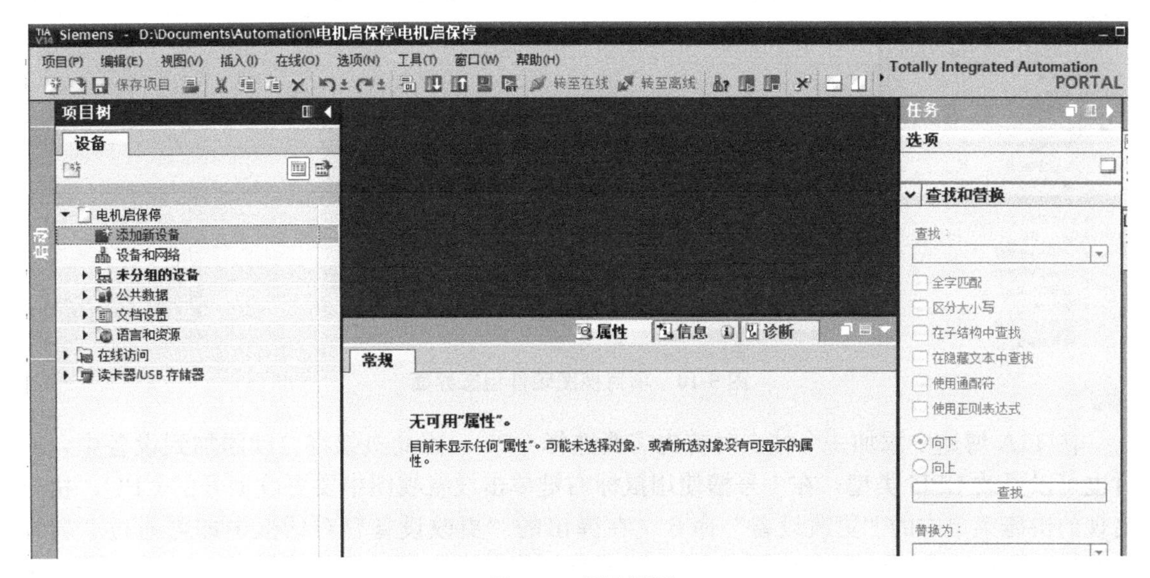

图 5-8　项目视图

图 5-9　添加新设备对话框

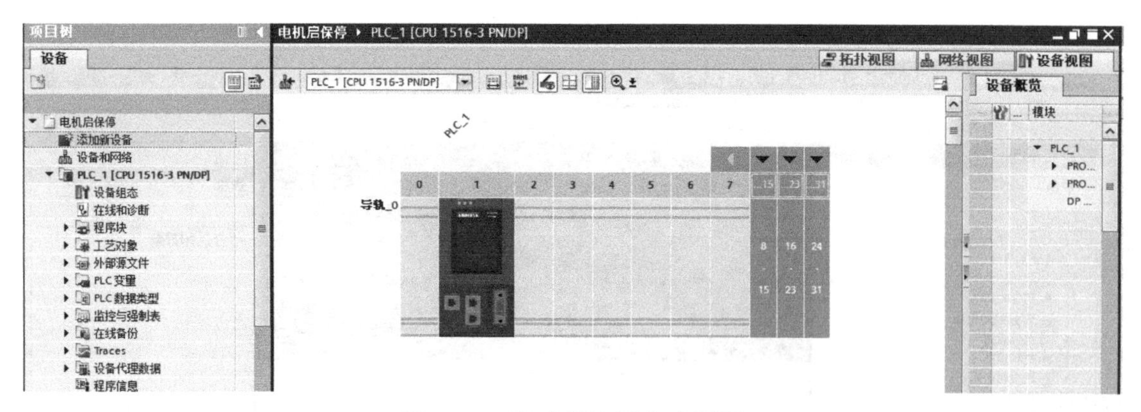

图 5-10　项目视图硬件组态界面

在 TIA 博途中添加一个站点时首先需要选择 CPU，因此机架将自动添加到设备中，此时也可以更改 CPU 类型，在 1 号槽使用鼠标右键单击设备视图中要更改型号的 CPU，执行出现的快捷菜单中的“更改设备”命令，在弹出的“更改设备”对话框中即可通过“新设备”列表，即可进行设备的替换。如图 5-11 所示。图中左边的是当前设备，右边的是要更改的设备。

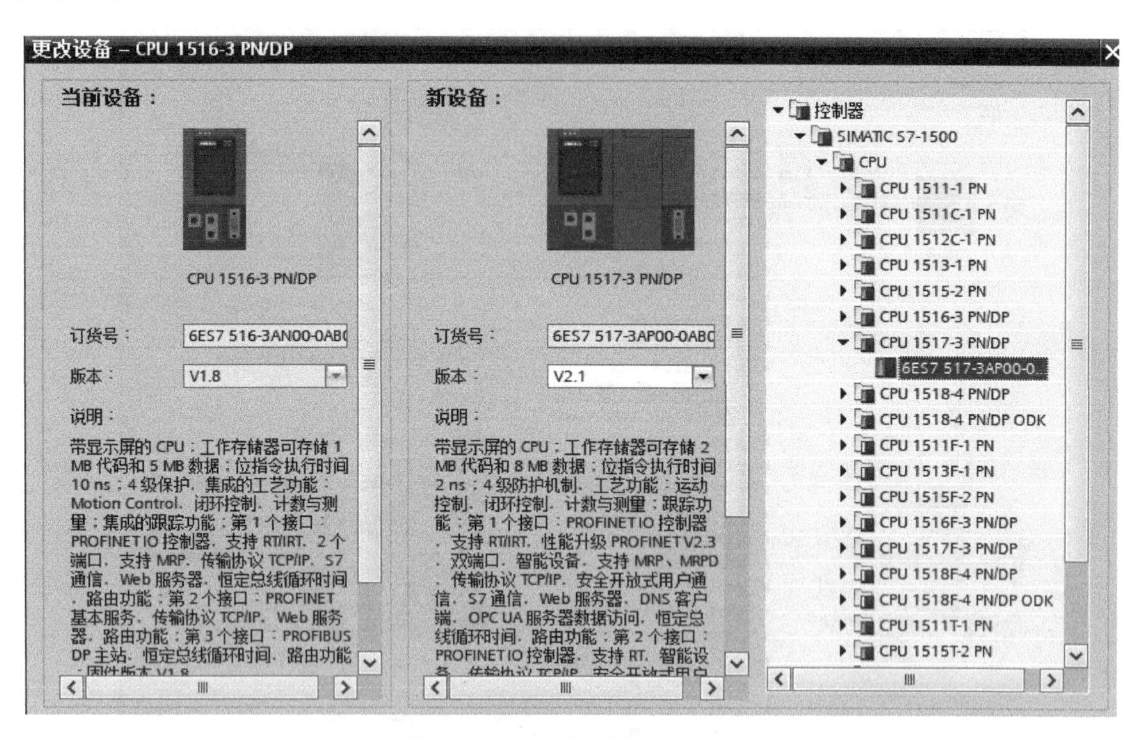

图 5-11　CPU 模块更换对话框

在添加 CPU 时，需要注意 CPU 的型号和固件版本都要与实际硬件一致，一般情况下，添加 CPU 的固件版本都是最新的，可以在硬件目录选择相应的 CPU，在设备信息中更改组态 CPU 的固件版本。插入其他模块例如功能模块、通信处理器等，同样需要注意模块的型号和固件版本（低版本的可以替换为高版本但高版本的无法替换为低版本的），更改组态的固件版本与 CPU 的方法相同。

在硬件组态过程中，TIA 博途自动检查配置的正确性。当在硬件目录中选择一个模块时，机架中允许插入该模块的槽位边缘会呈现蓝色，而不允许该模块插入的槽位边缘颜色无变化。如果使用鼠标拖放的方法将选中的模块拖到允许插入的槽位时，鼠标指针变为且松开鼠标后信号模块自动出现在相应的卡槽内，如果将模块拖到到禁止插入的槽位上，鼠标指针变为，松开鼠标后相应槽位无变化，如图 5-12 所示。

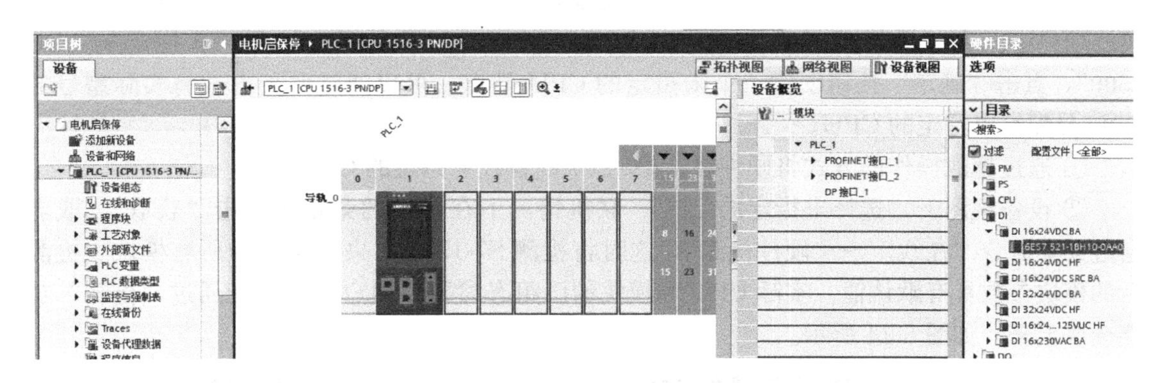

图 5-12　硬件组态模块放置界面

配置完硬件组态后，可以在设备视图右边的设备概览视图中读取整个硬件组态的详细信息，其中包括模块、机架、插槽号、输入地址和输出地址、类型、订货号、固件版本等，如图 5-13 所示。最后可以点击工具栏上的最右侧按钮，保存窗口视图的格式，这样下次打开硬件视图时，与关闭前的视图设置一样。注：设备概览视图框需要自己把设备概览框拉开才能查看设备的完整信息。

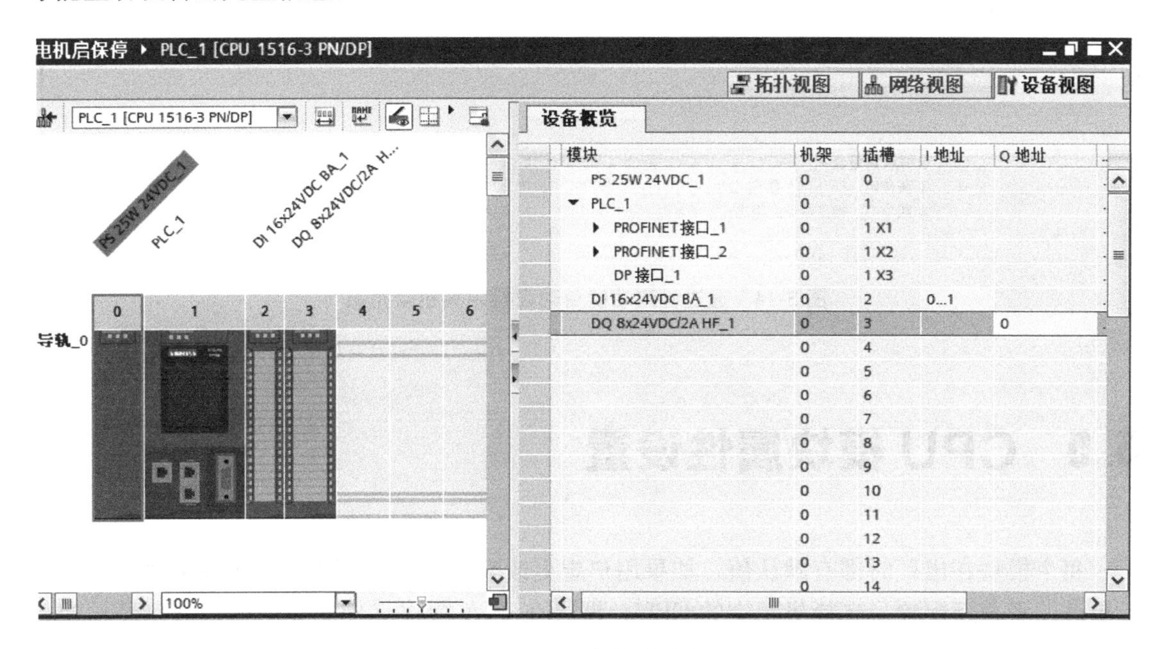

图 5-13　设备概览信息

5.4 自动配置 S7-1500 中央机架

SIMATIC S7-1500 CPU 具有自动检测功能，可以检测中央机架上连接的模块并上传到离线项目中。在“添加新设备”→“SIMATC S7-1500”目录下，找到“非指定的 CPU 1500”，点击“确定”按钮创建一个未指定的 CPU 站点。可以通过两种方式将实际型号的 CPU 分配给未指定的 CPU。

① 通过拖放操作的方式将硬件目录中的 CPU 替代未指定的 CPU。

② 设备视图下，选择未指定的 CPU，联机情况下在弹出的菜单中点击“获取”，或者通过菜单命令“在线”→“硬件检测”，这时将检测 S7-1500 中央机架上的所有模块。检测后的模块参数具有默认值。实际 CPU 和模块的已组态参数及用户程序不能通过“检测”功能读取上来，如图 5-14 所示。

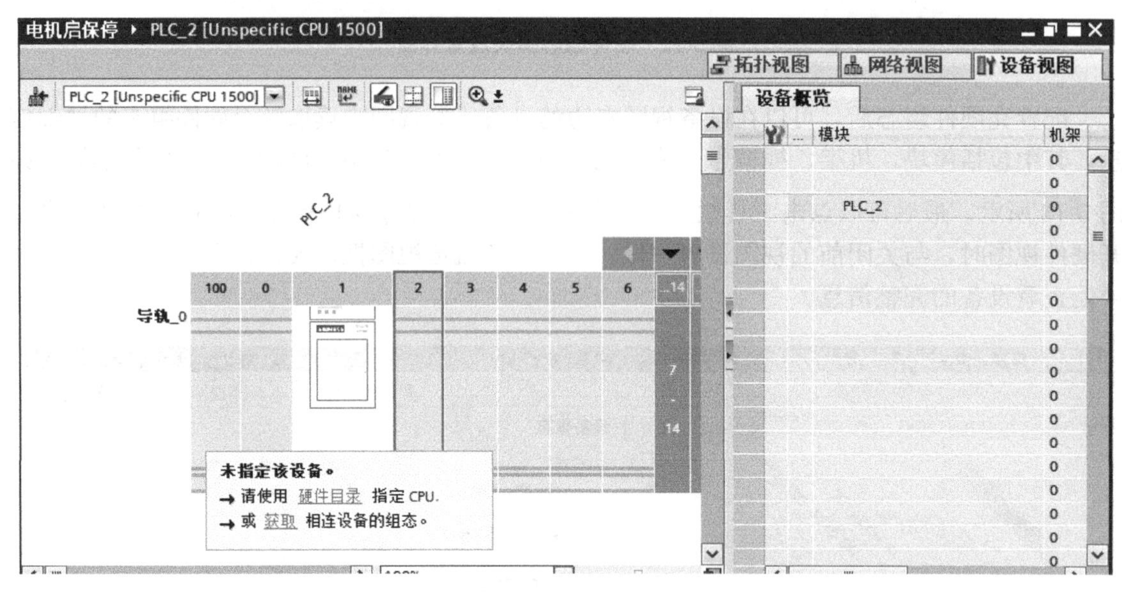

图 5-14　通过检测功能自动配置中央机架组态

5.5 CPU 模块属性设置

每个模块在出厂时都有默认值，如果用户想更改默认属性，则需要对模块的属性参数进行更改或者重新配置。选择机架中的 CPU，即可在 TIA 博途软件底部的巡视窗口显示相关属性视图。为了详细浏览属性参数，可单击巡视窗口右上角的“浮动”图标，将属性视图弹出，如图 5-15 所示。单击浮动属性视图右上角的“嵌入”图标，可将浮动属性视图恢复原位。

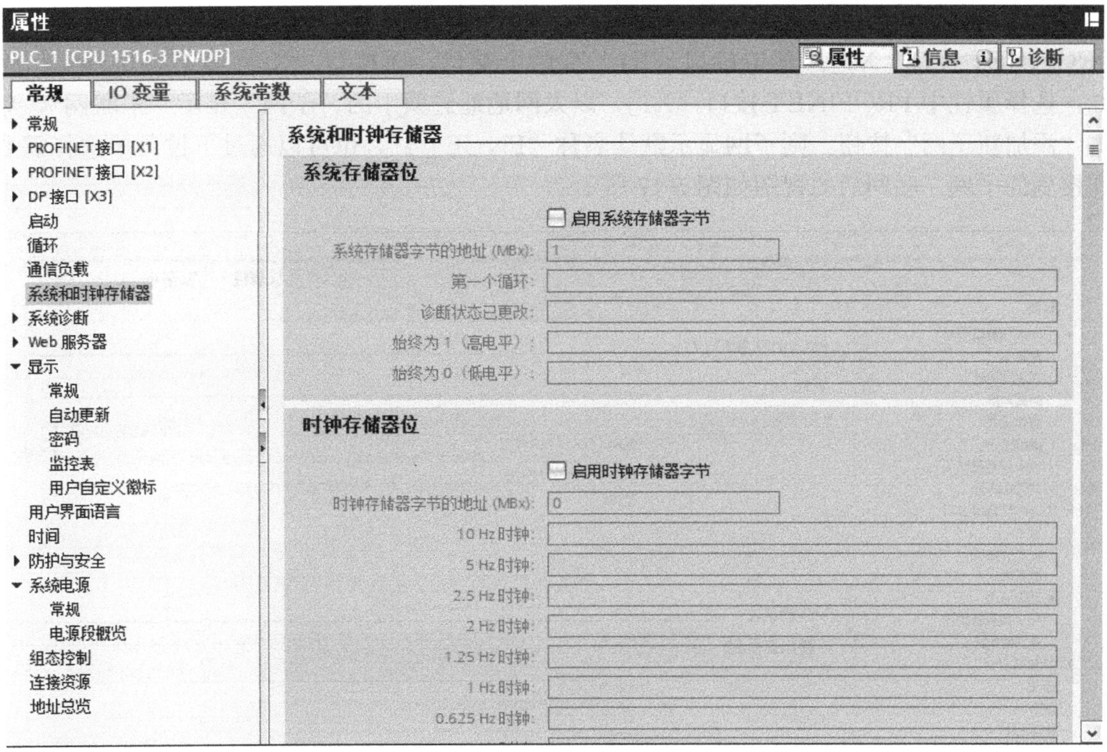

图 5-15　CPU 属性视图

（1）常规

常规包括 CPU 的项目信息、目录信息以及标识与维护信息。“项目信息”：可以编辑名称，作者及注释等信息；“目录信息”：查看 CPU 的订货号，组态的固件版本及特性描述；“标识与维护”：用于标识设备的名称，位置等信息。比如用户可以在常规标签页的项目信息中对添加的新设备 PLC _ 1 重新命名，如图 5-16 所示。

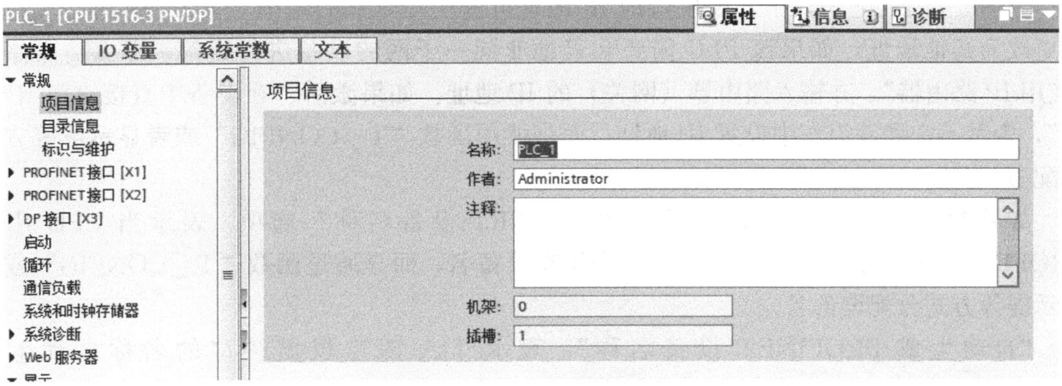

图 5-16　CPU 属性常规视图

（2）PROFINET 接口

PROFINET 接口包括接口常规信息、以太网地址、时间同步、操作模式、硬件标识符、Web 服务器访问及以太网接口和端口的高级设置选项。例如，在以太网地址中，可以新建子网、修改接口的 IP 地址等。

CPU1516-3PN/DP 有两个 PROFINET 接口，分别是 PROFINET 接口［X1］和 PROFINET 接口［X2］。其中接口［X1］有两个端口，而接口［X2］只有一个端口。例如，选择属性中 PROFINET 接口［X1］，以太网地址选项中的“子网”显示“未联网”，单击“添加新子网”按钮，则子网显示默认名称“PN/IE _ 1”，也可以通过下拉菜单选择需要连接到的子网。联网后的视图如图 5-17 所示。

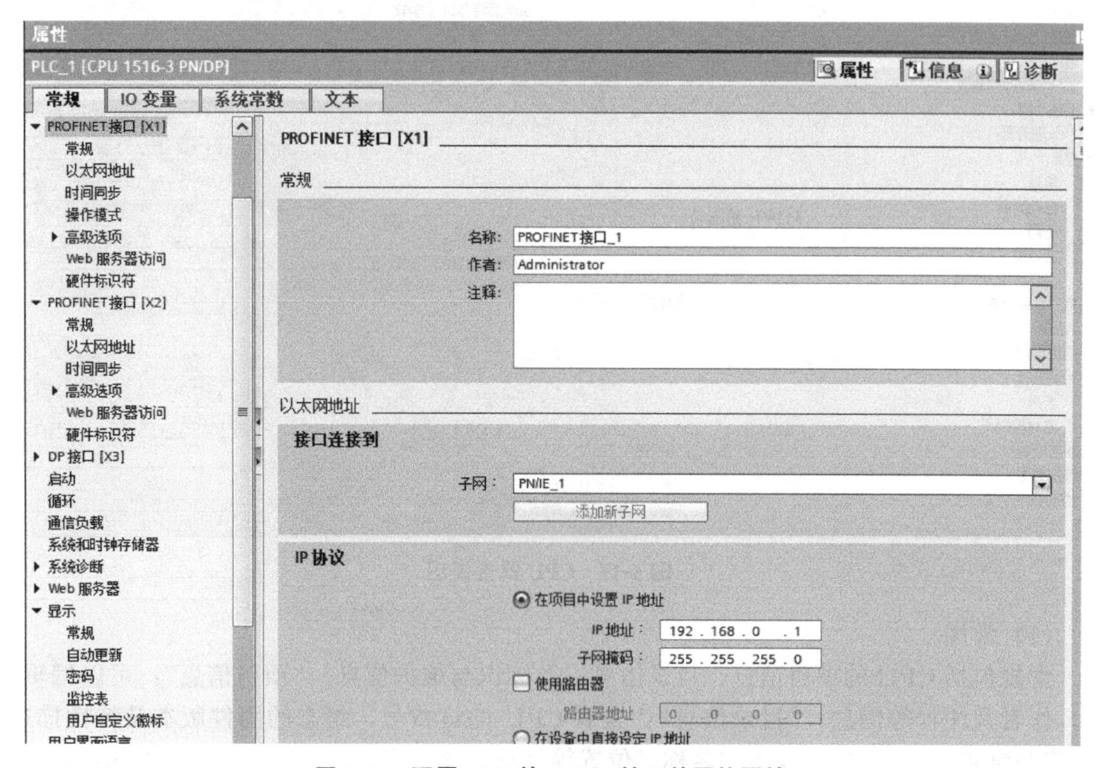

图 5-17　配置 CPU 的 PN X1 接口的网络属性

在图 5-17 的 IP 协议中，该接口的 IP 地址可以使用默认的地址“192.168.0.1”，也可以更改为其他地址。如果该 PLC 需要和其他非同一子网的设备进行通信，那么需要激活“使用 IP 路由器”，并输入路由器（网关）的 IP 地址。如果激活“在设备中直接设定 IP 地址”，表示不在硬件组态中设置 IP 地址，而是使用函数“T _ CONFIG”或者显示屏等方式分配 IP 地址。

如果激活“在设备中直接设定 PROFINET 设备名称”选项，表示当 CPU 用于 PROFINET IO 通信时，不在硬件组态中组态设备名，而是通过函数“T _ CONFIG”或者显示屏等方式分配设备名。

“自动生成 PROFINET 设备名称”：表示 TIA 博途根据接口的名称自动生成 PROFINET 设备名称。如果取消该选项，则可以由用户设定 PROFINET 设备名。

“转换的名称”：表示此 PROFINET 设备名称转换为符合 DNS 惯例的名称，用户不能修改。

“设备编号”：表示 PROFINET IO 设备的编号。故障时可以通过函数读出设备的编号。如果使用 IE/PB Link PN IO 连接 PROFIBUS DP 从站，从站地址也占用一个设备编号。对于 IO 控制器无法进行修改，默认为 0。

切换至网络视图，可看到该 CPU 的 PN X1 接口已连接名称为 PN/IE _ 1 的以太网，如图 5-18 所示。

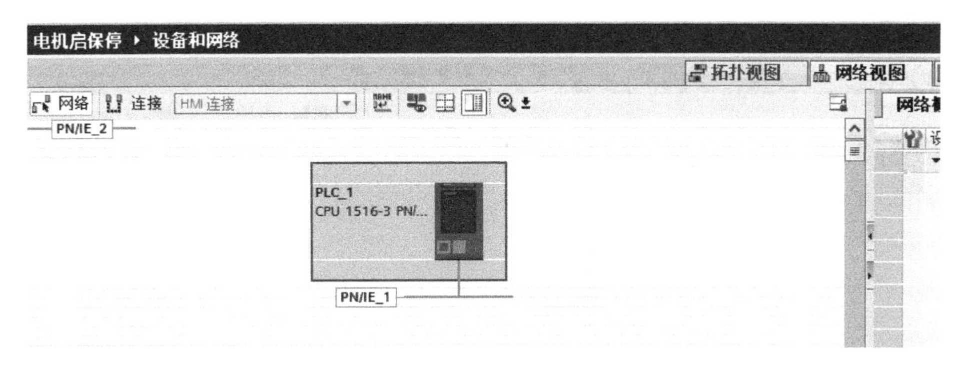

图 5-18　网络视图

（3）DP 接口

DP 接口包括接口常规信息、PROFIBUS 地址、操作模式、时钟、同步/冻结和硬件标识符等信息或设置参数。例如，在 PROFIBUS 地址中，可以新建子网、修改 DP 站地址等。

以 CPU1516-3PN/DP 为例，如果需要将 CPU 连接至 PROFIBUS-DP 网络，则可用鼠标选择 CPU 属性中的 DP 接口［X3］，进入 DP 接口参数设置。在“接口连接到”选项中，单击“添加新子网”，则“子网”处默认显示“PROFIBUS _ 1”，表示 CPU 的 DP 接口将连接至“PROFIBUS _ 1”网络中；如果已有多个 DP 网络，则需要在“子网”处选择 CPU 的 DP 接口将要连接的网络名称。CPU 的 DP 接口连接网络，还需要指定 DP 站地址，在参数选项指定 CPU 的 DP 接口的站地址为 2。上述参数设置如图 5-19 所示。

图 5-19　DP 接口参数

参数中的“最高地址”和“传输率”在此处不可修改，可以切换到网络视图，选中“PROFIBUS_1”网络，在常规属性中选择“网络设置”，就可以对上述参数进行修改了，如图 5-20 所示。

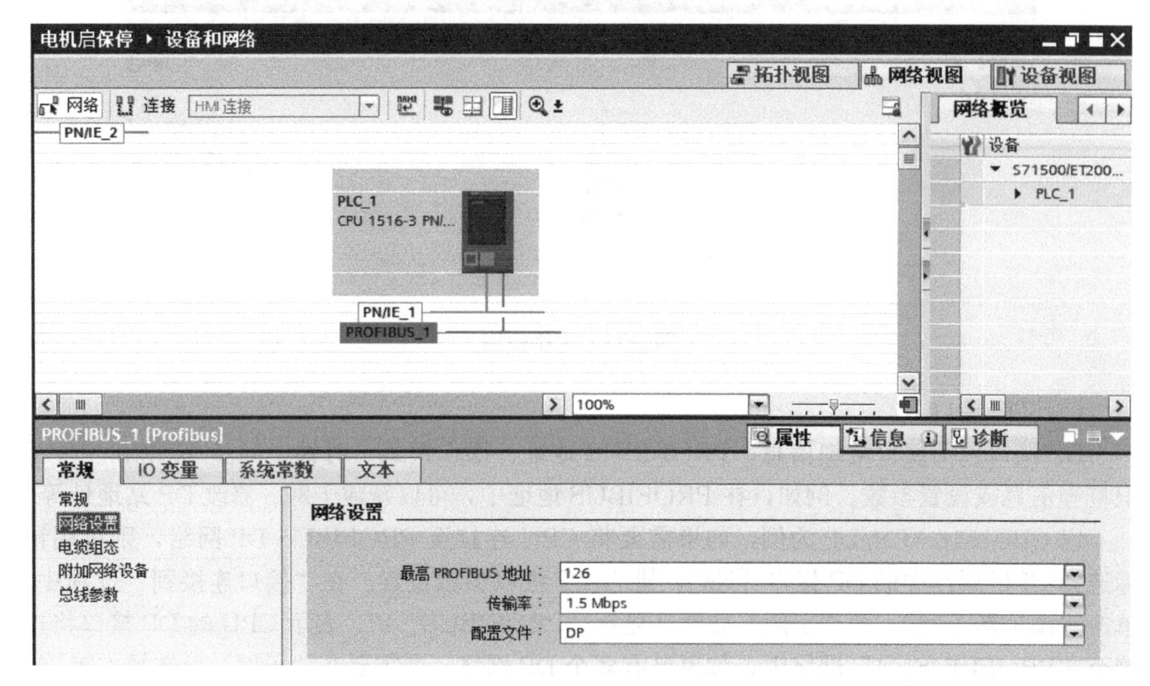

图 5-20　PROFIBUS_DP 网络设置参数

（4）启动

在该标签页中可以设置 CPU 上电后的启动方式、当预设组态与实际组态不一致时是否启动以及集中式和组态时间。如图 5-21 所示。

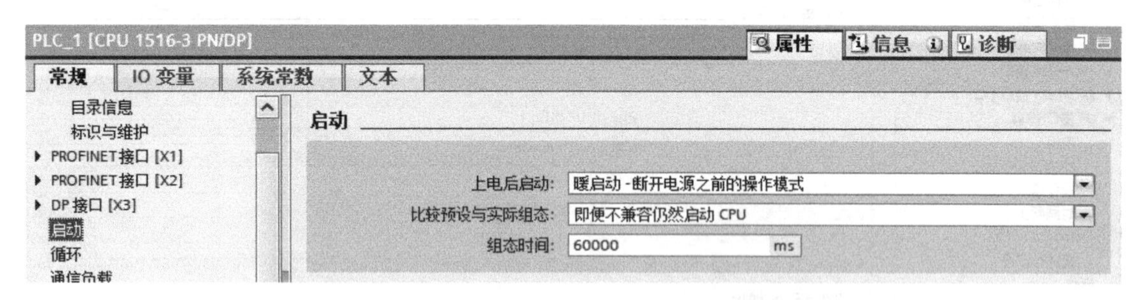

图 5-21　SIMATIC S7-1500 CPU 启动界面

图 5-21 中主要参数及选项的功能描述如下：

“上电后启动”：选择上电后 CPU 的启动特性，S7-1500CPU 只支持暖启动方式。默认选项为“暖启动-断开电源之前的操作模式”，选择此模式，则 CPU 上电后，会进入到断电之前的运行模式，比如当 CPU 运行时通过 TIA 博途的“在线工具”将其停止，那么断电再上电之后，CPU 仍然是 STOP 状态。

“未启动（仍处于 STOP 模式）”：选择此模式，CPU 上电后处于 STOP 模式。

“暖启动-RUN”：选择此模式，CPU 上电后进入暖启动和运行模式。当然如果 CPU 的模式开关为“STOP”，则 CPU 不会执行启动模式，也不会进入运行模式。

“比较预设为实际组态”：该选项决定当硬件配置信息与实际硬件不匹配时，CPU是否可以启动。“仅兼容时启动CPU”表示如果实际模块与组态模块一致或者实际的模块兼容硬件组态的模板，那么CPU可以启动。兼容是指安装的模板要匹配组态模板的输入/输出数量，且必须匹配其电气和功能属性。兼容模块必须完全能够替换已组态的模块，功能可以更多，但是不能更少。比如组态的模块为DI 16×24VDC HF（6ES7 521-1BH00-0AB0），实际模板为DI 32×24VDC HF（6ES7 521-1BL00-0AB0），则实际模块兼容组态模块，CPU可以启动。“即便不兼容仍然启动CPU”表示实际模块与组态的模块不一致，但是仍然可以启动CPU，比如组态的是DI模板，实际的是AI模板。此时CPU可以运行，但是带有诊断信息提示。

（5）循环

在该标签页中指定最大循环时间或固定的最小循环时间，如图5-22所示。如果循环时间超出最大循环时间，在没有下载OB80的情况下，CPU将转入STOP模式。超出的原因可能是通信过程、中断事件的累积或CPU程序错误。在S7-1500 CPU中，可以在OB80中处理超时错误，此时扫描监视时间会变为原来的2倍，如果此后扫描时间再次超过了此限制，CPU仍然会进入停机状态。

如在有些应用中需要设定CPU最小的扫描时间。如果实际扫描时间小于设定的最小时间，CPU将等待，直到达到最小扫描时间后才进行下一个扫描周期。

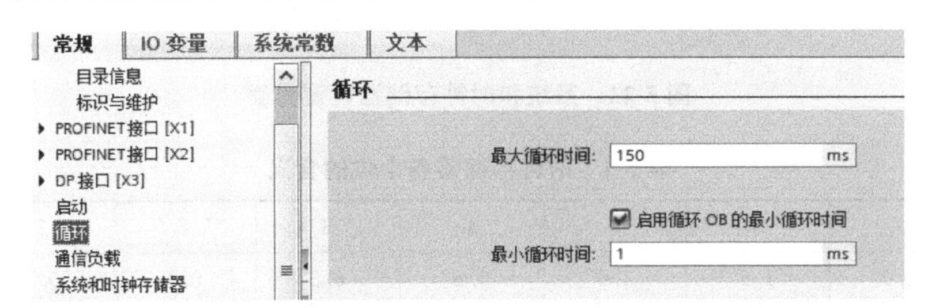

图5-22 SIMATIC S7-1500 CPU循环设置界面

（6）通信负载

CPU间的通信以及调试时程序的下载等操作将影响CPU的扫描时间。“通信产生的循环负载”参数可以限制通信任务在一个循环扫描周期中所占的比例，以确保CPU的扫描周期中通信负载小于设定的比例。

在该标签页中设置通信时间占循环扫描时间的最大比例。

（7）系统和时钟存储器

在该标签页中可以将系统和时钟信号赋值到标志位区（M）的变量中，如图5-23所示。

如果激活“启用系统存储器字节”选项，则将系统存储器赋值到一个标志位存储区的字节中。其中第0位为首次扫描位，含义与S7-200 PLC中的SM0.1相同，只有在CPU启动后的第一个程序循环中值为1，否则为0；第1位表示诊断状态发生更改，即当诊断事件到来或者离开时，此位为1，且只持续一个周期；第2位始终为1，含义与S7-200 PLC中的SM0.0相同；第3位始终为0。第4～7位是保留位。

如果激活“启用时钟存储器器”选项，CPU将8个固定频率的方波时钟信号赋值到一个标志位存储区的字节中，字节中每一位对应的频率和周期见表5-1，与S7-300/400 PLC中的时钟存储器功能相同。

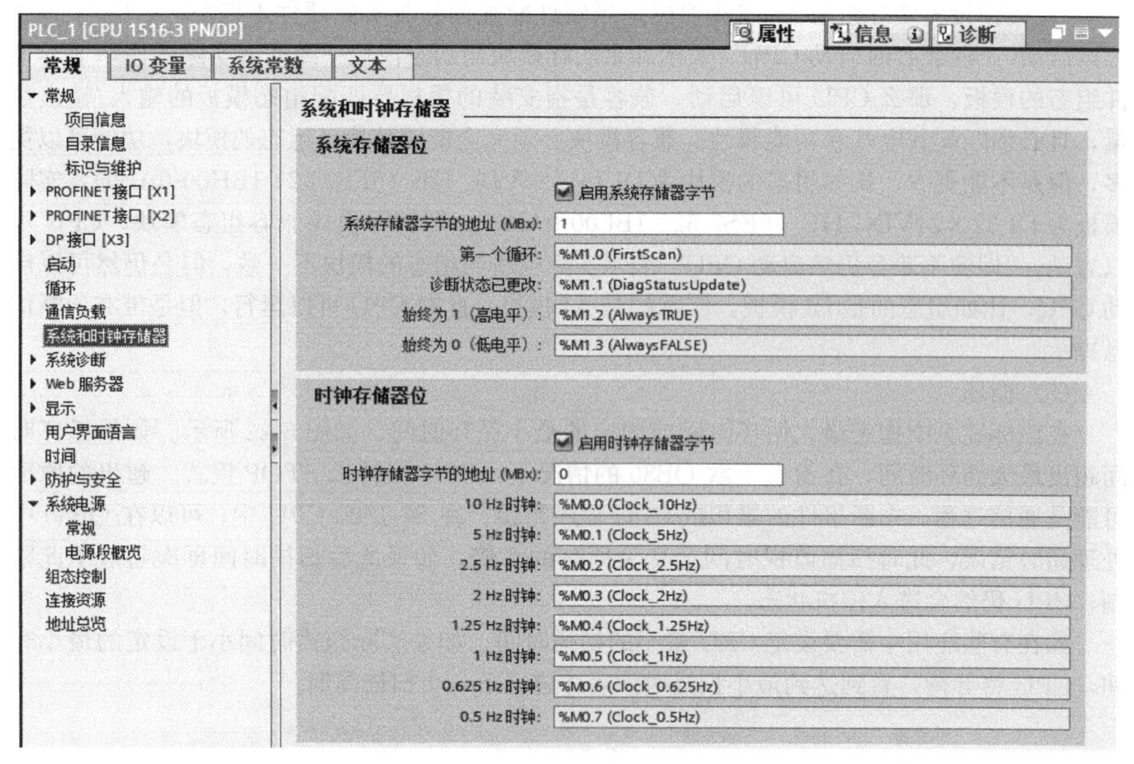

图 5-23　系统和时钟存储器设置界面

表 5-1　时钟存储器各个位的含义

位	7	6	5	4	3	2	1	0
周期/s	2.0	1.6	1.0	0.8	0.5	0.4	0.2	0.1
频率/Hz	0.5	0.625	1	1.25	2	2.5	5	10

图 5-23 中“时钟存储器字节的地址”为 0，表示时钟信号存储于 MB0 中，M0.5 即为周期 1s 的方波信号。用户也可以自己定义存储器的地址。在许多通信程序中，发送块需要脉冲触发，这时就可以非常方便地根据发送周期的要求，选择 CPU 集成的时钟存储器位作为脉冲触发信号。

（8）系统诊断

在系统诊断选项中，可以激活对 PLC 的系统诊断。系统诊断就是记录、评估和报告自动化系统内的错误，例如 CPU 程序错误、模块故障、传感器和执行器断路等。对于 S7-1500，系统诊断功能自动激活，无法禁用。

（9）Web 服务器

在通过 Web 服务器，用户可以读出常规 CPU 信息、诊断缓冲区中的内容、查询模块信息、报警和变量状态等。如图 5-24 所示。

Web 服务器属性下有常规、自动更新、用户管理、监视表、用户自定义 Web 页面和接口概览等子项。CPU 可通过集成的 Web 服务器进行诊断访问。在常规子项中勾选“启用模块上的 Web 服务器”前的复选框，可激活 Web 服务器的功能。默认状态下，打开 IE 浏览器并输入 CPU 接口的 IP 地址，例如 http://192.168.0.1，即可以浏览 CPU Web 服务器中

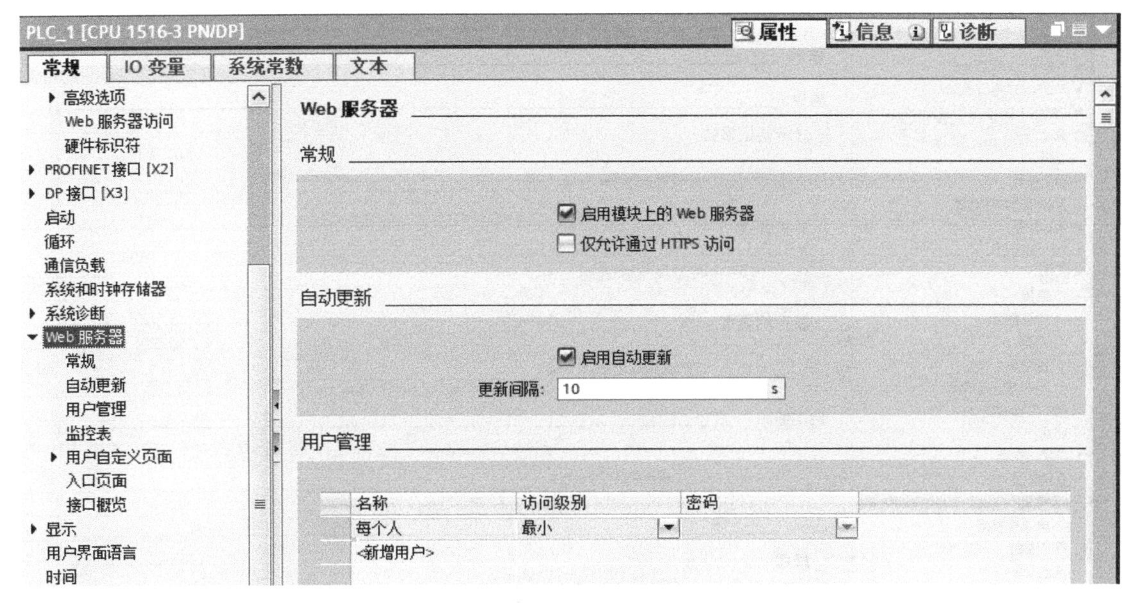

图 5-24　Web 服务器设置界面

的内容。可以通过 CPU 集成的接口（可能一个 CPU 有多个接口可以访问）、CM 或者 CP 访问 CPU 的 Web 服务器，但不管是用哪种方式，都必须激活相应接口中的“启用使用该接口访问 Web 服务器”选项。

如果选择“仅允许使用 HTTPS 访问”的方式，则通过数据加密的方式浏览网页，需要在 IE 浏览器中输入 https：//192.168.0.1 才能浏览网页。

在自动更新子项中，可激活自动更新功能并设置自动更新的时间间隔，Web 服务器会根据设定的时间间隔自动更新网页的内容。如果设置较短的更新时间，将会增大 CPU 的扫描时间。

在用户管理子项中，用于管理访问网页的用户的列表，可以根据需要增加和删除用户，定义“访问级别”，并设置密码。这样在使用浏览器登录 Web 服务器时，需要输入相应的用户名和密码，才能获得相应的权限。

在监视表中，可添加 Web 服务器所能显示的监控表。用户自定义 Web 页面中可设置通过 Web 浏览器访问任何设计的 CPU Web 页面。

接口概览子项中使用表格表示该设备中具有 Web 服务器功能的所有模块及其以太网接口，在此处可以通过设备（CPU、CP、CM）的每个以太网接口的各个界面允许或拒绝访问 Web 服务器。

（10）显示

显示属性用于设置 S7-1500 PLC CPU 显示屏的属性，如图 5-25 所示。

显示属性下有常规、自动更新、密码、监视表和用户自定义徽标等子项。常规子项中可禁用待机模式（黑屏）或设置待机模式的时间，也可禁用节能模式（低亮度显示）或设置待机模式的时间，还可设置显示屏显示的默认语言。自动更新子项中可设置更新显示的时间间隔。密码子项中可启用屏保功能，并设置密码，还可设置密码自动注销的时间或禁用自动注销功能。监视表子项可选择组态的监控表，以便在显示屏上使用选择的监控表。用户自定义徽标可以选择用户自己定义的徽标并将其与硬件配置一起装载到 CPU。

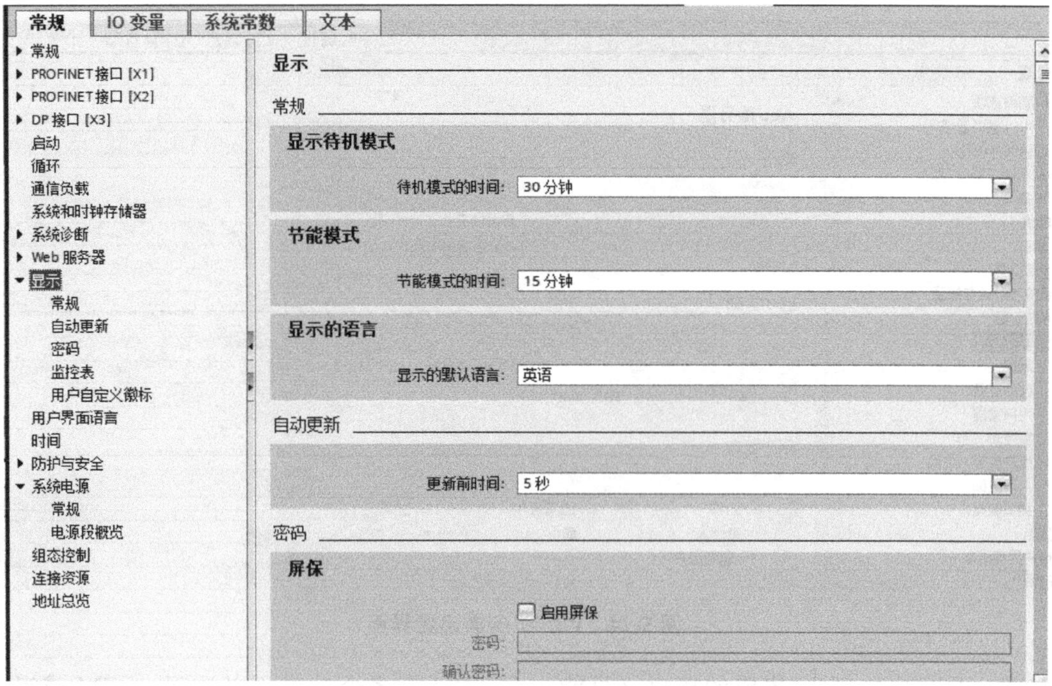

图 5-25　CPU 显示屏设置界面

（11）用户界面语言

Web 服务器和 CPU 显示支持不同的用户界面语言。可以给 Web 服务器的每种语言指定一个项目语言以显示项目文本（最多支持 2 种语言）。

（12）时间

点击“时间”标签进入时间参数化界面。在 S7-1500 PLC 中，系统时间为 UTC 时间，本地时间则由 UTC 时间、时区和冬令时/夏令时共同决定。在“时区”选项中选择时区和地区后，TIA 博途会根据此地区夏令时实施的实际情况自动激活或禁用夏令时，方便用户设置本地时间。用户也可手动激活或禁用夏令时，以及设置夏令时的开始和结束时间等参数。这样如果 OEM 设备出口到其他国家或地区时，可以快速匹配当地时间。

（13）防护与安全

防护与安全可设置 CPU 的读/写保护以及访问密码。保护等级从低到高而权限从高到低依次为完全访问权限（无任何保护）、读访问权限、HMI 访问权限和不能访问（完全保护）四级，如图 5-26 所示。

如果设置为完全访问权限，则对 PLC 读写和 HMI 的操作没有保护；如果设置为读访问权限，则可以操作 HMI，而对 PLC 只能做读操作，除非输入完全访问权限的密码，才可以对 PLC 进行写操作；如果设置为 HMI 访问权限，则不可访问 PLC，除非具有读访问权限或完全访问权限的密码；若设置为不能访问权限，则必须具有高等级权限的密码，才可对 HMI 和 PLC 做相应的访问。

（14）系统电源

TIA 博途软件自动计算每一个模块在背板总线的功率损耗。系统电源属性包括常规和电源段概览子项，在“系统电源”界面中可以查看背板总线功率损耗的详细情况，如图 5-27 所示。

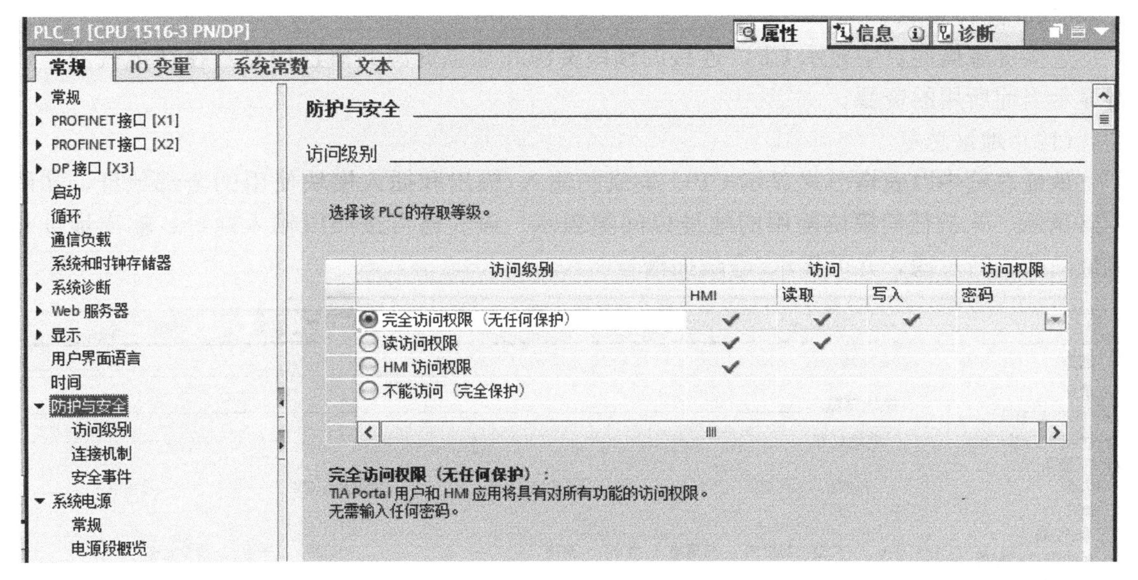

图 5-26　CPU 保护设置界面

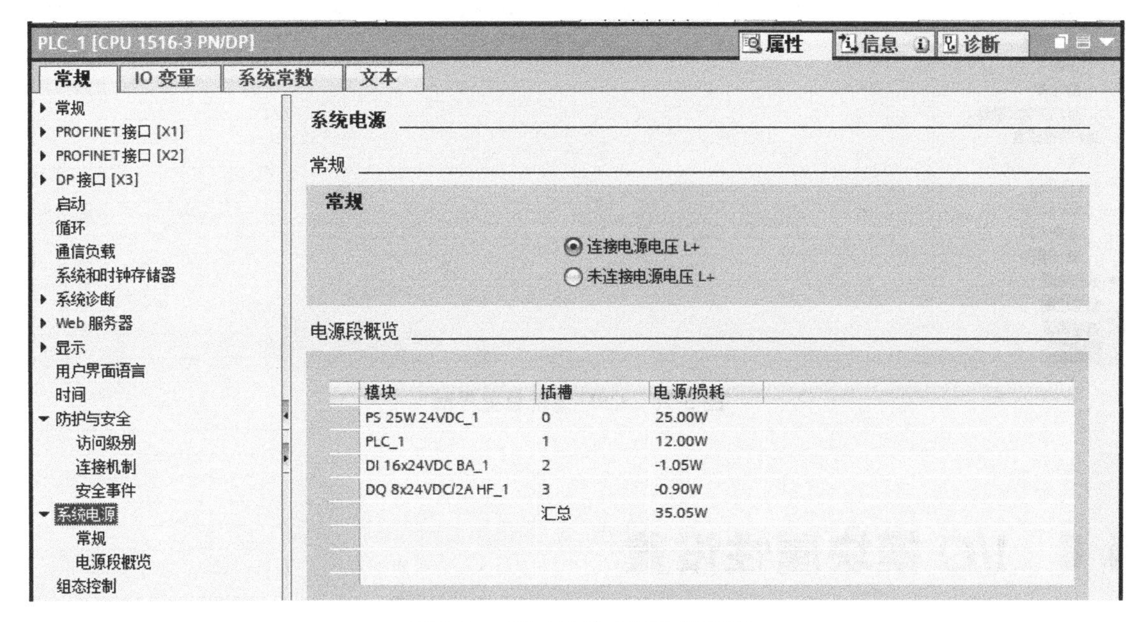

图 5-27　CPU 系统电源设置界面

如果 CPU 连接了 24VDC 电源，那么 CPU 本身可以为背板总线供电，这时需要选择“连接电源电压 L+”；如果 CPU 没有连接 24VDC 电源，则 CPU 不能为背板总线供电，同时本身也会消耗电源，此时应选择“未连接电源电压 L+”。每个 CPU 可提供的功率大小是有限的，如果“汇总”的电源为正值，表示功率有剩余；如果为负值，表示需要重新配置系统电源，增加电源模块来提供更多的功率。

（15）组态控制

在组态控制属性中，如果勾选“允许通过用户程序重新组态设备”选项前的复选框，则可以通过程序更改硬件组态。

（16）连接资源

连接资源属性页中显示 CPU 连接的预留资源和动态资源的概述信息。在在线视图中还将显示当前所用的资源。

（17）地址总览

地址总览中以表格形式显示 CPU 集成的输入/输出和插入模块使用的全部地址，如图 5-28 所示。未被任何模块使用的地址以间隙表示。该表格可按照以输入地址、输出地址和地址间隙进行过滤，并可显示/隐藏插槽号。

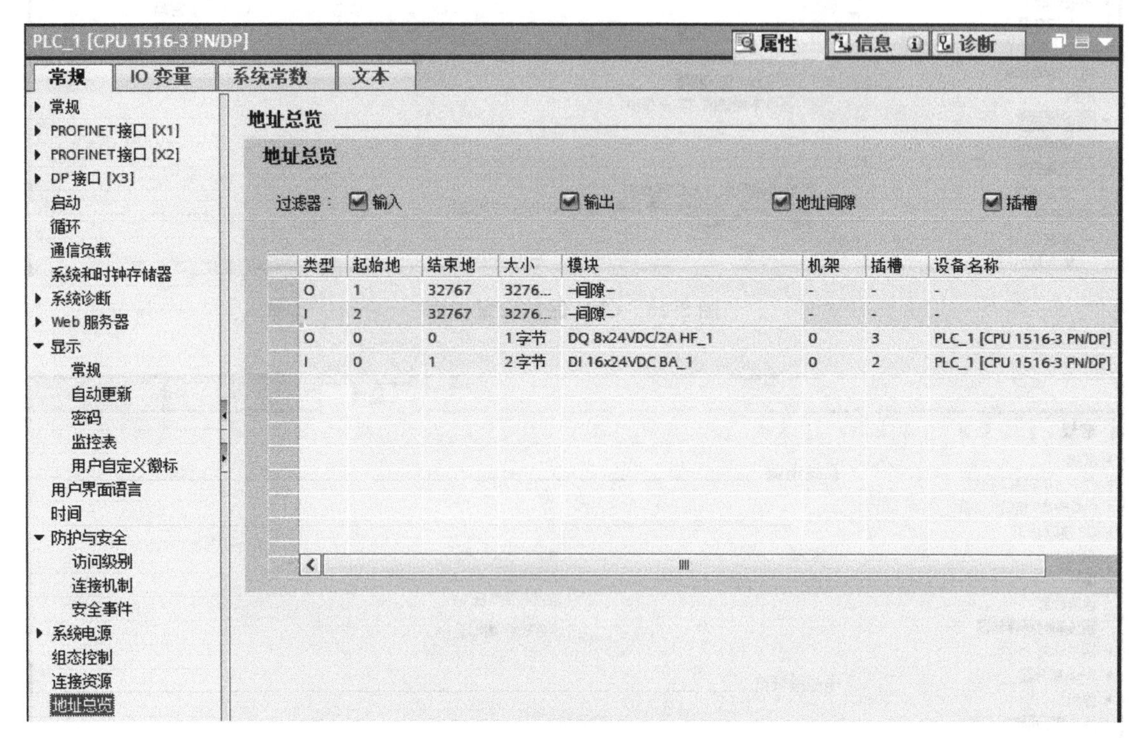

图 5-28 CPU 地址总览界面

5.6 I/O 模块属性设置

I/O 模块是 CPU 和外界通信的重要接口，在设备组态界面中，通过双击相应的 I/O 模块，即可在监视窗口区域相应的属性标签页上，对其模块参数进行相应的配置。I/O 模块常用的属性主要包括常规、模块参数和输入或输出选项信息。下面重点介绍数字量输入模块和模拟量输入模块的属性设置。

5.6.1 数字量输入模块参数设置

在设备组态窗口选中相应的数字量输入模块，比如 DI 16×24VDC HF，即可在监视窗口区域显示器属性设置界面，如图 5-29 所示。

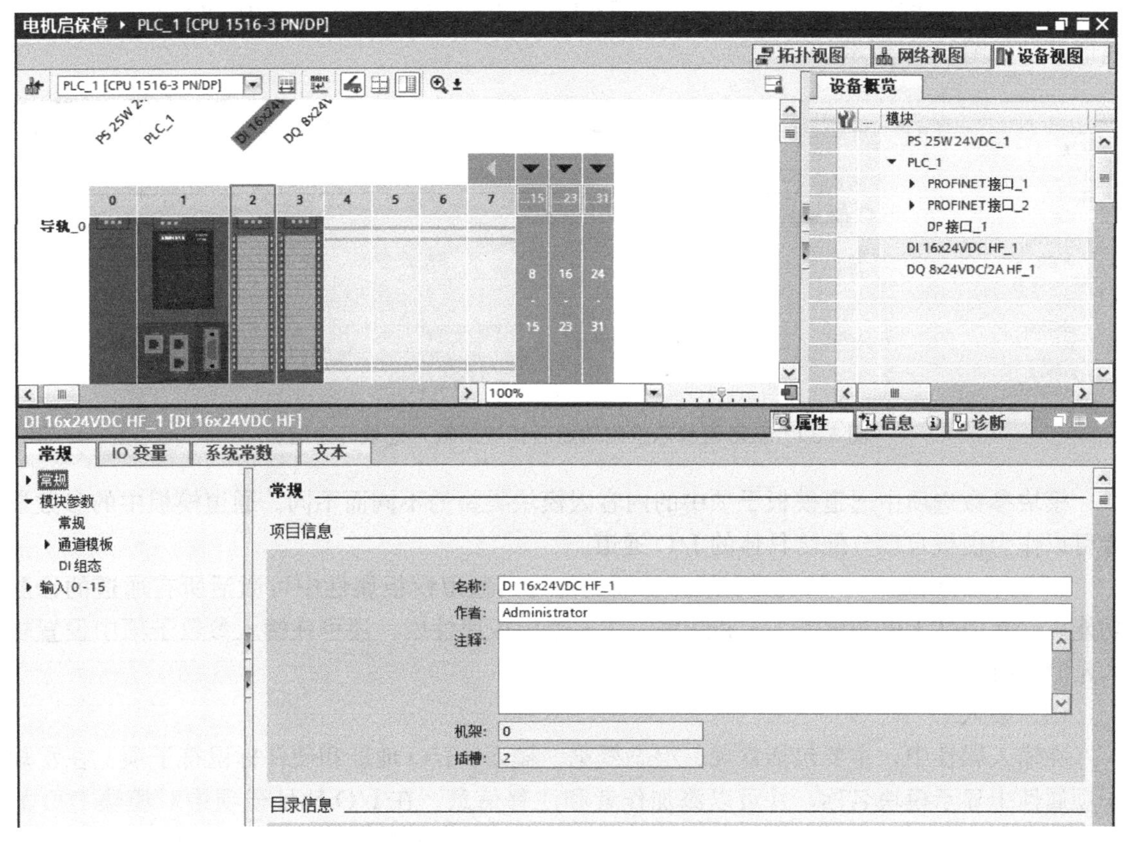

图 5-29　DI 16×24VDC HF 属性设置界面

（1）常规

在常规选项中，包括项目信息、目录信息以及标识与维护 3 个子项。项目信息中显示该模块名称、作者、注释及所属的机架号和槽号。目录信息显示该模块的简短标识、具体描述、订货号和固定版本信息等。标识与维护中可设置工厂标识、位置标识、安装日期以及附加信息。

（2）模块参数

在模块参数选项中，包括常规、通道模板以及 DI 组态 3 个子项。常规子项中可设置当预设组态与实际组态不一致时是否启动。DI（或 DQ/AI/AQ）组态子项可启用值状态（质量信息）。

“值状态（质量信息）”是指通过过程映像输入（PII）为用户程序提供 I/O 通道诊断信息。当激活“值状态（质量信息）”选项时，除模块 I/O 信号地址区外，模块会占用额外的输入地址空间，这些额外的地址空间用来表示 I/O 通道的诊断信息。状态与 I/O 数据同步传送。支持值状态功能的模块包括 DI、DO、AI 和 AQ。值状态的每个位对应一个通道，通过评估该位的状态（1：表示信号正常；0 ：表示信号无效），可以对 I/O 通道的有效性进行评估。例如，输入信号的实际状态为“1”时，如果发生断路，将导致用户读到的输入值为“0”。但由于诊断到断路情况，模块将值状态中的相关位设置为“0”，这样用户可以通过查询值状态来确定输入值“0”无效。比如图 5-28 中 DI16 模块字节地址设为 0～1，若勾选“值状态”选项，则系统为该模块再分配字节地址 2～3（可更改）的每一位存储字节地址 0～1 所对应的输入通道的诊断状态。查看模块占用的 I/O 地址区，可以看到该 DI 模块所占用的地址区为 4 个字节，即前 2 个字节为 DI 输入信号，最后 2 个字节为 DI 信号的值状态。地址显示如图 5-30 所示。

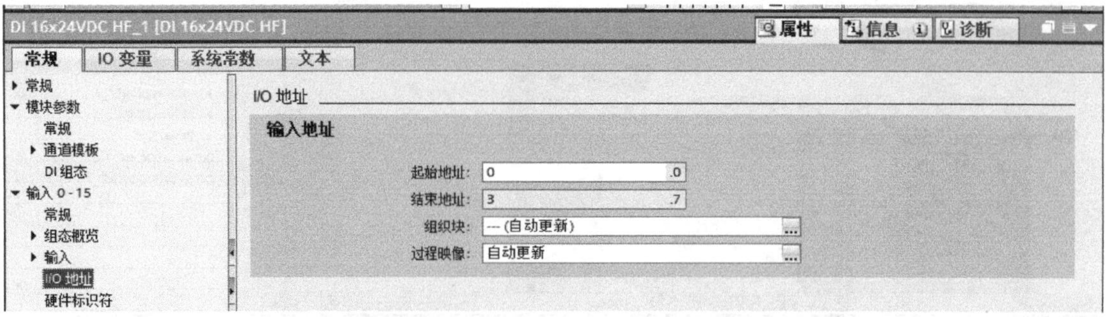

图 5-30　激活值状态检测功能后模块的输入地址区会增加

模块参数选项中通道模板子项中的内容因模块类型的不同而不同。通道模板中的参数设置可以作为模板自动分配给具体的 I/O 通道。

DI 16×24VDC HF 模块具有故障诊断功能，其通道模板属性中可激活所有通道的诊断功能，诊断包括无电源电压 L+和断路。在通道模板属性中，还可在输入参数子项中设置输入延时的时间。

（3）输入

在输入属性中，主要包括常规、组态概览、输入、I/O 地址和硬件标识符子项。在常规子项属性中显示模块名称，并可以添加作者和注释信息。在 I/O 地址子项中对模块 I/O 的起始地址进行设置。硬件标识符子项中显示该模块的硬件标识。在输入子项中可以对各个通道的参数进行设置，可以选择手动设置，也可以应用通道模板所设置的参数进行自动配置。

以设置 DI 16×24VDC HF 模块通道 0 的参数为例，如图 5-31 所示。在参数设置中如果选择来自模板，则诊断和输入参数项中的参数设置自动与通道模板中设置的参数一致，且不可更改。如果选择手动，则可手动更改该通道的参数。

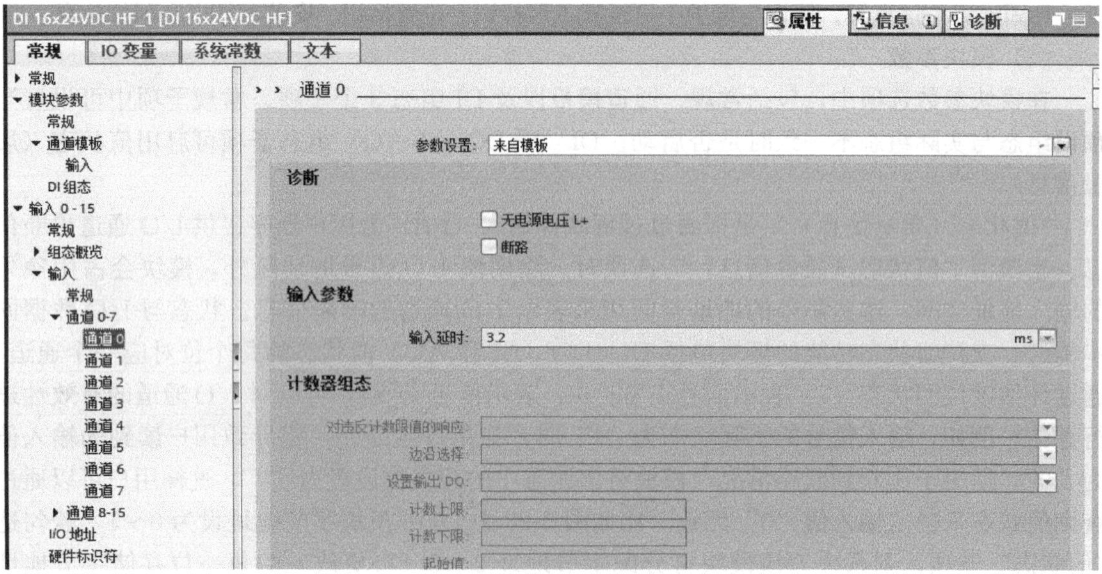

图 5-31　通道参数设置

模块的 I/O 地址比较重要，是后续编写程序的基础。当在机架上插入 I/O 模块时，系统自动为每个模块分配 I/O 地址。删除或添加模块不会导致 I/O 地址冲突。在 I/O 地址属性中，也可修改模块的起始地址（结束地址会随起始地址自动更新），如果修改后的地址与其他模块的地址相冲突，系统会自动提示冲突信息，修改将不被接受。同时，在 I/O 地址属性中还可为该模块的 I/O 更新指定组织块和过程映像区（或者选择自动更新）。如果为模块更新指定相应的组织块和过程映像分区，将减少总的更新时间。I/O 地址参数设置对话框如图 5-32 所示。

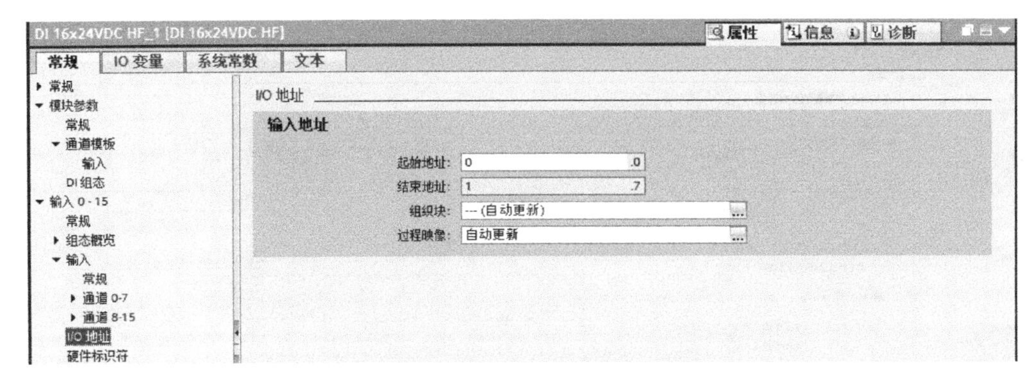

图 5-32　I/O 地址参数设置对话框

5.6.2　模拟量输入模块参数设置

在设备组态窗口放置 AI 4×U/I/RTD/TC ST 模拟量输入模块，即可在监视窗口区域显示器属性设置界面，如图 5-33 所示。

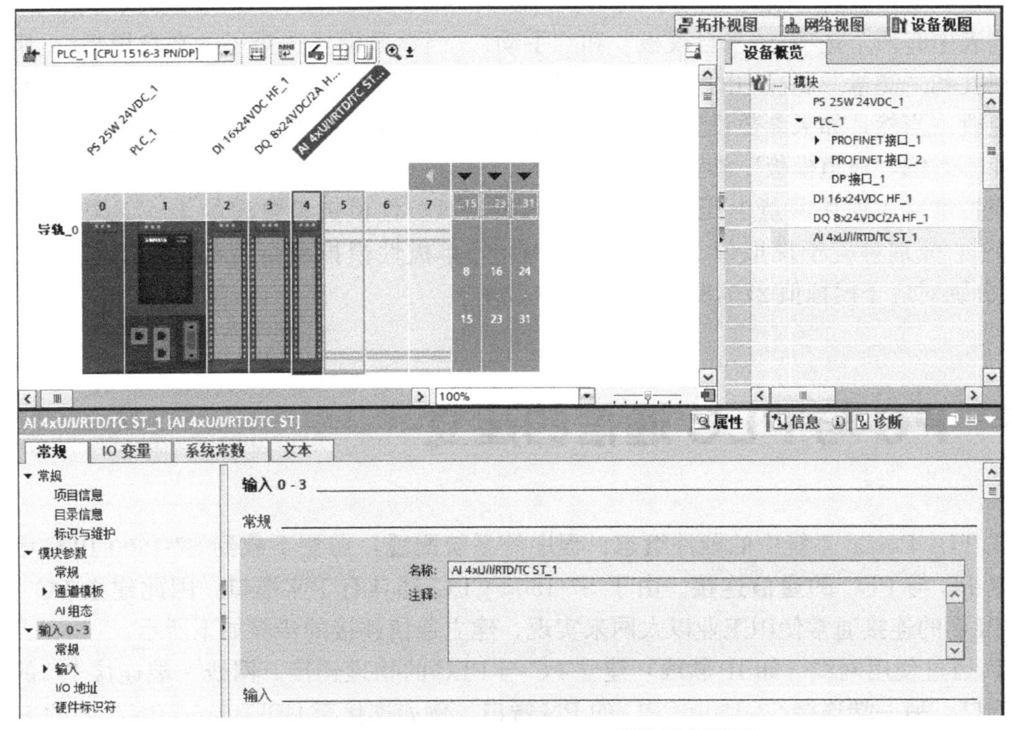

图 5-33　AI 4×U/I/RTD/TC ST 属性设置界面

图 5-33 中常规和数字量模块的属性描述一样。可以在“通道模板”中的“输入”，组态各通道的默认设置。在右侧的“诊断”区可以对“无电源电压 L+”、“上溢”、“下溢”、“共模”、“基准结”和“断路”诊断功能进行启用。

“测量类型”需要根据连接传感器的信号类型进行相应的选择，比如电压、电流、电阻等。如果测量类型为“电流（2 线制变送器）”时启用了“断路”诊断功能，需要设置“用于断路诊断的电流限制”，电流值小于设置值时触发断路诊断，如图 5-34 所示。“干扰频率抑制”一般选 50Hz，以抑制工频干扰噪声。“滤波”可选“无、弱、中、强”这 4 个等级。

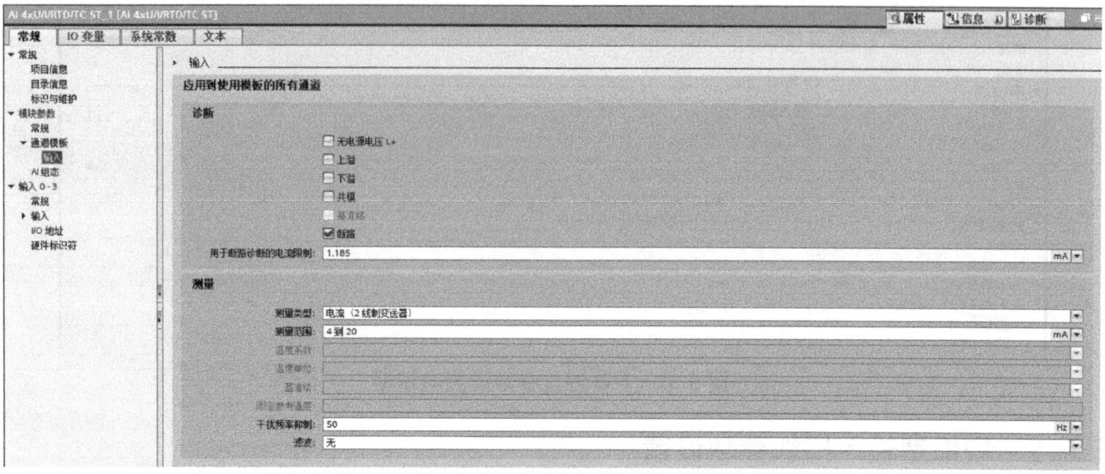

图 5-34　AI 4×U/I/RTD/TC ST“输入”设置界面

通道模板的参数设置要作用于具体模拟量输入通道，还需要对输入通道参数进行设置。在属性窗口中，查看“输入 0～3”选项下“输入”的“通道 0”属性，在参数设置的文本框下拉列表中有两个选项：“来自模板”和“手动”。当参数设置选择了“来自模板”，则“诊断”属性和“测量”属性中的参数设置均与“通道模板”的参数设置相同，且显示为灰色，不可更改。当然，如果参数设置选择“手动”，则可以单独对“通道 0”的属性参数进行设置，而不影响“通道模板”参数。

模拟量输入模块测量电压、电流和电阻时，双极性模拟量量程的上、下限（100%和－100%）分别对应于模拟值 27648 和－27648，单极性模拟量量程的上、下限（100%和 0%）分别对应于模拟值 27648 和 0。

5.7 PC 与 PLC 通信的建立

在 TIA Portal 系统中的硬件组态、程序等系统配置，需要下载到 S7-1500 PLC 中，需要建立 PC 与 PLC 的通信连接。由于 S7-1500 CPU 都具有 PN 端口，因此建立 PC 与 S7-1500 PLC 的连接通常使用工业以太网来实现。建立通信连接的步骤如下所示。

① 通过使用网线（如 IP 软线）建立 PC 与 PLC 的物理连接。网线一端连接 PC 的以太网卡端口，另一端连接 S7-1500 CPU 的 PN 端口，例如连接至 CPU1516-3PN/DP 的 PN X1 端口。同时将 S7-1500 PLC 接通电源。

② 设置PC的网络属性。打开PC上的控制面板/网络和Internet/网络和共享中心，单击左侧的“更改适配器设置”，选择本机电脑的“以太网”，右键单击属性按钮，进入以太网的属性窗口，选择双击Internet协议版本4（TCP/IPv4），进入Internet协议版本4（TCP/IPv4）属性窗口，设置PC机的IP地址，如图5-35所示。

图5-35 PC机的网络属性设置

注意：PC的IP地址与需要通信的S7-1500 CPU的IP地址要保证在同一个网段上。硬件组态时，将PN X1端口设置为“192. 168.0.1”，故PC的IP地址可设为“192. 168.0. X”，X值的范围为0～255，但不能与PN X2端口的IP地址重复。

③ 打开预先建立的欲与PLC连接的工程项目，在项目树中，鼠标双击设备名称（如“PLC_1［CPU 1516-3 PN/DP］”）下的“在线和诊断”，在工作区中显示“在线访问”窗口，根据实际情况设置PG/PC接口参数，如图5-36所示。由于PC与PLC的连接是以太网连接，PG/PC接口类型选择“PN/IE”，PG/PC接口选择PC实际安装使用的网卡，这里为“Realtek PCIe GBE Family Controller”。“接口/子网的连接”选择实际CPU的PN X1端口连接的网络，这里为“PN/IE_1”。

图5-36中如果勾选“闪烁LED”，当PC与PLC连接成功时，CPU模块上的状态指示灯进入闪烁状态。单击“转到在线”按钮，则在“监视窗口”中显示连接结果，在线状态显示为“确定”表示成功连接。

5.8 仿真器 SIMATIC S7-PLCSIM

S7-PLCSIM是西门子公司开发的可编程控制器模拟软件，可以实现无硬件模拟。

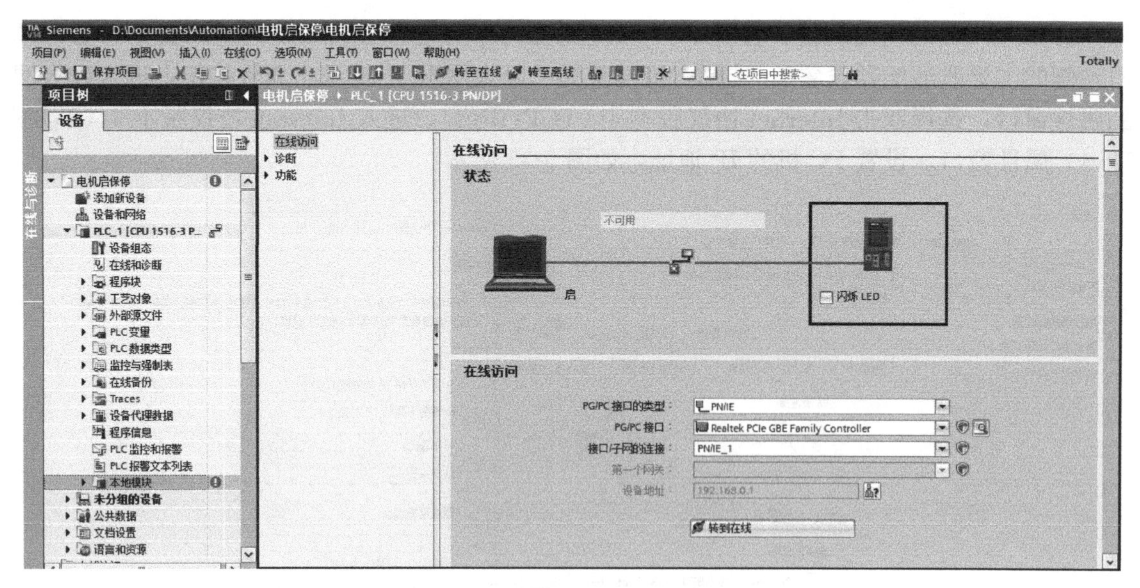

图 5-36　设置 PG/PC 接口参数

SIMATIC S7-1500 的仿真器需要进行单独安装，安装之后就可以在仿真平台上验证设计的系统。PLC 仿真器完全由软件实现，不需要任何硬件，所以基于硬件产生的报警和诊断不能仿真。

5.8.1　SIMATIC S7-PLCSIM 软件安装

SIMATIC S7-PLCSIM 仿真软件安装需要和 TIA 博途软件的版本相配套，这里安装 SIMATIC S7-PLCSIM V14.0 版本。打开单击 SIMATIC_S7PLCSIM_V14_SP1.exe 文件，出现如图 5-37 所示的安装界面，随后下一步，选择相应的安装语言、软件解压缩目录等即可完成软件的安装。安装过程界面如图 5-38 所示。

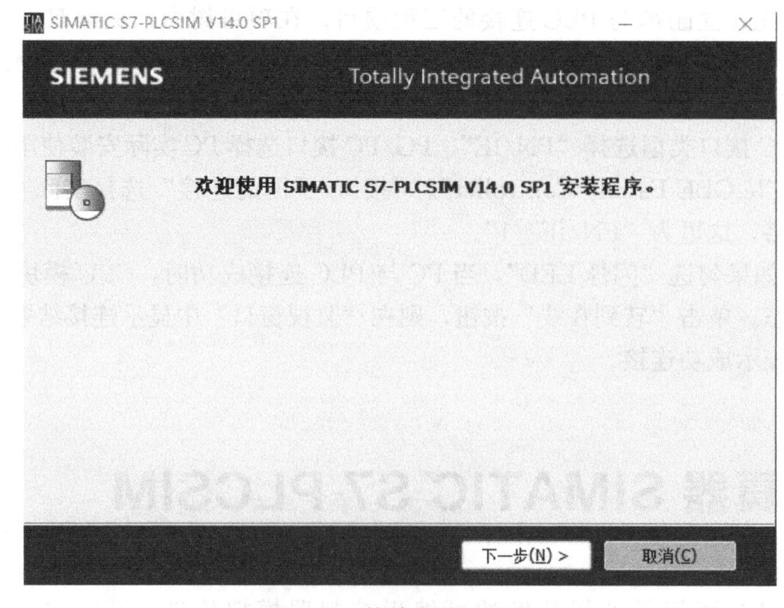

图 5-37　软件安装过程一

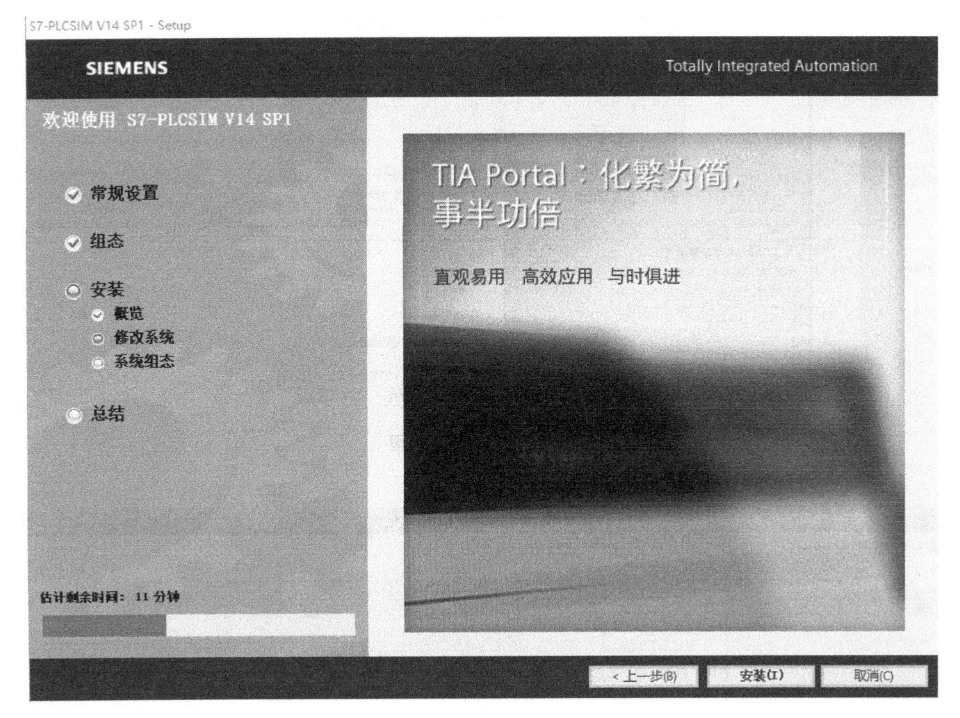

图 5-38　软件安装过程二

5.8.2　硬件组态下载到仿真软件

① 为了实现硬件组态下载到仿真软件，首先启动仿真软件 S7-PLCSIM，并在 CPU 下面选择 S7-1500，如图 5-39 所示。S7-PLCSIM 软件在精简视图下是在独立窗口中启动的。

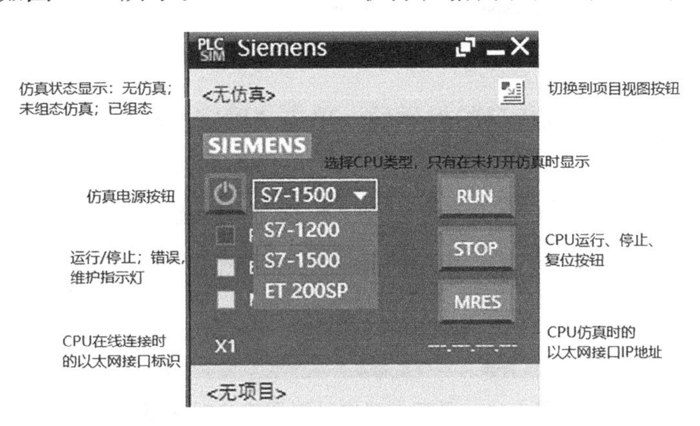

图 5-39　S7-1500 仿真器

② 在 TIA Portal 里，选中窗口左侧树下面的 PLC_1 [CPU 1516-3 PN/DP]，单击编译图标对组态好的硬件进行编译。如果编译有错误需要根据提示修改完错误，直到编译无错误完成为止。如图 5-40 所示。

③ 在 TIA Portal 里，选中窗口左侧树下面的 PLC_1 [CPU 1516-3 PN/DP]，单击开始仿真图标。如图 5-41 所示。

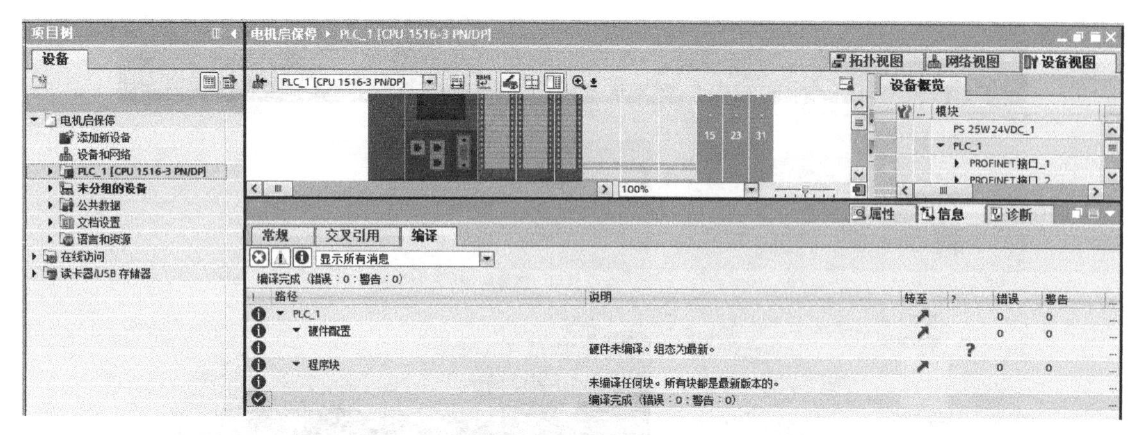

图 5-40 编译结果

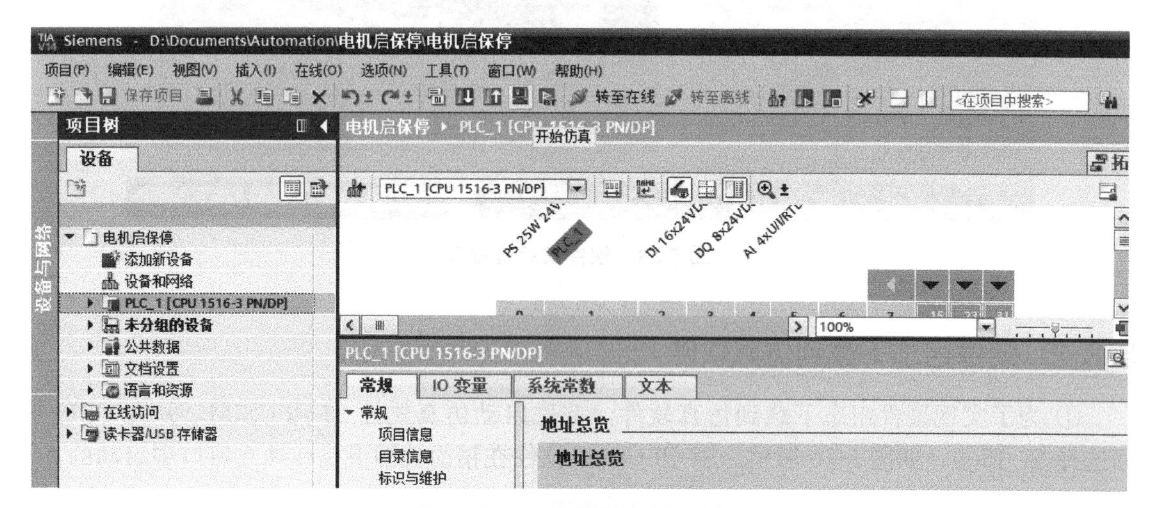

图 5-41 启动“开始仿真”

④ 出现禁用全部其他在线接口的提示后，单击“确定”按钮确认，如图 5-42 所示。此处表示如果电脑连接的真实 PLC，则会断开与真实 PLC 的连接。

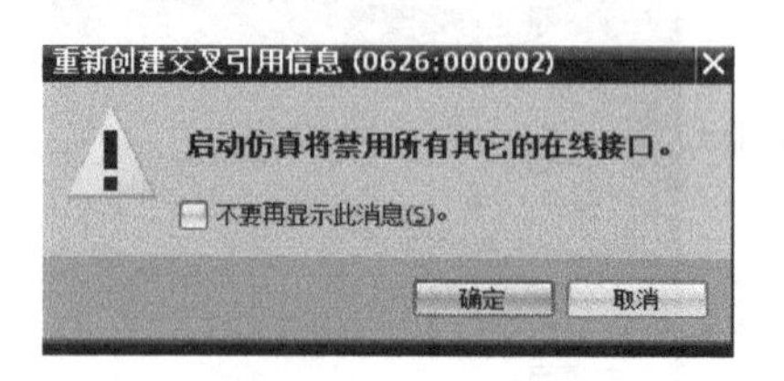

图 5-42 重新创建交叉引用信息对话框

⑤ 在“扩展的下载到设备”对话框中，需要正确地选择配置接口。在“PG/PC 接口的类型”中选择 PN/IE，在“PG/PC 接口”中选择 PLC SIM，在“接口/子网的连接”中选择 PN/IE _ 1 或者“尝试所有接口”，如图 5-43 所示。

⑥ 在图 5-43 中，需要激活寻找“选择目标设备”，单击按钮“开始搜索”，开始查找网络中的节点。如果仿真出现在下面的目标设备列表框中，表明找到了仿真器，同时左边的上位机到 PLC 的连线变成绿色，如图 5-44 所示。

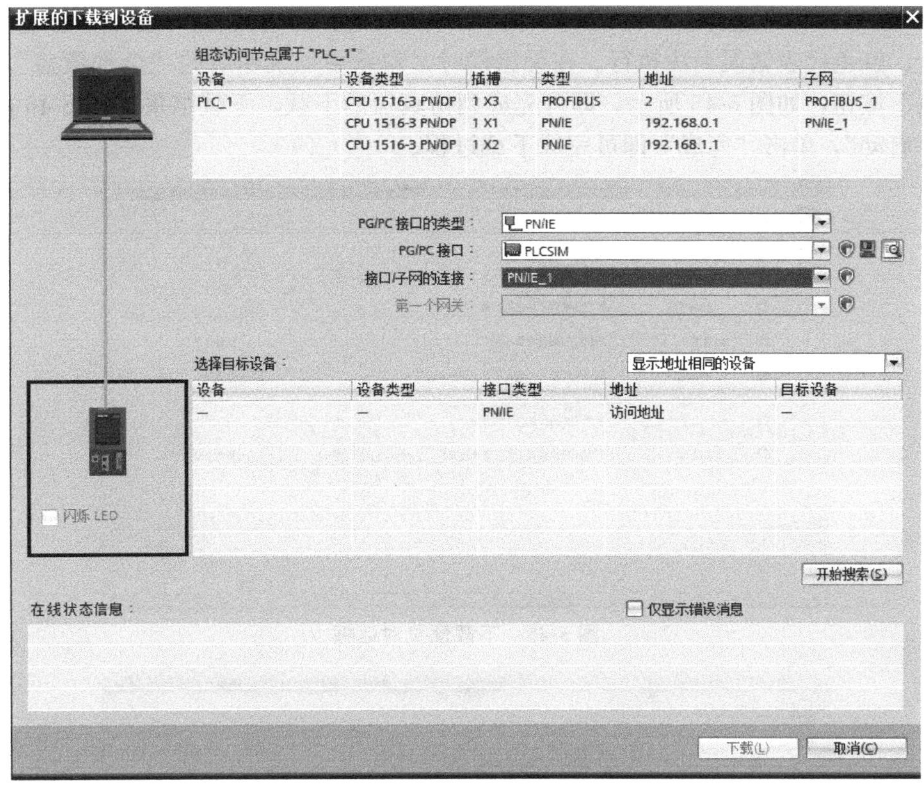

图 5-43　扩展的下载到设备对话框

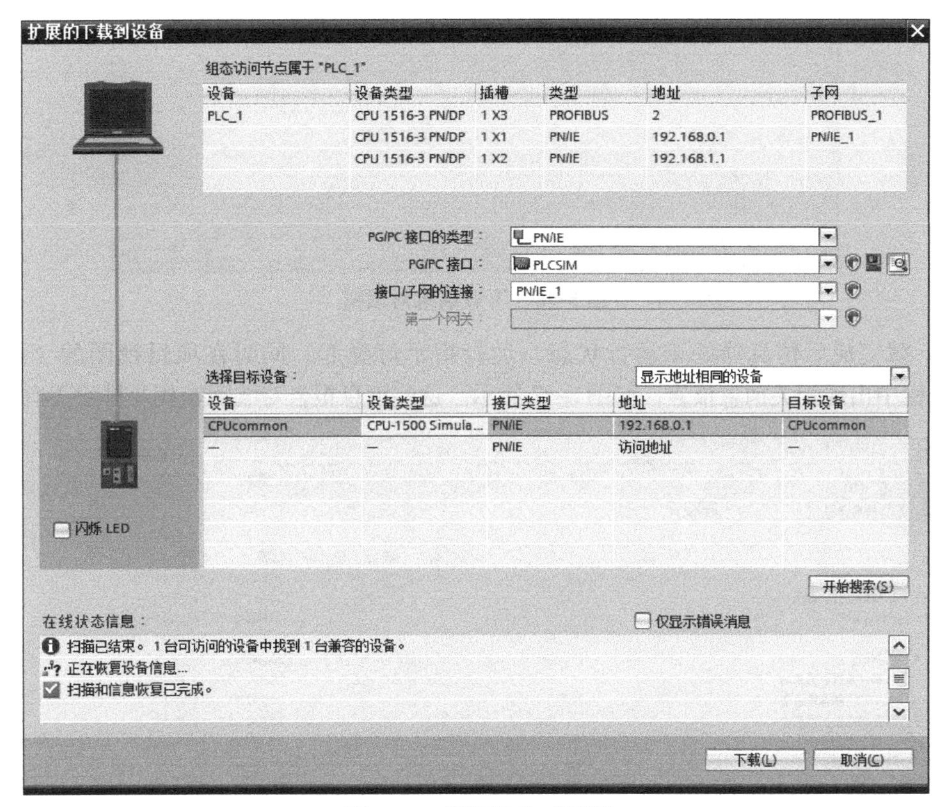

图 5-44　目标搜索对话框

⑦ 在图 5-44 中，选择右下角的“下载”图标，出现“下载预览”窗口，蓝色代表正确可以执行，红色代表错误无法执行。在无错误时，勾选附加说明后的“全部覆盖”，然后单击“装载”按钮，如图 5-45 所示，即可完成到仿真器的下载，下载结果如图 5-46 所示，选中“全部启动”，单击“完成”即可完成下载过程。

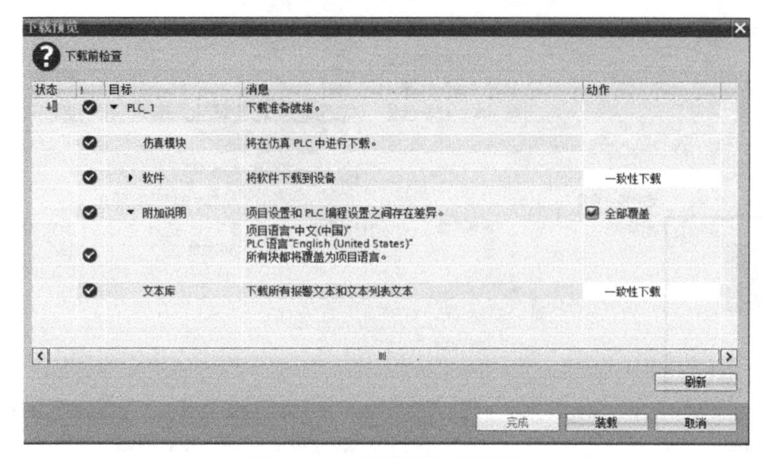

图 5-45　下载预览对话框

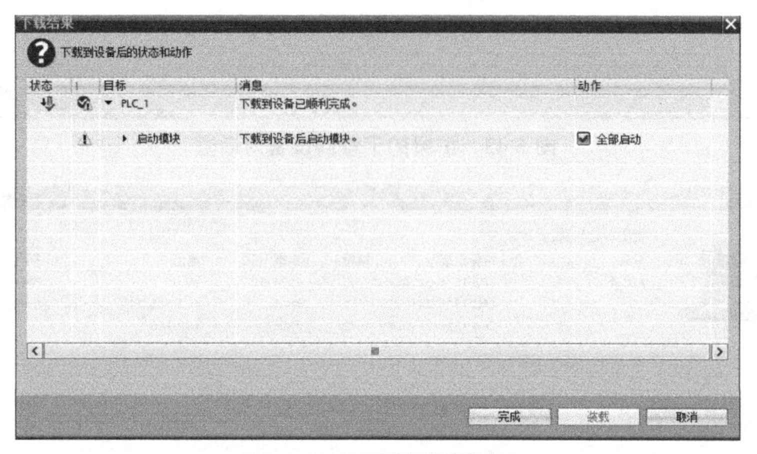

图 5-46　下载结果对话框

⑧ 下载完成后仿真器处于运行状态，运行指示灯亮起。同时在项目视图的“概况”下方的信息栏中出现相关消息报告。如图 5-47 所示。这些消息报告对故障查找及排除很有帮助。

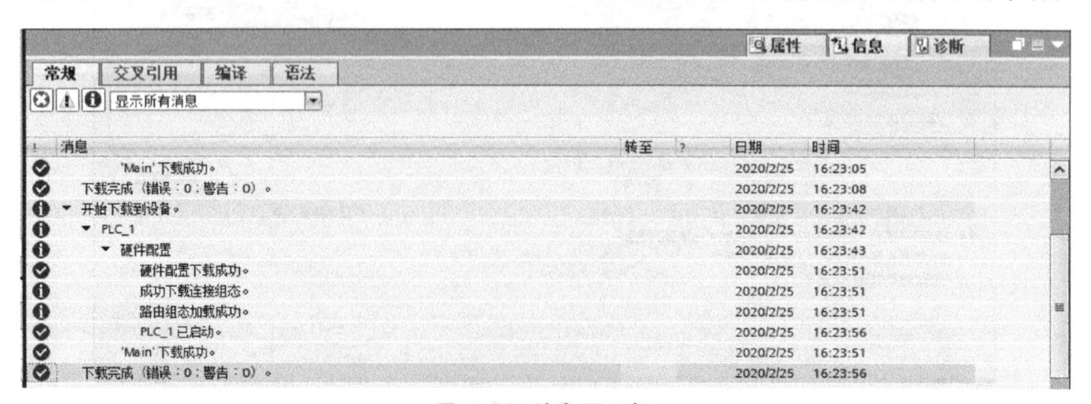

图 5-47　消息显示框

⑨ 下载完毕后，可以在线监控调试程序。选中项目视图左侧的项目名称或者 PLC 设备，单击工具栏的“转至在线”，在弹出的如图 5-48 所示的对话框中选择“转至在线”，即可完成系统的在线调试和监控。

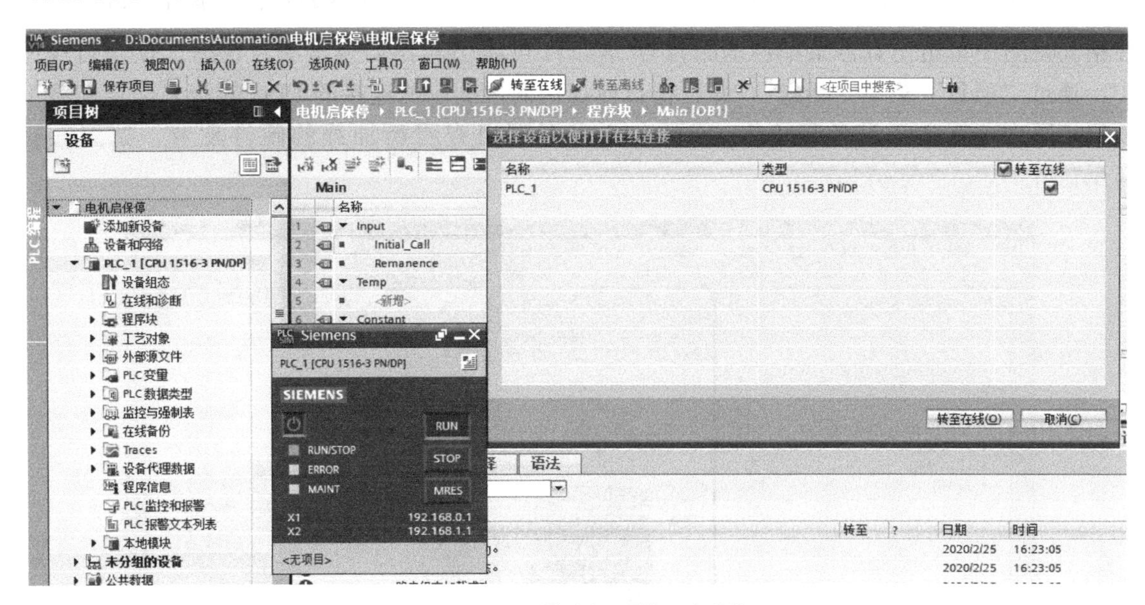

图 5-48　系统选择“转至在线”

⑩ 转至在线之后，如果在线（PLC 中的）程序与离线（计算机中的）程序不一致，项目树中会出现表示故障的符号。需要重新下载有问题的块，使在线、离线的块一致，项目树对象右边均出现绿色的表示正常的符号后，才能启动程序状态功能。进入在线模式后，程序编辑器最上面的标题栏变为橘红色。图 5-49 所示可以看到如果没有问题的话，相应的模块和项目旁边会出现绿色的标识符号。可以通过单击“转至离线”断开与仿真器的在线连接。

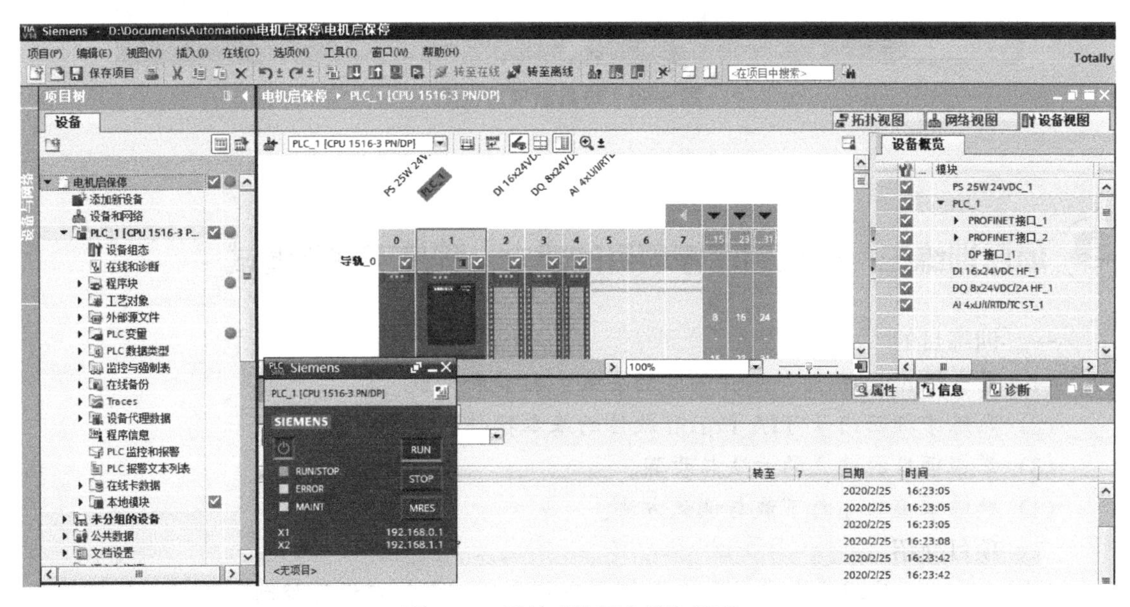

图 5-49　系统“转至在线”视图

5.8.3 仿真器项目视图

在PLCSIM的视图中，通过单击相应的按钮可以切换仿真器的精简视图和项目视图。在精简视图中单击仿真器菜单栏里的符号，即可将仿真器切换至项目视图。在项目视图中，通过“项目”菜单“新建”，即可把目前在精简视图中所连接的PLC的相关信息加载到项目视图中，双击“设备组态”，还可在项目视图里查看所加载的硬件配置，如图5-50所示。

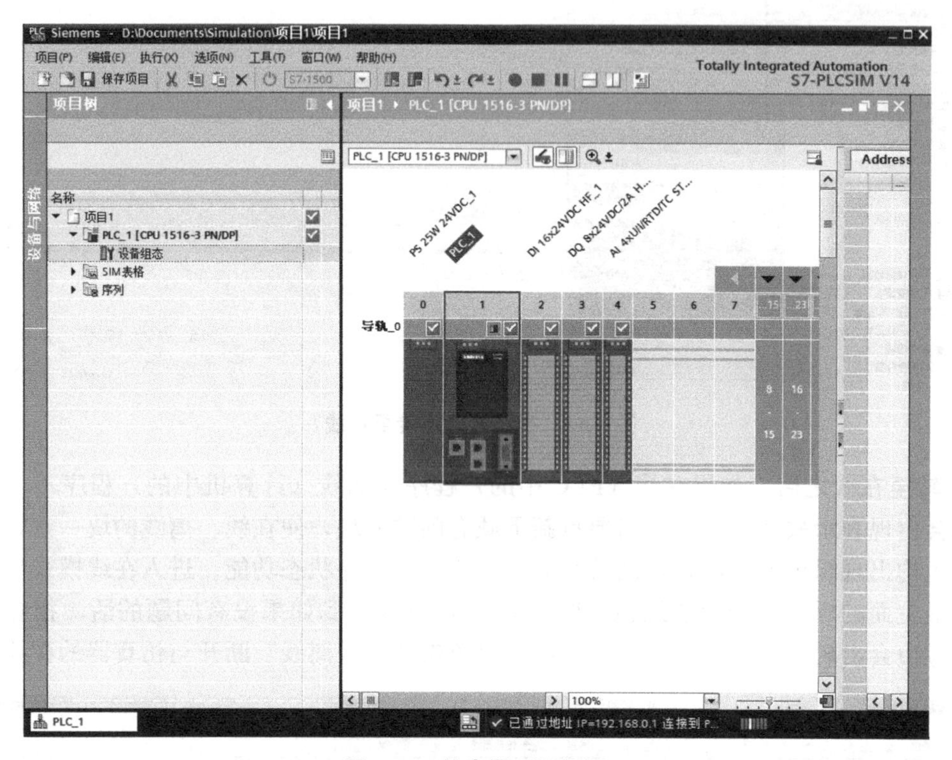

图5-50　仿真器项目视图

 项目训练三　电机启保停项目的建立、程序下载与调试

一、训练目的

（1）学会西门子TIA Portal软件的安装、配置和卸载。

（2）熟练掌握西门子TIA Portal软件的基本操作。

（3）掌握项目的建立的方法与步骤。

（4）熟练掌握程序的下载与调试方法。

二、项目介绍

通过S7-1500实现一个自动化工程师广为熟悉的“电机启保停控制”逻辑。传统电气控制的主电路和控制电路参考第1章的自锁电路。这里控制电路需要通过PLC编程来实现。

三、项目实施步骤

(1) 软硬件选取列表。为了演示项目的建立与调试过程，选取的软硬件列表如表5-2所示。实际项目中需要根据项目的实际要求合理选型。

表5-2 软硬件列表

项目	描述
编程软件	TIA Portal Professional v14
CPU	1516-3PN/DP
开关量输入模块	DI 16×24VDC HF
开关量输出模块	DQ 8×24VDC/2A HF
存储卡	12MB
安装导轨	480mm
前连接器	螺钉型端子
24VDC电源	系统供电

(2) 在TIA Portal中，新建项目，添加完成硬件组态，如图5-51所示。如图这里的添加的硬件为了仿真演示暂时是随机的。实际项目中添加的硬件订货号必须和实际实物模块订货号一致。

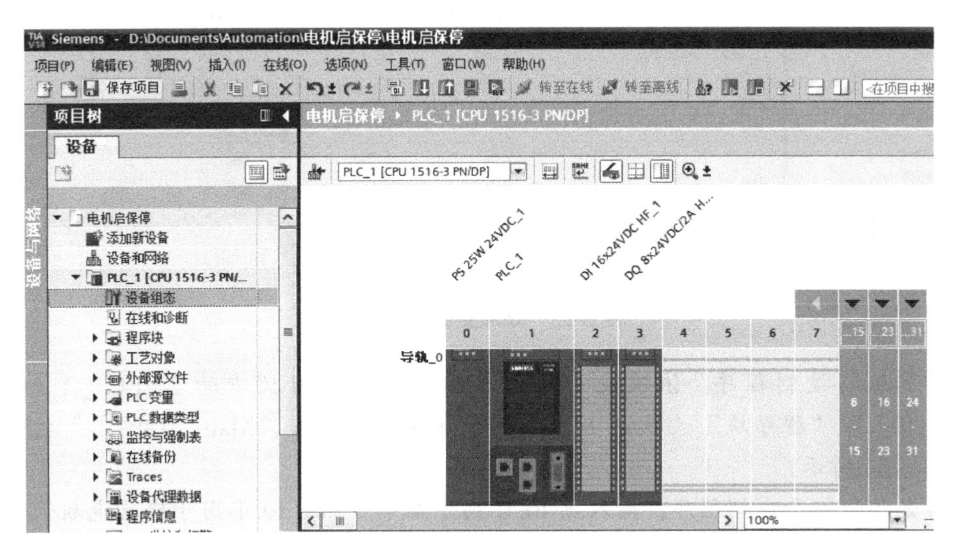

图5-51 设备组态窗口

(3) 设备组态至此已经完成，在项目视图右侧的“设备概览”中，可以查看到系统默认分配的数字量输入的地址是IB0～IB1，数字量输出地址是QB0，如图5-52所示，这些地址是后面编程的基础。

(4) 设备组态完，根据控制任务完成系统程序的编写，需要对I/Q地址起一些符号名，双击项目树中的“PLC变量”下的“添加新变量表”，在添加的“变量表_1”中，定义地址I0.0的名称是“Moto_Start”，地址I0.1的名称是“Moto_Stop”，地址Q0.0的名称是“Moto”。如图5-53所示。

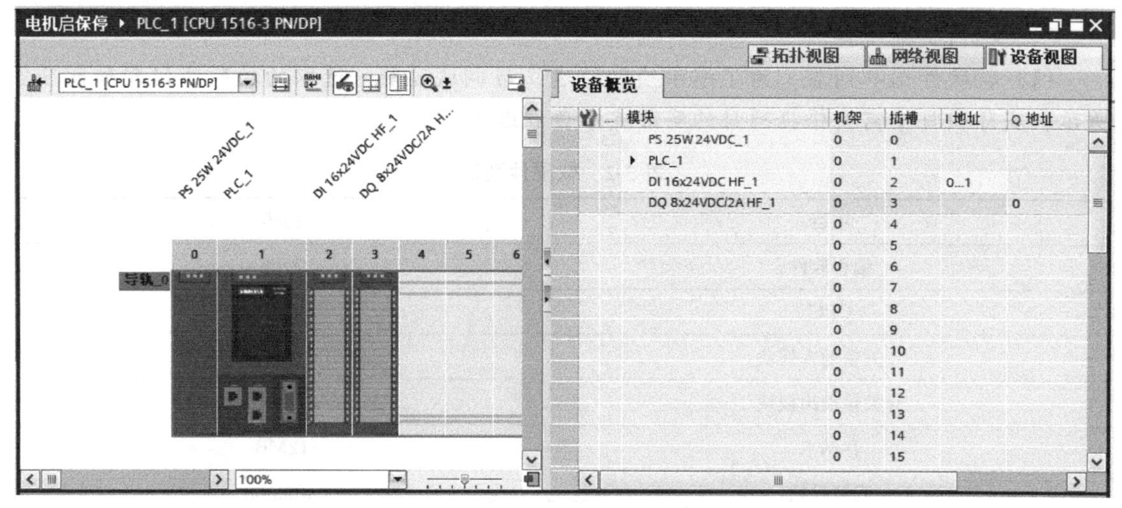

图 5-52　模块地址分配

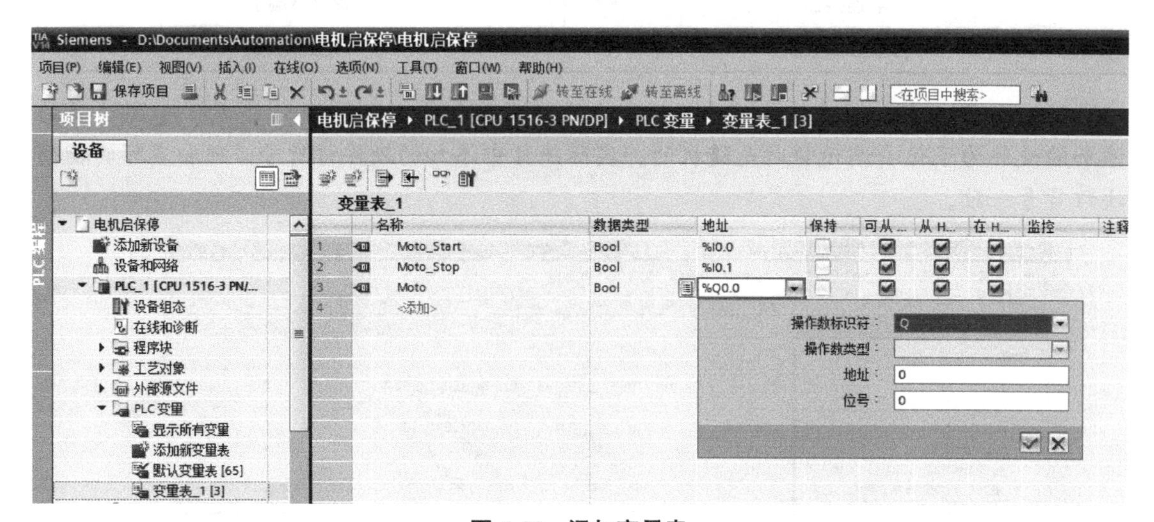

图 5-53　添加变量表

（5）开始编写控制程序。依次点击软件界面左侧的项目树中的“PLC _ 1［CPU 1516-3PN/DP］”、“程序块”左侧的小箭头展开结构，再双击“Main［OB1］”打开主程序，如图 5-54 所示。

（6）开始编辑一个自锁程序：输入点 I0. 0 用于启动电机，I0. 1 用于停止电机，电机启停由输出点 Q0. 0 控制。

① 从指令收藏夹中用鼠标左击选中常开触点，按住鼠标左键不放将其拖拽到绿色方点处，如图 5-55 所示。

② 重复上述操作，在已插入的常开触点下方再插入一个常开触点。

③ 选中下面的常开触点右侧的双箭头，点击收藏夹中的向上箭头，连接能流，如图 5-56 所示。

④ 同理用拖拽的方法，在能流结合点后面再添加一个常闭触点和输出线圈。

⑤ 接下来为逻辑指令填写地址：单击指令上方的<??.?>，依次输入地址 I0. 0、I0. 1、Q0. 0 和 Q0. 0，如图所示 5-57 所示，在前面建立的变量表里可以直接选取相应的地址填入。

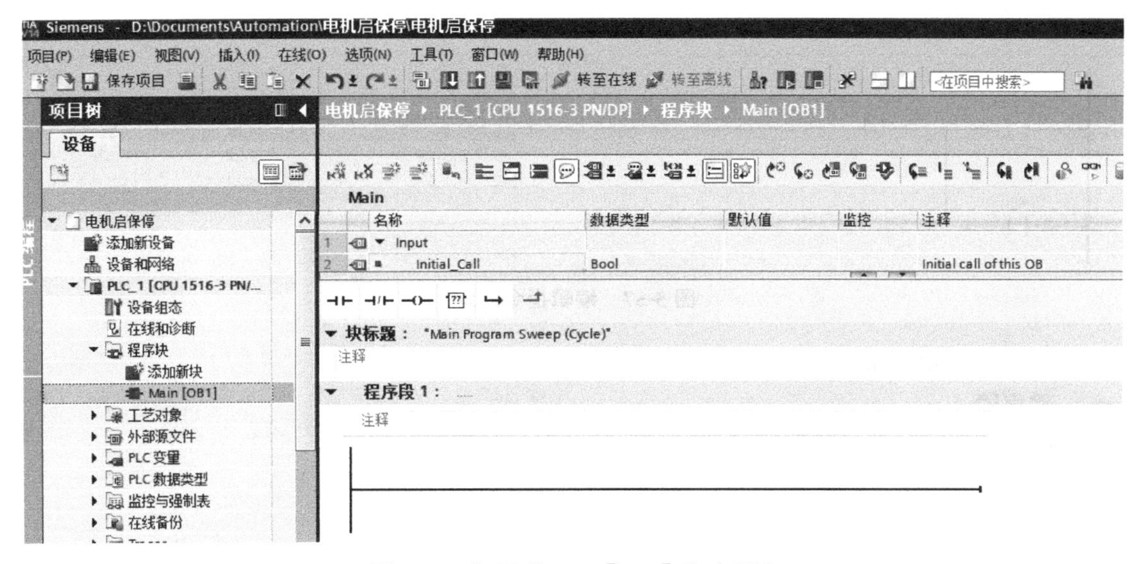

图 5-54　打开“Main［OB1］”主程序

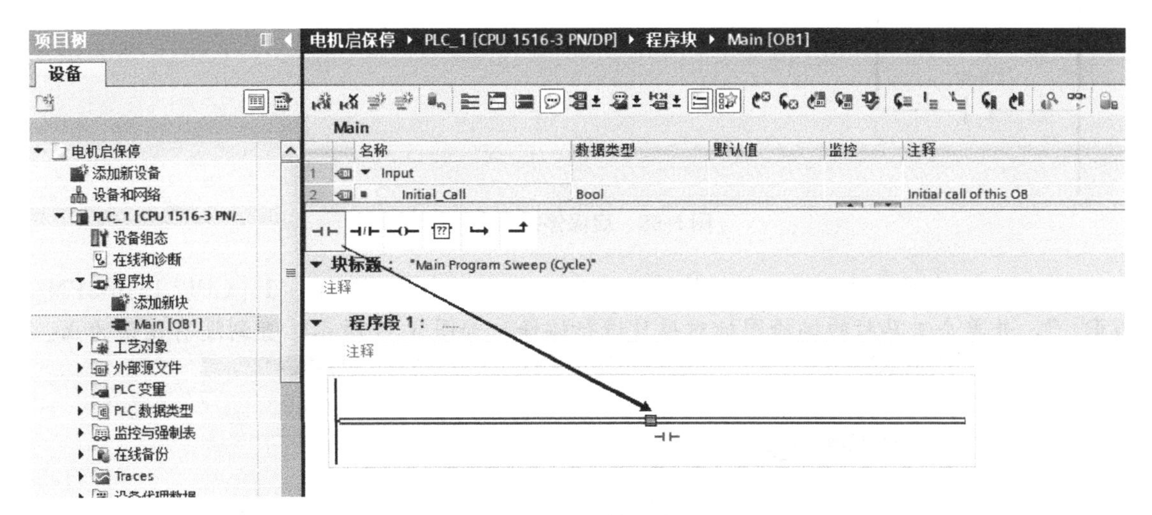

图 5-55　编辑程序

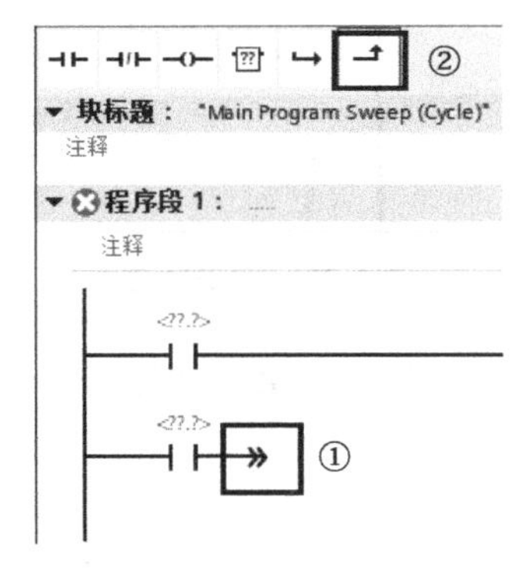

图 5-56　放置“向上箭头”

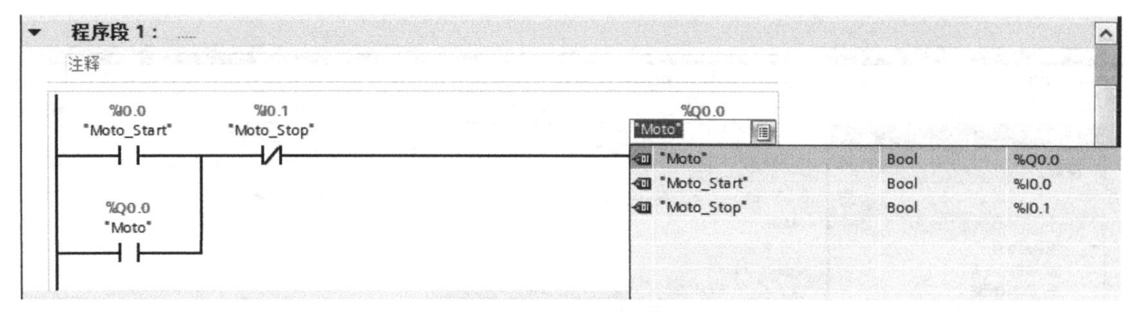

图 5-57 编辑指令地址

⑥ 所有地址都填写好后的效果如图 5-58 所示。

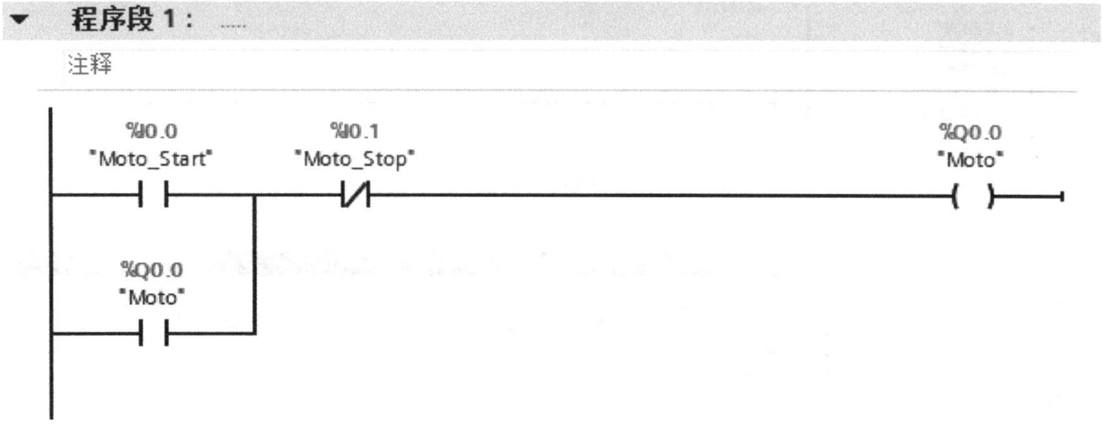

图 5-58 启保停控制程序

(7) 编译并下载项目。点击软件界面左侧的项目树中的“PLC _ 1 [CPU 1516-3PN/DP] ”，并单击工具栏的编译图标对项目进行编译，如图 5-59 所示，直到没有错误为止。

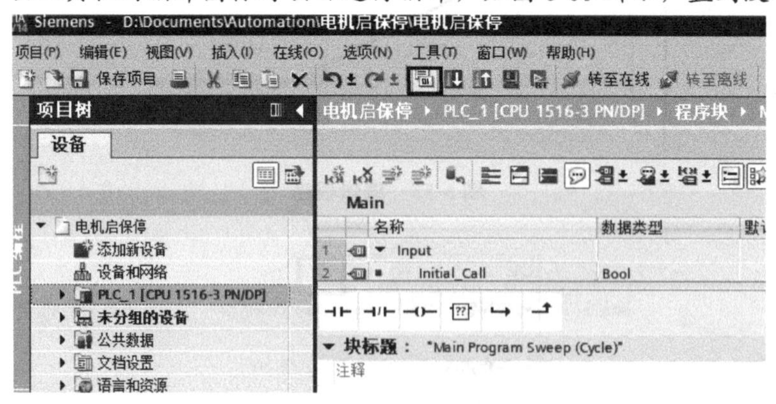

图 5-59 编译项目

可以按照前面介绍的方法建立 PC 机与真实 PLC 的通信连接并下载项目。如果没有实物 PLC，可以将硬件组态和程序下载到仿真器 PLCSIM。具体到仿真器的下载参考 5.8 节介绍的下载方法。

(8) 使用程序编辑器调试程序。下载完成后，可以观测程序的运行状况，如果是实物 PLC，要外接控制器件和执行器件，以控制程序的运行；如果没有实物 PLC，使用仿真器 PLCSIM，也可以观测程序的运行，也可以借助于仿真器进行程序的调试和查找错误。

项目下载完毕后仿真器自动进入运行状态，其运行指示灯为绿色。选中左侧的项目树中的“PLC _ 1 [CPU 1516-3PN/DP] ”，使其“转至在线”，则项目处于和仿真器连接的在线模式，打开程序块的“Main [OB1] ”主程序，选中监视功能，如图 5-60 所示，程序处于监控状态。

程序编写中 LAD 或者 FBD 是以能流的方式传递信号状态，通过程序中线条、指令元素及参数的颜色和状态可以判断程序的运行结果。用绿色连续线来表示有“能流”。用蓝色虚线表示没有能流。用灰色连续线表示状态未知或程序没有执行，黑色表示没有连接。Bool 变量为 0 状态和 1 状态时，它们的常开触点和线圈分别用蓝色虚线和绿色连续线来表示，常闭触点的显示与变量状态的关系则反之。用户据此可以快速进行相应程序的分析和修改。

进入程序状态之前，梯形图中的线和元件因为状态未知，全部为黑色。启动程序状态监视后，梯形图左侧垂直的“电源”线和与它连接的水平线均为连续的绿线，表示有能流从“电源”线流出。有能流流过的处于闭合状态的触点、指令方框、线圈和“导线”均用连续的绿色线表示。图 5-60 中绿色实线表示能流导通，蓝色虚线表示能流未导通。

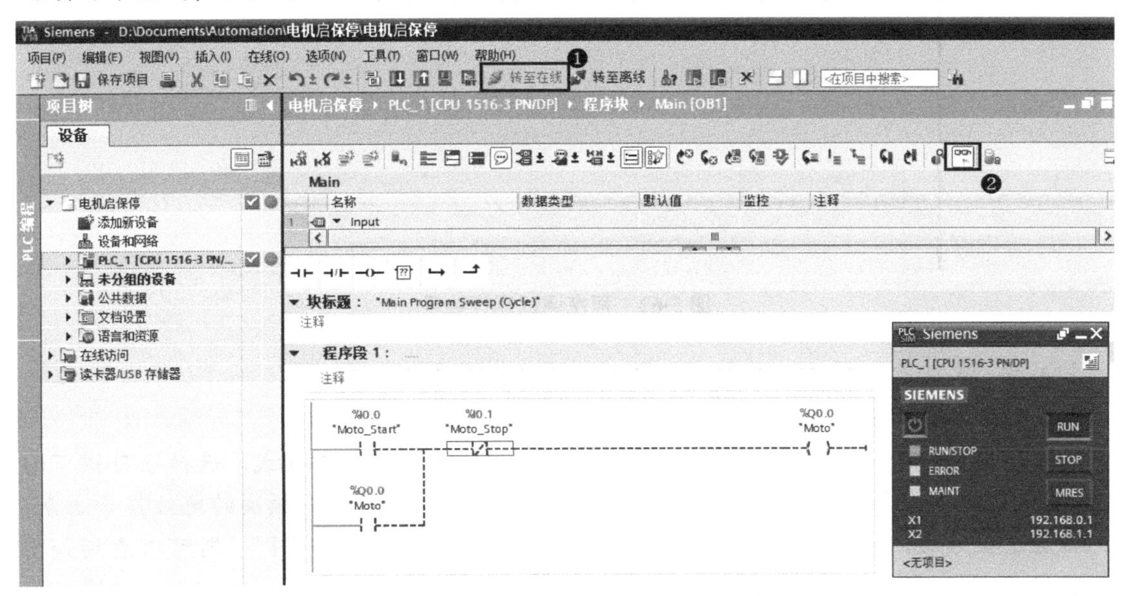

图 5-60　打开程序监视状态

可以在程序状态修改变量的值来调试程序。用鼠标右键单击程序状态中的某个 Bool 变量，执行命令“修改”→“修改为 1”或“修改”→“修改为 0”；对于其他数据类型的变量，执行命令“修改”→“修改值”。执行命令“修改”→“显示格式”，可以修改变量的显示格式。不能修改连接外部硬件输入电路的过程映像输入（I）的值。如果被修改的变量同时受到程序的控制，则程序控制的作用优先。

在图 5-60 中，选中触点“I0. 0”，右键选择“修改”下面的“修改为 1”，如图 5-61 所示，即表示按下连接在输入点 I0. 0 上的按钮，可看到输出点 Q0. 0 点亮了。同样按下连接在输入点 I0. 1 上的按钮，即可看到输出点 Q0. 0 熄灭了。

程序调试运行结果如图 5-62 所示。

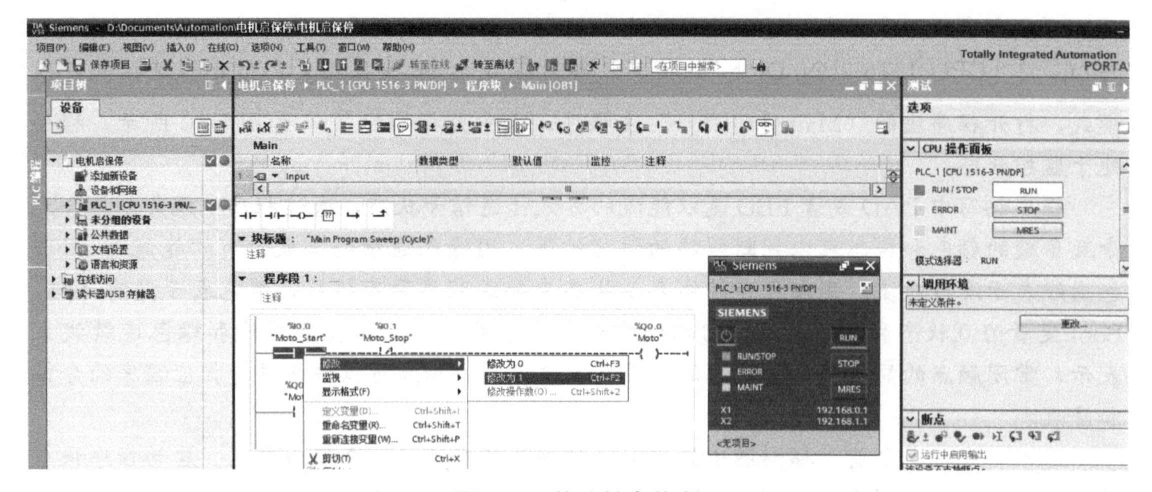

图 5-61　修改触点状态

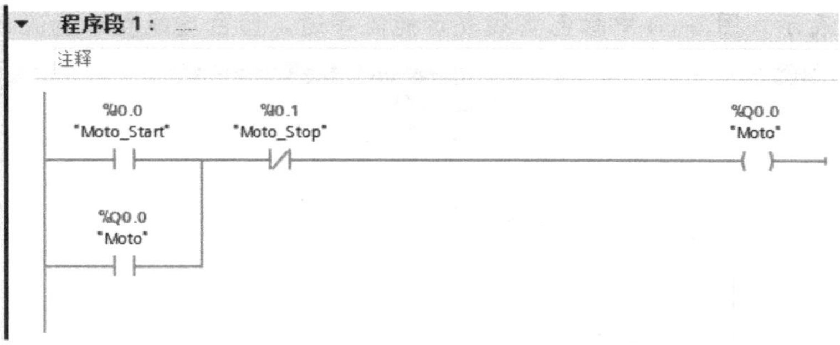

程序段 1：

注释

%I0.0 "Moto_Start"　　%I0.1 "Moto_Stop"　　%Q0.0 "Moto"

%Q0.0 "Moto"

图 5-62　程序调试运行结果

至此，表明程序和PLC运行一切正常，完成了项目设计的目的。

(9) 使用仿真器项目视图调试程序。

①“设备组态”仿真。在图5-61中将仿真器切换至项目视图模式，选择项目树下面的“设备组态”，选择组态中的任意模块则右侧的地址栏就会把该模块的地址显示出来，可以在这里修改“监视/修改值”。比如选中输入模块，修改值为“1”，则可以看到如图5-63所示“I0.0”的能流接通，电机转动且保持。

②“SIM表格”仿真。在项目视图中，还可以创建SIM表格可用于修改仿真输入并能设置仿真输出，与PLC站点中的监视表功能类似。一个仿真项目可以打开一个或多个SIM表。鼠标双击打开“SIM表格_1”，在表格中输入需要监控的变量，在“名称”列可以查询变量的名称。除优化的数据块之外，也可以在“地址”栏直接键入变量的绝对地址，如图5-64所示。

在SIM表的“监视/修改值”栏中显示变量当前的过程值，也可以直接键入修改值，按回车键确认修改。如果监控的是字节类型变量，可以展开以位信号格式进行显示，点击对应位信号的方格也可以进行置位、复位操作

在“一致修改”栏中可以为多个变量输入需要修改的值，并点击后面的方格使能。然后点击SIM表格工具栏中的“修改所有选定值”按钮，批量修改这些变量，这样可以更好地对过程进行仿真。如图5-65所示，也可以对程序进行监控调试。

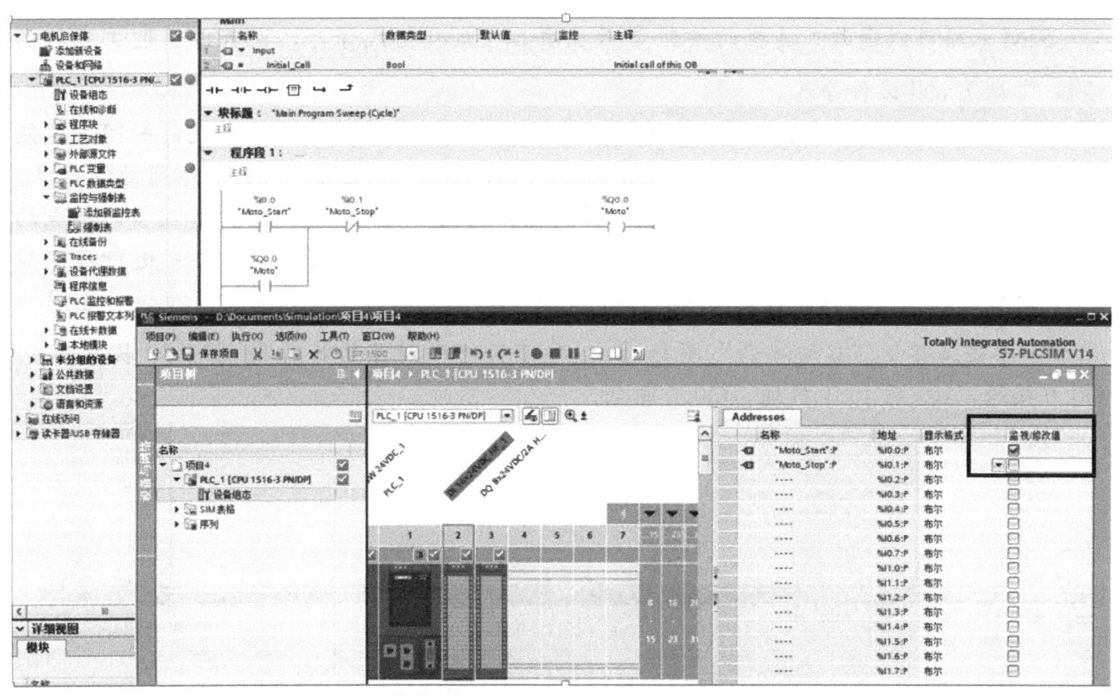

图 5-63　仿真器项目视图监视程序运行

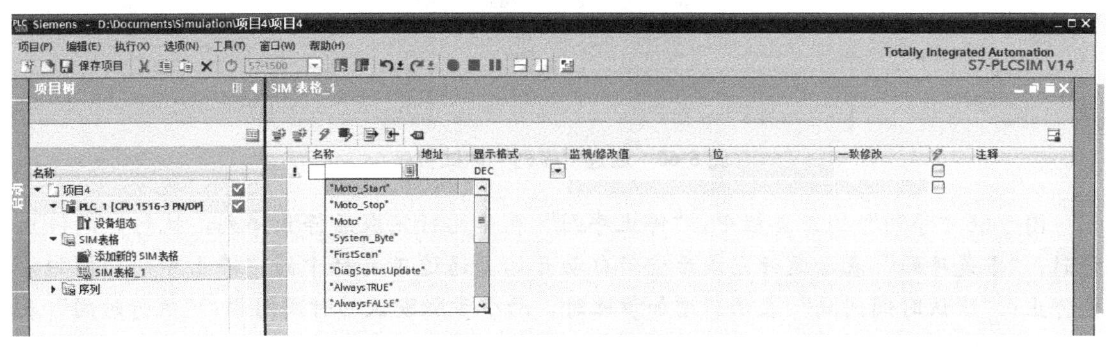

图 5-64　建立 SIM 表格

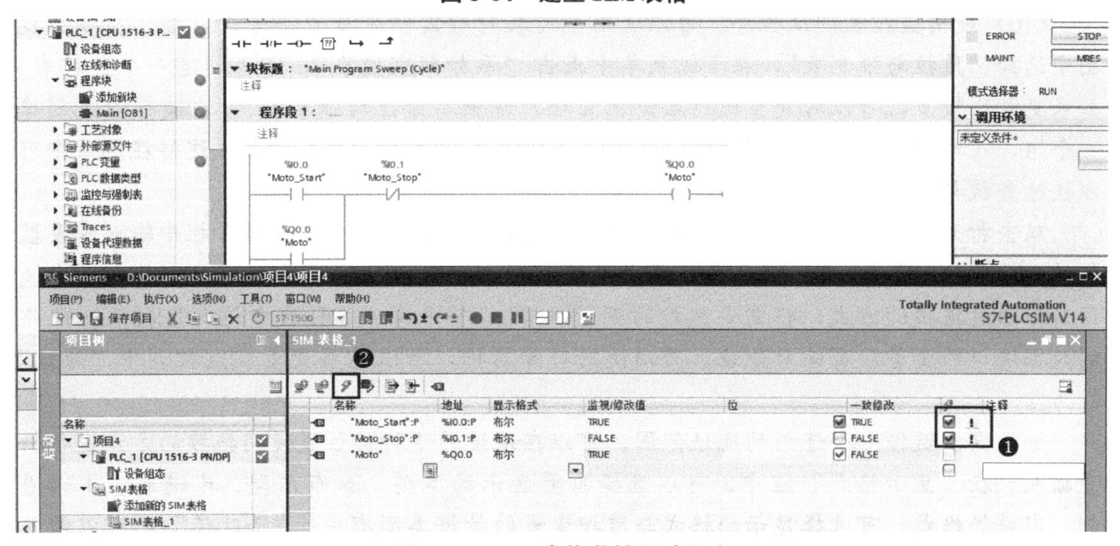

图 5-65　SIM 表格监控调试程序

SIM 表格可以通过工具栏的按钮导出并以 Excel 格式保存，也可以通过工具栏的按钮从 Excel 文件导入。

③“序列”仿真。对于与时间有关的顺序控制，过程仿真时需要按一定的时间去是能一个或者多个信号，通过 SIM 表格进行仿真比较困难，可以通过仿真器的序列功能实现。

在仿真器的项目视图下双击“序列 _ 1”，按控制要求进行变量的添加和变量时间点的设置。如图 5-66 所示。在“时间”栏可以以“时：分：秒：小数秒”的格式进行设置显示，“地址”栏直接输入变量的绝对地址，“操作参数”填写变量的相关修改值。在图 5-66 中，单击工具栏“启动序列”图标，即可实现序列开始计时 5s 后 I0.0 状态为 1，Q0.0 接通，10s 后 I0.1 接通，Q0.0 断电。

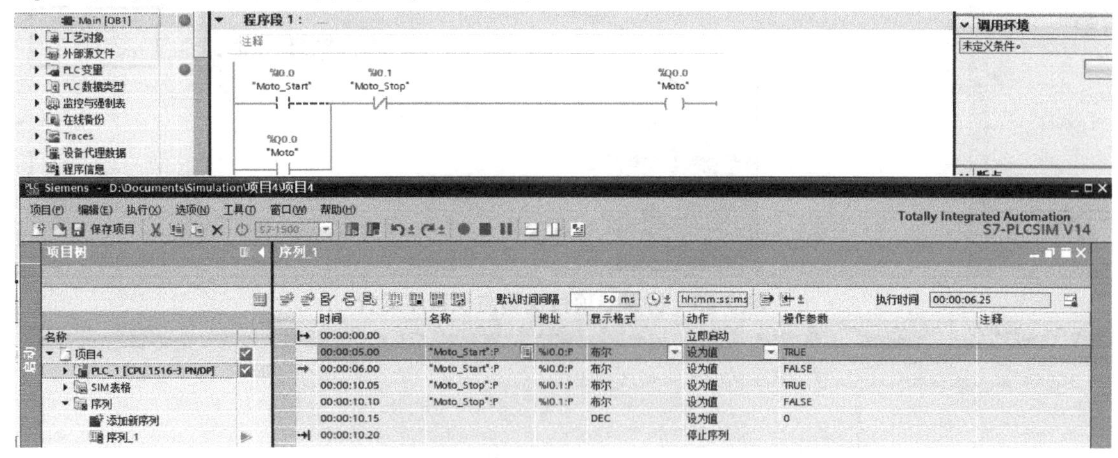

图 5-66 通过“序列”调试程序

图 5-66“序列”的工具栏中，“停止序列”表示运行完成后停止序列，执行时间停止计时；“重复序列”表示运行完成后重新自动开始，通过工具栏中的“停止序列”按钮才能停止；“默认时间间隔”表示新增加步骤时，两个步骤默认的时间间隔；“执行时间”表示序列正在运行的时间。

(10) 使用监控表调试程序。可以使用监控表对所需的变量直接进行监控。在项目视图中选择“监控与强制表”，在下级菜单中点击“添加新监控表”，即可创建一个监控表。如果变量比较多，可以对变量进行层级化管理，选中“监控与强制表”，右键可以先创建一个组，在该组可再次创建下一级组，最后在各组中创建对应的变量表。这样在调试中可以快速查找与一个控制对象相关联的变量。

双击打开新建立的“监控表 _ 1”，输入需要监控的变量，在“地址”栏中输入需要监控的变量地址，如 I、Q、M 等地址区和数据类型，也可以输入变量的符号名称，或者使用鼠标通过拖拽的方式，将需要监控的变量从 PLC 符号表或 DB 块中拖入监控表。优化的数据块中的变量没有绝对地址，必须使用符号名称，所以这些变量在监控表中“地址”栏为空。

如果需要监控一个连续的地址范围，可以在地址的下脚标位置使用拖拽的方式进行批量输入。在“显示格式”栏中，可以选择需要显示的类型，如布尔型、十进制、十六进制、字符等格式。可选择显示的格式与监控变量的数据类型有关。“修改值”列可以输入变量新的值，同时修改变量值时要勾选“修改值”列右边的复选框。

通过工具栏的 监视按钮可以监控程序的运行状态，在“监视值”列连续显示变量的动态实际值，当位变量为 TRUE（1 状态）时，监视值列的方形指示灯为绿色，位变量为 FALSE（0 状态）时，监视值列的方形指示灯为灰色。如图 5-67 所示。

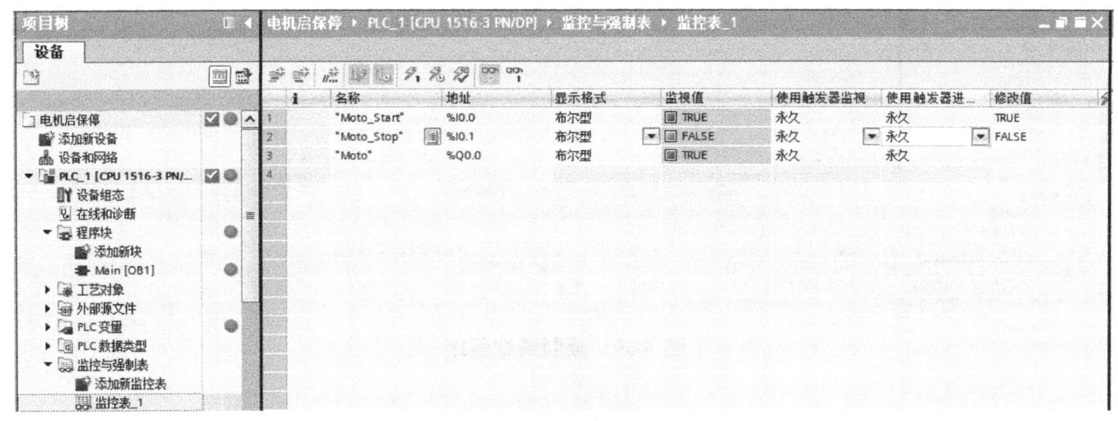

图 5-67　监控表调试程序

（11）使用强制功能调试程序。可以通过强制给程序中的某个变量指定固定的值，这一功能被称为强制（Force）。在程序调试过程中，可能存在由于一些外围输入/输出信号不满足而不能对某个控制过程进行调试的情况。强制功能可以让某些 I/O 保持用户指定的值。与修改变量不同，一旦强制了 I/O 的值，这些 I/O 将不受程序影响，不会因为用户程序的执行而改变，始终保持该值，并且被强制的变量只能读取，不能通过写访问来改变其强制值，直到用户取消这些变量的强制功能。强制功能只能强制外设输入和外设输出，例如强制 I0.0:P 和 Q0.0:P 等。

强制应在与 CPU 建立在线连接时进行，输入、输出被强制后，即使与 CPU 的在线连接断开，或者编程软件关闭、CPU 断电，强制值都被保存在 CPU 中，直到在线时用强制表停止。如果用存储卡将带有强制点的程序装载到别的 CPU，强制功能将会继续保持下来，因此将带有强制值的存储卡应用于其他 CPU 之前，必须要先停止强制功能。

在项目树下打开目标 PLC 下的“监视与强制表”文件夹，双击该文件夹中的“强制表”打开强制表。一个 PLC 只能有一个强制表。强制变量窗口与监控表界面类似，输入需要强制的输入/输出变量地址和强制值。如果直接输入绝对地址，需要在绝对地址的后面添加“：P”，例如 I0.1:P。通过使用工具栏按钮 启动强制命令，或者右键单击强制表中的某一行，通过右键快捷菜单执行强制命令操作，如图 5-68 所示。

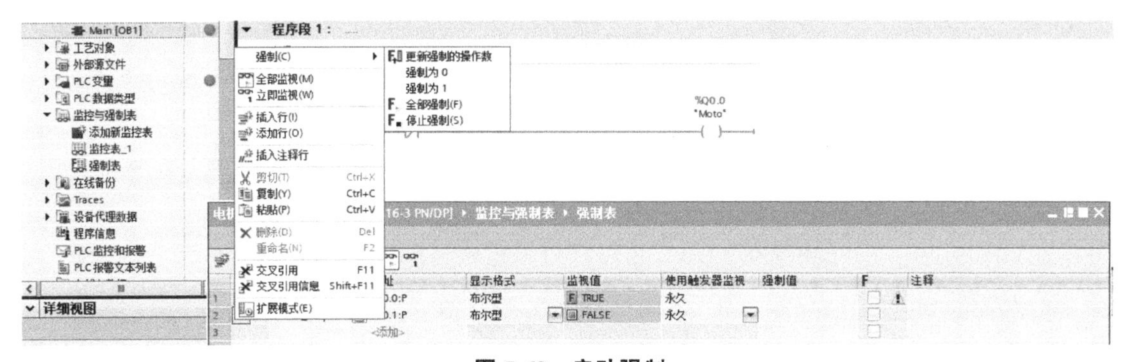

图 5-68　启动强制

启动强制后的程序运行结果如图 5-69 所示。

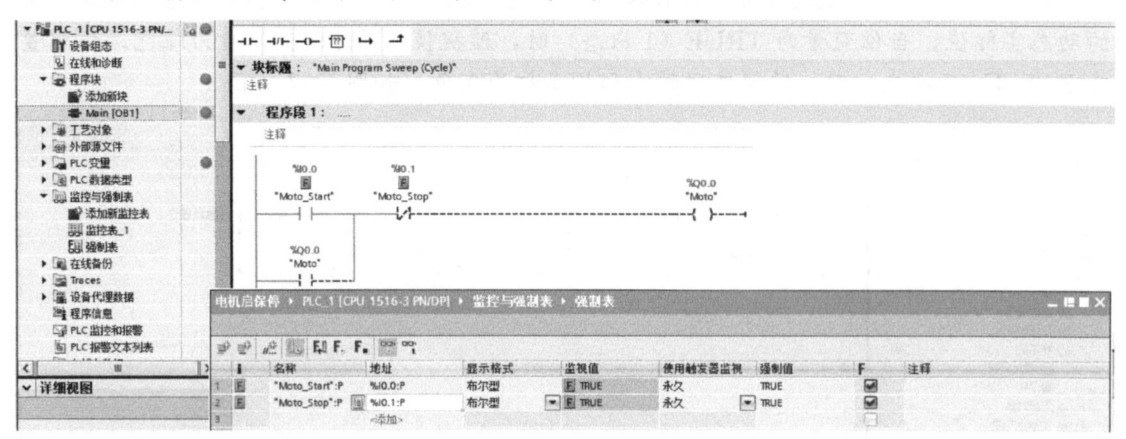

图 5-69　强制调试程序

当启用强制功能后，S7-1500 PLC 显示面板上将显示黄色的强制信号“F”，同时维护指示灯“MAINT”常亮，提示强制功能可能导致危险。强制任务可以通过单击强制表工具栏上的 F 按钮，停止对所有变量的强制。或者右键单击强制表中的某一行，通过右键快捷菜单停止强制命令操作。

四、项目验收

程序调试成功后，根据验收要求进行任务验收，完成项目的验收归档。

第6章 S7-1500 PLC编程基础

6.1 PLC 编程语言

PLC 的编程环境是由 PLC 生产厂家设计的，它包含用户环境和能把用户环境与 PLC 系统连接起来的编程软件。只有熟悉了编程环境，了解了编程环境，才能适应编程环境，才能在编程环境中编写出 PLC 的用户程序。

6.1.1 PLC 编程语言的国际标准

IEC（International Electrotechnical Commission）国际电工委员会是专业化国际标准化机构，负责电工、电子领域的国际标准化工作，IEC 61131-3 是 PLC 编程语言的国际标准，是第一个为工业自动化控制系统的软件设计提供标准化编程语言的国际标准，于 1993 年正式颁布，成为过程控制领域、分散型控制系统（DCS）、基于 PLC 的控制、运动控制和 SCADA 系统事实上的标准。该标准随着 PLC 技术的不断进步也在不断地被补充和完善。德国的 Infoteam 软件公司开发了基于 IEC 61131-3 标准的 OpenPCS 自动化编程开发软件包，很多 PLC 厂商的编程软件都是在它的基础上开发出来的。

IEC 61131-3 国际标准得到了包括美国 AB 公司、德国西门子公司等世界知名大公司在内的众多厂家的共同推动和支持，它极大地改进了工业控制系统的编程软件质量，提高了软件开发效率；它定义的一系列图形化语言和文本语言，不仅对系统集成商和系统工程师的编程带来很大的方便，而且对最终用户同样会带来很大的便利，它在技术上的实现是高水平的，有足够的发展空间和变动余地，能很好地适应未来的工控要求。

IEC 61131-3 国际标准正在受到越来越多的公司和厂商的重视，被越来越多的厂商采用，著名的自动化设备制造商如西门子、罗克韦尔、施耐德等公司均推出与其兼容的产品。国内包括台湾地区近年来开发的 PLC 几乎都是符合这个标准的。IEC 61131-3 广泛地应用于 PLC、DCS 和工控机、“软件 PLC”、数控系统、RTU 等产品。

6.1.2 编程语言介绍

S7-1500 系列 PLC 支持的 PLC 编程语言非常丰富，支持以下的编程语言：

① 指令表 IL（Instruction List）：西门子称为语句表（STL）。

② 梯形图 LD（Ladder Diagram）：西门子简称为 LAD。

③ 功能块图 FBD（Function Block Diagram）。

④ 顺序功能图 SFC（Sequential Function Chart）：对应于西门子的 Graph。

⑤ 结构文本 ST（Structured Text）：西门子称为结构化控制语言（SCL）。

（1）STL（语句表）

STL（语句表）是一种类似于计算机汇编语言的一种文本编程语言，由多条语句组成一个程序段。语句表可供习惯汇编语言的用户使用，在运行时间和要求的存储空间方面最优。在设计通信、数学运算等高级应用程序时建议使用语句表。语句表比较适合经验丰富的程序员使用，可以实现某些不能用梯形图或功能块图表示的功能。其形式如图 6-1 所示。

电机启保停控制程序语句表

```
1    A     "Moto_Start"     %I0.0
2    O     "Moto"           %Q0.0
3    AN    "Moto_Stop"      %I0.1
4    =     "Moto"           %Q0.0
5
```

图 6-1 启保停控制语句表

（2）LAD（梯形图）

梯形图是使用最多的 PLC 图形编程语言。梯形图与继电器控制电路图表达方式相仿，具有直观易懂的优点，很容易被工厂电气人员掌握，特别适用于开关量逻辑控制。因此所有 PLC 生产厂家均支持梯形图编程语言。程序以一个或多个程序段（梯级）表示，程序段的左右两侧各包含一条母线，分别称为左母线和右母线，程序段由各种指令组成。程序中，在绝对地址之前加“%”是 Portal 软件对变量绝对地址的表达方式。梯形图结构如图 6-2 所示。

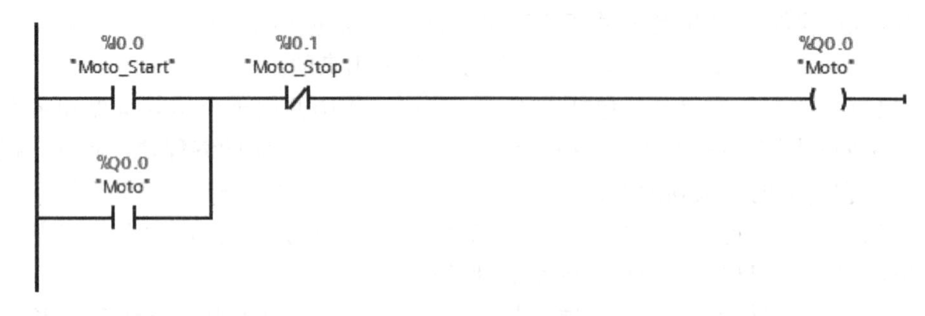

图 6-2 梯形图结构图

博途 STEP 7 自动地为程序段编号。用户可以在程序段号的右边加上程序段的标题，在程序段的下面为程序段加上注释。如果将两块独立电路（可以分开的电路）放在同一个程序段内，则将会出错。

（3）FBD（功能块图）

FBD（功能块图）使用类似于布尔代数的图形逻辑符号来表示控制逻辑，一些复杂的功能用指令框表示。FBD 比较适合于有数字电路基础的编程人员使用，有数字电路基础的人很容易掌握。功能块图用类似于与门、或门的方框来表示逻辑运算关系，方框的左侧为逻辑运算的输入变量，右侧为输出变量，输入和输出端的小圆圈表示“非”运算，方框被“导线”连接在一起，信号自左向右流动。功能块图结构如图 6-3 所示，国内很少有人使用功能块图语言。

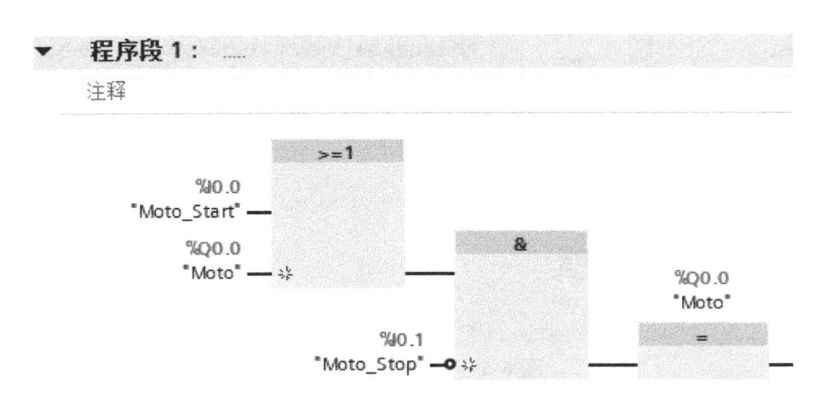

图 6-3　功能块结构图

（4）Graph（顺序控制）

S7 Graph 是 STEP 7 标准编程功能的补充，适用于顺序控制的编程。它可以清楚快速地组织和编写 S7 PLC 系统的顺序控制程序。它根据功能将控制任务分解为若干步，其顺序用图形方式显示出来，并且可形成图形和文本方式的文件。同时 S7 Graph 还表达了顺序的结构，以方便进行编程、调试和查找故障。TIA Portal 软件允许对功能块程序使用 Graph 编程语言进行编程。

（5）SCL（结构化控制语言）

SCL（Structured Control Language：结构化控制语言）是一种类似于 PASCAL 的高级文本编辑语言，可以简化数学计算、数据管理和组织工作。SCL 具有 PLC 公开的基本标准认证，符合 IEC 1131-3（结构化文本）标准。SCL 编程语言对工程设计人员要求较高，需要其具有一定的计算机高级语言的知识和编程技巧。

使用 Portal 软件（STEP 7）添加新程序块（OB、FC 和 FB）时，在“添加新块”对话框中可以选择编程语言。对于 OB 和 FC 块，可以选择 LAD（梯形图）、FBD（功能块图）、STL（语句表）和 SCL（结构化控制语言），而对于 FB 块，则还可以选择 Graph（图形编程语言）。如图 6-4 所示。

对于使用 LAD 和 FBD 语言创建的程序块可以随时进行编程语言切换。在项目树中选中待切换语言的程序块，使用“编辑”菜单下“切换编程语言”命令，选择切换后的目标编程语言；或使用快捷菜单中“切换编程语言”命令来切换语言，如图 6-5 所示。

当然，也可以在该程序块的属性的“常规”条目中对编程语言进行切换。以 SCL 或 Graph 编程语言创建的程序块不能更改编程语言。但对于 Graph 块，可以更改 LAD 和 FBD 作为程序段语言。

图 6-4　添加块选择语言

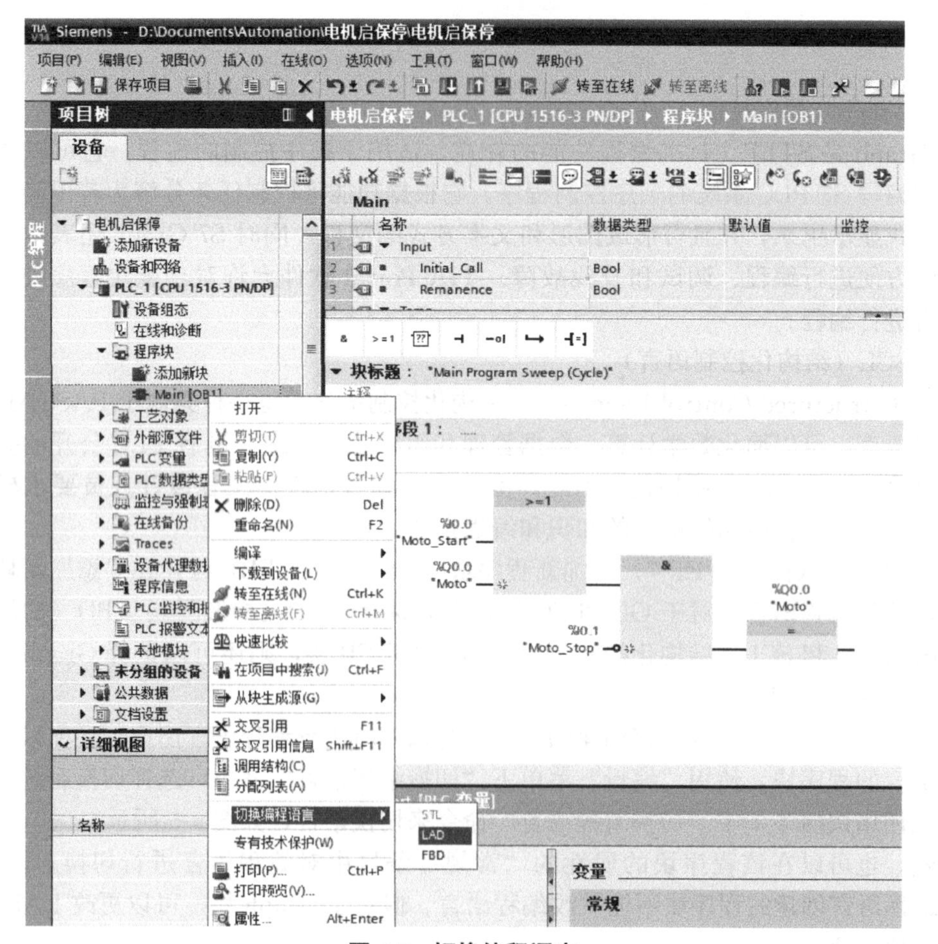

图 6-5　切换编程语言

对于 S7-1500 PLC，只能实现 LAD 和 FBD 语言之间的切换，而且切换时只能更改整个块的编程语言，不能更改单个程序段的编程语言。对于 S7-1500 PLC，虽然不能实现 LAD 或 FBD 与 STL 语言之间的切换，但可以在 LAD 和 FBD 块中创建 STL 程序段。选中要插入 STL 程序段的位置，调出快捷菜单并选择“插入 STL 程序段”命令，即可实现在 LAD 或 FBD 块中创建 STL 程序段，如图 6-6 所示。

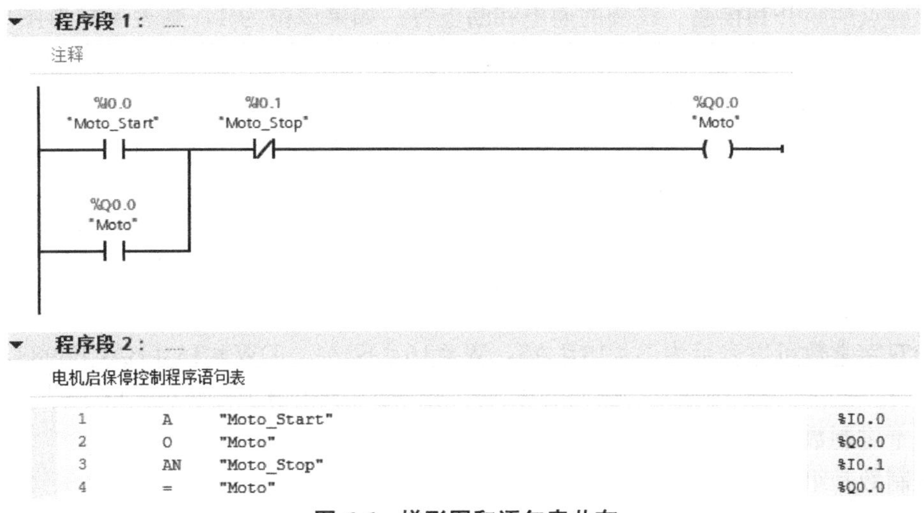

图 6-6　梯形图和语句表共存

注意：与经典 STEP7 相比，TIA 博途中 SCL、LAD/FBD 与 STL 编译器是独立的，这样四种编程语言的效率是相同的。除 LAD、FBD 以外，各语言编写的程序间不能相互转化。

6.1.3　PLC 编程原则

PLC 的编程应该遵循以下基本原则。

① 外部输入、输出、内部继电器（位存储器）、定时器、计数器等器件的触点可多次重复使用。

② 梯形图每一行都是从左侧母线开始，线圈接在最右边，触点不能放在线圈的右边。

③ 线圈不能直接与左侧母线相连。

④ 同一编号的线圈在一个程序中使用两次及以上（称为双线圈输出）容易引起误操作，应尽量避免双线圈输出。

⑤ 梯形图程序必须符合顺序执行的原则，从左到右、从上到下地执行，如不符合顺序执行的电路不能直接编程。

⑥ 在梯形图中串联触点、并联触点的使用次数没有限制，可无限次地使用。

6.2　S7-1500 PLC 数据类型

6.2.1　数制与编码

数制，即数的制式，是人们利用符号计数的一种方法。数制有很多种，常用的有十进制、二进制、十六进制和八进制等。在 S7 系列 PLC 中表示二进制常数时，需要在数据之前加 2#；表示十六进制时，需要在数据之前加 16#；对于十进制常数的表示只需要正常书写即可。

(1) 二进制数 (Binary)

二进制数的 1 位 (bit) 只能取 0 和 1 这两个不同的值，用来表示开关量的两种不同的状态，例如触点的断开和接通、线圈的通电和断电等。如果该位为 1，则表示梯形图中对应的位编程元件的线圈“通电”，则其常开触点接通、常闭触点断开，以后称该编程元件为 1 状态，或称该编程元件 ON (接通)。如果该位为 0，则对应的编程元件的线圈和触点的状态与上述的相反，称该编程元件为 0 状态，或称该编程元件 OFF (断电)。二进制常数常用 2# 表示，例如 2#0110_1100_1010_1000 是 16 位的二进制常数。

(2) 十六进制数 (Hexadecimal)

多位二进制数的书写和阅读很不方便，为了解决这一问题，可以用十六进制来取代二进制数，十六进制的 16 个数字是 0～9 和 A～F，每个占二进制数的 4 位。比如十六进制的字节、字和双字常数可以表示为 B#16#A5，W#16#B2A5，DW#16#BACF6983，W#16#13AF (13AFH)，逢 16 进 1，例如 B#16#AB+B#16#2C=B#16#D7。

(3) 十进制数 (Decimal)

十进制数是组成以 10 为基础的数字系统，有 0、1、2、3、4、5、6、7、8、9 十个基本数字组成。计数规则为逢十进一。

日常生活中人们习惯于十进制计数制，但是对于计算机硬件电路，只有“通”“断”或电平的“高”“低”两种状态，为便于对数字信号的识别与计算，通常采用二进制表示数据。

(4) BCD 码 (Binary Coded Decimal)

有些场合，计算机输入/输出数据时仍使用十进制数，以适应人们的习惯。为此，十进制数必须用二进制码表示，这就形成了二进制编码的十进制数，称为 BCD 码。BCD 码用 4 位二进制数表示一位十进制数，十进制数 9 对应的二进制数为 1001。最高 4 位用来表示符号，负数的最高位为 1，正数为 0，其余 3 位可以取 0 或 1，一般取 1。16 位 BCD 码的范围为−999～+999，32 位 BCD 码的范围为−9999999～+9999999。BCD 码实际上是十六进制数，但是各位之间逢十进一。296 对应的 BCD 码为 W#16#296，或 2#0000 0010 1001 0110。

不同进制的数的表示方法如表 6-1 所示。

表 6-1 不同进制的数的表示方法

十进制数	十六进制数	二进制数	BCD 码
0	0	00000	0000 0001
1	1	00001	0000 0001
2	2	00010	0000 0010
3	3	00011	0000 0011
4	4	00100	0000 0100
5	5	00101	0000 0101
6	6	00110	0000 0110
7	7	00111	0000 0111

续表

十进制数	十六进制数	二进制数	BCD码
8	8	01000	0000 1000
9	9	01001	0000 1001
10	A	01010	0001 0000
11	B	01011	0001 0001
12	C	01100	0001 0010
13	D	01101	0001 0011
14	E	01110	0001 0100
15	F	01111	0001 0101
16	10	10000	0001 0110
17	11	10001	0001 0111

(5) ASCII码(American Standard Coded for Information Interchange)

ASCII码是美国信息交换标准代码，由美国国家标准学会(American National Standard Institute，ANSI)制定的，是一种标准的单字节字符编码方案，用于基于文本的数据。在计算机系统中，除了数字0～9以外，还常用到其他各种字符，如26个英文字母、各种标点符号以及控制符号等，这些信息都要编成计算机能接受的二进制码。

ASCII码由8位二进制数组成，最高位一般用于奇偶校验，其余7位代表128个字符编码。其中图形字符96个(10个数字、52个字母及34个其他字符)，控制字符32个(回车、换行、空格及设备控制等)。数字0～9的ASCII码为十六进制数30H～39H，英语大写字母A～Z的ASCII码为41H～5AH，英语小写字母a～z的ASCII码为61H～7AH。

(6) 补码

在PLC数字系统中，对有符号整数最常用的表示方法是使用二进制数的补码形式表示，即该二进制数的最高有效位是符号位，最高位为0时是正数，最高位为1时为负数。正整数的补码同该二进制数，即是它本身，最大的16位二进制正数为2#0111 1111 1111 1111，对应的十进制数为32767。将正数的补码按位取反后加1，得到绝对值与它相同的负数的补码。

6.2.2 基本数据类型

(1) 数据类型

数据类型是用来描述数据的长度和属性。用户在编写程序时，变量的格式必须与指令的数据类型相匹配。S7系列PLC的数据类型主要分为基本数据类型、复合数据类型和参数类型，对于S7-1500 PLC，还包括系统数据类型和硬件数据类型。

基本数据类型的操作数通常是32位以内的数据，基本数据类型分为位数据类型、数学数据类型、字符数据类型、定时器数据类型以及日期和时间数据类型。在日期和时间数据类型中，存在超过32位的数据类型；对于S7-1500 PLC而言，还增加了许多超过32位的此类数据类型。

(2) 位数据类型

位数据类型主要有布尔型(Bool)、字节型(Byte)、字型(Word)和双字型(DWord)，对于S7-1500 PLC，还支持长字型(LWord)，而S7-300/400 PLC仅支持前4

种。位数据类型的常数表示需要在数据之前根据存储单元长度（Byte、Word、DWord、LWord）加上 B#、W#、DW#或 LW#（Bool 型除外），如表 6-2 所示。

表 6-2　位数据类型

数据类型	位数	取值范围	常数举例
BOOL	1	FALSE 或 TRUE	1/0
BYTE	8	B#16#00～B#16#FF	B#16#F5
WORD	16	W#16#0～W#16#FFFF	W#16#69AD
DWORD	32	DW#16#～DW#16#FFFFFFFF	DW#16#5968ADCF
LWORD	64	LW#16#0～LW#16#FFFFFFFFFFFFFFFF	LW#16#FFFFFFFFFFFFFFFF

7 6 5 4 3 2 1 0

IB2

图 6-7　位数据存放

① 位（bit）　位数据的数据类型为 BOOL（布尔）型，BOOL 的取值有 0 和 1（或 true 和 false），位存储单元的地址在 S7-1500 中有字节地址和位地址组成，在 SEPT 7 中的表示方法为“字节地址.位地址”，例如，I2.2，其中的“I”表示区域标示符，代表的是输入(Input)，字节地址为 2，位地址为 2，如图 6-7 所示。这种存取方式成为“字节.位”寻址方式。

② 字节（Byte）　一个字节是由 8 个位组成，通过地址标识符 B 和表示绝对地址的一个字节来表示的，如图 6-6 所示，IB2 是一个字节，它的位地址由低到高为 I2.0～I2.7，其中第 0 位为最低位，第 7 位为最高位。

③ 字（Word）　字表示无符号数，包含两个字节，同样是通过地址标识符 W 和表示绝对地址的变量高字节所在的地址来表示的，字的取值范围为 W#16#0000～W#16#FFFF。为了避免地址交叉，地址一般为 2 的倍数。例如：IW6 表示输入地址是 6，并且包含 IB6 和 IB7 两个字节；MW100 是由 MB100 和 MB101 组成的一个字，如图 6-7 中的（b）图所示，其中 M 为区域标识符，W 表示字。

④ 双字（Double Word）　DWORD 包含四个字节，是通过地址标识符 D 和表示绝对地址的变量高字节所在的地址来表示的，其范围 DW#16#0000_0000～DW#16#FFFF_FFFF。为了避免地址交叉，地址一般为 4 的倍数。例如：ID4 表示输入地址是 4，而且包含 IB4、IB5、IB6、IB7 四个字节。字节、字和双字的关系如图 6-8 所示（图中，MSB=最高有效位，LSB=最低有效位）。

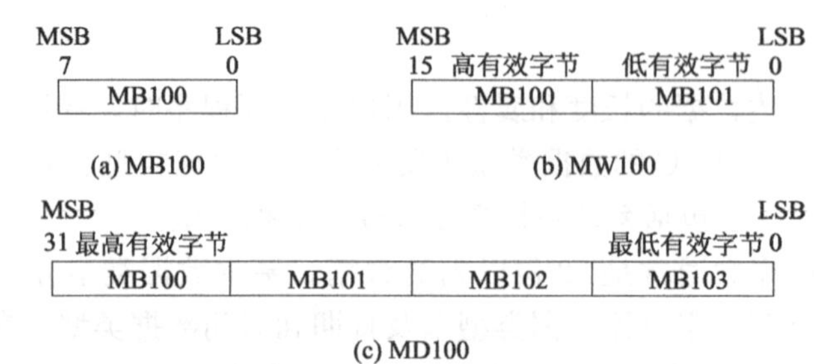

图 6-8　字节、字和双字的关系

图 6-8 中需要注意以下问题：

a. 以组成字 MW100 和双字 MD100 的编号最小的字节 MB100 的编号作为 MW100 和双字 MD100 的编号。

b. 组成字 MW100 和双字 MD100 的编号最小的字节 MB100 为 MW100 和 MD100 的最高位字节，编号最大的字节为字和双字的最低位字节，这就是所谓的“高地址，低字节”的约定。

c. 数据类型字节、字和双字都是无符号数，它们的数值用十六进制来表示。

（3）数学数据类型

对于 S7-1500 PLC，数学数据类型主要有整数类型和实数类型（浮点数类型）。整数类型又分为有符号整数类型和无符号整数类型。有符号整数类型包括短整数型（SINT）、整数型（INT）、双整数型（DINT）和长整数型（LINT）；无符号整数类型包括无符号短整数型（USINT）、无符号整数型（UINT）、无符号双整数型（UDINT）和无符号长整数型（ULINT）。对于 S7-300/400 PLC，仅支持整数型 INT 和双整数型 DINT。

短整数型、整数型、双整数型和长整数型数据为有符号整数，分别为 8 位、16 位、32 位和 64 位，在存储器中用二进制补码表示，最高位为符号位（0 表示正数、1 表示负数），其余各位为数值位。而无符号短整数型、无符号整数型、无符号双整数型和无符号长整数型数据均为无符号整数，每一位均为有效数值。

实数类型具体包括实数型（REAL）和长实数型（LREAL），均为有符号的浮点数，分别占用 32 位和 64 位，最高位为符号位（0 表示正数、1 表示负数），接下来的 8 位（或 11 位）为指数位，剩余位为尾数位，共同构成实数数值。实数的特点是利用有限的 32 位或 64 位可以表示一个很大的数，也可以表示一个很小的数。对于 S7-300/400 PLC，仅支持实数型 REAL。

数学数据类型所能表示的数据范围及常数格式示例见表 6-3。所有整数的符号中均有 INT。符号中带 U 的为无符号整数，不带 U 的为有符号整数，带 S 的为 8 为整数（短整数），带 D 的为 32 位双整数，带 L 的为 64 为长整数。不带 S、D、L 的为 16 为整数。

表 6-3　数学数据类型

数据类型	位数	取值范围	常数举例
SINT	8	−128～+127	−44
INT	16	−32768～+32767	−896
DINT	32	−L# 2147483648～+L# 2147483647	L#231
LINT	64	−9223372036854775808～+9223372036854775807	LINT#+154325790816159
USINT	8	0～255	126
UINT	16	0～65535	65294
UDINT	32	0～4294967295	UDINT#404232160
ULINT	64	0～18446744073709551615	ULINT#154325790816159
REAL	32	−3.402823e+38～−1.175495e−38±0.0 +1.175495e−38～+3.402823e+38	51.3
LREAL	64	−1.7976931348623158e+308～−2.2250738585072014e−308±0.0 +2.2250738585072014e−308～+1.7976931348623158e+308	1.0e−5

（4）字符数据类型

原有的字符数据类型（CHAR）长度 8bit，操作数在存储器中占一个字节，以 ASCII 码格式存储单个字符。常量表示时使用单引号，例如常量字符 A 表示为'A'或 CHAR#'A'。

对于 S7-1500 PLC，还支持宽字符类型（WCHAR），其操作数长度为 16bit，即在存储器中占用 2B，以 Unicode 格式存储扩展字符集中的单个字符。但只涉及整个 Unicode 范围的一部分。常量表示时需要加 WCHAR#前缀及单引号，例如常量字符 a 表示为 WCHAR#'a'。控制字符在输入时，以美元符号表示。表 6-4 列出了字符数据类型的属性。

表 6-4　字符数据类型

数据类型	位数	取值范围	常数举例
CHAR	8	ASCII 字符集	'A',CHAR#'A'
WCHAR	16	$0000～$D7FF	$0000～$D7FF

（5）定时器数据类型

定时器数据类型主要包括时间（Time）和 S5 时间（S5Time）数据类型。与 S7-300/400 PLC 相比，S7-1500 PLC 还支持长时间（LTime）数据类型。

① 时间（Time）数据类型　时间（Time）数据类型为 32 位的 IEC 定时器类型，内容用毫秒（ms）为单位的双整数表示，可以是正数或负数，表示信息包括天（d）、小时（h）、分钟（m）、秒（s）和毫秒（ms）。表 6-5 列出了 Time 数据类型的属性。

表 6-5　Time 数据类型

格式	位数	取值范围	常数举例
有符号的持续时间	32	T#－24d20h31m23s648ms～ T#＋24d20h31m23s647ms	T#11d20h30m20s630ms, TIME#11d20h30m20s630ms
十六进制的数字	32	16#00000000～16#FFFFFFFF	16#0001EB5F

② 长时间（LTime）数据类型　长时间（LTime）数据类型为 64 位 IEC 定时器类型，操作数内容以纳秒（ns）为单位的长整数表示，可以是正数或负数。表示信息包括天（d）、小时（h）、分钟（m）、秒（s）、毫秒（ms）、微秒（μs）和纳秒（ns）。常数表示格式为时间前加 LT#，如 LT#36ns。表 6-6 列出了 LTime 数据类型的属性。

表 6-6　LTime 数据类型

格式	位数	取值范围	常数举例
有符号的持续时间	64	LT#－106751d23h47m16s854ms775μs808ns～ LT#＋106751d23h47m16s854ms775μs807ns	LT # IME11350d20h25m14s830ms652μs315ns, LTIME#11350d20h25m14s830ms_652μs315ns
十六进制的数字	64	16#0～16#7FFF_FFFF_FFFF_FFFF	16#4

③ S5 时间（S5Time）数据类型　S5 时间（S5Time）数据类型变量为 16 bit，其中最高两位未用，接下来的两位为时基信息（00 表示 0.01s，01 表示 0.1s，10 表示 1s，11 表示 10s），剩余 12 位为 BCD 码格式的时间常数，其范围为 0～999，如图 6-9 所示。该格式所表示的时间为时间常数与时基的乘积。例如定时器字为 W#16#2127 时，代表时基为 1s，定时时间为 127×1＝127s。S5Time 的常数格式为时间之前加 S5T#，例如 S5T#16s100ms，以时基 0.1s 表示的时间常数为 161，故对应的变量内容为 2#0001 0001 0110 0001。

表 6-7 列出了 S5Time 数据类型的取值范围等属性。

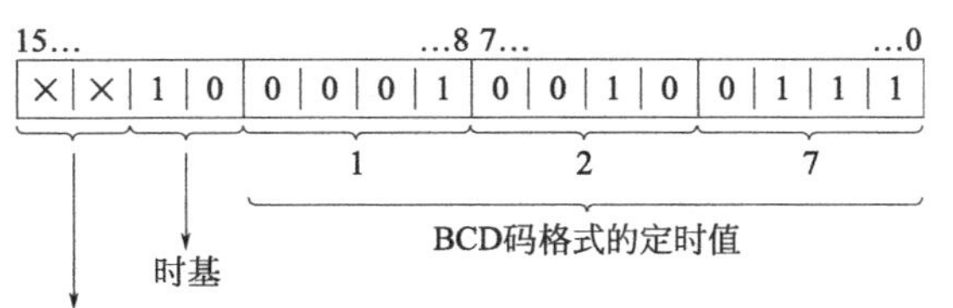

图 6-9　S5Time 定时器字格式

表 6-7　S5Time 数据类型

格式	位数	取值范围	常数举例
按 10ms 增长的 S7 时间（默认值）	16	S5T#0MS～S5T#2H46M30S0MS	S5T#10s,S5TIME#10s
十六进制的数字	16	16#0～16#3999	16#4

表 6-8 列出了 S5Time 数据类型的时基与定时范围的表示方法。

表 6-8　时基的表示

时基	二进制时基	分辨率	定时范围
10ms	00	0.01s	10ms～9s990ms
100ms	0l	0.1s	100ms～1m39s900ms
1s	10	1s	1s～16m39s
10s	11	10s	10s～2h46m30s

从表 6-8 中可以看出：时基小定时分辨率高，但定时时间范围窄；时基大分辨率低，但定时范围宽。系统不接受超过 2h46m30s 的数值。

（6）日期和时间数据类型

日期和时间数据类型主要包括日期（Date）、日时间（Time _ Of _ Day）和日期时间 DT（Date _ And _ Time）数据类型，对于 S7-1500 PLC 还支持长日时间 LTOD（LTime _ Of _ Day）、日期长时间 LDT（Date _ And _ LTime）和长日期时间 DTL 数据类型。

① 日期　日期 Date 数据类型在内存中占用 16 bit，变量格式为无符号整数格式，变量内容用距离 1990 年 1 月 1 日的天数以整数格式进行表示。常数格式为日期前加 D#，例如 D#2016-12-31 表示的日期为 2016 年 12 月 31 日。表 6-9 列出了 Date 数据类型的属性。

表 6-9　Date 数据类型

格式	位数	取值范围	常数举例
IEC 日期(年-月-日)	16	D#1990-01-01～D#2169-06-06	D#2009-12-31,DATE#2009-12-31
十六进制的数字	16	16#0000～16#FFFF	16#00F4

② 日时间　日时间（Time _ Of _ Day）数据类型的变量占用一个双字，存储从当天 0：00h 开始的毫秒数，为无符号整数。常数表示格式为时间前加 DOT#，如 TOD#23：59：59.999=DW#16#05265 87。日时间 Time _ Of _ Day 数据类型的数据范围等属性如表 6-10 所示。

表 6-10 Time _ Of _ Day 数据类型

格式	位数	取值范围	常数举例
时间(小时:分钟:秒.毫秒)	32	TOD#00:00:00.000～TOD#23:59:59.999	TOD#12:20:30.401, TIME_OF_DAY#12:20:30.401

③ 日期时间　数据类型 DT（Date _ And _ Time）存储日期和时间信息，格式为 BCD。表 6-11 列出了数据类型 DT 的属性。

表 6-11 日期时间 DT 数据类型的属性

格式	位数	取值范围	常数举例
日期和时间(年-月-日-小时:分钟:秒:毫秒)	64	最小值:DT#1990-01-01-00:00:00.000 最大值:DT#2089-12-31-23:59:59.999	DT#2019-10-25-08:12:34.567, DATE_AND_TIME#2019-10-25-08:12:34.567

表 6-12 列出了 DT 数据类型 8 个字节的结构。

表 6-12 日期时间 DT 数据类型的结构

字节数	含义	取值范围
0	年	0 到 99 (1990 年到 2089 年) BCD#90=1990 … BCD#0=2000 … BCD#89=2089
1	月	BCD#1～BCD#12
2	日	BCD#1～BCD#31
3	小时	BCD#0～BCD#23
4	分钟	BCD#0～BCD#59
5	秒	BCD#0～BCD#59
6	毫秒的前 2 个最高有效位	BCD#0～BCD#99
7(高 4 位)	毫秒的最低有效位	BCD#0～BCD#9
7(低 4 位)	星期	BCD#1～BCD#7 BCD#1=星期日 … BCD#7=星期六

④ 长日时间 LTOD（LTime _ Of _ Day）　长日时间 LTOD（LTime _ Of _ Day）数据类型占用 2 个双字，存储从当天 0:00 h 开始的纳秒数，为无符号整数。表 6-13 列出了数据类型 LTOD 的属性。

表 6-13 长日时间 LTOD 数据类型的属性

格式	位数	取值范围	常数举例
时间(小时:分钟:秒.纳秒)	64	LTOD#00:00:00.000000000～ LTOD#23:59:59.999999999	LTOD#10:20:30.400365215, LTIME_OF_DAY#10:20:30.400365215

⑤ 日期长时间 LDT（Date _ And _ LTime）　数据类型 LDT（Date _ And _ LTime）可存储自 1970 年 1 月 1 日 0：0 以来的日期和时间信息（单位为纳秒）。表 6-14 列出了数据类型 LDT 的属性。

表 6-14　日期长时间 LDT 数据类型的属性

格式	位数	取值范围	常数举例
日期和时间（年-月-日-小时：分钟：秒：纳秒）	64	最小值：LDT#1970-01-01-00：00：00.000000000 最大值：LDT#2262-04-11-23：47：16.854775807	LDT#2008-10-25-08：12：34.567
十六进制的数字	64	16#0～16#7FFF_FFFF_FFFF_FFFF	16#6FFF

⑥ 长日期时间 DTL　数据类型 DTL 的操作数长度为 12 个字节，以预定义结构存储日期和时间信息。数据类型 DTL 的属性如表 6-15 所示。

表 6-15　长日期时间 DTL 数据类型的属性

格式	位数	取值范围	常数举例
日期和时间（年-月-日-小时：分钟：秒：纳秒）	96	最小值：DTL#1970-01-01-00：00：00.0 最大值：DTL#2262-04-11-23：47：16.854775807	DTL#2008-12-16-20：30：20.250

数据类型 DTL 的结构由几个部分组成，每一部分都包含不同的数据类型和取值范围。指定值的数据类型必须与相应元素的数据类型相匹配。表 6-16 给出了数据类型 DTL 的结构组成及其属性。

表 6-16　DTL 数据类型的结构及其属性

字节数	含义	数据类型	取值范围
0 1	年	UINT	1970～2262
2	月	USINT	1～12
3	日	USINT	1～31
4	星期	USINT	1(星期日)～7(星期六) 值输入中不考虑工作日
5	小时	USINT	0～23
6	分钟	USINT	0～59
7	秒	USINT	0～59
8 9 10 11	纳秒	UDINT	0～999999999

6.2.3 复合数据类型

由基本数据类型可以组合为复合数据类型。复合数据类型主要包括字符串 STRING、数组 ARRAY、结构体 STRUCT 及 PLC 数据类型（UDT）等。对于 S7- 1500 PLC，还包括长日期时间（DTL）、宽字符串（WSTRING）等数据类型。

（1）字符串 STRING

字符串（STRING）数据类型的操作数在一个字符串中存储多个字符，最大长度为 256 个字节，前两个字节存储字符串长度信息，所以字符串最多可包括 254 个字符。在字符串中，可使用所有 ASCII 码字符。常量字符使用单引号中表示，例如'ABC'。表 6-17 列出了 STRING 数据类型的属性。字符串也可使用特殊字符，控制字符、美元符号和单引号在表示时需在字符前加转义字符 $ 标识。表 6-17 给出了特殊字符表示法示例。

表 6-17　字符串数据类型的属性

格式	长度/字节	取值范围	常数举例
ASCII 字符串，包括特殊字符	$n+2$（数据类型为 STRING 的操作数在内存中占用的字节数比指定的最大长度要多 2 个字节）	0～254 个字符	'Name' STRING#'NAME' STRING#'Na…（该字符串的实际长度超出了屏幕空间） STRING#''（该字符串为空）

（2）宽字符串（WSTRING）

宽字符串（WSTRING）数据类型的操作数存储一个字符串，字符串中字符的数据类型为 WCHAR。如果不指定长度，则字符串的长度为预置的 254 个字符。在字符串中，可使用所有 Unicode 格式的字符，这意味着也可在字符串中使用中文字符。

同字符串 STRING 数据类型类似，宽字符串 WSTRING 数据类型的操作数也可在关键字 WSTRING 后使用方括号定义其长度（例如 WSTRING [10] ），可声明最多 16382 个字符的长度。若不指定长度，则在默认情况下，将相应的操作数长度设置为 254 个字符。表 6-18 列出了 WSTRING 数据类型的属性。

表 6-18　宽字符串数据类型的属性

格式	长度/字节	取值范围	常数举例
Unicode 字符串；n 指定字符串的长度。	$n+2$（数据类型为 WSTRING 的操作数在内存中占用的字节数比指定的最大长度要多 2 个字节）	预设值：0～254 个字符 可能的最大值：0～16382	WSTRING#'Hello World' WSTRING#'Hello Wo…（该字符串的实际长度超出了屏幕空间） WSTRING#''（该字符串为空）

（3）数组 ARRAY

数组（ARRAY）数据类型表示一个由固定数目的同一种数据类型元素组成的数据结构，数组中的元素可以使基本数据类型或者复合数据类型，允许使用除了 ARRAY 之外的所有数据类型，但是数组类型不可以自身嵌套。

数组元素通过下标进行寻址。对于不同型号的 PLC，数组下标有 16 位限值和 32 位限值之分，S7-1200 和 S7-1500 PLC 使用 32 位限值的数组。数组使用前需要声明，在数组声明中，下标限值定义在 ARRAY 关键字之后的方括号中，下限值必须小于或等于上限值。一个数组最多可以包含 6 维，并使用逗号隔开维度限值。例如：ARRAY[1..3，1..5，1..6] of INT，定义了一个元素为整数，大小为 3×5×6 的三维数组。表 6-19 列出了 ARRAY 数据类型的属性。

表 6-19　ARRAY 数据类型的属性

格式	长度(字节)	取值范围	数据类型
ARRAY [下限..上限] of<数据类型>	元素数量×数据类型的长度	[−2147483648..2147483647] of<数据类型>	除 ARRAY 之外的所有数据类型

（4）结构体（STRUCT）

结构体（STRUCT）数据类型表示由固定数目的多种数据类型的元素组成的数据结构。数据类型 STRUCT 或 ARRAY 的元素还可以在结构中嵌套，嵌套深度限制为 8 级。结构体可用于根据过程控制系统分组数据以及作为一个数据单元来传送参数。

对于 S7-1200 或 S7-1500 系列 CPU，可最多创建 65534 个结构，其中每个结构可最多包括 252 个元素。此外，还可创建最多 65534 个函数块、65535 个函数和 65535 个组织块，每个块最多具有 252 个元素。

（5）PLC 数据类型（UDT）

PLC 数据类型（UDT）是用户自定义数据类型，与结构体（STRUCT）数据类型的定义类似，可以由不同的数据类型组成，如基本数据类型和复合数据类型。不同的是，PLC 数据类型是可在程序中多次使用的数据类型模板，PLC 数据类型不能被直接使用，但可以通过创建基于 PLC 数据类型的数据块或定义基于 PLC 数据类型的变量来进行使用。

对于 S7-1200 或 S7-1500 系列 CPU，可最多创建 65534 个 PLC 数据类型。其中每个 PLC 数据类型可最多包括 252 个元素。

6.2.4　参数数据类型

参数数据类型是专用于 FC（函数）或者 FB（函数块）的接口参数的数据类型，是传递给被调用块的形参的数据类型。参数数据类型及其用途见表 6-20。

表 6-20　参数数据类型及用途

参数数据类型	长度/位	说明
TIMER	16	可用于指定在被调用代码块中所使用的定时器。如果使用 TIMER 参数类型的形参，则相关的实参必须是定时器。例如：T2
COUNTER	16	可用于指定在被调用代码块中使用的计数器。如果使用 COUNTER 参数类型的形参，则相关的实参必须是计数器。例如：C45
BLOCK_FC BLOCK_FB BLOCK_DB BLOCK_SDB BLOCK_SFB BLOCK_SFC BLOCK_OB	16	可用于指定在被调用代码块中用作输入的块。参数的声明决定所要使用的块类型（例如：FB、FC、DB）。 如果使用 BLOCK 参数类型的形参，则将指定一个块地址作为实参。例如：DB30
VOID	—	VOID 参数类型不会保存任何值。如果输出不需要任何返回值，则使用此参数类型。例如，如果不需要显示错误信息，则可以在输出 STATUS 中指定 VOID 参数类型。

6.2.5　系统数据类型

系统数据类型（SDT）由系统提供并具有预定义的结构。表 6-21 给出了 S7-1500 PLC

可用的系统数据类型及其用途。系统数据类型的结构由固定数目的可具有各种数据类型的元素构成，用户不能更改系统数据类型的结构。系统数据类型只能用于特定指令。

表 6-21　系统数据类型及用途

系统数据类型	长度/字节	说明
IEC_TIMER	16	声明有 PT、ET、IN 和 Q 参数的定时器结构。时间值为 TIME 数据类型。例如，此数据类型可用于"TP"、"TOF"、"TON"、"TONR"、"RT"和"PT"指令
IEC_LTIMER	32	声明有 PT、ET、IN 和 Q 参数的定时器结构。时间值为 LTIME 数据类型。例如，此数据类型可用于"TP"、"TOF"、"TON"、"TONR"、"RT"和"PT"指令
IEC_SCOUNTER	3	计数值为 SINT 数据类型的计数器结构。例如，此数据类型用于"CTU"、"CTD"和"CTUD"指令
IEC_USCOUNTER	3	计数值为 USINT 数据类型的计数器结构。例如，此数据类型用于"CTU"、"CTD"和"CTUD"指令
IEC_COUNTER	6	计数值为 INT 数据类型的计数器结构。例如，此数据类型用于"CTU"、"CTD"和"CTUD"指令
IEC_UCOUNTER	6	计数值为 UINT 数据类型的计数器结构。例如，此数据类型用于"CTU"、"CTD"和"CTUD"指令
IEC_DCOUNTER	12	计数值为 DINT 数据类型的计数器结构。例如，此数据类型用于"CTU"、"CTD"和"CTUD"指令
IEC_UDCOUNTER	12	计数值为 UDINT 数据类型的计数器结构。例如，此数据类型用于"CTU"、"CTD"和"CTUD"指令
IEC_LCOUNTER	24	计数值为 UDINT 数据类型的计数器结构。例如，此数据类型用于"CTU"、"CTD"和"CTUD"指令
IEC_ULCOUNTER	24	计数值为 UINT 数据类型的计数器结构。例如，此数据类型用于"CTU"、"CTD"和"CTUD"指令
ERROR_STRUCT	28	编程错误信息或 I/O 访问错误信息的结构。例如，此数据类型用于"GET_ERROR"指令
CREF	8	数据类型 ERROR_STRUCT 的组成，在其中保存有关块地址的信息
NREF	8	数据类型 ERROR_STRUCT 的组成，在其中保存有关操作数的信息
SSL_HEADER	4	指定在读取系统状态列表期间保存有关数据记录信息的数据结构。例如，此数据类型用于"RDSYSST"指令
CONDITIONS	52	用户自定义的数据结构，定义数据接收的开始和结束条件。如此数据类型用于"RCV_CFG"指令
TADDR_Param	8	指定用来存储那些通过 UDP 实现开放用户通信的连接说明的数据块结构。例如，此数据类型用于"TUSEND"和"TURSV"指令
TCON_Param	64	指定用来存储那些通过工业以太网(PROFINET)实现开放用户通信的连接说明的数据块结构。例如，此数据类型用于"TSEND"和"TRSV"指令
HSC_Period	12	使用扩展的高速计数器，指定时间段测量的数据块结构。此数据类型用于"CTRL_HSC_EXT"指令

6.2.6　硬件数据类型

硬件数据类型由 CPU 提供，可用硬件数据类型的数目取决于 CPU。根据硬件配置中设置的模块存储特定硬件数据类型的常量。在用户程序中插入用于控制或激活已组态模块的指令时，可将这些可用常量用作参数。表 6-22 给出了可用的硬件数据类型示例及其用途。由于硬件数据类型比较多，使用时可查阅西门子相关手册。

表 6-22　硬件数据类型及用途

数据类型	基本数据类型	说明
REMOTE	ANY	用于指定远程 CPU 的地址。例如，此数据类型可用于“PUT”和“GET”指令
HW_ANY	UINT	任何硬件组件(如模块)的标识
HW_DEVICE	HW_ANY	DP 从站/PROFINET IO 设备的标识
HW_DPMASTER	HW_INTERFACE	DP 主站的标识
HW_DPSLAVE	HW_DEVICE	DP 从站的标识
HW_IO	HW_ANY	CPU 或接口的标识号，该编号在 CPU 或硬件配置接口的属性中自动分配和存储

6.2.7　数据类型转换

如果在一个指令中包含多个操作数，必须确保这些数据类型是兼容的。分配或提供块参数时也必须保持兼容。如果操作数不是同一数据类型，则必须进行转换。可选择两种转换方式：隐式转换和显式转换。

如果操作数的数据类型是兼容的，则自动执行隐式转换。编程语言 LAD、FBD、SCL 和 GRAPH 支持隐式转换。STL 编程语言不支持隐式转换。如果因操作数不兼容而不能进行隐式转换，则可以执行显式转换。可以通过使用“指令”任务卡中的转换指令来执行显示转换或者可以在程序中手动插入该转换。

6.3　存储器与寻址方式

6.3.1　S7-1500PLC 存储区

PLC 的存储器与计算机的存储器功能相似，用来存储系统程序、用户程序和数据。S7 系列的 PLC 根据不同功能，将存储器细分为若干个不同的存储区，如装载存储器（Load Memory）区、工作存储器（Work Memory）区、保持存储器（Retentive Memory）区和系统存储器（System Memory）区。图 6-10 显示了 S7-1500 的 CPU 存储区和 SIMATIC 存储卡上的装载存储器。项目下载到 CPU 时，首先保存在装载存储器中，然后复制到工作存储器中运行。装载存储器好比计算机的硬盘，而工作存储器类似于计算机的内存条。

（1）装载存储器

对于 S7-1500 CPU 的装载存储器，只能通过外插存储器卡来扩展装载存储器区的容量，容量大小取决于存储器卡的容量大小。装载存储器是一个非易失性存储器，用于存储程序块、数据块、工艺对象和硬件配置。这些对象下载到 CPU 时，会首先存储到装载存储器中。装载存储器位于 SIMATIC 存储卡上。程序块用来存储用户程序。数据块用来存储用户数据，数据块的地址标识符为 DB（Data Block）。系统数据指的是用户进行硬件配置和网络参数配置等操作后由 PLC 自动生成的数据。S7-1500 的 CPU 运行之前，必须插入 SIMATIC 存储卡。

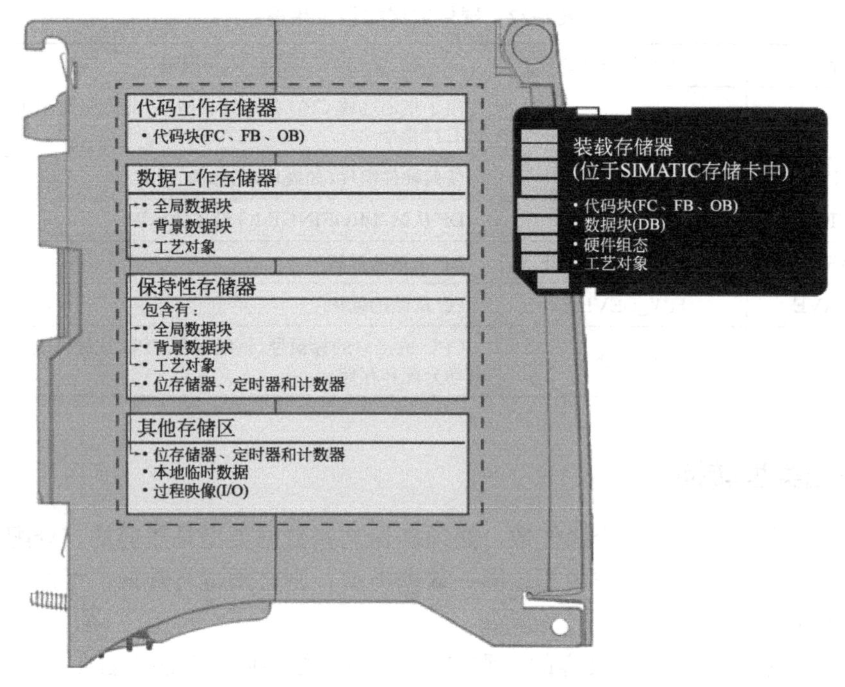

图 6-10　CPU 存储区

对于 S7-300/400 PLC，装载存储器不包含项目中的符号和注释等信息，但 S7-1500PLC 的装载存储器还包含了符号和注释信息。S7-400 CPU 和早期 S7-300 CPU 的装载存储器集成在 CPU 内部，类型是 RAM，断电后如果没有备份电池支持则信息会丢失。可以通过外插存储器卡（Flash Memory）扩展装载存储器区的容量，并具有断电保存信息的功能。新型 S7-300 CPU 的装载存储区为外插的 MMC 卡，类型是 Flash Memory，所有信息保存在 MMC 卡中，断电后不会丢失。

（2）工作存储器

工作存储器是集成在 CPU 内部的高速存取的 RAM 存储器，容量不能扩展。工作存储器是一个易失性存储器，用于存储代码和数据块。

工作存储器被分成代码工作存储器和数据工作存储器，代码工作存储器保存与运行时相关的程序代码部分。数据工作存储器保存数据块和工艺对象中与运行时相关的部分。用户在向 CPU 装载存储器下载程序块和数据块时，与程序执行有关的块被自动装入工作存储器。工作存储器区内的数据在掉电时丢失，在恢复供电时由 CPU 恢复。

（3）保持存储器

保持存储器是集成在 CPU 内部的非易失性存储器，用于在发生电源故障时保存有限数量的数据。可以通过参数设置，指定相应的存储器单元为可保持性，则该存储器单元内的数据在掉电时将被保存在保持存储器中。设置为可保持性的数据可以是 M、T、C 和数据块内的数据。已经定义为具有保持性的变量和操作数区域保存在保持性存储器中。即使发生掉电或电源故障，这些数据也不会丢失。可以通过存储器复位或者复位为出厂设置删除保持性存储器中的内容。

（4）系统存储器

系统存储器是集成在 CPU 内部的 RAM 存储器，数据掉电丢失，容量不能扩展。系统存储器区主要包括输入过程映像（I）区、输出过程映像（Q）区、标志位存储（M）区、定时器（T）区、计数器（C）区、局部数据（L）区和 I/O 外设存储器区，在程序中可以通过指令直接访问存储于地址区的数据。

由于西门子 TIA 博途软件不允许无符号名称的变量出现，所以即使用户没有为变量定义符号名称，TIA 博途软件也会自动化为期分配名称，默认从“Tag _ 1”开始分配。S7-1500 PLC 地址区域内的变量均可以进行符号寻址。S7-1500 存储区可访问的单位及表示方法如表 6-23 所示。

表 6-23　S7-1500PLC 存储区划分、功能及标识符

存储区名称	功能	可以访问的地址单位	S7 符号及表示方法(IEC)
输入过程映像存储区（I）	在循环扫描的开始，从过程中读取输入信号存入本区域，供程序使用	输入位 输入字节 输入字 输入双字	I IB IW ID
输出过程映像存储区（Q）	在循环扫描期间、程序运算得到的输出值存入本区域。在循环扫描的末尾传送至输出模板	输出位 输出字节 输出字 输出双字	Q QB QW QD
标志位存储区（M）	本区域存放程序的中间结果	存储器位 存储字器节 存储器字 存储器双字	M MB MW MD
定时器(T)	访问本区域可得到定时剩余时间	定时器	T
计数器(C)	访问本区域可得到当前计数器值	计数器	C
输入外设存储区	直接访问输入过程映像区所对应的输入外设存储单元	输入位 输入字节 输入字 输入双字	I:P IB:P IW:P ID:P
输出外设存储区	直接访问输出过程映像区所对应的输出外设存储单元	输出位 输出字节 输出字 输出双字	Q:P QB:P QW:P QD:P
数据块(DB)	本区域包含所有数据块的数据。用“OPEN DB”打开数据块，用“OPEN DI”打开背景数据块	数据位 数据字节 数据字 数据双字 数据位 数据字节 数据字 数据双字	DBX DBB DBW DBD DIX DIB DIW DID
本地数据(L)	本区域存放逻辑块(OB，FB 或 FC)中使用的临时数据。当逻辑块结束时，数据丢失	局部数据位 局部数据字节 局部数据字 局部数据双字	L LB LW LD

6.3.2 S7-1500PLC 系统存储区

（1）输入过程映像区（I）

过程映像输入区位于 CPU 的系统存储区。在循环执行用户程序之前，CPU 首先扫描输入模块的信息，并将这些信息记录到过程映像输入区中，与输入模块的逻辑地址相匹配。使用过程映像输入区的好处是在一个程序执行周期中保持数据的一致性。使用地址标识符“I”（不分大小写）访问过程映像输入区。如果在程序中访问输入模块中一个输入点，在程序中表示方法如图 6-11 所示。

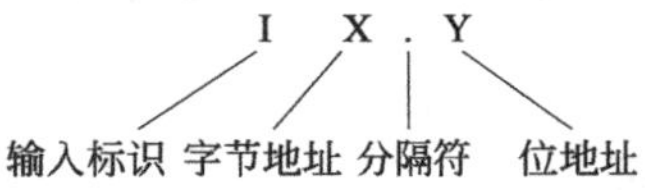

I X . Y

输入标识 字节地址 分隔符 位地址

图 6-11 输入地址表示方法

一个字节包含 8 个位，所以位地址的取值范围为 0～7。一个输入点即为一个位信号。如果一个 32 点的输入模块设定的逻辑地址为 0，那么第 1 个点的表示方法为 I0.0；第 10 个点的表示方法为 I1.1；第 32 个点的表示方法为 I3.7。按字节访问地址表示方法为 IB0、IB1、IB2、IB3（B 为字节 BYTE 的首字母）；按字访问表示方法为 IW0、IW2（W 为字 WORD 的首字母））；按双字访问表示方法为 ID8（D 为双字 DOUBLE WORD 的首字母）。在 S7-1500 PLC 中所有的输入信号均在输入过程映像区内。

（2）过程映像输出区（Q）

过程映像输出区位于 CPU 的系统存储区。在循环执行用户程序中，CPU 将程序中逻辑运算后输出的值存放在过程映像输出区。在一个程序执行周期结束后更新过程映像输出区，并将所有输出值发送到输出模块，以保证输出模块输出的一致性。在 S7-1500 PLC 中所有的输出信号均在输出过程映像区内。

使用地址标识符“Q”（不分大小写）访问过程映像输出区，在程序中表示方法与输入信号类似。输入模块与输出模块分别属于两个不同的存储区地址，所以模块逻辑地址可以相同，如 IB0 和 QB0。

（3）标志位存储区（M）

标志位存储区位于 CPU 的系统存储器，地址标识符为“M”。对 S7-1500 而言，所有型号的 CPU 标志位存储区都是 16384 个字节。在程序中访问标志位存储区的表示方法与访问输入输出映像区的表示方法类似。同样，M 区的变量也可通过符号名进行访问。M 区中掉电保持的数据区大小可以在“PLC 变量”下面打开“变量表”，单击“保存”按钮即可在“保持性存储器”中进行设置，如图 6-12 所示。

（4）S5 定时器（T）

定时器为用户提供了定时控制功能，每个定时器占用定时时间值的 16 位地址空间和定时器状态的 1 位地址空间。定时器存储区位于 CPU 的系统存储器，地址标识符为“T”。对 S7-1500 而言，所有型号 CPU 的 S5 定时器的数量都是 2048 个。定时器的表示方法为 T X，T 表示定时器标识符，X 表示定时器编号。存储区中掉电保持的定时器个数可以在 CPU 中（如通过变量表）设置。S5 定时器也可通过符号寻址。

S7-1500 既可以使用 S5 定时器（T），也可以使用 IEC 定时器。推荐使用 IEC 定时器，这样程序编写更灵活，且 IEC 定时器的数量仅受 CPU 程序资源的限制。一般来说，IEC 定时器的数量远大于 S5 定时器的数量。

（5）S5 计数器（C）

计数器为用户提供了计数控制功能，每个计数器占用计数值的 16 位地址空间和计数器

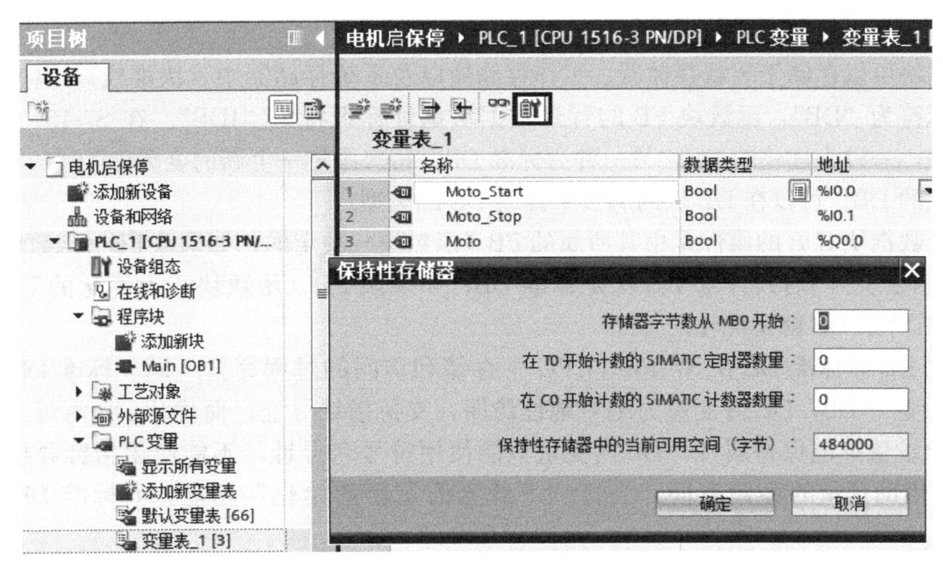

图 6-12　保持性存储器设置方法

状态的 1 位地址空间。计数器存储区位于 CPU 的系统存储器，地址标识符为“C”。在 S7-1500 中，所有型号 CPU 的 S5 计数器的数量都是 2048 个。计数器的表示方法为 C X，C 表示计数器的标识符，X 表示计数器编号。存储区中掉电保持的计数器个数可以在 CPU 中（如通过变量表）设置。S5 计数器也可通过符号寻址。

S7-1500 既可以使用 S5 计数器（C），也可以使用 IEC 计数器。推荐使用 IEC 计数器，这样程序编写更灵活，且 IEC 计数器的数量仅受 CPU 程序资源的限制。一般来说，IEC 计数器的数量远大于 S5 计数器的数量。

注意：如果程序中使用的 M 区、定时器、计数器地址超出了 CPU 规定地址区范围，编译项目时将报错。

（6）本地数据区

本地数据区（L）位于 CPU 的系统数据区，是一个临时数据存储区，用来保存程序块中的临时数据。本地数据区可用于存储 FC（函数）、FB（函数块）的临时变量、OB（“标准”访问的组织块）中的开始信息、参数传送信息及梯形图编程的内部逻辑结果（仅限标准程序块）等。在程序中访问本地数据区的表示方法与访问输入输出映像区的表示方法类似。

（7）I/O 外设存储器区

如果将模块插入到站点中，其逻辑地址将位于 S7-1500 CPU 的过程映像区中（默认设置）。在过程映像区更新期间，CPU 会自动处理模块和过程映像区之间的数据交换。

如果希望程序直接访问模块（而不是使用过程映像区），则在 I/O 地址或符号名称后附加后缀“：P”，这种方式称为直接访问 I/O 地址的访问方式（也称为立即读/立即写）。I/O 外设存储器区允许用户不经过输入/输出过程映像区而直接访问输入/输出模块。

立即读/立即写与程序的执行同步：如果 I/O 模块安装在中央机架上，当程序执行到立即读/立即写指令时，将通过背板总线直接扫描输入/输出地址的当前状态；如果 I/O 模块安装在分布式从站上，当程序执行到立即读/立即指令时，将只扫描其主站中对应的输入/输出地址的当前状态。

注意：S7-1500 I/O 地址的数据也可以使用立即读或立即写的方式直接访问，访问最小单位为位。

（8）数据块存储区（DB）

数据块可以存储于装载存储器、工作存储器以及系统存储器中（块堆栈），共享数据块地址标识符为“DB”，函数块 FB 的背景数据块地址标识符为“IDB”。在 S7-1500 中，DB 块分两种，一种为优化的 DB，另一种为标准 DB。每次添加一个新的全局 DB 时，其缺省类型为优化的 DB。可以在 DB 块的属性中修改 DB 的类型。

背景数据块 IDB 的属性是由其所属的 FB（函数块）决定的，如果该 FB（函数块）为标准 FB（函数块），则其背景 DB 就是标准 DB；如果该 FB（函数块）为优化的 FB（函数块），则其背景 DB 就是优化的 DB。

优化 DB 和标准 DB 在 S7-1500 CPU 中存储和访问的过程完全不同。标准 DB 掉电保持属性为整个 DB，DB 内变量为绝对地址访问，支持指针寻址；而优化 DB 内每个变量都可以单独设置掉电保持属性，DB 内变量只能使用符号名寻址，不能使用指针寻址。优化的 DB 块借助预留的存储空间，支持“下载无需重新初始化”功能，而标准 DB 则无此功能。

6.3.3 全局变量与局部变量

（1）全局变量

全局变量可以在该 CPU 内被用户项目的所有程序块使用，例如在组织块（OB）、函数（FC）、函数块（FB）中使用。全局变量如果在某一个程序块中赋值后，可以在其他的程序中读出，没有使用限制。全局变量通常利用变量表来定义。

全局变量包括 I、Q、M、定时器（T）、计数器（C）、数据块（DB）等数据区。

（2）局部变量

局部变量只能在该变量所属的程序块（OB、FC、FB）范围内使用，不能被其他程序块使用。局部变量一般程序块的变量声明表中定义。

局部变量包括本地数据区（L）中的变量。

6.3.4 全局常量与局部常量

（1）全局常量

全局常量是在 PLC 变量表中定义，之后在整个 PLC 项目中都可以使用的常量。全局常量在项目树的“PLC 变量”表的“用户常量”标签页中声明，如图 6-13 所示。定义完成后，在该 CPU 的整个程序中均可直接使用全局用户常量“Pi”，它的值即为“3.14”。如果在“用户常量”标签页下更改用户常量的数值，则在程序中引用了该常量的地方会自动对应新的值。

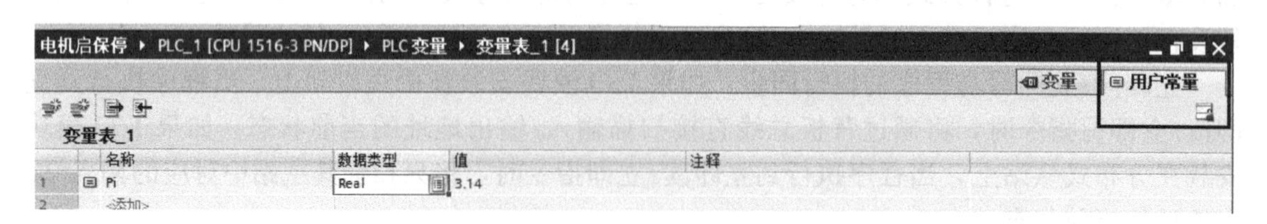

图 6-13　定义全局常量

（2）局部常量

与全局常量相比，局部变量仅在定义该局部变量的块中有效。局部常量是在 OB、FC、FB 块的接口数据区“Constant”下声明的常量，如图 6-14 所示。定义完成后，在该 OB1 程序块中可直接使用局部常量“a”，其值即为“3.0”，可以与图 6-13 定义的全局常“Pi”进行一个加法运算，同时按照第 5 章的项目下载调试方法，启动仿真器下载程序，可以看到程序运行结果正确。

在图 6-13 中可知，编程软件 STEP7 自动在局部常量名前加一个“#”号，全局变量名前加一个双引号进行区分。

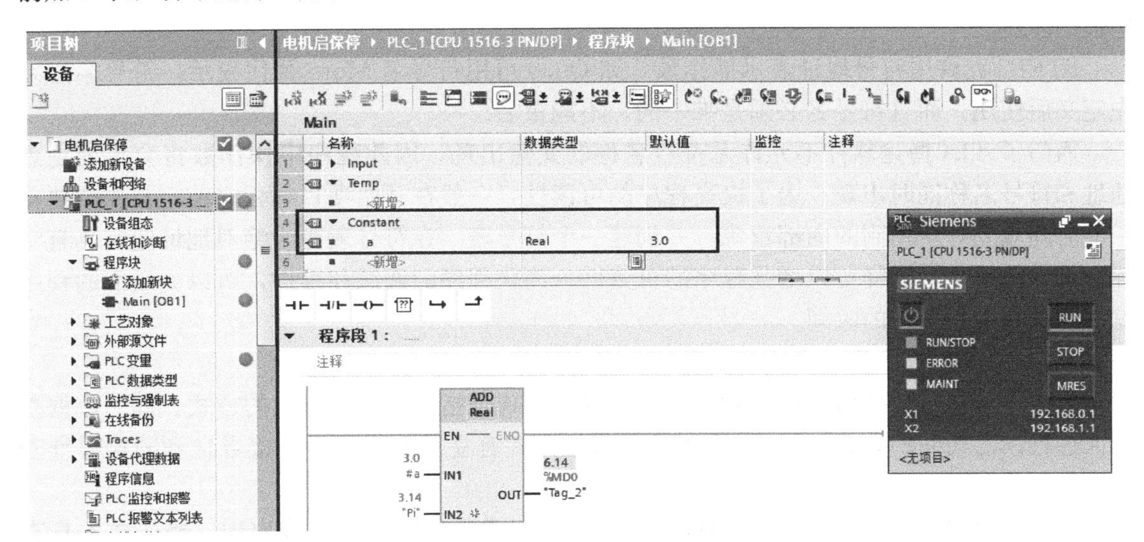

图 6-14　定义局部常量

6.3.5 寻址方式

（1）指令组成

① 语句指令　一条指令由一个操作码和一个操作数组成，操作数由标识符和参数组成。操作码定义要执行的功能；操作数为执行该操作所需要的信息，例如：A I 1.0 是一条位逻辑操作指令，其中：“A”是操作码，它表示执行“与”操作；“I 1.0”是操作数，对输入继电器 I 1.0 进行的操作。有些语句指令不带操作数。它们操作的对象是唯一的。例如：NOT 默认是对逻辑操作结果（RLO）取反。

② 梯形逻辑指令　梯形逻辑指令用图形元素表示 PLC 要完成操作。在梯形逻辑指令中，其操作码是用图素表示的，该图素形象表明 CPU 做什么，其操作数的表示方法与语句指令相同。如：%Q0.0 "Moto" —(s)— 该指令中：—(s) 可认为是操作码，表示一个二进制置位操作。Q0.0 是操作数，表示赋值的对象。梯形逻辑指令也可不带操作数。如：—| NOT |—是对逻辑操作结果取反的操作。

（2）操作数的表示法

① 标识符及表示参数　一般情况下，指令的操作数在 PLC 的存储器中，此时操作数由操作数标识符和参数组成。操作数标识符由主标识符和辅助标识符组成。主标识符表示操作

数所在的存储区，辅助标识符进一步说明操作数的位数长度。若没有辅助标识符指操作数的位数是一位，主标识符有：I（输入过程映像存储区）、Q（输出过程映像存储区）、M（位存储区）、T（定时器）、C（计数器）、DB（数据块）、L（本地数据）。辅助标识符有：X（位）、B（字节）、W（字—2 字节）、D（双字—4 字节）。

② 操作数的表示法　在 STEP7 中，操作数有两种表示方法：一是物理地址（绝对地址）表示法；二是符号地址表示法。

用物理地址表示操作数时，要明确指出操作数的所在存储区，该操作数的位数具体位置。例如：Q 0.0。在程序中，TIA 博途软件会在绝对地址之前加上“%”，实现变量绝对地址的表达。

STEP7 允许用符号地址表示操作数，如 Q0.0 可用符号名 Moto 替代表示，符号名必须先定义后使用，而且符号名必须是唯一的，不能重名。

西门子 TIA 博途软件不允许无符号名称的变量出现，因此程序中操作数将会出现物理地址和符号名称同时出现。为了提高程序的可读性，一般在开始项目编程之前，首先需要花一些时间规划好所用到的内部资源，并创建一个符号表。在符号表中为绝对地址定义具有实际意义的符号名，这样可以增强程序的可读性、简化程序的调试和维护，可以为后面的程序编写和规划节省更多的时间。

（3）寻址方式

操作数是指令的操作或运算对象。所谓寻址方式是指令得到操作数的方式，即对数据存储区进行读写访问的方式。S7 系列 PLC 的寻址方式有立即数寻址、直接寻址和间接寻址三大类。

① 立即数寻址　立即数寻址的数据在指令中以常数（常量）形式出现。操作数本身直接包含在指令中。下面是立即寻址的例子：

```
SET                //把 RLO 置 1
OW   W#16#A320     //将常量 W#16#A320 与累加器 1“或”运算
L    27            //把整数 27 装入累加器 1
L    'ABCD'        //把 ASCII 码字符 ABCD 装入累加器 1
L    C#0100        //把 BCD 码常数 0100 装入累加器 1
```

② 直接寻址　直接寻址是指在指令中直接给出要访问的存储器或寄存器的名称和地址编号，直接存取数据。对于系统存储器中的 I、Q、M 和 L 存储区，是按字节进行排列的，对其中的存储单元进行的直接寻址方式包括位寻址、字节寻址、字寻址和双字寻址。

位寻址是对存储器中的某一位进行读写访问，格式：地址标识符字节地址．位地址。其中，地址标识符指明存储区的类型，可以是 I、Q、M 和 L。字节地址和位地址指明寻址的具体位置。例如，访问输入过程映像区 I 中的第 3 字节第 2 位，如图 6-15 阴影部分所示，地址表示为 I3.2。

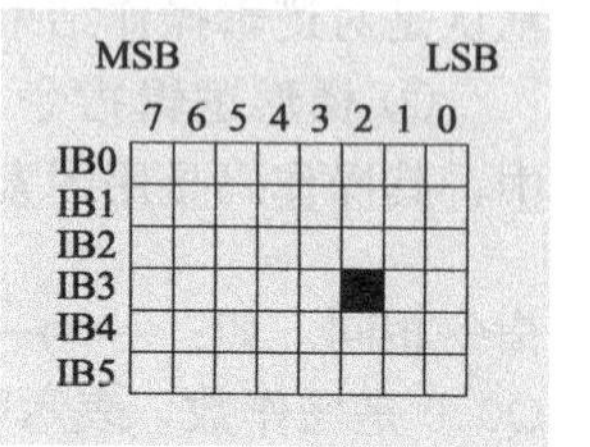

图 6-15　位寻址示意图

下面是直接寻址的例子：

```
A    I 0.0         //对输入位 I 0.0 进行“与”逻辑操作
S    Q20.0         //把 Q20.0 置 1
=    M 115.4       //使存储区位 M 115.4 的内容等于 RLO 的内容
L    IB 10         //把输入字节 IB 10 的内容装入累加器 1
T    MD 12         //把累加器 1 中的内容传送给变量 MD 12 中
```

③ 间接寻址　间接寻址是指使用地址指针间接给出要访问的存储器或寄存器的地址。采用间接寻址时，只有当程序执行时，用于读或写数值的地址才得以确定。使用间接寻址，可实现每次运行该程序语句时使用不同的操作数，从而减少程序语句并使得程序更灵活。

对于S7-1500 PLC，所有的编程语言都可以通过指针、数组元素的间接索引等方式进行间接寻址。当然，不同的语言也支持特定的间接寻址方式，如在STL编程语言中，可以直接通过地址寄存器寻址操作数。

由于操作数只在运行期间通过间接寻址计算，因此可能会出现访问错误，而且程序可能会使用错误值来操作。此外，存储区可能会无意中被错误值覆盖，从而导致系统做出意外响应。因此，使用间接寻址时需格外小心。

S7-1500 PLC指令系统及编程应用

S7-1500 PLC具有丰富的指令系统，支持梯形图LAD、语句表STL、功能块图FBD、结构化控制语言SCL和图表化的GRAPH五种编程语言。任何一种编程语言都有相应的指令集，指令集包含最基本的编程元素，用户可以通过指令集使用基本指令编写函数和函数块，其中包括逻辑指令和功能指令两大类。逻辑指令包括位逻辑指令、定时器指令、计数器指令、字逻辑指令。功能指令主要包括数据处理与算术运算指令、程序执行控制指令以及其它功能指令。

7.1 位逻辑指令

7.1.1 位逻辑指令概述

位逻辑指令处理的对象是“1”和“0”数字信号，这两个数字组成了二进制计数系统中的“位”，可代表输入触点的“闭合”和“断开”，或输出线圈的“通电”和“断电”。位逻辑指令主要包括触点指令、逻辑操作结果（RLO）取反指令、输出指令、置位/复位指令和边沿检测指令等。它们完成逻辑运算操作，将运算结果保存在状态字的RLO中，逻辑操作结果（RLO）用以赋值、置位、复位布尔操作数，也控制定时器和计数器的运行。

在TIA博途STEP中位逻辑指令有以下几种，如图7-1所示为STEP 7中逻辑指令梯形图形式。

7.1.2 位逻辑指令

（1）—|　|—常开触点

存储在指定＜地址＞的位值为“1”时，(常开触点）处于闭合状态。触点闭合时，梯形图轨道能流流过触点，逻辑运算结果（RLO）＝“1”。否则，如果指定＜地址＞的信号状态为“0”，触点将处于断开状态。触点断开时，能流不流过触点，逻辑运算结果（RLO）＝“0”。

位逻辑运算		V1.0
-||-	常开触点 [Shift+F2]	
-|/|-	常闭触点 [Shift+F3]	
-|NOT|-	取反 RLO	
-( )-	赋值 [Shift+F7]	
-(/)-	赋值取反	
-(R)	复位输出	
-(S)	置位输出	
SET_BF	置位位域	
RESET_BF	复位位域	
SR	置位/复位触发器	
RS	复位/置位触发器	
-|P|-	扫描操作数的信号上...	
-|N|-	扫描操作数的信号下...	
-(P)-	在信号上升沿置位操...	
-(N)-	在信号下降沿置位操...	
P_TRIG	扫描 RLO 的信号上升...	
N_TRIG	扫描 RLO 的信号下降...	
R_TRIG	检测信号上升沿	V1.0
F_TRIG	检测信号下降沿	V1.0

图 7-1　STEP7 中逻辑指令梯形图形式

串联使用时，通过 AND 逻辑将—|　|—与 RLO 位进行连接。并联使用时，通过 OR 逻辑将其与 RLO 位进行连接。

常开触点所使用的操作数是：I、Q、M、L、D、T、C。

(2) —| / |—常闭触点

存储在指定＜地址＞的位值为“0”时，(常闭触点) 处于闭合状态。触点闭合时，梯形图轨道能流流过触点，逻辑运算结果 (RLO)＝“1”。否则，如果指定＜地址＞的信号状态为“1”，将断开触点。触点断开时，能流不流过触点，逻辑运算结果 (RLO)＝“0”。

串联使用时，通过 AND 逻辑将—| / |— 与 RLO 位进行连接。并联使用时，通过 OR 逻辑将其与 RLO 位进行连接。

常闭触点所使用的操作数是：I、Q、M、L、D、T、C。

(3) —| NOT |—能流取反

使用“取反 RLO”指令，可对逻辑运算结果 (RLO) 的信号状态进行取反。如果该指令输入的信号状态为“1”，则指令输出的信号状态为“0”。如果该指令输入的信号状态为“0”，则输出的信号状态为“1”。

(4) —(　) 输出线圈

输出线圈的工作方式与继电器逻辑图中线圈的工作方式类似。如果有能流通过线圈 (RLO=1)，将置位＜地址＞位置的位为“1”。如果没有能流通过线圈 (RLO=0)，将置位＜地址＞位置的位为“0”。只能将输出线圈置于梯级的右端。可以有多个 (最多 16 个) 输出单元，使用—| NOT |— (能流取反) 单元可以创建取反输出。

输出线圈所使用的操作数是：I、Q、M、L、D。

（5）—(/)—输出线圈取反

输出线圈取反指令中间有“/”符号，线圈输入的 RLO 为“1”时，复位操作数。线圈输入的 RLO 为“0”时，操作数的信号状态置位为“1”。

中间输出所使用的操作数是：I、Q、M、L、D。

（6）—(R) 复位指令

只有在前面指令的 RLO 为“1”（能流通过线圈）时，才会执行—(R)（复位线圈）。如果能流通过线圈（RLO 为“1”），将把单元的指定＜地址＞复位为“0”。RLO 为“0”（没有能流通过线圈）将不起作用，单元指定地址的状态将保持不变。＜地址＞也可以是置复位为“0”的定时器（T 编号）或置复位为“0”的计数器（C 编号）。

复位指令所使用的操作数是：I、Q、M、L、D、T、C。

（7）—(S) 置位指令

只有在前面指令的 RLO 为“1”（能流通过线圈）时，才会执行—(S)（置位线圈）。如果 RLO 为“1”，将把单元的指定＜地址＞置位为“1”，如果此时 RLO＝0，它仍然保持 1 状态。RLO＝0 将不起作用，单元的指定地址的当前状态将保持不变。

置位指令所使用的操作数是：I、Q、M、L、D。

（8） -()- SET_BF

使用“置位位域”（Set bit field 指令，可对从某个特定地址开始的多个位进行置位（变为 1 状态并保持）。

（9） -()- RESET_BF

可以使用“复位位域”（Reset bit field）指令复位从某个特定地址开始的多个位（变为“0”状态并保持）。

（10） RS置位优先指令

如果 R 输入端的信号状态为“1”，S 输入端的信号状态为“0”，则复位 RS（置位优先型 RS 双稳态触发器）。否则，如果 R 输入端的信号状态为“0”，S 输入端的信号状态为“1”，则置位触发器。如果两个输入端的 RLO 状态均为“1”，则指令的执行顺序是最重要的。RS 触发器先在指定＜地址＞执行复位指令，然后执行置位指令，以使该地址在执行余下的程序扫描过程中保持置位状态。

只有在 RLO 为“1”时，才会执行 S（置位）和 R（复位）指令。这些指令不受 RLO“0”的影响，指令中指定的地址保持不变。

复位优先指令所使用的操作数：S 是 I、Q、M、L、D；R 是 I、Q、M、L、D；Q 是 I、Q、M、L、D。

（11） SR复位优先指令

如果 S 输入端的信号状态为“1”，R 输入端的信号状态为“0”，则置位 SR（复位优先型 SR 双稳态触发器）。否则，如果 S 输入端的信号状态为“0”，R 输入端的信号状态为“1”，则复位触发器。如果两个输入端的 RLO 状态均为“1”，则指令的执行顺序是最重要的。SR 触发器先在指定＜地址＞执行置位指令，然后执行复位指令，以使该地址在执行余下的程序扫描过程中保持复位状态。

只有在 RLO 为“1”时，才会执行 S（置位）和 R（复位）指令。这些指令不受 RLO“0”的影响，指令中指定的地址保持不变。

复位优先指令所使用的操作数同置位优先指令。

(12) —| P |—扫描操作数的信号上升沿

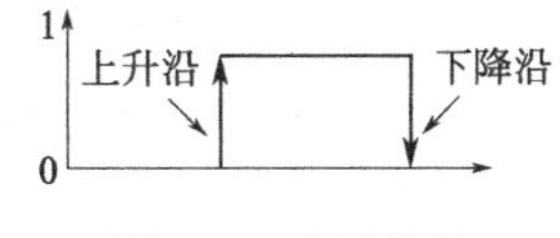

图 7-2　边沿信号

当信号状态变化时就产生跳变沿。当从“0”变到“1”时，产生一个上升沿（或正跳沿）；若从“1”变到“0”，则产生一个下降沿（或负跳沿）。如图 7-2 所示。

—| P |—指令上方和下方各有一个操作数，分别称为＜操作数 1＞和＜操作数 2＞。使用“扫描操作数的信号上升沿”指令，可以确定所指定操作数（操作数 1）的信号状态是否从“0”变为“1”。该指令将比较＜操作数 1＞的当前信号状态与上一次扫描的信号状态，上一次扫描的信号状态保存在边沿存储位（＜操作数 2＞）中。如果该指令检测到逻辑运算结果（RLO）从“0”变为“1”，则说明出现了一个上升沿。

每次执行指令时，都会查询信号上升沿。检测到信号上升沿时，＜操作数 1＞的信号状态将在一个程序周期内保持置位为“1”，并且只保持一个循环扫描周期，在其他任何情况下，操作数的信号状态均为“0”。

在该指令上方的操作数占位符中，指定要查询的操作数（＜操作数 1＞）。在该指令下方的操作数占位符中，指定边沿存储位（＜操作数 2＞）。

(13) —| N |—扫描操作数的信号下降沿

使用“扫描操作数的信号下降沿”指令，可以确定所指定操作数（＜操作数 1＞）的信号状态是否从“1”变为“0”。该指令将比较＜操作数 1＞的当前信号状态与上一次扫描的信号状态，上一次扫描的信号状态保存在边沿存储器位＜操作数 2＞中。如果该指令检测到逻辑运算结果（RLO）从“1”变为“0”，则说明出现了一个下降沿。

每次执行指令时，都会查询信号下降沿。检测到信号下降沿时，＜操作数 1＞的信号状态将在一个程序周期内保持置位为“1”。在其他任何情况下，操作数的信号状态均为“0”。

在该指令上方的操作数占位符中，指定要查询的操作数（＜操作数 1＞）。在该指令下方的操作数占位符中，指定边沿存储位（＜操作数 2＞）。

(14) —(P)—在信号上升沿置位操作数

可以使用“在信号上升沿置位操作数”指令在逻辑运算结果（RLO）从“0”变为“1”时置位指定操作数（＜操作数 1＞）。该指令将当前 RLO 与保存在边沿存储位中（＜操作数 2＞）上次查询的 RLO 进行比较。如果该指令检测到 RLO 从“0”变为“1”，则说明出现了一个信号上升沿。

每次执行指令时，都会查询信号上升沿。检测到信号上升沿时，＜操作数 1＞的信号状态将在一个程序周期内保持置位为“1”。在其他任何情况下，操作数的信号状态均为“0”。

可以在该指令上面的操作数占位符中指定要置位的操作数（＜操作数 1＞）。在该指令下方的操作数占位符中，指定边沿存储位（＜操作数 2＞）。

(15) —(N)—在信号下降沿置位操作数

可以使用“在信号下降沿置位操作数”指令在逻辑运算结果（RLO）从“1”变为“0”时置位指定操作数（＜操作数 1＞）。该指令将当前 RLO 与保存在边沿存储位中（＜操作数 2＞）上次查询的 RLO 进行比较。如果该指令检测到 RLO 从“1”变为“0”，则说明出现了一个信号下降沿。

每次执行指令时，都会查询信号下降沿。检测到信号下降沿时，＜操作数 1＞的信号状态将在一个程序周期内保持置位为“1”。在其他任何情况下，操作数的信号状态均为“0”。

可以在该指令上面的操作数占位符中指定要置位的操作数（<操作数 1>）。在该指令下方的操作数占位符中，指定边沿存储位（<操作数 2>）。

（16）P _ TRIG 扫描 RLO 的信号上升沿

使用“扫描 RLO 的信号上升沿”指令，可查询逻辑运算结果（RLO）的信号状态从“0”到“1”的更改。该指令将比较 RLO 的当前信号状态与保存在边沿存储位（<操作数>）中上一次查询的信号状态。如果该指令检测到 RLO 从“0”变为“1”，则说明出现了一个信号上升沿。

每次执行指令时，都会查询信号上升沿。检测到信号上升沿时，该指令输出 Q 信号状态变为“1”，且只保持一个循环扫描周期。在其他任何情况下，该输出返回的信号状态均为“0”。

（17）N _ TRIG 扫描 RLO 的信号下降沿

使用“扫描 RLO 的信号下降沿”指令，可查询逻辑运算结果（RLO）的信号状态从“1”到“0”的更改。该指令将比较 RLO 的当前信号状态与保存在边沿存储位（<操作数>）中上一次查询的信号状态。如果该指令检测到 RLO 从“1”变为“0”，则说明出现了一个信号下降沿。

每次执行指令时，都会查询信号下降沿。检测到信号下降沿时，该指令输出 Q 信号状态变为“1”，且只保持一个循环扫描周期。在其他任何情况下，该指令输出的信号状态均为“0”。

（18）R _ TRIG 检查信号上升沿

使用“检测信号上升沿”指令，可以检测输入 CLK 的从“0”到“1”的状态变化。该指令将输入 CLK 的当前值与保存在背景数据块中的上次查询（边沿存储位）的状态进行比较。如果该指令检测到输入 CLK 的状态从“0”变成了“1”，就会在输出 Q 中生成一个信号上升沿，输出的值将为 TRUE 或“1”一个周期。

在其他任何情况下，该指令输出的信号状态均为“0”。

（19）F _ TRIG 检查信号下降沿

使用“检测信号下降沿”指令，可以检测输入 CLK 的从“1”到“0”的状态变化。该指令将输入 CLK 的当前值与保存在背景数据块中的上次查询（边沿存储位）的状态进行比较。如果该指令检测到输入 CLK 的状态从“1”变成了“0”，就会在输出 Q 中生成一个信号下降沿，即输出的值将为 TRUE 或“1”一个周期。

在其他任何情况下，该指令输出的信号状态均为“0”。

R _ TRIG 和 F _ TRIG 均是函数块，在调用时应为它们制定背景数据块，通过使用背景数据块存储上一次扫描的 RLO 的值及输出值。所创建的单个背景数据块将保存到项目树“程序块”→“系统块”（Program blocks→System blocks）路径中的“程序资源”（Program resources）文件中。

注意：在使用边沿检测指令时，用于存储边沿的存储器位的地址在程序中最多只能使用一次，否则，该存储器位的内容被覆盖，将影响到边沿检测，从而影响程序运行结果。

7.1.3 边沿检测指令比较

S7-1500 提供了比较丰富的边沿检测指令，主要以上升沿检测为例，详细比较 4 种边沿检测指令的功能。梯形图如图 7-3 所示。

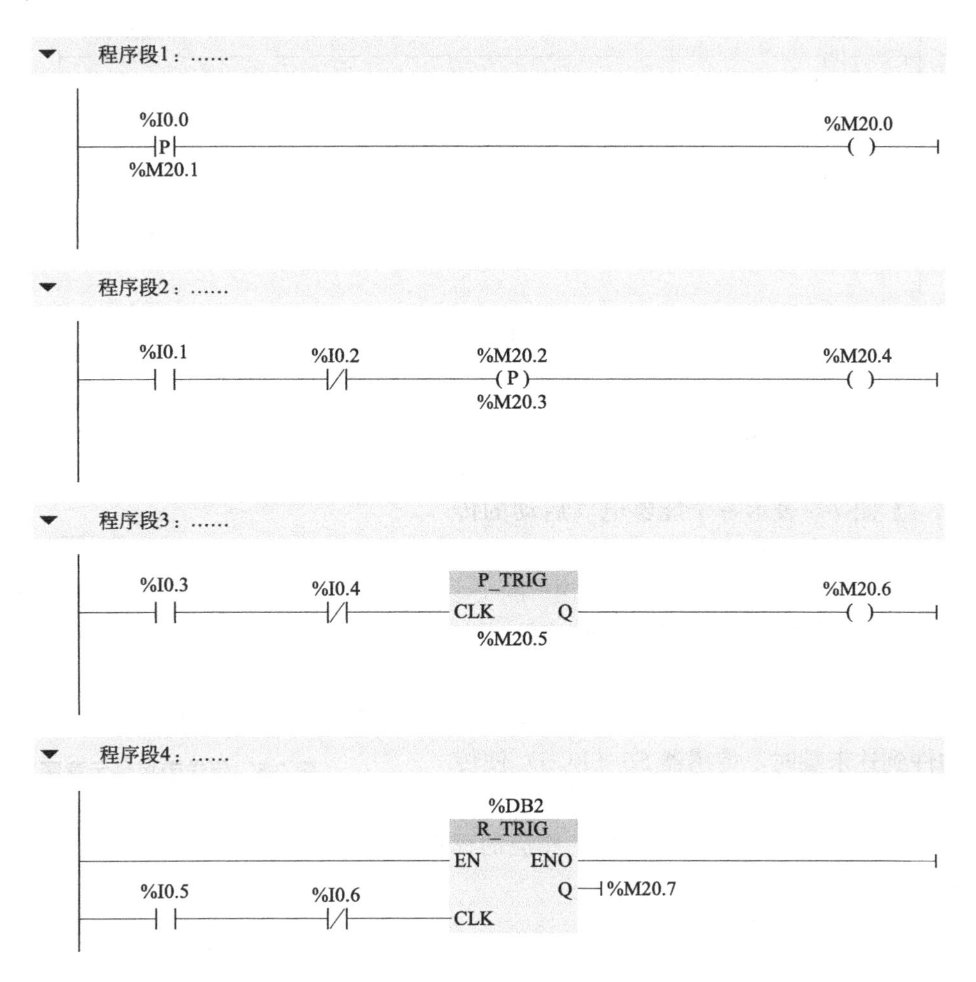

图 7-3　边沿检测梯形图

在─┤ P ├─指令触点上面的地址 I0.0 的上升沿，如果条件成立，该触点接通一个扫描周期。因此 P 触点用于检测触点上面地址的上升沿，并且直接输出上升沿脉冲。其他 3 种指令都是用来检测逻辑运算结果 RLO（即流入指令输入端的能流）的上升沿。

在流过─(P)─线圈的能流的上升沿，线圈上面的地址 M20.2 在一个扫描周期为 1 状态。因此 P 线圈用于检测能流的上升沿，并用线圈上面 M20.2 的触点来输出上升沿脉冲。其他 3 种指令都是直接输出检测结果。

R_TRIG 指令与 P_TRIG 指令都是用于检测流入它们的 CLK 端的能流的上升沿，并用 Q 端直接输出检测结果。其区别在于 R_TRIG 是函数块，用它的背景数据块 DB1 保存上一次扫描循环 CLK 端信号的状态，而 P_TRIG 指令用边沿存储位 M20.5 来保存它。P 触点和 P 线圈分别用边沿存储位 M20.1 和 M20.3 来保存它们的输入信号的状态。

如果 R_TRIG 指令与 P_TRIG 指令的 CLK 端电路只有某地址的常开触点，则可以用该地址的─┤ P ├─触点来代替它的常开触点和这两条指令之一的串联电路。如图 7-4 中的两个程序段的电路功能是一样的。

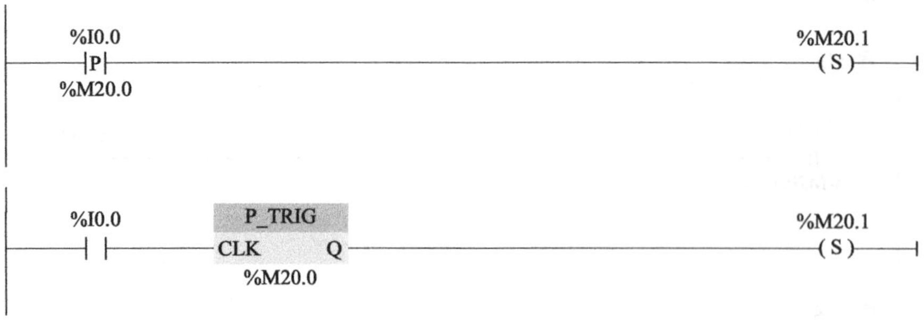

%I0.0   %M20.1
|P| (S)
%M20.0

%I0.0   P_TRIG   %M20.1
CLK Q   (S)
%M20.0

图 7-4　等效的上升沿检测电路

7.1.4　位逻辑指令综合应用

【例 7-1】图 7-5 表示一个能够电气启动的传送带。在传送带的起点有两个按钮开关：用于 START 的 S1（I0.1）和用于 STOP 的 S2（I0.2）。在传送带的尾部也有两个按钮开关：S3（I0.3）用于 START，S4（I0.4）用于 STOP。可以从任一端启动或停止传送带。另外，当传送带上的物件到达末端时，传感器 S5（I0.5）使传送带停机。

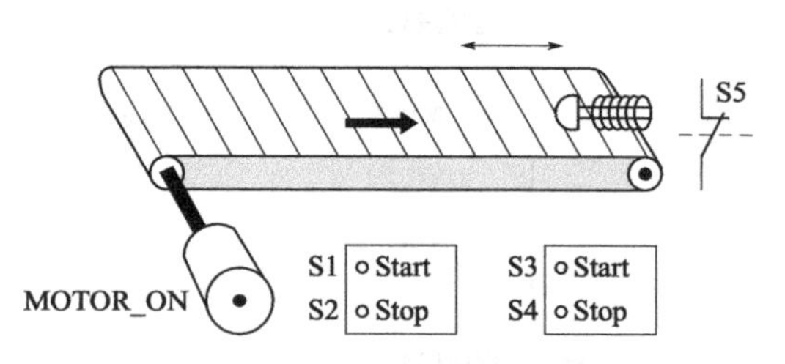

图 7-5　传送带控制示意图

控制程序均在 OB1 组织块内完成，相应的程序如图 7-6 所示，其中 Q0.0 用于传送带驱动电动机的控制。

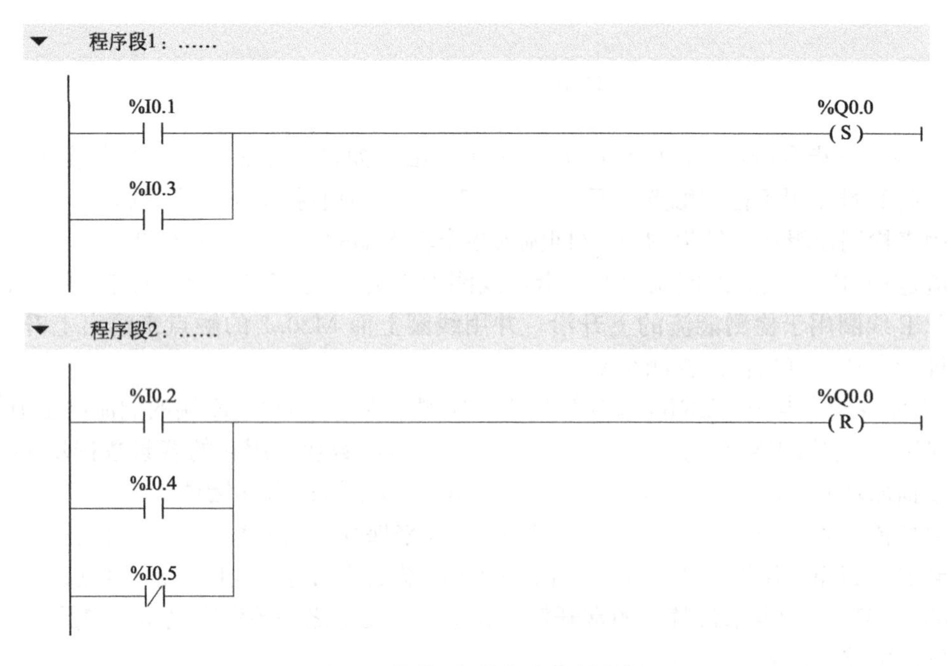

图 7-6　置位/复位指令使用举例

【例 7-2】行车控制，用 STEP 7 编写程序，要求如下：用按钮对行车的大车进行左移、右移控制，并用按钮对行车的小车进行上升、下降控制。

分析：根据控制要求可知，要实现行车控制，首先要知道，大车小车的启停条件，大车的启动条件有，I0.0 或 I0.1 按下，停止条件是 I0.2 按下或碰到限位开关（M200.0、M200.1）。小车与大车原理相似。

在 STEP 7 中建立的 I/O 变量表，如表 7-1 所示。

表 7-1　I/O 变量表

变量表_2

	名称	数据类型	地址	保持	可从 ...	从 H...	在 H...
1	大车停止	Bool	%I0.2	☐	☑	☑	☑
2	大车右移	Bool	%I0.0	☐	☑	☑	☑
3	大车右移动作	Bool	%Q5.0	☐	☑	☑	☑
4	大车左移	Bool	%I0.1	☐	☑	☑	☑
5	大车左移动作	Bool	%Q5.1	☐	☑	☑	☑
6	上限位	Bool	%M20.2	☐	☑	☑	☑
7	下限位	Bool	%M20.3	☐	☑	☑	☑
8	小车上升	Bool	%I0.4	☐	☑	☑	☑
9	小车上升动作	Bool	%Q5.2	☐	☑	☑	☑
10	小车停止	Bool	%I0.6	☐	☑	☑	☑
11	小车下降	Bool	%I0.5	☐	☑	☑	☑
12	小车下降动作	Bool	%Q5.3	☐	☑	☑	☑
13	右限位	Bool	%M20.0	☐	☑	☑	☑
14	左限位	Bool	%M20.1	☐	☑	☑	☑

梯形图程序如图 7-7 所示。

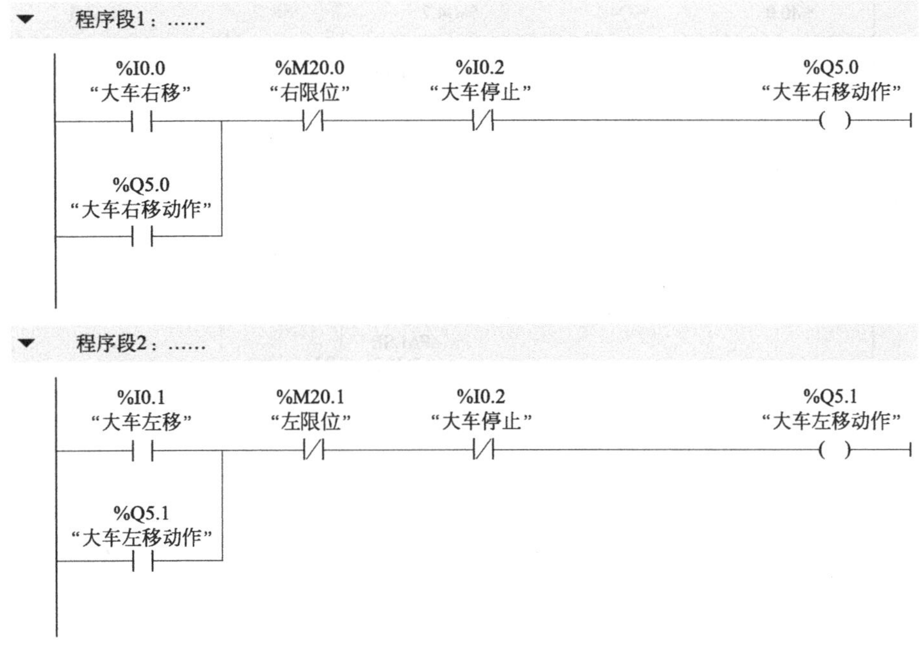

图 7-7

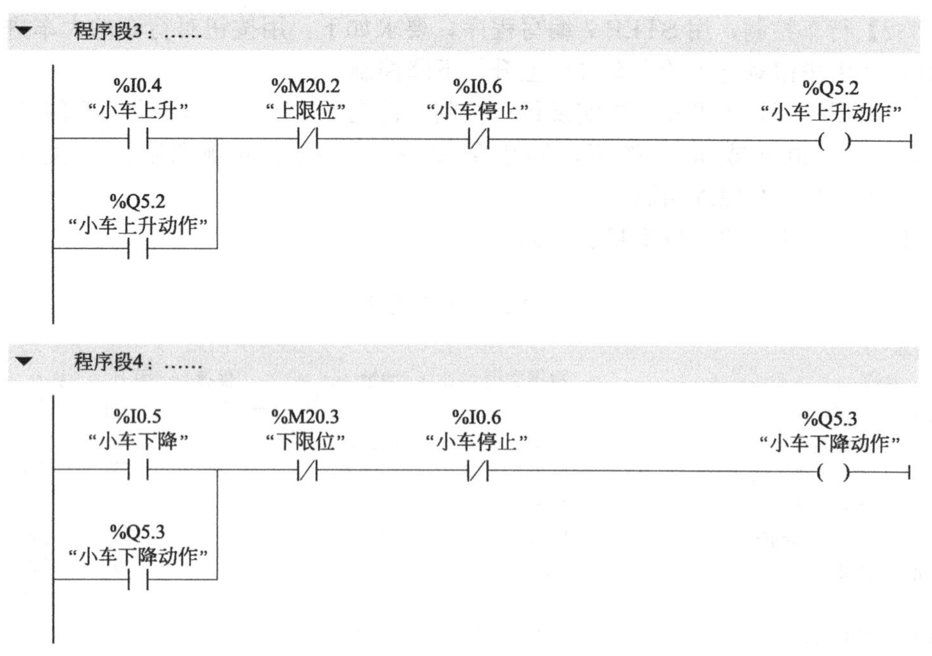

图 7-7 行车控制梯形图程序

【例 7-3】抢答器有三个输入，分别为 I0.0、I0.1 和 I0.2，输出分别为 Q4.0、Q4.1 和 Q4.2，复位输入是 I0.3。要求：三人中任意抢答，谁先按按钮，谁的指示灯优先亮，且只能亮一盏灯，进行下一问题时主持人按复位按钮，抢答重新开始。实现其功能的梯形图如图 7-8 所示。

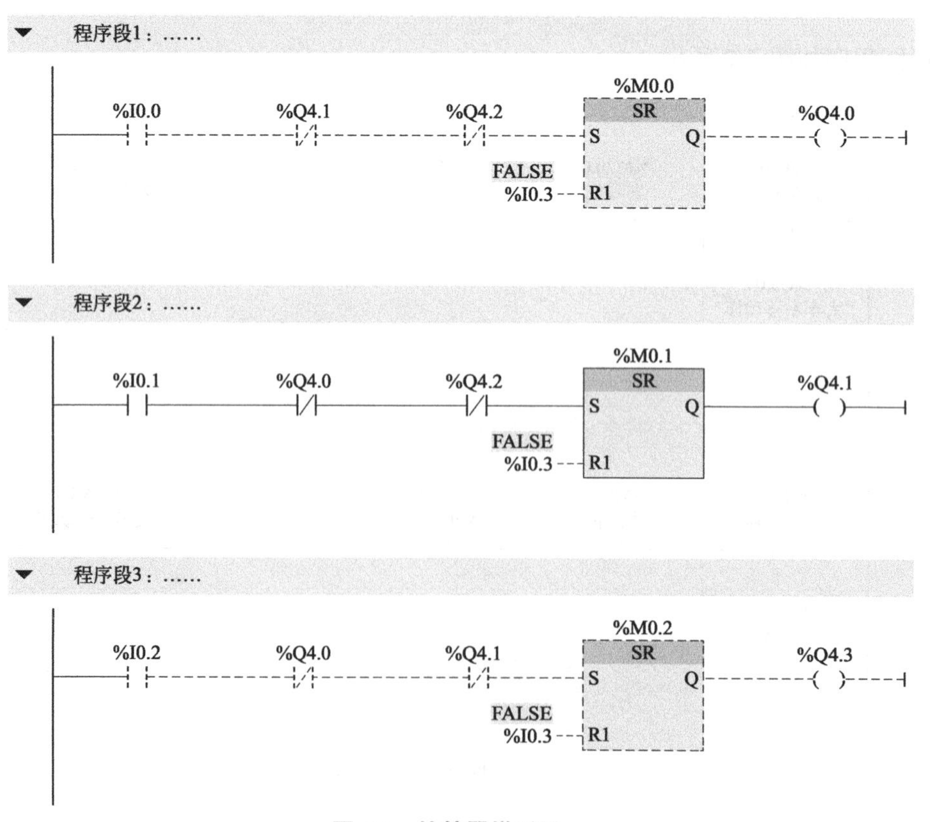

图 7-8 抢答器梯形图一

也可以使用如图 7-9 所示的梯形图来实现，程序的编写不拘一格，关键在于合理的组织，能实现控制功能即可。

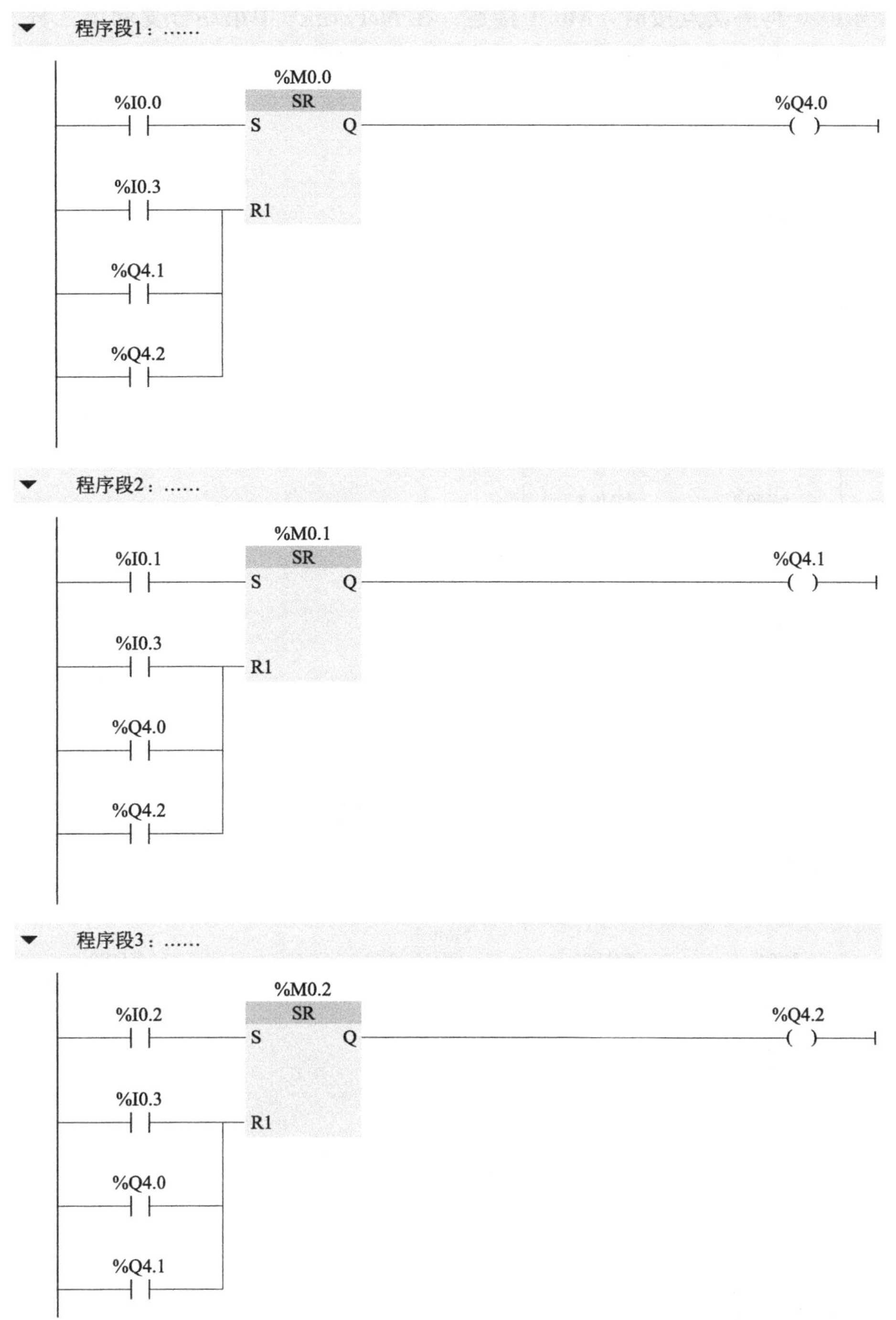

图 7-9　抢答器梯形图二

【例 7-4】设计一个乒乓电路，按动按钮 I0.0，使灯泡亮，再按动按钮，灯泡灭。实现其功能的梯形图如图 7-10 所示。对于 7-10 所示的梯形图，分析如下：

(1) 第一次按动按钮时，I0.0 接通，在一个扫描周期中，则 M0.1 通；M0.2 接通；Q4.0 通，电灯亮。

（2）当一个扫描周期结束时，M0.1 断开；在第二分支中，由于 M0.2 是通的，同时常闭触点 M0.1 是通的，M0.2 保持接通状态，Q4.0 通，电灯继续保持亮。

（3）当 I0.0 再一次点按时，M0.1 接通；在 Network2 中第一分支和第二分支能流不通，M0.2 断开，Q4.0 不通，电灯灭，之后系统循环运行。

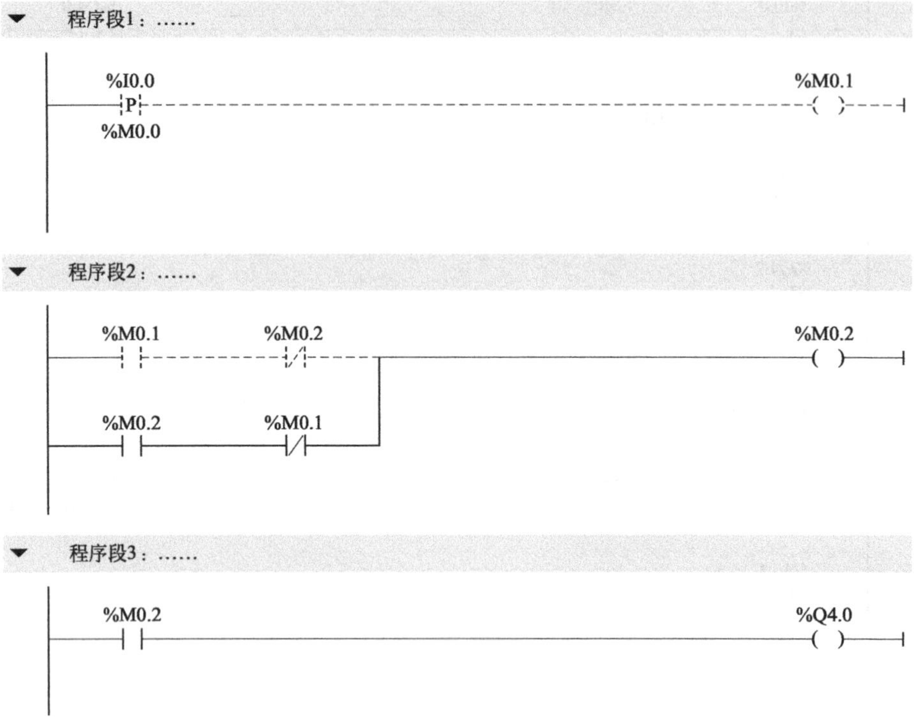

程序段1：……

%I0.0 P %M0.0 %M0.1

程序段2：……

%M0.1 %M0.2 %M0.2

%M0.2 %M0.1

程序段3：……

%M0.2 %Q4.0

图 7-10　闪烁灯控制梯形图

也可以使用如图 7-11 所示的梯形图来实现。

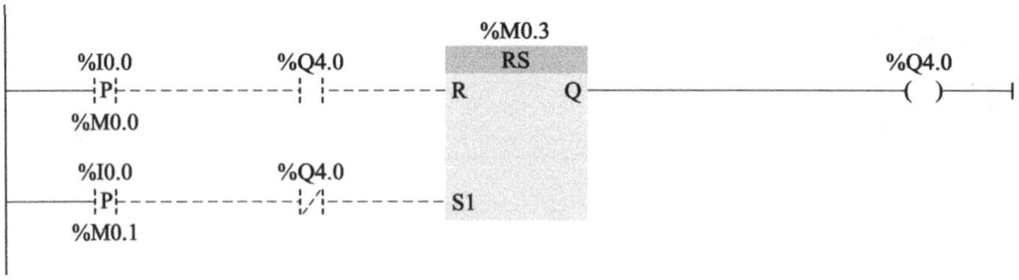

%M0.3 RS

%I0.0 P %M0.0 %Q4.0 R Q %Q4.0

%I0.0 P %M0.1 %Q4.0 S1

图 7-11　闪烁灯控制梯形图

7.2　定时器指令

7.2.1　定时器指令概述

定时器相当于继电器电路中的时间继电器，是 PLC 中的重要部件，它用于实现或监控时间序列。S5 是西门子 PLC 老产品的系列号，S5 定时器是西门子 S5 系列 PLC 的定时器。S7-1200 CPU 只能使用 IEC 定时器指令，而 S7-1500 CPU 可以使用 IEC 定时器和 SIMATIC 定时器，在经典的 STEP 7 软件中，SIMATIC 定时器放在指令树下的定时器指令中，IEC 定时器放在库函数中。在 TIA 博途软件中，则把这两类定时器指令都放在“指令”任务卡下“基本指令”目录的“定时器操作”指令中。详细的指令如图 7-12 所示。

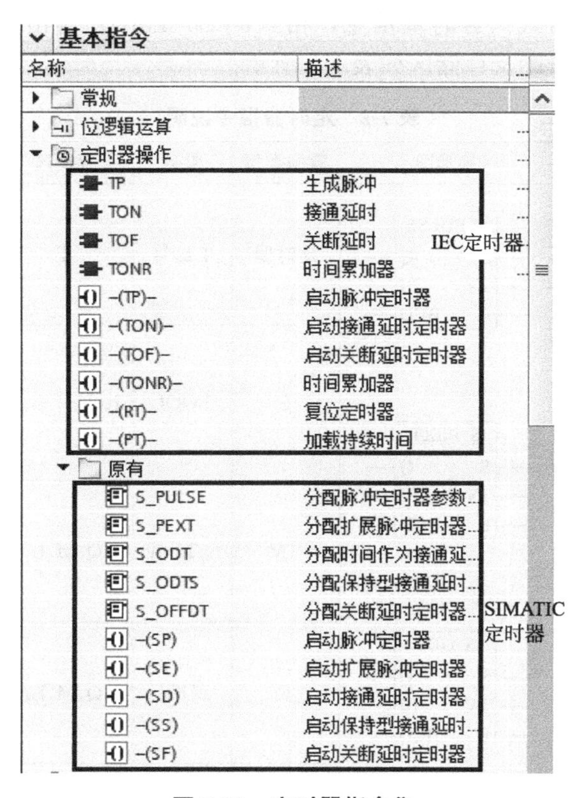

图 7-12　定时器指令集

IEC 定时器占用 CPU 的工作存储器资源，数量与工作存储器大小有关；而 SIMATIC 定时器是 CPU 的特定资源，在 CPU 的系统存储器中有专门的存储区域，每个定时器是一种由位和字组成的复合单元，定时器触点的状态由位表示，其定时时间值存储在字存储器中。SIMATIC 定时器开始定时时，定时器的当前值从预设的时间值每隔一个时基减“1”，减至“0”，则认为定时器定时时间到。

SIMATIC 定时器的个数受到限制，一般数量固定，例如 CPU1513 的 SIMATIC 定时器的个数为 2048。相比而言，IEC 定时器可设定的时间要远远大于 SIMATIC 定时器可设定的时间。IEC 定时器的最大定时时间为 24 天，比 SIMATIC 定时器的 9990s 要大得多。

在 SIMATIC 定时器中，带有线圈的定时器相对于带有参数的定时器为简化类型指令，例如—(SP) 与 S _ PULSE，在 S _ PULSE 指令中带有复位以及当前时间值等参数，而—(SP) 指令的参数比较简单。在 IEC 定时器中，带有线圈的定时器和带有参数的定时器参数类似，区别在于前者带有背景数据块，而后者需要定义一个 IEC _ TIMER 的数据类型。本节只介绍 SIMATIC 定时器指令。

(1) 定时器指令分类

S7-1500 的 SIMATIC 定时器有五种：脉冲定时器（SP)、扩展脉冲定时器（SE)、接通延时定时器（SD）、带保持的接通延时定时器（SS）和断电延时定时器（SF）。SIMATIC 定时器指令均有 S、TV、R、Q、BI 和 BCD 等参数，使用时还需要为其指定一个定时器编号。其中，S 为定时器启动端，TV 为预设时间值输入端，R 为定时器复位端，BI、BCD 为剩余时间常数值输出端的两种数据格式，Q 为定时器状态输出端。定时器计时时，其当前时间值表示的是计时剩余时间，在输出 BI 处以二进制编码格式（无时基信息）输出，在输出 BCD 处以 BCD 编码格式（含时基信息，格式同 S5 Time）输出。这五种定时器的梯形图、数据类型、参数、描述及存储区如表 7-2 所示。

表 7-2　定时器指令说明

名称	梯形图	数据类型	参数	存储区	描述
S_PULSE;脉冲 S5 定时器	S_PULSE S　Q TV　BI R　BCD	定时器	T 编号	T	定时器标识号,范围取决于 CPU
S_PEXT;扩展脉冲 S5 定时器	S_PEXT S　Q TV　BI R　BCD	S	BOOL	I、Q、M、L、D	使能输入,启动输入端
		TV	S5TIME	I、Q、M、L、D	预设时间值
S_ODT;接通延时 S5 定时器	S_ODT S　Q TV　BI R　BCD	R	BOOL	I、Q、M、L、D	复位输入端
S_ODTS;保持接通延时 S5 定时器	S_ODTS S　Q TV　BI R　BCD	BI	WORD	I、Q、M、L、D	剩余时间值,整型格式
		BCD	WORD	I、Q、M、L、D	剩余时间值,BCD 格式
S_OFFDT;断电延时 S5 定时器	S_OFFDT S　Q TV　BI R　BCD	Q	BOOL	I、Q、M、L、D	定时器的状态

（2）定时器字的表示方法

在 CPU 的存储器中留出了定时器区域，用于存储定时器的定时时间值。每个定时器为 2 B，称为定时字。S7 中定时时间由时基和定时值两部分组成，定时时间等于时基与定时值的乘积。采用减计时，当定时器运行时，定时值不断减 1，直至减到 0，减到 0 表示定时时间到。定时时间到后会引起定时器触点的动作。

定时器可以使用两种格式预先装载时间值。

① S5 时间表示法。S5 时间表示法在 STL、LAD 以及梯形图方块指令中都能用。其指令格式如下：

L　S5T# aH _ bM _ cS _ dMS　//执行后，把定时值 aHbMcSdMS 以二进制数的形式存入累加器 1 低字（即低 16 位）中。

其中：a=小时，bb=分钟，cc=秒，ddd=毫秒；设定范围为 10MS～2H _ 46M _ 30S；此时，时基是自动选择的，原则是：根据定时时间选择能满足定时范围要求的最小时基。在梯形图中必须使用“S5T#”格式的时间预置值 S5T# aH _ bbM _ ccS _ dddMS，在输入时可以不输入下划线。

② 直接表示法。直接表示法格式如下：

W#16#wxyz

其中：w=时基，取值 0、1、2、3，分别表示时基为：10ms、100ms、1s、10s；xyz=定时值，是 BCD 码格式的时间值，取值范围：1～999。

例如：
```
A    I0.0          //允许 T4 启动的输入控制信号
L    W#16#2127     //把 2127 存入累加器 1 低字中
SP   T4            //启动 T4，且累加器 1 存放的 2127 自动装入定时器字中
```

7.2.2 SIMATIC 定时器指令

图 7-13 给出了 S7-1500 中五种类型定时器的工作状态时序图，其中 t 为定时器的设定时间。表 7-3 给出了各种定时器的功能。

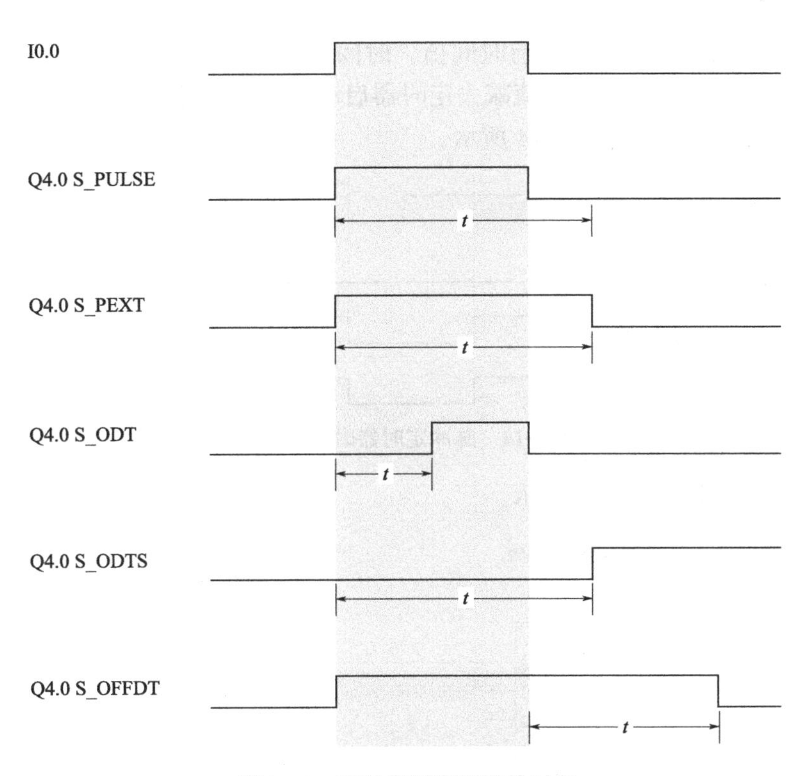

图 7-13　五种类型定时器的时序

表 7-3 定时器功能说明

名称	功能说明
S_PULSE；脉冲 S5 定时器	输出信号保持为 1 的最大时间与设定的时间值 t 相同。如果输入信号变为 0，则输出信号在较短的时间内保持为 1
S_PEXT；扩展脉冲 S5 定时器	输出信号在设定的时间长度内保持为 1，无论输入信号保持 1 的时间为多长
S_ODT；接通延时 S5 定时器	只有在设定的时间到且输入信号仍为 1 时，输出信号才变为 1。如果输入信号变为 0，则输出信号变为 0
S_ODTS；保持接通延时 S5 定时器	只有在设定的时间到且输入信号仍为 1 时，输出信号才变为 1。无论输入信号保持 1 的时间为多长
S_OFFD；断电延时 S5 定时器	输入信号变为 1 或定时器运行时输出信号为 1，输入信号从 1 变为 0 时时间启动

(1) 脉冲定时器（SP，Pulse Timer）

如果在启动（S）输入端有一个上升沿，S_PULSE（脉冲 S5 定时器）将启动指定的定时器。信号变化始终是启用定时器的必要条件。定时器在输入端 S 的信号状态为“1”时运行，但最长周期是由输入端 TV 指定的时间值。只要定时器运行，输出端 Q 的信号状态就为“1”。如果在时间间隔结束前，S 输入端从“1”变为“0”，则定时器将停止。这种情况下，输出端 Q 的信号状态为“0”。

如果在定时器运行期间定时器复位（R）输入从“0”变为“1”时，则定时器将被复位。当前时间和时间基准也被设置为零。如果定时器不是正在运行，则定时器 R 输入端的逻辑“1”没有任何作用。

可在输出端 BI 和 BCD 扫描当前时间值。时间值在 BI 端是二进制编码，在 BCD 端是 BCD 编码。当前时间值为初始 TV 值减去定时器启动后经过的时间。

脉冲定时器时序波形图如图 7-14 所示。

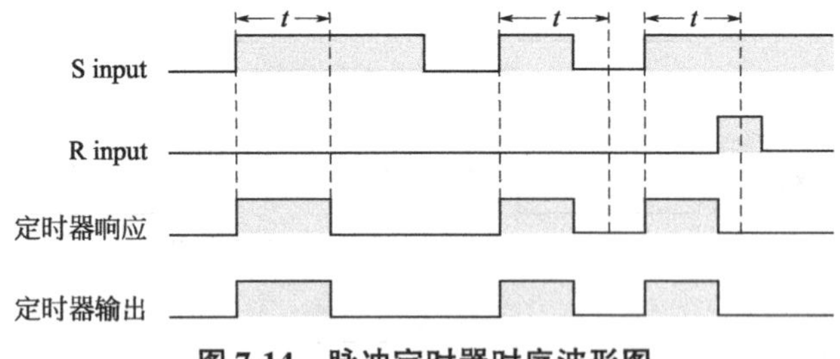

图 7-14 脉冲定时器时序波形图

在 STEP 7 中使用如图 7-15 所示。

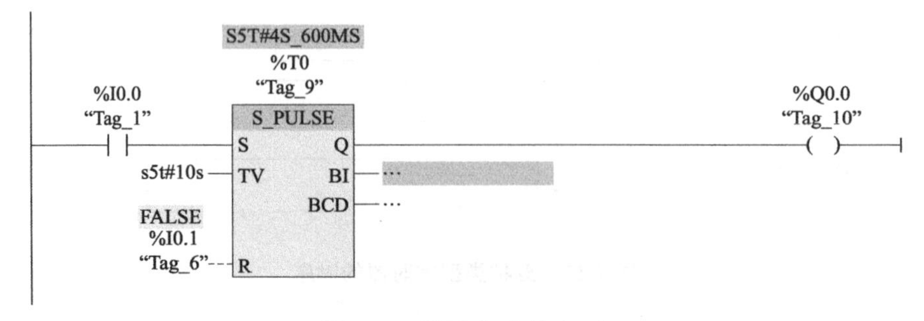

图 7-15 脉冲定时器（SP）

如果输入端 I0.0 的信号状态从“0”变为“1”（RLO 中的上升沿），则定时器 T0 将启动。只要 I0.0 为“1”，定时器就将继续运行指定的 10s 时间。如果定时器达到预定时间前，I0.0 的信号状态从“1”变为“0”，则定时器将停止。如果输入端 I0.1 的信号状态从“0”变为“1”，而定时器仍在运行，则时间复位。只要定时器运行，输出端 Q0.0 就是逻辑“1”，如果定时器预设时间结束或复位，则输出端 Q0.0 变为“0”。

(2) 扩展脉冲定时器（SE，Extended Pulse Timer）

如果在启动（S）输入端有一个上升沿，S _ PEXT（扩展脉冲 S5 定时器）将启动指定的定时器。信号变化始终是启用定时器的必要条件。定时器以在输入端 TV 指定的预设时间间隔运行，即使在时间间隔结束前，S 输入端的信号状态变为“0”。只要定时器运行，输出端 Q 的信号状态就为“1”。如果在定时器运行期间输入端 S 的信号状态从“0”变为“1”，则将使用预设的时间值重新启动（“重新触发”）定时器。

如果在定时器运行期间复位（R）输入从“0”变为“1”，则定时器复位。当前时间和时间基准被设置为零。

可在输出端 BI 和 BCD 扫描当前时间值。时间值在 BI 处为二进制编码，在 BCD 处为 BCD 编码。当前时间值为初始 TV 值减去定时器启动后经过的时间。

扩展脉冲定时器时序波形图如图 7-16 所示。

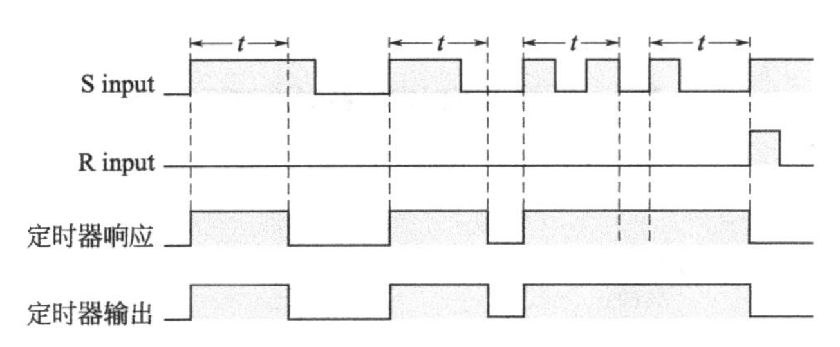

图 7-16　扩展脉冲定时器时序波形图

在 STEP 7 中使用如图 7-17 所示。

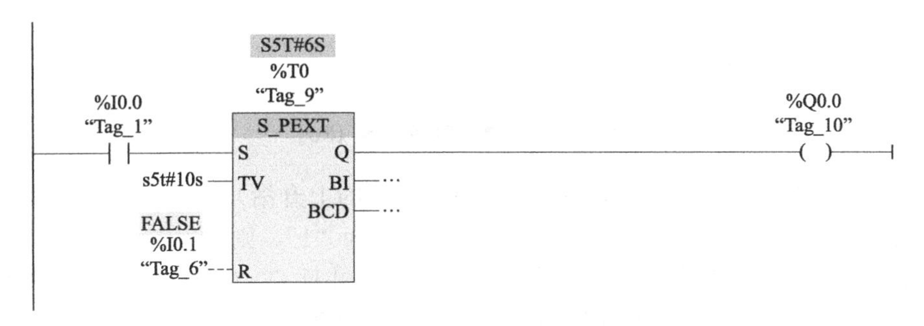

图 7-17　扩展脉冲定时器（SE）

如果输入端 I0.0 的信号状态从“0”变为“1”（RLO 中的上升沿），则定时器 T0 将启动。定时器将继续运行指定的 10s 时间，而不会受到输入端 S 处下降沿的影响。如果在定时器达到预定时间前，I0.0 的信号状态从“0”变为“1”，则定时器将被重新触发。只要定时器运行，输出端 Q0.0 就为逻辑“1”。

(3) 接通延时定时器（SD，ON-Delay Timer）

接通延时定时器是使用得最多的定时器。如果在启动（S）输入端有一个上升沿，S _

ODT（接通延时 S5 定时器）将启动指定的定时器。信号变化始终是启用定时器的必要条件。只要输入端 S 的信号状态为“1”，定时器就以在输入端 TV 指定的时间间隔运行。定时器达到指定时间而没有出错，并且 S 输入端的信号状态仍为“1”时，输出端 Q 的信号状态为“1”。如果定时器运行期间输入端 S 的信号状态从“1”变为“0”，定时器将停止。这种情况下，输出端 Q 的信号状态为“0”。

如果在定时器运行期间复位（R）输入从“0”变为“1”，则定时器复位。当前时间和时间基准被设置为零。然后，输出端 Q 的信号状态变为“0”。如果在定时器没有运行时 R 输入端有一个逻辑“1”，并且输入端 S 的 RLO 为“1”，则定时器也复位。

可在输出端 BI 和 BCD 扫描当前时间值。时间值在 BI 处为二进制编码，在 BCD 处为 BCD 编码。当前时间值为初始 TV 值减去定时器启动后经过的时间。

接通延时定时器时序波形图如图 7-18 所示。

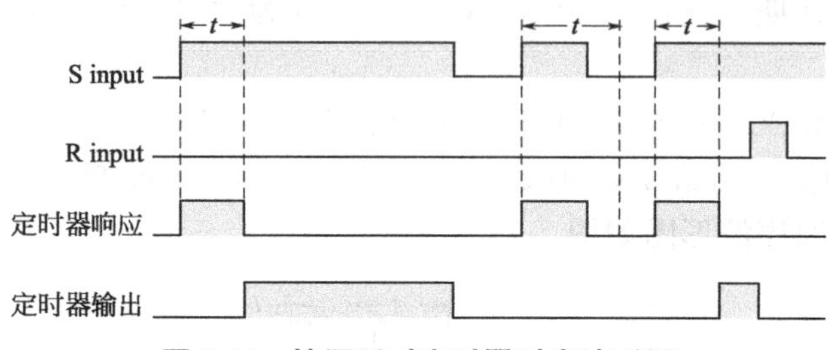

图 7-18　接通延时定时器时序波形图

在 STEP 7 中使用如图 7-19 所示。

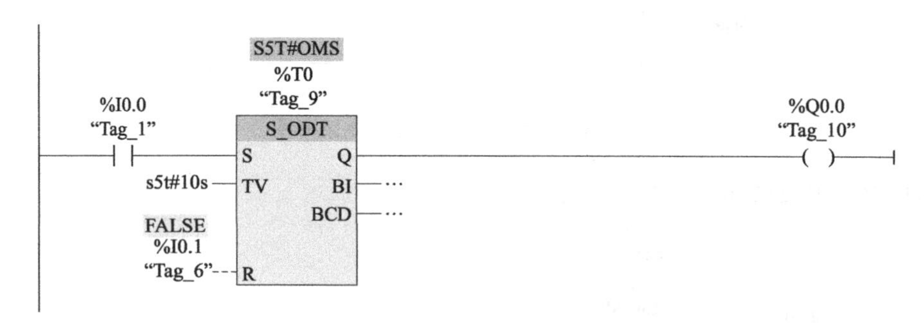

图 7-19　接通延时定时器（SD）

如果 I0.0 的信号状态从“0”变为“1”（RLO 中的上升沿），则定时器 T0 将启动。如果指定的 10s 时间结束并且输入端 I0.0 的信号状态仍为“1”，则输出端 Q0.0 将为“1”。如果 I0.0 的信号状态从“1”变为“0”，则定时器停止，并且 Q0.0 将为“0”（如果 I0.1 的信号状态从“0”变为“1”，则无论定时器是否运行，时间都复位）。

（4）带保持的接通延时定时器（SS，Retentive ON-Delay Timer）

如果在启动（S）输入端有一个上升沿，S _ ODTS（保持接通延时 S5 定时器）将启动指定的定时器。信号变化始终是启用定时器的必要条件。定时器以在输入端 TV 指定的时间间隔运行，即使在时间间隔结束前，输入端 S 的信号状态变为“0”。定时器预定时间结束时，输出端 Q 的信号状态为“1”，而无论输入端 S 的信号状态如何。如果在定时器运行时输入端 S 的信号状态从“0”变为“1”，则定时器将以指定的时间重新启动（重新触发）。

如果复位（R）输入从“0”变为“1”，则无论 S 输入端的 RLO 如何，定时器都将复位。然后，输出端 Q 的信号状态变为“0”。

可在输出端 BI 和 BCD 扫描当前时间值。时间值在 BI 端是二进制编码，在 BCD 端是 BCD 编码。当前时间值为初始 TV 值减去定时器启动后经过的时间。

带保持的接通延时定时器时序波形图如图 7-20 所示。

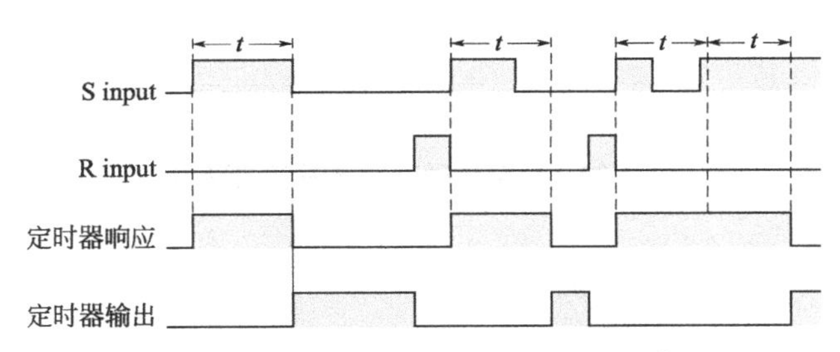

图 7-20　带保持的接通延时定时器时序波形图

在 STEP 7 中使用如图 7-21 所示。

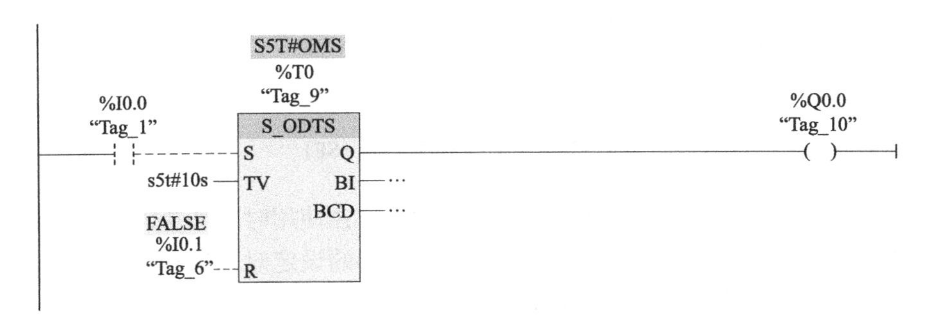

图 7-21　带保持的接通延时定时器（SS）

如果 I0.0 的信号状态从“0”变为“1”（RLO 中的上升沿），则定时器 T0 将启动。无论 I0.0 的信号是否从“1”变为“0”，定时器都将运行。如果在定时器达到指定时间前，I0.0 的信号状态从“0”变为“1”，则定时器将重新触发。如果定时器达到指定时间，则输出端 Q0.0 将变为“1”。如果输入端 I0.1 的信号状态从“0”变为“1”，则无论 S 处的 RLO 如何，时间都将复位。

（5）断电延时定时器（SF，Off-Delay Timer）

如果在启动（S）输入端有一个下降沿，S _ OFFDT（断开延时 S5 定时器）将启动指定的定时器。信号变化始终是启用定时器的必要条件。如果 S 输入端的信号状态为“1”，或定时器正在运行，则输出端 Q 的信号状态为“1”。如果在定时器运行期间输入端 S 的信号状态从“0”变为“1”时，定时器将复位。输入端 S 的信号状态再次从“1”变为“0”后，定时器才能重新启动。

如果在定时器运行期间复位（R）输入从“0”变为“1”时，定时器将复位。

可在输出端 BI 和 BCD 扫描当前时间值。时间值在 BI 端是二进制编码，在 BCD 端是 BCD 编码。当前时间值为初始 TV 值减去定时器启动后经过的时间。

断电延时定时器时序波形图如图 7-22 所示。

在 STEP 7 中使用如图 7-23 所示。

如果 I0.0 的信号状态从“1”变为“0”，则定时器启动。I0.0 为“1”或定时器运行时，Q0.0 为“1”。如果在定时器运行期间 I0.1 的信号状态从“0”变为“1”，则定时器复位。

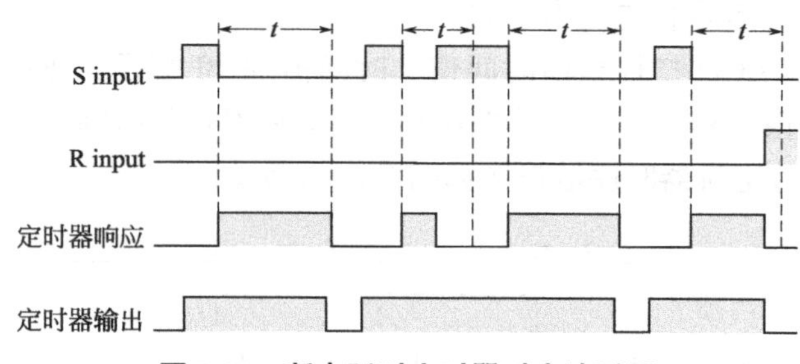

图 7-22　断电延时定时器时序波形图

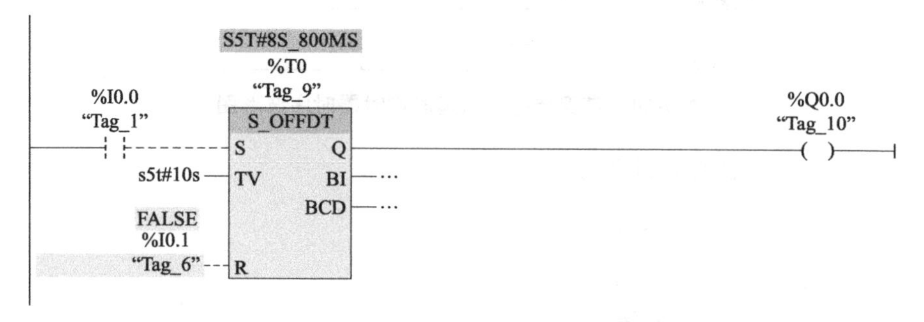

图 7-23　断电延时定时器（SF）

注意：不管是 IEC 定时器还是 SIMATIC 定时器，在使用时，如果需要定时时间不是固定值，可能根据控制要求输入不同的值，可以先将不同的设定时间值写入存储器，然后再以存储器的方式赋值给定时器的预设时间端子。

（6）定时器线圈指令

S7-1500 中五种类型的定时器还有其线圈指令形式可以使用，如表 7-4 所示。线圈指令的使用可以简化梯形图结构，很方便地来组织程序。定时器线圈指令与定时器方块指令的区别是定时器线圈指令少了定时器复位端 R、定时器剩余时间值输出端 BI 和 BCD，以及定时器状态输出端 Q。可以通过触点指令查询定时器输出端 Q 的信号状态，通过复位输出指令实现定时器复位，通过“L”指令查询定时器二进制编码格式的当前时间值，通过“LC”指令查询定时器 BCD 编码格式的当前时间值。

表 7-4　五种类型定时器线圈指令

LAD 指令	功能
T no. —(SP) 时间值	启动脉冲定时器 时间值的数据类型为： S5TIME
T no. —(SE) 时间值	启动扩展脉冲定时器
T no. —(SD) 时间值	启动接通延时定时器
T no. —(SS) 时间值	启动保持型接通延时定时器

续表

LAD 指令	功能
T no. —(SF) 时间值	启动关断延时定时器

线圈指令使用如图 7-24 所示。

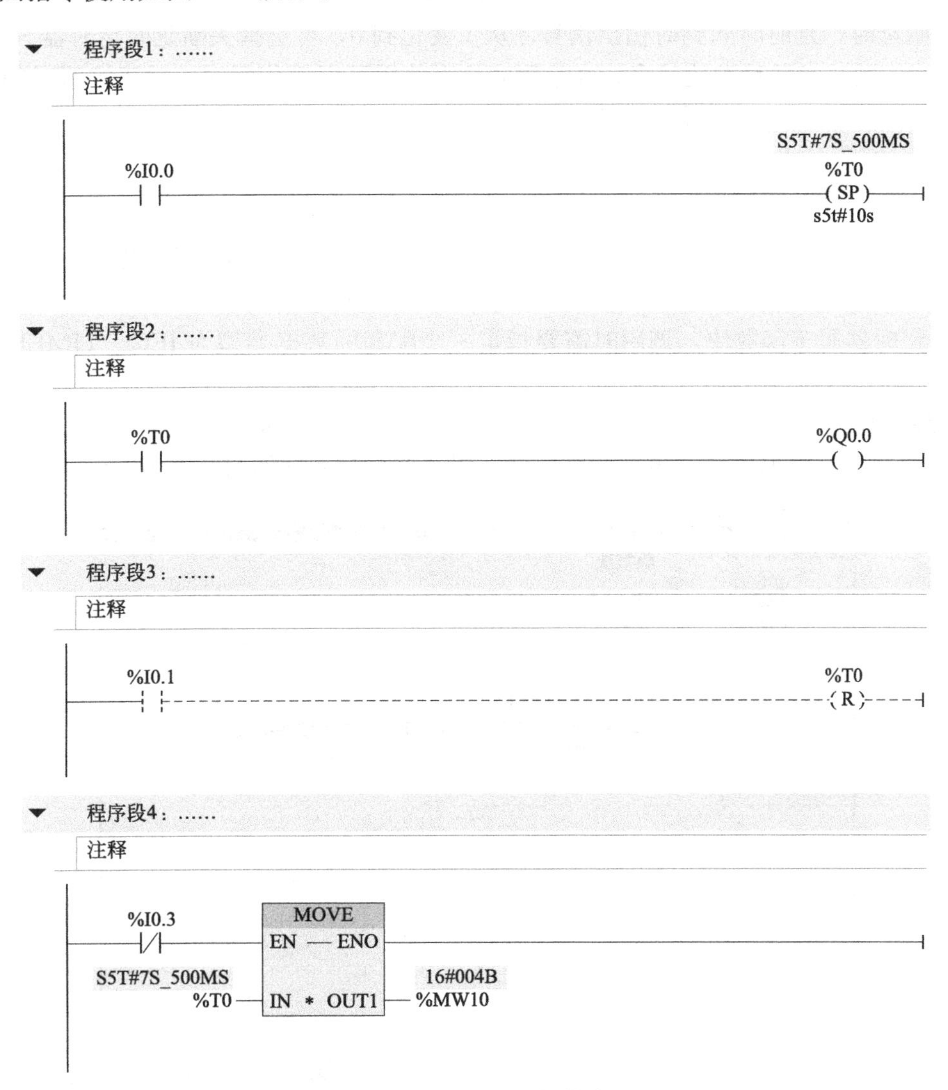

图 7-24　定时器线圈指令

比较定时器线圈和定时器方块指令不难看出：方块指令中用 TV 端可直接进行定时时间设定（只能用 S5TIME 格式）；用 Q 端可直接进行定时器对外输出；定时器的剩余定时时间可分别用二进制数和 BCD 数从 BI 端和 BCD 端输出，方便用户使用及查看。

对于以上 5 种不同形式的定时器指令，一般的选择原则是：

如果要求输出信号为 1 的时间等于定时器的设定时间，且要求输入与输出信号状态一致时，可选择脉冲定时器 SP。

如果要求输出信号为 1 的时间等于定时器的设定时间，但不要求输入与输出信号状态一致，不考虑输入信号为 1 的时间长短，可选择扩展脉冲定时器 SE。

如果要求设定时间到且输入信号仍为 1 时，输出信号才从 0 变到 1，可选择接通延时定时器 SD。

如果要求设定时间到时，输出信号才从 0 变到 1，而不考虑输入信号此时的状态及为 1 的时间长短，可选择保持型接通延时定时器 SS。

如果要求输入信号从 0 变化到 1 时，输出信号也从 0 变化到 1，当输入信号从 1 变化到 0 时才开始延时，延时时间到时输出信号才从 1 变化到 0，可选择关断延时定时器 SF。

S7-1500 的定时器种类比较多，在编程时恰当使用可以简化程序。对于定时时间很短或者精度要求比较高时，需要采用外部时钟来实现。

7.2.3 IEC 定时器指令

由于 S7-1500 的定时器种类比较多，在编程时应恰当选择使用可以简化程序。同时，对于定时时间很短或者精度要求比较高时，需要采用外部时钟来实现。

IEC 定时器属于函数块，调用时需要指定一个配套的数据类型为 IEC _ TIMER 的背景数据块，用于存储定时器指令的数据。

在程序中插入该指令时，将打开“调用选项”（Call options）对话框，可以指定 IEC 定时器将存储在自身数据块中（单个背景），“调用选项”对话框如图 7-25 所示。

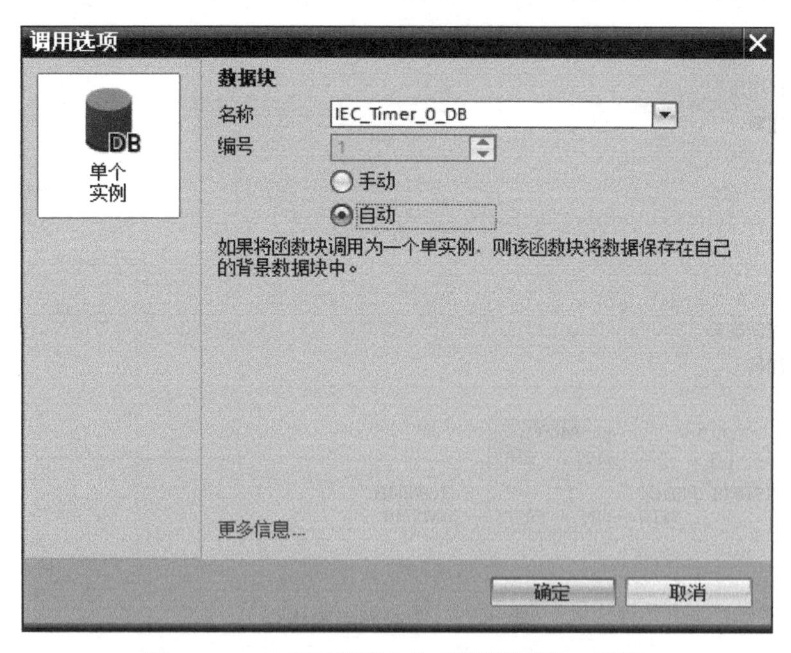

图 7-25　IEC 定时器指令的“调用选项”对话框

指定一个新的单个数据块，如图 7-26 中的“IEC _ Timer _ 0 _ DB”，则该数据块将保存到项目树“程序块”（Program blocks）→“系统块”（System blocks）路径中的“程序资源”（Program resources）文件夹内。如图 7-26 所示。

IEC 定时器和 IEC 计数器属于函数块，调用时需要指定配套的背景数据块，定时器和计数器指令的数据保存在背景数据块中。双击图 7-26 中的“IEC _ Timer _ 0 _ DB”，自动生成的背景数据块如图 7-27 所示。

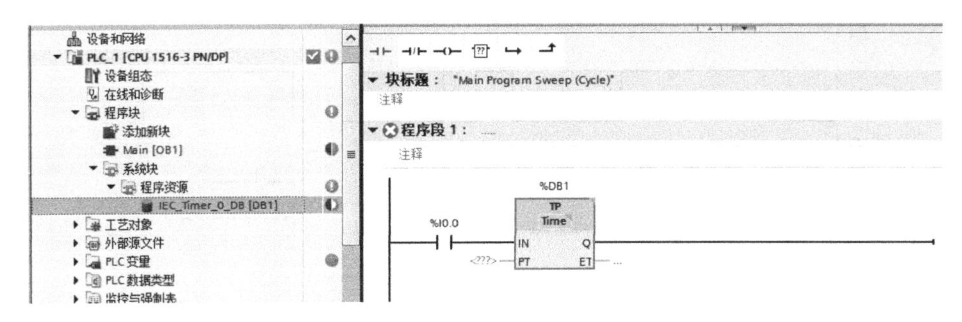

图 7-26　“IEC _ Timer _ 0 _ DB”存放路径

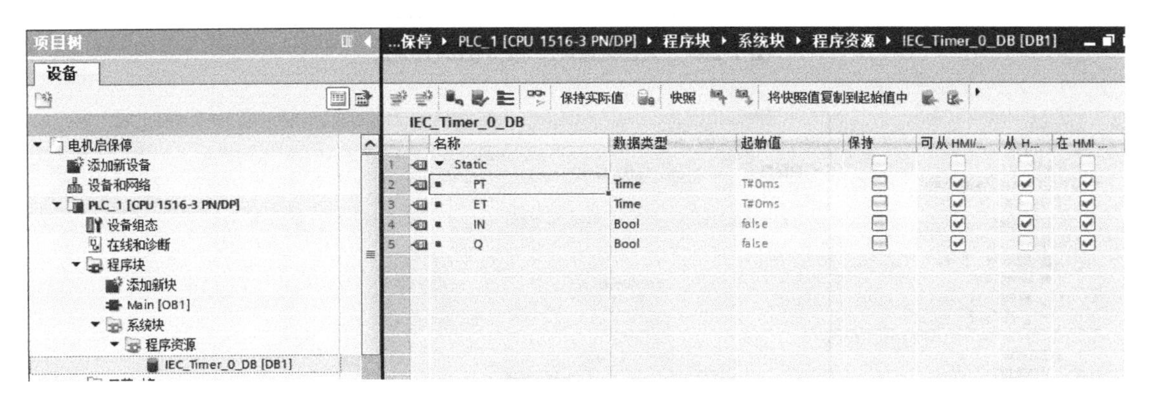

图 7-27　定时器的背景数据块

图中，PT（Preset Time）为预设时间值，ET（Elapsed Time）为定时开始后经过的时间，称为当前时间值，它们的数据类型为时间 32 位 Time（单位是 ms）或者 64 位的 LTime（单位为 ns）。

（1）生成脉冲定时器 TP

使用“生成脉冲”（Generate pulse）指令，可以将输出 Q 置位为预设的一段时间。当输入 IN 的逻辑运算结果（RLO）从“0”变为“1”（信号上升沿）时，启动该指令。指令启动时，预设的时间 PT 即开始计时。无论后续输入信号的状态如何变化，都将输出 Q 置位由 PT 指定的一段时间。PT 持续时间正在计时时，即使检测到新的信号上升沿，输出 Q 的信号状态也不会受到影响。

可以扫描 ET 输出处的当前时间值。该定时器值从 T＃0s 开始，在达到持续时间值 PT 后结束。如果 PT 时间用完且输入 IN 的信号状态为“0”，则复位 ET 输出。

每次调用“生成脉冲”指令，都会为其分配一个 IEC 定时器用于存储指令数据。图 7-28 给出了“生成脉冲”指令的时序图。

在 STEP 7 中使用如图 7-29 所示。

程序中可以不给输出 Q 和 ET 指定地址。Q 为定时器的输出位，定时器指令可以放在程序段的中间或者结束处。可以用定时器的背景数据块的编号或符号名来指定需要复位的定时器。如果此时正在定时，且 IN 输入信号为 0 状态，将使当前时间值 ET 清零，Q 输出也变为 0 状态。如果此时正在定时，且 IN 输入信号为 1 状态，将使当前时间值 ET 清零，但是 Q 输出保持为 1 状态。

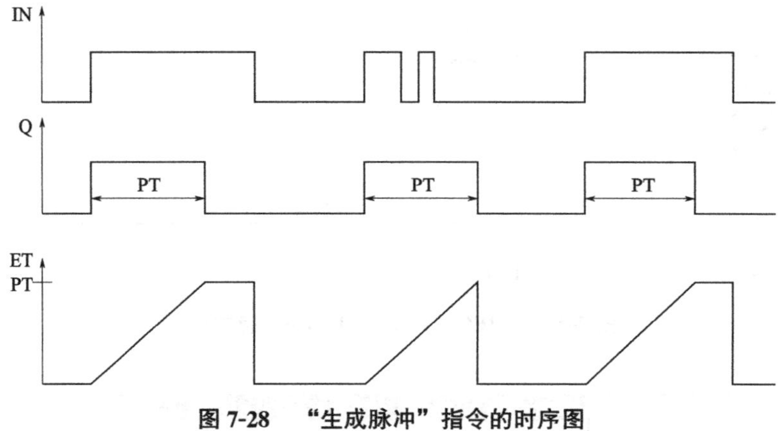

图 7-28 “生成脉冲”指令的时序图

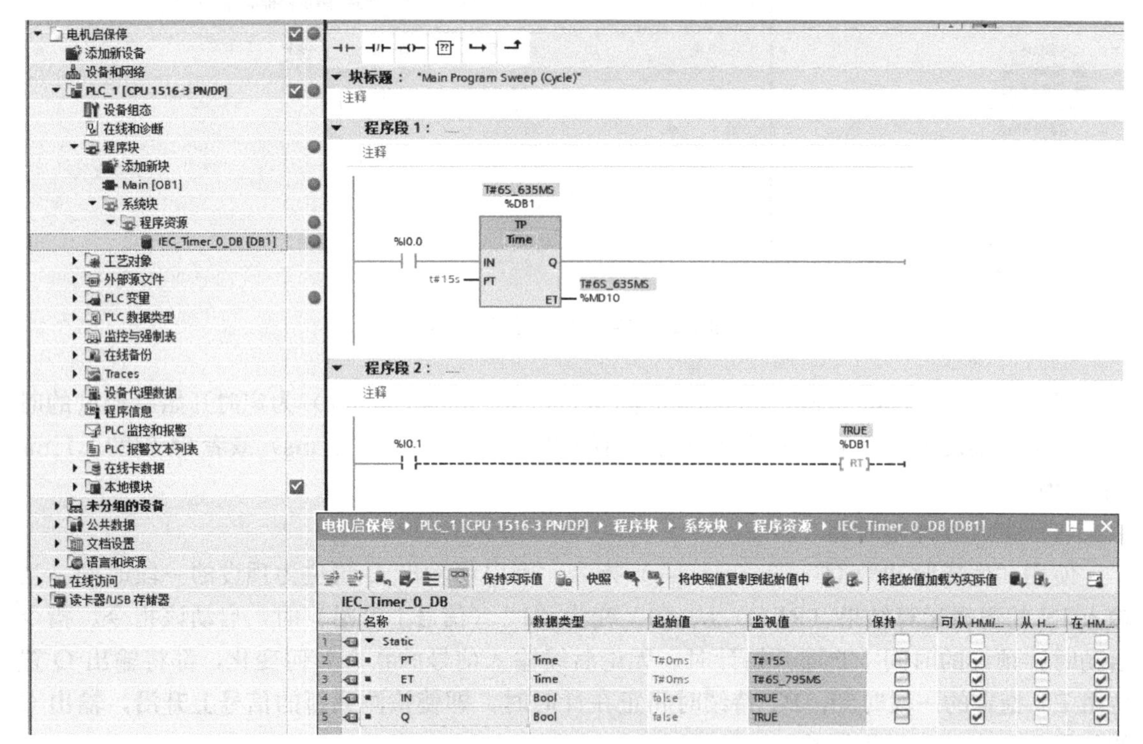

图 7-29 脉冲定时器的程序状态

（2）生成接通延时定时器 TON

TON 指令为“接通延时”定时器指令。该指令有 IN、PT、ET 和 Q 等参数，当输入参数 IN 的逻辑运算结果（RLO）从“0”变为“1”（信号上升沿）时，启动该指令，开始计时，计时的时间由预设时间参数 PT 设定，当计时时间到达后，输出 Q 的信号状态为“1”。

此时，只要输入参数 IN 仍为“1”，输出 Q 就保持为“1”，直到输入参数 IN 的信号状态从“1”变为“0”时，将复位输出 Q。当输入参数 IN 检测到新的信号上升沿时，该定时器功能将再次启动。

可以在输出参数 ET 处查询到当前时间值，该时间值从 T＃0s 开始，在达到持续时间

PT 后保持不变。只要输入 IN 的信号状态变为“0”，输出 ET 就复位。

“接通延时”定时器指令的时序图如图 7-30 所示。

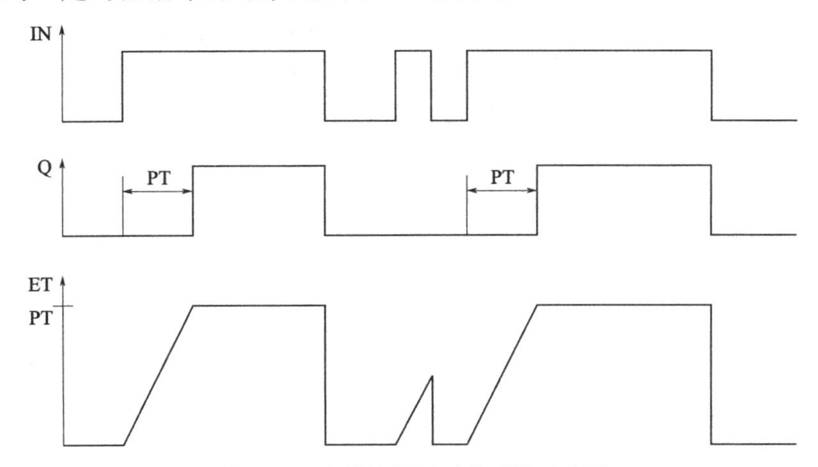

图 7-30　生成接通延时定时器时序图

(3) 生成关断延时定时器 TOF

TOF 为“关断延时”定时器指令。该指令有 IN、PT、ET 和 Q 等参数，当输入 IN 的逻辑运算结果（RLO）从“0”变为“1”（信号上升沿）时，输出 Q 变为“1”；当输入 IN 处的信号状态变回“0”时，开始计时，计时时间由预设时间参数 PT 设定；当计时时间到达后，输出 Q 变为“0”。如果输入 IN 的信号状态在计时结束之前再次变为“1”，则复位定时器，而输出 Q 的信号状态仍将为“1”。

可以在 ET 输出查询当前的时间值。时间值从 T＃0s 开始，达到 PT 时间值时结束。当持续时间 PT 计时结束后，在输入 IN 变回“1”之前，ET 输出仍保持置位为当前值。在持续时间 PT 计时结束之前，如果输入 IN 的信号状态切换为“1”，则将 ET 输出复位为值 T＃0s。

“关断延时”定时器指令的时序图如图 7-31 所示。

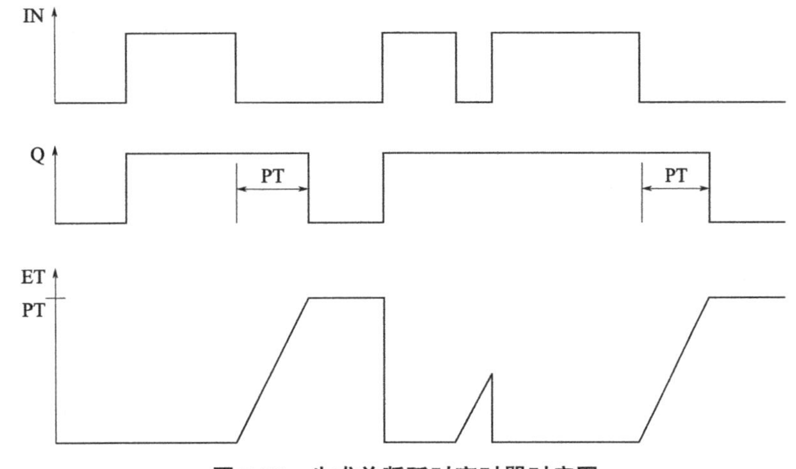

图 7-31　生成关断延时定时器时序图

(4) 时间累加器 TONR

TONR 为“时间累加器”指令，实现累计定时，可以累计输入电路接通的若干个时间段。该指令有 IN、R、PT、ET 和 Q 等参数，当输入 IN 的信号状态从“0”变为“1”时（信号上升沿），将执行该指令，同时开始计时（计时时间由 PT 设定）。在计时过程中，累加 IN 输入的信号状态为“1”时所持续的时间值，累加的时间通过 ET 输出。当持续时间达到 PT 设定时间后，输出 Q 的信号状态变为“1”。即使 IN 参数的信号状态从“1”变为“0”（信号下降沿），Q 参数仍将保持置位为“1”；而输入 R 端信号为“1”时，将复位输出 ET 和 Q。

“时间累加器”指令的时序图如图 7-32 示。

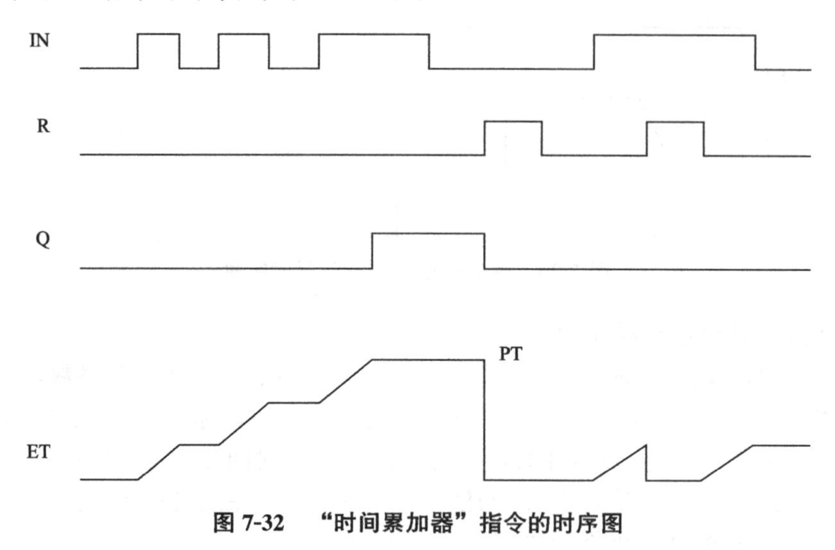

图 7-32 “时间累加器”指令的时序图

在 STEP 7 中使用如图 7-33 所示。

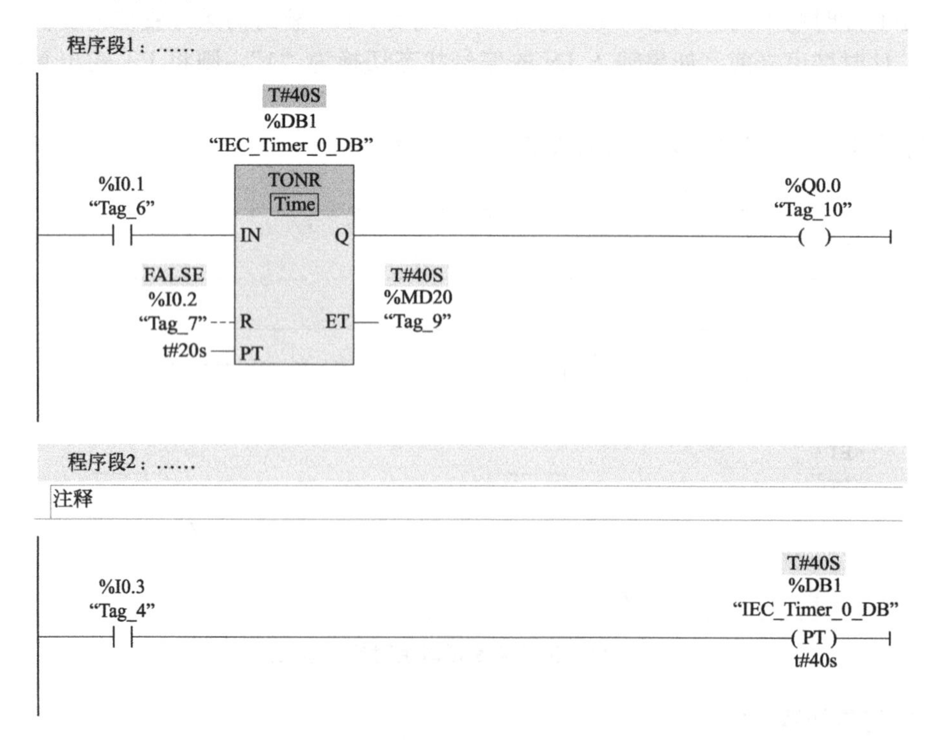

图 7-33 时间累加器指令运行

(5) 简单的指令形式

对于 IEC 定时器指令，还有简单的指令形式，包括直接启动、复位和加载持续时间指令。直接启动定时器指令没有 PT、ET 和 Q 等参数，如果需要对定时器复位或直接设置定时器时间，则可以使用复位定时器和加载持续时间指令，该指令的梯形图如图 7-34 所示。

<???> —[RT]—　　<???> —(PT)— <???>

图 7-34　复位定时器和加载持续时间指令

使用“复位定时器”指令，可将 IEC 定时器复位为“0”。仅当线圈输入的逻辑运算结果（RLO）为“1”时，才执行该指令。如果电流流向线圈（RLO 为“1”），则指定数据块中的定时器结构组件将复位为“0”。如果该指令输入的 RLO 为“0”，则该定时器保持不变。

可以使用“加载持续时间”指令为 IEC 定时器设置时间。如果该指令输入逻辑运算结果（RLO）的信号状态为“1”，则每个周期都执行该指令。该指令将指定时间写入指定 IEC 定时器的结构中。

在指令下方的＜操作数 1＞（持续时间）中指定加载的持续时间，在指令上方的＜操作数 2＞（IEC 时间）中指定将要开始的 IEC 时间。如果在指令执行时指定 IEC 定时器正在计时，指令将覆盖该指定 IEC 定时器的当前值。这将更改 IEC 定时器的定时器状态。

项目训练四　振荡电路的设计

一、训练目的

(1) 熟练掌握西门子 TIA Portal 软件的基本操作。

(2) 掌握项目的建立的方法与步骤。

(3) 熟悉 TIA 软件的基本使用方法，学会运用一些基本指令进行编程。

(4) 熟练掌握 S7-1500 定时器指令的使用方法。

二、项目介绍

振荡电路又称闪烁电路，在实际项目中广泛应用，比如常用于报警、娱乐场所等，可以改变控制灯光的闪烁频率、通断时间等，还可以控制电铃、蜂鸣器等。振荡电路主要利用定时器实现周期脉冲触发，并且可以根据需要灵活地改变占空比。通过 S7-1500 实现振荡电路的设计，并完成项目的调试。

三、项目实施步骤

(1) 用接通延时定时器设计周期与占空比可调的振荡电路。

分析：一个周期与占空比可调振荡电路在 PLC 中实现，要用脉冲，而脉冲的占空比用计时器来实现。考虑到脉冲的一个周期有“0”和“1”两个状态，要用到两个计时器来完成计周期与占空比可调的脉冲。具体程序实现见图 7-35。

程序功能分析：当按下启动按钮 I0.0 时，程序段 1 实现 M0.0 线圈通电并自锁，自锁电路是梯形图控制程序中最基本环节，常用于启停控制。计时器 T1 开始工作，2s 后，T1 接通，T2 开始工作，再过 3s，T2 接通；下一个扫描周期，T1 停止工作，接下来 T2 停止工作；再下一个扫描周期，T1 又开始工作，如此往复。Q4.0 将以占空比 3∶5 的比例输出脉冲。

振荡电路中，Q4.0 线圈的通断时间可分别通过修改定时器 T1 和 T2 的设定时间来实现。

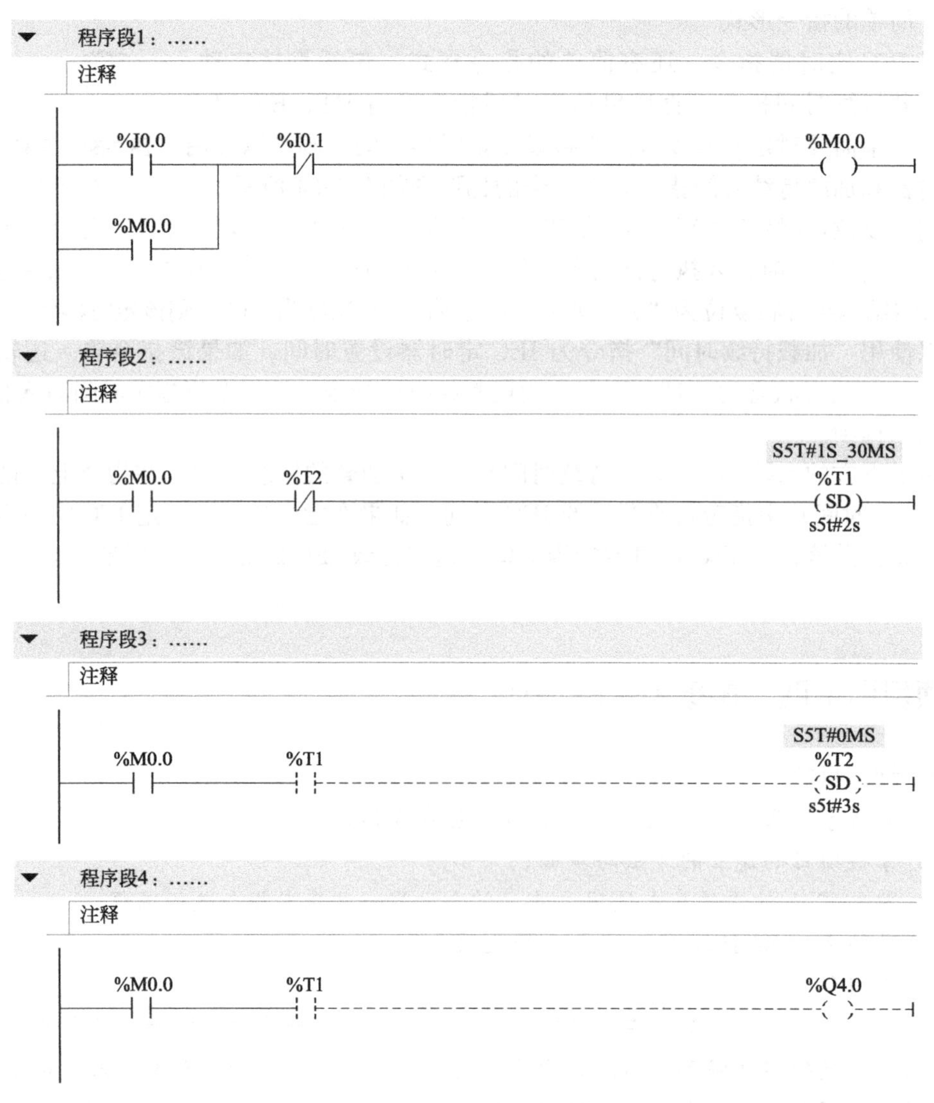

图 7-35　振荡电路梯形图

(2) 用脉冲定时器设计一个周期振荡电路，振荡周期为 15s，占空比为 1∶3。

说明：在设计中，用 T1 和 T2 分别定时 10s 和 5s，用 I0.0 启动振荡电路。由于是周期振荡电路，所以 T1 和 T2 必须互相启动。具体程序实现如图 7-36 所示。程序段 2 中，T2 需用常闭触点，否则，T1 无法启动。在 Network2 中，T1 工作期间，T2 不能启动工作。所以 T1 需用常闭触点来启动 T2。即当 T1 定时时间到时，T1 的常闭触点断开，从而产生 RLO 上跳沿，启动 T2 定时器。如此循环，在 Q4.0 端形成振荡电路。

(3) 周期性的脉冲也可以通过 CPU 的硬件来产生。在 S7-1500 系列 PLC 的 CPU 的位存储器 M 中，可以任意指定一个字节，如 MB100，作为时钟脉冲存储器，当 PLC 运行时，MB100 的各个位，能周期性地改变二进制值，即产生不同频率（或周期）的时钟脉冲。要使用该功能，在硬件配置时需要设置 CPU 的属性，在硬件组态中双击 CPU 所在的槽，在其弹出的属性对话框中，选中“系统和时钟存储器”，其中有一个选项为时钟存储器，选中选择框就可激活该功能。如图 7-37 所示。

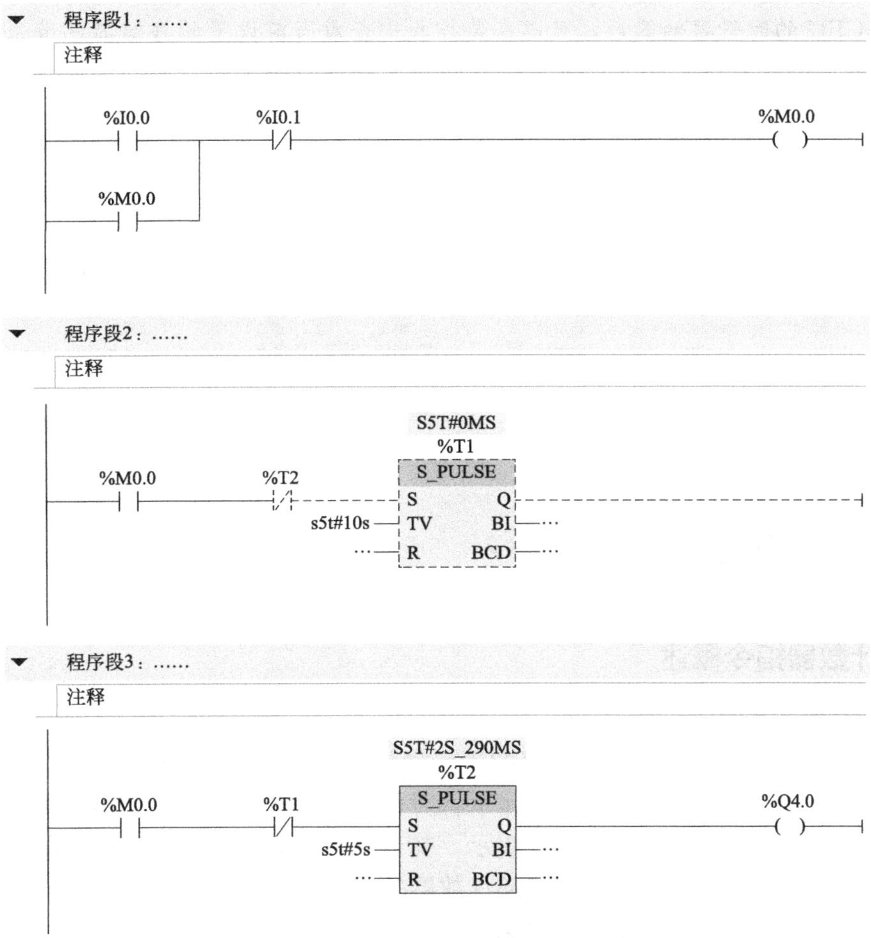

程序段1：……
注释
%I0.0　%I0.1　%M0.0
%M0.0

程序段2：……
注释
S5T#0MS
%T1
S_PULSE
%M0.0　%T2
S　Q
s5t#10s　TV　BI
R　BCD

程序段3：……
注释
S5T#2S_290MS
%T2
S_PULSE
%M0.0　%T1　%Q4.0
S　Q
s5t#5s　TV　BI
R　BCD

图 7-36　振荡电路梯形图

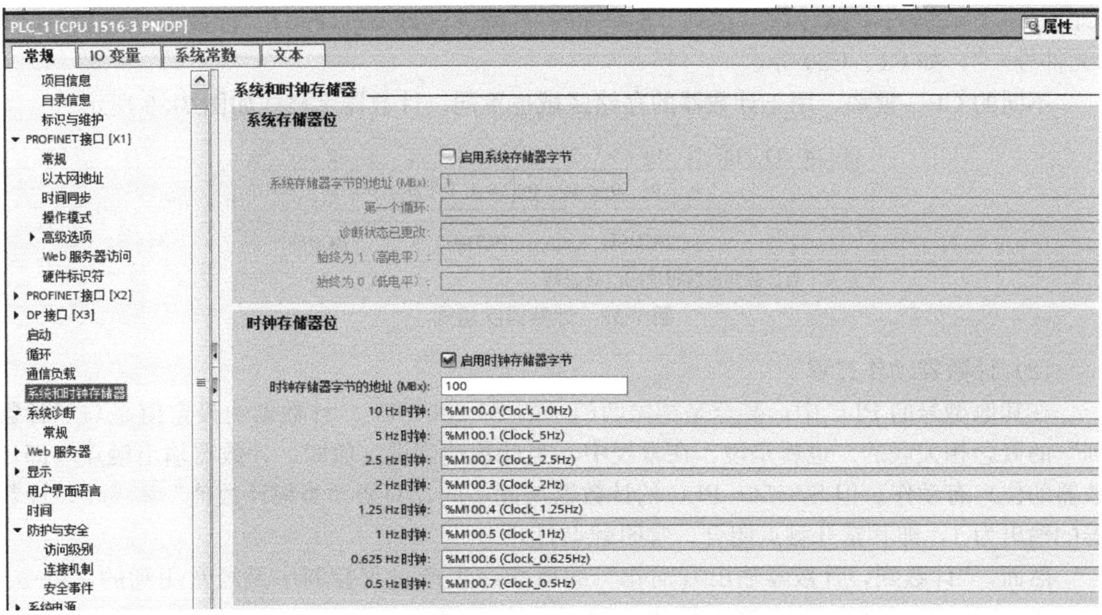

PLC_1 [CPU 1516-3 PN/DP]　属性
常规　IO 变量　系统常数　文本
项目信息
目录信息
标识与维护
PROFINET接口 [X1]
常规
以太网地址
时间同步
操作模式
高级选项
Web 服务器访问
硬件标识符
PROFINET接口 [X2]
DP 接口 [X3]
启动
循环
通信负载
系统和时钟存储器
系统诊断
常规
Web 服务器
显示
用户界面语言
时间
防护与安全
访问级别
连接机制
安全事件
系统电源

系统和时钟存储器
系统存储器位
启用系统存储器字节
系统存储器字节的地址 (MBx): 1
第一个循环:
诊断状态已更改:
始终为 1（高电平）:
始终为 0（低电平）:
时钟存储器位
启用时钟存储器字节
时钟存储器字节的地址 (MBx): 100
10 Hz时钟: %M100.0 (Clock_10Hz)
5 Hz时钟: %M100.1 (Clock_5Hz)
2.5 Hz时钟: %M100.2 (Clock_2.5Hz)
2 Hz时钟: %M100.3 (Clock_2Hz)
1.25 Hz时钟: %M100.4 (Clock_1.25Hz)
1 Hz时钟: %M100.5 (Clock_1Hz)
0.625 Hz时钟: %M100.6 (Clock_0.625Hz)
0.5 Hz时钟: %M100.7 (Clock_0.5Hz)

图 7-37　周期性脉冲设置

激活 CPU 的时钟存储器后，可以在监控表中查看当前设置的存储器字节每一位的状态振荡频率，如图 7-38 所示。也可以在程序中用每一位去进一步控制相关任务，实现振荡电路的快捷设计。

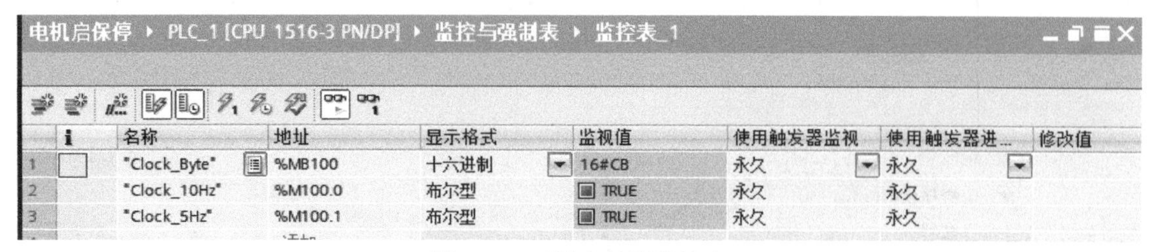

图 7-38　时钟存储器监控表

7.3　计数器指令

7.3.1　计数器指令概述

（1）计数器基本知识

计数器用于对计数器指令前面程序的逻辑操作结果 RLO 的正跳沿（即正脉冲）计数。计数器又分普通计数器和高速计数器，本章将对普通计数器进行讲解。计数器是一种由位和字组成的复合单元，计数器的输出由位表示，其计数值存储在字存储器中。在 CPU 的存储器中留出了计数器区域，该区域用于存储计数器的计数值。每个计数器为 2 个字节（Byte），称为计数字。计数器字中的第 0～11 位表示计数值（BCD 码格式），三位 BCD 码表示的计数范围是 0～999，第 12～15 位没有用途。当计数器“加计数”达到上限 999 时，累加停止（即 999＋1＝999）；“减计数”达到 0 时，将不再减少（即 0－1＝0）。计数器地址就是“C〈元件号〉”，如 C1、C20 等。

不同的 CPU 模块，用于计数器的存储区域也不同。计数器字格式如图 7-39 所示。

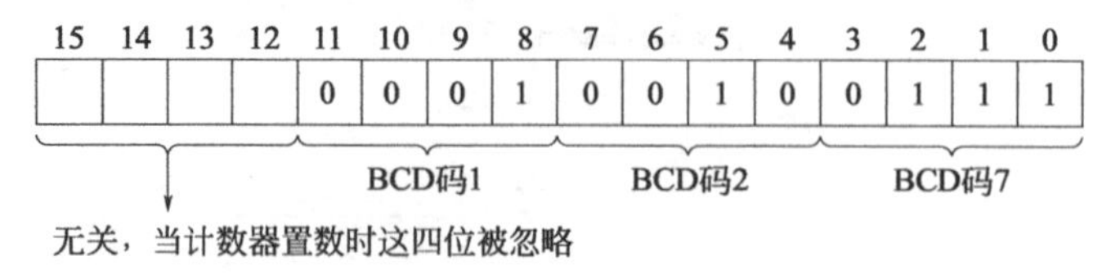

图 7-39　计数器字格式

（2）计数器动作过程

在其他型号的 PLC 中，甚至是德国西门子的 S7-200 PLC，计数器的设定值是与“计数到”的概念相关联的。也就是说，在常规中，当计数达到设定值时，计数器输出触点（即计数器的位）有动作。但 S7-1500 PLC 的计数器与此不同，只要“当前计数值”不为 0，计数器的输出为 1，即其常开触点闭合，常闭触点打开。

然而，“计数到，计数器输出有动作”的概念在生产过程控制中是经常用到的，可 S7-1500 PLC 的计数器却不符合这一概念，即不符合常规。它常用以下两种方法来实现“计数到”。

① 减法计数器　先把设定的计数初值送入计数器字中，计数器输出便立刻从 0 到 1，产生一个正跳变沿。在“当前计数值”大于 0 的时候，计数器输出为 1；当减计数减到 0，即“当前计数值”等于 0 时，计数器输出从 1 到 0，产生一个负跳变沿，再用负跳变沿检测指令，测出计数器“计数到”，也可以用其他方法检测“计数到”，例如，用计数器的常闭触点与装计数值指令的允许信号的常开触点串联也可测出计数器“计数到”。

② 加法计数器　置计数初值时，计数器输出不动作，输出为 0。在“当前计数值”大于 0 的时候，其输出为 1（实际上，加法计数器工作时，计数值总是大于 0，输出总为 1，只有当复位时，输出才为 0）。若加计数加到大于或等于计数初值时，其输出仍为 1，不变化，此时可用查看“当前剩余计数值（BCD 数）”指令，即“LC C〈元件号〉”查出计数器的“当前计数值”，再用装入指令“T〈指定字地址〉”把当前计数值转移到“该指定的字地址”上去，最后用“比较指令”把当前计数值与设定的计数初置（常数）进行比较，若相等，则说明“计数到”，比较指令的结果（相当于一个特殊触点）输出为 1，相当于“计数到”时计数器输出从 0 到 1，满足了常规的情况。

综上所述，无论是加法计数器还是减法计数器，只要当前计数值等于 0，计数器输出为 0；若当前计数值大于 0，其输出为 1，复位时，计数值清零，其输出为 0。

总之，加法计数器使用起来比较麻烦，而减法计数器则相对简便，故在 S7-1500 PLC 中常用减法计数器。

7.3.2　SIMATIC 计数器指令

计数操作指令分为 IEC 计数器指令和 SIMATIC 计数器指令两大类。在经典的 STEP 7 软件中，SIMATIC 计数器放在指令树下的计数器指令中，IEC 计数器放在库函数中。在 TIA Portal 软件中，则把这两类指令都放在“指令”任务卡下“基本指令”目录的“计数器操作”指令中。具体指令如图 7-40 所示。

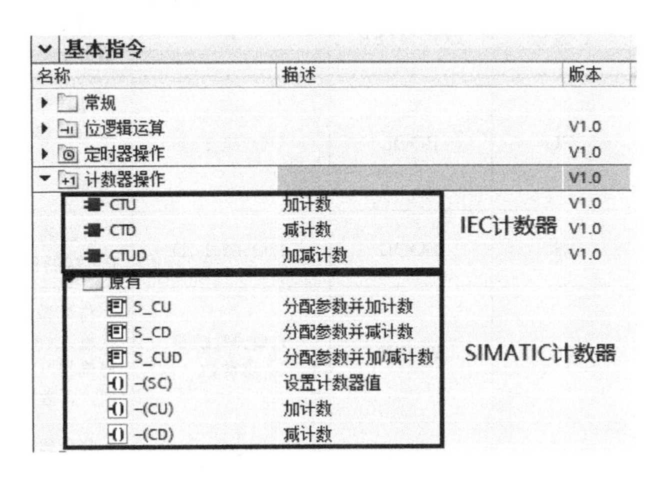

图 7-40　计数器指令

在 STEP 7 中除了块图形式的计数器指令以外，S7-1500 系统还为用户准备了 LAD 环境下的线圈形式的计数器。这些指令有计数器初值预置指令 SC、加计数器指令 CU 和减计数器指令 CD。如表 7-5 所示。

表 7-5 计数器线圈指令

LAD	参数	数据类型	存储区	描述
＜C编号＞ —(SC)— ＜预设值＞	C编号	COUNTER	C	计数器标识号，其范围依赖于 CPU，地址表示预置初值的计数器号
	预置值	WORD	I、Q、M、L、D或常数	预置值(必须为 BCD 码格式，即为 C#，例如 C#30)
＜C编号＞ —(CU)	C编号	COUNTER	C	地址表示要执行加法计数的计数器号
＜C编号＞ —(CD)	C编号	COUNTER	C	地址表示要执行减法计数的计数器号

当逻辑位 RLO 有正跳沿时，计数器置初值线圈将预置值装入指定计数器中。若 RLO 位的状态没有正跳沿发生，则计数器的值保持不变。

初值预置 SC 指令若与 CU 指令配合可实现 S_CU 指令的功能，当逻辑位 RLO 有正跳沿时，加法计数器线圈使指定计数器的值加 1，如果 RLO 位的状态没有正跳沿发生，或者计数器数值已经达到最大值 999，则计数器的值保持不变。

SC 指令若与 CD 指令配合可实现 S_CD 指令的功能，当逻辑位 RLO 有正跳沿时，减法计数器线圈使指定计数器的值减 1，如果 RLO 位的状态没有正跳沿发生，或者计数器数值已经达到最小值 0，则计数器的值保持不变。SC 指令若与 CU 和 CD 配合可实现 S_CUD 的功能。

(1) 加计数器指令 (S_CU，Up Counter)

加计数器梯形图指令的端子说明如表 7-6 所示。

表 7-6 加计数器梯形图指令的端子说明

S_CU 加计数器	参数	数据类型	存储区	描述
C no. S_CU CU Q S CV PV CV_BCD R	C编号	COUNTER	C	计数器标识号，其范围依赖于 CPU
	CU	BOOL	I、Q、M、L、D	加计数脉冲输入端，上升沿触发计数器的值加 1。计数值达到最大值 999 以后，计数器不再动作，保持 999 不变
	S	BOOL	I、Q、M、L、D	S 端的上升沿触发赋初值动作，将 PV 端的初值送给计数器
	PV	WORD	I、Q、M、L、D 或常数	将计数器值以"C#＜值＞"的格式输入(范围 0 至 999)，初值前需加修饰符"C#"，表明是给计数器赋初值。计数器的值在初值的基础上加 1
	R	BOOL	I、Q、M、L、D	复位输入，R 端的上升沿使计数器的值清零
	CV	WORD	I、Q、M、L、D	当前计数器值，十六进制，此数值可以参与数据处理与数学运算
	CV_BCD	WORD	I、Q、M、L、	当前计数器值，BCD 码，此数值可以直接送到数码管显示
	Q	BOOL	I、Q、M、L、D	计数器状态输出

如果输入 S 有上升沿，则 S _ CU（加计数器）预置为输入 PV 的值。

如果输入 R 为“1”，则计数器复位，并将计数值设置为零。

如果输入 CU 的信号状态从“0”切换为“1”，并且计数器的值小于“999”，则计数器的值增 1。

如果已设置计数器并且输入 CU 为 RLO=1，则即使没有从上升沿到下降沿或下降沿到上升沿的变化，计数器也会在下一个扫描周期进行相应的计数。

如果计数值大于等于零（“0”），则输出 Q 的信号状态为“1”。

（2）减计数器指令（S _ CD，Down Counter）

减计数器梯形图指令的端子说明如表 7-7 所示。

表 7-7　减计数器梯形图指令的端子说明

S_CD 减计数器	参数	数据类型	存储区	描述
C no. S_CD CD　Q …S　CV… …PV　CV_BCD… …R	C 编号	COUNTER	C	计数器标识号，其范围依赖于 CPU
	CD	BOOL	I、Q、M、L、D	降值计数输入
	S	BOOL	I、Q、M、L、D	为预设计数器设置输入
	PV	WORD	I、Q、M、L、D 或常数	将计数器值以“C#＜值＞”的格式输入（范围 0 至 999）
	R	BOOL	I、Q、M、L、D	复位输入
	CV	WORD	I、Q、M、L、D	当前计数器值，十六进制
	CV_BCD	WORD	I、Q、M、L、D	当前计数器值，BCD 码
	Q	BOOL	I、Q、M、L、D	计数器状态

如果输入 S 有上升沿，则 S _ CD（减计数器）设置为输入 PV 的值。

如果输入 R 为 1，则计数器复位，并将计数值设置为零。

如果输入 CD 的信号状态从“0”切换为“1”，并且计数器的值大于零，则计数器的值减 1。

如果已设置计数器并且输入 CD 为 RLO=1，则即使没有从上升沿到下降沿或下降沿到上升沿的变化，计数器也会在下一个扫描周期进行相应的计数。

如果计数值大于等于零（“0”），则输出 Q 的信号状态为“1”。

减计数器指令的使用如图 7-41 所示。

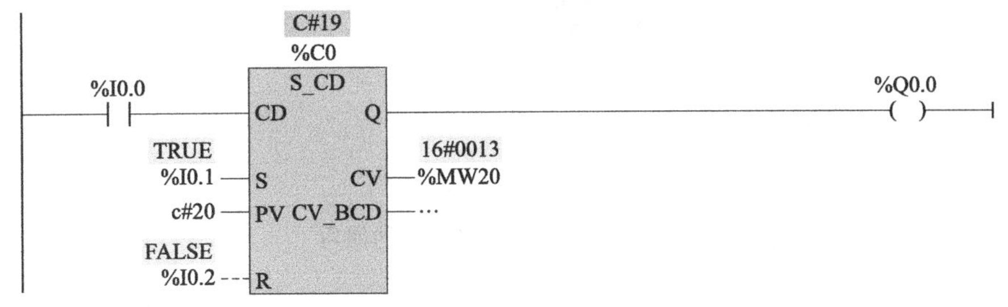

图 7-41　减计数器指令的使用

如果 I0.1 从“0”改变为“1”，则计数器预置为 20 的值。如果 I0.0 的信号状态从“0”改变为“1”，则计数器 C0 的值将减 1，当 C0 的值等于“0”时除外。如果 C0 不等于零，则 Q0.0 为“1”。

（3）加减计数器（S_CUD）

加减计数器梯形图指令的端子说明如表 7-8 所示。

表 7-8　加减计数器梯形图指令的端子说明

S_CUD 加减计数器	参数	数据类型	存储区	描述
C no. S_CUD CU　Q CD　CV S　CV_BCD PV R	C 编号	COUNTER	C	计数器标识号，其范围依赖于 CPU
	CU	BOOL	I、Q、M、L、D	加计数输入
	CD	BOOL	I、Q、M、L、D	减计数输入
	S	BOOL	I、Q、M、L、D	为预设计数器设置输入
	PV	WORD	I、Q、M、L、D 或常数	将计数器值以“C＃＜值＞”的格式输入（范围 0 至 999）
	R	BOOL	I、Q、M、L、D	复位输入
	CV	WORD	I、Q、M、L、D	当前计数器值，十六进制
	CV_BCD	WORD	I、Q、M、L、D	当前计数器值，BCD 码
	Q	BOOL	I、Q、M、L、D	计数器状态

如果输入 S 有上升沿，S_CUD（双向计数器）预置为输入 PV 的值。如果输入 R 为 1，则计数器复位，并将计数值设置为零。如果输入 CU 的信号状态从“0”改变为“1”，并且计数器的值小于“999”，则计数器的值增 1。如果输入 CD 有上升沿，并且计数器的值大于“0”，则计数器的值减 1。

如果两个计数输入都有上升沿，则执行两个指令，并且计数值保持不变。

如果已设置计数器并且输入 CU/CD 为 RLO=1，则即使没有从上升沿到下降沿或下降沿到上升沿的变化，计数器也会在下一个扫描周期进行相应的计数。

加减计数器指令的使用如图 7-42 所示。

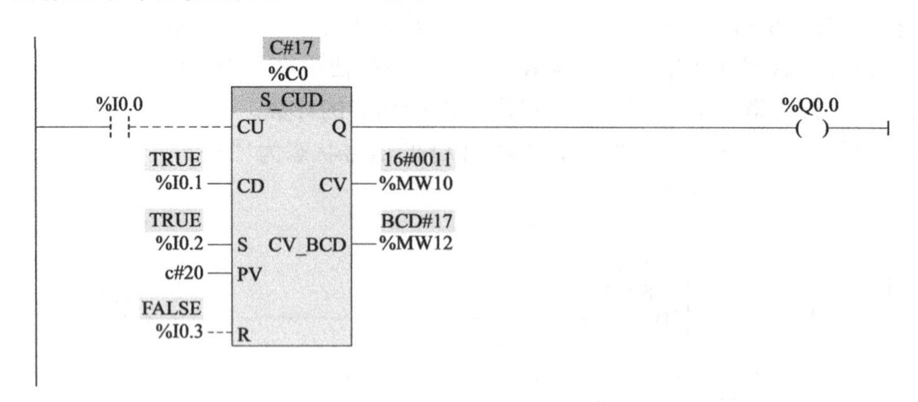

图 7-42　加减计数器指令的使用

如果 I0.2 从“0”改变为“1”，则计数器预置为 C＃20，十六进制为 16＃0014。如果 I0.0 的信号状态从“0”改变为“1”，则计数器 C0 的值将增加 1，当 C0 的值等于“999”时除外。如果 I0.1 从“0”改变为“1”，则 C0 减少 1，但当 C0 的值为“0”时除外。如果 C0 不等于零，则 Q0.0 为“1”。

（4）计数器使用注意事项

① 计数脉冲从何而来，即计数器的启动问题；同时注意：计数器指令的加、减计数输入端以及预置值输入端均为上升沿执行，即逻辑位必须有从“0”到“1”的变化时，指令才会执行。

② 在开始动作之前，需要计多少个数，即赋值问题。比如要将10个货物装入一个箱子中，那就要赋值为10，并使用减计数器。

③ 如何复位计数器，让它重新开始计数。比如一个箱子装满10个货物后，需要再装另外一个箱子，此时必须重新启动计数器。

④ 计数器触点的状态由计数器的值决定，如果计数值等于零，则计数器触点的状态为低电平“0”，如果计数值不等于零（无论等于几），则计数器触点的状态为高电平“1”。

⑤ 如何实现现场监控当前计数值。

7.3.3 IEC计数器指令

S7-1500 CPU可以使用的SIMATIC计数器的个数受到限制，而IEC计数器的个数不受限制，IEC计数器指令是一种具有某种数据类型的结构，当使用IEC计数器指令时，需要为其分配一个背景数据块，存储指令相关数据。在程序中插入IEC计数器指令时，将打开“调用选项”（Call options）对话框，可以指定IEC计数器将存储在自身数据块中。如果指定一个单独的数据块，则该数据块将保存到项目树“程序块”→“系统块”（Program blocks→System blocks）路径中的“程序资源”（Program resources）文件夹内。如图7-43所示。

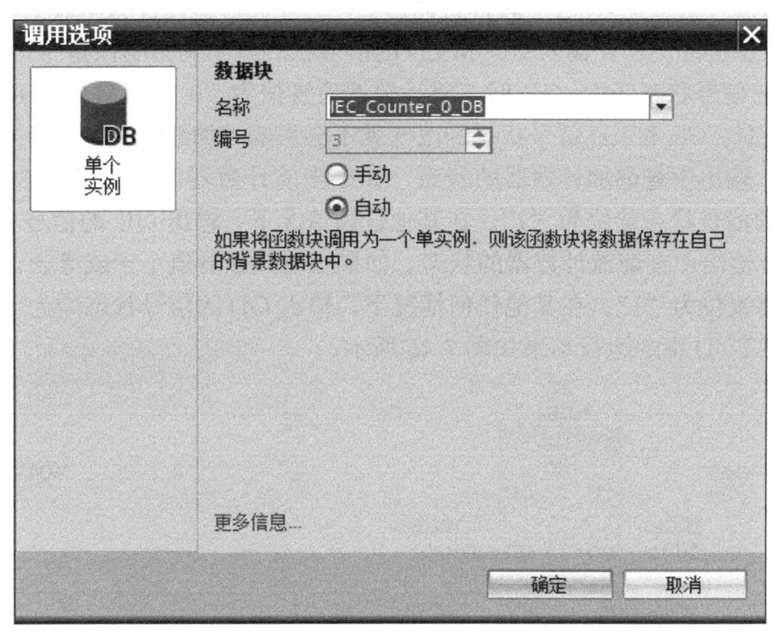

图7-43　IEC计数器指令的“调用选项”对话框

IEC计数器比较简单，下面以加减计数CTUD为例来讲解其使用方法。CTUD指令的梯形图形式如图7-44所示。需要在CTUD上方问号处指定IEC计数器，同时IEC计数器的当前计数值的数据类型可以有多种选择，单击指令内部问号处两次，可在弹出的下拉列表处指定 IEC 计数器的数据类型（各种整数类型）。IEC 计数器允许为负值，其计数范围由其数据类型决定，例如 IEC 计数器的数据类型选择整数型 Int，则对应的计数范围为－32768～＋32767。如果选择 LInt 或 ULInt，则 IEC 计数器的计数范围为 64 位整数范围，要比 SIMATIC 计数器大很多。

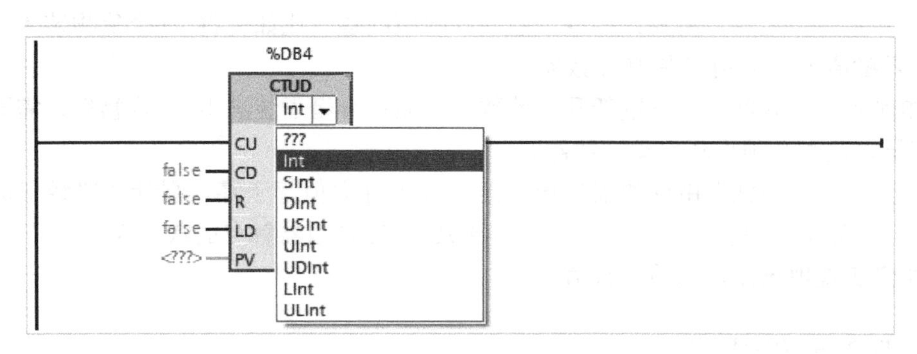

图 7-44　CTUD 指令的梯形图

对于“加减计数”指令，递增和递减 CV 的计数器值。如果输入 CU 的信号状态从“0”变为“1”（信号上升沿），则当前计数器值加 1 并存储在输出 CV 中。如果输入 CD 的信号状态从“0”变为“1”（信号上升沿），则输出 CV 的计数器值减 1。如果在一个程序周期内，输入 CU 和 CD 都出现信号上升沿，则输出 CV 的当前计数器值保持不变。

计数器值可以一直递增，直到其达到输出 CV 处指定数据类型的上限。达到上限后，即使出现信号上升沿，计数器值也不再递增。达到指定数据类型的下限后，计数器值便不再递减。

输入 LD 的信号状态变为“1”时，将输出 CV 的计数器值置位为参数 PV 的值。只要输入 LD 的信号状态仍为“1”，输入 CU 和 CD 的信号状态就不会影响该指令。

当输入 R 的信号状态变为“1”时，将计数器值置位为“0”。只要输入 R 的信号状态仍为“1”，输入 CU、CD 和 LD 信号状态的改变就不会影响“加减计数”指令。

可以在 QU 输出中查询加计数器的状态。如果当前计数器值大于或等于参数 PV 的值，则将输出 QU 的信号状态置位为“1”。在其他任何情况下，输出 QU 的信号状态均为“0”。

可以在 QD 输出中查询减计数器的状态。如果当前计数器值小于或等于“0”，则 QD 输出的信号状态将置位为“1”。在其他任何情况下，输出 QD 的信号状态均为“0”。

加减计数 CTUD 指令运行结果如图 7-45 所示。

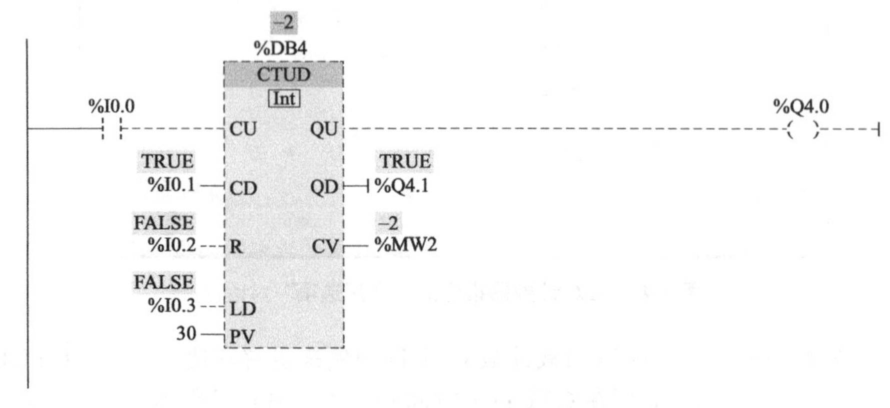

图 7-45　加减计数 CTUD 指令运行结果

项目训练五　计数器指令综合应用

一、训练目的

（1）熟练掌握西门子 TIA Portal 软件的基本操作。

（2）掌握项目的建立的方法与步骤。

（3）熟练掌握 S7-1500 计数器指令的类型及使用方法。

（4）训练合理应用计数器指令完成相应控制功能的能力。

二、项目介绍

生产实践中，常常会遇到需要计数的自动控制需求，比如生产流水线统计产品数量、装入包装箱的产品数量等。凡是需要计数控制的程序，都要用到计数器。该项目通过 S7-1500 实现计数控制电路的设计，并完成项目的调试。

三、项目实施步骤

计数器编程顺序是：启动加计数或启动减计数→计数器置数→计数器复位→检测计数器输出状态。

项目要求：用比较和计数指令编写开关灯程序，要求灯控按钮 I0.0 按下一次，灯 Q0.0 亮，按下两次，灯 Q0.0、Q0.1 全亮，按下三次灯全灭，如此循环。

分析：在程序中所用计数器为加法计数器，当加到 3 时，必须复位计数器，这是关键。灯控制程序如图 7-46 所示。

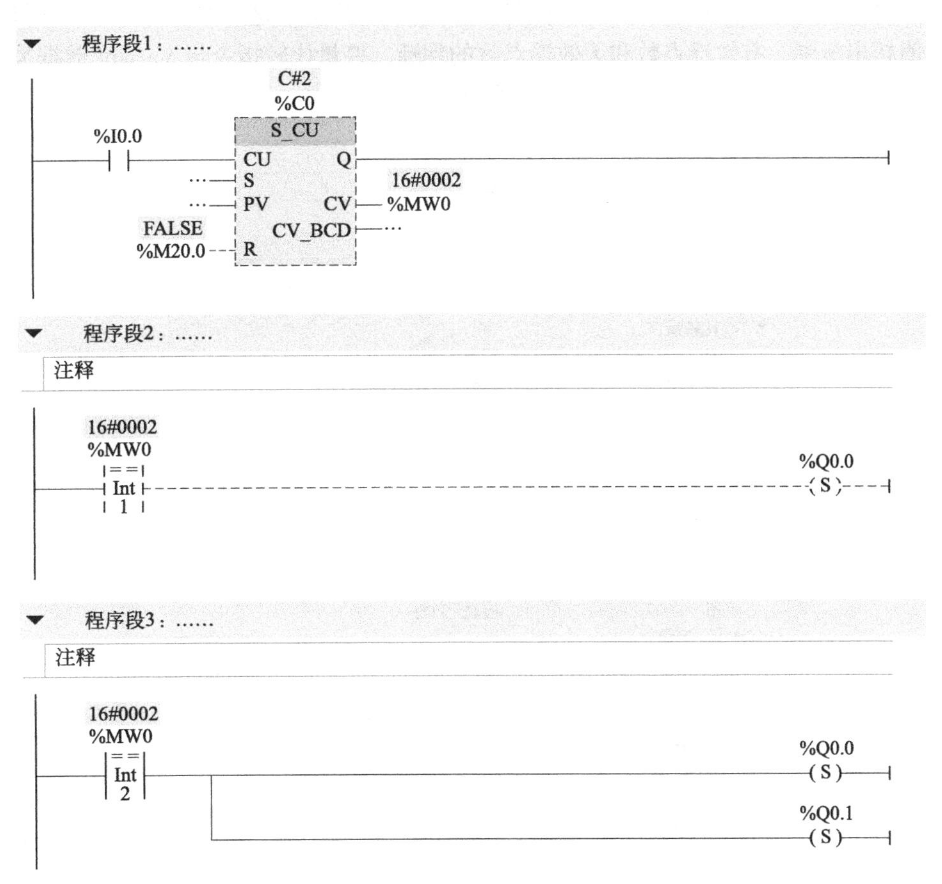

图 7-46

图 7-46　开关灯程序梯形图

7.4　数据处理指令

7.4.1　比较器指令

S7-1500 的比较器操作指令主要包括常规比较指令和变量比较指令。常规比较指令不仅包括相等、不相等、大于或等于、小于或等于、大于以及小于这六种关系比较，还包括值在范围内、值超出范围、有效浮点数和无效浮点数的判断。变量比较指令与 Variant 数据类型有关。

在 TIA 博途中的比较器指令如图 7-47 所示。

基本指令

名称	描述
▶ 常规	
▶ 位逻辑运算	
▶ 定时器操作	
▶ 计数器操作	
▼ 比较操作	
CMP ==	等于
CMP <>	不等于
CMP >=	大于或等于
CMP <=	小于或等于
CMP >	大于
CMP <	小于
IN_Range	值在范围内
OUT_Range	值超出范围
-|OK|-	检查有效性
-|NOT_OK|-	检查无效性
▼ 变量	
EQ_Type	比较数据类型与变量数据类型是否"相等"
NE_Type	比较数据类型与变量数据类型是否"不...
EQ_ElemType	比较ARRAY元素数据类型与变量数据类...
NE_ElemType	比较ARRAY元素数据类型与变量数据类...
IS_NULL	检查 EQUALS NULL 指针
NOT_NULL	检查 UNEQUALS NULL 指针
IS_ARRAY	检查 ARRAY

图 7-47　比较器指令

（1）关系比较指令

关系比较指令主要比较数据类型相同的两个数的关系，相当于电路中的一个触点。6 中关系比较指令的梯形图如图 7-48 所示。

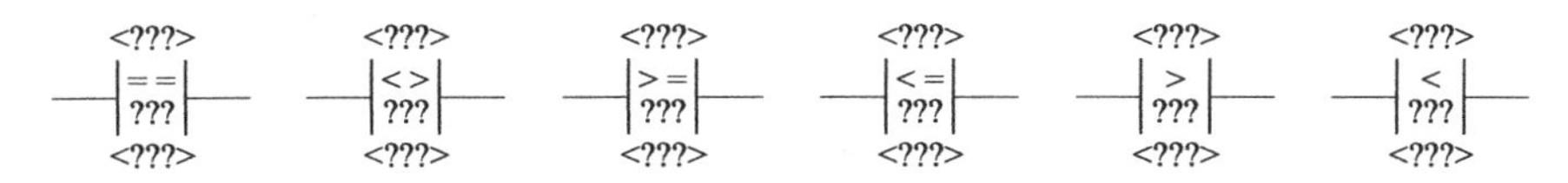

图 7-48　关系比较指令的梯形图

在指令上方的操作数占位符中指定第一个比较值（<操作数 1>）。在指令下方的操作数占位符中指定第二个比较值（<操作数 2>）。可以使用比较指令判断第一个比较值（<操作数 1>）与第二个比较值（<操作数 2>）的关系是否成立，如果满足比较条件，则指令返回逻辑运算结果（RLO）“1”。如果不满足比较条件，则指令返回 RLO “0”。

（2）值在范围内与值超出范围

“值在范围内”指令（IN _ RANGE）和“值超出范围”指令（OUT _ RANGE）的梯形图形式如图 7-49 所示。这两条指令可判断输入 VAL 的值是否在特定的范围内或之外。当指令框的输入条件满足时，执行指令。执行 IN _ RANGE 指令时，如果输入参数满足 MIN ≤VAL≤MAX，则指令框输出的信号状态为“1”，否则为“0”。执行 OUT _ RANGE 指令时，如果输入参数满足 VAL<MIN 或 VAL>MAX，则指令框输出的信号状态为“1”，否则为“0”。

图 7-49　“值在范围内”和“值超出范围”梯形图

例如，用比较指令编写一个数据筛选器，如果 MW10 的数在 10 和 100 之间，则指示灯 Q0. 0 亮。梯形图程序及调试结果如图 7-50 所示。

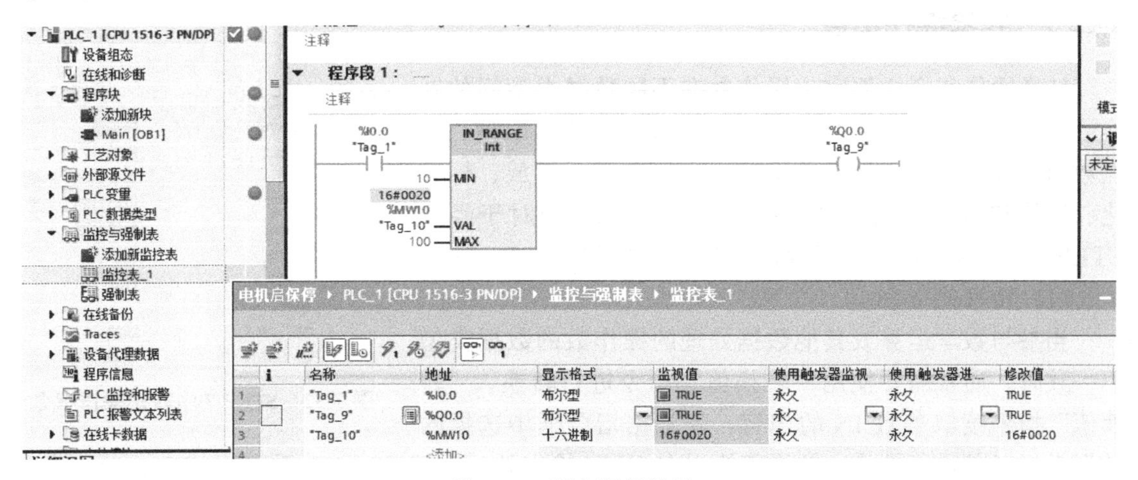

图 7-50　程序运行结果

当I0.0为“1”时，判断MW10中的数据是否在10和100之间，若是则Q0.0为“1”，如不是则Q0.0为“0”。

（3）检查有效性与检查无效性

可使用“检查有效性”指令—| OK |—检查操作数的值（<操作数>）是否为有效的浮点数（即实数），如果该指令输入的信号状态为“1”，则在每个程序周期内都进行检查。

可使用“检查无效性”指令—| NOT_OK |—检查操作数的值（<操作数>）是否为无效的浮点数。如果该指令输入的信号状态为“1”，则在每个程序周期内都进行检查。

如果是有效的浮点数，则OK触点接通，反之NOT _ OK触点接通。指令上面的变量的数据类型为Real。

例如图7-51所示，可以在执行乘法指令MUL之前，首先用“OK”指令检查MUL指令的两个操作数是否是实数，如果不是则OK触点断开，没有能流流入MUL指令的使能输入端EN，不再执行乘法指令。

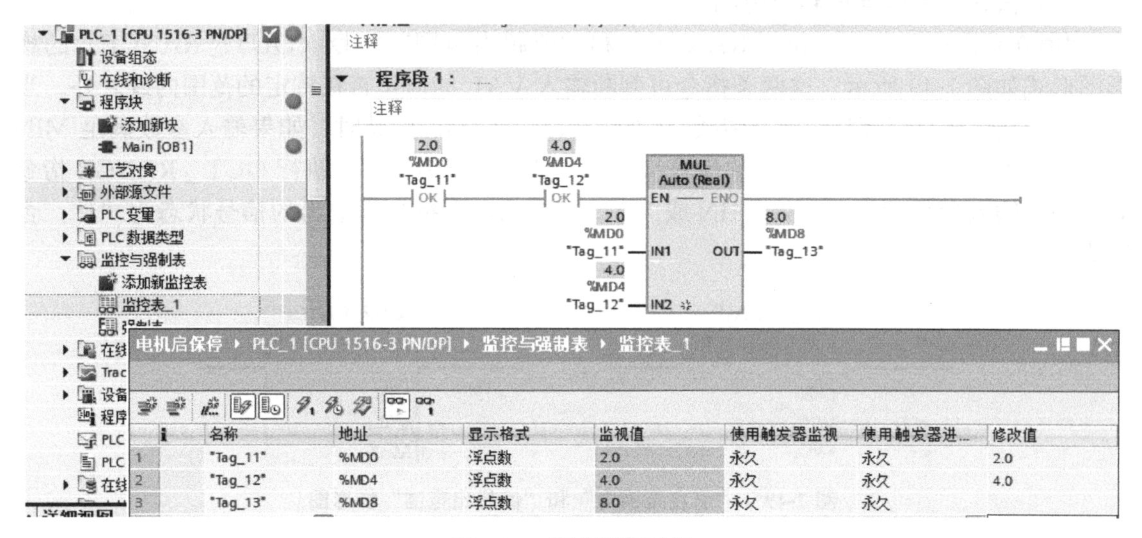

图 7-51　程序运行结果

7.4.2　转换操作指令

转换操作指令主要实现操作数在不同数据类型间的转换或比例缩放等功能，所包含的指令有转换值、取整、浮点数向上取整、浮点数向下取整、截尾取整、缩放、标准化、缩放和取消缩放指令。如图7-52所示，相对于经典STEP 7，指令数量大大减少，但功能基本不变。

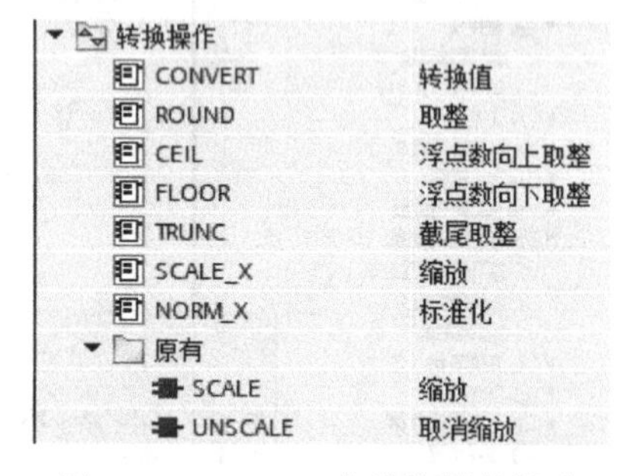

图 7-52　STEP 7 中转换操作指令

（1）转换值指令

当参与数学运算或其他数据处理的操作数的数据类型不一致时，通常需要使用“转换值”指令进行转换。“转换值”指令读取参数IN的内容，并根据指令框中选择的数据类型对其进行转换。转换值输出在OUT输出处。对于S7-1500系列的CPU：数据类型DWORD和LWORD只能与数据类型REAL或LREAL互相转换。

在转换过程中，源值的位模式以右对齐的方式按原样传递到目标数据类型中。如果在转换过程中未出错，则使能输出 ENO 的信号状态将为 1；如果在处理过程中出错，则使能输出 ENO 的信号状态将为 0。

图 7-53 中当 I0.0 常开触点接通时，执行 CONV 指令，将 MW0 中的 16 位 BCD 码转换成整数后送入 MW2。如果程序执行时没有出错，则有能流从 ENO 端流出。

图 7-53　CONV 指令运行结果

（2）浮点数转换为双整数的指令

浮点数转换为双整数的指令有 4 条，其中“取整”ROUND 指令将输入 IN 的值四舍五入取整为最接近的整数。该指令将输入 IN 的值解释为浮点数，并转换为一个 DINT 数据类型的整数。如果输入值恰好是在一个偶数和一个奇数之间，则选择偶数。指令结果被发送到输出 OUT，可供查询。

“浮点数向上取整”CEIL 指令，将输入 IN 的值向上取整为相邻整数。该指令将输入 IN 的值解释为浮点数并将其转换为较大的相邻整数。指令结果被发送到输出 OUT，可供查询。输出值可以大于或等于输入值。

“浮点数向下取整”FLOOR 指令，将输入 IN 的值向下取整为相邻整数。该指令将输入 IN 的值解释为浮点数，并将其向下转换为相邻的较小整数。指令结果被发送到输出 OUT，可供查询。输出值可以小于或等于输入值。

“截尾取整”TRUNC 指令由输入 IN 的值得出整数。该指令仅仅保留输入浮点数的整数部分，去掉其小数部分。

浮点数转换为双整数的指令使用如图 7-54 所示。

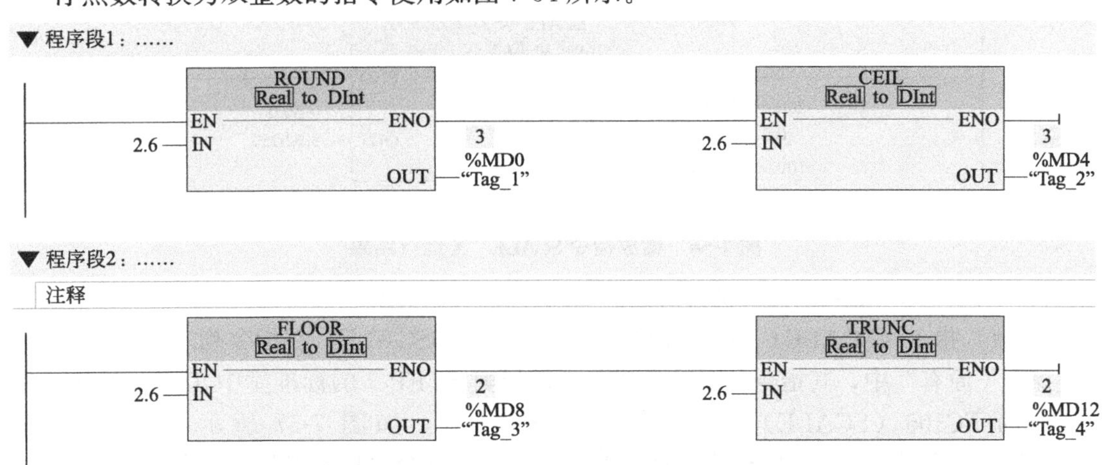

图 7-54　浮点数转换为双整数指令运行结果

（3）标准化指令

“标准化”指令（NORM_X）指令使用如图 7-55 所示。当使能输入 EN 的信号状态为“1”时，执行“标准化”指令，该指令将输入 VALUE 中变量的值按线性标尺从［MIN，MAX］区域转换至［0.0，1.0］之间的浮点数。鼠标单击指令框内部上方左边的“???”，可从下拉列表中选择设置 VALUE 变的数据类型（可以是各种整数类型或浮点数类型），单击指令框内部上方右边的“???”，可从下拉列表中选择设置转换结果的数据类型（Real 或 LReal）。参数 MIN 和 MAX 定义输入 VALUE 中变量值范围的限值，输出 OUT 存储转换结果（用计算公式可表示为 OUT=(VALUE−MIN)/(MAX−MIN)）。

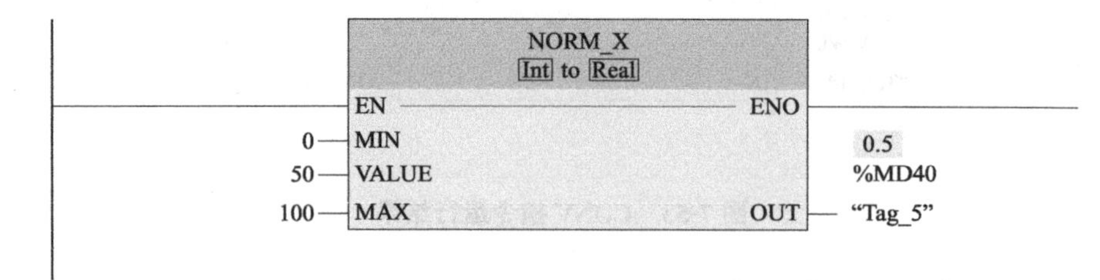

图 7-55　标准化指令运行结果

当执行“标准化”指令时，如果输入 MIN 的值大于或等于输入 MAX 的值，或指定的浮点数的值超出了标准的数范围，或输入 VALUE 的值为 NaN（无效算术运算的结果），则转换出错，使能输出 ENO 的信号状态将变为“0”。

（4）缩放指令 SCALE_X

缩放指令（或称为“标定”指令）SCALE_X 与“标准化”指令（NORM_X）正好相反，当执行“缩放”指令时，输入 VALUE 的浮点值按线性标尺从［0.0，1.0］区域转换至［MIN，MAX］区域的整数或浮点数值，结果存储在 OUT 输出中（用计算公式可表示为 OUT=［VALUE×(MAX−MIN)］+MIN)。鼠标单击指令框内部左上方的“???”，可从下拉列表中选择设置 VALUE 变量的数据类型（Real 或 LReal），单击指令框内部右上方的“???”，可从下拉列表中选择设置转换结果的数据类型（各种整数类型或浮点数类型）。

“标准化”指令和缩放指令在数据处理中应用非常广泛，特别在模拟量数据处理中，可以实现标度变换及反变换。缩放指令 SCALE_X 使用如图 7-56 所示。

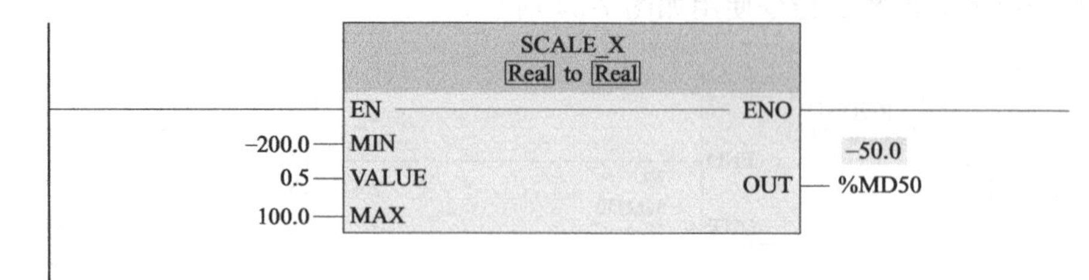

图 7-56　缩放指令 SCALE_X 运行结果

（5）缩放指令 SCALE 和“取消缩放”指令（UNSCALE）

“缩放”指令（SCALE）和“取消缩放”指令（UNSCALE）在指令列表的文件夹“\转换操作\原有”中，其指令外观及功能分别同经典 STEP 7 的标准库中 TI-S7 Converting Blocks 的 FC105（SCALE）和 FC106（UNSCALE），如图 7-57 所示。“缩放”指令（SCALE）主要用于模拟量的标度变换，“取消缩放”指令（UNSCALE）主要用于模拟量的反变换。

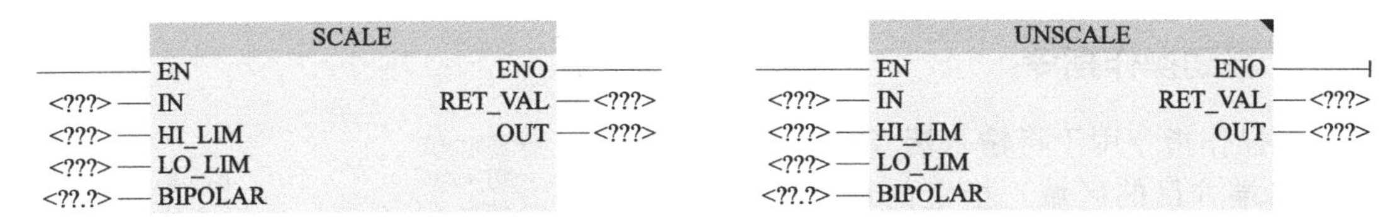

图 7-57　缩放指令和取消缩放指令

用“缩放”指令将参数 IN 上的整数转换为浮点数，该浮点数在介于上下限值之间的物理单位内进行缩放。通过参数 LO _ LIM 和 HI _ LIM 来指定缩放输入值取值范围的下限和上限。指令的结果在参数 OUT 中输出。

“缩放”指令将按以下公式进行计算：

OUT=[((FLOAT(IN)－K1)/(K2－K1)) *(HI_LIM－LO_LIM)]+LO_LIM

参数 BIPOLAR 的信号状态将决定常量“K1”和“K2”的值。参数 BIPOLAR 可以取下列信号状态：

信号状态“1”：假设参数 IN 的值为双极性且取值范围是－27648～27648。此时，常数“K1”的值为“－27648.0”，而常数“K2”的值为“＋27648.0”。

信号状态“0”：假设参数 IN 的值为单极性且取值范围是 0～27648。此时，常数“K1”的值为“0.0”，而常数“K2”的值为“＋27648.0”。

如果参数 IN 的值大于常数“K2”的值，则将指令的结果设置为上限值（HI _ LIM）并输出一个错误。

如果参数 IN 的值小于常数“K1”的值，则将指令的结果设置为下限值（LO _ LIM）并输出一个错误。

如果指定的下限值大于上限值（LO _ LIM＞HI _ LIM），则结果将对输入值进行反向缩放。

“取消缩放”指令功能与“缩放”指令（SCALE）相反，实现将参数 IN 输入的工程单位的浮点数（Real 数据类型）从［LO _ LIM，HI _ LIM］区域转换为整数输出值。如果参数 BIPOLAR 为“0”，则转换后的区域为［0，27648］；如果参数 BIPOLAR 为“1”，则转换后的区域为［－27648，27648］。指令的结果在参数 OUT 中输出。参数 RET _ VAL 同样存储转换错误代码，其数值代表转换无错误或错误信息。

【例 7-5】假设温度变送器的量程为－100～650℃，输出信号为 4～20mA，通过 AI 模块将其转换成数字 0～27648，求符号名“温度通道”的 IW2 输出的整数值对应的以℃为单位的浮点数温度值。

实现该功能的梯形图如图 7-58 所示。

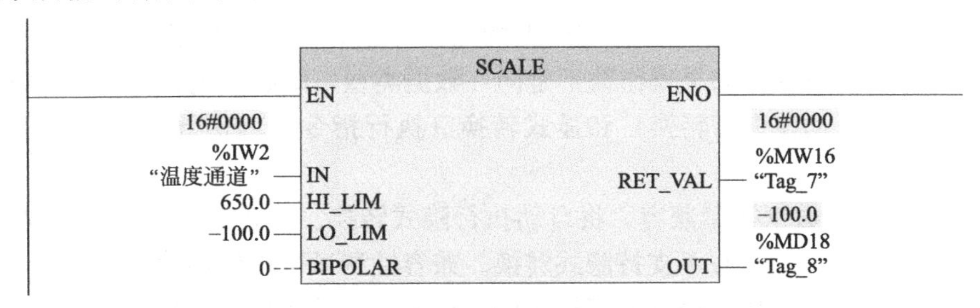

图 7-58　程序梯形图

7.4.3 移动操作指令

移动操作指令用于将输入端（源区域）的值复制到输出端（目的区域）指定的地址中，S7-1500 PLC 所支持的移动操作指令比 S7-300/400 所支持的移动操作指令要丰富很多，有移动值、反序列化和序列化、存储区移动和交换等指令，还有专门针对数组 DB 和 Variant 变量的移动操作指令，当然也支持经典 STEP 7 所支持的移动操作指令。S7-1500 PLC 的移动操作指令如图 7-59 所示。

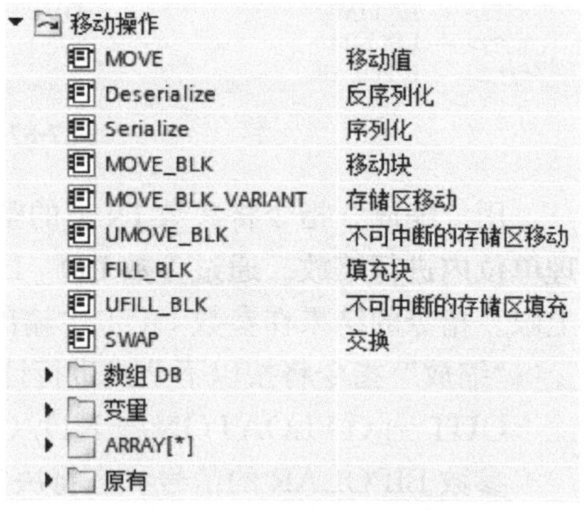

图 7-59 移动操作指令

在移动操作指令中，移动值指令 MOVE 最为常用，本节主要介绍该指令，其他移动操作指令的使用可以查询相关手册。

传送值指令的初始状态指令框中包含 1 个输出（OUT1），通过鼠标单击指令框中的星号“*”，可以扩展输出数目，增加的输出名称为 OUT2，以后增加的输出的编号按顺序排列，因为传送值指令始终沿地址升序方向进行传送。用鼠标右键单击某个输出端的短线，执行快捷菜单中的“删除”命令，即可删除相应的输出参数。删除后自动调整剩下的输出的编号。

使用传送值指令时，需要注意传送源与传送目标地址单元的数据类型要对应，如果输入 IN 数据类型的位长度低于输出 OUT 数据类型的位长度，则目标值的高位会被改写为 0。如果输入 IN 数据类型的位长度超出输出 OUT 数据类型的位长度，则数据源值的高位会丢失。当 EN 输入端为 1 时，执行传送指令，将 IN 输入端的数值或变量内容传送至所有可用的 OUT 输出端。

可以使用“交换”SWAP 指令更改输入 IN 中字节的顺序，并在输出 OUT 中查询结果。

当 IN 和 OUT 的数据类型为 Word 时，“交换”SWAP 指令交换输入 IN 的高、低字节。如果 IN 和 OUT 的数据类型为 Dword 时，“交换”SWAP 指令交换输入 IN 中 4 个字节的顺序。

移动操作 MOVE 和 SWAP 指令的梯形图运行如图 7-60 所示。

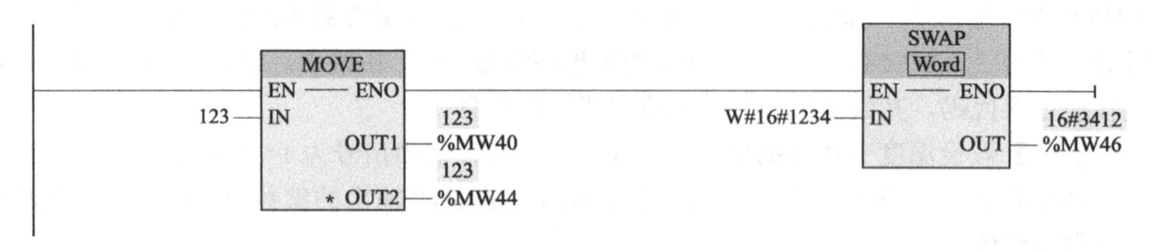

图 7-60 MOVE 和 SWAP 指令的梯形图运行

注意：① 用户程序中的操作与特定长度的数据对象有关，一个指令中有关的操作数的数据类型应是协调一致的，如果操作数不是同一数据类型，则必须进行转换。可以通过隐式转换（执行指令时自动地进行转换）和显式转换（执行指令之前需要使用转换指令进行转换）来实现。

② 如果操作数的数据类型兼容，将自动执行隐式转换。编程语言 LAD、FBD、SCL 和 GRAPH 支持隐式转换。STL 不支持隐式转换。兼容性测试可以使用两种标准：

a. 进行 IEC 检查，采用严格的兼容性规则，允许转换的数据类型较少。

b. 不进行 IEC 检查，采用不太严格的兼容性测试标准，允许转换的数据类型比较多。

③ 如果因操作数不兼容而不能进行隐式转换，则可以使用显式转换指令。比如指令列表中的转换操作指令等。

④ 如果激活了“IEC 检查”，则在执行指令时，将会采取严格的数据类型兼容性标准。可以设置对项目中所有的新块进行 IEC 检查，选择菜单“选项”下“设置”，在设置窗口的“PLC 编程>常规”组的“新块的默认设置”组中，选中或清除“IEC 检查”复选框。如图 7-61 所示。

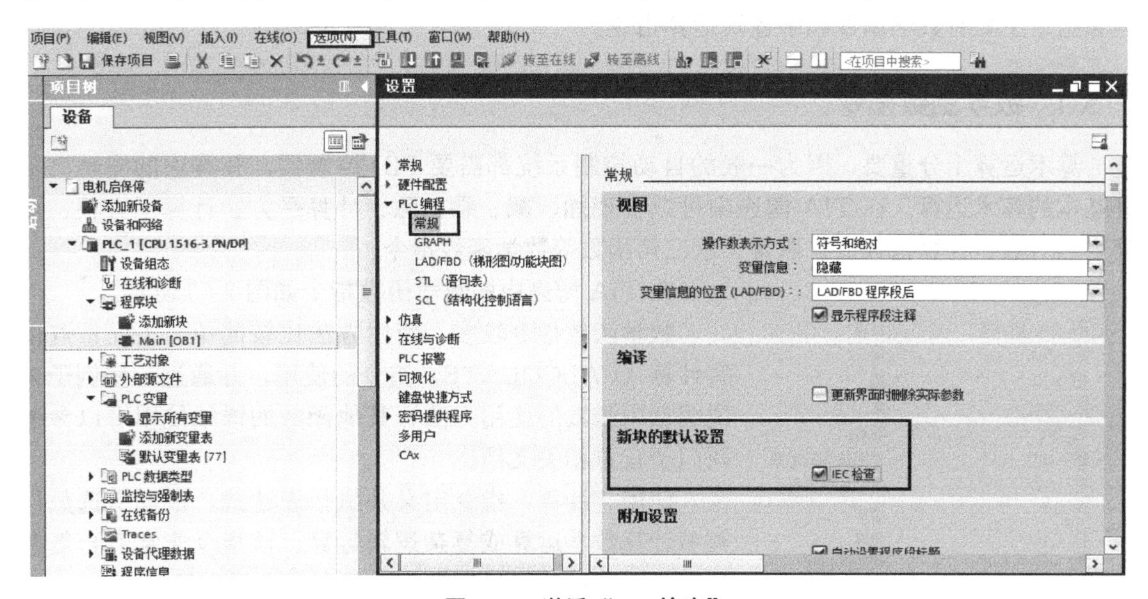

图 7-61　激活“IEC 检查”

也可以单独设置对某个块进行“IEC 检查”，鼠标右键选中某个块，执行“属性”菜单。在区域导航中选择“常规”组的“属性”，选中或清除“IEC 检查”复选框。如图 7-62 所示对 OB1 进行了激活“IEC 检查”。

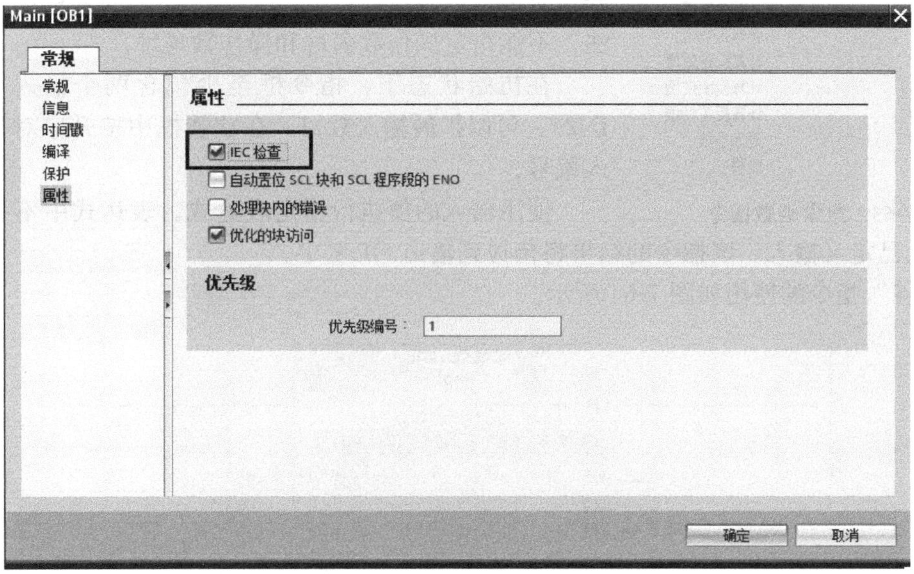

图 7-62　OB1 激活“IEC 检查”

7.5 运算指令

现代 PLC 实际上是一台工业控制计算机，一般有很强的运算能力。对 S7-1500 PLC，运算指令主要有数学函数和字逻辑运算指令。

7.5.1 数学函数指令

算术运算十分重要，因为一般的自动控制系统都需要 PID 控制器，其算法的实现离不开基本的算术运算。在 TIA 博途中可以实现加、减、乘、除、计算平方、计算平方根、计算自然对数、计算指数值、取幂、求三角函数等数学函数指令。

在 TIA 博途中的数学函数指令如图 7-63 所示。

数学函数	
CALCULATE	计算
ADD	加
SUB	减
MUL	乘
DIV	除法
MOD	返回除法的余数
NEG	求二进制补码
INC	递增
DEC	递减
ABS	计算绝对值
MIN	获取最小值
MAX	获取最大值
LIMIT	设置限值
SQR	计算平方
SQRT	计算平方根
LN	计算自然对数
EXP	计算指数值
SIN	计算正弦值
COS	计算余弦值
TAN	计算正切值
ASIN	计算反正弦值
ACOS	计算反余弦值
ATAN	计算反正切值
FRAC	返回小数
EXPT	取幂

图 7-63 数学函数指令

数学函数指令较多，使用方法比较简单，下面重点讲解计算（CALCULATE）指令的使用，并通过一些例子来说明常用函数的使用方法，其他函数的详细使用可以参考西门子官方相关文档。

使用“计算”指令定义并执行表达式，根据所选数据类型计算数学运算或复杂逻辑运算。该指令非常适合复杂的变量函数运算，且运算中无需考虑中间变量。

可以从指令框的“???”下拉列表中选择该指令的数据类型。根据所选的数据类型，可以组合某些指令的函数以执行复杂计算。将在一个对话框中指定待计算的表达式，单击指令框上方的“计算器”（Calculator）图标可打开该对话框。表达式可以包含输入参数的名称和指令的语法。不能指定操作数名称和操作数地址。

在初始状态下，指令框至少包含两个输入（IN1 和 IN2）。可以扩展输入数目。在功能框中按升序对插入的输入编号。

使用输入的值执行指定表达式。表达式中不一定会使用所有的已定义输入。该指令的结果将传送到输出 OUT 中。

“计算”指令的使用如图 7-64 所示。

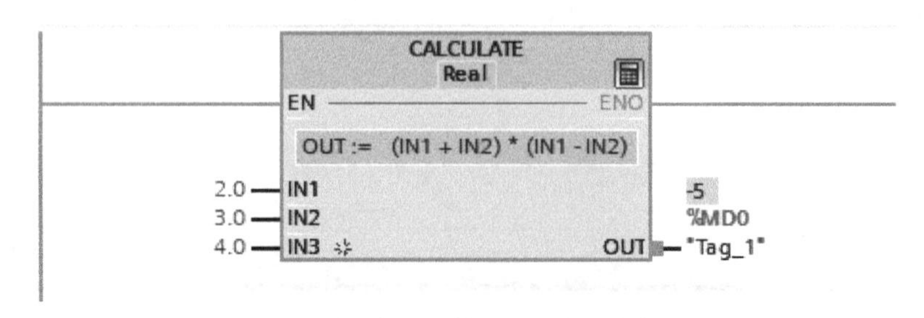

图 7-64 “计算”指令使用

【例 7-6】运用算术运算指令完成下面的方程式运算，其梯形图如图 7-65 所示。

$$MW4=((MW0+3)\times15)/MW0$$

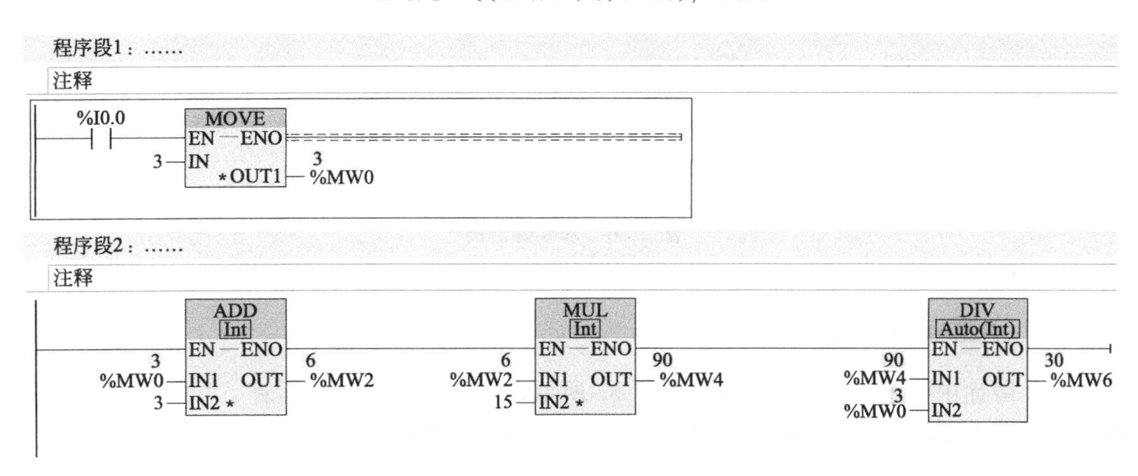

图 7-65　算术运算梯形图

【例 7-7】求算式 1+2+3+…+100 的值。

线性化常规编程实现其算式功能的梯形图如图 7-66 所示。

注意：在为变量赋初始值时，为了保证传输只执行一次，一般 MOVE 方块指令和边缘触发指令联合使用。

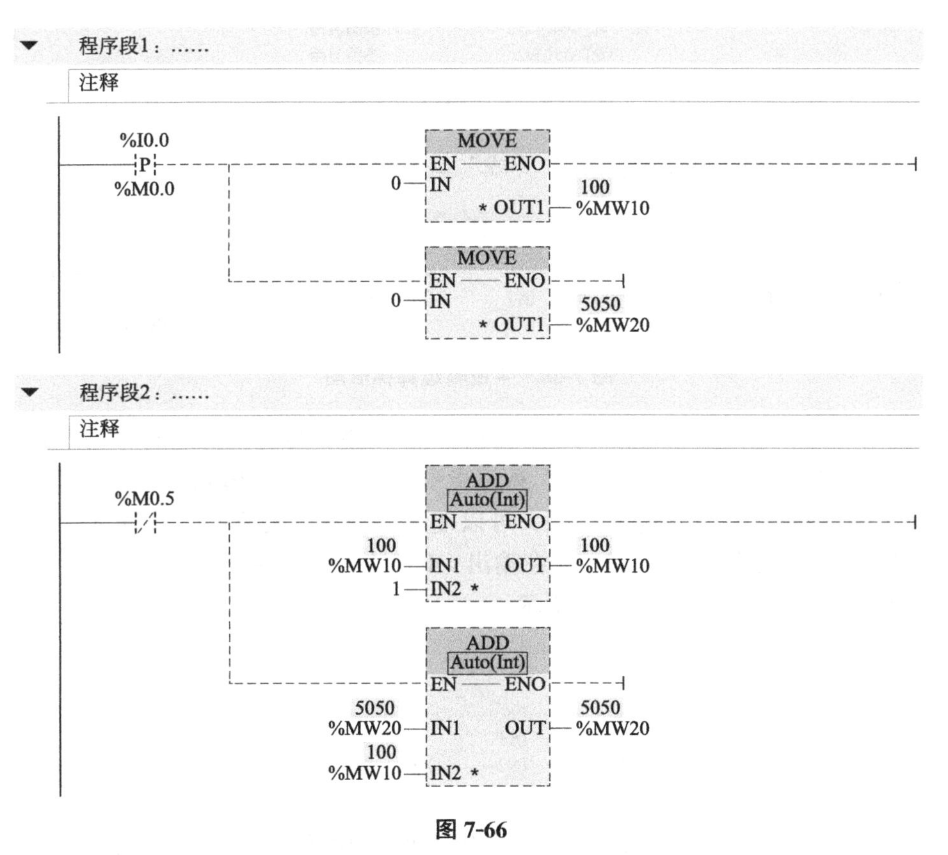

图 7-66

图 7-66　求和梯形图

7.5.2　字逻辑运算指令

TIA 博途中字逻辑运算指令集如图 7-67 所示，主要包括“与”运算、“或”运算、“异或”运算、求反码、解码、编码、选择、多路复用和多路分用等指令。

字逻辑运算	
AND	“与”运算
OR	“或”运算
XOR	“异或”运算
INVERT	求反码
DECO	解码
ENCO	编码
SEL	选择
MUX	多路复用
DEMUX	多路分用

图 7-67　字逻辑运算指令集

“与”运算指令、“或”运算指令、“异或”运算的梯形图形式如图 7-68 所示。

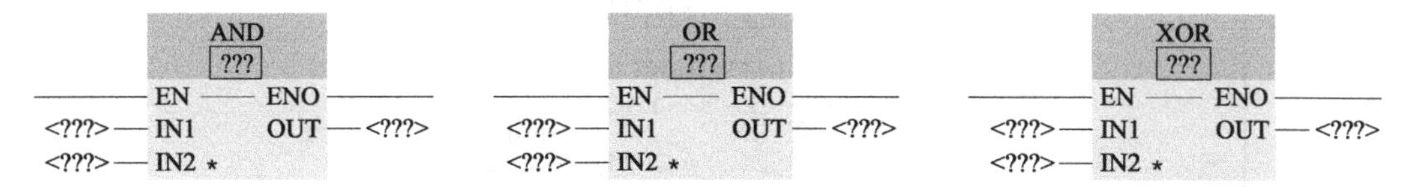

图 7-68　字逻辑运算梯形图

可以使用“与”运算指令将输入 IN1 的值和输入 IN2 的值按位进行“与”运算，并在输出 OUT 中查询结果。可以使用“或”运算指令将输入 IN1 的值和输入 IN2 的值按位进行“或”运算，并在输出 OUT 中查询结果。可以使用“异或”运算指令将输入 IN1 的值和输入 IN2 的值按位进行“异或”运算，并在输出 OUT 中查询结果。

字逻辑运算指令的使用如图 7-69 所示。

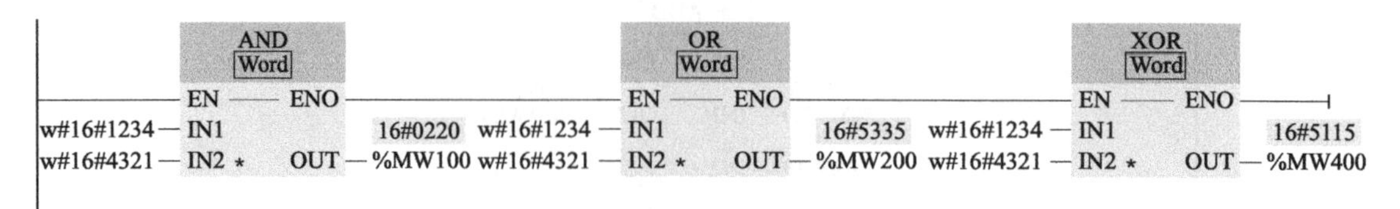

图 7-69　字逻辑运算指令的使用

7.6　移位和循环指令

7.6.1　移位指令

S7-1500 的移位和循环移位指令集如图 7-70 所示，主要包括左移、右移、循环左移和循环右移指令。

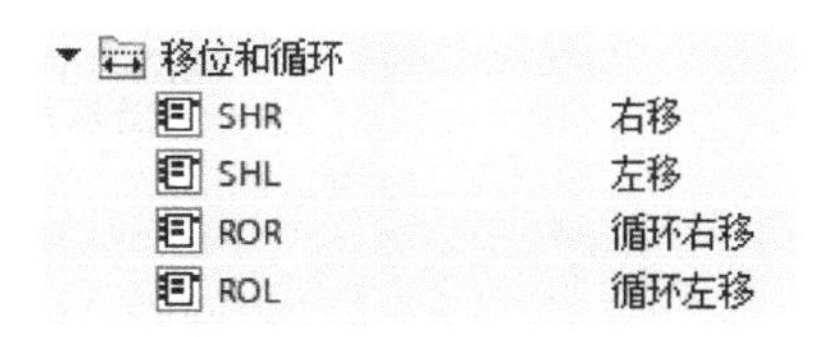

图 7-70　移位和循环移位指令

使用“右移”指令和“左移”指令将输入 IN 中操作数的内容按位向右或向左移位，并在输出 OUT 中查询结果。参数 N 用于指定将指定值移位的位数。如果参数 N 的值为“0”，则将输入 IN 的值复制到输出 OUT 的操作数中。

无符号数移位和有符号数左移后空出来的位用 0 填充。有符号整数右移后空出来的位用符号位（原来的最高位）填充，正数的符号位为 0，负数的符号位为 1。

（1）无符号移位

无符号左移字和右移字的工作过程如图 7-71 所示。

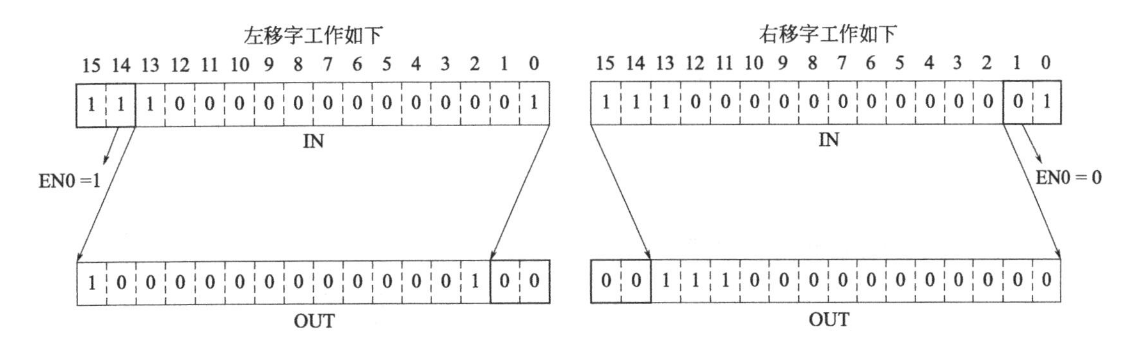

图 7-71　字移位工作过程

字左移指令的使用如图 7-72 所示。

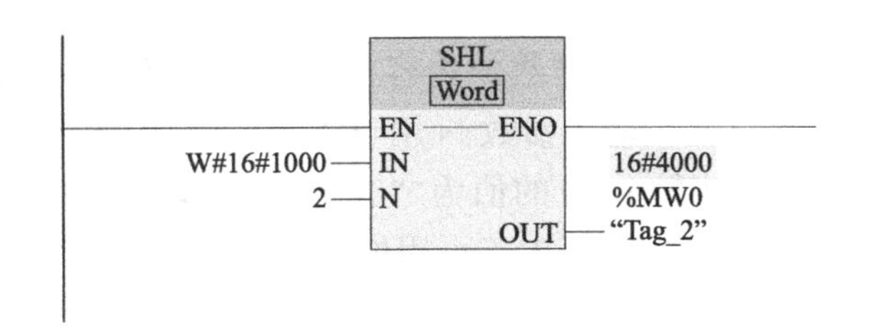

图 7-72　字左移梯形图

左移 N 位相当于从乘以 2^N，比如移位前的数 B＃0001 _ 0000 _ 0000 _ 0000，移位后 MW20 中的数 B＃0100 _ 0000 _ 0000 _ 0000。

（2）有符号右移指令

如图 7-73 展示了有符号整数右移 4 位的工作过程。

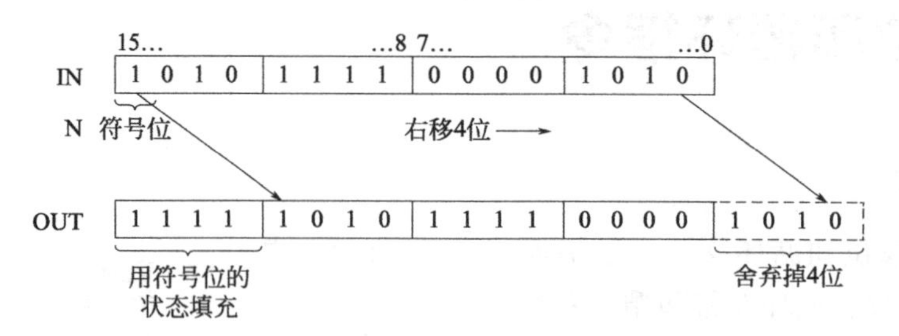

图 7-73　有符号整数右移过程

有符号右移指令的应用如图 7-74 所示。

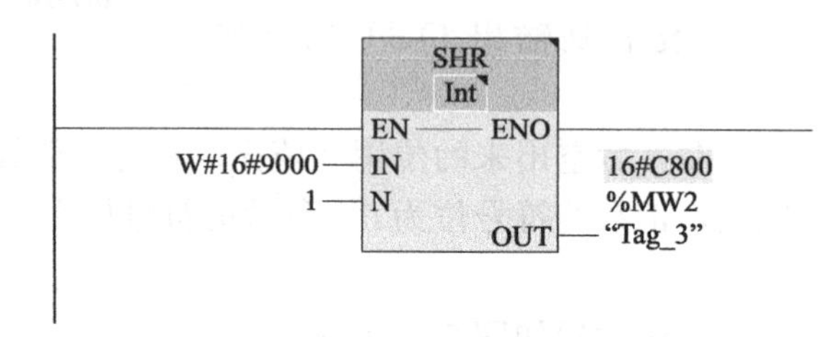

图 7-74　有符号右移指令

有符号右移指令移位前 IN 中的数 B＃1001 _ 0000 _ 0000 _ 0000，移位后 MW2 中的数 B＃1100 _ 1000 _ 0000 _ 0000。

7.6.2　循环移位指令

循环移位指令的梯形图形式如图 7-75 所示。

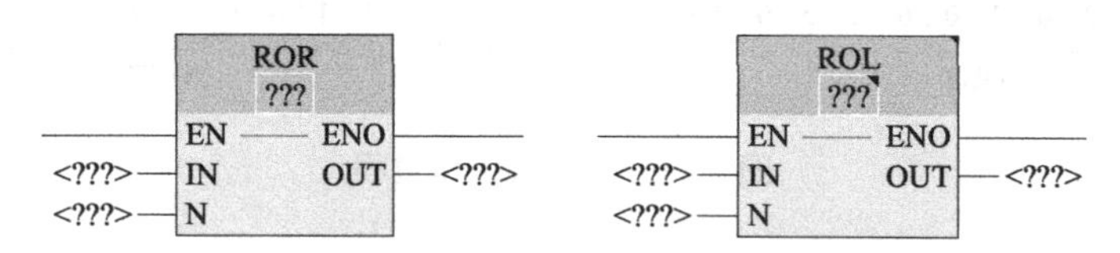

图 7-75　循环移位指令梯形图

“循环右移”指令将输入 IN 中操作数的内容按位向右循环移位，即用右侧挤出的位填充左侧因循环移位空出的位，其中输入参数 N 用于指定将 IN 中操作数循环移位的位数，移位结果存储在输出 OUT 中。当输入 N 的值为“0”时，则输入 IN 的值将按原样复制到输出 OUT 的操作数中；如果参数 N 的值大于可用位数，则输入 IN 中的操作数值仍会循环移动指定位数个位。

使用“循环左移”指令将输入 IN 中操作数的内容按位向左循环移位，并在输出 OUT 中查询结果。参数 N 用于指定循环移位中待移动的位数。用移出的位填充因循环移位而空出的位。如果参数 N 的值为“0”，则将输入 IN 的值复制到输出 OUT 的操作数中。如果参数 N 的值大于可用位数，则输入 IN 中的操作数值仍会循环移动指定位数。

图 7-76 显示了如何将 DWORD 数据类型操作数的内容向左循环移动 3 位的示意图。

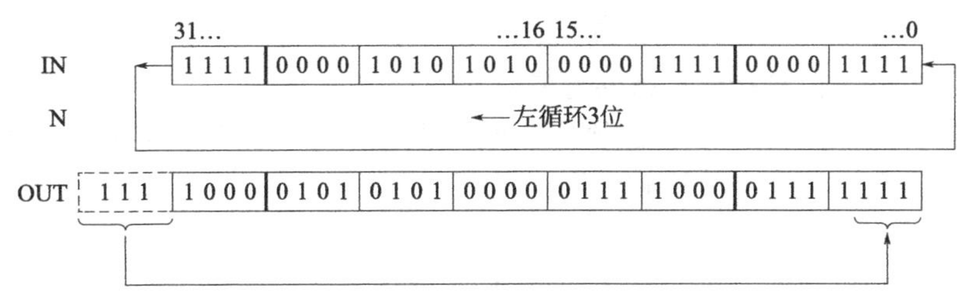

图 7-76　循环左移过程

7.7　程序控制指令

程序控制指令集主要包括跳转类型指令，以及测量程序运行时间、设置等待时间、重置循环周期监视时间和关闭目标系统等运行控制类指令。S7-1500 的程序控制指令集如图 7-77 所示。

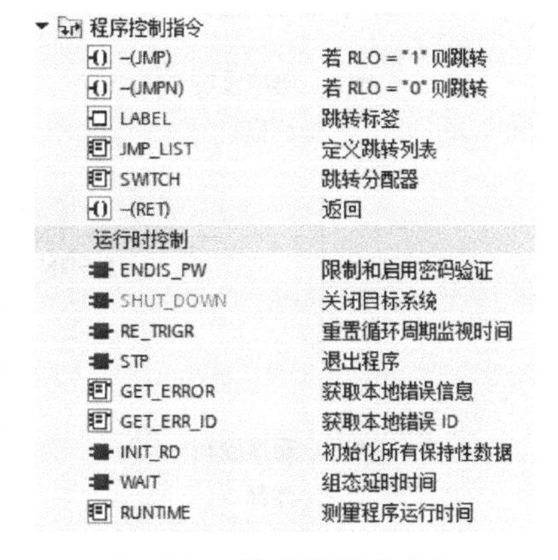

图 7-77　程序控制指令集

逻辑块内的跳转环指令改变了程序原有的线性逻辑流，使程序转移到另外的程序地址，重新开始扫描。程序没有执行跳转指令时，各个程序段按从上到下的先后顺序执行。而跳转指令中止程序的顺序执行，跳转到指令中的跳转标签所在的目的地址。

（1）LABEL：跳转标签

程序块内跳转转移到的新地址用跳转标签表示，在一个逻辑块内的跳转标签是唯一的，不能重复，在不同的逻辑块内，跳转标签可以相同。跳转标签的第一个字符必须是字母，其余字符可以是字母或数字（例如，CAS1）。跳转标签是配合跳转指令实现程序跳转，每个—(JMP) 或—(JMPN) 都还必须有与之对应的跳转标签。

在 LAD 指令中，跳转标签必须在一个网络的开始，可在梯形图程序编辑器上，从编程元件浏览器中选择 LABLE（跳转标签），在出现的空方块中填上标签。

S7-1200 CPU 最多可以声明 32 个跳转标签，而 S7-1500 CPU 最多可以声明 256 个跳转标签。

（2）—(JMP)：若 RLO＝“1”则跳转

可以使用“若 RLO＝“1”则跳转”指令中断程序的顺序执行，并从其他程序段继续执行。目标程序段必须由跳转标签（LABEL）进行标识。在指令上方的占位符指定该跳转标签的名称。

指定的跳转标签与执行的指令必须位于同一数据块中。指定的名称在块中只能出现一次。一个程度段中只能使用一个跳转线圈。

如果该指令输入的逻辑运算结果（RLO）为“1”，则将跳转到由指定跳转标签标识的程序段。可以跳转到更大或更小的程序段编号。

如果不满足该指令输入的条件（RLO＝0），则程序将继续执行下一程序段。

（3）—(JMPN)：若 RLO＝“0”则跳转

该指令输入的逻辑运算结果为“0”时，使用“若 RLO＝“0”则跳转”指令，可中断程序的顺序执行，并从其他程序段继续执行。目标程序段必须由跳转标签（LABEL）进行标识。在指令上方的占位符指定该跳转标签的名称。

指定的跳转标签与执行的指令必须位于同一数据块中。指定的名称在块中只能出现一次。一个程度段中只能使用一个跳转线圈。

如果该指令输入的逻辑运算结果（RLO）为“0”，则将跳转到由指定跳转标签标识的程序段。可以跳转到更大或更小的程序段编号。

如果该指令输入端的逻辑运算结果为“1”，则程序在下一个程序段中继续执行。

（4）—(RET)：返回

“返回”指令停止有条件执行或无条件执行的块。程序块退出时，返回值（操作数）的信号状态与调用程序块的使能输出 ENO 相对应。

跳转指令的使用如图 7-78 所示。图中当 I0.0 为 1 时，执行跳转指令，程序段 3 不执行，MW8 中的数值为初始值 5，计算后 MW10 的值为 20。

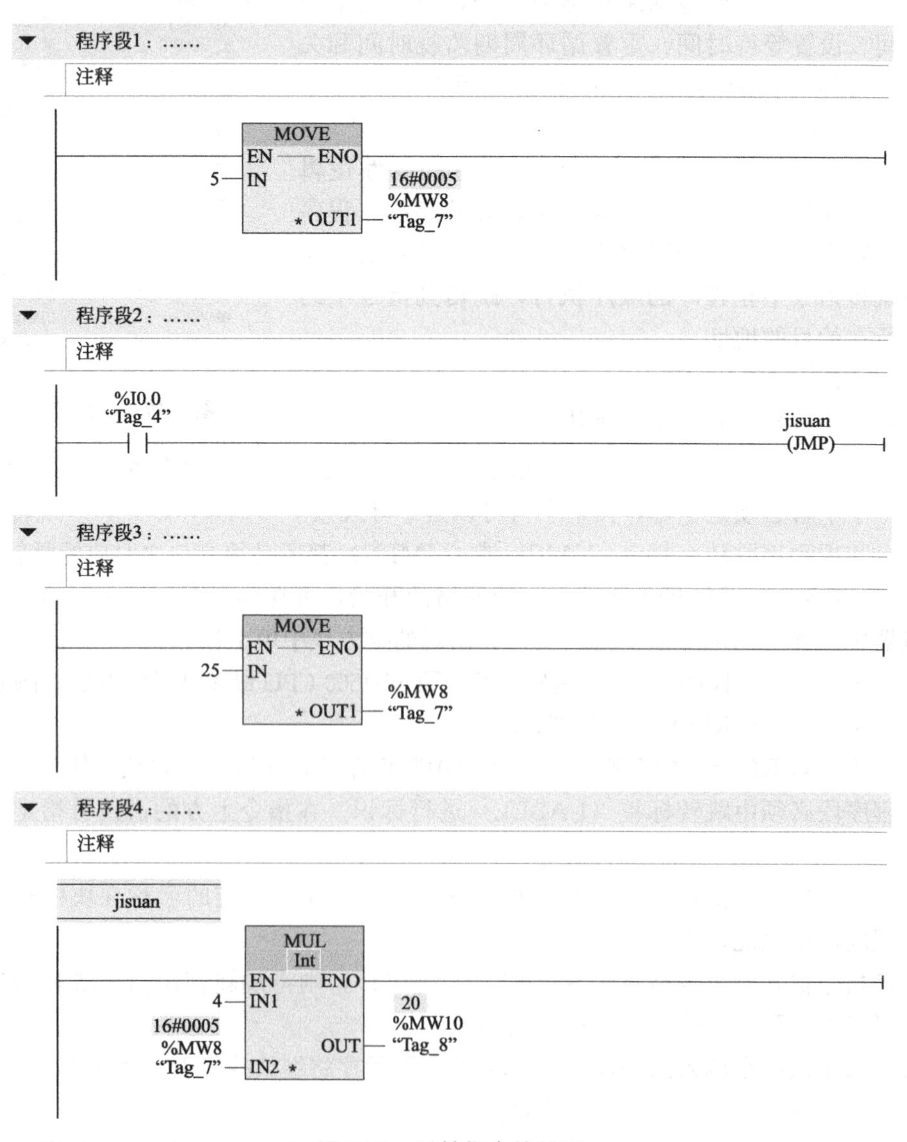

图 7-78　跳转指令的使用

（5）JMP _ LIST：定义跳转列表

“定义跳转列表”指令（JMP _ LIST）与 LABEL 指令配合使用，根据 K 值实现跳转。在指令的输出中只能指定跳转标签，而不能指定指令或操作数。当 EN 使能输入的信号状态为“1”时，执行 JMP _ LIST 指令，程序将跳转到由参数 K 的值指定的输出编号所对应的目标程序段开始执行。如果参数 K 值大于可用的输出编号，则顺序执行程序。可在指令框中通过鼠标单击“*”来扩展输出的数量（S7-1200 最多可以声明 32 个输出，而 S7-1500 最多可以声明 99 个输出），输出编号从“0”开始，每增加一个新输出，都会按升序连续递增。仅在 EN 使能输入的信号状态为“1”时，才执行“定义跳转列表”指令。

JMP _ LIST 指令的使用如图 7-79 所示。图中当 I0.0 为 1 时，执行跳转指令标签 jisuan1，程序段 3 执行，MW10 中的数值为 12；当 I0.0 和 I0.1 均为 1 时，执行跳转指令标签 jisuan2，程序段 4 执行，MW10 中的数值为 32。

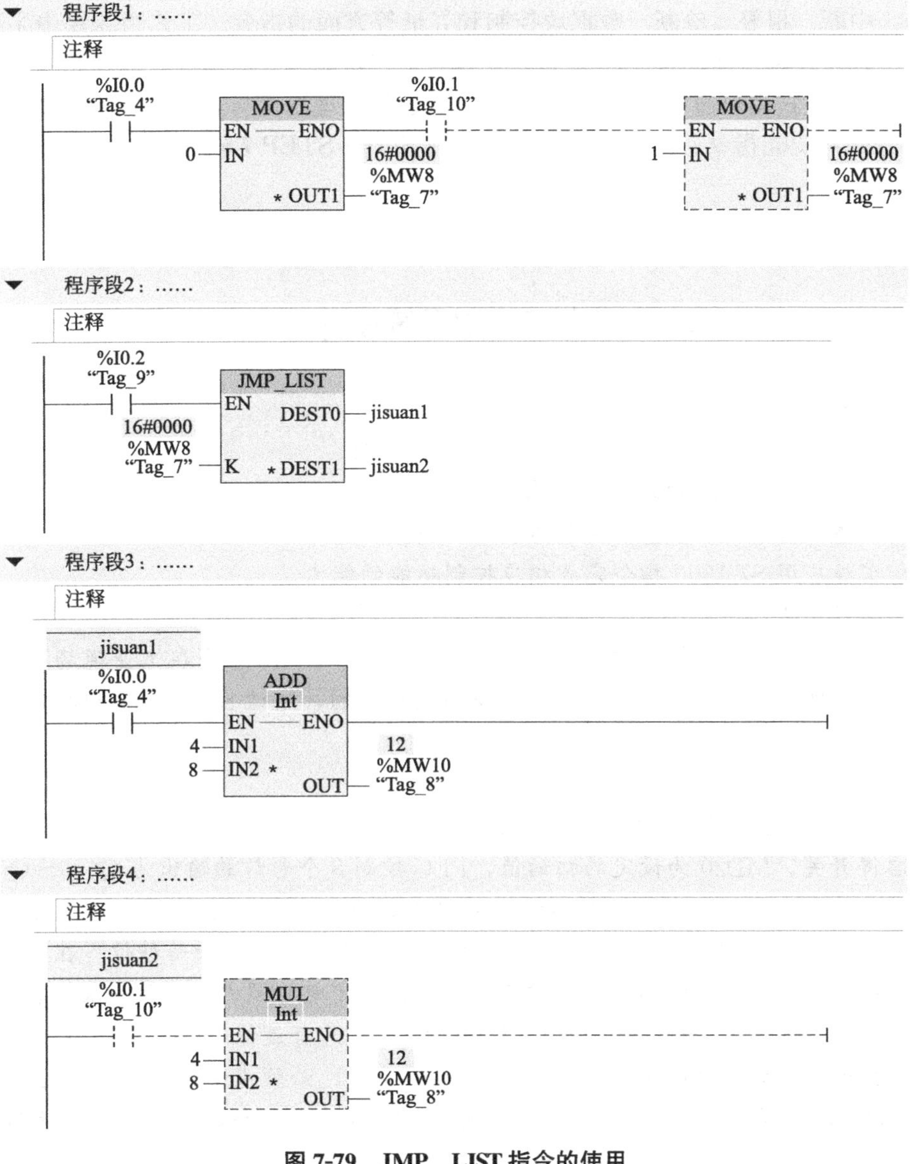

图 7-79　JMP _ LIST 指令的使用

（6）SWITCH：跳转分支指令

“跳转分支指令”指令（SWITCH）也与 LABEL 指令配合使用，根据比较结果，定义要执行的程序跳转。在指令框中为每个输入选择比较类型（==、<>、>=、<=、>、<，各比较指令的可用性取决于指令的数据类型），在指令的输出中指定跳转标签，在参数 K 中指定要比较的值，将该值依次与各个输入（编号按照从小到大的顺序）提供的值按照选择的比较类型进行比较，直至满足比较条件为止，选择满足条件的输入编号所对应的输出指定的跳转标签进行程序跳转。如果满足比较条件，则将不考虑后续比较条件；如果不满足任何指定的比较条件，则将执行输出 ELSE 处的跳转；如果输出 ELSE 中未定义程序跳转，则程序顺序执行。可在指令框中通过鼠标单击“*”增加输出的数量，输出编号从“0”开始，每增加一个新输出，都会按升序连续递增，同时会自动插入一个输入。

在 TIA Portal 指令系统中，除了基本指令集外，还有扩展指令集、工艺指令集、通信指令集和选件包指令集。扩展指令集中主要包括日期和时间、字符串+字符、过程映像、分布式 I/O、中断、报警、诊断、数据块控制和寻址等方面的指令。工艺指令集中主要包括计数和测量、PID 控制、运动控制和时基 I/O 等与工艺功能有关的指令。通信指令集中主要包括 S7 通信、开放式用户通信、WEB 服务器以及通信处理器等与通信有关的指令。选件包指令中为部分插件功能指令。读者使用时可以查阅 Portal STEP 7 软件的帮助信息系统或相关的系统手册。

 项目训练六　多功能流水灯控制系统设计

一、训练目的

（1）熟练掌握西门子 TIA Portal 软件的基本操作。

（2）掌握项目的建立的方法与步骤。

（3）熟练掌握 S7-1500 基本指令的使用方法。

（4）掌握应用 S7-1500 指令完成相应控制功能的能力。

二、项目介绍

PLC 在自动化控制中处于首位，而流水灯中蕴藏的设计算法在工业现场、信号指示等很多关键领域都有应用。现以流水灯实现为设计目的，通过 S7-1500 实现控制电路的设计，并完成项目的调试。

三、项目实施

项目设计要求：运用 S7-1500 PLC 的基本指令实现 8 个彩灯的循环左移和右移。其中 I0.0 为启停开关，MD20 为设定的初始值，PLC 控制 8 个彩灯的输出为 Q0.0～Q0.7。

分析：要实现彩灯的流水控制功能，需要用到循环移位指令。首先建立定时振荡电路，振荡周期为 2.25s，使得每次定时时间到后，循环移位指令开始移位。在循环移位指令的使用中运用了边缘触发指令，使循环移位在每个定时时间内只移位一次。在程序开始时，必须给循环存储器 MD20 赋初值，比如开始时，只有最低位的彩灯亮（为 1），则初值设定必须为 DW#16#01010101（为了能循环显示，必须设定 MB20、MB21、MB22、MB23 中的值均相同，为 W#16#01，否则，8 位彩灯轮流亮过后，彩灯会有段时间不亮）。梯形图程序如图 7-80 所示。

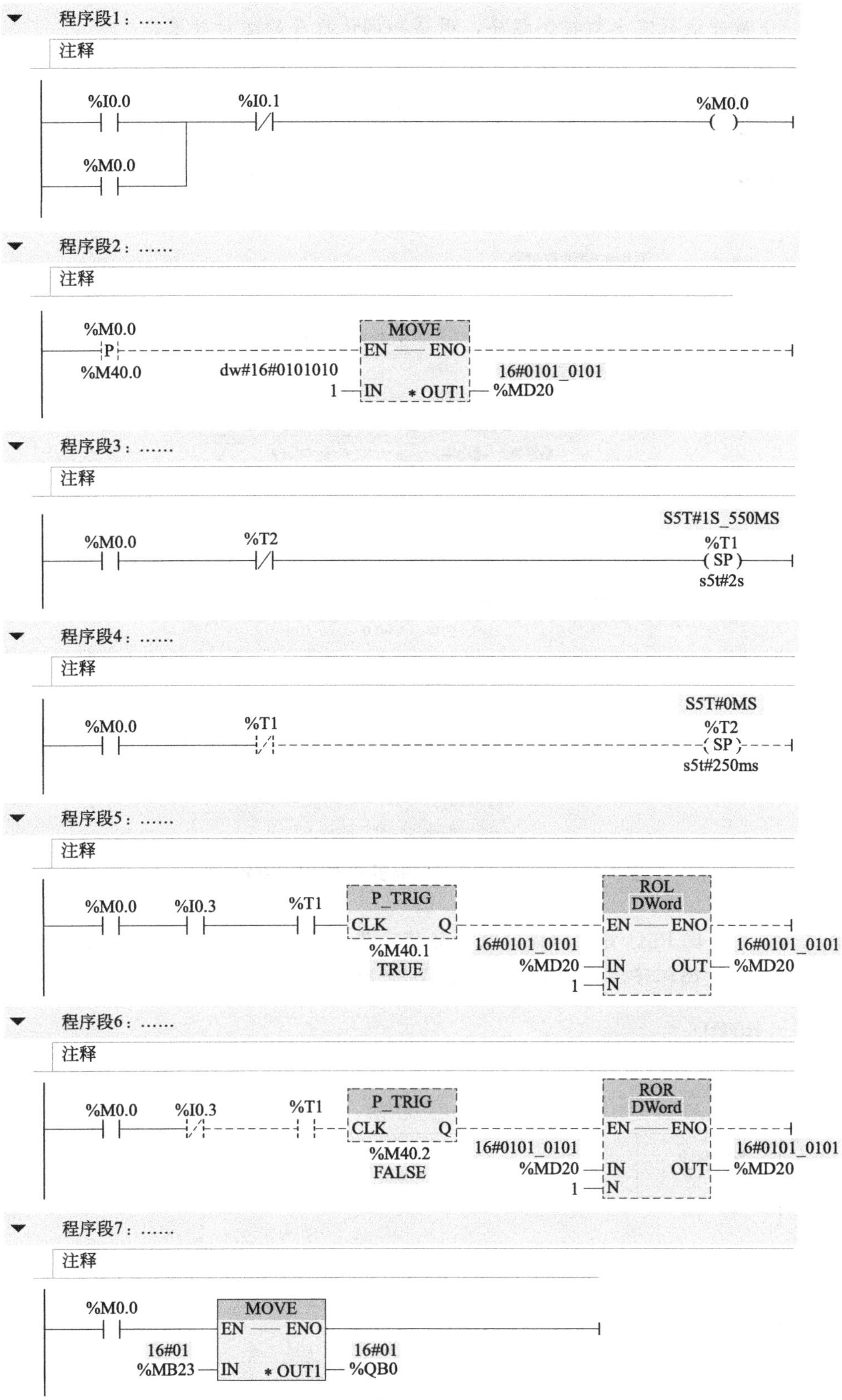

程序段1：……

注释

%I0.0 %I0.1 %M0.0

%M0.0

程序段2：……

注释

%M0.0 P %M40.0 MOVE EN ENO dw#16#0101010 1 IN *OUT1 16#0101_0101 %MD20

程序段3：……

注释

%M0.0 %T2 S5T#1S_550MS %T1 (SP) s5t#2s

程序段4：……

注释

%M0.0 %T1 S5T#0MS %T2 (SP) s5t#250ms

程序段5：……

注释

%M0.0 %I0.3 %T1 P_TRIG CLK Q %M40.1 TRUE ROL DWord EN ENO 16#0101_0101 %MD20 IN OUT 1 N 16#0101_0101 %MD20

程序段6：……

注释

%M0.0 %I0.3 %T1 P_TRIG CLK Q %M40.2 FALSE ROR DWord EN ENO 16#0101_0101 %MD20 IN OUT 1 N 16#0101_0101 %MD20

程序段7：……

注释

%M0.0 MOVE EN ENO 16#01 %MB23 IN *OUT1 16#01 %QB0

图 7-80 走马灯梯形图

输入、下载并运行流水灯控制程序，观察和调试程序的运行效果。

注意：移位指令通常需与边缘触发指令配合！

系统设计过程中，为了获得移位用的时钟脉冲和首次扫描脉冲，除了图 7-80 给出的实现方法外，还可以通过组态 CPU 的属性设置来获取。在 CPU 的“系统和时钟存储器”属性设置中，分别设置系统存储器字节和时钟存储器字节的地址为 MB1 和 MB0，如图 7-81 所示。

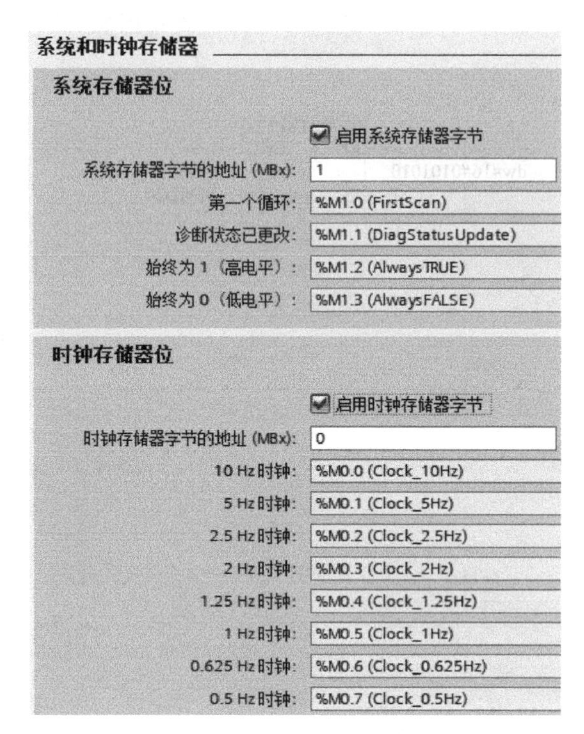

图 7-81　CPU 的“系统和时钟存储器”属性设置

通过 M1.0 实现 PLC 首次扫描时赋初始值，借助于 M0.5 实现频率为 1Hz 的时钟信号。实现 8 个彩灯循环移位的控制程序如图 7-82 所示。

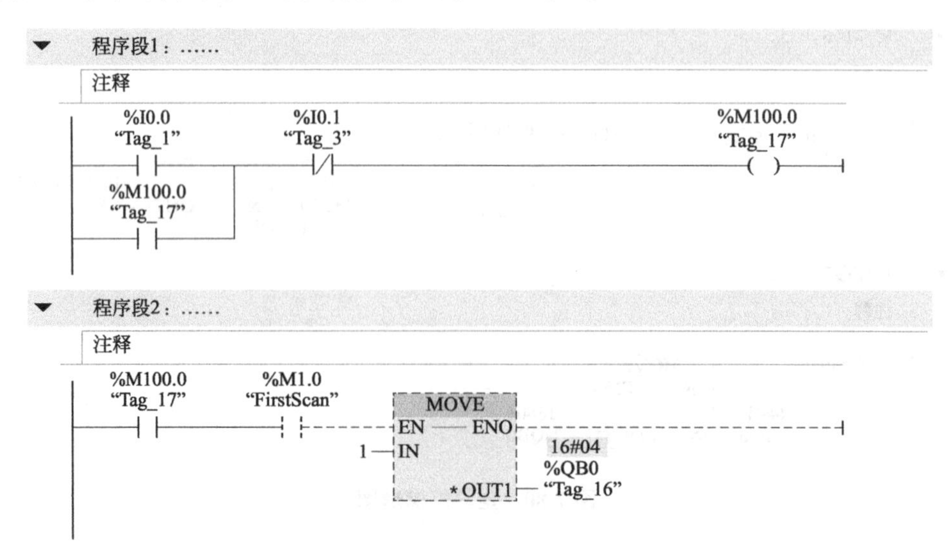

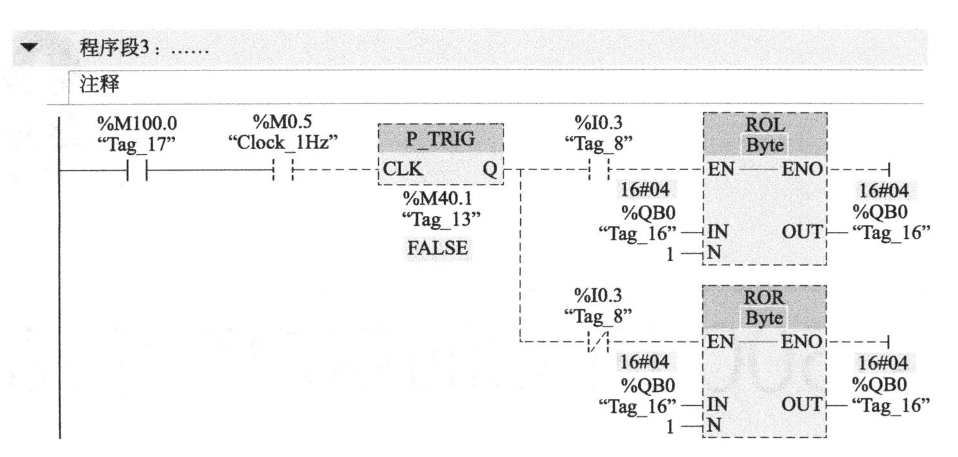

程序段3：……
注释
%M100.0
"Tag_17"
%M0.5
"Clock_1Hz"
P_TRIG
CLK
Q
%M40.1
"Tag_13"
FALSE
%I0.3
"Tag_8"
ROL
Byte
EN
ENO
16#04
%QB0
"Tag_16"
IN
OUT
N
1
%I0.3
"Tag_8"
ROR
Byte
EN
ENO
16#04
%QB0
"Tag_16"
IN
OUT
N
1

图 7-82　彩灯控制程序

第8章

S7-1500 PLC的用户程序结构

S7-1500 PLC 用块的形式来管理用户编写的程序及程序运行所需要的数据，组成结构化的用户程序。这样的组织使得 PLC 程序结构清晰、组织明确，便于修改。

8.1 编程方式和程序结构

8.1.1 编程方式

用户的编程方式主要有线性化编程、分部式编程和结构化编程三种类型。

线性化编程是将整个用户程序放在主程序中，在 CPU 循环扫描时执行主程序中的全部指令。其特点是线性程序的结构简单，分析起来一目了然。这种结构适用于编写一些规模较小，运行过程比较简单的控制程序。然而某些相同或相近的操作需要多次执行，这样会造成不必要的编程工作。再者，由于程序结构不清晰，会造成管理和调试的不方便。所以在编写大型程序时，避免线性化编程。

分部式编程是将整个程序按任务分成若干个部分，并分别放置在不同的功能（FC）、功能块（FB）及组织块中，在一个块中可以进一步分解成段。在主程序中包含按顺序调用其他块的指令，并控制程序执行。在分部程序中，既无数据交换，也不存在重复利用的程序代码。功能（FC）和功能块（FB）不传递也不接收参数，分部程序结构的编程效率比线性程序有所提高，程序测试也较方便，对程序员的要求也不太高。对不太复杂的控制程序可考虑采用这种程序结构。

但是对于复杂的自动控制任务，上述两种编程方式显得捉襟见肘，故而引出第三种编程方式——结构化编程。结构化编程是将过程要求类似或相关的任务归类，在功能或功能块中编程，形成通用解决方案。通过不同的参数调用相同的功能或通过不同的背景数据块调用相同的功能块。其特点是每个块在 OB 中可能会被多次调用，以完成具有相同过程工艺的不同控制对象，这种结构必须对系统功能进行合理分析、分解和综合，以简化程序设计过程、提高编程的效率。

8.1.2　程序结构

西门子公司 S7-1500 系列 PLC 采用的是“块式程序结构”，用“块”的形式来管理用户编写的程序及程序运行所需要的数据，组成完整的 PLC 应用程序系统。

（1）用户程序使用的块

在 S7-1500 PLC 中，PLC 的程序分为操作系统和用户程序。操作系统处理的是底层的系统级任务，它为 PLC 应用搭建了一个平台，提供了一套用户程序的调用机制，主要用来实现与特定的控制任务无关的功能，比如处理 PLC 的启动、刷新输入/输出过程映像表、循环调用用户程序、处理中断和错误、管理存储区和处理通信等。用户程序在这个搭建的平台上完成自己特定的自动化控制任务，而这个程序需要用户自己编写。通常用户程序主要完成暖启动的初始化工作、处理过程数据（数字信号、模拟信号）、对中断的响应、对异常和错误的处理等工作。

通常用户编写的程序和程序过程中所需的数据均被放置在块中，使单个的程序标准化。这样做的好处是：块与块之间的调用使程序结构化、简单化、透明化，易于理解、修改、查错和调试。

用户程序包含不同的程序块，各程序块实现的功能不同。S7-1500 CPU 支持的程序块类型与 S7-300/400 一致，而允许每种类型程序块的数量及每个程序块最大的容量与 CPU 的技术参数有关。构成用户程序的逻辑块包括：组织块 OB（Organization Block）、功能块 FB（Function Block）、功能 FC（Function）等。各种块的简单说明如表 8-1 所示。

表 8-1　用户程序中的块

块	简要描述
组织块(OB)	操作系统与用户程序的接口,决定用户程序的结构
功能块(FB)	用户编写的包含经常使用的功能的子程序,有存储区
功能(FC)	用户编写的包含经常使用的功能的子程序,无存储区
背景数据块(DI)	调用 FB 时用于传递参数的数据块,在编译过程中自动生成数据
共享数据块(DB)	存储用户数据的数据区域,供所有的块共享

组织块（OB）是操作系统和用户程序之间的界面，组织块由操作系统（OS）调用。用于控制扫描循环和中断程序的执行、PLC 的启动和错误处理等，其他的组织块有启动组织块、中断组织块、错误组织块和其他组织块等。操作系统只调用组织块，其他的程序块需要通过用户程序中的指令调用，操作系统才会加以处理（扫描）。

功能 FC 和功能块 FB 是用户程序中主要的逻辑操作块，二者皆是用户编写的子程序，只是功能（FC）不需要背景数据块，无存储区，调用结束数据消失；而功能块始终存在如影随形的背景数据块，有存储区，主要的控制、运算、操作等均由它们来完成。组织块负责安排 FC 和 FB 的调用条件和调用顺序。

数据块 DB 只用来存放用户数据。在数据块中只有数据和变量，没有程序。但数据块占用程序容量。数据块可以分为全局（共享）数据块和背景（伴随）数据块两种。

8.2 组织块

组织块由操作系统调用，同时执行编写在组织块中的用户程序，组织块最基本的功能就是调用用户程序。

8.2.1 组织块的类型与优先级

操作系统为每隔组织块分配了相应的优先级，S7-1500 CPU 支持的优先级从 1（最低）到 26（最高），每个 OB 有其对应的优先级。OB 可由事件触发，所以也可以说事件具有与 OB 相对应的优先级。当同时发出多个 OB 请求时，CPU 将首先执行优先级最高的 OB。如果所发生事件的优先级高于当前执行的 OB，则中断此 OB 的执行。优先级相同的事件按发生的时间顺序进行处理。如果触发的事件源对应的组织块 OB 没有分配，则将执行默认的系统响应。

OB 的类型、中文名称、OB 优先级的值、OB 编号、默认的系统响应和 OB 的个数如表 8-2 所示。在该表格中，根据默认 OB 优先级进行排序。优先级数字越小表示优先级越低，例如程序循环组织块的优先级为“1”，表示其优先级最低，能够被其他组织块所中断。

表 8-2 OB 块类型及优先级

OB 类型	优先级（默认优先级）	可能的 OB 编号	系统默认响应	OB 数目
启动	1	100,≥123	忽略	0～100
循环程序	1	1,≥123	忽略	0～100
时间中断	2～24(2)	10～17,≥123	不适用	0～20
延时中断	2～24(3)	20～23,≥123	不适用	0～20
循环中断	2～24(8～17,与频率有关)	30～38,≥123	不适用	0～20
硬件中断	2～26(16)	40～47,≥123	忽略	0～50
状态中断	2～24(4)	55	忽略	0 或 1
更新中断	2～24(4)	56	忽略	0 或 1
制造商或配置文件特定的中断	2～24(4)	57	忽略	0 或 1
等时同步模式中断	16～26(21)	61～64,≥123	忽略	0～2
时间错误	22	80	忽略	0 或 1
一旦超出最大循环时间			STOP	
诊断中断	2～26(5)	82	忽略	0 或 1
可移除/插入的模块	2～26(6)	83	忽略	0 或 1
机架错误	2～26(6)	86	忽略	0 或 1
编程错误(仅限全局错误处理)	2～26(7)	121	STOP	0 或 1
I/O 访问错误(仅限全局错误处理)	2～26(7)	122	忽略	0 或 1

注意：由表 8-2 可以看出，当发生时间错误和编程错误事件时，如果程序中没有添加相应的组织块，S7-1500 CPU 将进入停机模式；而对于其他事件，即使 S7-1500 CPU 中没有添加相应的组织块，CPU 也不会停机，这与 S7-300/400 是有区别的。

8.2.2　添加组织块

在 TIA 博途中添加新块时，在“添加新块”对话框中选择组织块，将显示当前 CPU 所支持的组织块名称。如图 8-1 所示。

图 8-1　“添加新块”对话框

可以在博途软件中，删除项目文件夹中自动生成的“Main [OB1]”程序块。步骤如下：

① 打开项目树中的“程序块”（Program blocks）文件夹，然后单击“Main [OB1]”程序块。

② 右键单击以打开快捷菜单并单击“删除”（Delete）。

③ 单击“是”（Yes）确认删除块。

8.2.3 循环程序组织块

PLC 的 CPU 循环执行操作系统，操作系统在每一个循环中调用主程序，即“循环程序”OB，这样就执行了在“循环程序”OB 中编写的用户程序。要启动用户程序执行，项目中至少要有一个循环程序 OB。对于 S7-1500 和 S7-1200 PLC，循环程序 OB 允许有多个，每个循环程序 OB 的编号均不同，执行程序时，多个循环程序 OB 按照 OB 的编号升序顺序执行。S7-1500 支持的“循环程序”OB 的数量最多可达 100 个。而对于 S7-200/300/400 PLC，循环程序 OB 只有一个。

所有的“循环程序”组织块执行完成后，操作系统重新调用“循环程序”组织块。在各个“循环程序”组织块中调用 FB、FC 等用户程序使之循环执行。“循环程序”组织块的优先级为 1 且不能修改，这意味着优先级是最低的，可以被其他 OB 块中断。

8.2.4 启动组织块

“启动”OB 将在 PLC 的工作模式从 STOP 切换为 RUN 时执行一次。完成后，将开始执行主“循环程序”OB。启动组织块只在 CPU 启动时执行一次，以后不再被执行，可以将一些初始化的指令编写在启动组织块中。程序中也可以不创建任何启动组织块。SIMATIC S7-1500 CPU 只支持暖启动。

8.2.5 时间中断组织块

时间中断组织块用于在时间可控的应用中定期运行一部分用户程序，可以实现在某个预设时间到达时只运行一次，或者在设定的触发日期到达时，按每分、每小时、每周、每月、每月底等周期运行。当 CPU 的日期值大于设定的日期值时触发相应的 OB 按设定的模式执行。

要启动时间中断 OB，必须提前设置并激活了相关的时间中断（指定启动时间和持续时间），并将时间中断 OB 下载到 CPU。在“添加新块”对话框中选择组织块，选中“Time of day”，添加时间中断组织块。可以对其进行相关属性设置。如图 8-2 所示。

在用户程序中也可以通过调用 SET _ TINT 指令设定时间中断组织块的参数，调用 ACT _ TINT 指令激活时间中断组织块投入运行。与在 OB 块属性中的设置相比，通过用户程序在 CPU 运行时修改设定的参数更加灵活。两种方式可以任意选择，也可以同时对一个 OB 块进行参数设置。

8.2.6 循环中断组织块

循环中断组织块按设定的时间间隔循环执行，循环中断的间隔时间通过时间基数和相位偏移量来指定。在 OB 块属性中，每一个 OB 块缺省的时间间隔可以由用户设置。操作系统从 CPU 进入 RUN 模式开始，以固定的时间间隔产生中断，执行循环中断 OB。循环中断组织块通常处理需要固定扫描周期的用户程序，例如 PID 函数块通常需要在循环中断中调用，以保证采样时间的恒定。如果使用了多个循环中断 OB，当这些循环中断 OB 的时间基数有公倍数时，可以使用相位偏移量来防止同时启动。时间间隔参数可以在创建循环 OB 时进行设置，也可以在循环 OB 的属性对话框中进行相应的设置。

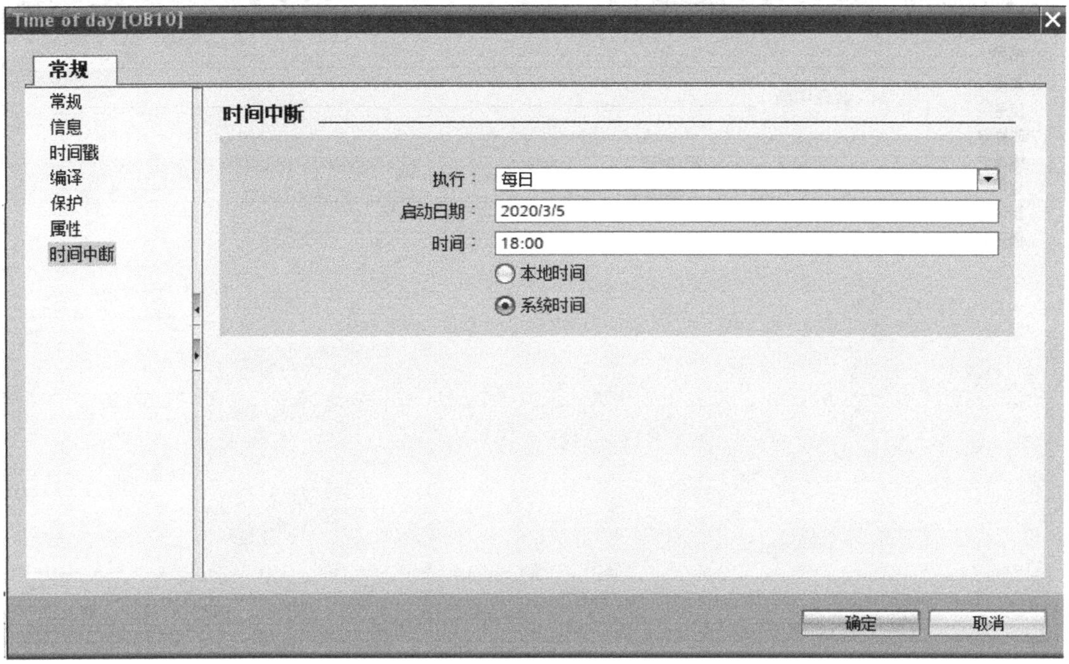

图 8-2　“Time of day”属性设置

循环中断 OB 的启动时间根据其时间间隔和相位偏移通过以下公式确定：

$$启动时间 = n \times 时间间隔 + 相位偏移$$

式中，n 为自然数；时间间隔即为两次调用之间的时间段，是 1μs 基本时钟周期的整数倍；相位偏移是启动时间进行偏移的时间间隔。

注意：设置的间隔时间必须大于循环中断 OB 的运行时间。如果间隔时间到而循环中断 OB 的指令还没有执行完，则触发时间错误 OB，如果项目中没有创建该 OB，CPU 进入停机模式。

【例 8-1】每 2s 中断一次，每次中断使 MW0 自动加 1。

分析：为了实现中断功能，设置循环中断 OB 的时间间隔和相位偏移。如图 8-3 所示。

为了将累加器 MW0 初始化清零，添加启动块 OB100，在其中完成初始化工作，OB100 编写的梯形图如图 8-4 所示。

完成初始化工作后，在循环中断组织块 OB30 中编写的程序如图 8-5 所示。

还可以在 S7-1500 的指令系统的扩展指令的“中断”目录下，通过调用 DIS _ IRT，DIS _ AIRT，EN _ IRT 系统指令可以禁用、延迟、使能循环中断的调用。如图 8-6 所示。

要求用 I0.0 来设置和启动循环中断 OB30，主程序 OB1 如图 8-7 所示，循环中断程序 OB30 与图 8-5 相同。要使用循环中断，首先在图 8-3 中设置循环间隔时间为 2s，表示每 2s 调用 OB30 一次。

在 OB1 的中 MODE 为 B#16#2 分别表示激活指定的 OB30 所对应的循环中断和禁止新的循环中断。通过 I0.0 即可控制循环中断的启动和停止，可以在 OB30 中对循环中断进行程序运行监控。

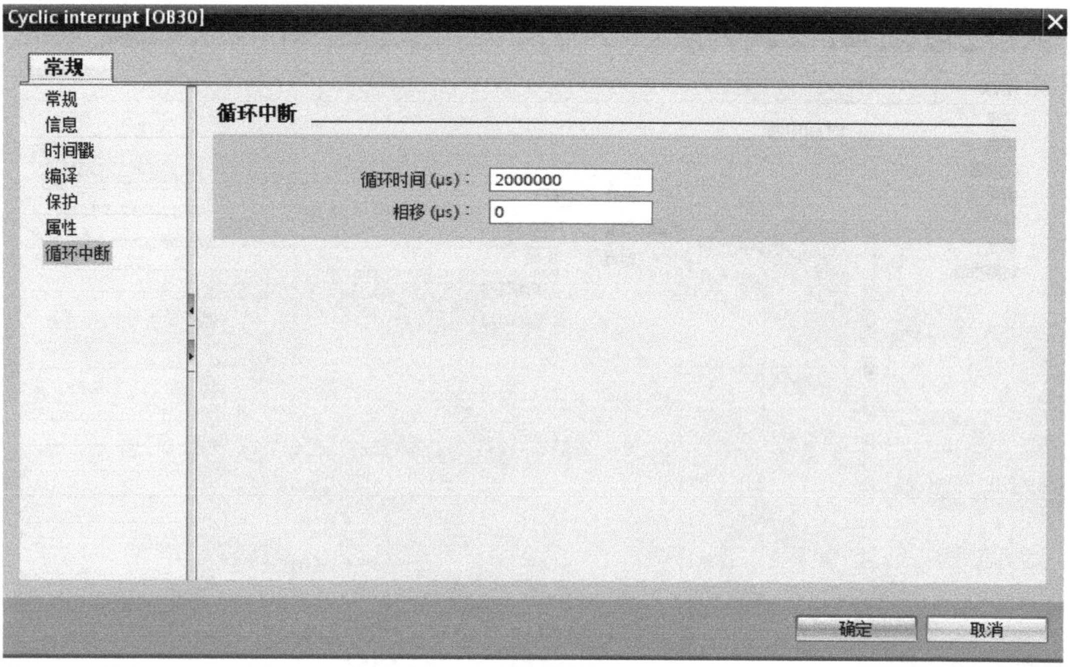

图 8-3　循环中断 OB 的属性设置

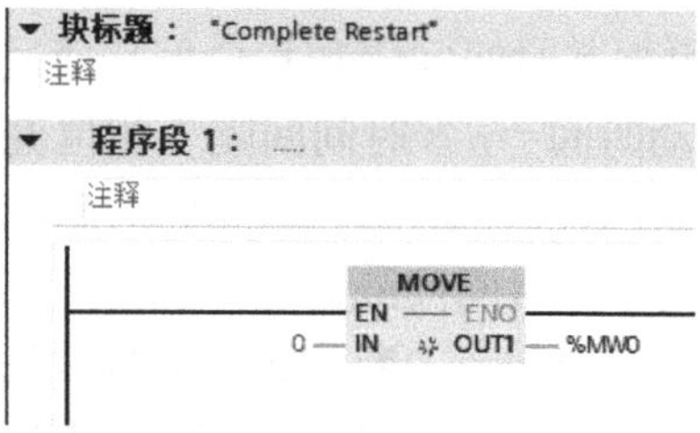

图 8-4　初始化梯形图

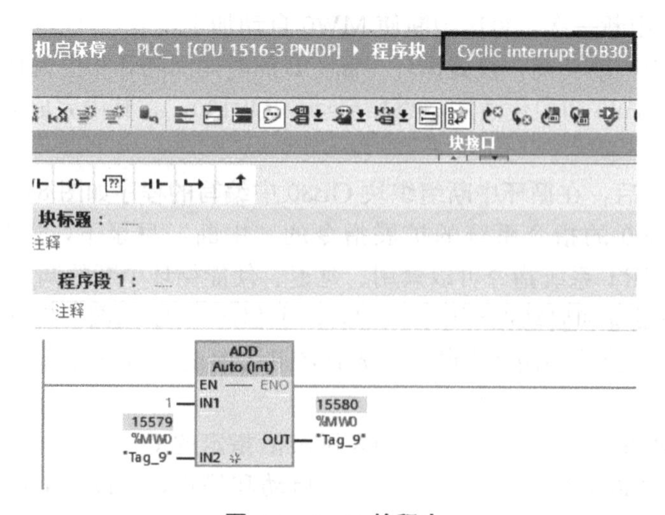

图 8-5　OB30 的程序

指令

选项

> 收藏夹

> 基本指令

∨ 扩展指令

名称	描述	版本
▼ 中断		V1.2
ATTACH	关联OB与中断事件	V1.1
DETACH	断开 OB 与中断事件	V1.1
循环中断		
SET_CINT	设置循环中断参数	V1.0
QRY_CINT	查询循环中断参数	V1.1
时间中断		
SET_TINT	设置时间中断	V1.0
SET_TINTL	设置时间中断	V1.2
CAN_TINT	取消时间中断	V1.2
ACT_TINT	启用时间中断	V1.2
QRY_TINT	查询时间中断状态	V1.2
延时中断		
SRT_DINT	启动延时中断	V1.0
CAN_DINT	取消延时中断	V1.0
QRY_DINT	查询延时中断的状态	V1.0
同步错误事件		
MSK_FLT	屏蔽同步错误事件	V1.0
DMSK_FLT	取消屏蔽同步错误事件	V1.0
READ_ERR	读取事件错误状态寄...	V1.0
异步错误事件		
DIS_IRT	禁用中断事件	V1.0
EN_IRT	启用中断事件	V1.0
DIS_AIRT	延时执行较高优先级...	V1.0
EN_AIRT	启用执行较高优先级...	V1.0

图 8-6　中断控制指令

8.2.7　硬件中断组织块

硬件中断也称过程中断，用来响应由具有硬件中断能力的设备（例如通信处理器 CP 及数字量输入、输出模块等）产生的硬件中断事件。如果发生特定的硬件中断事件，则中断当前主程序，执行中断 OB 块中的用户程序一次，然后跳回中断处继续运行主程序。中断程序的执行不受主程序扫描和过程映像区更新时间的影响，适合需要快速响应的事件应用。

操作系统仅为触发硬件中断的每个事件指定一个硬件中断 OB，但是，可为一个硬件中断 OB 指定多个事件。对于 S7-1500 模块，各输入通道均可触发硬件中断。S7-1500 CPU 支持多达 50 个硬件中断组织块，可以为最多 50 个不同的中断事件分配独立的硬件中断组织块，方便用户对每个中断事件独立编程。

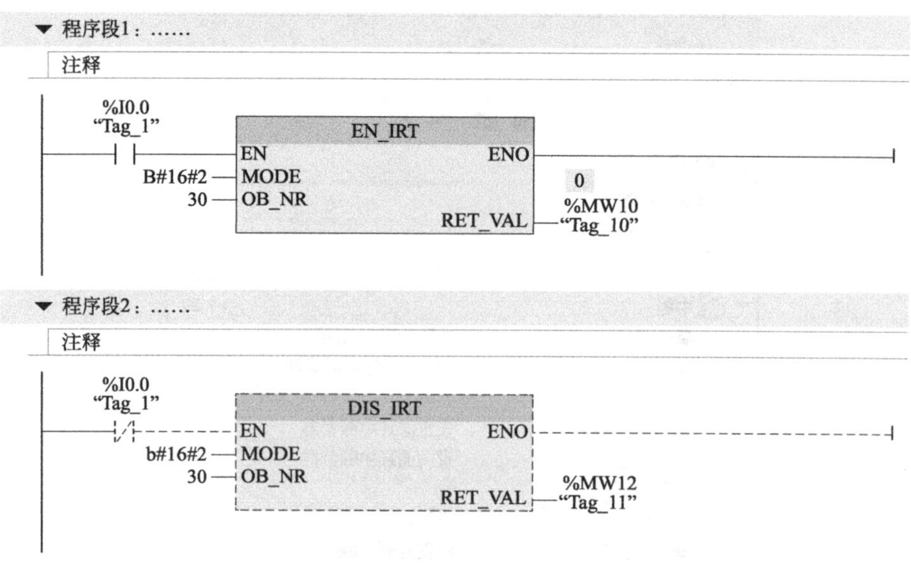

图 8-7　主程序 OB1

8.3　数据块

数据块主要用来存储用户数据以及程序的中间变量，与代码块相比，数据块仅包含变量声明。不包含任何程序段或指令。变量声明定义数据块的结构。数据块 DB 包括全局数据块（Global DB）、背景数据块和基于用户数据类型（用户定义数据类型、系统数据类型或数组类型）的数据块。

全局数据块中的变量需要用户自己定义，一个程序中可以自由地创建多个数据块。基于 PLC 数据类型的数据块中的变量使用事先创建好的 PLC 数据类型模板进行定义，而系统数据类型的数据块专门存储程序中所使用的系统数据类型的数据。数组数据块中的变量在创建数组数据块的同时进行定义，这三种数据块均可以被所有程序块进行读写访问。

背景数据块只隶属于某个功能块 FB，创建背景数据块时需要指定 FB 块，背景数据块内的变量结构与指定 FB 块的接口参数和静态变量保持一致，不需要用户另行定义。

8.3.1　数据块的创建

在 TIA 博途界面下添加新块时，选择“数据块”（DB），鼠标单击“确定”后，将弹出“添加新块”的窗口，如图 8-8 所示。单击“类型”右侧的下拉列表，出现可选项，要创建全局数据块，选择列表条目“全局 DB”；要创建数组数据块，则需在列表中选择条目“数组 DB”。

由于背景 DB 块与 FB 块相关联，因此如果要创建背景数据块，必须事先创建 FB 块，这样从列表中选择要为其分配背景数据块的 FB 块，即可建立背景 DB 块。如图 8-9 所示。

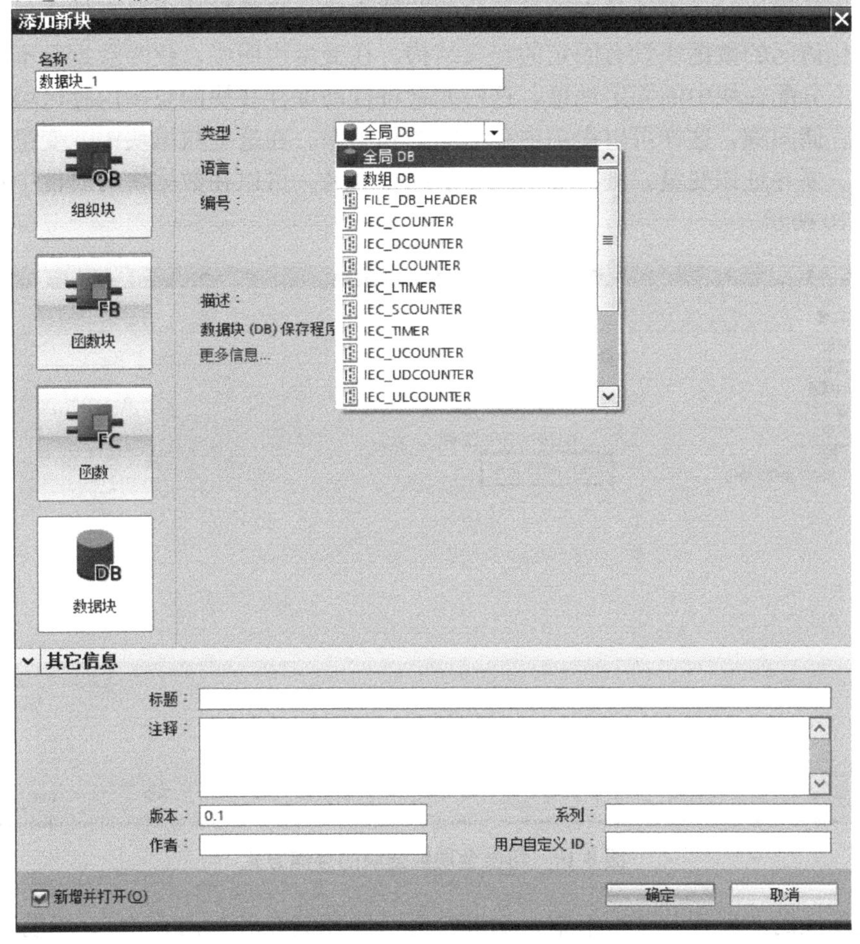

图 8-8　添加新块对话框

图 8-9　添加背景数据块

新建全局数据块时，默认状态下是优化的存储方式，且数据块中的存储变量的属性是非保持的。优化访问的数据块没有固定的定义结构。在变量声明中，仅为数据元素分配一个符号名称，而不分配在块中的固定地址，这些元素将自动保存在块的空闲内存区域中，从而在内存中不留存储间隙，这样可以提高内存空间的利用率。在这些数据块中，变量使用符号名称进行标识。要寻址该变量，则需输入该变量的符号名。可以在数据块的属性中切换存储方式，如图 8-10 所示。

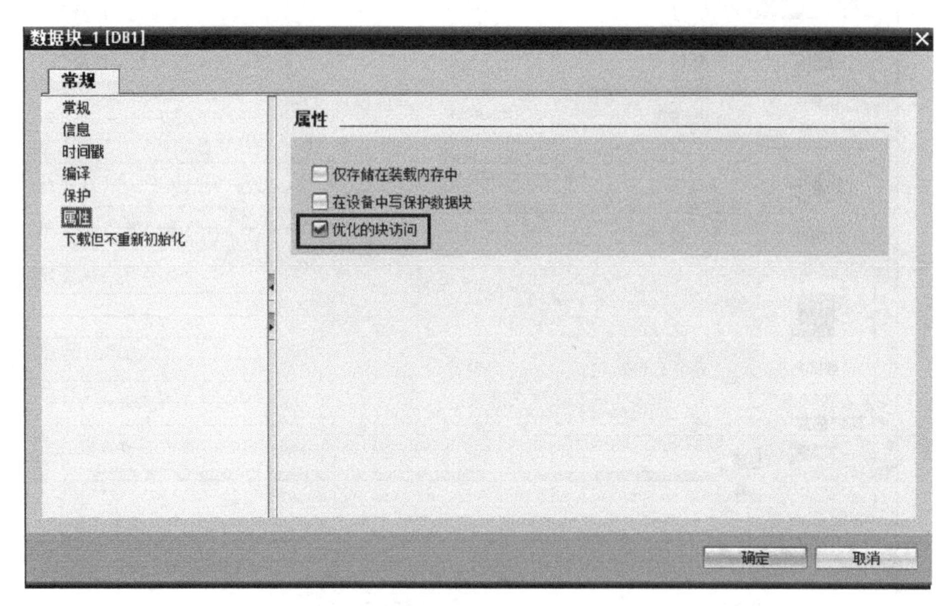

图 8-10　切换全局数据块的存储方式

数据块属性的“属性”选项卡中，如果勾选“仅存储在装载内存中”，当前数据块将仅存储在装载存储器中，不占用工作存储器的空间，且不连接到程序。但在程序中，可通过相应指令将数据块传送到工作存储器中。如果勾选“在设备中写保护数据块”，则当前数据块在目标系统中将为只读，且在程序运行期间无法将其覆盖。如果勾选“优化的块访问”，则在变量声明中，仅为数据元素分配一个符号名称，而不分配在块中的固定地址，这些元素将自动保存在块的空闲内存区域中，从而在内存中不留存储间隙，以便提高内存空间的利用率。

非优化的存储方式与 SIMATIC S7-300/400 兼容，非优化的数据块具有固定的结构，数据元素在声明中分配了一个符号名，并且在块中有固定地址，地址将显示在“偏移量”（Offset）列中。这些数据块中的变量既可以使用符号寻址，也可以使用绝对地址进行寻址。而优化存储的方式只能以符号的方式访问该数据块。与标准的 DB 块相比，优化的 DB 块有以下优势：

① 提供更快的访问速度。

② 以符号寻址，编程者无需考虑 DB 块中每个变量存储的具体地址，每个变量在 CPU 中存储的位置由 PLC 的系统自动进行分配。

③ CPU 与 HMI（如 Panel）连接时，由于优化的 DB 是靠符号寻址，所以当 PLC 变量连接到 HMI 后，PLC 侧对变量做的修改，HMI 无需重新下载。

④ 对 DB 块内的任意位置对变量进行添加及删除，或对变量的类型进行修改（如将 Tag

_1 的属性由 byte 修改为 Word)，不会引起该 DB 块其他变量的使用。

背景 DB 与全局 DB 相比，只存储 FB 块接口数据区（临时变量除外）相关的数据，数据块的格式随着接口数据区的变化而变化，且数据块中不能插入用户自定义变量，其访问方式（优化或者非优化）、保持性和默认值均由其所属的函数块的属性设置而决定。

8.3.2　数据块的编辑

双击项目树下建立的全局数据块，即可打开数据块编辑器，进行相应的数据块处理。如图 8-11 所示。

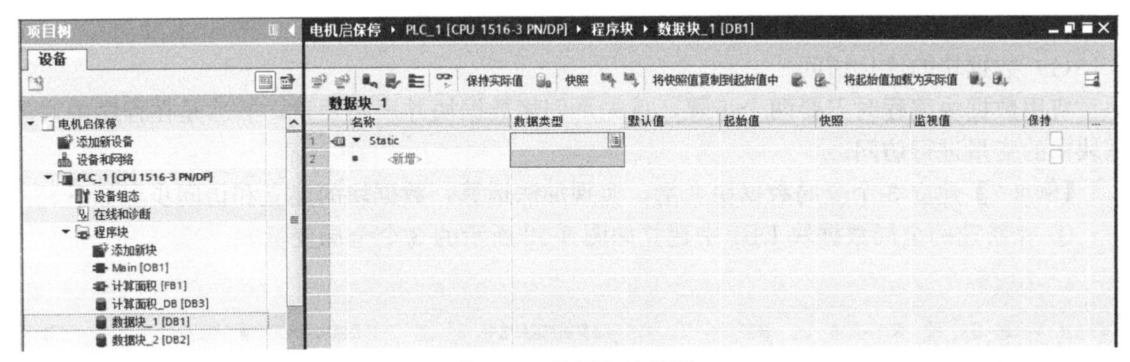

图 8-11　数据块编辑器

在数据块编辑器中，鼠标放在列上，通过鼠标右键调出快捷菜单，勾选或取消勾选“显示/隐藏”子项下的各项，就可以根据需要显示或隐藏列。当然，也可以选择“显示所有列”，使所有列均显示。

图 8-11 中，建立的数据块中变量的值有很多种类，有“默认值”、“起始值”、“快照”、“监视值”和“设定值”等。

（1）默认值

数据块的结构可派生自更高级别的元素，如背景数据块以更高级别代码块的接口为基础，全局数据块可基于预定义的 PLC 数据类型。在这种情况下，可以定义更高级别的元素中每个变量的默认值。这些默认值被用作数据块创建期间的启动值，然后可以在数据块中使用实例特定的启动值替换这些值。

可选择是否指定启动值，如果未指定起始值，则在启动时变量将采用默认值。如果也没有定义默认值，将使用相应数据类型的有效默认值，例如，值“FALSE”被指定为 BOOL 的标准值。

（2）起始值

起始值也称启动值。用户需定义变量的启动值，CPU 启动后将应用此启动值。但保持性变量具有特殊状态，只有在“冷启动”之后，保持性变量才会采用所定义的起始值；“暖启动”之后，这些变量会保留自身的值，不会复位为起始值。

要定义数据块变量的起始值，需单击工具栏“扩展模式”按钮，显示结构化数据类型中的所有元素，在“起始值”列中输入所需的起始值。该值必须与变量的数据类型相匹配且不可超出数据类型可用的范围。

（3）快照

当离线数据块和在线相同时，单击“显示所监视值的快照”工具，最新的监视值显示在

“快照”列中。若随后更改数据块的结构，则当前“快照”列显示的值将消失，即为空。

（4）监视值

在 CPU 处于“RUN”模式下时，通过单击工具栏“全部监视”开关，将显示数据块中变量当前在 CPU 中的实际值。监视值主要用于程序功能调试。

8.3.3 数据块的访问

数据块的访问分为优化访问和非优化（标准）访问。对于数据块属性中勾选了“优化的块访问”的数据块，进行优化访问；对于未勾选“优化的块访问”的数据块，进行标准访问。

（1）数据块的优化访问

应用数据块编程时需要两个步骤，首先是创建数据块并声明变量，然后是在程序中对数据块中的变量进行访问。

【例 8-2】建立 3 个全局数据块变量，实现加法运算，数据块的建立和访问步骤如下。

① 在新建的全局数据块 DB1 中建立如图 8-12 所示的 3 个全局变量。

保持实际值　快照　将快照值复制到起始值中　将起始值加载为实际值

数据块_1

	名称	数据类型	默认值	起始值	快照	监视值	保持	可从 HMI/OPC UA 访问	从 HMI/OPC UA 可写	在 HMI 工程组态中...
1	▼ Static						☐	☐	☐	☐
2	▪ add-number1	Int	0	4	—	???	☐	☑	☑	☑
3	▪ add-number2	Int	0	5	—	???	☐	☑	☑	☑
4	▪ result	Int	0	0			☐	☑	☑	☑
5	▪ <新增>						☐	☐	☐	☐

图 8-12　数据块中添加变量

② 在主程序 OB1 中编写加法运算梯形图，并选择全局数据块中相应的变量参与运算，如图 8-13 所示。

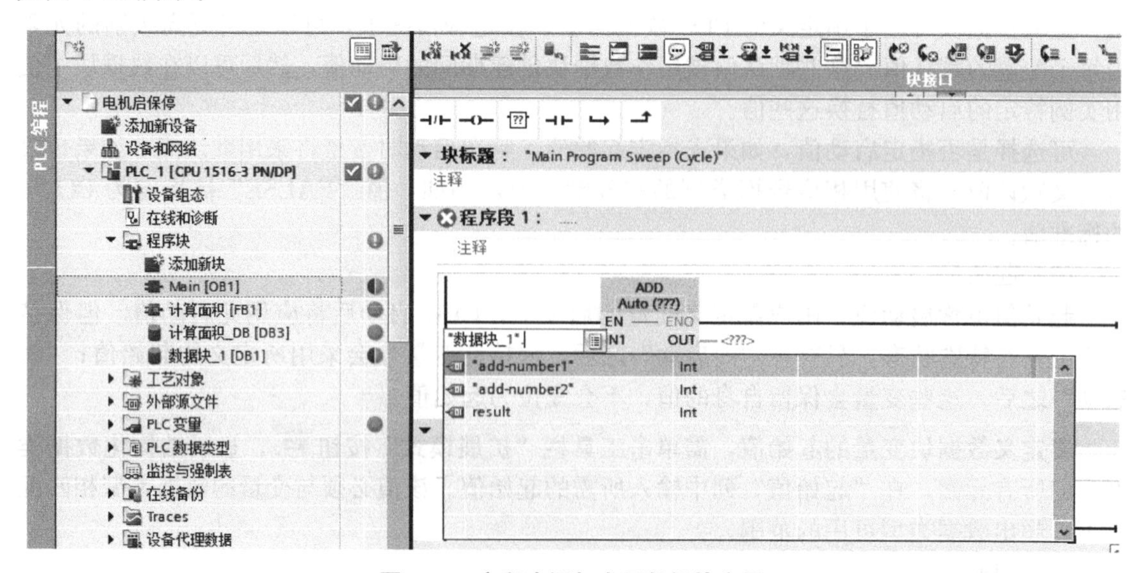

图 8-13　主程序添加全局数据块变量

建立的主程序如图 8-14 所示。

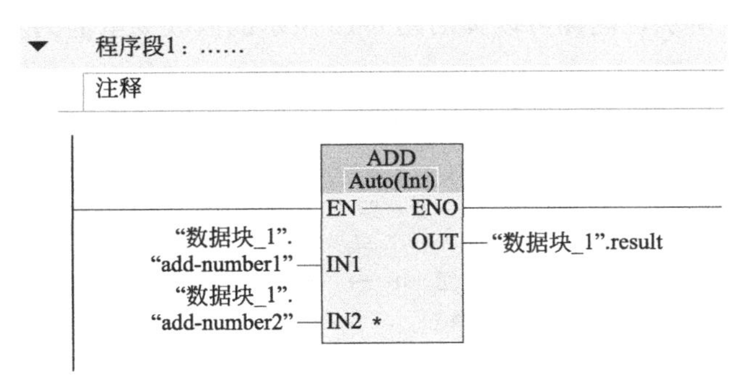

图 8-14　主程序

③ 编译下载调试程序，如图 8-15 所示。

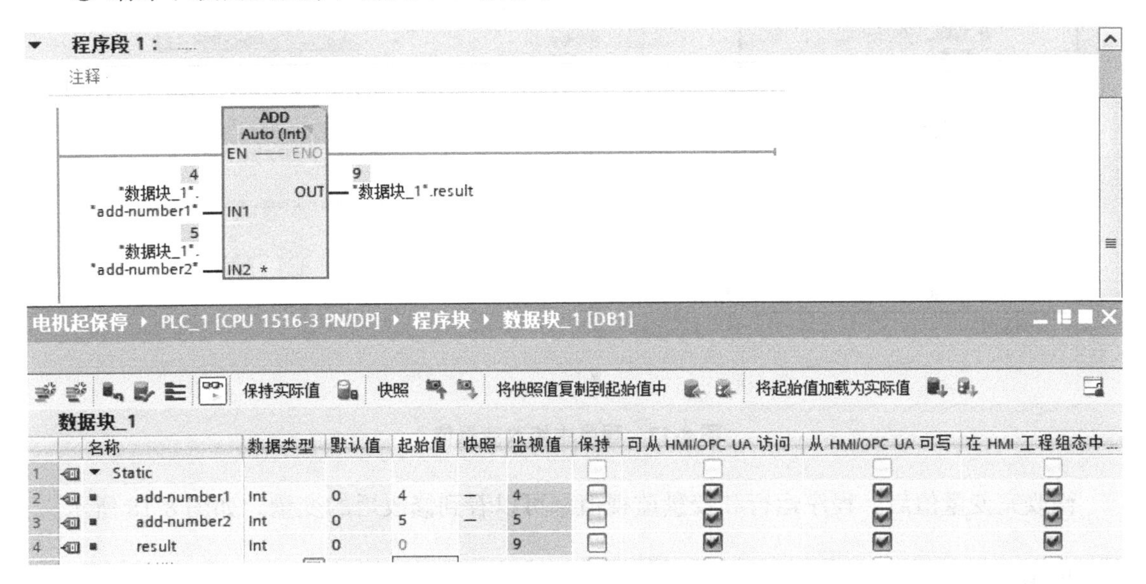

	名称	数据类型	默认值	起始值	快照	监视值	保持	可从 HMI/OPC UA 访问	从 HMI/OPC UA 可写	在 HMI 工程组态中...
1	▼ Static						☐	☐	☐	☐
2	■ add-number1	Int	0	4	—	4	☐	☑	☑	☑
3	■ add-number2	Int	0	5	—	5	☐	☑	☑	☑
4	■ result	Int	0	0		9	☐	☑	☑	☑

图 8-15　程序运行

在 CPU 运行过程中，可以将数据块中的各个变量起始值传递到程序中，还可以修改为特定的值，然后 CPU 使用该值作为在线程序中的实际值。单击数据块的“全部监视”（Monitor all）按钮启动监视，“监视值”（Monitor value）列显示当前数据值，见图 8-15。选择要修改的变量，从右键的快捷菜单中选择“修改操作数”（Modify operand），打开“修改”对话框，在“修改值”文本框中输入所需的值，单击“确定”按钮即可完成修改。如图 8-16 所示。

修改

操作数：　"数据块_1"."add-number1"　　数据类型：　Int

修改值：　5　　格式：　带符号十进制

确定　　取消

图 8-16　修改数据块的变量值

或者在程序中变量的使用地方，鼠标右键快捷菜单也可以选择“修改”下的“修改操作数”菜单，如图 8-17 所示，同样可以弹出图 8-16 所示的修改变量值的对话框。

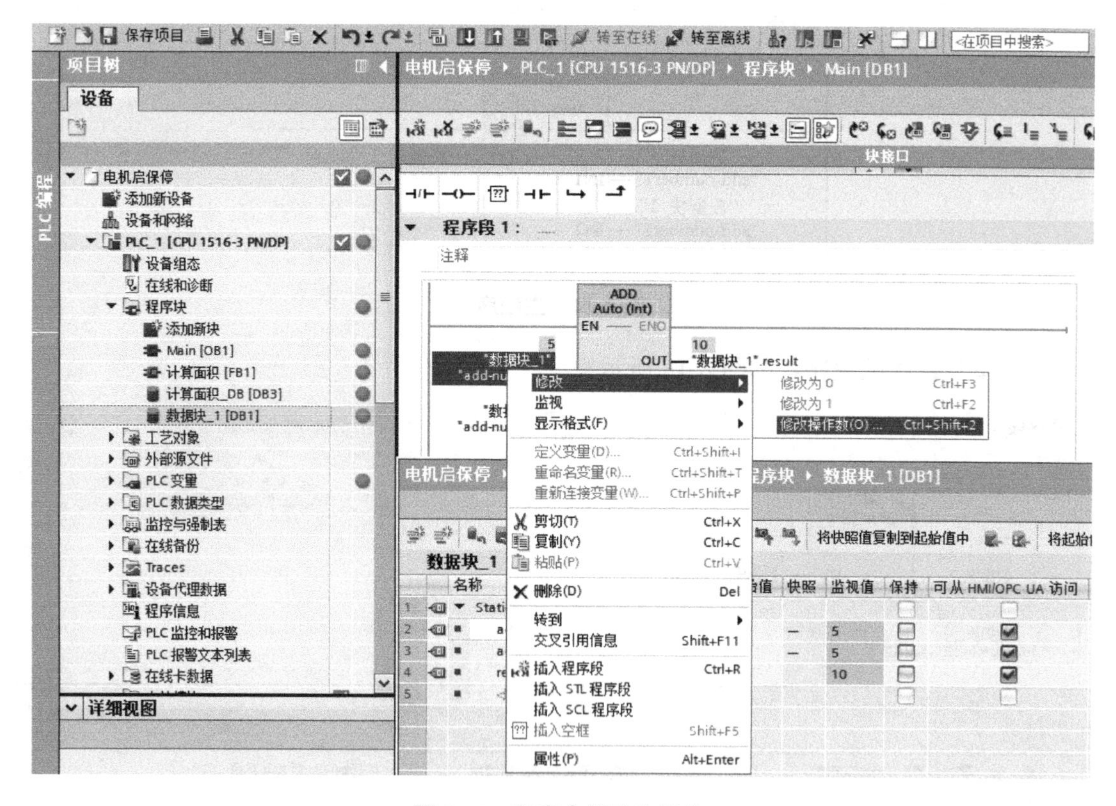

图 8-17　程序中修改变量值

修改完变量值后，程序运行和变量监视值都可以看到修改后的变量。如图 8-18 所示。

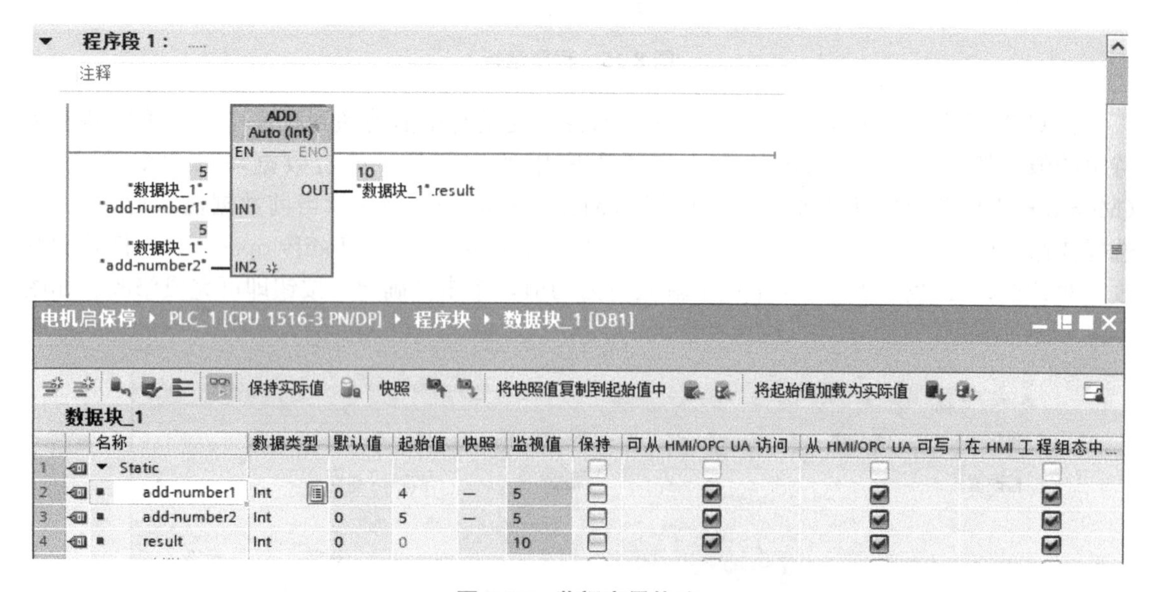

图 8-18　监视变量修改

（2）数据块的非优化访问

数据块的建立和非优化访问的步骤如下。

在图 8-12 建立的数据块的基础上，右键选择数据块，在其属性菜单中，取消勾选“优化的块访问”的数据块，如图 8-19 所示，则使数据块进行标准访问。

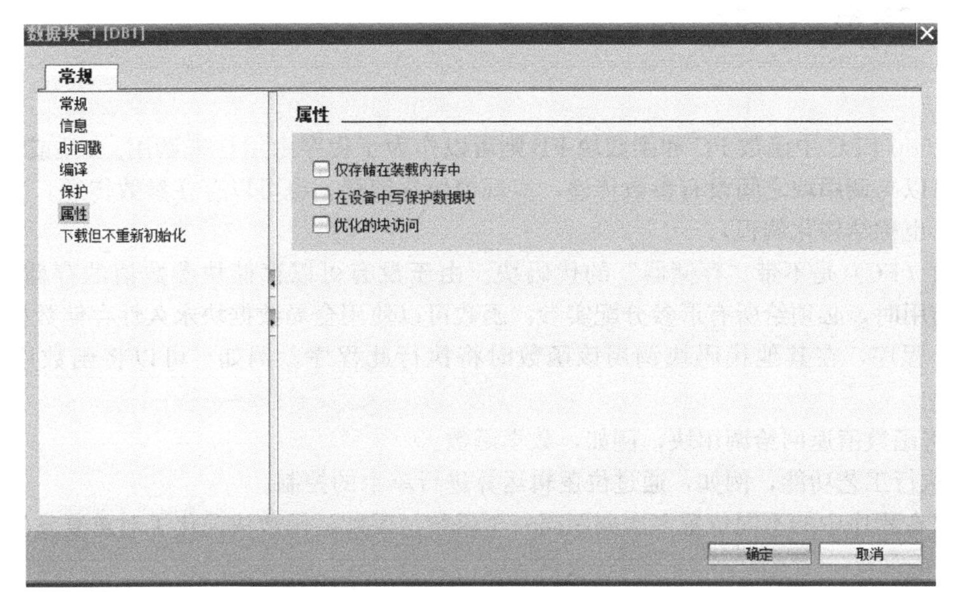

图 8-19　设置数据块为非优化访问

非优化访问的数据块编辑器和程序运行如图 8-20 所示，多了“偏移量”一栏。

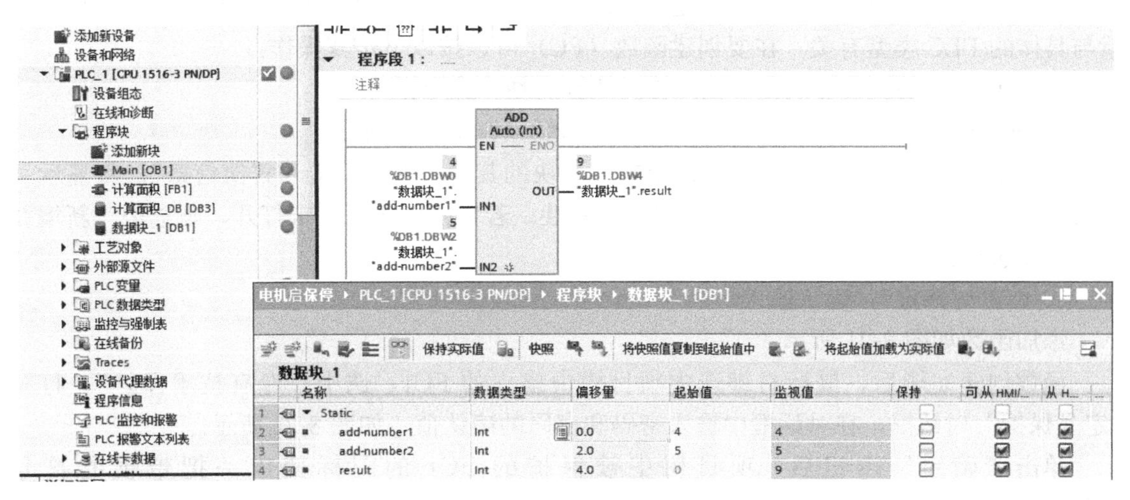

图 8-20　非优化的数据块访问

图 8-20 对 DB1 数据块中的变量访问可以使用符号寻址方式，也可以使用绝对地址寻址方式，即 DB1. DBW0。绝对地址寻址方式根据访问的单元长度不同分为位访问、字节访问、字访问和双字访问。同时，所访问的地址必须是已经编辑了的，访问不存在的地址会导致出错。

位访问如 DB1. DBX1. 0，表示访问 DB1 中第 1 个字节的第 0 位；字节访问如 DB1. DBB0，表示访问 DB1 中的第 0 个字节；字访问如 DB1. DBW2，表示访问 DB1 中的第

2、3 两个字节所构成的字单元；双字访问如 DB1. DBD6，表示访问 DB1 中的第 6～9 个字节所构成的双字单元。

8.4 函数（FC）

S7-1500 PLC 中函数 FC 和函数块 FB 则可以作为子程序由用户来调用。FC 或 FB 被调用时，可以与调用块之间没有参数传递，实现模块化编程，也可以存在参数传递，实现参数化编程（也称结构化编程）。

函数（FC）是不带“存储器”的代码块。由于没有可以存储块参数值的存储数据区，函数在调用时，必须给所有形参分配实参。函数可以使用全局数据块永久性存储数据。函数包含一个程序，在其他代码块调用该函数时将执行此程序。例如，可以将函数用于下列目的：

① 将函数值返回给调用块，例如，数学函数。

② 执行工艺功能，例如，通过位逻辑运算进行单个的控制。

可以在程序中的不同位置多次调用同一个函数。因此，函数块简化了对重复发生的函数的编程。

8.4.1 函数的创建与密码保护

SIMATIC S7-1500 系列 PLC 可创建的 FC 编号范围为 1～65535，一个函数最大程序容量与具体的 PLC 类型有关。在要创建函数（FC）可以按以下步骤操作：

① 在项目时的“程序块”下面双击“添加新块”命令。

② 将打开“添加新块”对话框。单击“函数（FC）”按钮。

③ 输入新块的名称和属性，如果要输入新块的其他属性，单击“其他信息”，将显示一个具有更多输入域的区域，输入所需的所有属性。若块在创建后并未打开，则选中“新增并打开”复选框。

④ 单击“确定”，确认输入。

添加函数如图 8-21 所示。

函数创建完毕后，鼠标右键选中项目树中建立的 FC1，选中“专有技术保护”，打开“定义保护”对话框，在对话框中输入密码和密码的确认值，如图 8-22 所示。

单击“确定”按钮后，项目树中被保护的 FC1 的图标变成一把带锁的符号 块_1 [FC1]，表明 FC1 受到保护。如果想双击打开 FC1，需要在出现的对话框中输入设置的密码，才能看到并编辑程序区的程序。如图 8-23 所示。

块加密后，如果要去掉密码保护，必须先关闭 TIA 博途软件，再打开才能继续对关闭前加密的块进行解除密码操作。在图 8-22 对 FC1 加密的基础上，先关闭 TIA 博途软件，并再次启动博途软件打开项目，鼠标选中加密的 FC1 块，右键快捷菜单执行“专有技术保护”，弹出如图 8-24 所示的“更改保护”对话框，输入旧密码，并单击“删除”按钮即可去掉块的密码保护。

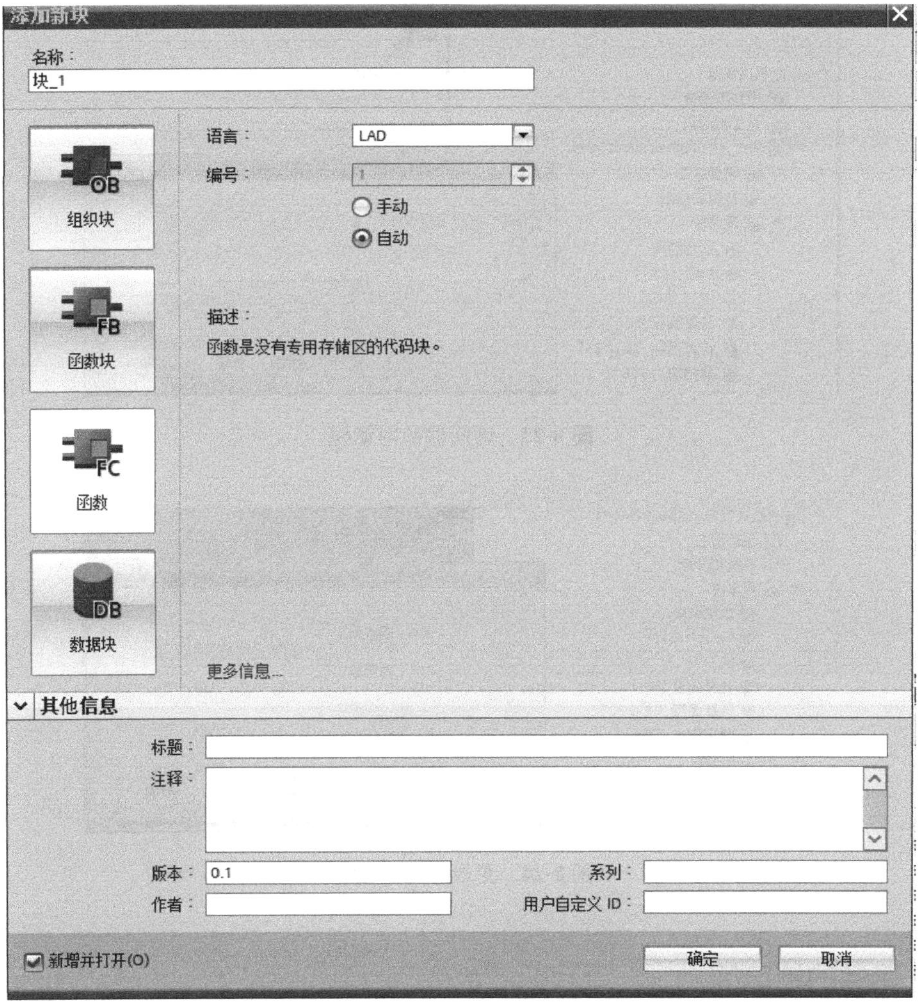

添加新块

名称：

块_1

组织块

函数块

函数

数据块

语言：LAD

编号：1

手动

自动

描述：

函数是没有专用存储区的代码块。

更多信息...

其他信息

标题：

注释：

版本：0.1

系列：

作者：

用户自定义 ID：

新增并打开(O)

确定　取消

图 8-21　添加函数对话框

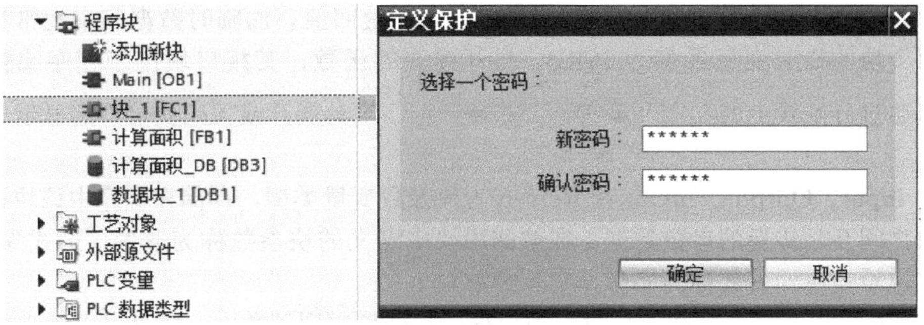

程序块

添加新块

Main [OB1]

块_1 [FC1]

计算面积 [FB1]

计算面积_DB [DB3]

数据块_1 [DB1]

工艺对象

外部源文件

PLC 变量

PLC 数据类型

定义保护

选择一个密码：

新密码：******

确认密码：******

确定　取消

图 8-22　定义保护对话框

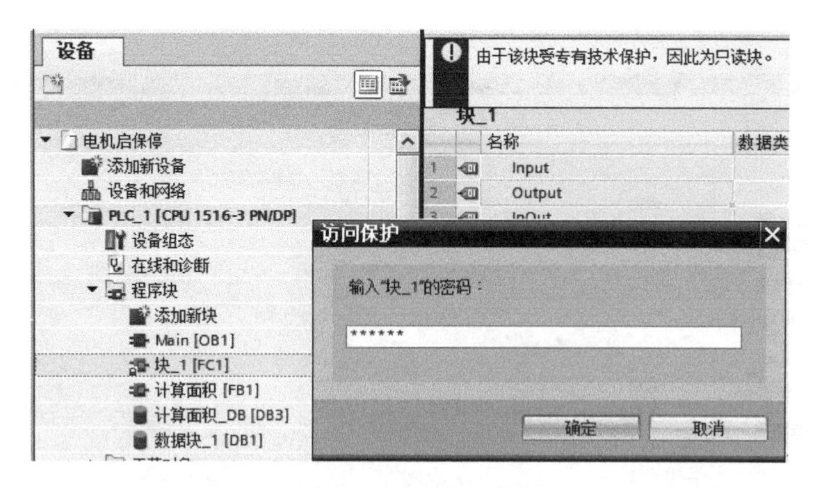

图 8-23　访问保护对话框

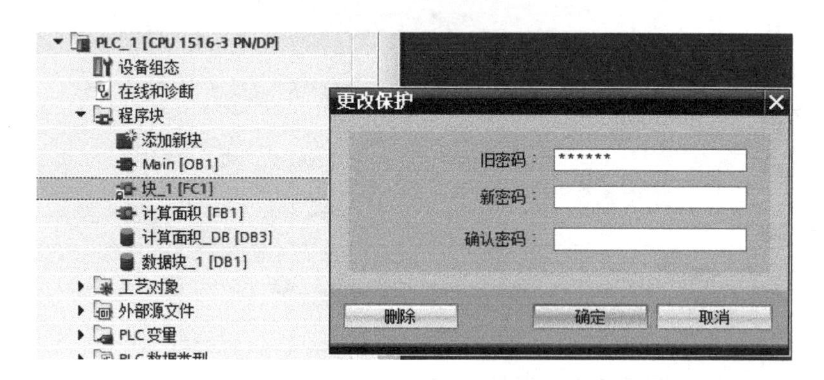

图 8-24　更改保护对话框

8.4.2　函数的接口区

对于 S7-1500 的 OB、FC 和 FB 块，都存在块接口。块接口中包含只能在当前块中使用的局部变量和局部常量的声明，显示的内容取决于块类型。每个函数都带有形参接口区，参数类型分为输入参数、输出参数、输入/输出参数和返回值，而临时数据和本地常量为本地数据，每个块的临时变量最多为 16KB。打开建立的函数，其接口块位于程序编辑器的上方，可以通过分割线上的工具展开或关闭块接口的显示。如图 8-25 所示。

其中 Input、Output、InOut 和 Return 为块参数变量类型，存储在程序中该块被调用时与调用块之间互相传递的参数数据。在被调用块中定义的块参数称为形参（形式参数），调用块时传递给该块的参数称为实参（实际参数）。

输入参数（Input）：函数调用时将用户程序数据传递到函数中，实参可以为常数。

输出参数（Output）：用于将块的执行结果从被调用块返回给调用它的块，实参不能为常数。

输入/输出参数（InOut）：参数的初值由调用它的块提供，块执行后由同一个参数将执行结果返回给调用它的块，实参不能为常数。

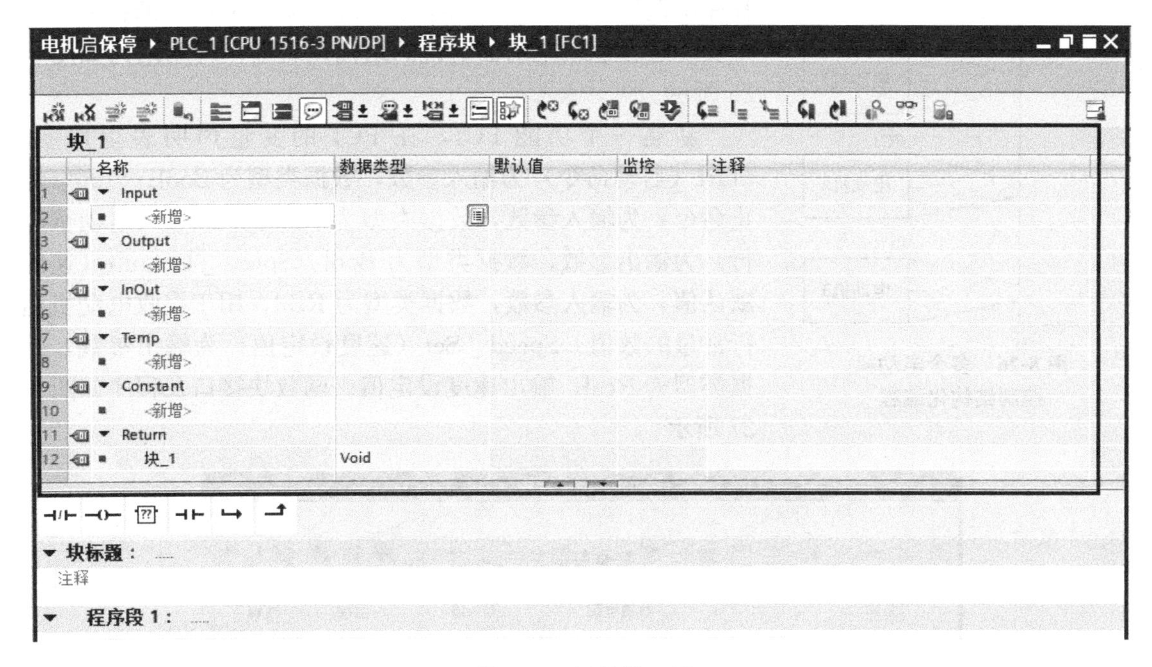

图 8-25　函数接口区

临时局部数据（Temp）：用于暂时保存临时中间结果的变量，只是在执行块时使用临时变量，执行完后，不再保存临时变量的数值。因此临时变量不能存储中间数据。

常量（Constant）：是在块中使用并且带有声明的符号名的常数。将常量符号名声明后，可以在程序中用符号代替常量，从而使程序可读性好且易于维护。符号常量仅在块内使用，由名称、数据类型和常量值三个元素组成。

返回值（Return）：属于输出参数，其值返回给调用它的块。返回值默认的类型为 Void，表示函数没有返回值。在调用 FC 时将看不到它。如果把它设置成 Void 之外的允许数据类型，则在函数内部编程时可以使用该输出变量，调用时也可以在函数方框的右边看到它，说明它属于输出参数。

上述块的接口参数中，输入参数和输入/输出参数一类的形参出现在所生成的函数的左侧，而输出参数和返回值一类的参数出现在函数块的右侧。

8.4.3　函数的调用

函数的调用分为无形参函数调用和有形参函数调用。无形参函数在函数的接口区不定义形参变量，调用程序和函数之间没有数据之间的交换，只是调用运行函数中编写的程序。比如可以将整个控制任务分解为多个函数来执行完成，结构清晰明了，便于设备的调试和维护。

有形参函数调用，首先需要在块的接口中添加相应的块参数变量元素，然后根据控制要求，编辑相应的 FC 功能，最后实现带形参的函数的调用。

【例 8-3】在实际工程应用中常常会遇到对具有相似功能的设备进行控制。如果要控制多组电动机，且每组电动机的运行控制方式相同，如果每个电动机的控制任务单独编程调用，工作量比较大，程序可读性也比较差。因此编写一个函数实现电动机控制程序，通过在

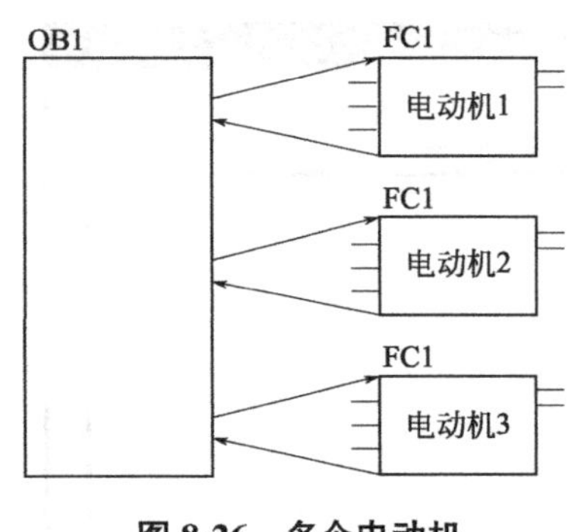

图 8-26 多个电动机控制结构化编程

程序中调用并赋值不同的参数实现对多个电动机的控制。这个实现过程也就是前面所说的结构化编程，调用结构如图 8-26 所示。

新建一个功能 FC1，在 FC1 的变量声明表里声明：Start（启动命令）为输入参数，数据类型为 Bool；Stop（停止命令）为输入参数，数据类型为 Bool；Motor（电动机运行）为输出参数，数据类型为 Bool。Speed _ Default（速度默认值）为输入参数，数据类型为 Real，用于接收电动机运行常量的数值。Speed _ Set（速度设定值）为输出参数，数据类型为 Real，输出速度设定值。函数块接口及程序如图 8-27 所示。

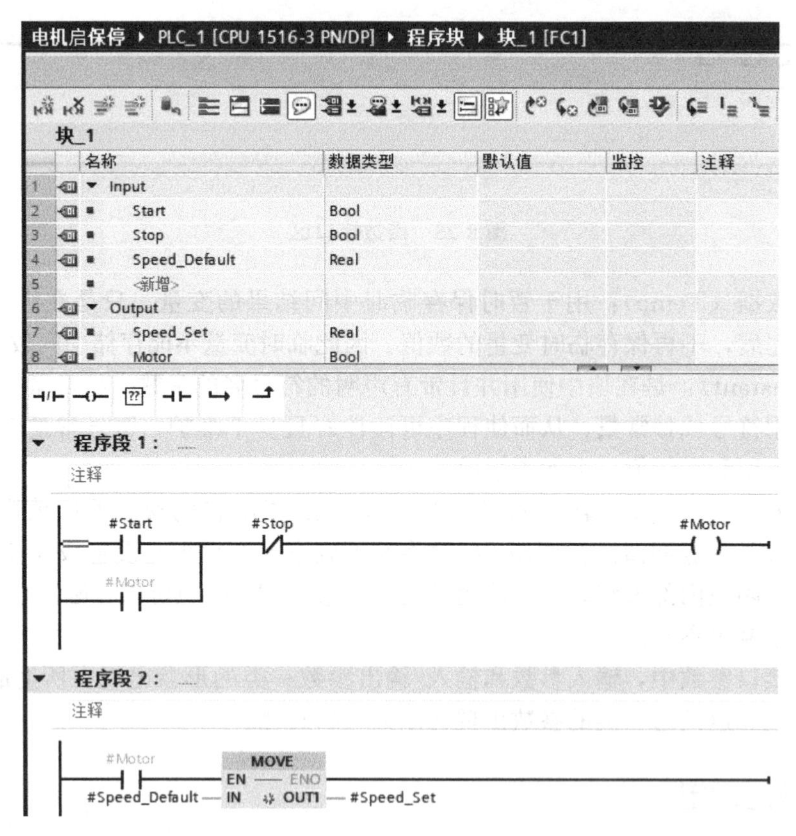

图 8-27 电动机控制函数块接口及程序

函数 FC 的输入用作只读操作，输出用作只写操作，如果对输入进行写入操作，或对输出进行读取操作，TIA 博途软件在编译项目时会给出相应的语法警告，相应的调用指令会标注警告颜色，比如图 8-27 变量的 Motor 颜色就会变成（橘黄色），这种编程方式可能会引起意外的结果，因此不建议使用。

图 8-27 的函数 FC1 就变成了电动机启动/停止及速度设定的通用程序，也就成了一个结构。这一结构在程序中可以被多次调用，在每次调用中再指定具体的控制目标。可以在主程序中对函数 FC1 进行多次调用及赋值不同的输入输出实参，实现对 3 个电动机的控制，大大减少了重复编程的工作量。主程序调用函数运行结果如图 8-28 所示。

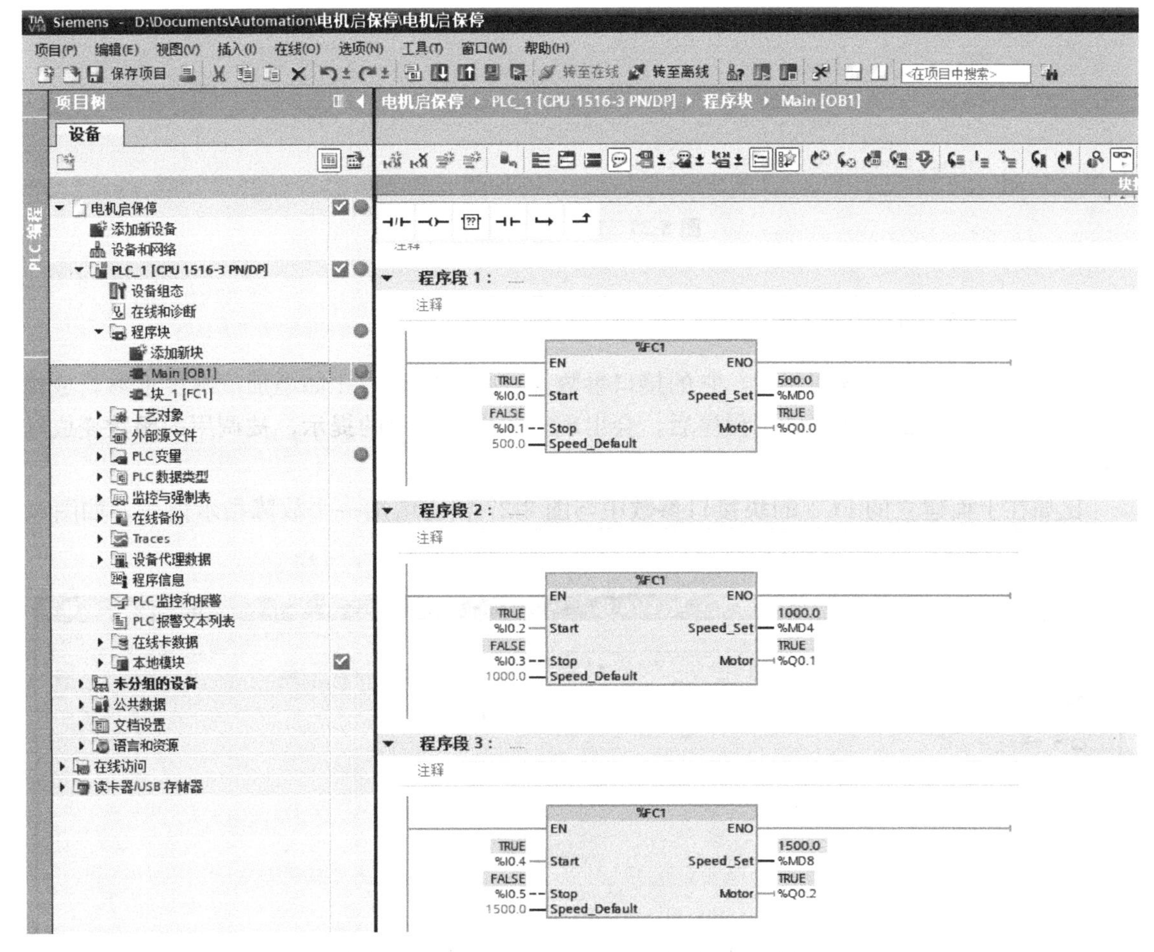

图 8-28 电动机启动/停止及速度设定主程序

图中，FC1 框中的变量称为形式参数，在框外填上的地址称为实际参数。PLC 在运行中每次调用 FC1 时，把实际参数代到形式参数中进行运算，这称为参数赋值。打开并监控 FC1，FC1 运行监控如图 8-29 所示。

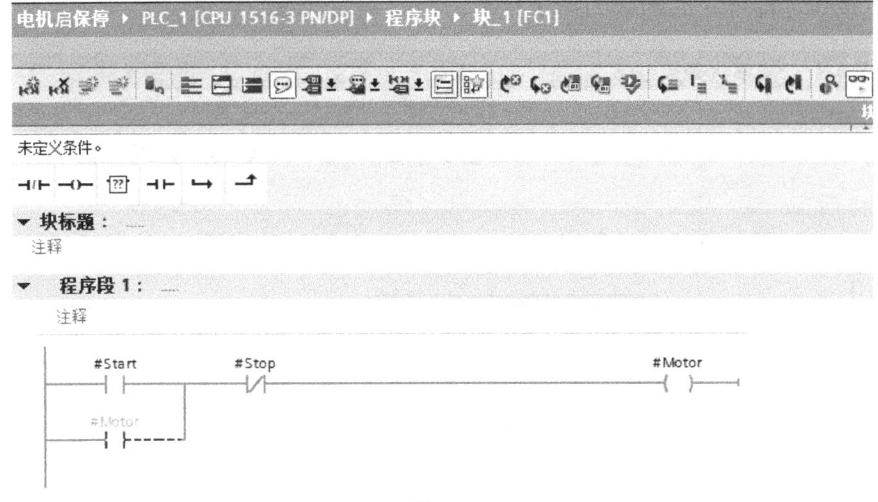

图 8-29

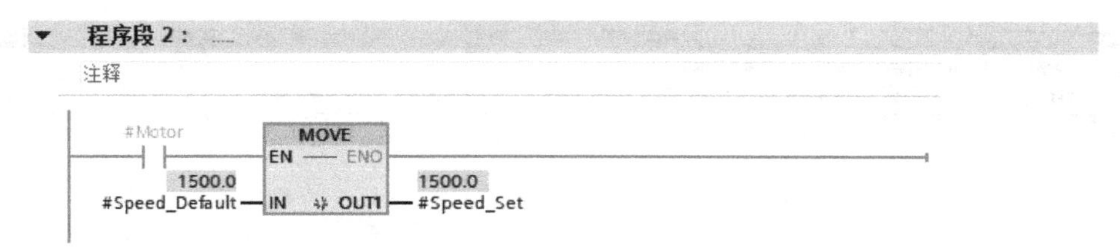

图 8-29　FC1 运行监控

8.4.4　函数接口参数修改

如果带形参的函数被调用后，它的接口参数又进行了修改，比如增加或减少形参，或修改了数据类型，那么在打开调用程序后，会出现时间标签冲突的提示，被调用的函数变成红色提示。

比如在上面建立的 FC1 的块接口参数中与图 8-27 相比增加一个故障指示信号，如图 8-30 所示。

电机启保停 ▸ PLC_1 [CPU 1516-3 PN/DP] ▸ 程序块 ▸ 块_1 [FC1]

块_1

	名称	数据类型	默认值	监控	注释
1	▼ Input				
2	Start	Bool			
3	Stop	Bool			
4	Speed_Default	Real			
5	Fault	Bool			
6	<新增>				
7	▼ Output				
8	Speed_Set	Real			
9	Motor	Bool			

图 8-30　修改 FC1 块接口参数

主程序调用函数的变成红色提示，如图 8-31 所示。因此必须要修改调用程序块。鼠标选中被调用的块 FC1，右键快捷菜单中执行“更新块调用”选项，显示“接口同步”对话框，对话框中显示了“旧接口”和“新接口”的块调用，鼠标选择“新接口”的块调用，单击“确定”按钮，即可完成函数的调用更新。如图 8-32 所示。

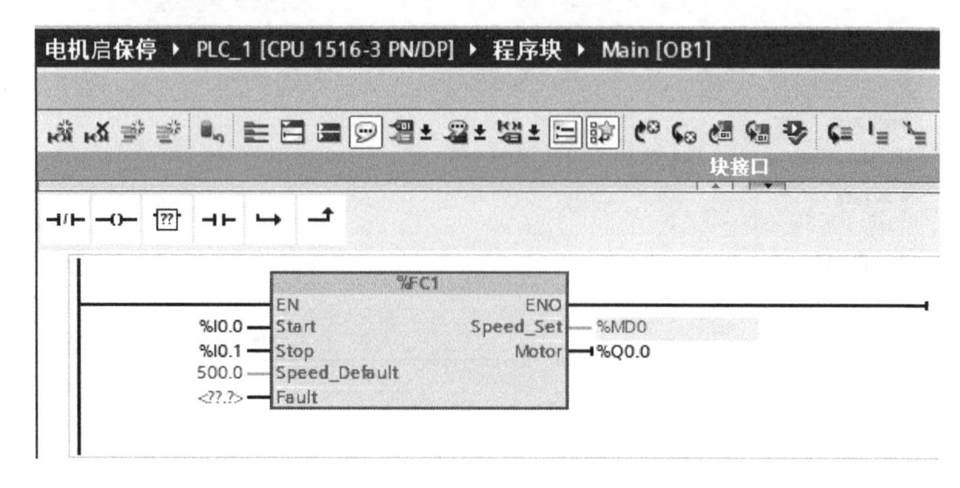

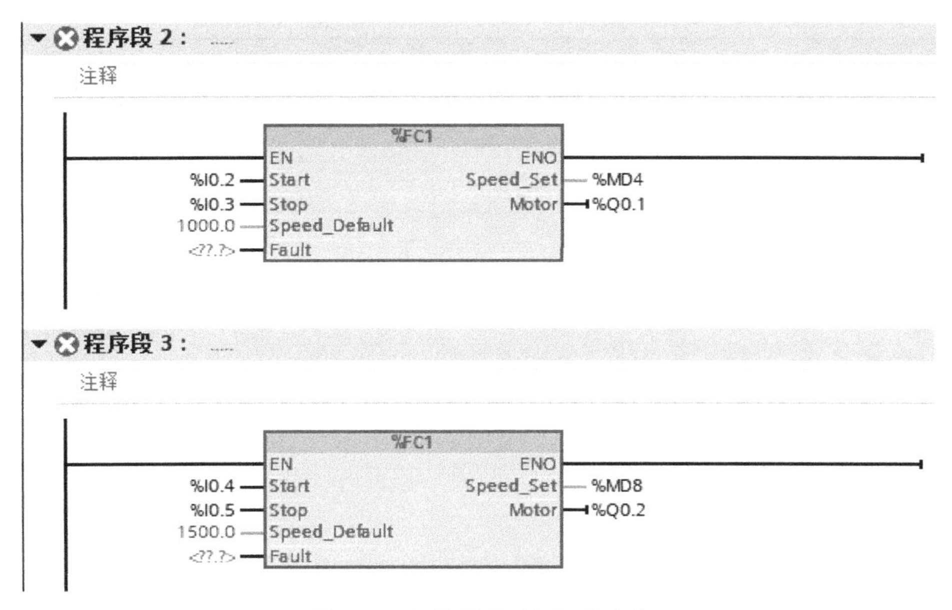

图 8-31　函数调用时间标签冲突

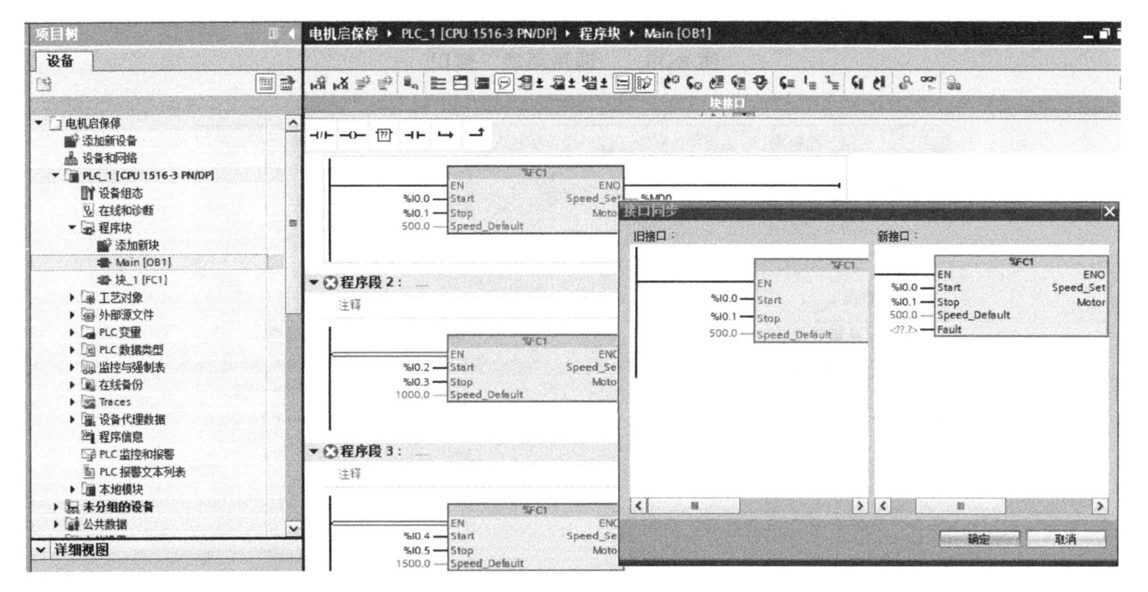

图 8-32　更新函数的调用

8.4.5　设置函数的调用环境进行调试

在函数的调用中，一般存在着多次调用。在程序调试时，可以通过设置块的调用环境来实现监视某一次调用的函数的程序运行状态。比如图 8-28 对 FC1 进行了 3 次调用，而图 8-29 监控的是最后一次调用的 FC1 的运行状态。为了监控第 2 次调用 FC1 的运行状态，可以按照以下步骤来实现。

使函数 FC1 处于监控运行状态，通过项目视图右侧的“测试”任务卡，在“调用环境”的窗口中，单击“更改”按钮，如图 8-33 所示。打开“块的调用环境”对话框，如图 8-34 所示。

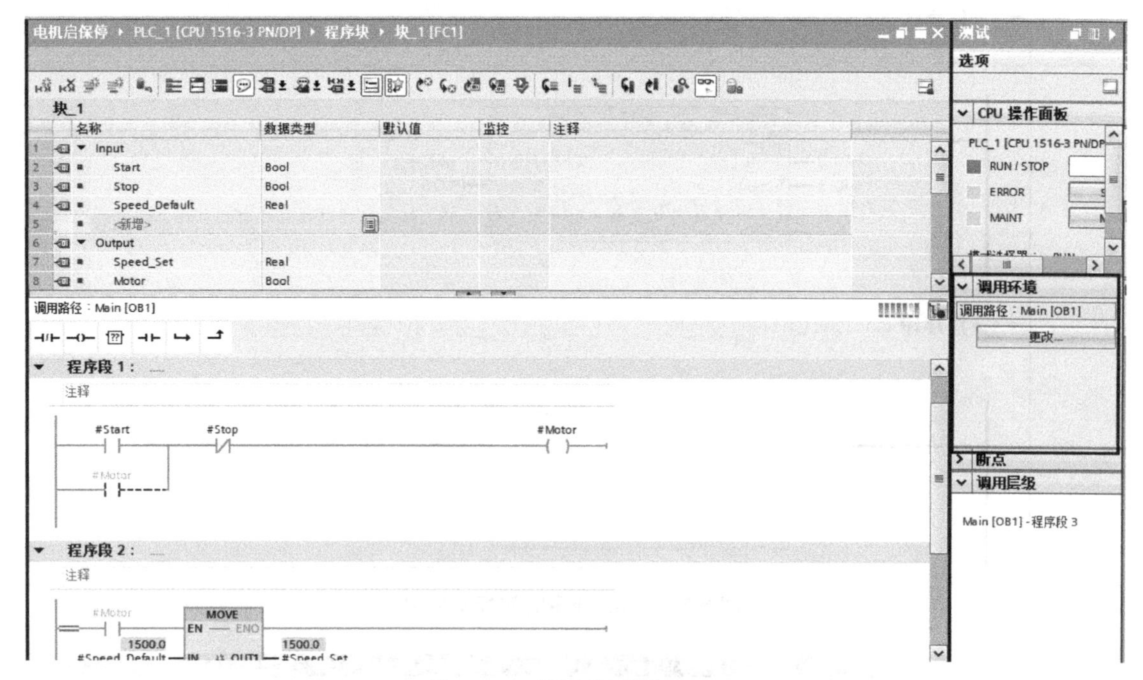

图 8-33　“调用环境”窗口

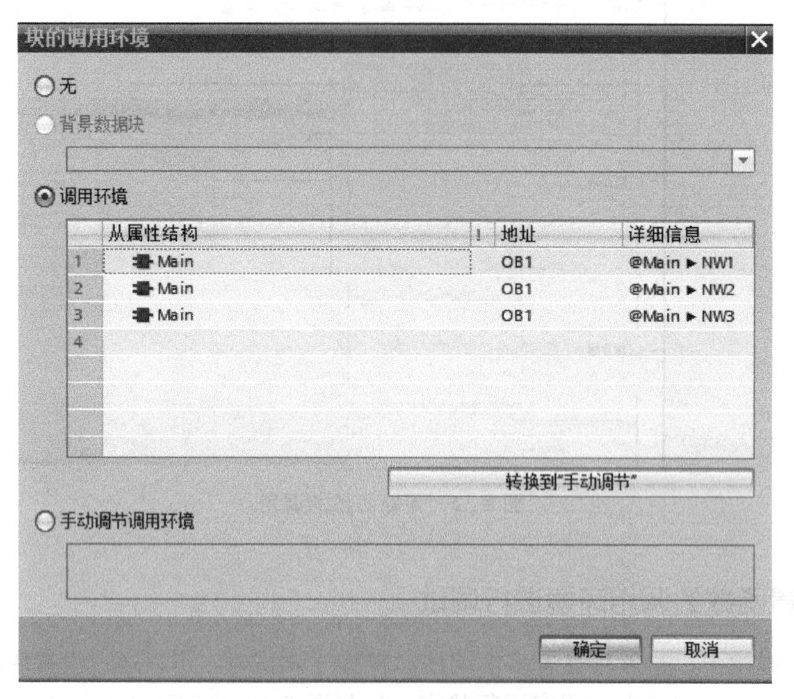

图 8-34　“块的调用环境”对话框

在图 8-34 中，选中“调用环境”，由于主程序调用 FC1 是 3 次，因此可以根据调用环境的详细信息，选择某一次调用来实现函数的运行状态监控。比如选中第二行，单击“确定”按钮，则函数 FC1 监控的是第二次垫上程序的运行状态。如图 8-35 所示，第二次调用时速度默认值传送的是 1000，从而通过块的某次调用监控可以更好地对程序进行调试。

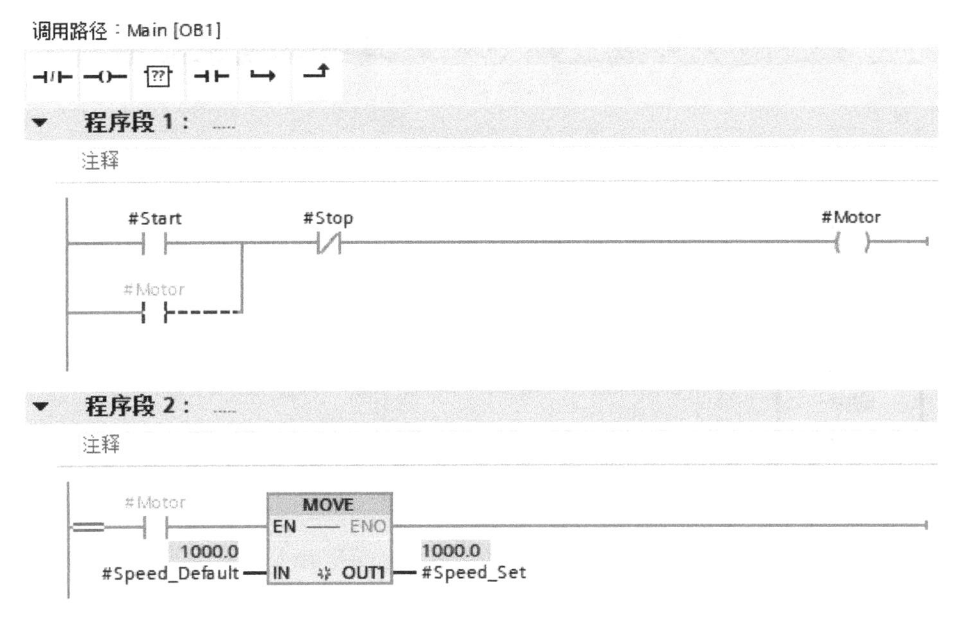

图 8-35　函数调用监控

8.5　函数块（FB）

与函数（FC）相比较，函数块（FB）调用时必须给其分配背景数据块。函数块是一种代码块，它将输入、输出和输入/输出参数以及静态变量永久地存储在背景数据块中，从而在执行块之后，这些值依然有效，所以函数块也称为“有存储器”的块。

8.5.1　函数块的创建

要创建 SIMATIC S7-1500 系列 PLC 的函数块，在项目树下面打开“添加新块”对话框，选择函数块 FB，如图 8-36 所示。

函数块创建完毕后，在程序中调用函数块时，要求必须为之分配一个背景数据块来存储数据，因此调用时会弹出添加背景数据块的对话框。如图 8-37 所示。单击“确定”按钮，即可在项目树的“程序块”下面自动添加背景数据块 DB1。不同函数块的背景数据块不能相同，否则出现输入、输出信号的冲突。

函数块的调用称为实例。函数块的每个实例都需要一个背景数据块；其中包含函数块中所声明的形参的实例特定值。函数块可以将实例特定的数据存储在自己的背景数据块中，也可以存储在调用块的背景数据块中。同样为了使每次调用函数块的参数都能保存下来，多次调用同一个 FB 时需要指定不同的背景数据块。一个数据块既可以作为一个函数块的背景数据块，也可以作为多个函数块的背景数据块（多重背景数据块）。

8.5.2　函数块的接口区

与函数的接口区相类似，函数块 FB 也有形参接口区。打开建立的函数块 FB1，如图 8-

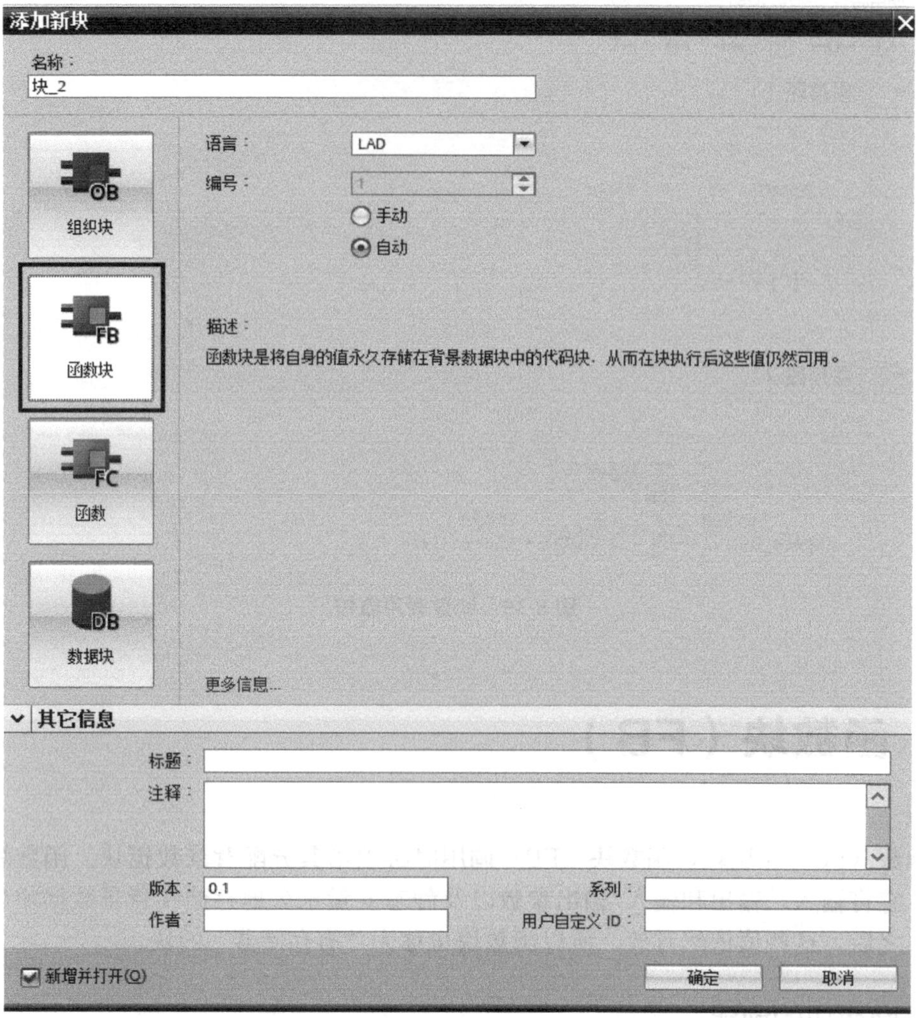

图 8-36　创建函数块

38 所示即为函数块的接口区。FB 的接口区与 FC 相比，增加了 Static 类型，但是没有 Return 类型。其中 Static 为静态变量，其不参与参数传递，仅仅用于存储中间过程值，而和 FC 接口区一样的参数含义相同。Static、Temp、Constant 均属于本地数据类型，可用于存储中间结果，其中 Static 和 Temp 属于变量类型，而 Constant 属于常量类型。

注意：函数块的接口数据类型决定了与 FB 关联的背景数据块的数据结果，但是局部常量和临时变量是不会保存在背景数据块中。如图 8-39 所示，打开背景数据块 DB1，则可以看到 DB1 中可以存储的数据类型。

8.5.3　函数块的调用

与 FC 相比，FB 拥有自己的背景数据块，因此 FB 块参数的值可以使用背景数据块中的数据，而不必在调用函数块时给每一个形参赋值，对于静态变量也无需分配地址。如果没有赋值的形参，将使用背景数据块中存储的值。并且对于优化的 FB 块，其接口区的变量可设置为“保持”，保持性变量在 CPU 掉电时其当前值不会丢失，仍然被保留下来。

图 8-37　添加背景数据块

电机启保停 ▸ PLC_1 [CPU 1516-3 PN/DP] ▸ 程序块 ▸ 块_2 [FB1]

块_2

	名称	数据类型	默认值	保持	可从 HMI/...	从 H...	在 HMI ...	设定值	监控	注释
1	▼ Input									
2	■ <新增>									
3	▼ Output									
4	■ <新增>									
5	▼ InOut									
6	■ <新增>									
7	▼ Static									
8	■ <新增>									
9	▼ Temp									
10	■ <新增>									
11	▼ Constant									
12	■ <新增>									

图 8-38　函数块接口区

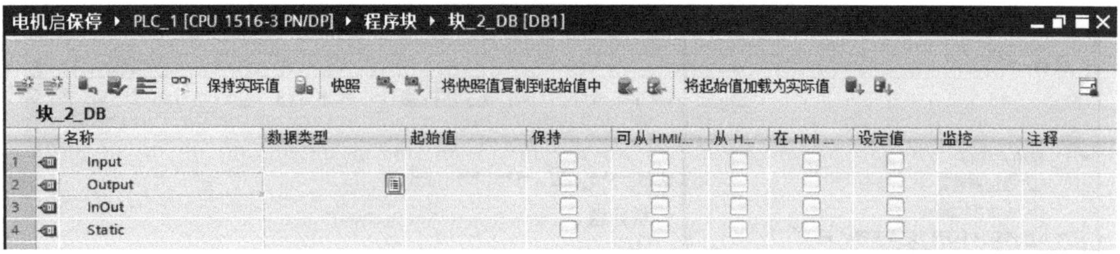

电机启保停 ▸ PLC_1 [CPU 1516-3 PN/DP] ▸ 程序块 ▸ 块_2_DB [DB1]

保持实际值　快照　将快照值复制到起始值中　将起始值加载为实际值

块_2_DB

	名称	数据类型	起始值	保持	可从 HMI/...	从 H...	在 HMI ...	设定值	监控	注释
1	Input			☐	☐	☐	☐	☐		
2	Output			☐	☐	☐	☐	☐		
3	InOut			☐	☐	☐	☐	☐		
4	Static			☐	☐	☐	☐	☐		

图 8-39　背景数据块 DB1

【例 8-4】工业上对采集的模拟量进行滤波处理是将最近采样的 3 个值先求和，再除以 3 作为当前采样值。其中 rawValue 表示要处理的原始数据，earlyValue 表示 3 个数中最早采集的数据，lastValue 表示 3 个数中较早采集的数据，latestValue 表示 3 个数中最近采集的数据，processedValue 表示处理后的数据，temp1 与 temp2 是计算中中间结果。程序先将较早采集的数据放入最早采集数据的单元中，接着将最近采集的数据放入较早采集的数据单元中，再将要处理的原始数据放入最近采集的数据单元中，这样就把最新采集的要处理的原始数据与前 3 个数据中的后两个数据组合在一起构成了最新的 3 个数据，原来 3 个数据中最早的数据被覆盖，不再用。在此基础上对 3 个数据进行了相加，其中经过了两次加法，结果存在 temp1 与 temp2 中，最后，对 3 个数据之和除以 3，将处理后的结果放入了 processedValue 中。实现该功能的函数块 FB1 的梯形图程序如图 8-40 所示。

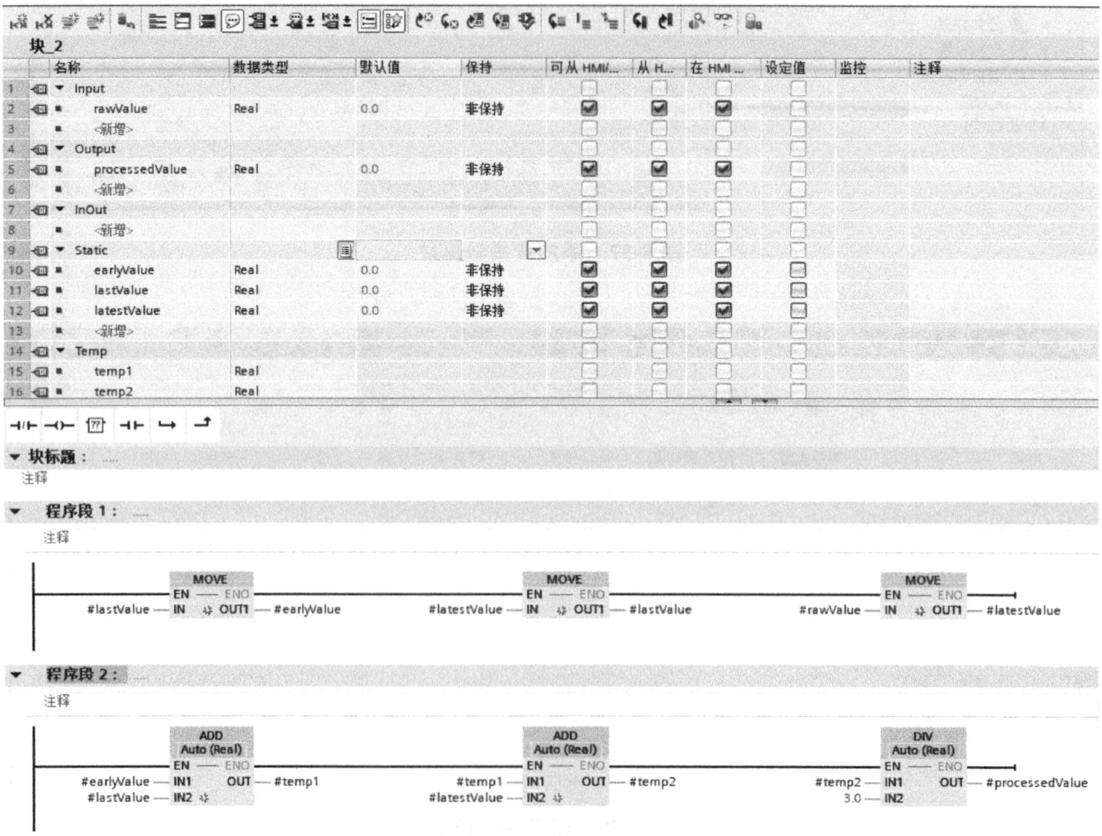

块_2

	名称	数据类型	默认值	保持	可从 HMI/...	从 H...	在 HMI ...	设定值	监控	注释
1	▼ Input				☐	☐	☐	☐		
2	rawValue	Real	0.0	非保持	☑	☑	☑	☐		
3	<新增>				☐	☐	☐	☐		
4	▼ Output				☐	☐	☐	☐		
5	processedValue	Real	0.0	非保持	☑	☑	☑	☐		
6	<新增>				☐	☐	☐	☐		
7	▼ InOut				☐	☐	☐	☐		
8	<新增>				☐	☐	☐	☐		
9	▼ Static				☐	☐	☐	☐		
10	earlyValue	Real	0.0	非保持	☑	☑	☑	☐		
11	lastValue	Real	0.0	非保持	☑	☑	☑	☐		
12	latestValue	Real	0.0	非保持	☑	☑	☑	☐		
13	<新增>				☐	☐	☐	☐		
14	▼ Temp				☐	☐	☐	☐		
15	temp1	Real			☐	☐	☐	☐		
16	temp2	Real			☐	☐	☐	☐		

▼ 块标题：

注释

▼ 程序段 1：

注释

MOVE: EN — ENO; #lastValue — IN, OUT1 — #earlyValue

MOVE: EN — ENO; #latestValue — IN, OUT1 — #lastValue

MOVE: EN — ENO; #rawValue — IN, OUT1 — #latestValue

▼ 程序段 2：

注释

ADD Auto (Real): EN — ENO; #earlyValue — IN1, #lastValue — IN2, OUT — #temp1

ADD Auto (Real): EN — ENO; #temp1 — IN1, #latestValue — IN2, OUT — #temp2

DIV Auto (Real): EN — ENO; #temp2 — IN1, 3.0 — IN2, OUT — #processedValue

图 8-40　FB1 的梯形图程序

在主程序对 FB1 实现调用，如图 8-41 所示。在实际应用中可以将 rawValue 端子输入模拟量真正采集来的工程值。同时注意不同的地方调用同一个 FB，背景数据块最好不要重复。

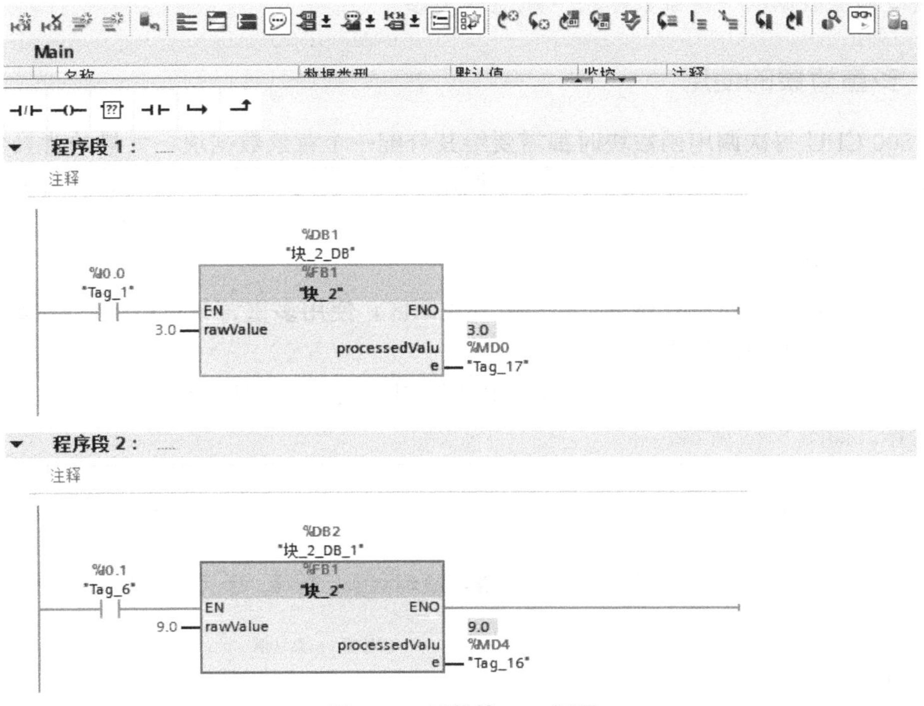

图 8-41　函数块 FB1 调用

打开函数块 FB1，可以对其运行状态进行监控。还可以通过选择项目树右侧的调用环境，通过打开“块的调用环境”对话框，选择“背景数据块”，可以在文本框右侧的“▼”下拉列表中选择函数块调用时的背景数据块，从而实现某一次函数块调用下的程序运行状态监视。如图 8-42 所示。

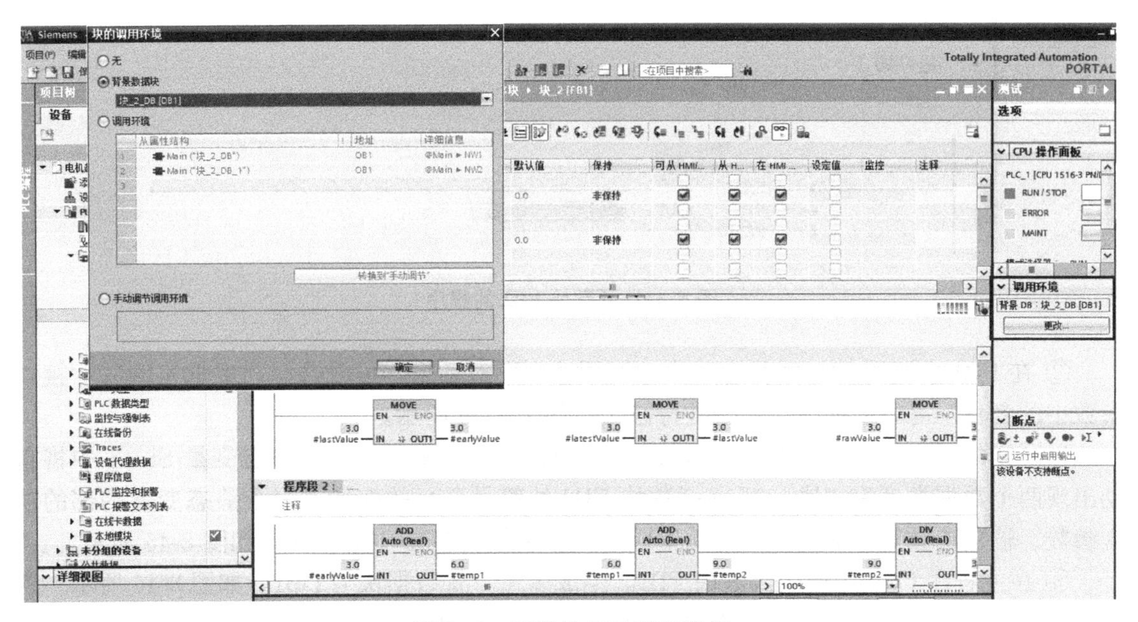

图 8-42　函数块 FB1 运行监视

通过函数块 FB1 的监视可知，调用 FB 时输入数据的流向为：调用时赋值的实参→背景数据块→函数块接口输入数据区，函数块内执行相关功能。FB 执行完后输出数据的流向为：函数块接口输出数据区→背景数据块→赋值的实参。

8.5.4 多重背景的使用

S7-1500 CPU 每次调用函数块时都需要给其分配一个背景数据块，大量的背景数据块会影响 DB 的资源使用。因此当函数块（FB）调用一个高级函数块时，可以无需为被调用的块创建单独的背景数据块，被调用的函数块也可将实例数据保存在调用函数块的背景数据块中。这种块调用又称之为多重实例。

多重背景数据块存储所有相关 FB 的接口数据区，使用多重背景可以有效地减少数据块的数量。多重背景的使用步骤如下所示。

① 建立两个函数块 FB1 和 FB2，首先在 FB2 中建立相应的功能程序，比如完成输入数的平方运算。如图 8-43 所示。

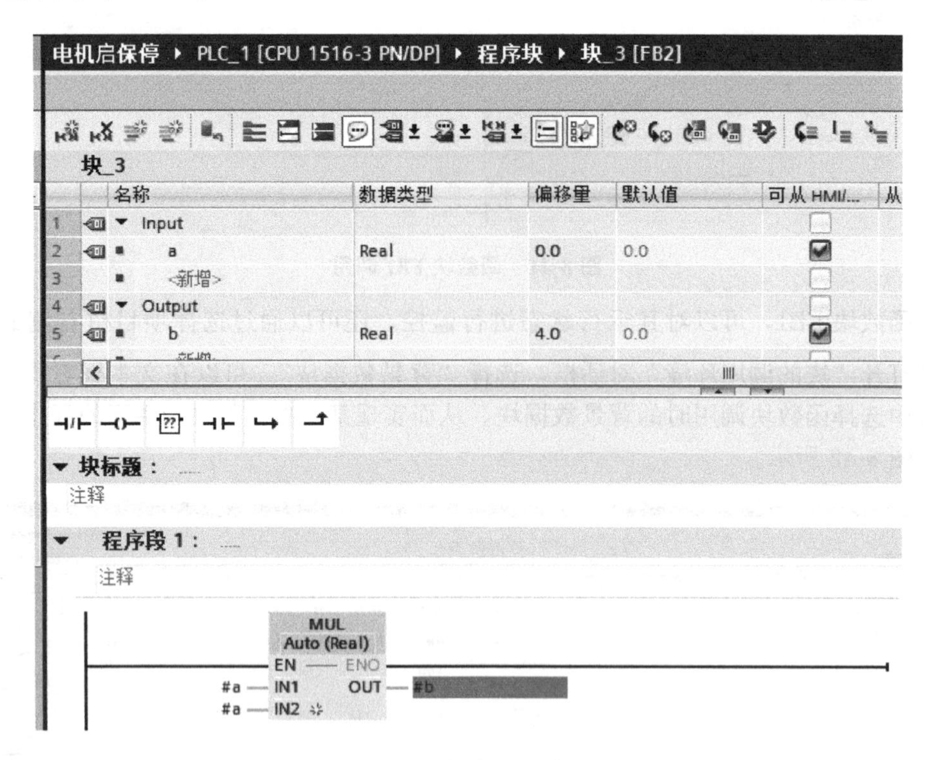

图 8-43　函数块 FB2 的程序

② 在 FB1 中调用 FB2 时将会弹出“调用选项”对话框，可以选择“多重实例”，“接口参数中的名称”可以根据项目需要进行修改，如图 8-44 所示。

以同样的方式在 FB1 中再次调用 FB2，这样在主函数块 FB1 的静态变量 Static 中将自动出现两个数据类型为“块 _ 3”（函数块 FB2 的符号名）的变量，每个静态变量内部的输入参数、输出参数等局部变量是自动生成的，和函数块 FB2 中的相同，如图 8-45 所示。

③ 在主程序 OB1 中调用函数块 FB1，生成多重背景数据块为 DB1，如图 8-46 所示。两次调用 FB2 的背景数据保存在 FB1 的背景数据块 DB1 中。

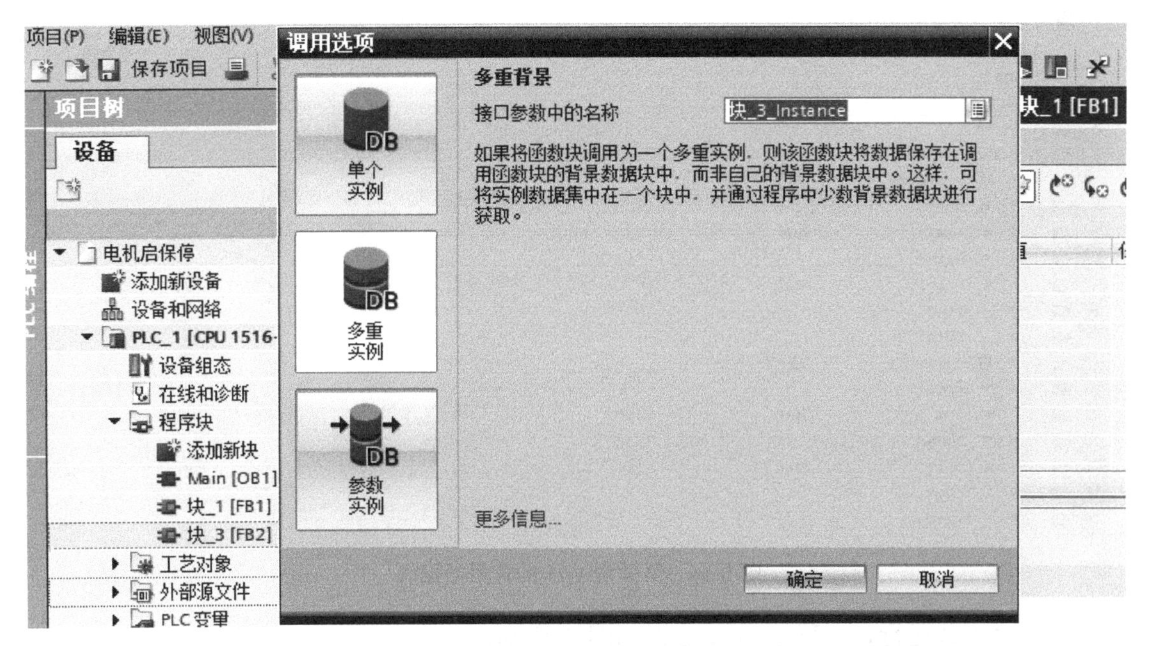

图 8-44　函数块多重实例对话框

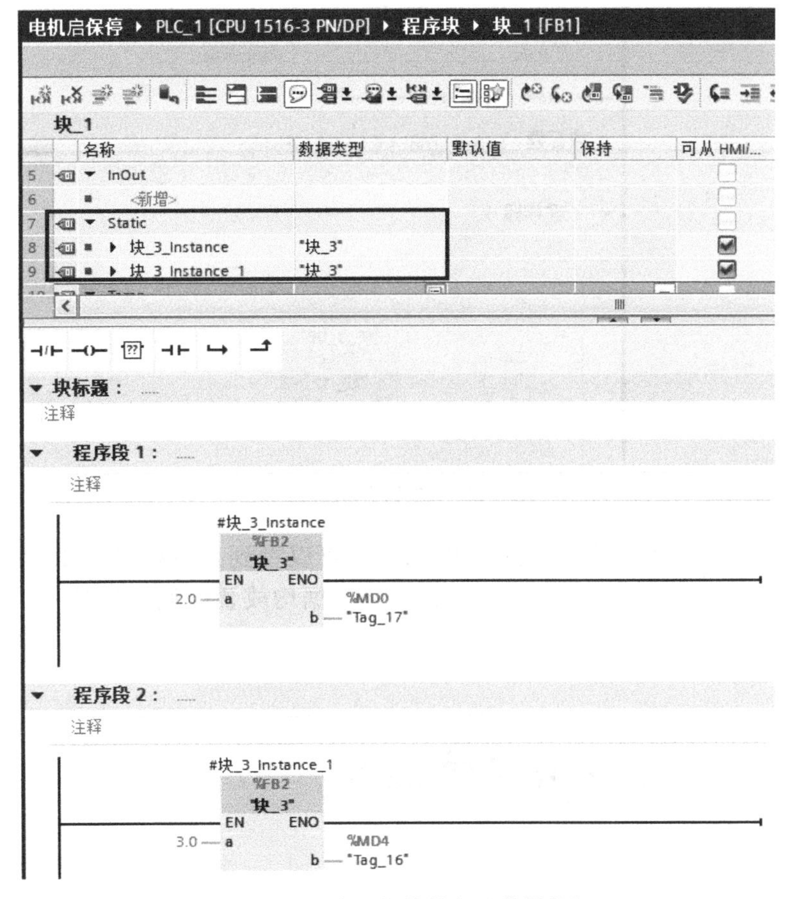

图 8-45　生成函数块的多重背景数据

块_1_DB

	名称	数据类型	起始值	保持	可从 HMI/...	从 H...	在 HMI ...	设定值
1	Input			☐	☐	☐	☐	☐
2	Output			☐	☐	☐	☐	☐
3	InOut			☐	☐	☐	☐	☐
4	▼ Static			☐	☐	☐	☐	☐
5	▪ ▼ 块_3_Instance	"块_3"		☐	☑	☑	☑	☐
6	▪ ▼ Input			☐	☐	☐	☐	☐
7	▪ a	Real	0.0	☐	☑	☑	☑	☐
8	▪ ▼ Output			☐	☐	☐	☐	☐
9	▪ b	Real	0.0	☐	☑	☑	☑	☐
10	▪ InOut			☐	☐	☐	☐	☐
11	▪ Static			☐	☐	☐	☐	☐
12	▪ ▼ 块_3_Instance_1	"块_3"		☐	☑	☑	☑	☐
13	▪ ▼ Input			☐	☐	☐	☐	☐
14	▪ a	Real	0.0	☐	☑	☑	☑	☐
15	▪ ▼ Output			☐	☐	☐	☐	☐
16	▪ b	Real	0.0	☐	☑	☑	☑	☐
17	▪ InOut			☐	☐	☐	☐	☐
18	▪ Static			☐	☐	☐	☐	☐

图 8-46　函数块 FB1 的背景数据块

④ 程序下载运行，主程序 OB1 监视如图 8-47 所示。

函数块 FB1 运行如图 8-48 所示。

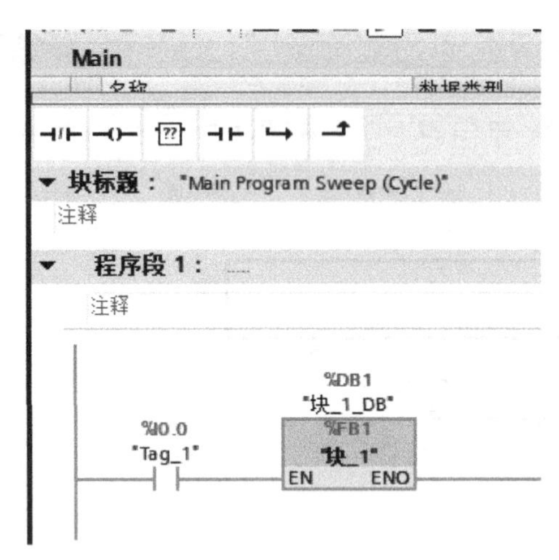

图 8-47　主程序 OB1 运行

多重背景数据块 DB1 的监视如图 8-49 所示。可以看到在主程序 OB1 块中调用主 FB1 块时，会生成一个总的背景数据块，将多重实例数据均放置于调用块的“Static”区域中。即图 8-49 所示的多重背景数据块。

8.6　交叉引用表和程序信息

8.6.1　交叉引用表

交叉引用表提供了用户程序中操作数和变量使用情况的概览，通过交叉引用可以快速查

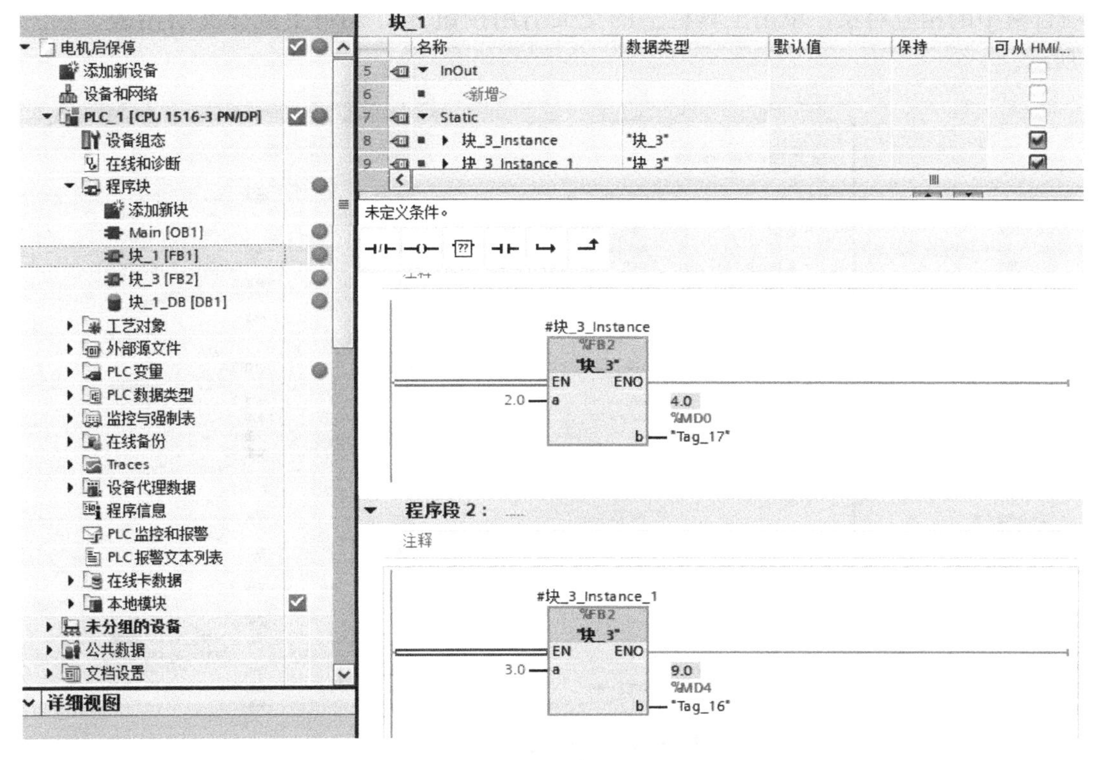

图 8-48　函数块 FB1 运行

块_1_DB

	名称	数据类型	起始值	监视值	保持	可从 HMI/...	从 H...	在 HMI ...	设定值
1	Input								
2	Output								
3	InOut								
4	Static								
5	块_3_Instance	"块_3"				✓	✓	✓	
6	Input								
7	a	Real	0.0	2.0		✓	✓	✓	
8	Output								
9	b	Real	0.0	4.0		✓	✓	✓	
10	InOut								
11	Static								
12	块_3_Instance_1	"块_3"				✓	✓	✓	
13	Input								
14	a	Real	0.0	3.0		✓	✓	✓	
15	Output								
16	b	Real	0.0	9.0		✓	✓	✓	
17	InOut								
18	Static								

图 8-49　监视多重背景数据块 DB1

询一个对象在用户程序中不同的使用位置，快速地推断上一级的逻辑关系，方便用户对程序的阅读和调试。还可以通过交叉引用表直接跳转到使用操作数和变量的地方。

在 TIA 博途软件中，交叉引用的查询范围基于所选择的对象而不同，如果选择一个站点，那么这个站点中所有的对象（比如程序块、变量、PLC 变量、工艺对象等）都将被查询；如果选择其中一个程序块，那么查询范围将缩小到这个程序块。

以8.5.4建立的多重背景使用为例，在项目视图中选择这个站点 PLC_1 [CPU 1516-3 PN/DP]，然后在菜单栏中选择“工具”→“交叉引用”即可显示交叉引用列表；或者鼠标右键单击项目树中的相关对象 PLC_1 [CPU 1516-3 PN/DP]，在快捷菜单中执行“交叉引用”；或者选中项目树中的相应对象，单击工具栏上的交叉引用按钮 ，均可生成交叉引用表，如图 8-50 所示。

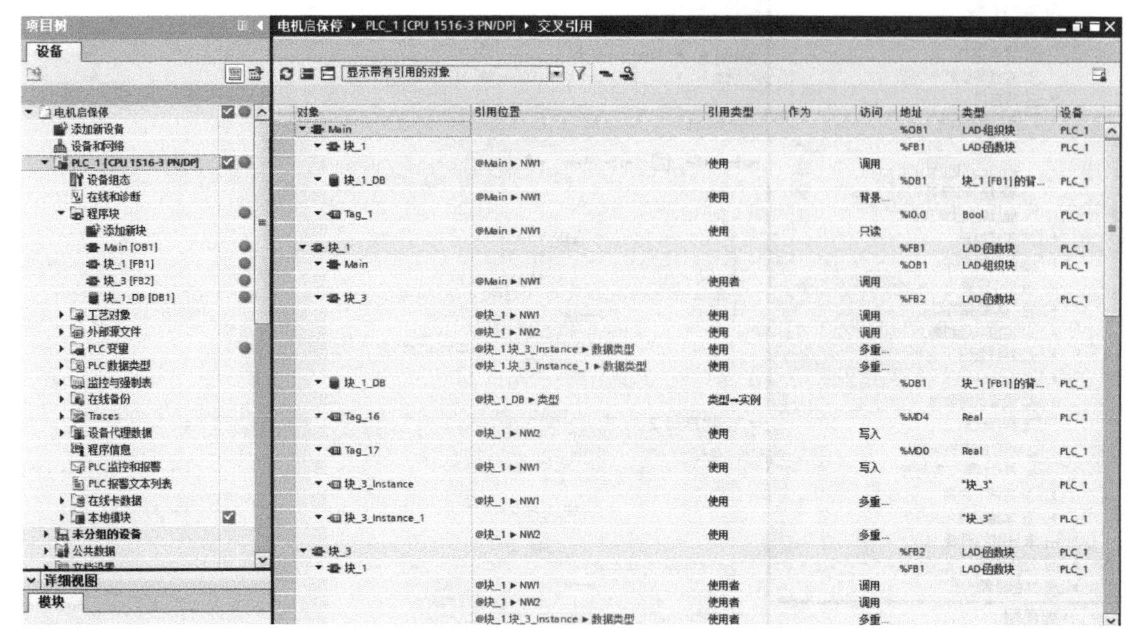

图 8-50 “交叉引用”列表

为了实现对程序的快速浏览和调试，在程序块中也可以查看某一个变量的交叉引用情况。在程序块中选择一个变量，鼠标右键选择“交叉引用信息”或者在巡视窗口中选择“信息”→“交叉引用”标签，都可以显示该变量的引用信息，如图 8-51 所示。

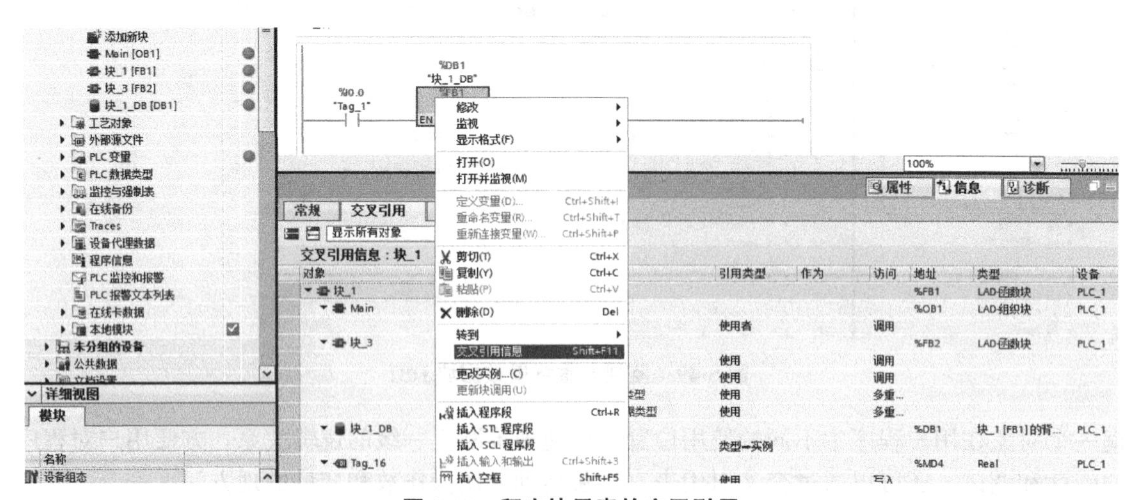

图 8-51 程序块元素的交叉引用

8.6.2 程序信息

用户的程序信息主要用于显示已经使用地址区的分配列表、程序块之间的调用关系、从属性结构以及 CPU 资源等信息。在项目树中双击“程序信息”标签即可进入程序信息视窗，如图 8-52 所示。

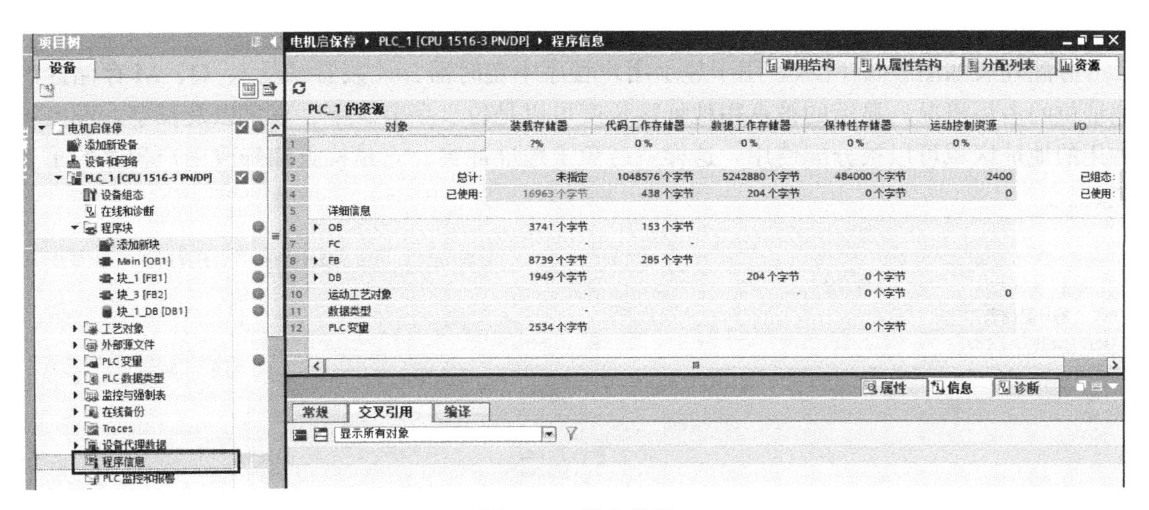

图 8-52　程序信息

（1）调用结构

调用结构显示用户程序中所用到块与块之间的调用与被调用的关系的体系结构，即块之间的层级关系。其中定时器和计数器指令本质上是函数块，在调用结构中不会显示它们。选中图 8-52 的“调用结构”选项卡，如图 8-53 所示为项目程序的调用结构。

PLC_1 的调用结构

	调用结构	!	地址	详细信息	局部数据（在路径...	局部数据（用于块）
1	▼ Main		OB1		0	0
2	▼ 块_1, 块_1_DB		FB1, DB1	@Main ▸ NW1	0	0
3	块_3, #块_3_Instance		FB2	@块_1 ▸ NW1	0	0
4	块_3, #块_3_Instance		FB2	块接口	0	0
5	块_3, #块_3_Instance_1		FB2	@块_1 ▸ NW2	0	0
6	块_3, #块_3_Instance_1		FB2	块接口	0	0

图 8-53　调用结构

（2）从属性结构

从属性结构显示程序中块与其他块之间的关系，与调用结构恰好相反。块在第一级显示，使用或调用它的块在它下面向右后退若干个字符，背景数据块被单独列出。如图 8-54 所示。

PLC_1 的从属性结构

	从属性结构	!	地址	详细信息
1	▼ 块_1_DB（块_1 的背景 DB）		DB1	
2	Main		OB1	@Main ▸ NW1
3	▼ 块_1		FB1	
4	▼ 块_1_DB（块_1 的背景 DB）		DB1	
5	Main		OB1	@Main ▸ NW1
6	Main		OB1	@Main ▸ NW1
7	▼ 块_3		FB2	
8	▸ 块_1		FB1	@块_1 ▸ NW1
9	▸ 块_1		FB1	@块_1 ▸ NW2
10	▸ 块_1, #块_3_Instance			块接口
11	▸ 块_1, #块_3_Instance_1			块接口
12	Main		OB1	

图 8-54　从属性结构

（3）分配列表

分配列表如图 8-55 所示，用于显示用户程序中定时器、计数器以及 I、Q、M 存储区的地址位的占用概况。显示的被占用地址区长度可以是位、字节、字、双字以及长字。没有被占用的地址区域可以被分配使用，这样就避免了地址冲突。它是检查和修改用户程序的重要工具。

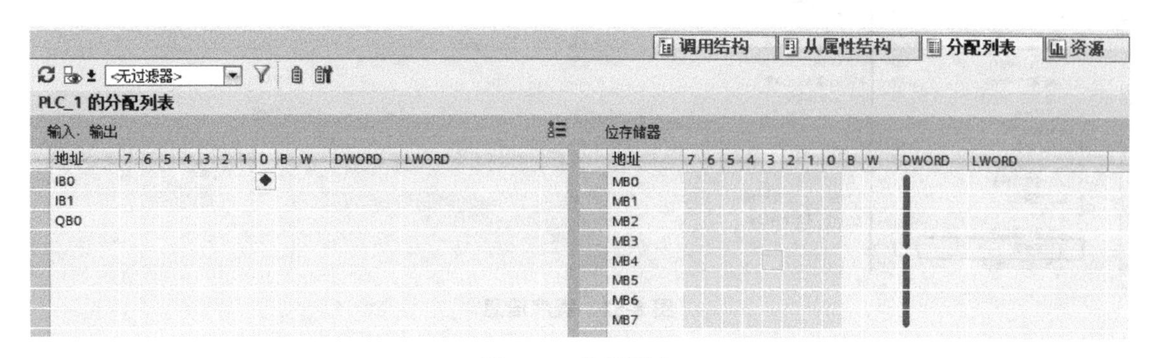

图 8-55　分配列表

分配列表的每一行对应于一个字节，每个字节由 0～7 位来组成，这些位用浅色的小正方形来表示。图中 MB0～MB3 的 DWORD 列的竖条表示程序使用了这 4 个字节组成的数字 MD0。MB4～MB7 的 DWORD 列的竖条表示程序使用了这 4 个字节组成的数字 MD4，如图 8-55 所示。

项目训练七　多级分频器系统设计

一、训练目的

（1）熟练掌握西门子 TIA Portal 软件的操作。

（2）学会 S7-1500 的结构化程序设计。

（3）熟练掌握 S7-1500 函数的使用方法。

（4）掌握综合应用 S7-1500 指令完成控制任务的能力。

二、项目介绍

分频器在电子电路产品中应用广泛，同样在许多控制场合中需要对控制信号进行分频处理。通过 S7-1500 实现多级分频器控制程序设计，并完成项目的调试。

三、项目实施

在功能 FB1 中编写二分频器控制程序，然后在 OB1 中通过调用 FB1 实现多级分频器的功能。多级分频器的时序关系如图 8-56 所示。其中 I0.0 为多级分频器的脉冲输入端；Q4.0～Q4.3 分别为 2、4、8、16 分频的脉冲输出端；Q4.4～Q4.7 分别为 2、4、8、16 分频指示灯驱动输出端。

规划程序结构：按结构化方式设计控制程序，如图 8-57 所示，结构化的控制程序由两个逻辑块构成，其中 OB1 为主循环组织块，FB1 为二分频器控制函数。

（1）在 TIA 创建多级分频器的 S7 项目，并基于 S7-1500 完成项目的硬件配置及地址分配，如图 8-58 所示。

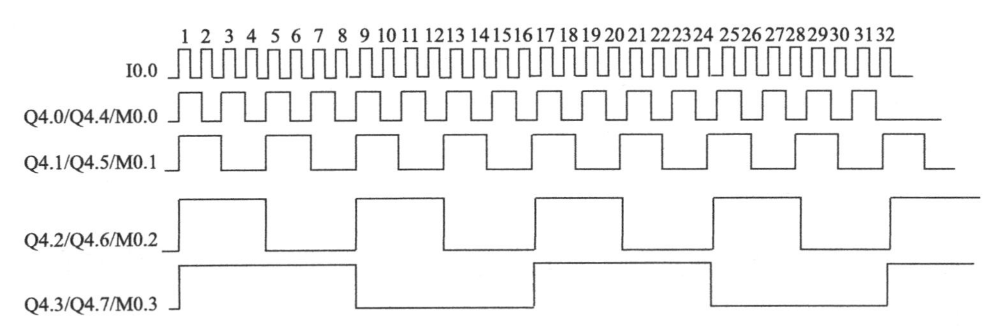

图 8-56　多级分频器控制时序图

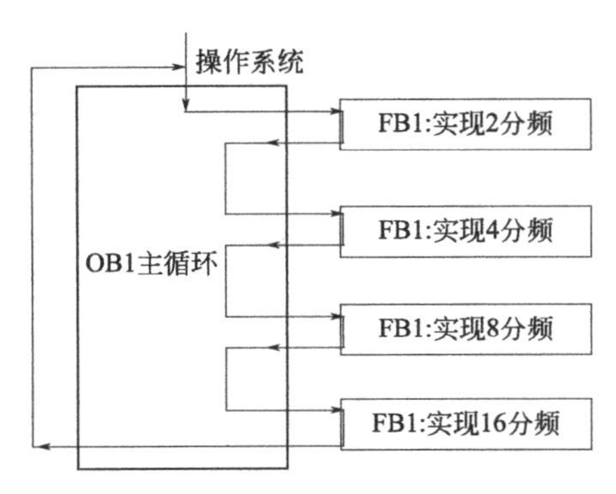

图 8-57　多级分频器程序结构

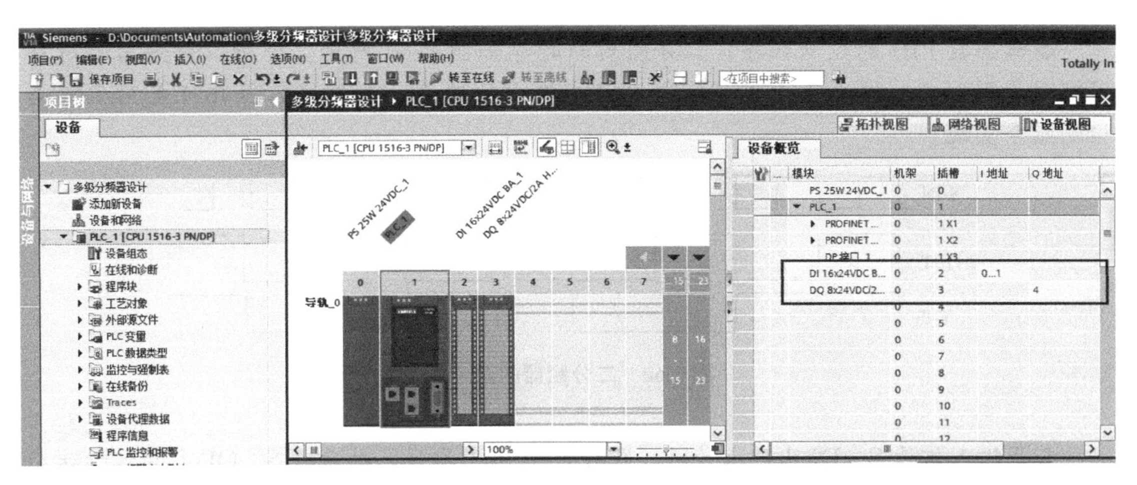

图 8-58　硬件组态及地址分配

(2) 打开“PLC 变量”，编辑项目变量表。如图 8-59 所示。

(3) 在程序块文件夹内创建一个函数，并命名为“二分频器”。编辑 FB1 的变量接口区，在 FB1 的变量接口区内，声明 4 个参数，如表 8-3 所示。

表 8-3　FB1 的变量声明表

接口类型	变量名	数据类型	注释
Input	S_IN	BOOL	脉冲输入信号
Output	S_OUT	BOOL	脉冲输出信号

续表

接口类型	变量名	数据类型	注释
Output	LED	BOOL	输出状态指示
InOut	F _ P	BOOL	上跳沿检测标志

多级分频器设计 ▸ PLC_1 [CPU 1516-3 PN/DP] ▸ PLC 变量 ▸ 默认变量表 [64]

变量

默认变量表

	名称	数据类型	地址	保持	可从 ...	从 H...	在 H...	监控
1	In_port	Bool	%I0.0	☐	☑	☑	☑	
2	F_P2	Bool	%M0.0	☐	☑	☑	☑	
3	F_P4	Bool	%M0.1	☐	☑	☑	☑	
4	F_P8	Bool	%M0.2	☐	☑	☑	☑	
5	F_P16	Bool	%M0.3	☐	☑	☑	☑	
6	Out_port2	Bool	%Q4.0	☐	☑	☑	☑	
7	Out_port4	Bool	%Q4.1	☐	☑	☑	☑	
8	Out_port8	Bool	%Q4.2	☐	☑	☑	☑	
9	Out_port16	Bool	%Q4.3	☐	☑	☑	☑	
10	LED2	Bool	%Q4.4	☐	☑	☑	☑	
11	LED4	Bool	%Q4.5	☐	☑	☑	☑	
12	LED8	Bool	%Q4.6	☐	☑	☑	☑	
13	LED16	Bool	%Q4.7	☐	☑	☑	☑	

图 8-59　多级分频器变量表

编辑函数 FB1 的控制程序：二分频器的时序如图 8-60 所示。分析二分频器的时序图可以看到，输入信号每出现一个上升沿，输出便改变一次状态，据此可采用上跳沿检测指令实现。

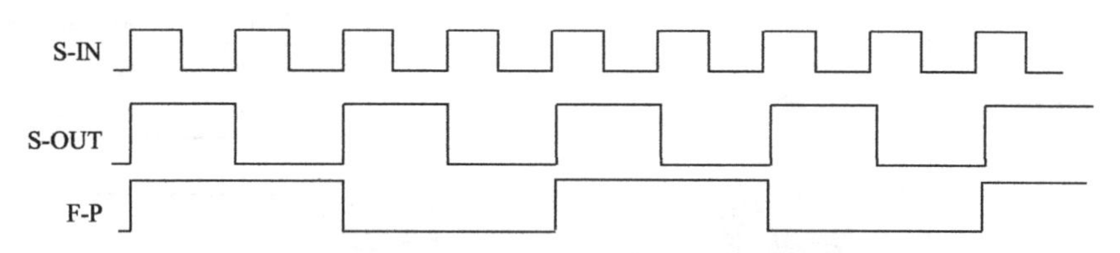

图 8-60　二分频器的时序图

如果输入信号 S _ IN 出现上升沿，则对 S _ OUT 取反，然后将 S _ OUT 的信号状态送 LED 显示；否则，程序直接跳转到 LP1，将 S _ OUT 的信号状态送 LED 显示。

在项目内选择“块”文件夹，双击 FB1，编写二分频的控制程序，如图 8-61 所示。

(4) 在 OB1 中调用函数块（FB）：打开 OB1，在 LAD 语言环境下可以以块图的形式调用 FB1，如图 8-62 所示。

(5) 输入、下载并运行控制程序，观察和调试程序的运行效果。

注意：① 二分频的编写要放在函数块内，不能放在函数内。因为二分频程序需要用到边沿检测指令，而边沿检测指令的边沿存储位必须位于 DB（FB 的背景数据块中）中或者位存储器中，而函数没有背景数据块，因此本项目通过函数块来实现调用执行。

② 主程序调用同一个 FB，其背景数据块不要相同，以免引起程序执行的错误。

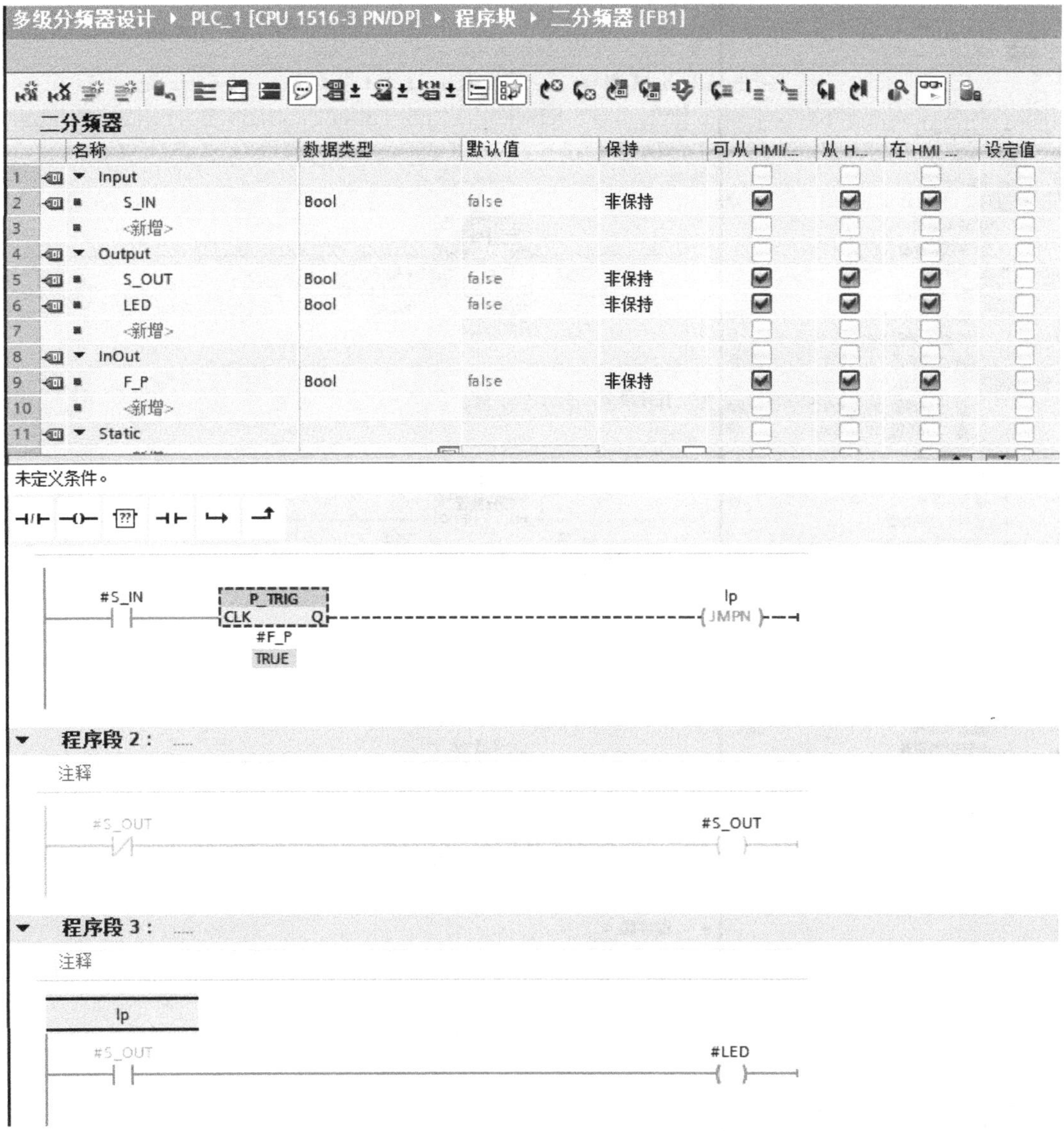

多级分频器设计 ▸ PLC_1 [CPU 1516-3 PN/DP] ▸ 程序块 ▸ 二分频器 [FB1]

二分频器

	名称	数据类型	默认值	保持	可从 HMI/...	从 H...	在 HMI ...	设定值
1	▼ Input				☐	☐	☐	☐
2	▪ S_IN	Bool	false	非保持	☑	☑	☑	☐
3	▪ <新增>				☐	☐	☐	☐
4	▼ Output				☐	☐	☐	☐
5	▪ S_OUT	Bool	false	非保持	☑	☑	☑	☐
6	▪ LED	Bool	false	非保持	☑	☑	☑	☐
7	▪ <新增>				☐	☐	☐	☐
8	▼ InOut				☐	☐	☐	☐
9	▪ F_P	Bool	false	非保持	☑	☑	☑	☐
10	▪ <新增>				☐	☐	☐	☐
11	▼ Static				☐	☐	☐	☐

未定义条件。

#S_IN　P_TRIG　CLK　Q　#F_P　TRUE　lp　JMPN

▼ 程序段 2：.....

注释

#S_OUT　#S_OUT

▼ 程序段 3：.....

注释

lp

#S_OUT　#LED

图 8-61　FB1 控制程序

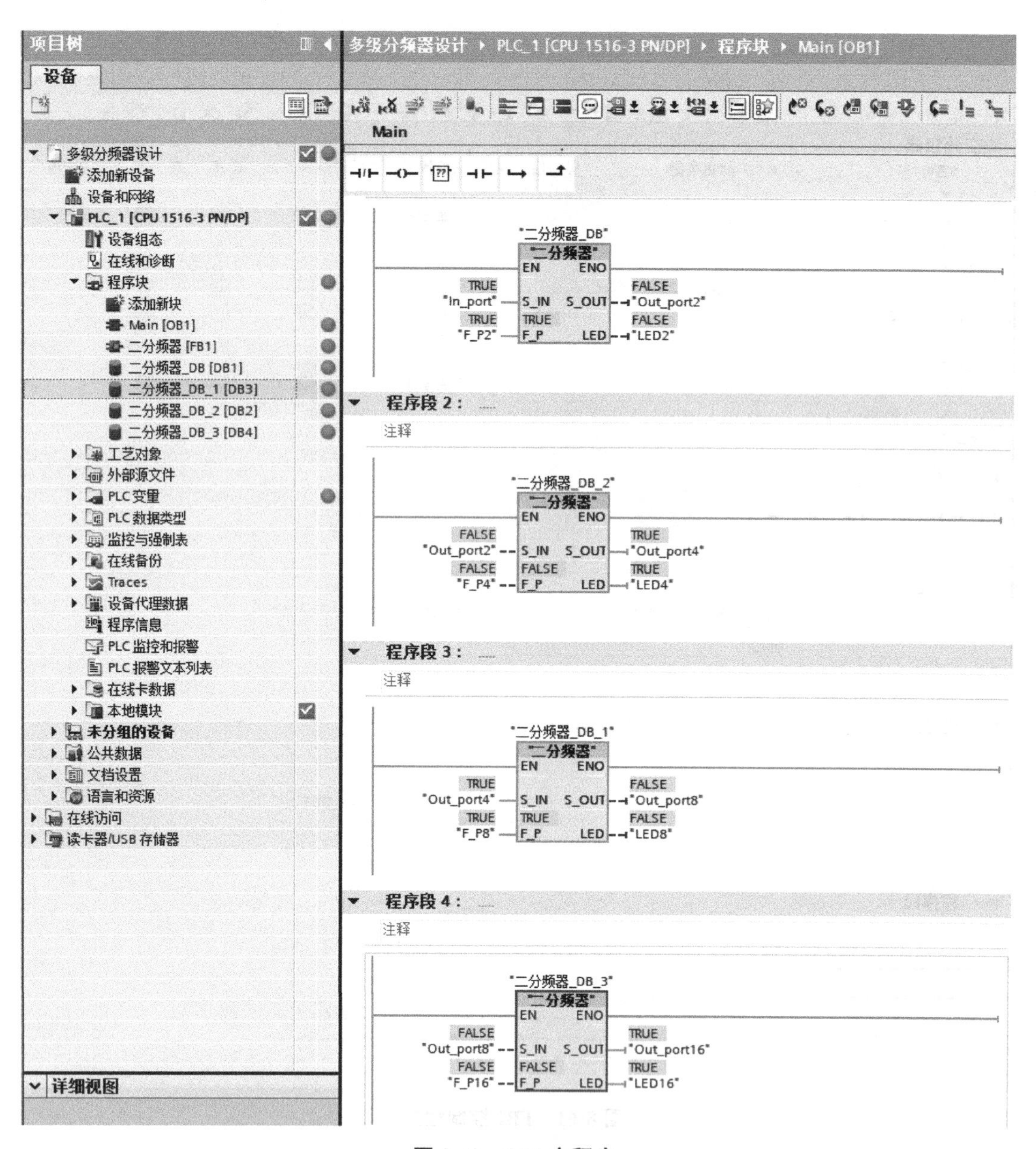
项目树
设备
多级分频器设计
添加新设备
设备和网络
PLC_1 [CPU 1516-3 PN/DP]
设备组态
在线和诊断
程序块
添加新块
Main [OB1]
二分频器 [FB1]
二分频器_DB [DB1]
二分频器_DB_1 [DB3]
二分频器_DB_2 [DB2]
二分频器_DB_3 [DB4]
工艺对象
外部源文件
PLC 变量
PLC 数据类型
监控与强制表
在线备份
Traces
设备代理数据
程序信息
PLC 监控和报警
PLC 报警文本列表
在线卡数据
本地模块
未分组的设备
公共数据
文档设置
语言和资源
在线访问
读卡器/USB 存储器
详细视图
多级分频器设计 ▸ PLC_1 [CPU 1516-3 PN/DP] ▸ 程序块 ▸ Main [OB1]
Main
"二分频器_DB"
"二分频器"
EN ENO
TRUE
"In_port" S_IN S_OUT "Out_port2"
FALSE
TRUE
"F_P2" F_P LED "LED2"
程序段 2：
注释
"二分频器_DB_2"
"Out_port2" S_IN S_OUT "Out_port4"
"F_P4" F_P LED "LED4"
程序段 3：
注释
"二分频器_DB_1"
"Out_port4" S_IN S_OUT "Out_port8"
"F_P8" F_P LED "LED8"
程序段 4：
注释
"二分频器_DB_3"
"Out_port8" S_IN S_OUT "Out_port16"
"F_P16" F_P LED "LED16"

图 8-62　OB1 主程序

第9章

S7-1500 PLC模拟量处理与PID控制技术

9.1 模拟量处理基础

9.1.1 模拟量介绍

在工业生产过程中，存在大量的物理量，如压力、温度、流量、速度、旋转速度、pH值、黏度等，这些过程变量的值随时间呈现出连续变化，称为模拟量。由于CPU只能处理“0”和“1”这样的数字量，因此为了实现自动控制，测量变送器将传感器检测到的变化量转换为标准的模拟信号，这些标准的模拟信号将接到模拟输入模块上转换为数字量，才能被CPU处理。由用户程序计算所得的数字量由模拟输出模块中变换为标准的模拟信号驱动外设。模拟量处理的输入和输出示意图如图9-1所示。

图9-1中，传感器感受现场被测量并按照一定的规律转换成可用输出信号，而变送器将传感器检测到的变化量转换为标准的模拟信号，比如±500mV、±1V、±5V、±10V、±20mA、4～20mA等，并将这些标准信号送入模拟量输入模块对应的接口上。

9.1.2 模拟量模块

模拟量输入模块AI主要完成模-数转换，其输入端子接传感器，模块中的A-D转换器主要实现将标准模拟信号转换为数字信号的功能。模块中的A-D转换器是顺序执行的，即每个模拟量输入通道上的信号被轮流依次转换，转换的结果存储在存储器IW中，并一直保持到被下一个转换值覆盖为止。随后由PLC对存储器IW中的数字量进行读取和处理。

模拟量输出模块AO主要完成数-模转换，其输出端接外设驱动装置（比如电动调节阀），用户在接收模拟量输入的基础上，对存储器IW读取值进行编程处理，并将模拟量输出的结果存储在存储器QW中。通过模块中的D-A转换器将CPU输出的数字量转换成标准的模拟信号，从而控制连接到模拟量输出模块的模拟执行器上。

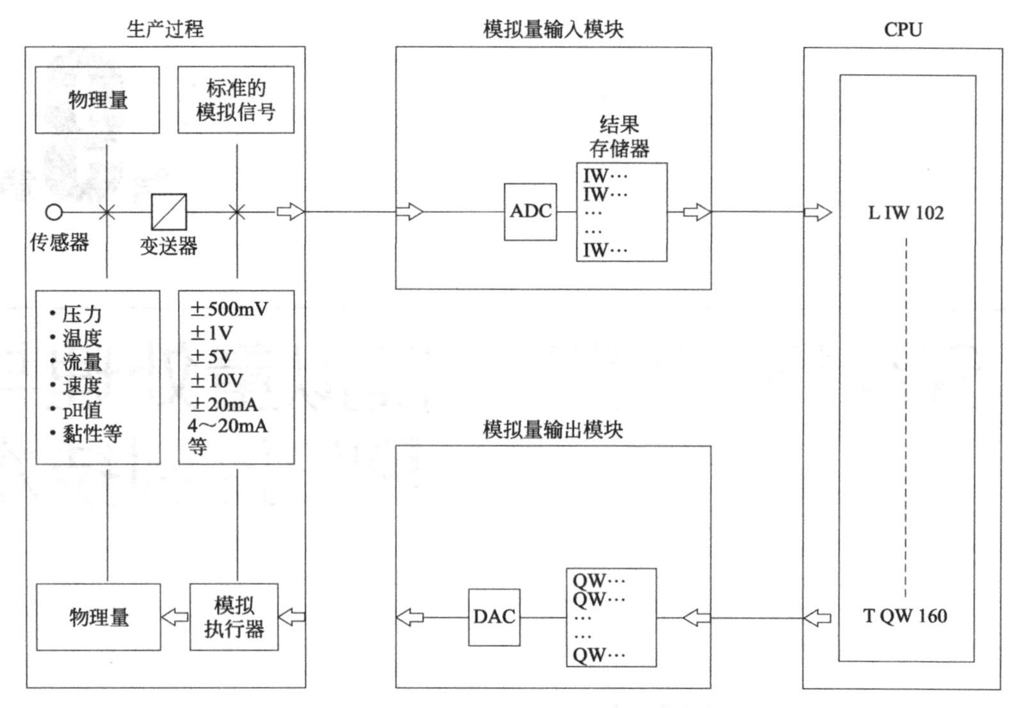

图 9-1 模拟量处理示意图

S7-1500 PLC 的模拟量信号模块包括 SM531 模拟量输入模块、SM532 模拟量输出模块、SM534 模拟量输入/输出模块。

9.1.3 模拟量模块的接线

在模拟量模块的信号传输过程中，为了保证信号的安全，对模拟量进行接线操作时，必须带有屏蔽支架和屏蔽线夹。同时，模拟量模块还需要使用电源元件，将电源元件插入前连接器，可以为模拟量模块供电。屏蔽支架、电源元件和屏蔽线夹包含在模拟量模块的交货范围内。

模拟量模块电源元件的接线如图 9-2 所示。连接电源电压与端子 41（L+）和 44（M），然后通过端子 42（L+）和 43（M）为下一个模块供电。

图 9-3 显示了带屏蔽连接元件的前连接器的详细视图。

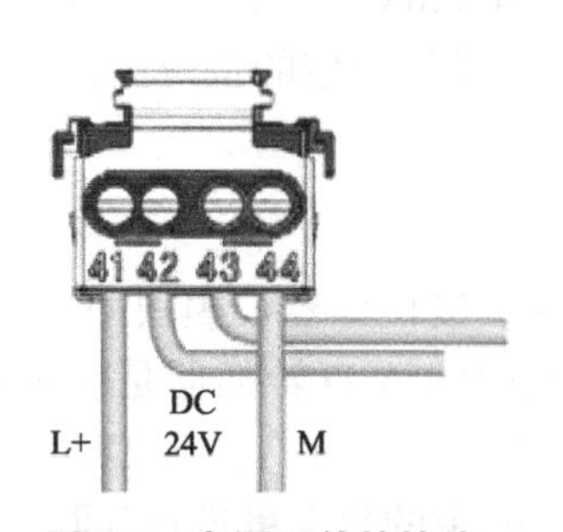

图 9-2 电源元件的接线

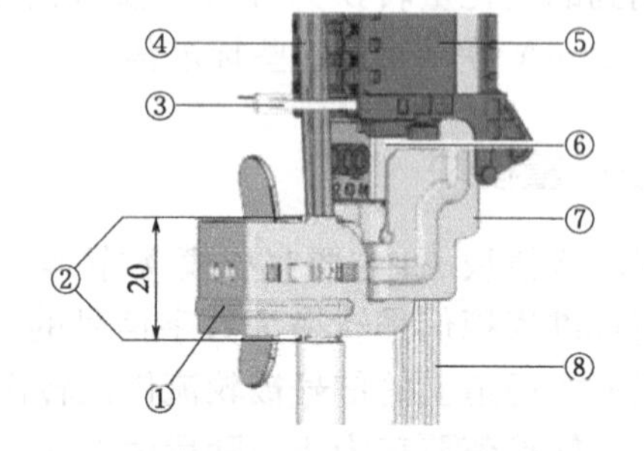

图 9-3 带屏蔽连接元件的前连接器视图

①—屏蔽线夹；②—剥去的电缆套管（大约 20mm）；
③—固定夹（电缆扎带）；④—信号电缆；
⑤—前连接器；⑥—电源元件；⑦—屏蔽支架；
⑧—电源线；①+⑦屏蔽端子

（1）模拟量输入模块接线

模拟量输入模块接线可以接受电压、电流、电阻和热电偶类型的模拟量信号。选择模拟量输入模块 AI 8×U/I/RTD/TC ST（6ES7531-7KF00-0AB0）为例介绍模拟量输入模块连接电压、电流和电阻信号的接线。其他模拟量输入模块的接线可以参考相关硬件手册进行。

模拟量输入模块 AI 8×U/I/RTD/TC ST（6ES7531-7KF00-0AB0）有 8 个模拟量输入通道，可按照通道设置电压、电流、热电偶的测量类型，以及可调整通道 0、2、4 和 6 的电阻测量类型。

图 9-4 给出了模块与电压型传感器的接线框图和端子分配示意图。图中 U_n+/U_n- 为电压输入通道 n（仅电压），L+为连接电源电压，M 为接地连接，M_{ANA} 模拟电路的参考电位。

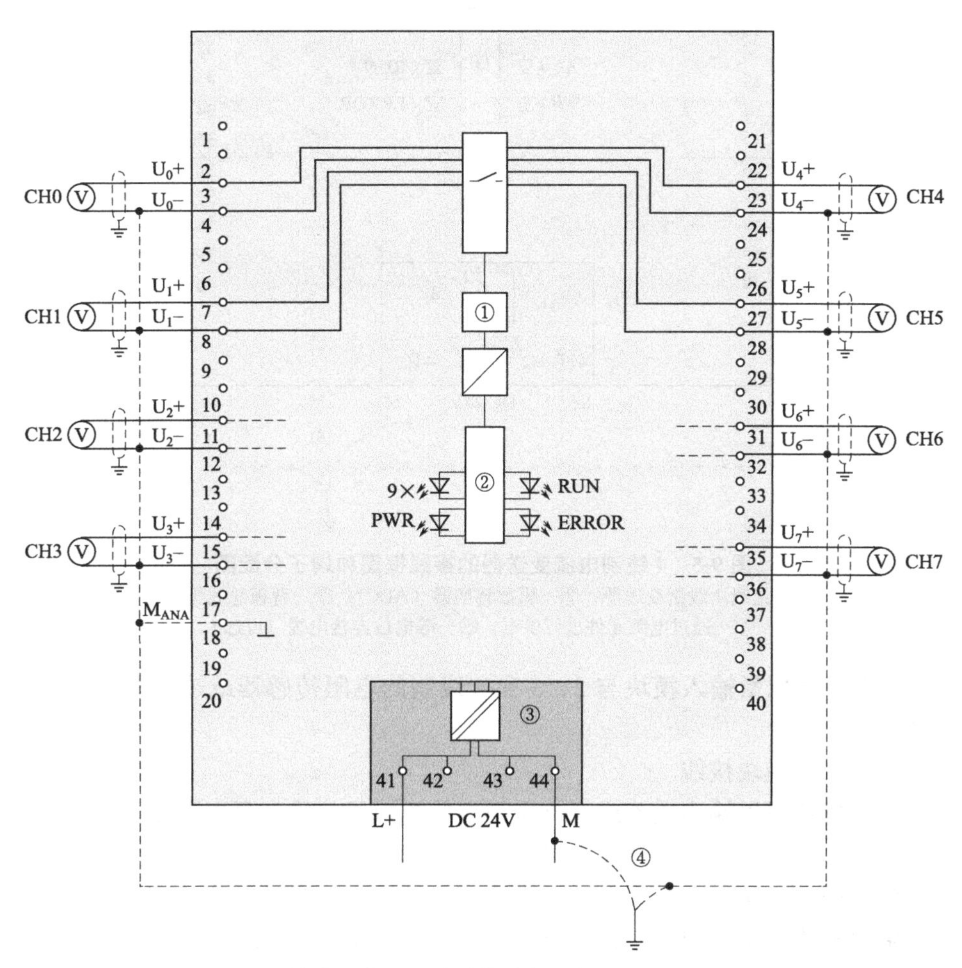

图 9-4　模块与电压型传感器的接线框图和端子分配图

①—模数转换器（ADC）；②—背板总线接口；③—通过电源元件进行供电；④—等电位连接电缆（可选）

图 9-5 给出了模拟量输入模块与电流测量的 4 线制变送器的接线框图和端子分配示意图。图中 I_n+/I_n- 为电流输入通道 n（仅电流）。

图 9-6 给出了模拟量输入模块与电流测量的 2 线制变送器的接线框图和端子分配示意图。

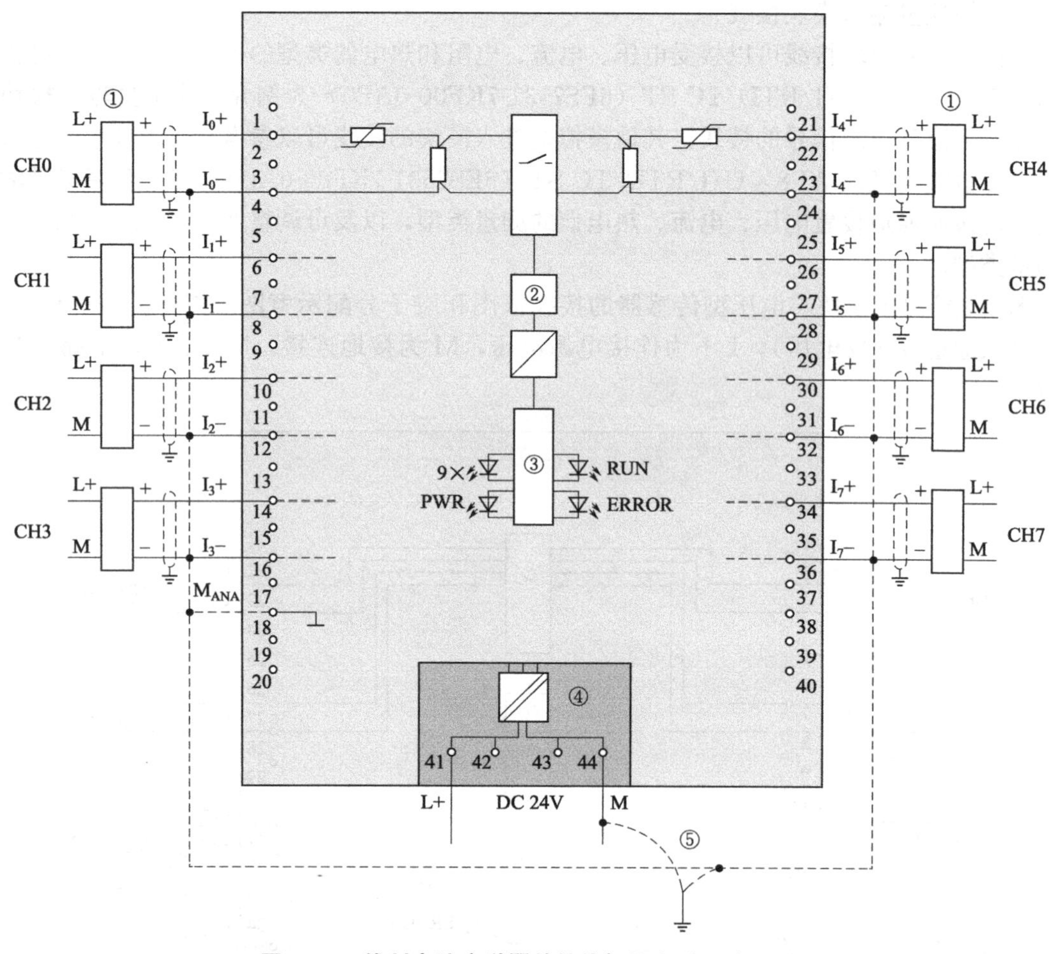

图 9-5　4 线制电流变送器的接线框图和端子分配图

①—接线 4 线制变送器；②—模数转换器（ADC）；③—背板总线接口；
④—通过电源元件进行供电；⑤—等电位连接电缆（可选）

图 9-7 给出了模拟量输入模块与 2、3 和 4 线制的电阻传感器或热敏电阻接线框图和端子分配示意图。

（2）模拟量输出模块接线

模拟量输出模块可以输出电流或者电压类型的模拟量信号，可以连接电流型或者电压类型的模拟量输出设备。选择模拟量输出模块 AQ 8×U/I HS（6ES7532-5HF00-0AB0）为例介绍模拟量输出模块的接线。其他模拟量输出模块的接线可以参考相关硬件手册进行。

模拟量输出模块 AQ 8×U/I HS（6ES7532-5HF00-0AB0）连接电压类型的模拟量执行器的输出接线端子示意图如图 9-8 所示。图中 QV_n 为电压输出通道，QI_n 为电流输出通道，S_n+/S_n-为监听线路通道，L+为电源电压连接，M 为接地连接，M_{ANA} 为模拟电路的参考电位，CHx 为通道或通道状态指示灯，PWR 为电源电压的指示。

模拟量输出模块 AQ 8×U/I HS（6ES7532-5HF00-0AB0）连接电流类型的模拟量执行器的输出接线端子示意图如图 9-9 所示。

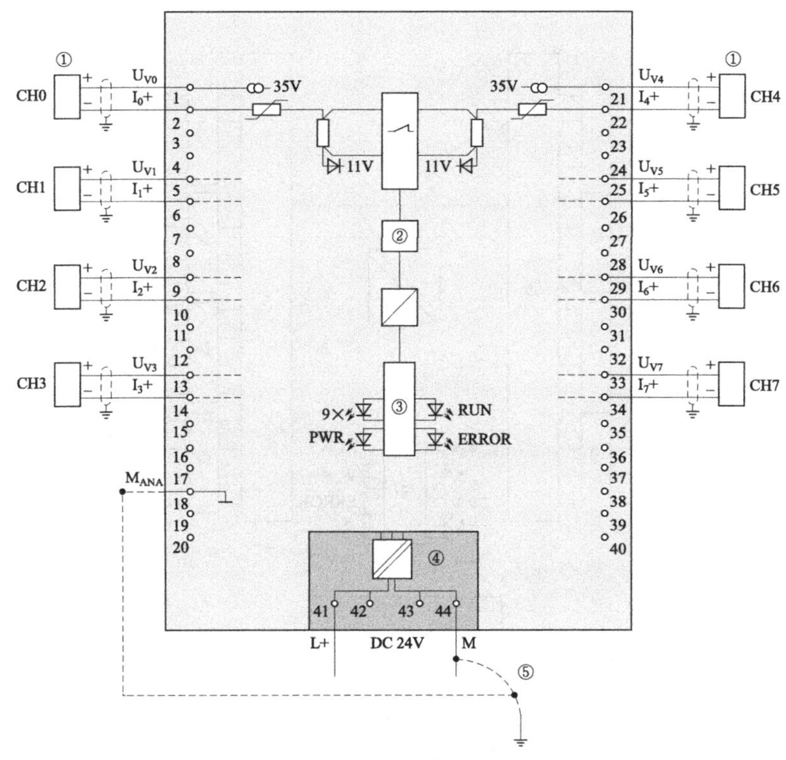

图 9-6　2 线制电流变送器的接线框图和端子分配图

①—接线 2 线制变送器；②—模数转换器（ADC）；③—背板总线接口；④—通过电源元件进行供电；⑤—等电位连接电缆（可选）

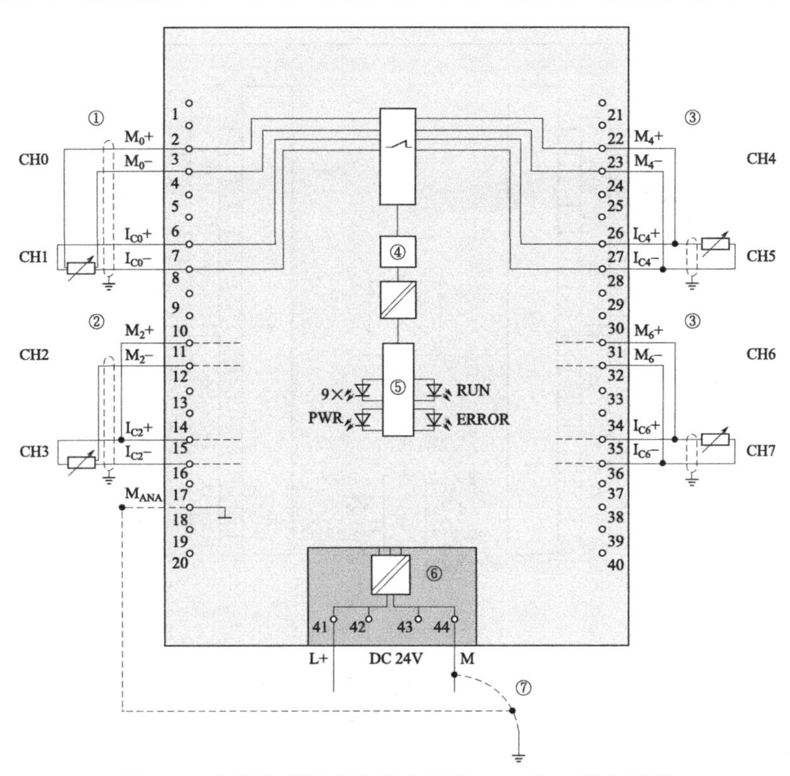

图 9-7　电阻传感器或热敏电阻的 2、3 和 4 线制连接

①—4 线制连接；②—3 线制连接；③—2 线制连接；④—模数转换器（ADC）；
⑤—背板总线接口；⑥—通过电源元件进行供电；⑦—等电位连接电缆（可选）

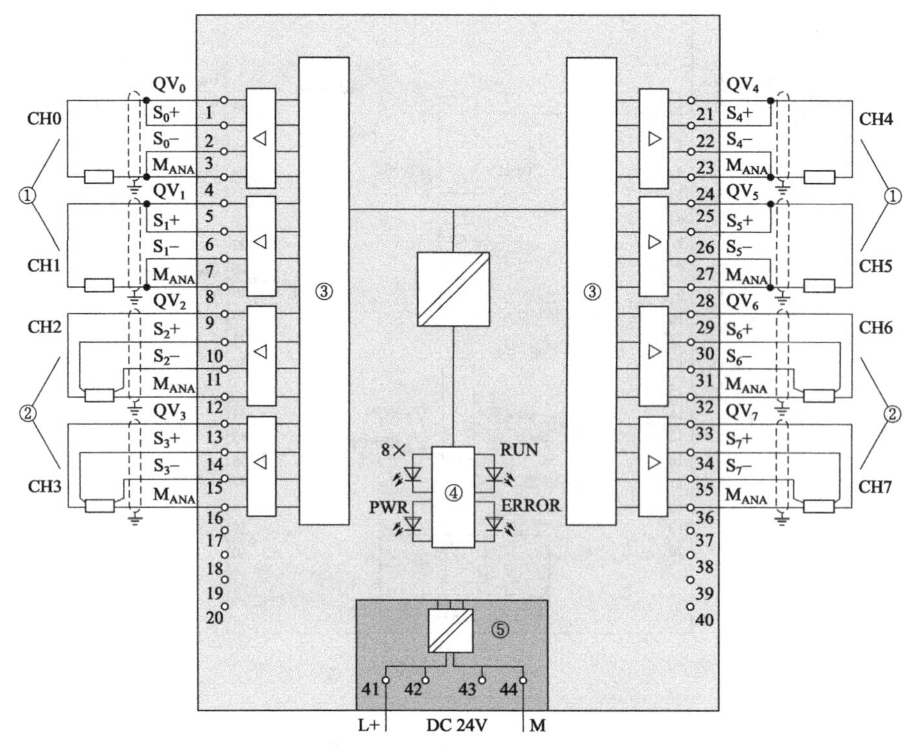

图 9-8　电压类型输出的模块接线示意图

①—2 线制连接（在前连接器中进行跳线）；②—4 线制连接；③—数模转换器（DAC）；④—背板总线接口；⑤—通过电源元件进行供电

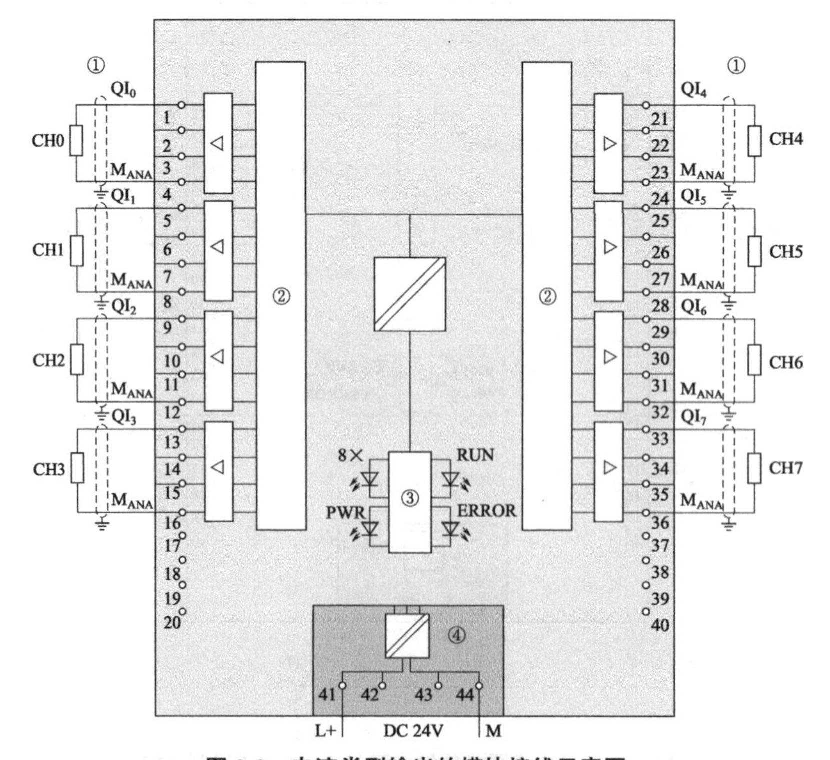

图 9-9　电流类型输出的模块接线示意图

①—电流输出的负载；②—数模转换器（DAC）；③—背板总线接口；④—通过电源元件进行供电

9.1.4　模拟量模块的参数分配

由于模拟量输入或者输出模块提供不止一种类型信号的输入或输出，且每种信号的测量范围又有多种选择，因此模拟量模块在使用前必须对其参数进行相应的设置和组态，主要包括模块信号类型、测量范围和通道诊断等参数的设置。这些参数设置可以通过通道模板统一设置，也可以单独对每一路通道参数进行相应的设置。

（1）模拟量输入模块参数设置

模拟量输入模块使用之前需要根据输入传感器的类型、输入信号的大小以及诊断中断等需求进行相应的参数设置。在 TIA 博途中新建项目，添加模拟量输入模块 AI 8×U/I/RTD/TC ST（6ES7531-7KF00-0AB0），在项目树的“设备组态”窗口选中所添加的模块，通过巡视窗口的“属性”选项卡，可以对选中的模拟量输入模块进行属性的显示和修改，如图 9-10 所示。

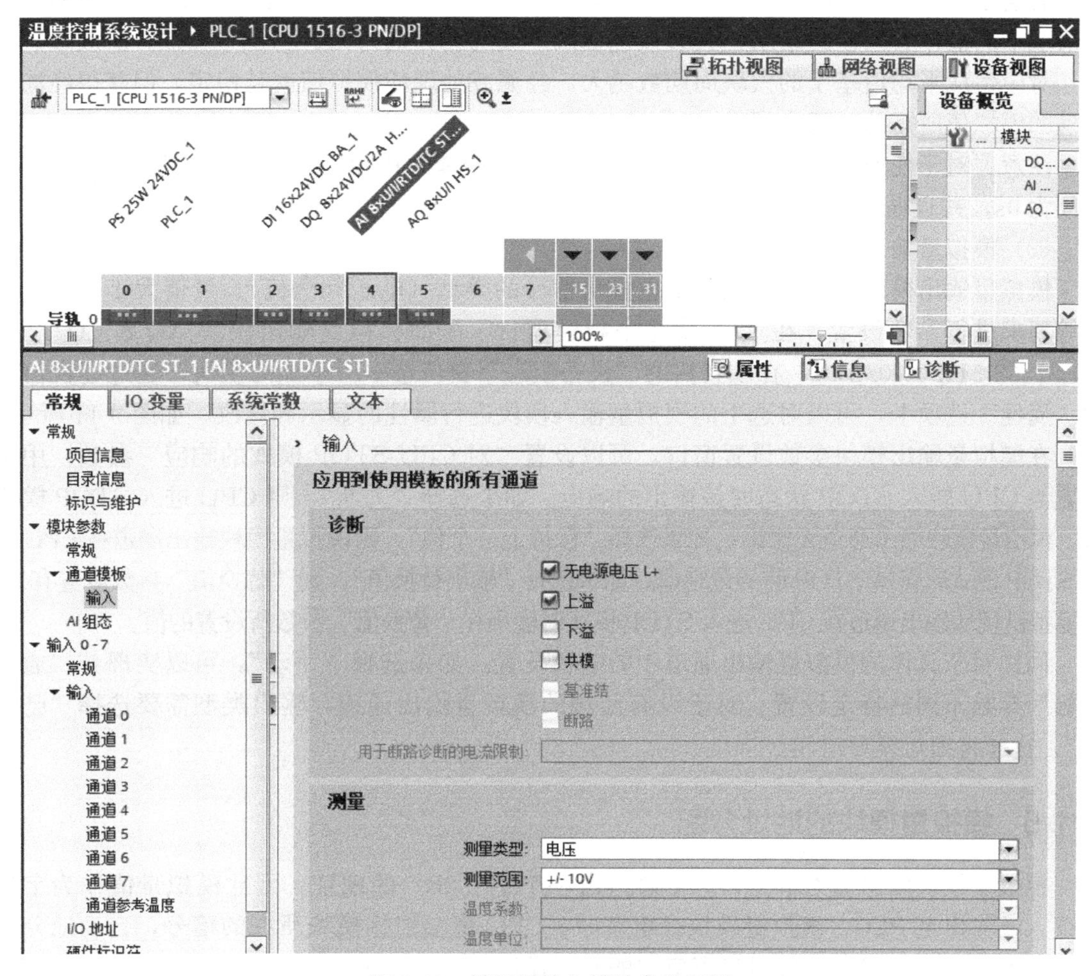

图 9-10　模拟量输入模块参数设置

在“诊断”属性中，测量类型不同，所支持的诊断类型也不相同。可通过勾选检查框激活相应的诊断中断，如果产生诊断中断，PLC 会收到相应的诊断信息并调用 OB82。

如果勾选“无电源电压 L+”，则启用对电源电压 L+ 缺失或不足的诊断；如果勾选

“上溢”，表示在测量值超出上限时触发诊断；如果勾选“下溢”，则如果测量值超出下限，则启用诊断；如果勾选“共模”，则在超过有效的共模电压时启用诊断。如果勾选“基准结”，则在温度补偿通道上启用错误诊断（如断路），当通道测量类型为热电偶时此参数可选。如果勾选“断路”，则可以检测测量线路是否断路，在模块无电流或电流过小，无法在所组态的相应输入处进行测量，或者所加载的电压过低时，启用诊断。

通常每个模拟量信号模块都可以更改其测量信号的类型和范围，因此需要对测量类型和测量范围根据实际进行更改。

在通道模板属性中，对于模拟量输入模块还可设置干扰频率抑制和滤波参数。在模拟量输入模块上，设置“干扰频率抑制”参数可以抑制由交流电频率产生的干扰。由于交流电源网络的频率会使得测量值不可靠，尤其是在低压范围内和正在使用热电偶时。对于此参数，用户可设置为系统的电源频率。频率越小，积分时间越长。

“滤波”参数设置会通过数字滤波产生供进一步处理的稳定模拟信号，在处理变化缓慢的所需信号（测量值）时非常有用，例如温度测量。“滤波”功能是将模块的多个周期的采样值取平均值作为采样的结果，其参数包括四个级别，分别为无、弱、中和强。滤波级别越高，对应生成平均值基于的模块周期数越大，经滤波处理的模拟值就越稳定，但获得经滤波处理的模拟值所需的时间也更长。

注意：对于任何未使用的通道，测量类型必须选择禁用设置，这样该通道的 A-D 转换时间为 0s，并且循环时间已最优化。

（2）模拟量输出模块参数设置

模拟量输出模块在使用前也要根据输出信号的类型（电压和电流）、量值大小、诊断中断等要求进行参数设置。在 TIA 博途中新建项目，添加模拟量输出模块 AQ 8×U/I HS（6ES7532-5HF00-0AB0），在项目树的“设备组态”窗口选中所添加的模块，通过巡视窗口的“属性”选项卡，可以对选中的模拟量输入模块进行属性的显示和修改，如图 9-11 所示。

在模拟量输出模块参数设置窗口，可以设置“对 CPU STOP 模式的响应”参数，用来设置当 CPU 转入 STOP 状态时该输出的响应。如果选择“关断”，则 CPU 进入 STOP 模式时，模拟量模块输出通道无输出；如果选择“保持上一个值”，则模拟量模块输出通道在 CPU 进入 STOP 模式时保持 STOP 前的最终值；如果选择“输出替换值”，则“替换值”参数设置有效，且模拟量模块输出通道在 CPU 进入 STOP 模式时输出在“替换值”参数所设置的值。

同样对于具体的模拟量输出通道中的参数设置，如果选择“手动”，可以实现与“通道模板”参数不同的特定设置。对于没有使用的模拟量输出通道，输出类型需要选择“已禁用”，这样将缩短循环时间。

9.1.5 模拟量模块的地址分配

模拟量模块以通道为单位，一个通道占一个字（2B）的地址，因此模拟量值作为字信息读入或输出至 PLC。模拟量模块在组态时，CPU 将会根据模块所在的槽号，自动地分配模块的默认地址。双击设备组态窗口中的相应模块，其“常规”属性中都列出了每个通道的输入或输出的起始地址，一般采用相同分配的地址。

模拟量输入的 I/O 地址可以使用默认，当然也可以自己设置，在设置过程中如果地址已被占用，会提示“该地址已使用，下一空闲地址：X”，如图 9-12 所示。S7-1500 的模拟量地址不再像 S7-300/400 那样需要从 256 开始，可以使用任意空闲地址。

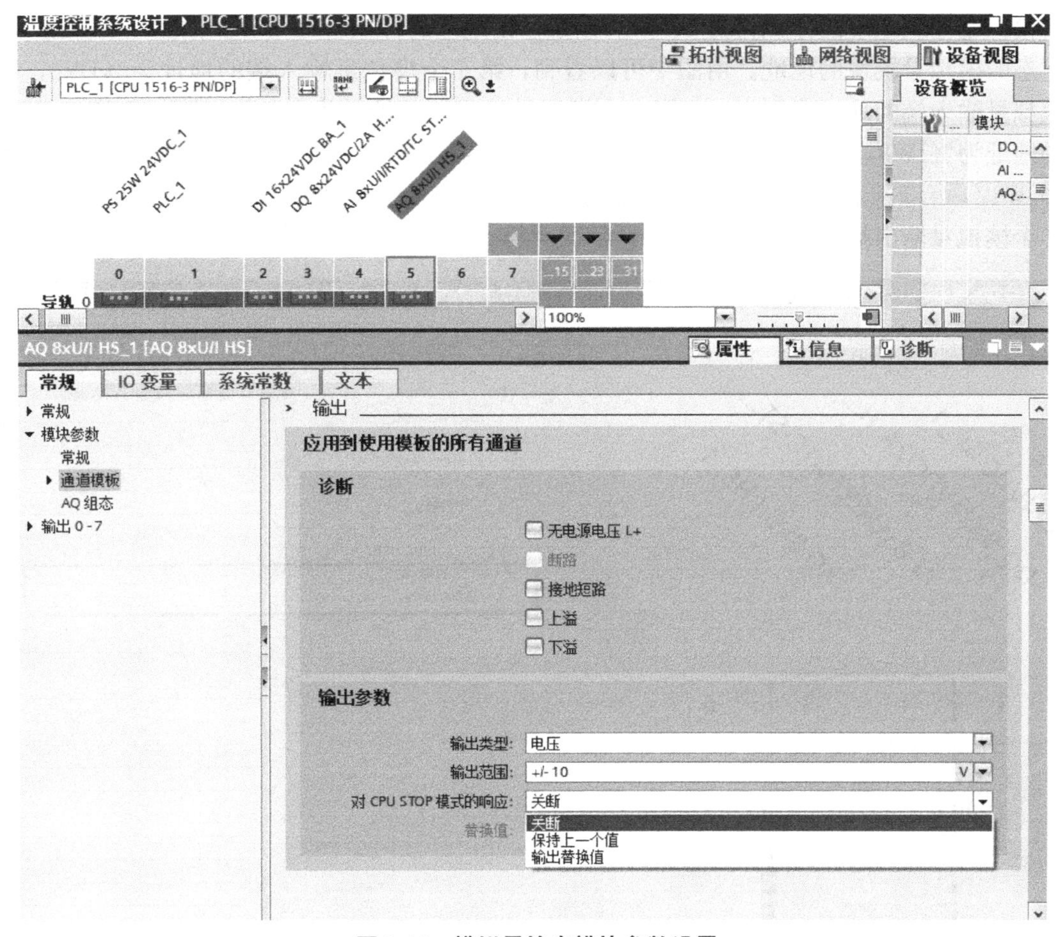

图 9-11　模拟量输出模块参数设置

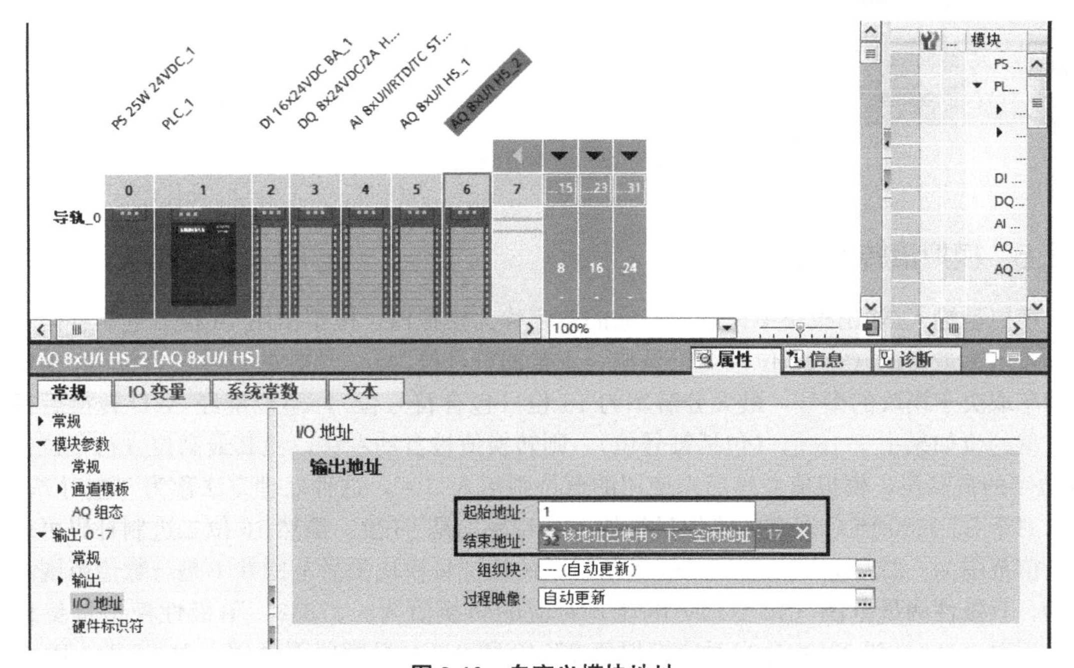

图 9-12　自定义模块地址

模拟量输入地址的标识符为 IW，模拟量输出地址的标识符为 QW。如图 9-13 所示为硬件组态的模拟量模块的地址。由图中可以看到，第 1 个模拟量输入端的地址为%IW2，第 2 个模拟量输入端的地址为%IW4，第 3 个模拟量输入端的地址为%IW6，第 4 个模拟量输入端的地址为%IW8，第 5 个模拟量输入端的地址为%IW10，第 6 个模拟量输入端的地址为%IW12，第 7 个模拟量输入端的地址为%IW14，第 8 个模拟量输入端的地址为%IW16。第 1 个模拟量输出端的地址为%QW2，依次类推，第 8 个模拟量输出端的地址为%QW16。

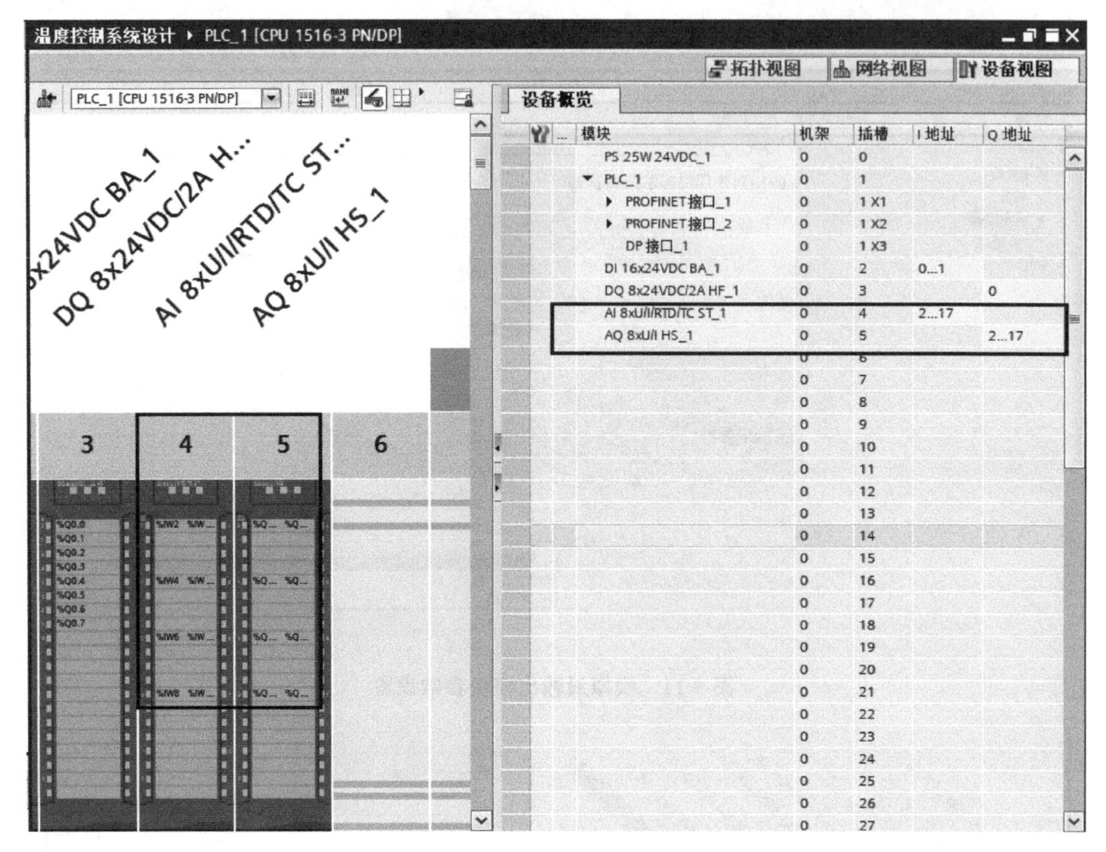

图 9-13　模拟量模块地址

9.1.6　模拟量转换值的表示

模拟量输入/输出模块中模拟量对应的数字称为模拟值，模拟值用 16 位二进制补码（整数）表示。最高位（第 15 位）为符号位，正数的符号位为 0，负数的符号位为 1。转换值的分辨率取决于模块的型号，最大分辨率为 16 位（包含符号位），模拟量经 A/D 转换后得到的数值的位如果小于 16 位（包括符号位），则转换值被自动左移，使其最高位（符号位）在 16 位字的最高位，模拟值左移后未使用的低位则填入“0”，这种处理方法称为“左对齐”。

对于 S7-1500 PLC 现有的模拟量模块，分辨率均是 16 位。虽然 16 位二进制补码可表示的数值范围为−32768～+32767，但是西门子的模拟量模块测量范围并不是与数值范围相对应的，双极性测量范围（如±10V 电压）对应的转换值为±27648，单极性模拟量量程的上、下限（100%和 0%）分半对应模拟值 27648 和 0（对温度值不适用，对 S7-200 PLC 也不适用）。这样做的好处是当传感器的输入值超出测量范围时，模拟量模块仍然可以进行转换，使 CPU 做出判断。+32511 是模拟量输入模块故障诊断的上界值，-32512 是双极性输入故障诊断的下界值，-4864 是单极性输入故障诊断的下界值。当转换值超出上、下界值（上溢或下溢）时，具有故障诊断功能的模拟量输入模块可以触发 CPU 的诊断中断（例如 OB82）。

（1）模拟量输入信号与转换之后的数字量值之间的关系

表 9-1 列出了按双极性进行数字化表示的输入范围，其精度为 16 位。

表 9-1　双极性数字化表示的输入范围

十进制值	测量（百分比）	数据字																范围
		2^{15}	2^{14}	2^{13}	2^{12}	2^{11}	2^{10}	2^{9}	2^{8}	2^{7}	2^{6}	2^{5}	2^{4}	2^{3}	2^{2}	2^{1}	2^{0}	
32767	>117.589	0	1	1	1	1	1	1	1	1	1	1	1	1	1	1	1	上溢
32511	117.589	0	1	1	1	1	1	1	0	1	1	1	1	1	1	1	1	过冲范围
27649	100.004	0	1	1	0	1	1	0	0	0	0	0	0	0	0	0	1	
27648	100.000	0	1	1	0	1	1	0	0	0	0	0	0	0	0	0	0	额定范围
1	0.003617	0	0	0	0	0	0	0	0	0	0	0	0	0	0	0	1	
0	0.000	0	0	0	0	0	0	0	0	0	0	0	0	0	0	0	0	
-1	-0.003617	1	1	1	1	1	1	1	1	1	1	1	1	1	1	1	1	
-27648	-100.000	1	0	0	1	0	1	0	0	0	0	0	0	0	0	0	0	
-27649	-100.004	1	0	0	1	0	0	1	1	1	1	1	1	1	1	1	1	下冲范围
-32512	-117.593	1	0	0	0	0	0	0	1	0	0	0	0	0	0	0	0	
-32768	<-117.593	1	0	0	0	0	0	0	0	0	0	0	0	0	0	0	0	下溢

表 9-2 列出了按单极性进行数字化表示的输入范围，其精度为 16 位。

表 9-2　单极性数字化表示的输入范围

十进制值	测量值（百分比）	数据字																范围
		2^{15}	2^{14}	2^{13}	2^{12}	2^{11}	2^{10}	2^{9}	2^{8}	2^{7}	2^{6}	2^{5}	2^{4}	2^{3}	2^{2}	2^{1}	2^{0}	
32767	>117.589	0	1	1	1	1	1	1	1	1	1	1	1	1	1	1	1	上溢
32511	117.589	0	1	1	1	1	1	1	0	1	1	1	1	1	1	1	1	过冲范围
27649	100.004	0	1	1	0	1	1	0	0	0	0	0	0	0	0	0	1	
27648	100.000	0	1	1	0	1	1	0	0	0	0	0	0	0	0	0	0	额定范围
1	0.003617	0	0	0	0	0	0	0	0	0	0	0	0	0	0	0	1	
0	0.000	0	0	0	0	0	0	0	0	0	0	0	0	0	0	0	0	
-1	-0.003617	1	1	1	1	1	1	1	1	1	1	1	1	1	1	1	1	下冲范围
-4864	-17.593	1	1	1	0	1	1	0	1	0	0	0	0	0	0	0	0	
-32768	<-17.593	1	0	0	0	0	0	0	0	0	0	0	0	0	0	0	0	下溢

表 9-3 给出了各种双极性电压测量范围的十进制和十六进制值模拟值的表示。

表 9-3　双极性电压模拟信号与转换的数字量的关系

转换值		电压测量范围				范围
十进制	十六进制	±10V	±5V	±2.5V	±1V	
32767	7FFF	＞11.759V	＞5.879V	＞2.940V	＞1.176V	上溢
32511	7EFF	11.759V	5.879V	2.940V	1.176V	过冲范围
27649	6C01					
27648	6C00	10V	5V	2.5V	1V	额定范围
20736	5100	7.5V	3.75V	1.875V	0.75V	
1	1	361.7μV	180.8μV	90.4μV	36.17μV	
0	0	0V	0V	0V	0V	
−1	FFFF					
−20736	AF00	−7.5V	−3.75V	−1.875V	−0.75V	
−27648	9400	−10V	−5V	−2.5V	−1V	
−27649	93FF					下冲范围
−32512	8100	−11.759V	−5.879V	−2.940V	−1.176V	
−32768	8000	＜−11.759V	＜−5.879V	＜−2.940V	＜−1.176V	下溢

表 9-4 给出了单极性电压测量范围（1～5V）的十进制和十六进制值模拟值的表示。

表 9-4　单极性电压模拟信号与转换的数字量的关系

转换值		电压测量范围	范围
十进制	十六进制	1～5V	
32767	7FFF	＞5.704V	上溢
32511	7EFF	5.704V	过冲范围
27649	6C01		
27648	6C00	5V	额定范围
20736	5100	4V	
1	1	1V+144.7μV	
0	0	1V	
−1	FFFF		下冲范围
−4864	ED00	0.296V	
−32768	8000	＜0.296V	下溢

表 9-5 给出了电流测量范围±20mA 的十进制和十六进制值模拟值的表示。

表 9-5　电流测量范围±20mA 与转换的数字量的关系

转换值		电流测量范围	
十进制	十六进制	±20mA	
32767	7FFF	＞23.52mA	上溢

续表

转换值		电流测量范围	
十进制	十六进制	±20mA	
32511	7EFF	23.52mA	过冲范围
27649	6C01		
27648	6C00	20mA	额定范围
20736	5100	15mA	
1	1	723.4nA	
0	0	0mA	
−1	FFFF		
−20736	AF00	−15mA	
−27648	9400	−20mA	
−27649	93FF		下冲范围
−32512	8100	−23.52mA	
−32768	8000	<−23.52mA	下溢

表 9-6 给出了电流测量范围（0～20mA 和 4～20mA）的十进制和十六进制值模拟值的表示。

表 9-6　电流测量范围（0～20mA 和 4～20mA）与转换的数字量的关系

转换值		电流测量范围		
十进制	十六进制	0～20mA	4～20mA	
32767	7FFF	>23.52mA	>22.81mA	上溢
32511	7EFF	23.52mA	22.81mA	过冲范围
27649	6C01			
27648	6C00	20mA	20mA	额定范围
20736	5100	15mA	16mA	
1	1	723.4nA	4mA+578.7nA	
0	0	0mA	4mA	
−1	FFFF			下冲范围
−4864	ED00	−3.52mA	1.185mA	
−32768	8000	<−3.52mA	<1.185mA	下溢

表 9-7 给出了各种电阻型传感器范围的十进制和十六进制值模拟值的表示。电阻型传感器只有单极性，不允许负值。

表 9-7　各种电阻型传感器与转换的数字量的关系

转换值		电阻型变送器的测量范围				
十进制	十六进制	150Ω	300Ω	600Ω	6000Ω	
32767	7FFF	>176.38Ω	>352.77Ω	>705.53Ω	>7055.3Ω	上溢
32511	7EFF	176.38Ω	352.77Ω	705.53Ω	7055.3Ω	过冲范围
27649	6C01					
27648	6C00	150Ω	300Ω	600Ω	6000Ω	额定范围
20736	5100	112.5Ω	225Ω	450Ω	4500Ω	
1	1	5.43mΩ	10.85mΩ	21.70mΩ	217mΩ	
0	0	0Ω	0Ω	0Ω	0Ω	

(2) 数字量值与转换之后的模拟量输出信号之间的关系

模拟量输出模块将 16 位二进制补码形式表示的数字量值经过模块内的数-模转换器（DAC）转换成模拟量信号（电压或电流），并通过模拟量输出通道进行输出，表 9-8 为数字量值与模拟量输出信号之间的对应关系。

表 9-8　数字量值与模拟量输出信号之间的关系

范围	数字量	电流输出范围		电压输出范围	
		±20mA	0～20mA	±10V	0～10V
最大输出值	>32511	23.52mA	23.52mA	11.76V	11.76V
过冲范围	32511	23.52mA	23.52mA	11.76V	11.76V
	27649				
额定范围	27648	20mA	20mA	10V	10V
	20736	15mA	15mA	7.5V	7.5V
	1	723.4nA	723.4nA	361.7μV	361.7μV
	0	0mA	0mA	0V	0V
	−1		不可能低于 0mA	−361.7μV	不可能低于 0V
	−20736	−15mA		−7.5V	
	−27648	−20mA		−10V	
下冲范围	−27649				
	−32512	−23.52mA		−11.76V	
最小输出值	<−32512	−23.52mA		−11.76V	

表 9-9 为数字量值与模拟量电流输出（4～20mA）信号之间的对应关系。

表 9-9　电流输出（4～20mA）的数模对应关系

值			电流输出范围	范围
百分比	十进制	十六进制	4～20mA	
>117.589%	>32511	>7EFF	22.81mA	最大输出值

续表

值			电流输出范围	范围
百分比	十进制	十六进制	4～20mA	
117.589%	32511	7EFF	22.81mA	过冲范围
27649	6C01			
100%	27648	6C00	20mA	额定范围
75%	20736	5100	16mA	
0.003617%	1	1	4mA	
0%	0	0	4mA	
−1	FFFF			下冲范围
−25%	−6912	E500	0mA	
<−25%	<−6912	<E500	0mA	最小输出值

表 9-10 为数字量值与模拟量电压输出（1～5V）信号之间的对应关系。

表 9-10　电压输出（1～5V）的数模对应关系

值			电压输出范围	范围
百分比	十进制	十六进制	1～5V	
>117.589%	>32511	>7EFF	5.70V	最大输出值
117.589%	32511	7EFF	5.70V	过冲范围
27649	6C01			
100%	27648	6C00	5V	额定范围
75%	20736	5100	4V	
0.003617%	1	1	1V+144.7μV	
0%	0	0	1V	
	−1	FFFF	1V−144.7μV	下冲范围
−25%	−6912	E500	0V	
<−25%	<−6912	<E500	0V	最小输出值

【例 9-1】一个压力检测系统，压力传感器的量程为 0～15MPa，输入信号为 4～20mA。模拟量输入模块的量程设置为 4～20mA，转换后的模拟值为 0～27648。设转换后得到的数字为 N，试求以 kPa 为单位的压力值。

解：0～15MPa（0～15000kPa）对应于转换后的数字 0～27648，转换公式为：

$$P = 15000 \times N / 27648\text{kPa}$$

注意：在运算时一定要先乘后除，否则会损失原始数据的精度。

9.2 模拟量采集处理

9.2.1 模拟量值的规范化

现场的压力、温度、速度、旋转速度、pH 值、黏度等是具有物理单位的工程量值，模/数转换后输入通道得到的是－27648～＋27648 的数字量，该数字量不具有工程量值的单位，更不容易记忆，在程序处理时带来不方便。希望将数字量－27648～＋27648 转换为工程实际量值，这样在程序中使用模拟量时，如果程序中的数值和实际中的情况一致，那么将会更加方便。把无意义的数值转换成有实际意义的数据，就是模拟量的规范化。这一过程称为模拟量输入值的“规格化”，也称“规范化”。反过来，需要将实际工程量值转化为对应的数字量的过程称为模拟量输出值的“规范化”。

工程量值的“规范化”，可以采用第 7 章介绍的转换操作指令中的“缩放”指令（SCALE）和“取消缩放”指令（UNSCALE），也可以使用“标准化”指令（NORM _ X）和缩放指令 SCALE _ X，来实现信号采集和标准化为实际工程量的功能，也可以采用形参形式编辑用户自定义模拟量采集功能。SCALE _ X 和 NORM _ X 指令与 SCALE 和 UNSCALE 指令的主要区别是通用性强，不仅可以实现模拟量的规范化，还可以应用在其他场合的数据转换，而 SCALE 和 UNSCALE 指令只能实现模拟量值的规范化。

（1）NORM _ X：标准化

“标准化”指令，通过将输入 VALUE 中变量的值映射到线性标尺对其进行标准化。可以使用参数 MIN 和 MAX 定义范围的限值。输出 OUT 中的结果经过计算并存储为浮点数，这取决于要标准化的值在该值范围中的位置。如果要标准化的值等于输入 MIN 中的值，则输出 OUT 将返回值“0.0”。如果要标准化的值等于输入 MAX 的值，则输出 OUT 需返回值“1.0”。如果是用于模拟量的转换，则 MIN 和 MAX 表示的就是模拟量模块输入信号对应的数字量的范围，而 VALUE 表示的就是的模拟量模块的采样值。其运算过程如图 9-14 所示。

（2）SCALE _ X：缩放

“缩放”指令，通过将输入 VALUE 的值映射到指定的值范围来对其进行缩放。当执行“缩放”指令时，输入 VALUE 的浮点值会缩放到由参数 MIN 和 MAX 定义的值范围。缩放结果为整数，存储在 OUT 输出中。其运算过程如图 9-15 所示。

通过以上两个指令，可以方便地实现模拟量的转换过程。例如读取灌装液位传感器（对应物理量程为 0～100cm）的 IW2 和称重传感器 IW4（对应物理量程为 0～10000g）的检测并转换成工程量，传感器的变送输出均为单极性。程序实现如图 9-16 所示。

图 9-16 中，在模拟量输入值规范化过程，使用 NORM _ X 指令将“VALUE”参数处模拟量输入通道（如 IW2 或 IW4）采样的值转换成 0.0～1.0 之间的浮点数，结果于“OUT”参数输出，再使用 SCALE _ X 指令将该中间结果转换成具有工程量纲的实际值（如实际重量或实际液位值）。NORM _ X 指令的“MIN”和“MAX”参数分别对应模拟量输入通道经过模-数转换后的数字量量程的最小值和最大值（单极性为 0 和 27648，双极性为－27648 和 27648），SCALE _ X 指令的“MIN”和“MAX”参数分别对应带工程量纲的实际值量程的最小值和最大值。

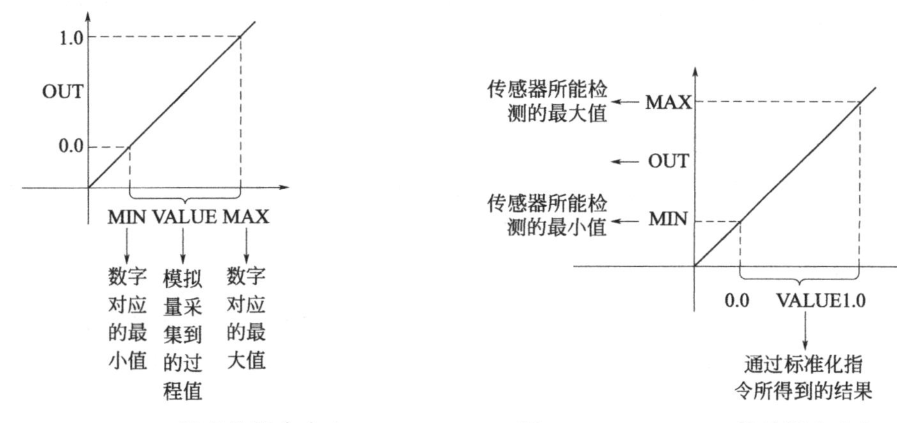

图 9-14　NORM _ X 标准化指令含义　　　**图 9-15　SCALE _ X 缩放指令含义**

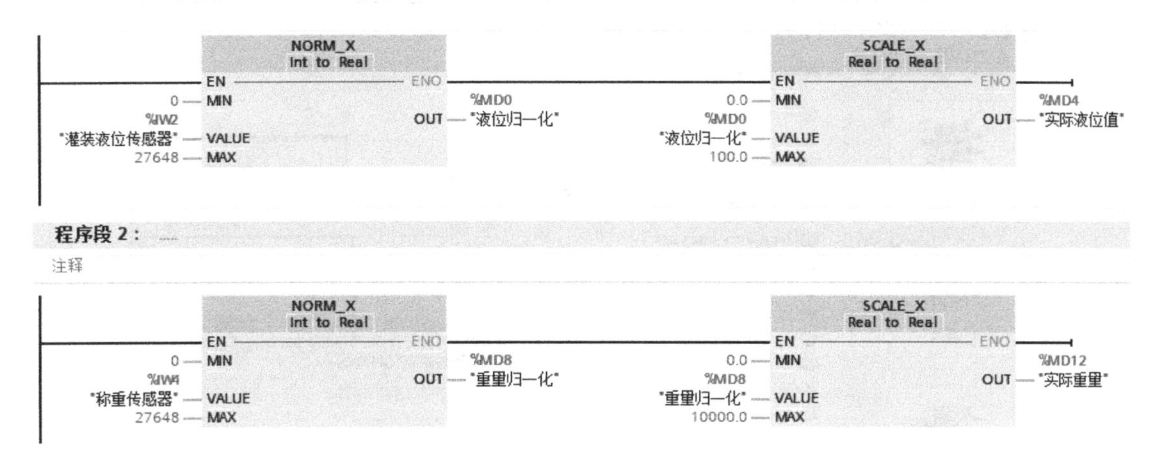

图 9-16　模拟量输入值规范化程序

对于模拟量输出，例如控制一个开度可调节的流量阀（电压类型：0～10V，开度范围为 0～100%，需要的开度值存储在 MD20 中），对流量进行控制。在模拟量输出值规范化过程，使用 NORM _ X 指令将“VALUE”参数处带工程量纲的数据（如进料阀门开度，单位:%）转换成 0.0～1.0 之间的浮点数，结果于“OUT”参数输出，再使用 SCALE _ X 指令将该中间结果转换成数字量并通过模拟量输出通道（如 QW2）进行输出。NORM _ X 指令的“MIN”和“MAX”参数分别对应带工程量纲的实际值量程的最小值和最大值（例如，阀门开度：0.0，100.0），SCALE _ X 指令的“MIN”和“MAX”参数分别对应通过模拟量输出通道输出的数字量量程的最小值和最大值（单极性为 0 和 27648，双极性为－27648 和 27648）。程序实现如图 9-17 所示。

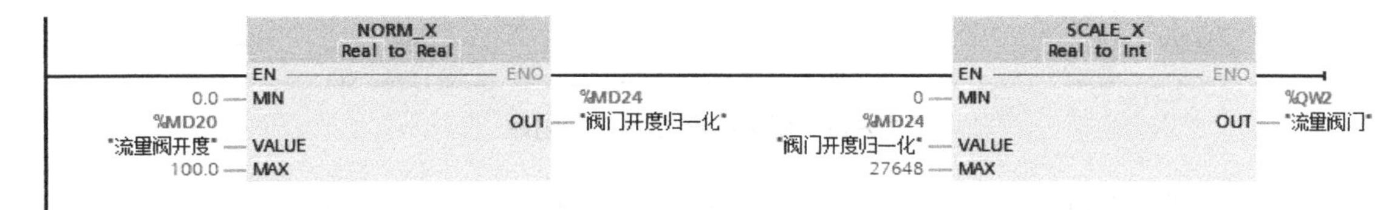

图 9-17　模拟量输出值规范化程序

注意：在使用 SCALE _ X 和 NORM _ X 指令进行编程时，转换前和转换后数据类型的设置及指令参数中数据类型要匹配。模拟量值经过规范化后，就可以对模拟量数据进行下一步处理。

9.2.2 模拟量值的处理

对于模拟量信号，在短时间内不会出现很大的波动，没必要在主程序中每个周期都扫描采集，通常需要固定时间间隔进行采用或处理，因此可以利用循环中断，实现固定时间间隔进行采样或处理。

在项目树的“程序块”下面新建一个组织块，组织块命名为“温度模拟量采样及处理”，类型选择为 Cyclic interrupt（循环中断），编号为 30，时间间隔设置为 500000μs，如图 9-18 所示。

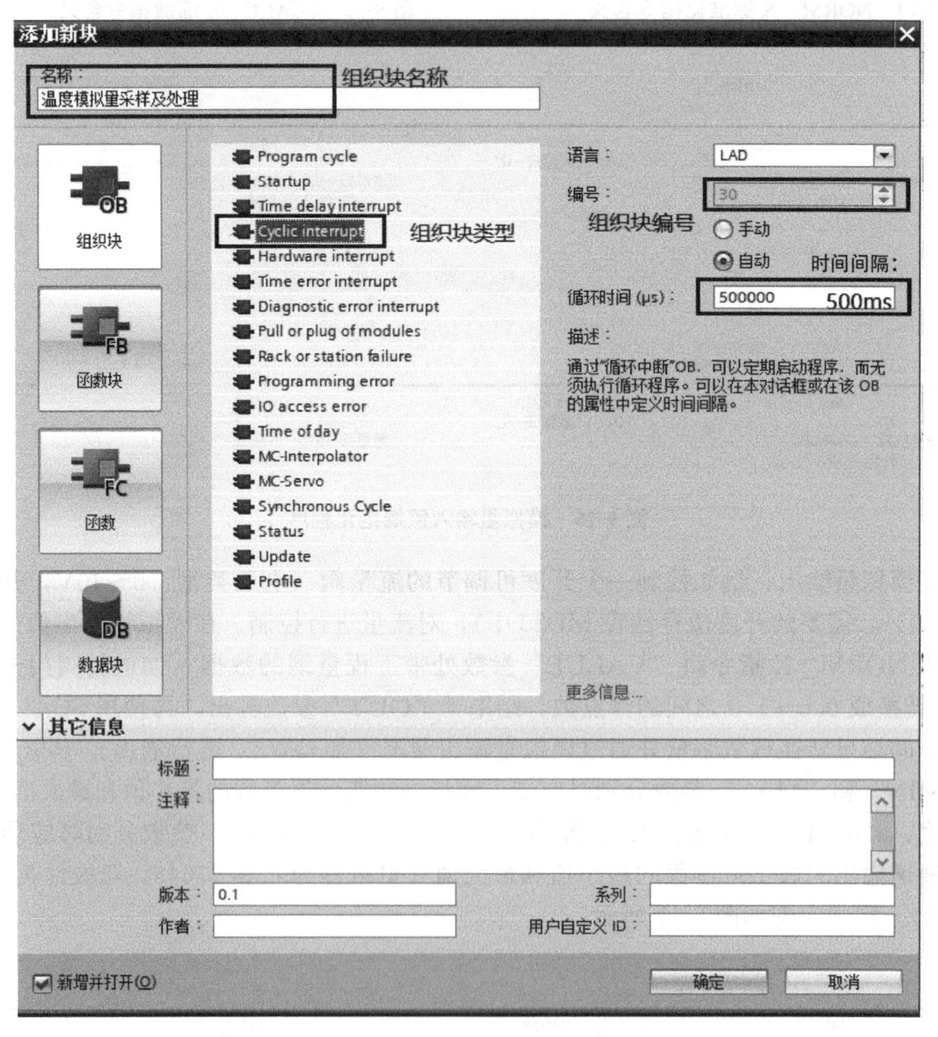

图 9-18 循环中断组织块的创建

打开 OB30，可以在时间循环中断组织块 OB30 中调用相应的模拟量处理函数 FC，可实现每隔 500ms 对传感器信号进行采集并执行。

9.3 PID 控制器

9.3.1 PID 控制的基本原理

在工业自动化控制系统中，经常需要使用闭环控制方式来控制温度、压力、流量这一类连续变化的模拟量。闭环控制技术是基于反馈的概念以减少误差，通常是通过测量反馈信号获得被控变量的实际值，并与设定值进行比较得到偏差，再用这个偏差来纠正系统的响应，执行调节控制。

PID 控制器问世至今已有近百年历史，现在仍然是应用最广泛的工业控制器。它以其结构简单、稳定性好、工作可靠、调整方便而成为工业控制的主要技术之一。当被控对象的结构和参数不能完全掌握，或得不到精确的数学模型，控制理论的其他技术难以采用时，系统控制器的结构和参数必须依靠经验和现场调试来确定，这时应用 PID 控制技术最为方便。即当不完全了解一个系统和被控对象，或不能通过有效的测量手段来获得系统参数时，最适合采用 PID 控制技术。PID 控制是由 P（比例）、I（积分）、D（微分）三种运算以和的形式组合在一起的一种控制方式，其算式如下。

$$p = K_n(e + \frac{1}{T_i}\int e\mathrm{d}t + T_d\frac{\mathrm{d}e}{\mathrm{d}t}) \tag{9-1}$$

式中 p——控制器的输出信号；

e——控制器的输入信号，是测量值与给定值之差；

K_n——控制器的比例系数；

T_i——控制器的积分时间常数；

T_d——控制器的微分时间常数。

PID 控制器对偏差信号进行比例、积分、微分运算，其结果输出给执行器，其在控制系统中的位置如图 9-19 所示。

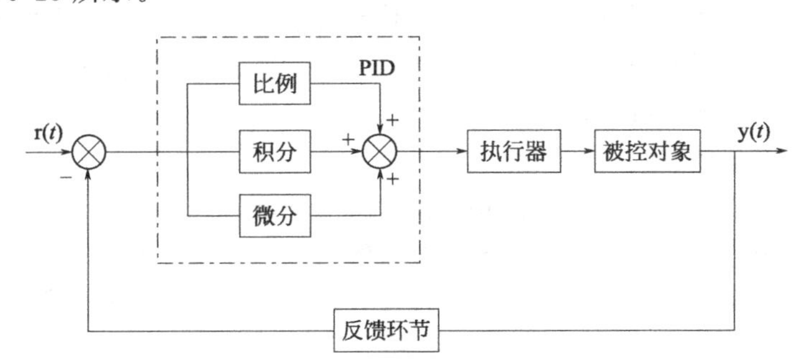

图 9-19 PID 控制器在控制系统中位置

9.3.2 PID 控制器的数字化

由于采样周期 T_s 相对于信号变化周期是很小的，因此，可以用矩形面积法计算积分，用后向差分法代替微分，则式（9-1）中的积分项与微分项可分别近似表示为

$$\int e\mathrm{d}t \approx \sum_{i=0}^{n} e_i \Delta t = T_s \sum_{i=0}^{n} e_i \tag{9-2}$$

$$\frac{\mathrm{d}e}{\mathrm{d}t} \approx \frac{e_n - e_{n-1}}{T_s} \tag{9-3}$$

式（9-1）便成了离散 PID 算式

$$p_n = K_p \left[e_n + \frac{T_s}{T_i} \sum_{i=0}^{n} e_i + \frac{T_d}{T_s}(e_n - e_{n-1}) \right] \tag{9-4}$$

式中　Δt——采样周期，与 T_s 相等；

p_n——第 n 次采样时控制器的输出；

e_n——第 n 次采样的偏差值；

n——采样序号。

式（9-4）称作数字 PID 的位置式算式。还有一种增量式算式，其求法如下

由式（9-4）可求得第（$n-1$）次采样的输出表达式

$$p_{n-1} = K_p \left[e_{n-1} + \frac{T_s}{T_i} \sum_{i=0}^{n-1} e_i + \frac{T_d}{T_s} (e_{n-1} - e_{n-2}) \right] \tag{9-5}$$

由式（9-4）减去式（9-5），可得 PID 控制器增量式算式表达式

$$\Delta p_n = (K_p + K_i + K_d)e_n - (K_p + 2K_d)e_{n-1} + K_d e_{n-2} \tag{9-6}$$

式中　K_i——PID 控制算式的积分系数，$K_i = K_p \dfrac{T_s}{T_i}$；

K_d——PID 控制算式的微分系数，$K_d = K_p \dfrac{T_d}{T_s}$。

增量式算式中，PID 控制的输出信号是本次 PID 计算结果与上次 PID 输出值之和。

9.3.3 PID 控制器参数与系统性能关系

比例部分与偏差成比例关系，它的控制作用与误差同步，在误差出现时，比例控制能立即起作用，使被控变量朝着误差减少的方向变化，但单纯的比例控制存在稳态误差。比例系数 K_p 对系统的影响反映在系统的稳态误差与稳定性上。增大 K_p 可以增加系统开环增益，减少系统的稳态误差，但若 K_p 增加过量会导致超调量增大，振荡次数增加，调节时间变长，动态性能变坏。若 K_p 过大，可能会导致系统不稳定。因此，单纯的比例控制很难兼顾控制过程的动态性能与稳态性能。

积分部分对偏差进行积分，只要偏差存在，就会随着时间累积积分量，使得控制向减少误差的方向变化。积分部分与当前偏差值和过去的历次偏差值之和成正比，因此，具有滞后性。积分作用能消除系统的误差，提高控制精度，理论上，只要有积分部分存在，误差最终会完全消除。积分时间常数 T_i 对积分作用影响大，如果 T_i 太小，积分部分迅速累积，积分作用强。若 T_i 过小，会使得系统振荡，超调量增大，调节时间过长，甚至可能会导致积分饱和，使得系统不稳定；如果积分时间常数太大，积分作用不明显，系统消除偏差的时间变长，因此，T_i 要取值适宜。

微分部分与偏差的变化率成正比例关系，只有误差随时间变化时，它才起作用。微分部分具有超前和预测的特性，根据被控变量变化的趋势，微分部分能提前采取措施，以减少超调量。微分时间常数 T_d 与微分作用的强弱成正比，T_d 越大，微分作用越强。若 T_d 过大，

会对偏差过分抑制，反而会加剧系统的振荡，使超调量增大。T_d 太小，则微分作用不强，若将 T_d 设置为 0，则微分不起作用。因此，T_d 取值也要适宜。

当偏差很小的时候，比例部分与微分部分的作用非常小，可以忽略不计，积分部分仍在进行累积，PID 输出值主要是积分量。当系统处于稳定状态时，偏差恒为零，比例部分与微分部分均为零，积分部分也不再变化，此时，PID 控制器的输出就是积分量。

根据比例、积分、微分各部分的作用特点，可以知道，比例、积分与微分一般不单独使用，常用的形式有 P、PI、PD 和 PID 等方式，这样不仅克服了单纯的比例调节存在稳态误差的缺点，也避免了单纯的积分调节响应慢、动态性能不好的缺点。

9.3.4　PID 指令

西门子 TIA 博途软件为 S7-1200/1500 的 PID 控制提供了图形组态界面，PID 的调试窗口用于参数调节，还支持 PID 参数自整定功能，同时还可以自动计算 PID 参数的最佳调节值。S7-1500 PLC 的 PID 控制器通过在 TIA 博途程序中调用 PID 控制工艺指令和组态工艺对象实现。PID 控制器的工艺对象即指令的背景数据块，它用于保存软件控制器的组态数据。

博途软件在指令列表的“工艺”指令卡中，提供了 PID 控制器的指令集：“Compact PID”和“PID 基本函数”。如图 9-20 所示。其中 PID_Compact 是集成了调节功能的通用 PID 控制器，可以连续采集在控制回路内测量的过程值，并将其与设定值进行比较，生成的控制偏差用于计算该控制器的输出值。通过此输出值，可以尽可能快速且稳定地将过程值调整到设定值。PID_3Step 是集成了阀门调节功能的 PID 控制器，以及 Compact PID V5.0 版本还提供了温度 PID 专用控制器指令 PID_Temp。PID_Temp 指令适用于加热或加热/制冷应用，可连续采集在控制回路内测量的过程值并将其与设定值进行比较。PID_Temp 指令将根据生成的控制偏差计算加热/制冷的输出值，而该值用于将过程值调整到设定值。

工艺

名称	描述	版本
计数和测量		V3.1
PID 控制		
Compact PID		V5.0
PID_Compact	集成了调节功能的通用 PID 控...	V2.2
PID_3Step	集成了阀门调节功能的 PID 控...	V2.2
PID_Temp	温度 PID 控制器	V1.0
PID 基本函数		V1.1
CONT_C	连续控制器	V1.1
CONT_S	用于带积分特性执行器的步进...	V1.1
PULSEGEN	用于带比例特性执行器的脉冲...	V1.1
TCONT_CP	带有脉冲发生器的连续温度控...	V1.1
TCONT_S	用于带积分特性执行器的温度...	V1.1

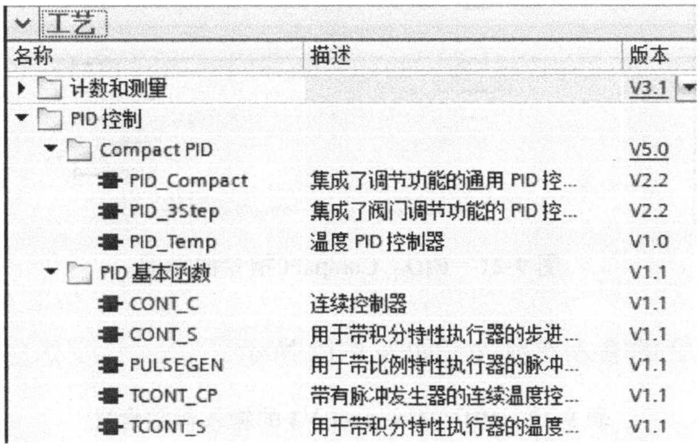

图 9-20　PID 控制器的指令集

博途软件中的 PID 指令都具有版本信息，不同的版本适用的 CPU 及其固件号（FW）有所不同，PID_Compact 指令与 CPU 和 FW 的兼容性如表 9-11 所示，一般建议在项目中调用最新版本的 PID_Compact 指令。

表 9-11　PID _ Compact 指令与 CPU 和 FW 的兼容性

CPU	FW	PID_Compact
S7-1500	V2.5 及更高版本	V2.4 V2.3 V2.2 V2.1 V2.0
	V2.0 和 V2.1	V2.3 V2.2 V2.1 V2.0
	V1.5 到 V1.8	V2.2 V2.1 V2.0
	V1.1	V2.1 V2.0
	V1.0	V2.0

PID _ Compact 指令详细参数的梯形图显示形式如图 9-21 所示。

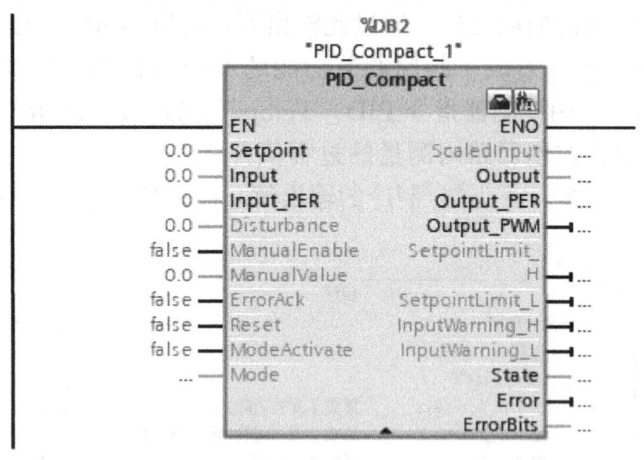

图 9-21　PID _ Compact 指令梯形图

PID _ Compact V2 的输入参数含义如表 9-12 所示。

表 9-12　PID _ Compact V2 的输入参数含义

参数	数据类型	默认值	说明
Setpoint	REAL	0.0	PID 控制器在自动模式下的设定值
Input	REAL	0.0	用户程序的变量用作过程值的源 如果正在使用参数 Input，则必须设置 Config. InputPerOn=FALSE
Input_PER	INT	0	模拟量输入用作过程值的源 如果正在使用参数 Input_PER，则必须设置 Config. InputPerOn=TRUE
Disturbance	REAL	0.0	扰动变量或预控制值

续表

参数	数据类型	默认值	说明
ManualEnable	BOOL	FALSE	出现 FALSE→TRUE 沿时会激活“手动模式”，而 State=4 和 Mode 保持不变。只要 ManualEnable=TRUE，便无法通过 ModeActivate 的上升沿或使用调试对话框来更改工作模式。 出现 TRUE→FALSE 沿时会激活由 Mode 指定的工作模式。建议只使用 ModeActivate 更改工作模式
ManualValue	REAL	0.0	手动值，该值用作手动模式下的输出值。允许介于 Config. OutputLowerLimit 与 Config. OutputUpperLimit 之间的值
ErrorAck	BOOL	FALSE	FALSE→TRUE 沿将复位 ErrorBits 和 Warning
Reset	BOOL	FALSE	重新启动控制器 FALSE→TRUE 沿时，切换到“未激活”模式。将复位 ErrorBits 和 Warnings。只要 Reset=TRUE，PID_Compact 将保持在“未激活”模式下 (State=0)。无法通过 Mode 和 ModeActivate 或 ManualEnable 更改工作模式。无法使用调试对话框 RUE→FALSE 沿时，如果 ManualEnable=FALSE，则 PID_Compact 会切换到保存在 Mode 中的工作模式。如果 Mode=3，会将积分作用视为已通过变量 IntegralResetMode 进行组态
ModeActivate	BOOL	FALSE	FALSE→TRUE 沿 PID_Compact 将切换到保存在 Mode 参数中的工作模式

PID _ Compact V2 可同时使用“Output”、“Output _ PER”和“Output _ PWM”输出，其输出参数含义如表 9-13 所示。

表 9-13　PID _ Compact V2 的输出参数含义

参数	数据类型	默认值	说明
ScaledInput	REAL	0.0	标定的过程值
Output	REAL	0.0	REAL 形式的输出值
Output_PER	INT	0	模拟量输出值
Output_PWM	BOOL	FALSE	脉宽调制输出值，输出值由变量开关时间形成
SetpointLimit_H	BOOL	FALSE	如果 SetpointLimit _ H = TRUE，则说明达到了设定值的绝对上限 (Setpoint≥Config. SetpointUpperLimit)。此设定值将限制为 Config. SetpointUpperLimit。
SetpointLimit_L	BOOL	FALSE	如果 SetpointLimit_L=TRUE，则说明已达到设定值的绝对下限(Setpoint ≤ Config. SetpointLowerLimit)。此设定值将限制为 Config. SetpointLowerLimit
InputWarning_H	BOOL	FALSE	如果 InputWarning_H=TRUE，则说明过程值已达到或超出警告上限
InputWarning_L	BOOL	FALSE	如果 InputWarning_L=TRUE，则说明过程值已经达到或低于警告下限
State	INT	0	State 参数显示了 PID 控制器的当前工作模式。可使用输入参数 Mode 和 ModeActivate 处的上升沿更改工作模式。 • State=0：未激活 • State=1：预调节 • State=2：精确调节 • State=3：自动模式 • State=4：手动模式 • State=5：带错误监视的替代输出值
Error	BOOL	FALSE	如果 Error=TRUE，则此周期内至少有一条错误消息处于未决状态
ErrorBits	DWORD	DW#16#0	ErrorBits 参数显示了处于未决状态的错误消息。通过 Reset 或 ErrorAck 的上升沿来保持并复位 ErrorBits

PID _ Compact V2 的输入/输出参数含义如表 9-14 所示。

表 9-14　PID _ Compact V2 的输入/输出参数含义

参数	数据类型	默认值	说明
Mode	INT	4	在 Mode 上，指定 PID_Compact 将转换到的工作模式。选项包括： • Mode=0：未激活 • Mode=1：预调节 • Mode=2：精确调节 • Mode=3：自动模式 • Mode=4：手动模式 工作模式由以下沿激活： • ModeActivate 的上升沿 • Reset 的下降沿 • ManualEnable 的下降沿 • 如果 RunModeByStartup=TRUE，则 冷启动 CPU。 Mode 参数具有可保持性

PID _ Compact 指令算法的原理方框图如图 9-22 所示。

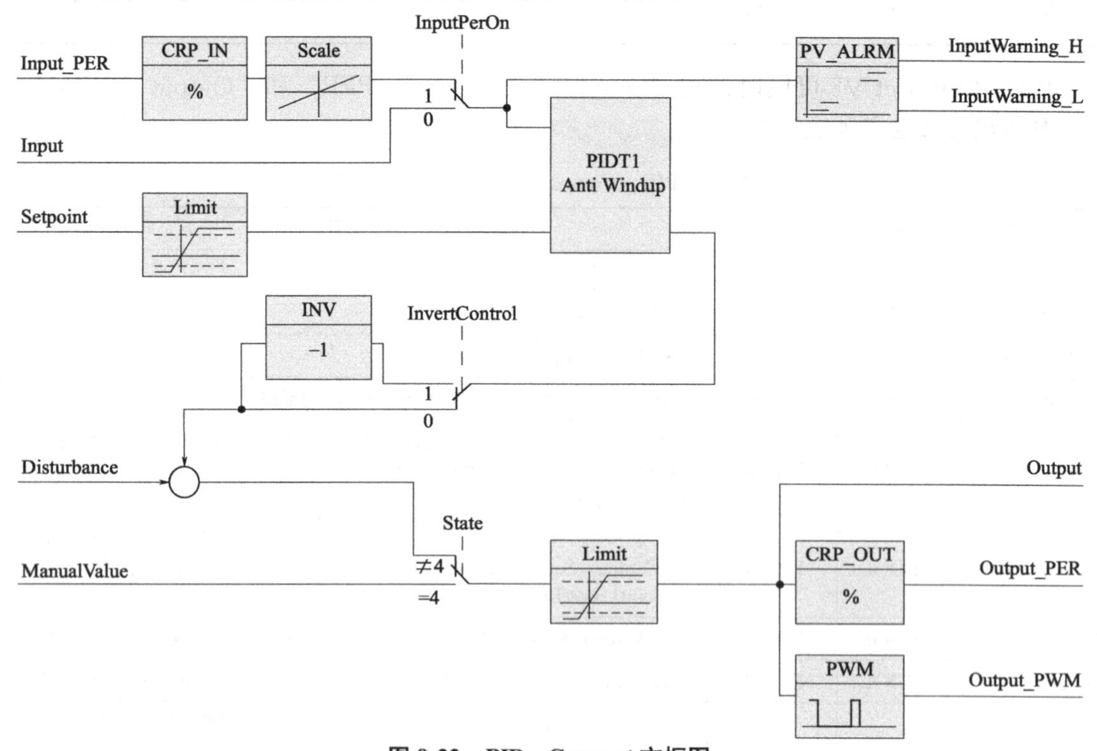

图 9-22　PID _ Compact 方框图

9.3.5　PID_ Compact 指令调用

调用 PID _ Compact 指令的时间间隔为采样周期，为了保证采样时间的精确性，采样固定的时间间隔来执行 PID 指令。因此在循环中断 OB 中调用 PID _ Compact 指令。仿照图 9-18 所示，在项目视图中添加循环中断组织块 OB30，设置循环时间为 500ms，单击“确定”按钮，自动生成并打开 OB30。

在 OB30，通过指令卡的“工艺”下的“Compact PID”，将其中的 PID _ Compact 指令双击或拖放到 OB30 中，将弹出“调用选项”对话框，如图 9-23 所示。

图 9-23　“调用选项”对话框

图中指令上方需要指定背景数据块，将默认的背景数据块的名称改为 PID _ Compact _ 1DB，单击“确定”按钮，在“程序块”文件夹的“系统块”下面生成名为“PID _ Compact”的函数块 FB1130。而 PID 指令的背景数据块并未存储在程序块中，而是存储在项目树下的工艺对象中，因此 PID 指令的背景数据块又称 PID 控制器的工艺对象，如图 9-24 所示。单击图 9-24 中 PID _ Compact 指令框底部的▼，可以展开详细参数显示或者恢复为最小参数显示。

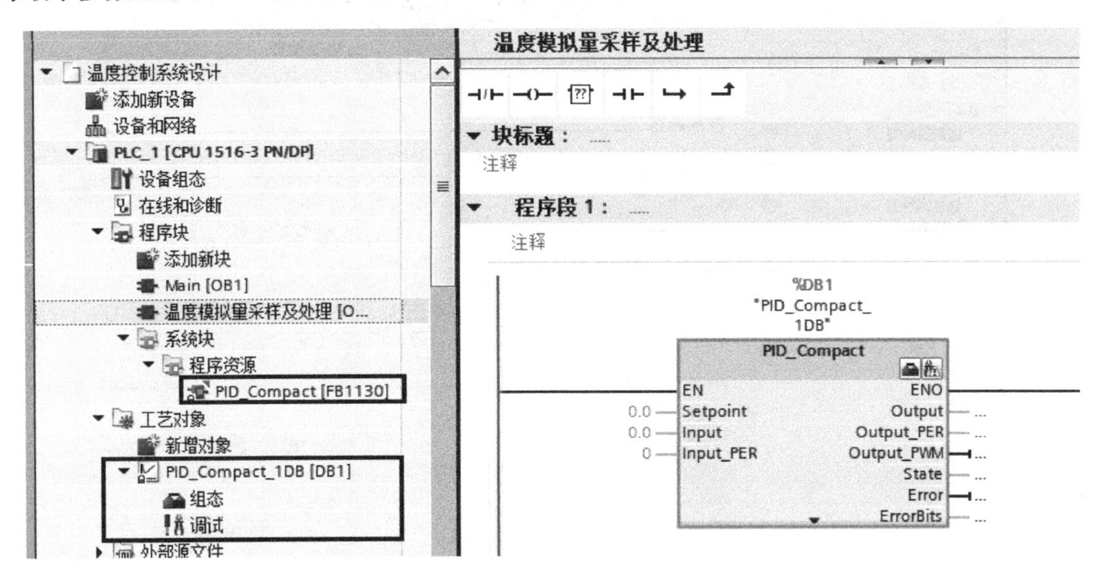

图 9-24　PID 指令的项目树位置

9.3.6 PID 组态

为 PID _ Compact 指令分配了相应的背景数据块后，单击指令框中的▼或者项目树下面的▼，均可以打开该 PID 指令的组态编辑器，如图 9-25 所示。组态编辑器有两种视图，另一种是功能视图（功能视野），另一种是参数视图。

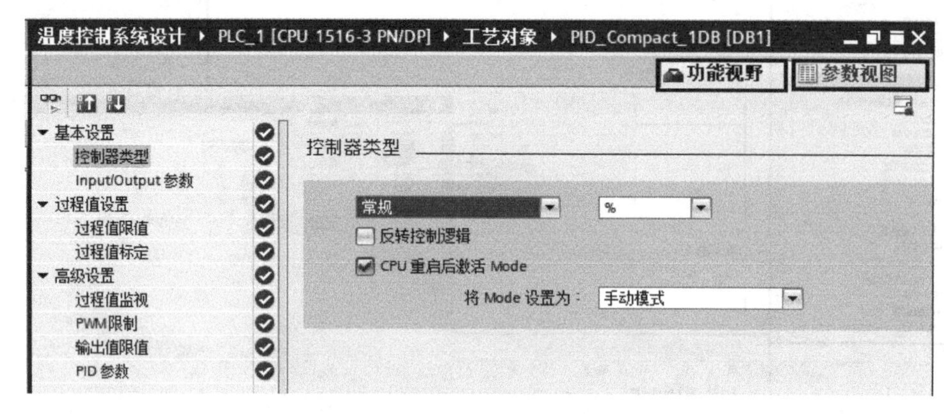

图 9-25　PID 指令的组态编辑器

PID 指令组态编辑器的功能视图主要包括基本设置、过程值设置以及高级设置选项，并且通过向导的方式可以方便地对 PID 的控制器的相关参数进行设置。

基本设置的选项页面如图 9-26 所示，在“控制器类型”中可以组态控制器的类型以及“Input/Output 参数”。“控制器类型参数”可以为设定值、过程值和扰动变量选择物理量和测量单位，但是这个测量单位与 PID 的运行无关，仅仅是为了方便用户的理解，在组态中起到显示的作业。过程值“input”表示过程值引自程序中经过处理的变量；而“input _ PER”表示来自未经处理的模拟量输入值（即直接指定模拟量输入的地址）。同样，PID _

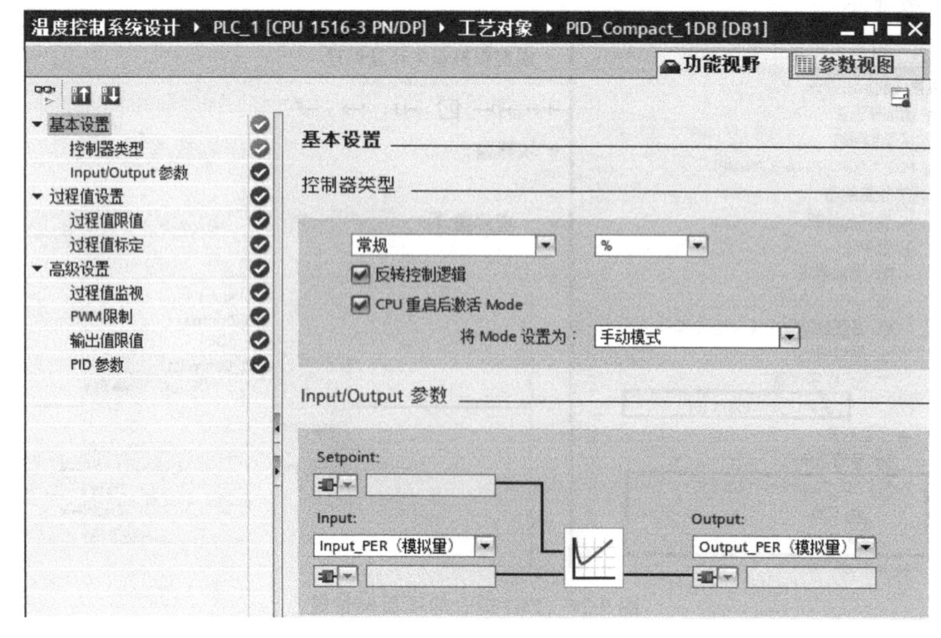

图 9-26　基本设置选项页面

Compact 的输出参数也具有多种形式：选择“Output”表示输出值需使用用户程序来进行处理，“Output”也可以用于程序中其他地方作为参考，例如串级 PID 等；而“Output _ PER”输出值与模拟量转换值相匹配，可以直接连接模拟量输出（外设输出，即可以直接指定模拟量输出的地址）；输出也可以是脉冲宽度调制信号“Output _ PWM”（脉冲宽度调制的数字量开关输出）。如果组态“反转控制逻辑”，则输出值随着过程值的变化而反方向变化。另外，如果勾选了“CPU 重启后激活 Mode”复选框，则在 CPU 重启后将 Mode 设置为该复选框下方的设置选项。

过程值设置的选项页面如图 9-27 所示，可以设置过程值限值和过程值标定（规范化）。一旦过程值超出这些限值，PID _ Compact 指令即会报错（输出值 ErrorBits＝0001H），并会取消调节操作。过程值标定需要和输入参数进行配合使用，如果在基本设置中将过程输入值组态为 Input _ PER，由于它来自一个模拟量输入的地址，必须将模拟量输入值转换为过程值的物理量。那么图 9-28 中的过程值标定就自动启用，在过程值标定中设置模拟量输入值的下限和上限，它们对应模拟量通道的有效过程值（如 0～27648 或－27648～27648）的下限和上限；以及设置与之对应的标定过程值的下限和上限（如 0～100％）。

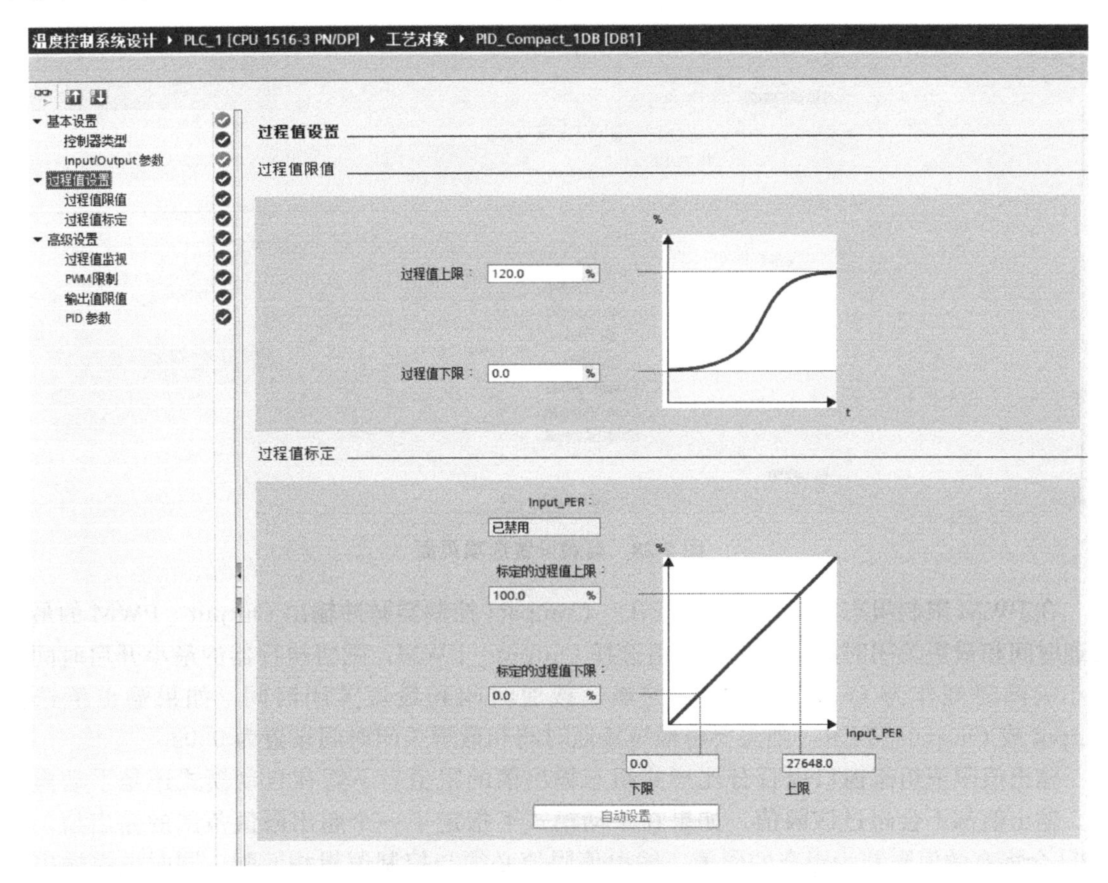

图 9-27　过程值设置选项页面

高级设置的选项页面如图 9-28 所示，可以设置过程值监视、PWM 限制、输出值限值和 PID 参数。在过程值监视组态窗口可以设置过程值的警告上限和警告下限。如果过程值超出警告上限，PID _ Compact 指令的输出参数 InputWarning _ H 为 TRUE；如果过程值低于警告下限，则 PID _ Compact 指令的输出参数 InputWarning _ L 为 TRUE。警告限值必须处于过程值的限值范围内。如果未输入警告限值，将使用过程值的上限和下限。

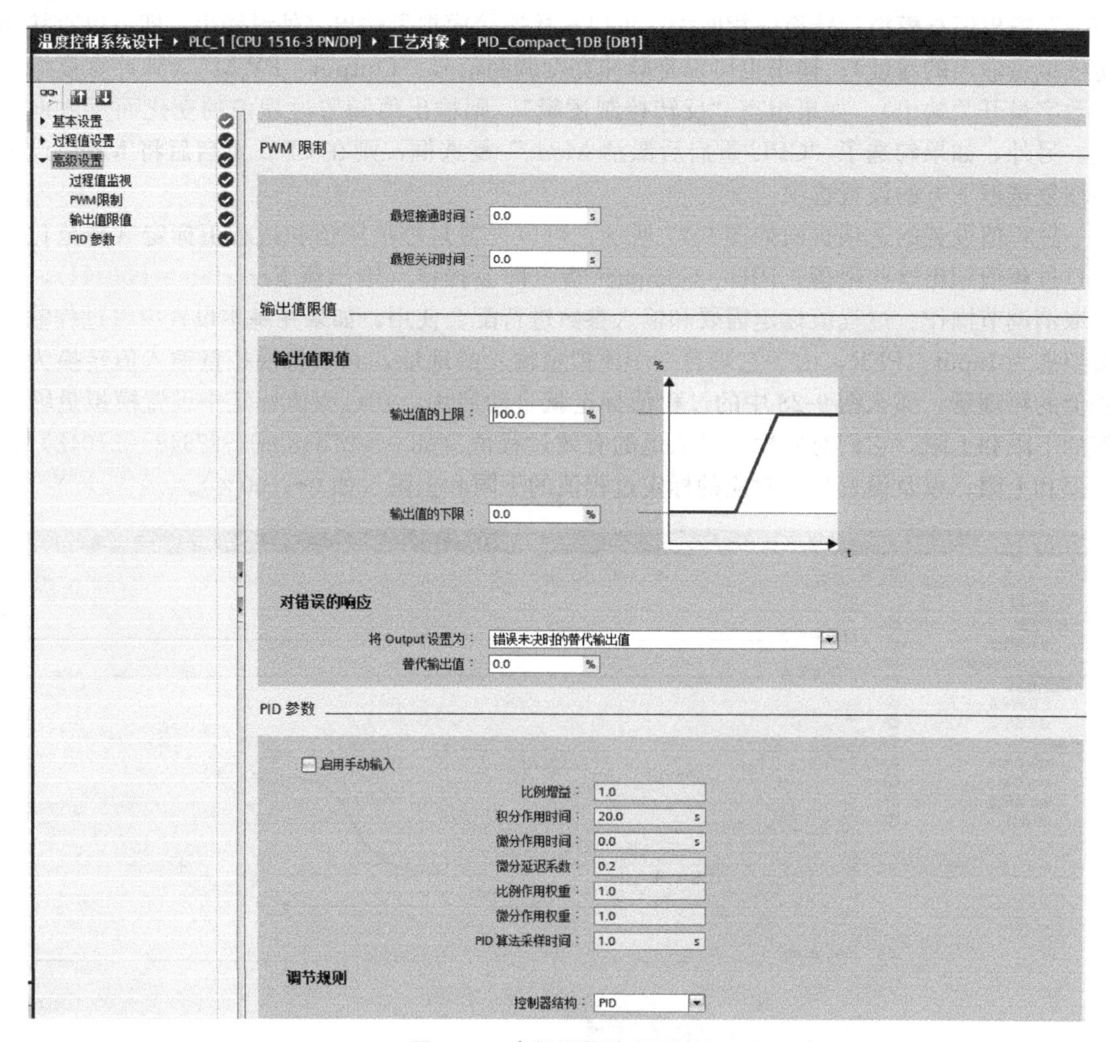

图 9-28 高级设置选项页面

在 PWM 限制组态窗口可以组态 PID _ Compact 控制器脉冲输出 Output _ PWM 的最短接通时间和最短关闭时间。如果输出值选择 Output _ PWM，则将执行器的最小开启时间和最小关闭时间作为 Output _ PWM 的最短接通时间和最短关闭时间；如果输出值选择 Output 或 Output _ PER，则需要将最短接通时间和最短关闭时间设置为 0.0s。

输出值限值组态窗口以百分比形式组态输出值的限值，不管在自动模式还是手动模式下，输出值都不会超过该限值。如果在手动模式下指定了一个超出限值范围的输出值，则 CPU 会将有效值限制为组态的限值。输出值限值必须与控制逻辑相匹配，同时也由输出的形式决定，如果采用 Output 和 Output _ PER 输出时，则输出值限值范围为－100.0%～100.0%；如果采用 Output _ PWM 输出时，输出值限值范围为 0.0～100.0%。同时还可以设置对错误的响应。

在 PID 参数设置页面如果勾选了“启用手动输入”复选框，则可以对 PID 参数进行修改。调节规则区域可以设置 PID 控制器结构类型，比如选择 PI 类型或 PID 类型。

功能视图中组态的结果，蓝色 表示组态采用的是默认值，通过默认值即可使用 PID 功能，无需进一步修改。绿色 表示组态的所有输入字段中均包含有效值，而且至少对一个默认设置进行了更改。红色 表示组态有缺陷或不完整，至少一个输入字段或可折叠列表不包含任何值或者包含一个无效值，相应的区域背景为红色，单击这些区域弹出的错误消息会指出错误原因。

PID 组态编辑器的参数视图如图 9-29 所示，可以对当前 PID 指令组态的所有参数进行查看，并根据需要直接对部分参数的项目起始值等离线数据进行修改。在参数视图窗口中，用户也可以对在线的参数数据进行监视和修改。

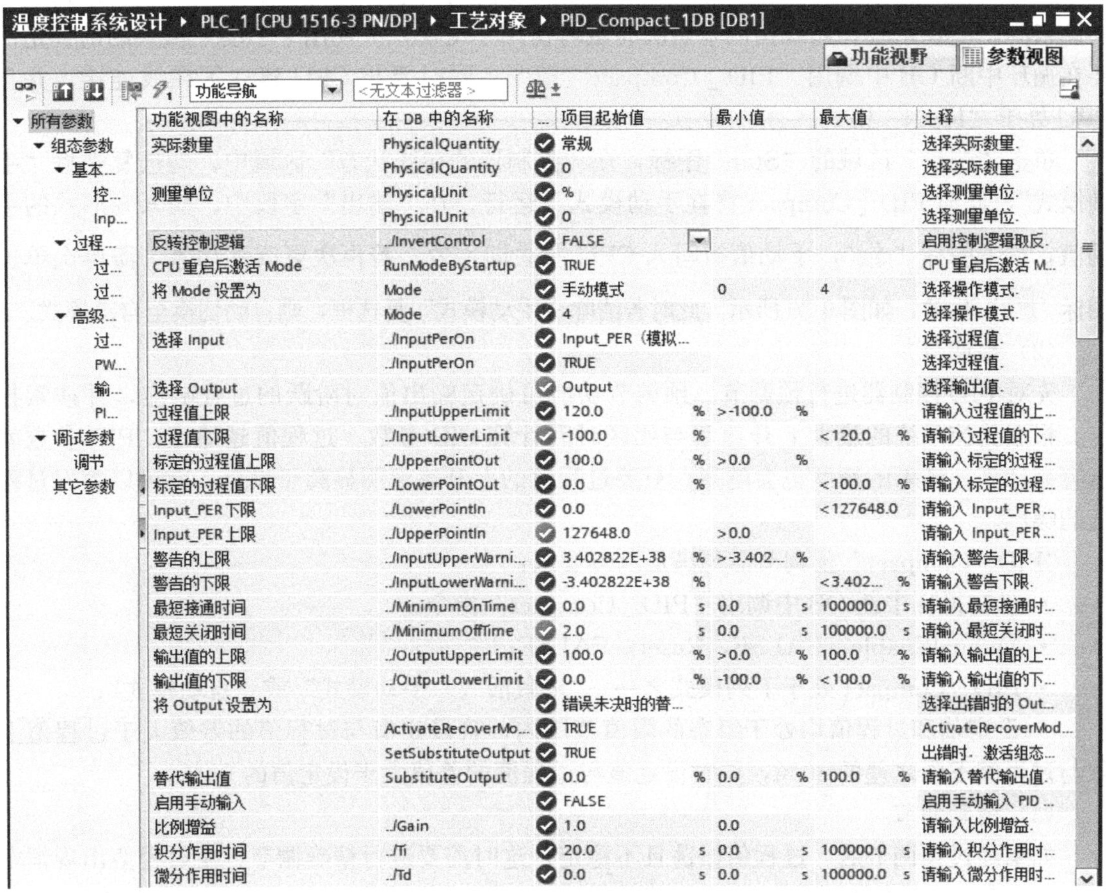

温度控制系统设计 ▸ PLC_1 [CPU 1516-3 PN/DP] ▸ 工艺对象 ▸ PID_Compact_1DB [DB1]

功能视野　参数视图

功能导航　<无文本过滤器>

所有参数 / 组态参数 / 基本... / 控... / Inp... / 过程... / 过... / 过... / 高级... / 过... / PW... / 输... / PI... / 调试参数 / 调节 / 其它参数

功能视图中的名称	在 DB 中的名称	项目起始值	最小值	最大值	注释
实际数量	PhysicalQuantity	常规			选择实际数量.
	PhysicalQuantity	0			选择实际数量.
测量单位	PhysicalUnit	%			选择测量单位.
	PhysicalUnit	0			选择测量单位.
反转控制逻辑	../InvertControl	FALSE			启用控制逻辑取反.
CPU 重启后激活 Mode	RunModeByStartup	TRUE			CPU 重启后激活 M...
将 Mode 设置为	Mode	手动模式	0	4	选择操作模式.
	Mode	4			选择操作模式.
选择 Input	../InputPerOn	Input_PER（模拟...			选择过程值.
	../InputPerOn	TRUE			选择过程值.
选择 Output		Output			选择输出值.
过程值上限	../InputUpperLimit	120.0 %	>-100.0 %		请输入过程值的上...
过程值下限	../InputLowerLimit	-100.0 %		<120.0 %	请输入过程值的下...
标定的过程值上限	../UpperPointOut	100.0 %	>0.0 %		请输入标定的过程...
标定的过程值下限	../LowerPointOut	0.0 %		<100.0 %	请输入标定的过程...
Input_PER 下限	../LowerPointIn	0.0		<127648.0	请输入 Input_PER ...
Input_PER 上限	../UpperPointIn	127648.0	>0.0		请输入 Input_PER ...
警告的上限	../InputUpperWarni...	3.402822E+38 %	>-3.402... %		请输入警告上限.
警告的下限	../InputLowerWarni...	-3.402822E+38 %		<3.402... %	请输入警告下限.
最短接通时间	../MinimumOnTime	0.0 s	0.0 s	100000.0 s	请输入最短接通时...
最短关闭时间	../MinimumOffTime	2.0 s	0.0 s	100000.0 s	请输入最短关闭时...
输出值的上限	../OutputUpperLimit	100.0 %	>0.0 %	100.0 %	请输入输出值的上...
输出值的下限	../OutputLowerLimit	0.0 %	-100.0 %	<100.0 %	请输入输出值的下...
将 Output 设置为		错误未决时的替...			选择出错时的 Out...
	ActivateRecoverMo...	TRUE			ActivateRecoverMod...
	SetSubstituteOutput	TRUE			出错时，激活组态...
替代输出值	SubstituteOutput	0.0 %	0.0 %	100.0 %	请输入替代输出值.
启用手动输入		FALSE			启用手动输入 PID ...
比例增益	../Gain	1.0	0.0		请输入比例增益.
积分作用时间	../Ti	20.0 s	0.0 s	100000.0 s	请输入积分作用时...
微分作用时间	../Td	0.0 s	0.0 s	100000.0 s	请输入微分作用时...

图 9-29　PID 组态编辑器参数视图

PID 指令组态完毕后，必须将新的或修改的工艺对象组态下载到在线模式的 CPU 中。下载方式如果选择“软件（仅限更改）”，则将保留保持性数据；如果在“在线”菜单中选择“下载并复位 PLC 程序”，则 PLC 程序完全下载，下次从 STOP 更改为 RUN 时更新保持性数据。

9.3.7　PID 调试

PID 控制器参数的整定主要用在闭环控制系统中，开环运行的 PID 程序没有任何意义，同时 PID 控制器在使用之前，通常需要使用软件进行调试，获得最佳的 PID 参数后，再将参数传入 CPU 中运行。调试时需要满足在线连接 CPU 并进入 RUN 模式且已下载程序。

将组态编译的项目下载到 PLC 后，便可以开始对 PID 控制器进行优化调节。单击 PID _ Compact 指令框右上角的“”打开调试窗口，对该 PID 控制器进行调试，可以预调节和精确调节两种模式来获得最佳 PID 参数。

(1)“手动”模式

在手动模式下，PID _ Compact 使用 ManualValue 作为输出值，除非 ManualValue 无效。如果 ManualValue 无效，将使用 SubstituteOutput。如果 ManualValue 和 SubstituteOutput 无效，将使用 Config. OutputLowerLimit。

“PID _ Compact”工艺对象的调试窗口中可以使用“手动模式”工作模式，通过指定手动值来测试受控系统，如果错误未解决时也可使用手动模式。使用“手动”模式的前提是需要在循环中断 OB 中调用“PID _ Compact”指令，同时要与 CPU 建立了在线连接，并且 CPU 处于“RUN”模式。

单击“测量”区域的“Star”图标，在“控制器的在线状态”区域中，勾选复选框“手动模式”，此时 PID _ Compact 将在手动模式下运行。在“输出”字段中，输入%形式的手动值，单击图标“”，手动值被写入 CPU 并立即生效；若再次更改手动值，需再次单击图标“”生效，如图 9-30 所示。此时若清除“手动模式”复选框，则自动切换至自动模式。

(2) 预调节

先对 PID 控制器进行预调节。预调节功能可确定输出值对阶跃的过程响应，并搜索拐点。根据受控系统的最大上升速率与死区时间计算 PID 参数。过程值越稳定，PID 参数就越容易计算，结果的精度也会越高。只要过程值的上升速率明显高于噪声，就可以容忍过程值的噪声。

“PID _ Compact”预调节需要满足以下要求：

- 已在循环中断 OB 中调用“PID _ Compact”指令；
- ManualEnable=FALSE，Reset=FALSE；
- PID _ Compact 处于下列模式之一 “未激活”、“手动模式”或“自动模式”；
- 设定值和过程值均处于组态的限值范围内，且设定值与过程值的差值大于过程值上限与过程值下限之差的 30%，同时设定值与过程值的差值大于设定值的 50%。

(3) 精确调节

如果经过预调节后，过程值振荡且不稳定，这时需要进行精确调节，使过程值出现恒定受限的振荡。PID 控制器将根据此振荡的幅度和频率为操作点调节 PID 参数。所有 PID 参数都根据结果重新计算。精确调节得出的 PID 参数通常比预调节得出的 PID 参数具有更好的主控和抗扰动特性，但是时间长。精确调节结合预调节可获得最佳 PID 参数。

要使用精确调节功能，必须满足以下条件：

- 在循环中断 OB 中调用“PID _ Compact”指令；
- ManualEnable=FALSE，Reset=FALSE；
- 设定值和过程值均处于组态的限值范围内；
- 在操作点处，控制回路已稳定；
- 无干扰因素影响；
- PID _ Compact 处于以下模式之一 “未激活”、“手动模式”、“自动模式”。

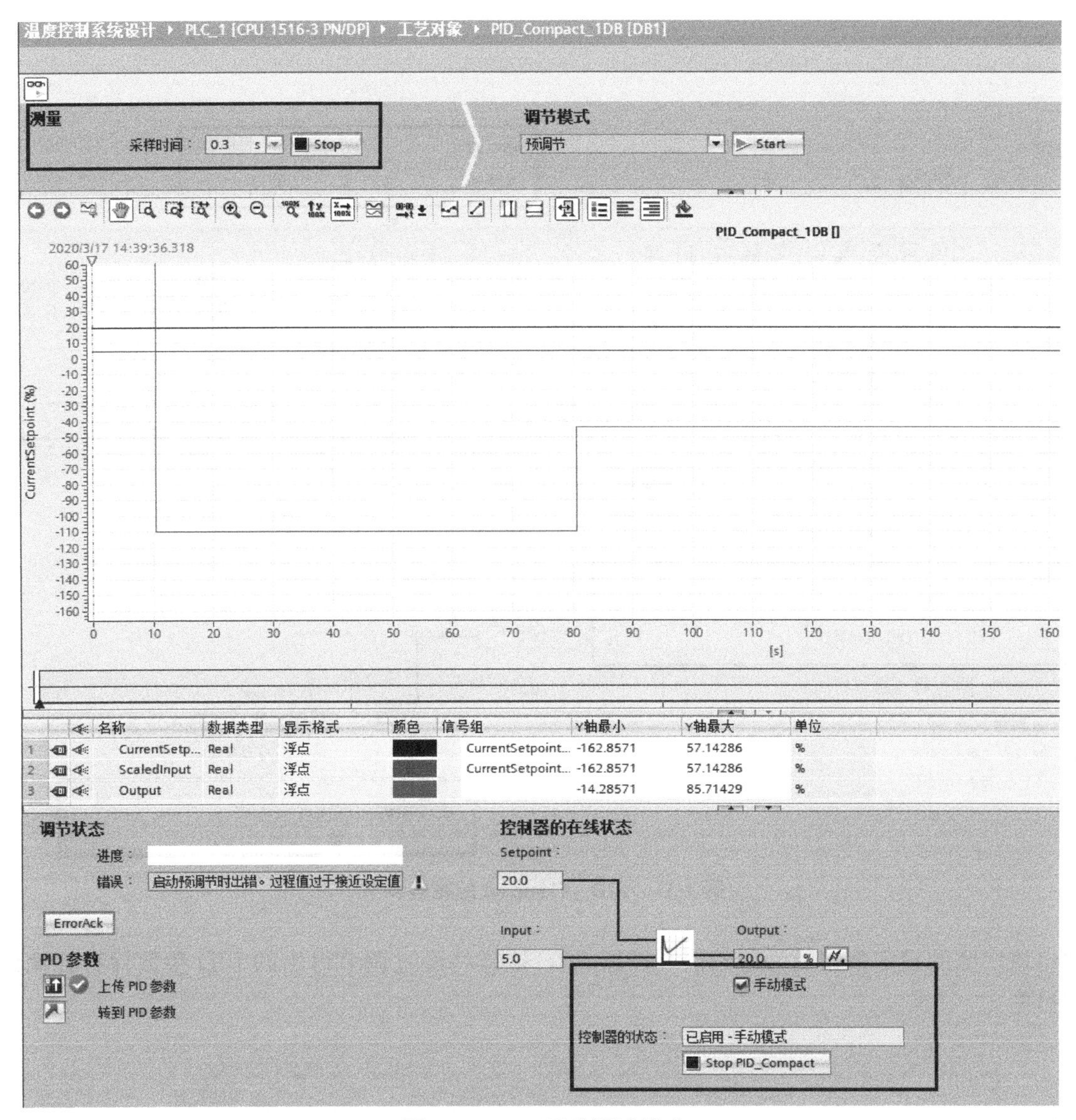

图 9-30　PID 手动调试模式

在调试窗口中，单击“测量”区域的“Start”图标，然后在“调节模式”下拉列表中选择条目“精确调节”，再单击“调节模式”区域的“Start”图标，将建立在线连接，启动值记录操作，并启动精确调节功能。此时，“调节状态”区域的“状态”字段显示当前步骤和所发生的所有错误，进度条指示当前步骤的进度，如图 9-31 所示。

在图 9-31 中，可以用趋势视图监视 PID 控制器的当前设定值（CurrentSetpoint）、标定的过程值（ScaledInput）和输出值（Output）这些变量的曲线，横轴为时间轴。

如果希望通过调节来改进现有 PID 参数，可在自动模式下启动精确调节。此时，PID_Compact 将使用现有的 PID 参数控制系统，直到控制回路已稳定并且精确调节的要求得到满足为止，之后才会启动精确调节。

调节结束后，可以将优化调节得出的 PID 参数上传到离线项目中，通过点击图 9-31 中的“上传 PID 参数”按钮进行参数的上传。为以后方便地使用这些参数，可以在打开“PID_Compact”的“组态”界面，并转到在线，如图 9-32 所示，然后点击“创建监视值的快照

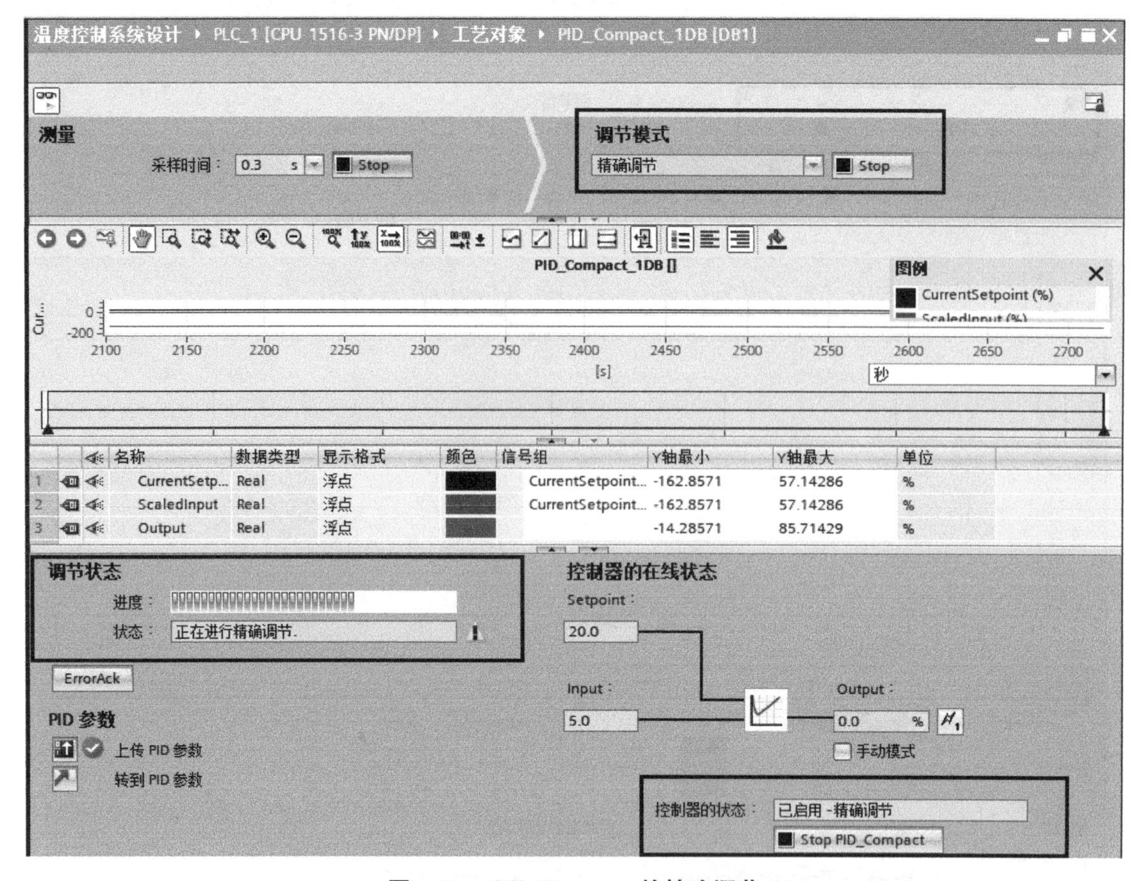

图 9-31　PID _ Compact 的精确调节

并将该快照的设定值接受为起始值”按钮，这样将经过调节得出的 PID 参数保存在离线项目中。

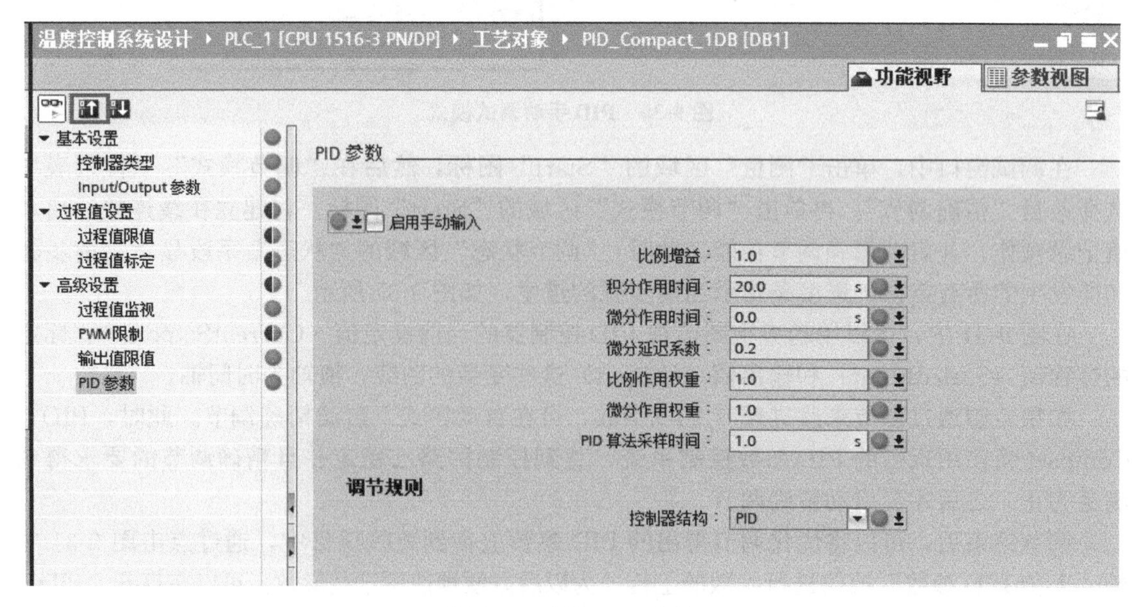

图 9-32　保存 PID 参数

注意：如果在开始阶段直接进行精确调节，则会先选择进行预调节，然后再进行精确调节。

项目训练八　加热炉温度模拟量控制系统设计

一、训练目的

(1) 熟悉模拟量信号与数字量信号的区别。

(2) 掌握 S7-1500 PLC 模拟量模块的接线和参数设置。

(3) 熟练掌握 S7-1500 PLC 模拟量处理技术。

(4) 掌握 PID 控制、组态和调试的要点。

二、项目介绍

生产实践中，常常会遇到对温度进行恒定控制。针对电加热炉在工业控制过程中存在大惯性和滞后时间长的缺点，以小功率加热炉为被控对象，利用 S7-1500 PLC 实现温度的采集和控制，并完成项目的调试。

三、项目实施步骤

有一台电炉要求控制炉温在一定的范围。整个系统的硬件配置如图 9-33 所示。

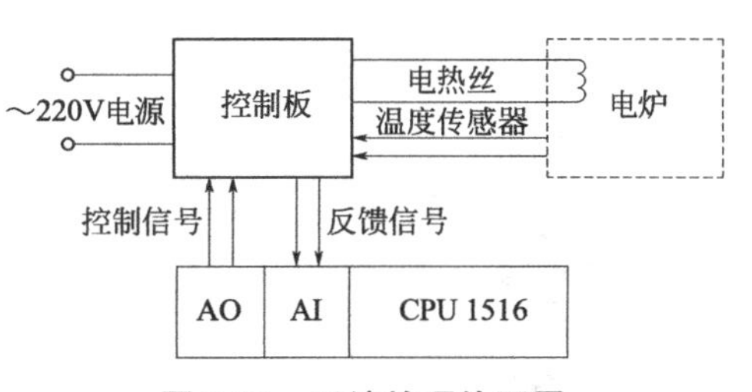

图 9-33　系统的硬件配置

电炉的工作原理如下：

当设定电炉温度后，CPU1516 经过 PID 运算后由模拟量输出模块输出一个电压信号送到控制板，控制板根据电压信号（弱电信号）的大小控制电热丝的加热电压（强电）的大小（甚至断开），温度传感器测量电炉的温度，温度信号经过控制板的处理后输入到模拟量输入模块，再送到 CPU1500 进行 PID 运算，如此循环。

(1) 生成一个新项目。打开博途编程软件的项目视图，新建工程，命名为“温度控制系统设计”，双击项目树中的“添加新设备”，添加一个 PLC 设备，CPU 型号为 CPU 1516-3PN/DP。将硬件目录中的 AI 和 AQ 模拟量信号模块拖放到 CPU 中，完成设备的硬件组态和模拟量模块的参数设置。模拟量模块的参数设置需要根据实际温度传感器和输出控制信号的规格进行设置。

(2) PID 工艺对象组态。在项目视图中添加循环中断组织块 OB30，设置循环时间为 500ms，并添加“PID_Compact”，组态 PID_Compact，其基本设置如图 9-34 所示，根据实际输入输出信号进行控制器类型和输入/输出参数的选择。如果是开关量输出控制，比如控制固态继电器，可以选择“Output_PWM”。

过程值设置如图 9-35 所示，其中标定的过程值上下限需要根据实际使用的温度传感器测量温度的上限和下限来设置。

PID 参数的设置如图 9-36 所示，其中“PID 算法采样时间”必须和循环中断组织块 OB30 的调用周期时间匹配一致，比如均是 500ms。

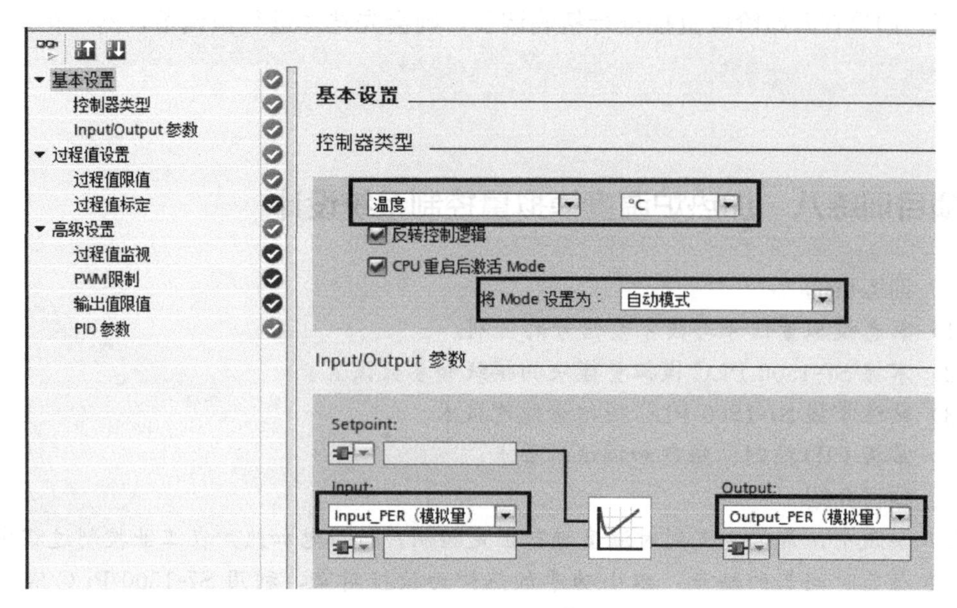

图 9-34　PID _ Compact 基本设置

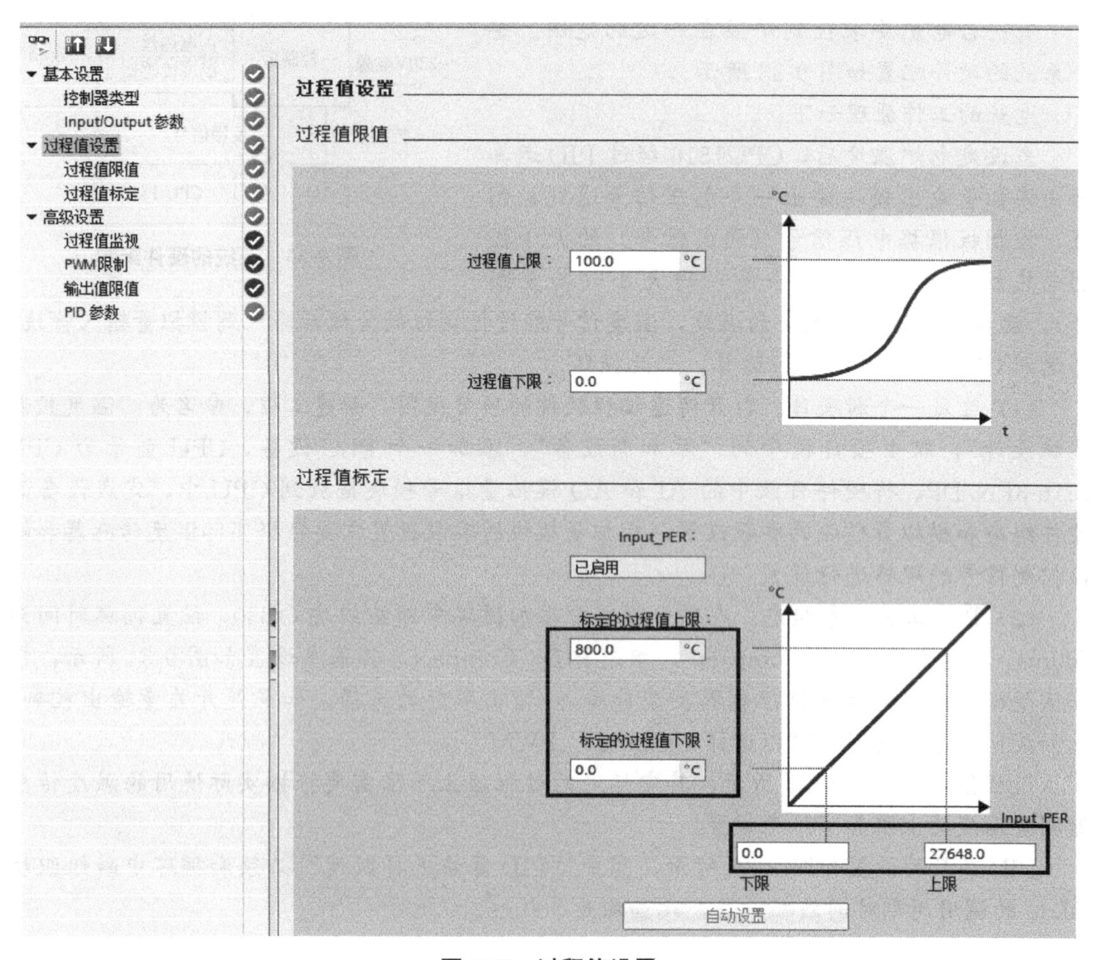

图 9-35　过程值设置

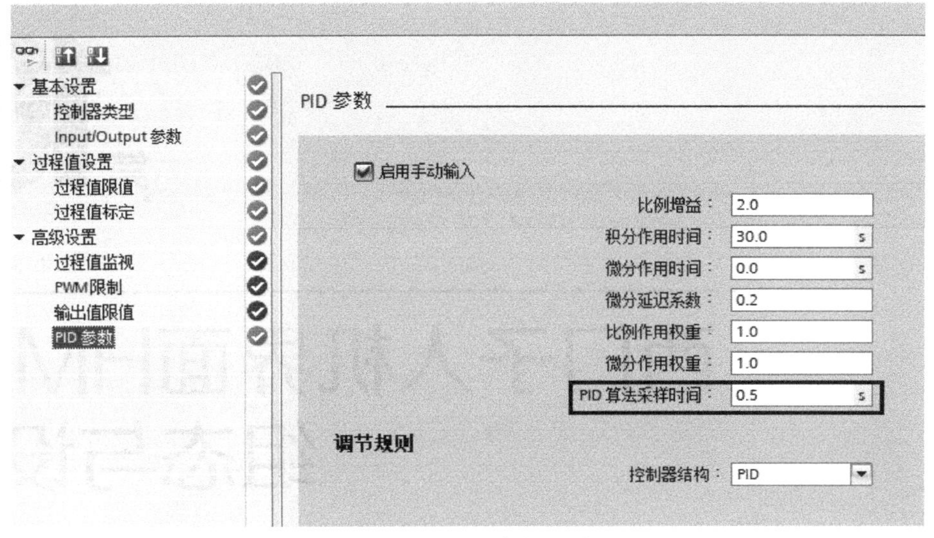

图 9-36　PID 参数设置

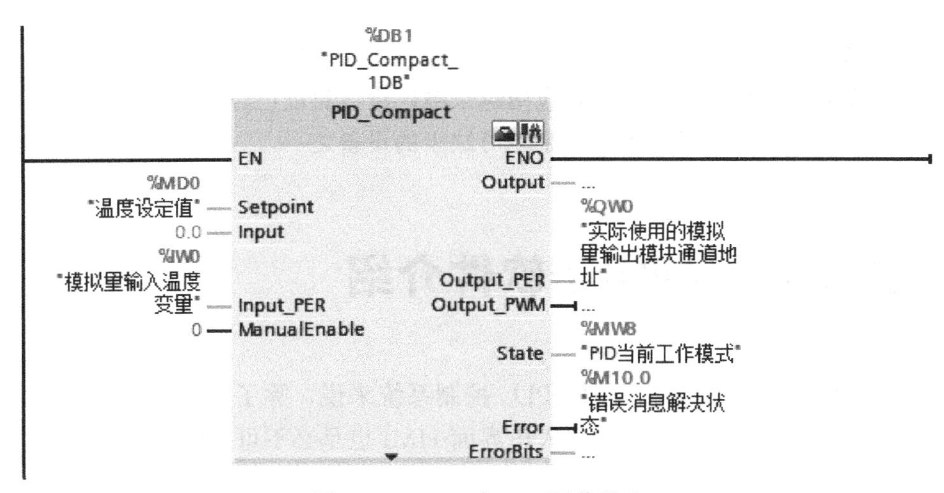

图 9-37　OB30 中 PID 调节程序

(3) OB30 中的程序。OB30 中实现 PID 调节的程序如图 9-37 所示。如图系统需要自动/手动两种工作模式进行切换，还可以对 ManualEnable 进行状态切换的 Bool 变量设置。手动时该变量为 1 状态，参数 ManualValue 用于输入手动值的地址。可以在温度较低或者刚开始加热的时候，可以通过手动模式进行满功率加热，在快达到设定值时再切换到自动模式进行 PID 调节，从而缩短加热过程。

(4) OB1 中的程序。在 OB1 可以实现温度设定值的给定和修改，如图 9-38 所示。也可以直接在 PID 的 Setpoint 端直接输入设定值常数。

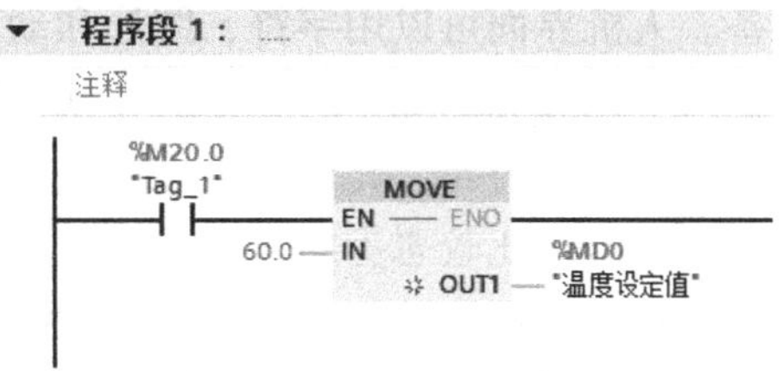

图 9-38　OB1 修改设定值

(5) 编辑输入程序、存盘、编译、下载并运行，观察和调试 PID 程序的运行效果。

西门子人机界面HMI的组态与设计

人机界面是指人和机器在信息交换和功能上接触或互相影响，近年来，随着电子技术的发展，人机界面的价格大幅度下降，其应用越来越广泛，目前已经广泛地应用于工农业生产以及日常生活中，已经成为现代工业控制不可缺少的设备之一。

10.1 人机界面与组态软件介绍

对于一个完整的有实际应用价值的 PLC 控制系统来说，除了必要的硬件和控制软件之外，界面友好的适用于用户方便操作的人机界面 HMI 也是必不可少的。

人机界面（Human Machine Interaction，HMI），又称用户界面或使用者界面。从广义上来说是指人与计算机（包括 PLC）之间传递、交换信息的媒介和对话接口，是计算机系统的重要组成部分。是系统和用户之间进行交互和信息交换的媒介，它实现信息的内部形式与人类可以接受形式之间的转换。凡参与人机信息交流的领域都存在着人机界面。

在控制领域，人机界面一般是指操作人员与控制系统之间进行对话和相互作用的接口设备。人机界面可以用字符、图形和动画形象生动地动态显示现场数据和状态，操作人员通过输入单元（比如触摸屏、键盘、鼠标等）发出各种命令和设置的参数，通过人机界面来控制现场的被控对象。此外人机界面还有报警、数据存储、显示和打印报表、查询等功能。人机界面可以在比较恶劣的工业环境中长时间连续运行，一般安装在控制屏上，能够适应恶劣的现场环境，可靠性好，是 PLC 的最佳搭档。如果在工作环境条件较好的控制室内，也可以采用计算机作为人机界面装置。

随着工业自动化技术和计算机的发展，需要计算机对现场控制设备（比如 PLC、智能仪表、板卡、变频器等）的监控功能要求越来越强烈，于是数据采集与监视控制（Supervisory Control And Data Acquisition，SCADA）系统应运而生。凡是具有数据采集和系统监控功能的软件，都可以称为组态软件，它是建立在 PC 基础之上的自动化监控系统，

SCADA 系统的应用领域很广，它可以应用于电力系统、航空航天、石油、化工等领域的数据采集与监视控制以及过程控制等诸多领域。

10.1.1　人机界面与触摸屏

人机界面是自动化系统的标准配置，是操作人员与控制对象之间双向沟通的桥梁，很多的工业控制对象要求控制系统具有很强的人机界面功能，用来实现操作人员与控制系统之间的对话和相互作用。人机界面装置可以显示控制对象的状态和各种系统信息，也可以接收操作人员发出的各种命令和设置的参数，并把它们传送到 PLC。人机界面一般都安装在控制柜上，所以其必须能够适应比较恶劣的现场环境，对其可靠性的要求也比较高。

过去常用按钮、开关和指示灯等作为人机界面，而这些装置提供的信息量比较少，操作困难，需要熟练的操作人员来操作。现在的人机界面几乎都使用液晶显示屏，小尺寸的液晶显示屏只能显示数字和字符，称为文本显示器（Text Display，TD），大一些的可以显示点阵组成的图形，显示器颜色有单色、8 色、16 色、256 色或更多颜色。

触摸屏是人机界面的发展方向，是一种最新的电脑输入设备，它是目前最简单、方便、自然的一种人机交互方式。触摸屏输入是靠触摸显示器的屏幕来输入数据的一种新颖的输入技术。用户可以在触摸屏的画面上设置具有明确意义和提示信息的触摸式按键。其优点是操作简便直观、面积小、坚固耐用和节省空间。

触摸屏由触摸检测部件和触摸屏控制器组成；触摸检测部件安装在显示器屏幕前面，用于检测用户触摸位置，接收后送触摸屏控制器。而触摸屏控制器的主要作用是从触摸点检测装置上接收触摸信息，并将它转换成触点坐标，再送给 CPU，它同时能接收 CPU 发来的命令并加以执行。按照触摸屏的工作原理和传输信息的介质，把触摸屏分为四种，它们分别为电阻式、电容感应式、红外线式以及表面声波式。每一类触摸屏都有其各自的优缺点，要了解哪种触摸屏适用于哪种场合，关键就在于要懂得每一类触摸屏技术的工作原理和特点。具体的相关知识读者可以参阅专业的相关资料来进一步熟悉。在控制系统中主要是应用为主。

10.1.2　人机界面的组成

人机界面由硬件和软件共同组成。

① HMI 硬件：一般分为运行组态软件程序的工控机（或 PC）和触摸屏两大类。

② HMI 软件：运行于 PC Windows 操作系统下的组态软件，比如西门子公司的组态软件 WinCC；运行于触摸屏上的组态软件，不同公司的触摸屏有不同的组态软件，比如台达触摸屏编程软件 Screen Editor。

10.1.3　SIMATIC 人机界面

西门子的人机界面（HMI）包括各种面板和组态软件两部分。

（1）西门子人机界面的特点

西门子人机界面具有以下特点：

① 可靠性高。正面防护等级为 IP65，非常适合在恶劣的工业环境中使用。

② 通用性强，大多数 HMI 设备基于 Windows CE 操作系统。

③ 接口丰富，可以连接各主要生产厂家的 PLC。

④ 是全集成自动化（TIA）的一个主要组成部分，对不同的自动化系统具有开放性。

⑤ 创新的 HMI 解决方案，例如移动触摸屏 Mobile Panel 170 和的 MP370 的软 PLC 功能。

⑥ 使用统一的组态软件 WinCC Flexible 对所有的操作屏设备组态，支持多种语言，全球通用。

（2）西门子人机界面的种类

西门子人机界面品种丰富，面板的种类很多，按功能大致有以下几种：

① 按钮面板：可更换总线，结构简单，使用方便，可靠性高，适用于恶劣的工作环境。代表产品为 PP7、PP17。

② 微型面板：主要针对小型 PLC 设计，比如控制和监视基于 S7-200PLC 的小型设备，操作简单，品种丰富。包括文本显示器和微型的触摸屏、操作员面板，其代表性产品为 TD400C、K-TP178micro、OP73micro。

③ 触摸屏和操作员面板：人机界面的主导产品，坚固可靠、结构紧凑、品种丰富。代表产品为 TP177B、OP177B。

④ 多功能面板：高端产品，开放性和可扩展性最高。代表产品为 MP270B。

⑤ 移动面板：可以在不同地点灵活使用。代表产品为 Mobile Panel 170。

⑥ 精彩系列面板（Smart Line）：准确地提供了人机界面的标准功能，经济适用，

具备高性价比。如今，全新一代精彩系列面板的功能得到了进一步的提升，与 S7-200 和 S7-200 SMART PLC 组成完美的自动化控制与人机交互平台，为用户的便捷操控提供了理想的解决方案。

⑦ 精简面板（Basic Line）：精简面板是西门子公司推出的全新精简面板，专注于简单

应用。对于全新的 SIMATIC S7-1200 控制系统而言，SIMATIC 精简面板也是最佳的功能扩展，SIMATIC 精简面板具有各种尺寸的屏幕可供选择，升级方便，目前的产品有 SIMATIC HMI KP300 单色、SIMATIC HMI KTP400 单色、SIMATIC HMI KTP600 单色、SIMATIC HMI KTP600 彩色、SIMATIC HMI KTP1000 彩色和 SIMATIC HMI TP1500 彩色等。每个 SIMATIC HMI 精简面板都具有一个 PROFINET 接口，通过它可以与控制器进行通信。

⑧ 精智面板：SIMATIC HMI 精智面板是全新研发的触摸型面板和按键型面板产品系列，是高端的 HMI 设备，用于 PROFIBUS 中先进的 HMI 任务以及 PROFINET 环境，可以横向和竖向安装触摸面板，几乎可以将它们安装到任何机器上，发挥最高的性能。该产品系列包括下列型号：

• 显示屏尺寸分别为 4in、7in、9in、12in 和 15in 的五种按键型面板（通过键盘操作）。

• 显示屏尺寸分别为 7in、9in、12in、15in、19in 和 22in 的六种触摸型面板（通过触摸屏操作）。

• 显示屏尺寸为 4in 的按键型和触摸型面板（通过键盘和触摸屏操作）。

其中 4in 型号是塑料外壳，而所有 7in 及以上的设备型号都是铝外壳。触摸型设备的安装和运行以横向和竖向形式进行，在进行组态操作界面时，必须选择相应的形式

如图 10-1 是西门子 TP177B 的外观图。

（3）西门子人机界面的维护

西门子人机界面的维护需要注意以下几点：

① 一般来说，HMI 设备一般具有免维护进行功能。在实际生产中，可根据需要进行适当清洁。

② 在清洁前，应关闭HMI设备，以免意外触发控制功能。可使用蘸有少量清洁剂的湿布来清洁HMI设备，或者使用少量液体肥皂水或屏幕清洁泡沫。

③ 清洁时，不能对HMI设备使用腐蚀性的清洁剂或去污粉，也不要使用压缩空气或喷气鼓风机，以免损坏屏幕。

④ 不要使用锋利或尖锐的工具取保护膜，否则可能会损坏触摸屏。若需要，可为HMI设备选购屏幕保护膜、键盘保护膜。

不同型号设备的维护所需注意的事项可能不尽相同，请参考相关的产品手册。

图 10-1　TP177B 外观图

10.1.4　组态软件介绍

组态软件产生于20世纪80年代，世界上第一个商品化监控组态软件由美国Wonderware公司开发的In Touch软件，也是最早进入我国的组态软件。90年代中后期以来，组态软件在我国逐渐得到了广泛的应用普及，随着组态软件技术的快速发展，实时数据库、实时控制、SCADA、通信及联网、开放数据接口、多I/O设备的广泛支持已经成为它的主要内容，在工业自动化领域将会得到越来越广泛的应用。

组态（Configuration）的含义是设置、配置，是指使用软件工具，操作人员根据用户需求及控制任务的要求，对计算机资源进行组合以达到应用的目的。组态过程可以看作是配置用户应用软件的过程，软件提供了各种“零部件”模块供用户选择，采用非编程的“搭积木”操作方式，主要通过参数填写、图形连接和文件生成等，组合各功能模块，构成用户应用软件。控制工程师可以在不必了解计算机的硬件和程序的情况下，把主要精力放在控制对象和算法上，而不是形形色色的通信协议和复杂的图形处理上。

10.1.5　PC机通用组态软件

组态软件自20世纪80年代初期诞生至今已经有三十多年的发展历程。早期的组态软件大都运行在DOS环境下，其特点是具有简单的人机界面、图库和绘图工具箱等基本功能，图形界面的可视化功能不是很强大。随着微软Windows操作系统的发展和普及，Windows下的组态软件成为主流。

目前，世界上有不少专业厂商生产和提供各种组态软件产品，市面上的软件产品种类繁多，各有所长，应根据实际工程需要加以选择。组态软件国产化的产品近年来比较出名的有组态王、世纪星、力控、MCGS、易控等，国外主要产品有美国Wonderware公司的InTouch、美国GE Fanuc智能设备公司的iFix、德国西门子公司的SIMATIC WinCC等。下面简单介绍几种典型的组态软件。

（1）SIMATIC WinCC

SIMATIC WinCC（Windows Control Center，视窗控制中心），是德国西门子公司开发

的一套完备的组态开发环境。WinCC 监控系统可以运行在 Windows 操作系统下，使用方便，具有生动友好的用户界面，还能链接到别的 Windows 应用程序（如 Microsoft Excel 等）。WinCC 是一个开放的集成系统，既可独立使用，也可集成到复杂、广泛的自动控制系统中使用。同时内嵌 OPC 技术，可对分布式系统进行组态。

（2）力控

北京三维力控科技有限公司的 Force Control（力控）组态软件也是国内出现较早的组态软件之一，具有一定的市场占有率。公司产品主要有力控通用版和电力版组态软件，适应于不同领域的应用，并且它功能丰富，实用性和易用性都比较好。

（3）组态王

组态王 King View 软件是国内具有自主知识产权、市场占有率高、影响比较大的组态软件。该组态软件提供了资源管理器式的操作主界面，使用方便，操作灵活。组态王软件还提供了多种硬件驱动程序，支持众多的硬件设备。应用领域几乎囊括了大多数的工业控制行业，已广泛应用于化工、电力、邮电通信、环保、水处理、冶金和食品等行业。

（4）In Touch

美国 Wonderware 的 In Touch 软件是最早进入我国的组态软件。80 年代末 90 年代初，基于 Windows 3.1 的 In Touch 软件曾让我们耳目一新，最新的 InTouch7.0 版已经完全基于 32 位的 Windows 平台，并且提供了 OPC 支持。InTouch 软件的图形功能比较丰富，使用比较方便，其 I/O 硬件驱动丰富，工作稳定，在国内市场也普遍受到欢迎。

10.2 精智系列面板 WinCC 项目组态

10.2.1 WinCC（TIA Portal）简介

WinCC（TIA Portal）是对 SIMATIC 面板、SIMATIC 工业 PC 以及标准 PC 进行可视化组态的工程组态软件。WinCC（TIA Portal）有 4 种版本，具体使用哪个版本取决于 HMI 等上位监控系统设备。

① WinCC Basic：用于组态精简系列面板。WinCC Basic 包含在每款 STEP 7 Basic 和 STEP 7 Professional 产品中。

② WinCC Comfort：用于组态所有面板（包括精智面板和移动面板）。

③ WinCC Advanced：用于通过 WinCC Runtime Advanced 可视化软件组态所有面板和 PC。WinCC Runtime Advanced 是用于基于 PC 单站系统的可视化软件，可购买带有 128、512、2K、4K、8K 和 16K 个外部变量（带过程接口的变量）的许可。

④ WinCC Professional：用于使用 WinCC Runtime Advanced 或 SCADA 系统 WinCC Runtime Professional 组态面板和 PC。WinCC Professional 有以下版本：带有 512 和 4096 个外部变量的 WinCC Professional 以及“WinCC Professional（最大外部变量数）”。

WinCC Runtime Professional：是一种用于构建组态范围从单站系统到多站系统（包括标准客户端或 Web 客户端）的 SCADA 系统，可购买带有 128、512、2K、4K、8K、64K、100K、150K 和 256K 个外部变量（带过程接口的变量）的许可。

通过 WinCC（TIA Portal）组态软件，还可以使用 WinCC Runtime Advanced 或

WinCC Runtime Professional 组态 SINUMERIK PC，还可以使用 SINUMERIK HMI Pro sl RT 或 SI-NUMERIK Operate WinCC RT Basic 组态 HMI 设备。

TIA Portal 中 WinCC 产品的性能如图 10-2 所示。

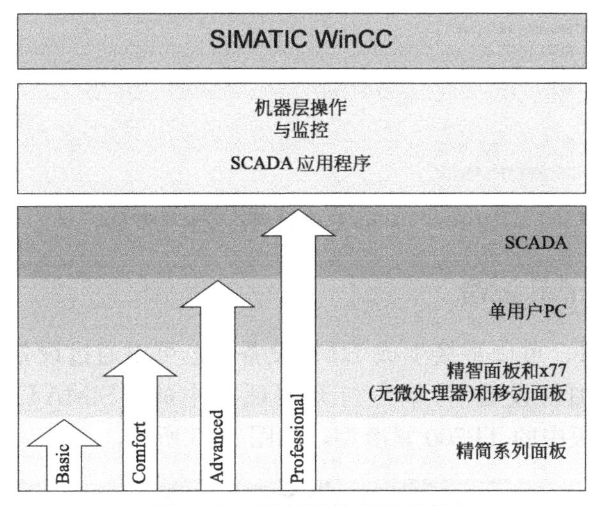

图 10-2　WinCC 的产品性能

打开 TIA 博途软件，在菜单栏“帮助”—>“已安装的产品”处查看，如图 10-3 可以显示已经安装的软件。

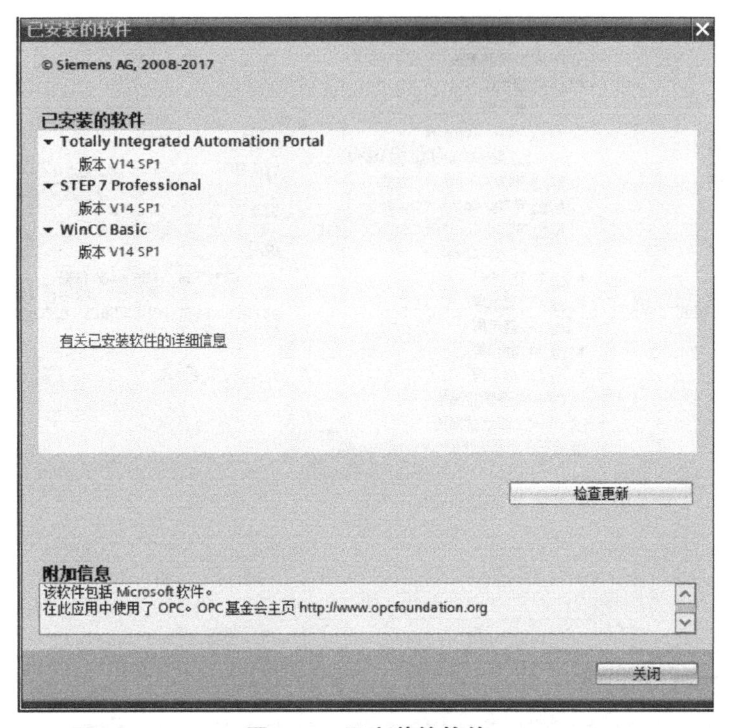

图 10-3　已安装的软件

如果想要在博途 V14 编程软件添加新设备时，能够组态精智面板等，需要安装 SIMATIC WinCC Comfor Advanced V14 SP1 及以上版本。如图 10-4 所示是将 WinCC Basic 升级后的已经安装的软件。

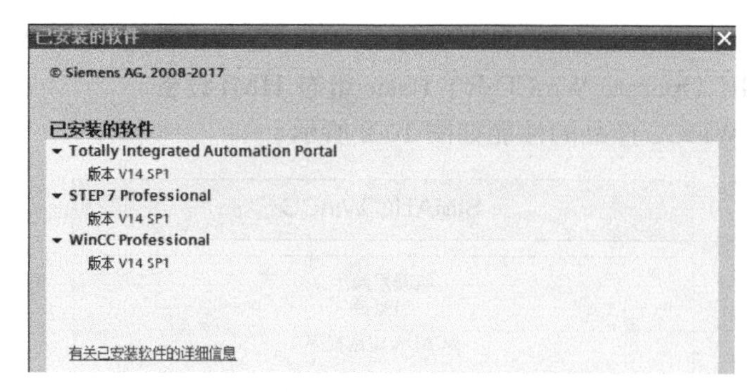

图 10-4　WinCC 升级后已安装的软件

10.2.2　直接生成 HMI 设备

使用 TIA 博途软件，可以直接生成 HMI 设备，也可以通过设备向导生成 HMI 设备。双击项目树中的“添加新设备”，单击打开对话框中的“SIMATIC HMI”按钮，选择 SIMATIC 精智系列面板中的 TP700 紧凑型，如图 10-5 所示。

图 10-5　添加新设备对话框

如果在添加 HMI 时不勾选“启动设备向导”，则直接生成名为“HMI_1”的面板，如图 10-6 所示。

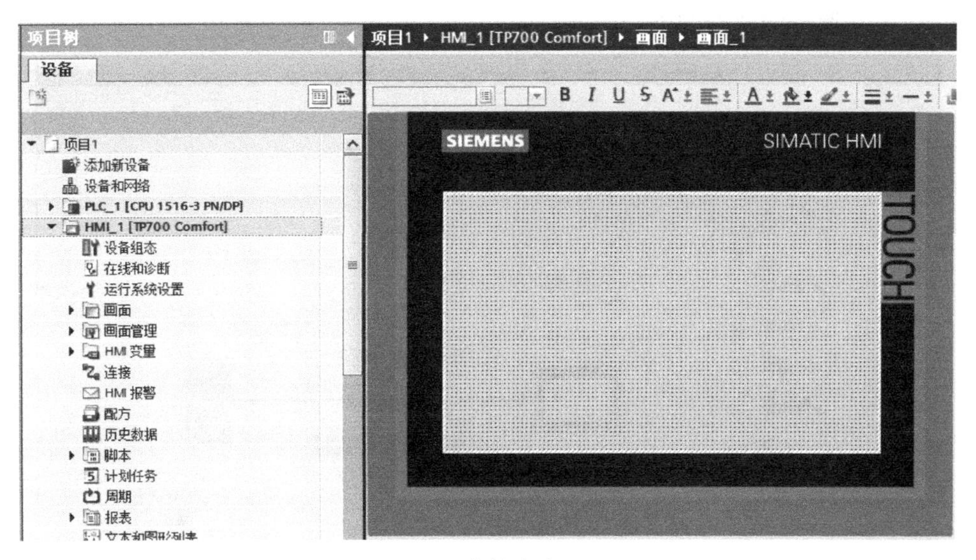

图 10-6　直接生成 HMI

10.2.3　使用 HMI 设备向导生成画面

如果在添加新设备时，勾选图 10-5 中的“启动设备向导”，将会出现“HMI 设备向导：TP700 Comfort”，左边的橙色“圆球”用来表示当前的进度，帮助用户实现项目的建立。单击画面右下角的“浏览”选择框的按钮，进入“PLC 连接”设置，选择与 HMI 设备所连接的 PLC（PLC 是事先在项目中添加的设备），这时将出现 HMI 设备与 PLC 之间的连线，如图 10-7 所示。

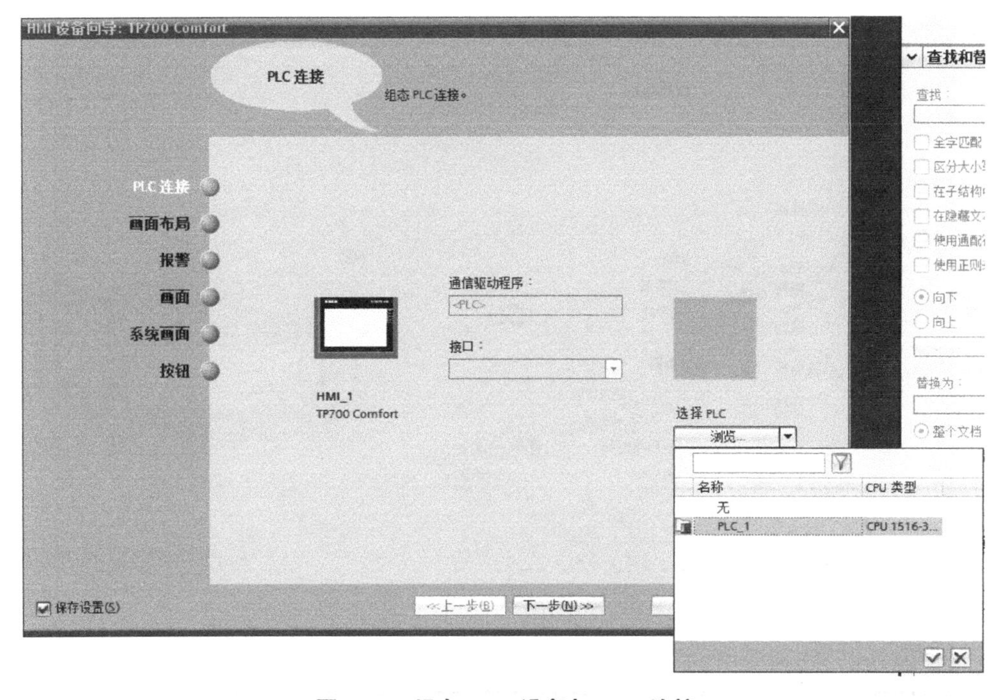

图 10-7　组态 HMI 设备与 PLC 连接

与 PLC 建立连接的结果如图 10-8 所示。

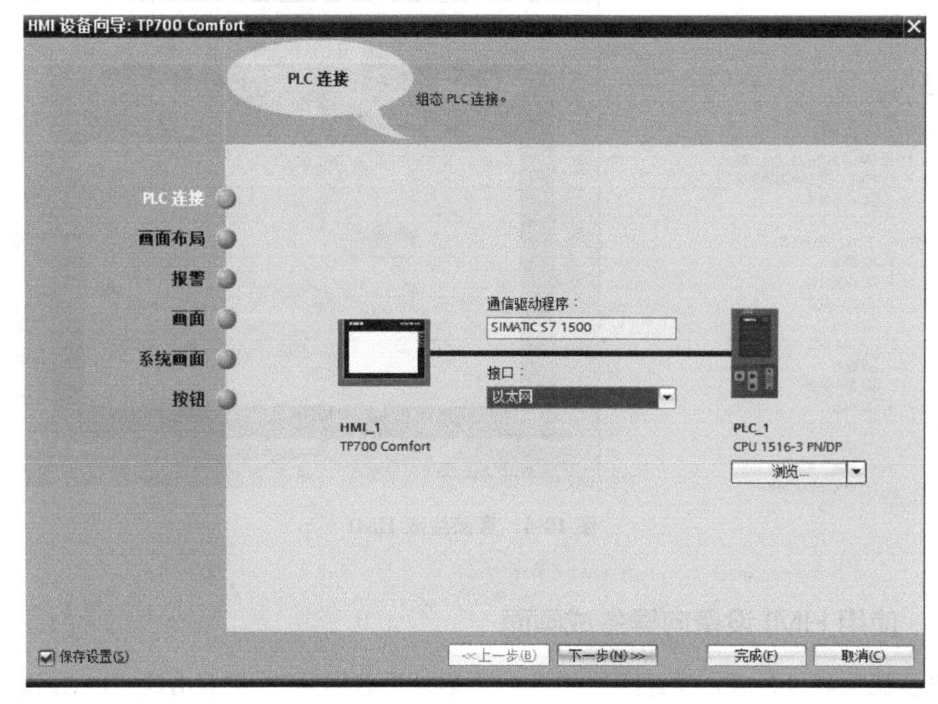

图 10-8　HMI 与 PLC 建立连接

建立与 PLC 的连接之后，单击“下一步”按钮，进入“画面布局”设置，选择要显示的画面对象。在左侧可以对画面的分辨率和背景色进行设置。单击复选框“页眉”，可以对画面的页眉进行设置。右侧的预览区域将生成对画面的预览，如图 10-9 所示。

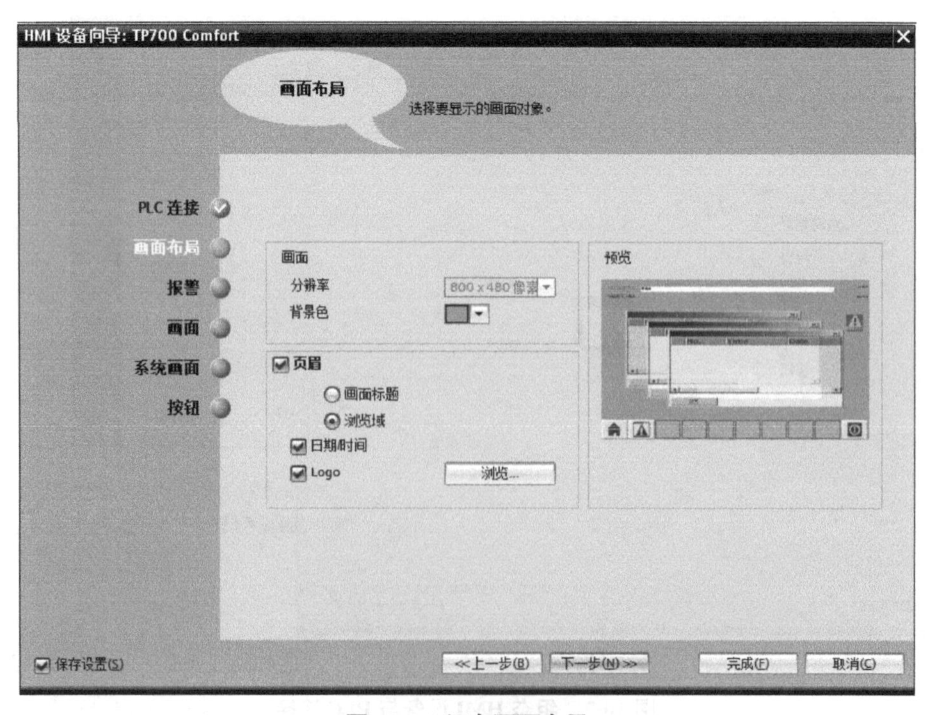

图 10-9　组态画面布局

单击“下一步”按钮，进入“报警”设置，组态报警设置，选择在画面中所出现的报警。如果复选框“未确认的报警”、“未决报警”和“未决的系统事件”全部勾选上，则在画面预览中将会出现 3 个窗口。对于未确认的报警，可以选择使用“报警窗口”，或者“报警行在顶部”和“报警行在底部”，如图 10-10 所示。

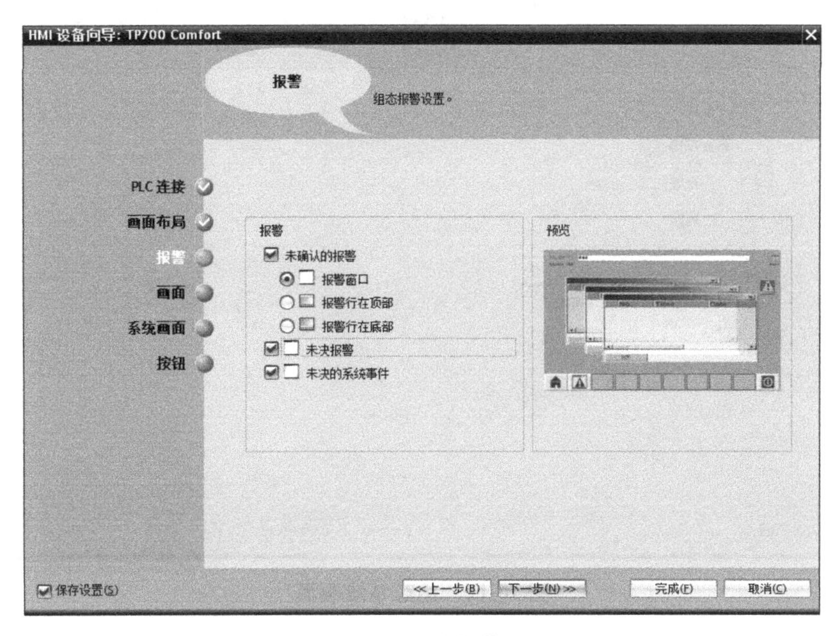

图 10-10　组态报警设置

单击“下一步”按钮，进入“画面浏览”设置。开始时只有根画面，单击“下一步”按钮，将生成一个下一级的画面，如图 10-11 所示。对于选中的画面，可以对其进行重命名或删除操作。

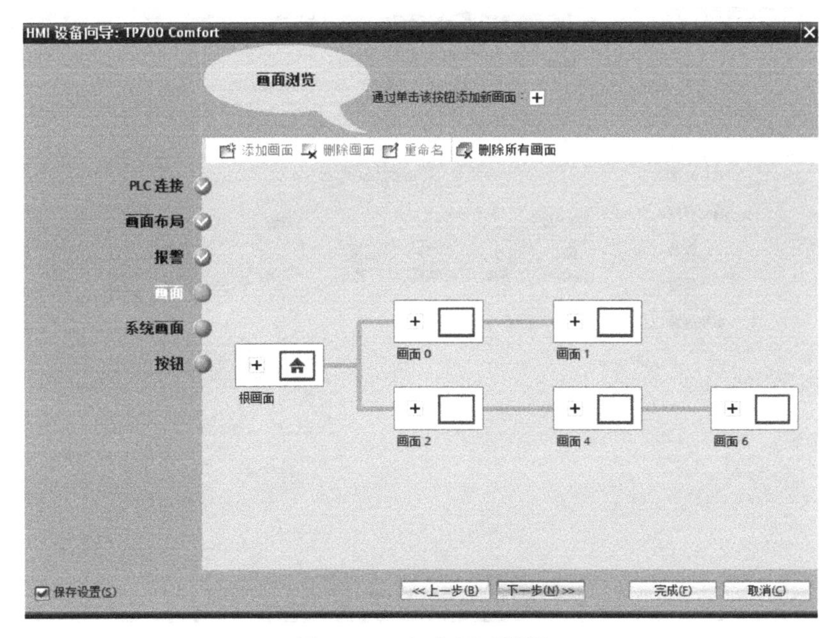

图 10-11　组态画面浏览

单击“下一步”按钮，进入“系统画面”设置，选择需要的系统画面，如图 10-12 所示。

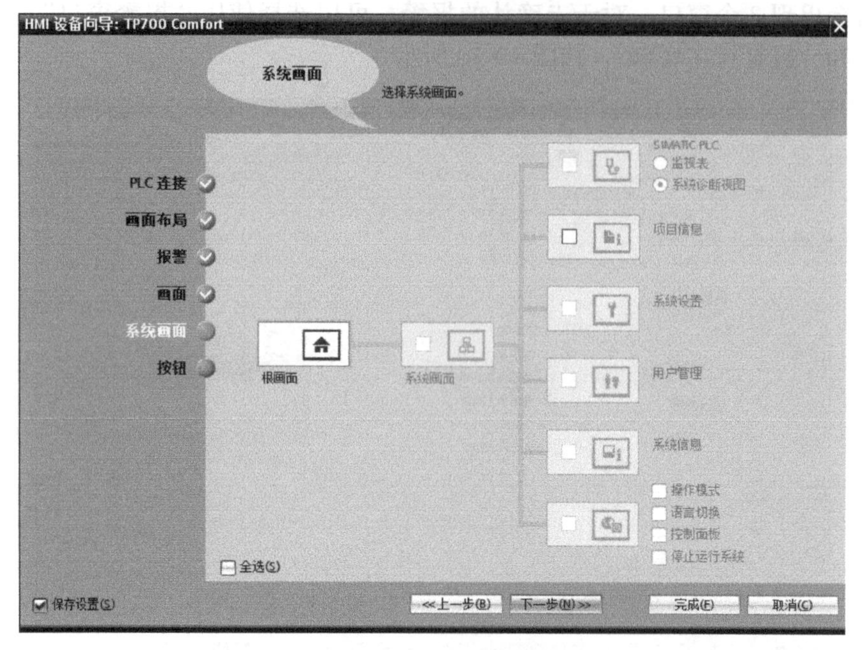

图 10-12　组态系统画面

单击“下一步”按钮，进入“按钮”设置，选择需要的系统按钮，如图 10-13 所示。单击某个系统按钮，该按钮的图标将出现在画面上未放置图标的按钮上；也可以使用鼠标拖拽放入未放置图标的按钮上。选中“按钮区域”中的“左”或“右”复选框，将在画面的左边或右边生成新的按钮。单击“全部重置”按钮，各按钮上设置的图标将会消失。

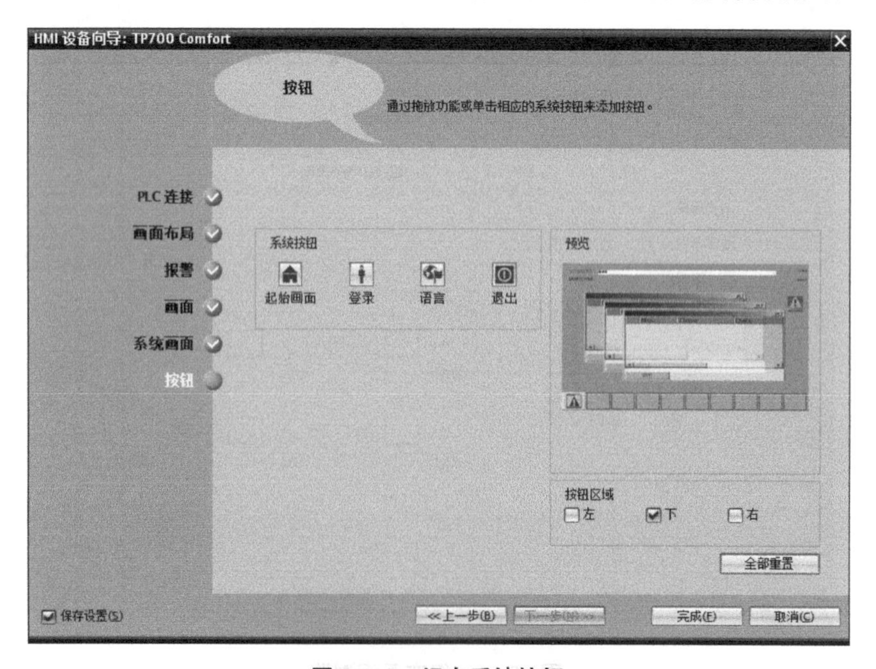

图 10-13　组态系统按钮

如果考虑到面板的画面很小，可以不设置按钮区域，单击“完成”按钮，HMI 设备建立完成，如图 10-14 所示。

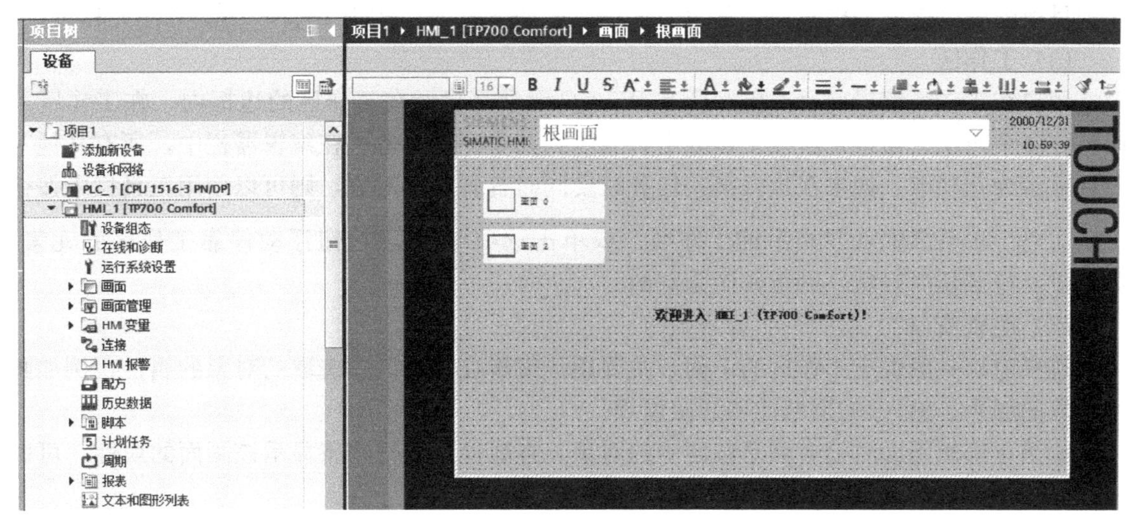

图 10-14　使用向导生成 HMI 设备

10.2.4　WinCC 项目组态界面

WinCC 项目组态界面分为几个区域，分别是菜单栏、工具栏、项目树、工作区、监视（巡视）视图区、任务卡区和详细视图区，如图 10-15 所示。

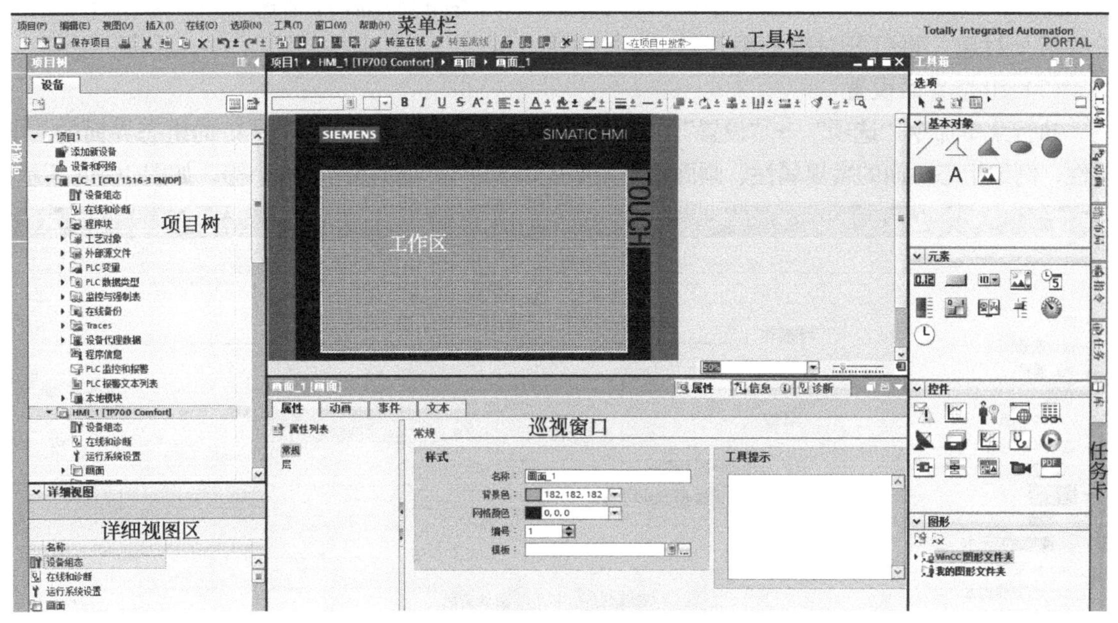

图 10-15　HMI 项目组态界面

（1）菜单栏和工具栏

菜单栏和工具栏是大型软件应用的基础，可以通过 WinCC 的菜单栏和工具栏访问它所提供的全部功能。当鼠标指针移动到一个功能上时，将出现工具提示。菜单栏中浅灰色的命令和工具栏中浅灰色的按钮表明该命令和按钮在当前条件下不能使用。

（2）项目树

项目树图位于画面的左边，该区域包含了可以组态的所有元件。项目中的各个组成部分在项目视图中以树形结构显示，分为四个层次，即项目名、HMI 设备、功能文件夹和对象。

（3）工作区

用户在工作区编辑项目对象，所有 WinCC 元素都显示在工作区的边框内。在工作区可以打开多个对象，通常每次在工作区中只能看到其中一个对象。在编辑器栏中，所有其他对象均显示为选项卡。如果在执行某些任务时要同时查看两个对象，则可以使用工具栏中按钮进行水平或垂直方式平铺工作区；或单击选项卡中按钮浮动停靠工作区的元素。如果没有打开任何对象，则工作区是空的。

（4）巡视窗口

巡视窗口一般位于工作区的下面，主要用于编辑在工作区中选取的对象的属性，例如画面对象的颜色、输入/输出域连接的变量等。

如果在编辑画面时没有激活画面中的对象，在属性对话框中将显示该画面的属性，可以对画面的属性进行编辑。

（5）任务卡

任务卡中包含编辑用户监控画面所需的对象元素，可将这些对象添加到画面。工具箱提供的选件有基本对象、元素、控件和图形。不同的 HMI 设备可以使用的对象也不同。

（6）详细视图

详细视图用来显示在项目树中指定的某些文件夹或编辑器中的内容。例如，在项目树中单击“画面”文件夹或“变量”编辑器，它们中的内容将显示在详细视图中。双击详细视图中的某个对象，将打开对应的编辑器。

（7）组态界面设置

执行菜单命令“选项”→“设置”，在出现的对话框中，可以设置 WinCC 的组态界面的一些属性，例如组态画面的常规属性、画面的背景颜色以及画面编辑器网格大小等，如图 10-16 所示。

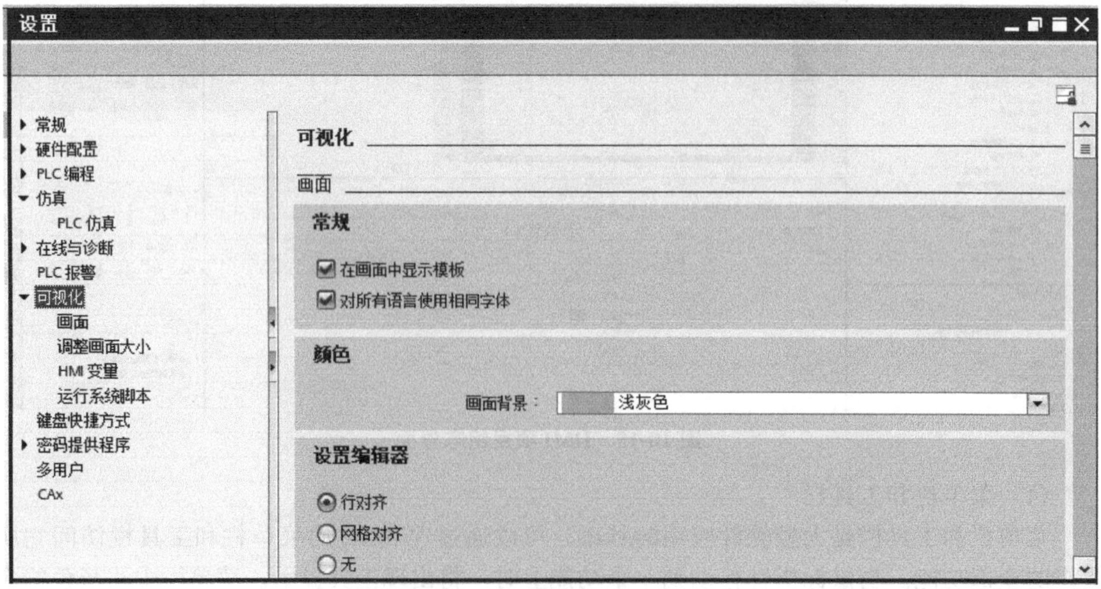

设置
常规
硬件配置
PLC 编程
仿真
PLC 仿真
在线与诊断
PLC 报警
可视化
画面
调整画面大小
HMI 变量
运行系统脚本
键盘快捷方式
密码提供程序
多用户
CAx
可视化
画面
常规
在画面中显示模板
对所有语言使用相同字体
颜色
画面背景：浅灰色
设置编辑器
行对齐
网格对齐
无

图 10-16　组态界面设置

（8）使用帮助功能

当鼠标指针移动到 WinCC 中的某个对象（例如工具栏中的某个按钮）上时，将会出现该对象最重要的提示信息。如果光标在该对象上多停留几秒，将会自动出现该对象的帮助信息。

10.3　精智面板 TP 700 Comfort 的通信连接

10.3.1　TP 700 Comfort 介绍

SIMATIC HMI 面板的统一命名规则如图 10-17 所示。根据命名可以立即辨认出操作屏最重要的技术参数。下面主要以 TP 700 Comfort 触摸屏为例进行讲解。

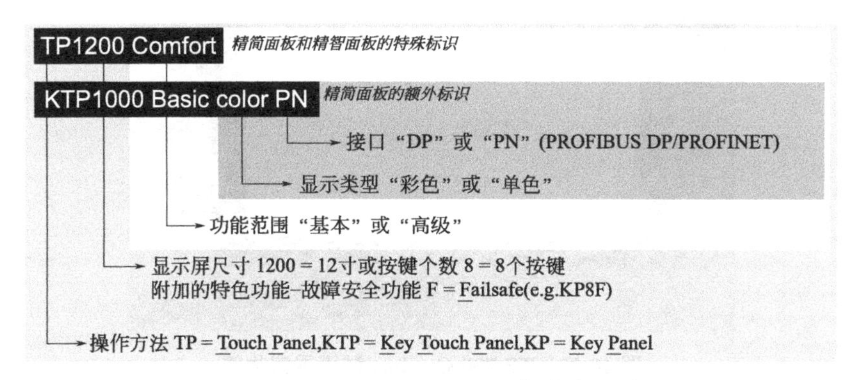

图 10-17　SIMATIC HMI 面板命名规则

图 10-18 为 KP700 Comfort 和 TP700 Comfort 的正视图。

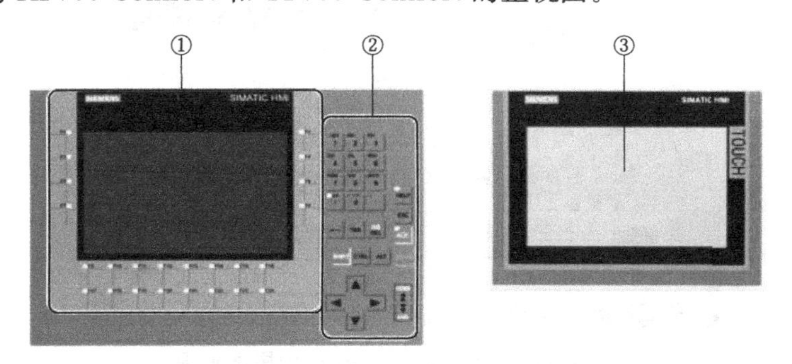

图 10-18　KP700 Comfort 和 TP700 Comfort 正视图

①—带有功能键的显示屏，功能键的数量随着显示屏尺寸而变化；
②—键盘/系统按键；③—触摸式显示屏

图 10-19 为 KP700 Comfort 和 TP700 Comfort 的后视图。

TP 700 Comfort 是一个 800×480 像素触摸屏，有 2 个 USB 接口、1 个 USB 微型接口、1 个 PROFIBUS 接口和 1 个音频输入/输出线、2 个 PROFINET 以太网接口，2 个多媒体卡插槽，图 10-20 为触摸屏的实物图，图 10-21 为其侧视图，图 10-22 位侧视图各部分名称。

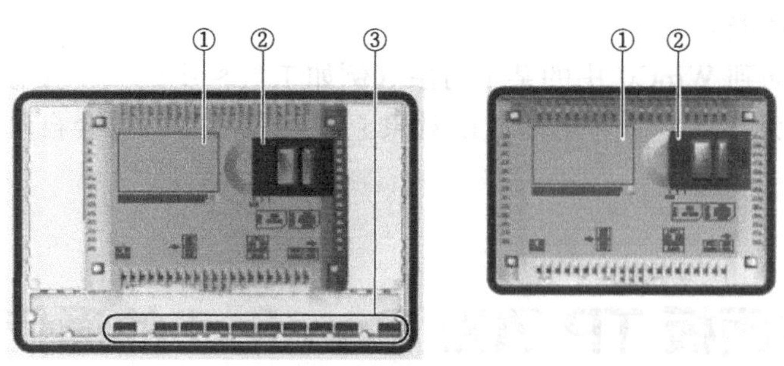

图 10-19　KP700 Comfort 和 TP700 Comfort 后视图

①—铭牌；②—SD 存储卡的插槽；③—标签条

图 10-20　TP 700 Comfort 触摸屏实物图

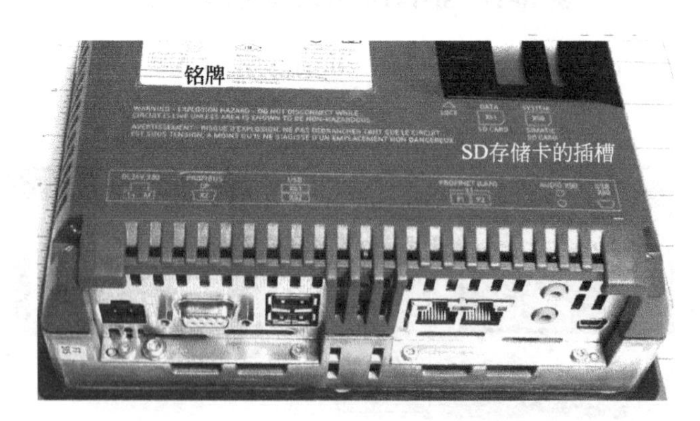

图 10-21　TP 700 Comfort 触摸屏侧视图

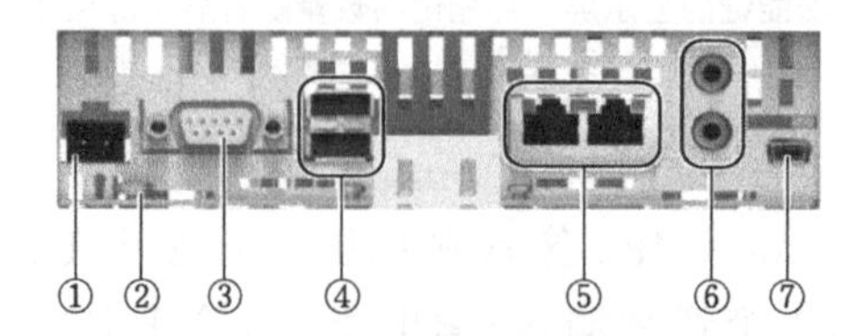

图 10-22　位侧视图各部分名称

①—X8 电源接口；②—电位均衡接口（接地）；③—X2 PROFIBUS（Sub-D RS422/485）；④—X61/X62 USB A 型；⑤—X1 PROFINET（LAN），10/100MBit；⑥—X90 音频输入/输出线；⑦—X60 USB 迷你 B 型

10.3.2　TP 700 Comfort 的硬件连接

（1）TP 700 Comfort 与电源之间的连接

TP700 Comfort 与电源之间的连接如图 10-23 所示。附带套件中包括连接电源电压的电源端子，设计的电源端子适用于最大截面积为 1.5mm² 的导线。

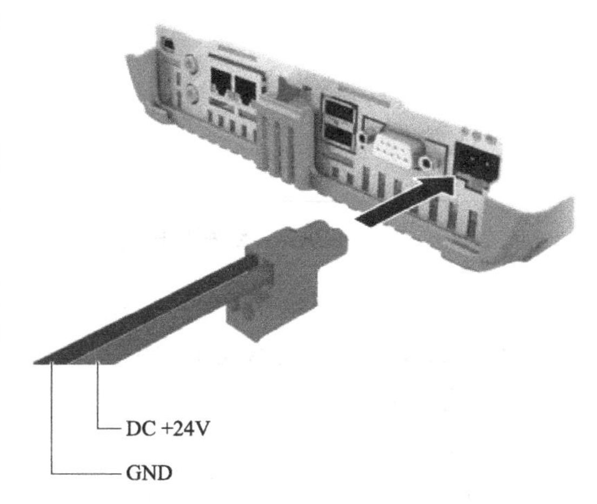

图 10-23　TP 700 Comfort 与电源接线

（2）TP 700 Comfort 与组态 PC 的连接

TP 700 Comfort 与组态 PC 的连接可以通过 PROFINET（LAN）以太网与组态 PC 连接，也可以通过迷你 B 型 USB 连接组态 PC，如图 10-24 所示。另外可以选择通过 PROFIBUS 连接操作设备与组态 PC。但由于受到传输速率影响，传输时间可能很长。

（3）TP 700 Comfort 与 PLC 控制器的连接

TP 700 Comfort 与 PLC 控制器的连接可以通过 PROFINET（LAN）以太网，也可以通过 PROFIBUS 连接，如图 10-25 所示。

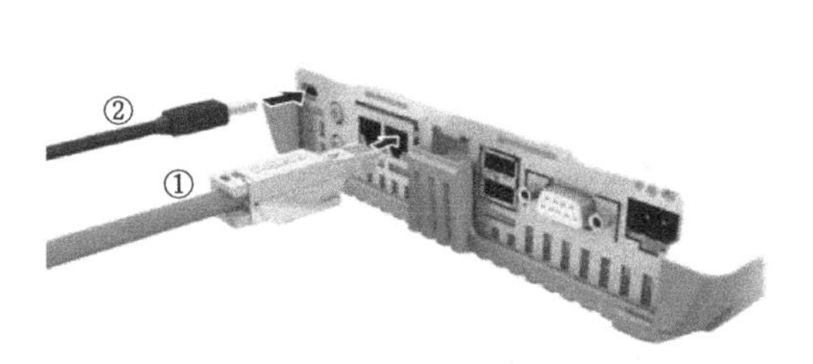

图 10-24　TP 700 Comfort 与组态 PC 的连接
①—通过 PROFINET（LAN）与组态 PC 连接；
②—通过迷你 B 型 USB 连接组态 PC

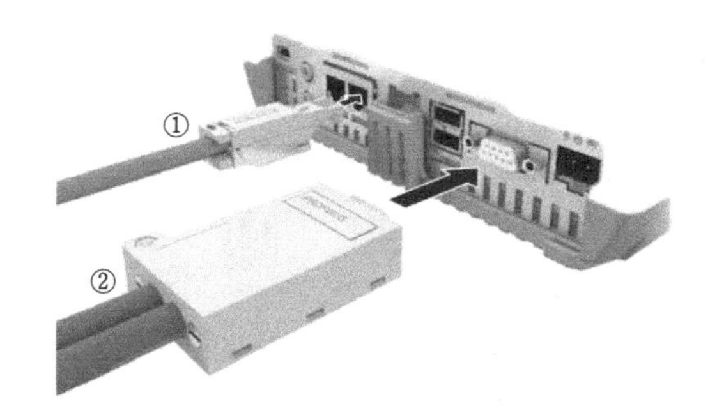

图 10-25　TP 700 Comfort 与 PLC 控制器的连接
①—通过 PROFINET（LAN）与控制器连接；
②—通过 PROFIBUS 与控制器连接

10.3.3　TP 700 Comfort 与组态 PC 通信设置

（1）接通电源启动触摸屏

首先接通电源之后，TP 700 Comfort 屏幕经过一段时间初始化后亮起。启动过程中，显示动画图片。如果操作设备未启动，可能电源端子上的线混淆。检查接线并更改连接。操作系统启动之后，显示加载程序。如果 TP 700 Comfort 触摸屏上已经装载有一个项目，则该项目将启动。如果 TP 700 Comfort 触摸屏上没有任何可供使用的项目，TP 700 Comfort 触摸屏在装入操作系统之后将自动切换到用于初始启动的“Transfer”模式，如图 10-26 所示。

在图 10-26 中按下“Cancel”（取消）按钮，将出现图 10-27 所示的显示标题行中无版本说明的加载程序对话框（不同的触摸屏型号和版本显示的标题和菜单不一样）。

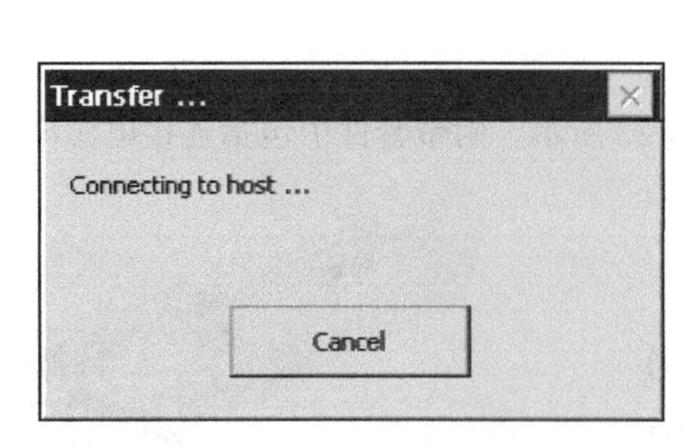

图 10-26 数据传送模式

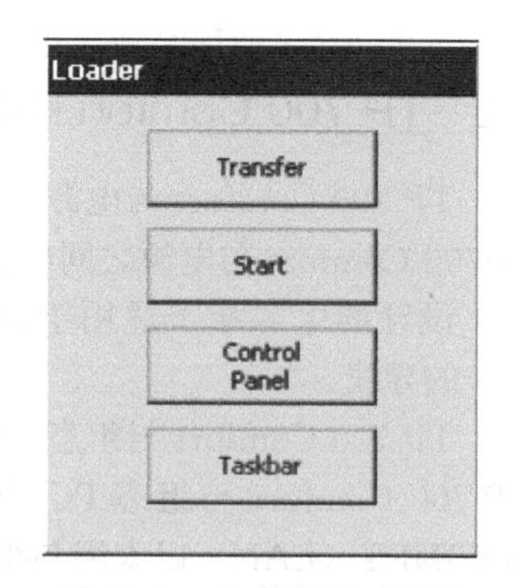

图 10-27 加载程序对话框

其中“Transfer”（传送）按钮将把触摸屏切换到传送模式，以便激活数据传送；“Start”（启动）按钮将启动触摸屏上所存储的项目；“Settings”（设置）按钮将打开触摸屏的一个组态子菜单；“Taskbar”（工具栏）按钮将激活 Windows CE 开始菜单已打开的任务栏。

（2）设置触摸屏通信参数

在 TP 700 Comfort 触摸屏加载程序对话框中，按下控制面板按钮，打开“控制面板”窗口，如图 10-28 所示，操作设备的 Control Panel 与 PC 的系统控制相类似。双击“控制面板”中的“Transfer”图标，弹出“传送设置”对话框。在此对话框中可以设置是否开启传送、传送是手动还是自动。传送的通道可以选择 PN/IE、MPI、PROFIBUS 和 USB device。

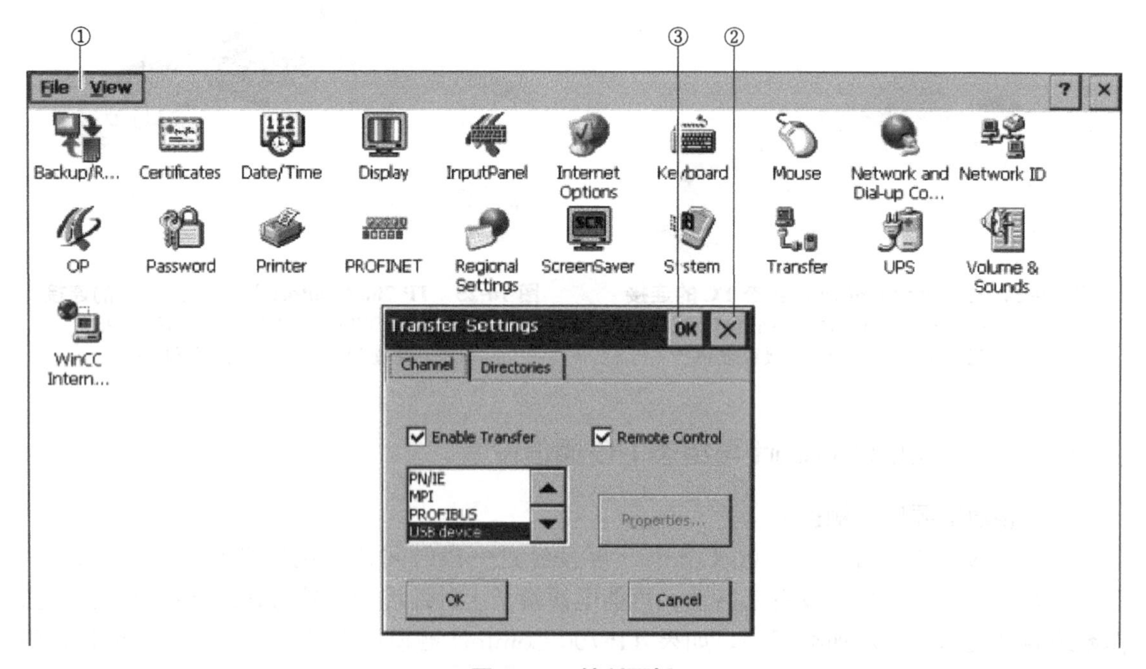

图 10-28 控制面板

①—菜单；②—取消输入并关闭对话框；③—接受输入并关闭对话框

以太网通信比较方便快捷，当选择通过 PN/IE 进行下载时，单击“Properties”（属性）按钮进行参数设置，进入“网络连接”对话框，双击“PN_X1”网络连接图标 PN_X1，打开

“‘PN_X1’ Settings”对话框，切换至“IP Address”选项卡，为网卡分配 IP 地址和子网掩码，如图 10-29 所示。注意：该 HMI 的 IP 地址与组态 PC 的 IP 地址必须在同一网段，子网掩码必须与组态 PC 的子网掩码一致。

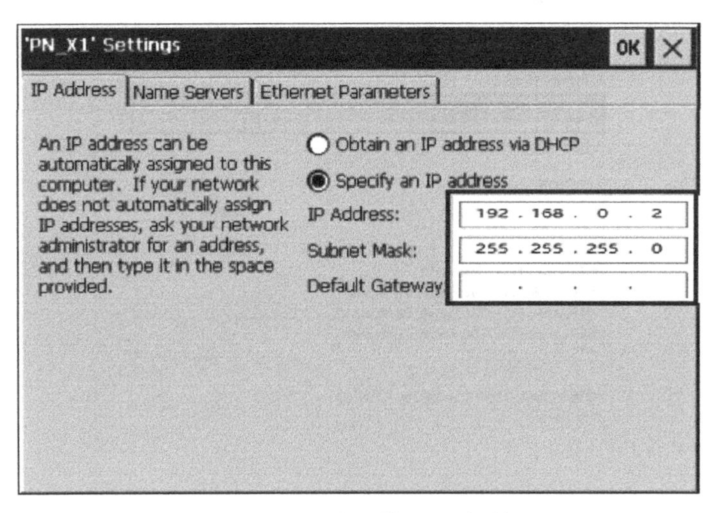

图 10-29　网络属性设置对话框

触摸屏设置完成后，单击“OK”按钮返回到装载程序对话框中，单击“Transfer”按钮，进入图 10-26 所示的数据传送模式，触摸屏等待从 PC 传送项目。

（3）设置 WinCC 的通信参数

组态 PG/PC 接口参数。打开 Windows 10 系统的控制面板，双击控制面板中的“Set PG/PC Interface”图标，设置 PG/PC 接口，如图 10-30 所示。

图 10-30　Windows 10 系统控制面板

在设置 PG/PC 接口对话框中，为使用的接口分配参数，如图 10-31 所示。注意：此处所用的网卡不同，显示也不同。图中的访问点为 S7ONLINE（STEP 7）。

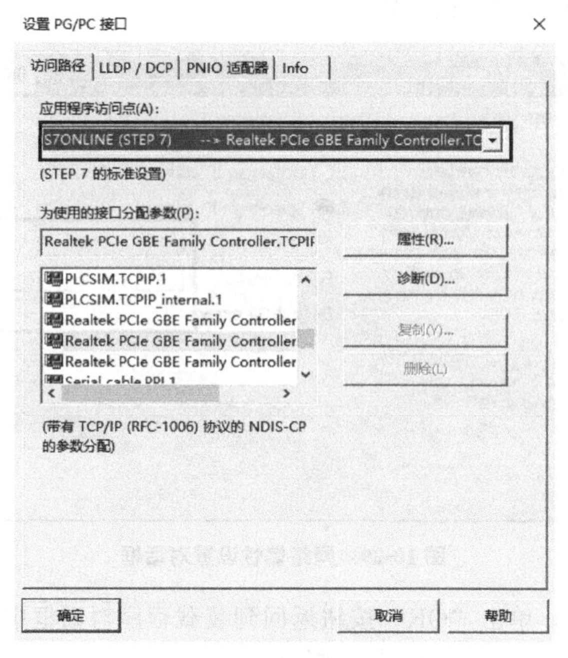

图 10-31　设置 PG/PC 接口

在建立的项目视图中，打开 HMI 的设备组态，选中视图中的 TP 700 Comfort，在“常规”选项卡的“PROFINET 接口［X1］”属性中，对 HMI 的以太网地址进行设置，将 HMI 连接到子网“PI/NE _ 1”中，设置 HMI 的 IP 地址为 192.168.0.2；子网掩码为 255.255.255.0。注意：这里设置的 IP 地址要与 HMI 设备上设置的 IP 地址一致（和图 10-29 中的要相同），如图 10-32 所示。

10.3.4　TP 700 Comfort 与 S7-1500 PLC 通信设置

TIA 博途中同时包含 PLC 和 HMI 的编程配置软件，并且 PLC 和 HMI 的变量可以共享，从而使得它们之间的通信非常简单。西门子精智面板、精简面板等带有 S7-1500 驱动的设备以及 TIA 博途 WINCC，这些 HMI 与 S7-1500 PLC 建立通信的方式灵活多样。

① 在创建新的操作面板时弹出设备向导，在 PLC 连接向导指示界面中选择项目中的 PLC 即可，即在图 10-8 中单击“完成”也可以实现 HMI 与 PLC 之间的连接。在“接口”选项中可以选择使用的通信接口，例如以太网和 PROFIBUS。

② 如果在向导中没有配置通信参数，可以在网络视图的“连接”中选择“HMI 连接”类型，然后使用鼠标点击 PLC 的通信接口，例如以太网接口，保持按压状态并拖拽到 HMI 通信接口，出现连接标志后释放鼠标，这样就建立了连接，如图 10-33 所示。

③ 在项目树中单击“HMI _ 1”中的“连接”，打开通信连接编辑器窗口，鼠标左键双击“添加”，添加连接，设置 HMI 与 PLC 之间的连接方式，如图 10-34 所示。该步骤也可以通过使用 HMI 组态向导时进行设置，对 HMI 设备所设置的访问点为 S7ONLINE，与设置 PG/PC 接口的访问点参数设置保证一致。

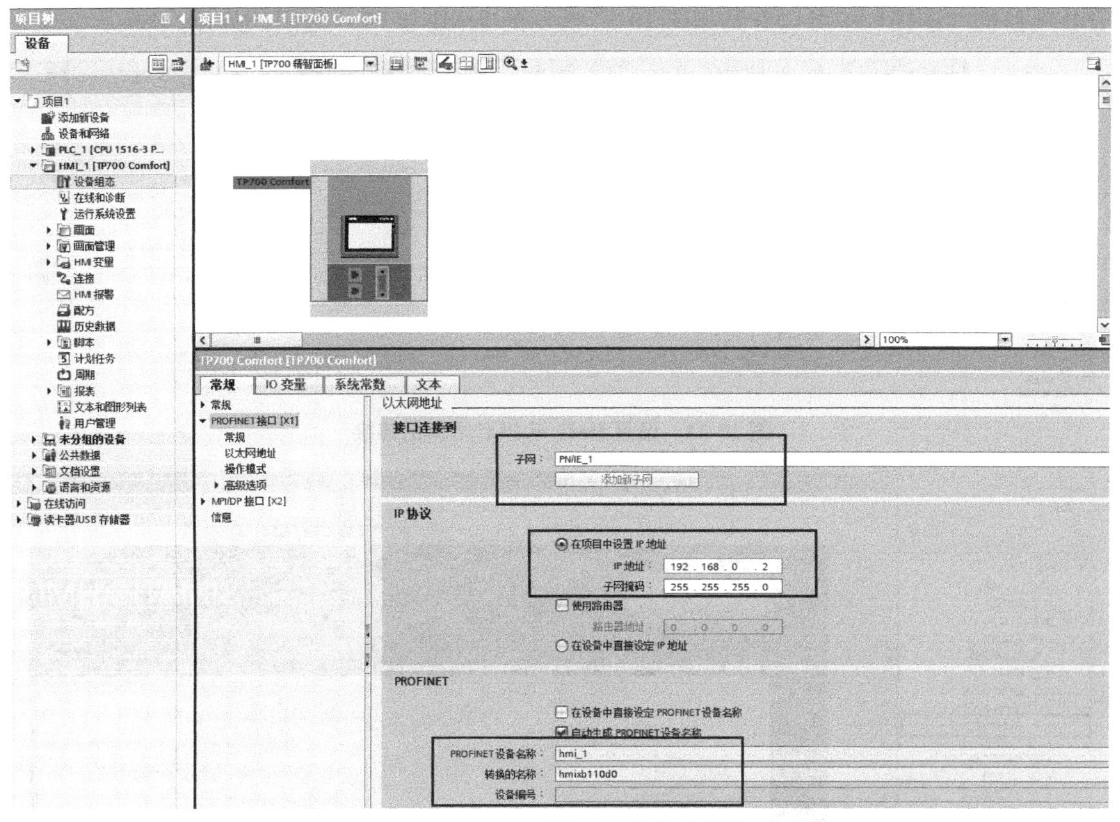

图 10-32　HMI 的以太网地址设置

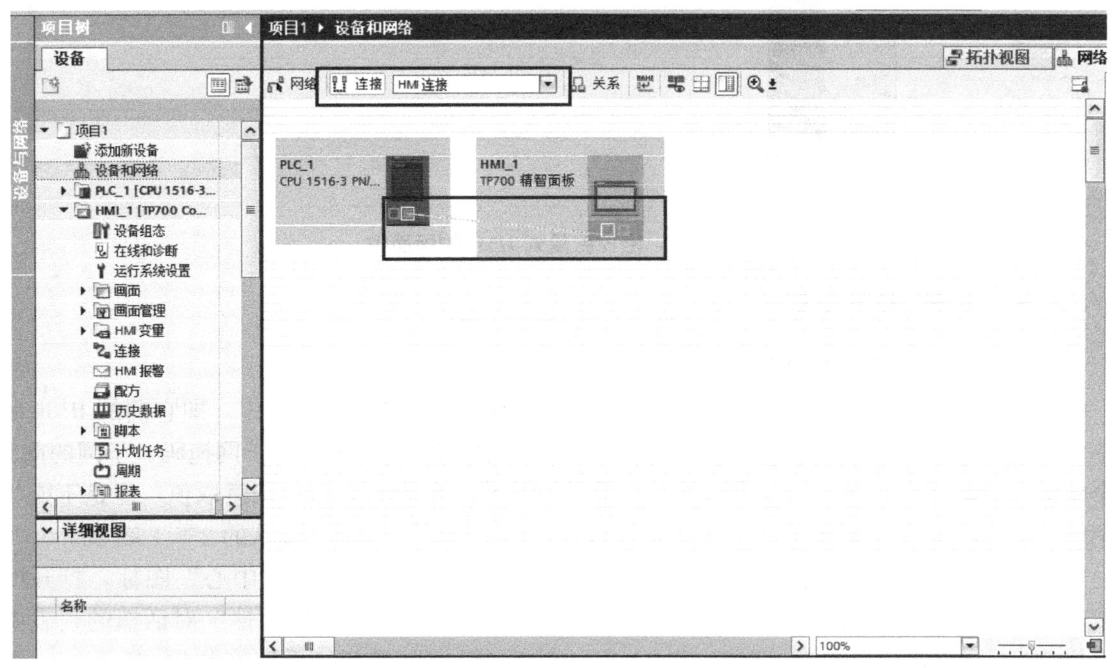

图 10-33　使用拖拽方式建立 HMI 连接

④ 将 PLC 变量直接拖放到 HMI 的画面中，通信连接将自动建立。比如事先在 PLC 建立数据块，在其详细视图中将某一个变量拖放到 HMI 的画面中，如图 10-35 所示。随后在

HMI 项目的“连接”中可以看到如图 10-34 所示的 HMI 与 PLC 之间的连接。

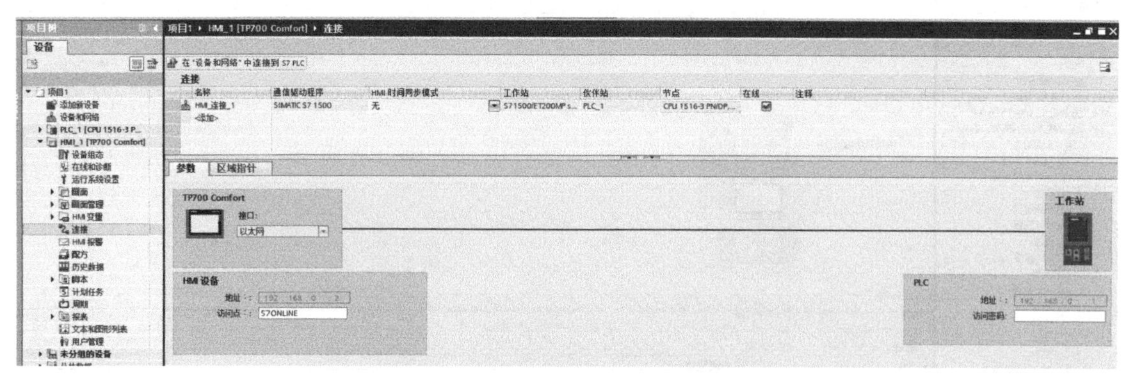

图 10-34 设置 HMI 与 PLC 之间的连接

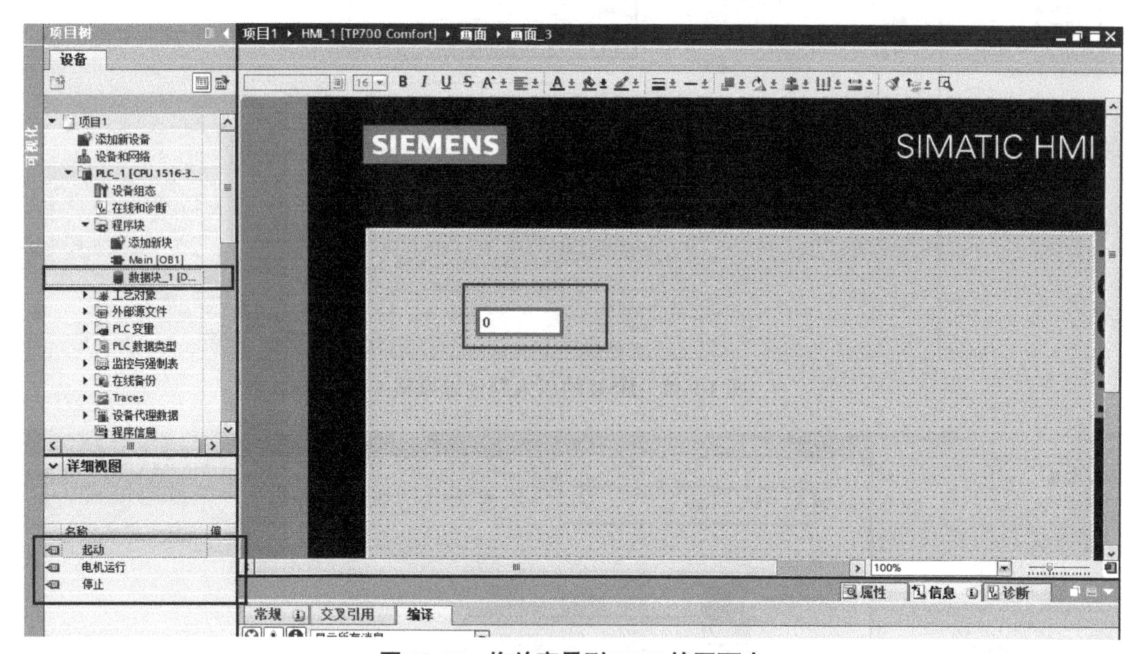

图 10-35 拖放变量到 HMI 的画面中

10.3.5 下载 HMI 组态

（1）设置计算机网卡的 IP 地址

计算机的网卡与 HMI 设备的以太网接口的 IP 地址应在同一个子网内，即它们的 IP 地址中前三个字节的子网地址应完全相同。此外还应该设置它们使用相同的子网掩码。子网的前 3 个地址采用默认的 192.168.0，第 4 个字节是子网内设备的地址，可以任意取值，但是不能与网络中其他设备的 IP 地址重叠。计算机和 HMI 的子网掩码一般采用默认的 255.255.255.0。

打开 Windows 系统的控制面板，双击图 10-30 中的“网络和共享中心”图标，打开以太网连接，对其属性进行相应的修改，如图 10-36 所示。在“以太网属性”对话框的列表中选择“Internet 协议版本 4（TCP/IPv4）”，单击“属性”按钮，系统将弹出“Internet 协议版本 4（TCP/IPv4）属性”对话框。勾选复选框“使用下面的 IP 地址”，设置组态 PC 的 IP 地址为“192.168.0.3”、子网掩码为“255.255.255.0”（注意：该 IP 地址与 HMI 的 IP 地址在同一个网段）。

图 10-36　计算机网卡的 IP 地址设置

（2）下载 HMI 组态

下载前需要接通 HMI 设备的电源，在项目树中选中 HMI 项目“HMI_1［TP 700 Comfort］”，单击工具栏上的“下载”按钮，打开“扩展的下载到设备”对话框，如图 10-37

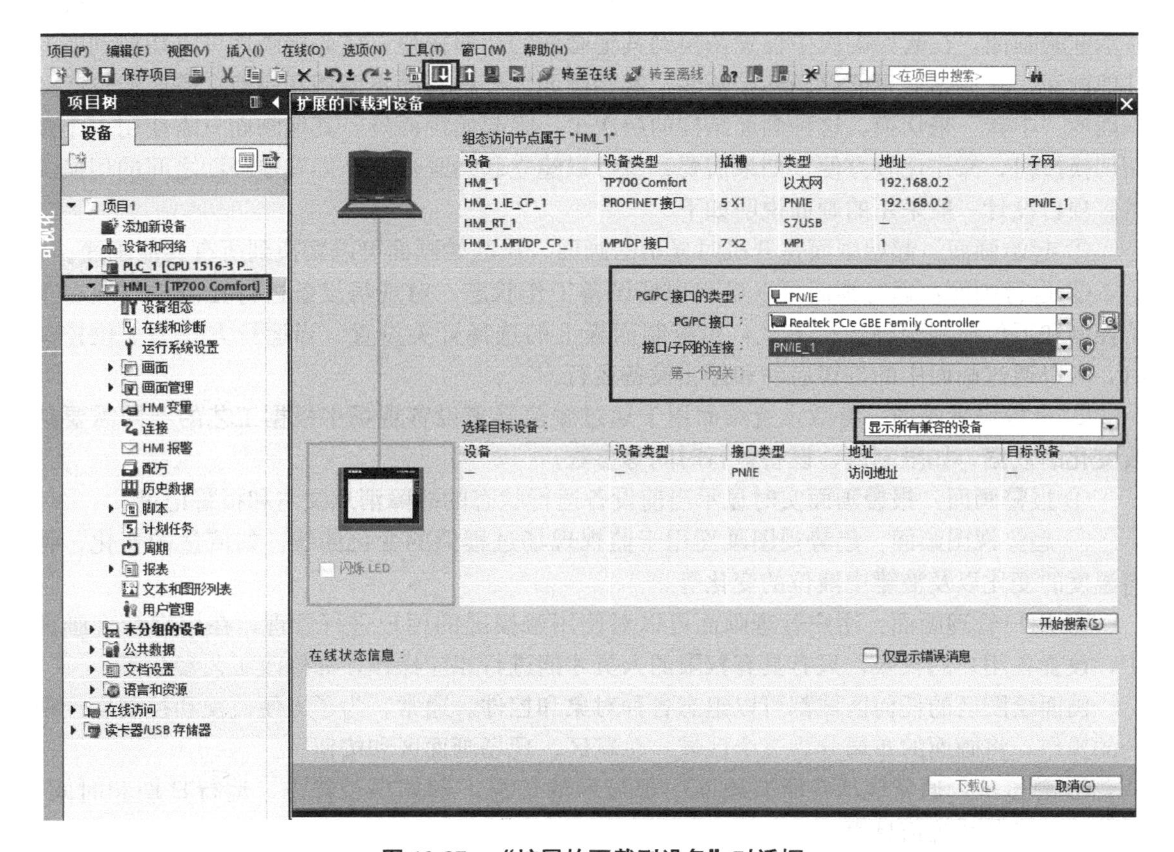

图 10-37　“扩展的下载到设备”对话框

所示。设置 PG/PC 接口的类型为“PN/IE”，PG/PC 接口设置为本地网卡“Realtek PCIe GBE Family Controller”，接口/子网的连接设置为“PI/NE_1”。选择目标设备里面勾选“显示所有兼容的设备”，此时计算机将会扫描网络中所有的设备，将已分配 IP 地址的设备在列表中列出。在设备列表中选择 HMI_1，“下载”按钮被激活，将项目下载到 HMI 设备中。下载之前，软件将会对项目进行编译，只有编译无错误才能进行下载。

10.4 TP 700 Comfort 画面创建与管理

10.4.1 画面结构与布局

在 WinCC 中，可以创建操作员用来控制和监视机器设备和工厂的画面。画面可以包含静态元素和动态元素。静态元素（例如文本或图形对象）在运行时不改变它们的状态，不需要连接变量。动态元素根据过程改变它们的状态，需要设置与它们连接的变量。

工程项目一般是由多幅画面组成的，各个画面之间应能按要求实现方便地进行互相切换。根据控制系统的要求，首先需要对画面进行总体规划，规划创建哪些画面、每个画面的主要功能。其次需要分析各个画面之间的关系，应根据操作的需要安排切换顺序，各画面之间的相互关系应层次分明、操作方便。

一般的工程项目任务中可以采用以初始画面为中心，“单线联系”的切换方式，开机后显示起始画面，在起始画面中设置切换到其他画面的切换按钮，从起始画面可以切换到所有其他画面，其他画面只能返回初始画面。起始画面之外的画面不能相互切换，需要经过起始画面的“中转”来切换。这种画面结构的层次少，除起始画面外，其他画面只需使用一个画面切换按钮，操作比较方便。如果需要，也可以建立起始画面之外的其他画面之间的切换关系。项目设计一般采用的画面说明如下。

① 起始画面：起始画面是开机时显示的画面，从起始画面可以切换到所有其他画面。

② 运行画面：运行画面可以显示现场设备工作状态、对现场设备进行控制。系统有上位控制和下位控制两种运行方式，由控制面板上的选择开关设置。当运行方式为上位控制时，可以通过画面中的按钮启动和停止设备运行。

③ 参数设置画面：参数设置画面用于通过触摸屏来设置现场中根据工艺的不同需要修改变化的数据，如限制值、设备运行时间等参数。

④ 报警画面：报警画面实时显示当前设备运行状态的故障消息文本和报警记录。

⑤ 趋势视图画面：趋势视图画面用于监视现场过程值的变化曲线，如流量的变化、物料温度的变化以及液罐中液位的变化等。

⑥ 用户管理画面：用户管理画面可以对使用触摸屏的用户进行管理，在用户管理画面中，设置各用户的权限，只有具有权限的人员才能进行相应操作，如修改工艺参数等。

画面绘图区的任何区域都可以组态各种对象和控件。通常，为了方便监视和控制生产现场的操作，将画面的布局分为三个区域：总览区、现场画面区和按钮区。

① 总览区：通常包括在所有画面中都显示的信息，例如项目标志、运行日期和时间、报警消息以及系统信息等。

② 现场画面区域：组态设备的过程画面，显示过程事件。

③ 按钮区：显示可以操作的按钮，例如画面切换按钮、调用信息按钮等。按钮可以独立于所选择的现场画面区域使用。

10. 4. 2　TP 700 Comfort 画面属性设置

（1）属性设置

生成 HMI 设备后，在 HMI 的项目树下面的“画面”文件夹中自动生成一个名字为“画面 _ 1”的画面，如图 10-38 所示。可以双击项目视图中的“添加新画面”，在右侧的工作区会出现 HMI 的外形画面，且被自动制定一个默认的名字，比如“画面 _ 2”。通过 HMI 设备向导生成的画面是根画面，可以在根画面处添加其他的画面，其他画面是以此画面为根进行扩展的。

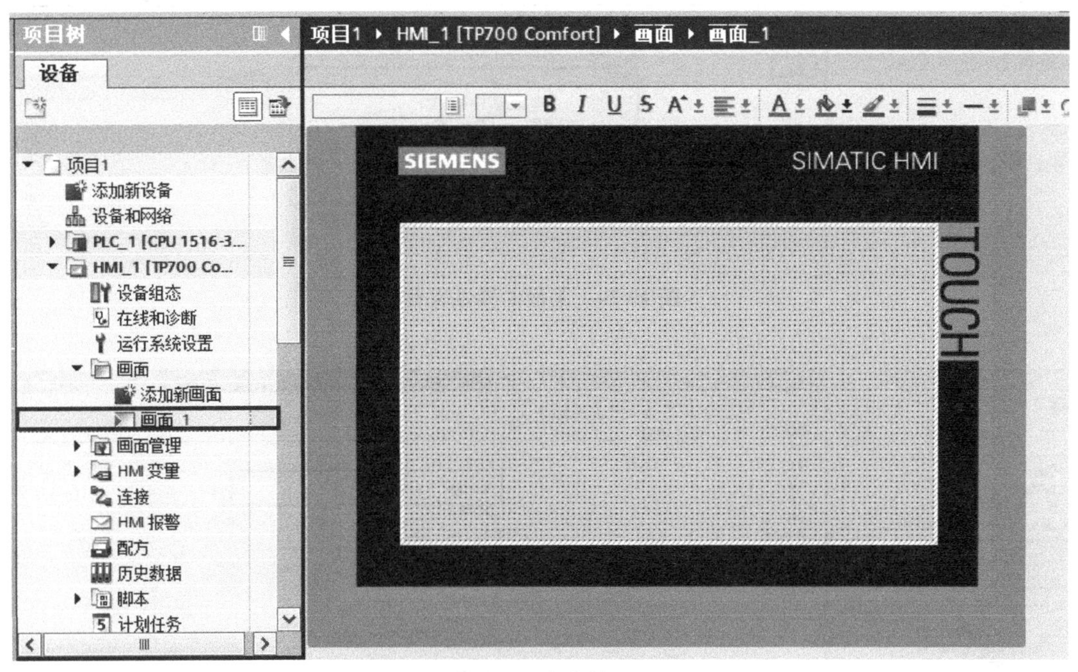

图 10-38　生成的画面

在项目树的“画面”下，选中生成的“画面 _ 1”，鼠标右键选中执行重命名，将其命名为“电动机启保停控制”，双击打开该画面，并可以通过画面工作区下面的显示比例选择框 50% 进行合适的显示比例，也可以通该按钮右边的滑块快速设置画面的显示比例。

将工作区的画面选中，可以在巡视窗口的“属性”的常规选项设置画面的名称和变化等参数，单击背景色选择框，还可以设置画面的背景色。如图 10-39 所示。

（2）定义项目的起始画面

起始画面是在运行系统中启动项目时打开的初始画面，可为每个 HMI 设备定义不同的起始画面。操作员可从此起始画面开始调用其他画面。在项目树中，双击“运行系统设置→常规”，选择所需画面作为“起始画面”。如图 10-40 所示。也可以在项目树中选择画面，然后通过快捷菜单选择“定义为起始画面”。将画面定义为起始画面后，其前面的图标将由 变成 。

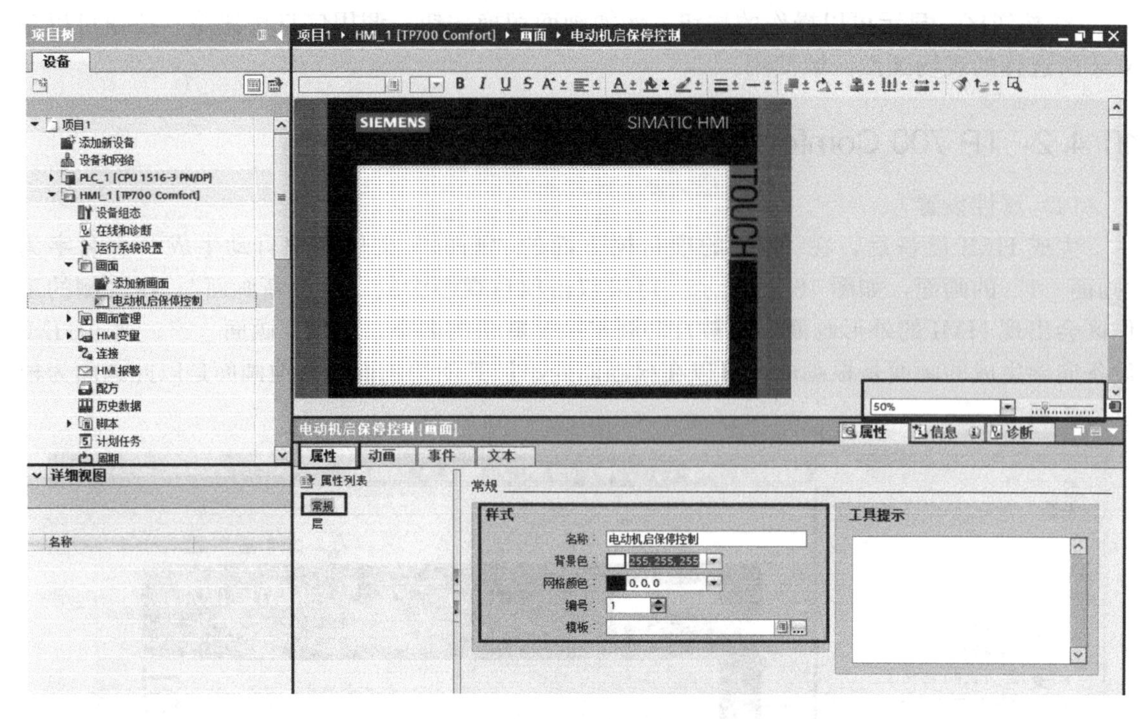

图 10-39　画面的属性设置

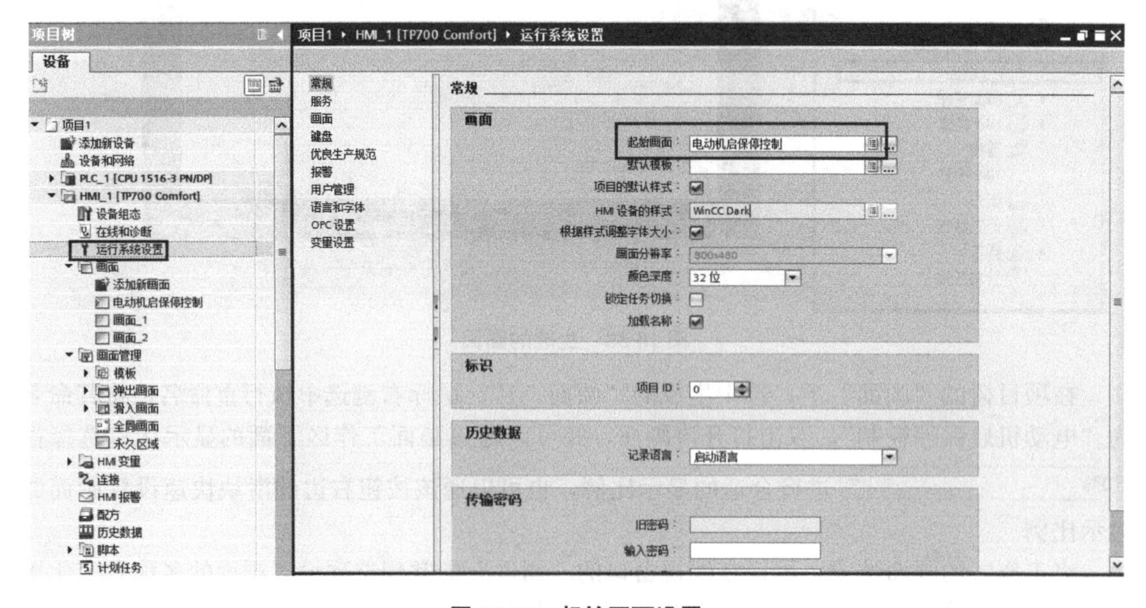

图 10-40　起始画面设置

10.4.3　画面管理

在 HMI 设备上可以显示系统画面、全局画面、画面与模板，如图 10-41 所示。系统画面不能被组态，全局画面位于画面和模板之前，画面位于模板之前。基于 PC 的上位监控系统无模板，全局画面设置也与 HMI 设备有所不同。

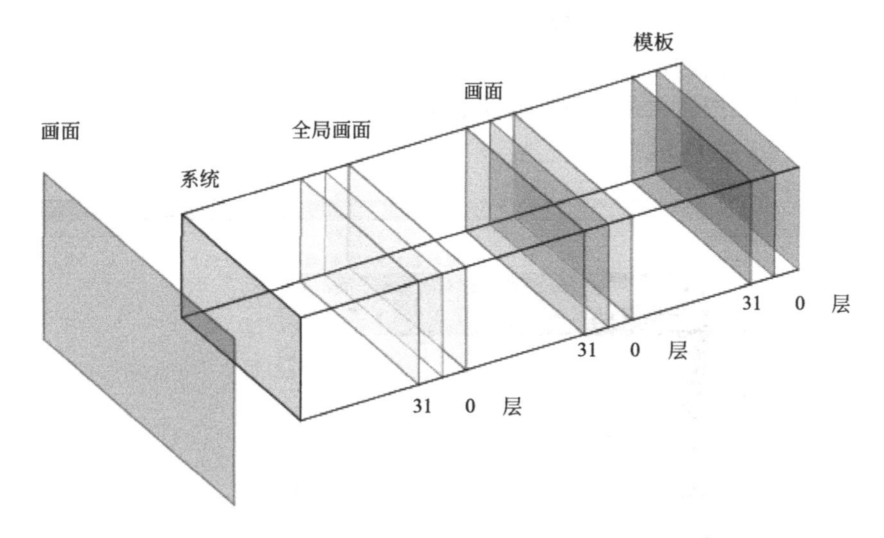

图 10-41　HMI 设备上可以显示的画面结构

（1）模板

在项目中对 HMI 设备进行画面组态时，可以使用模板。模板是具有特殊功能的一个画面，在模板中组态对象，这些对象将显示在基于此模板的所有画面中。同时模板使用遵循以下规则：

① 一个模板不仅适用于一个画面；

② 一个画面始终只能基于一个模板；

③ 一个设备可以创建几个模板；

④ 一个模板不可基于另一个模板。

在模板中可以确定基于此模板要应用于所有画面的功能和对象，比如：

① 功能键的分配：可以使用功能键在模板中为 HMI 设备分配功能键，此分配会覆盖可能的全局分配。

② 永久性区域：某些设备支持在画面的顶部区域显示所有画面的永久性区域。和模板相比，永久性区域独自占据了画面的一个区域。

③ 操作员控件：可以将适用于一个画面的所有画面对象都粘贴到模板中。

（2）创建新模板

在模板中可集中修改对象和功能键。对模板中对象或功能键分配的更改，将应用于基于此模板画面中的所有对象。

在项目树中选择“画面管理→模板”，然后双击“添加新模板”，模板即在项目中创建出来，并出现在视图中，模板的属性显示在下方的巡视窗口中。在巡视窗口中的“属性→属性→常规”下，可以更改义模板名称。在工程组态系统中，可以通过巡视窗口的“属性→属性→层”指定显示的层。

在右侧的“工具”任务卡中，使用工具箱中的元素，可以添加所需的对象并进行相应的设置组态。

1）组态按钮

单击“元素”下面的“按钮”，将其放入模板，通过鼠标的拖拽可以调整按钮的大小。在按钮的“属性”的“属性”选项卡中的“常规”对话框中，输入相应的文字来提示操作人员该按钮的功能，例如，当操作人员单击“初始画面”按钮时，画面将会从任一画面切换到初始画面。那么在按钮“未按下”时状态文本中可以输入切换到下一幅监控画面的名称“初始画面”，如图 10-42 所示。

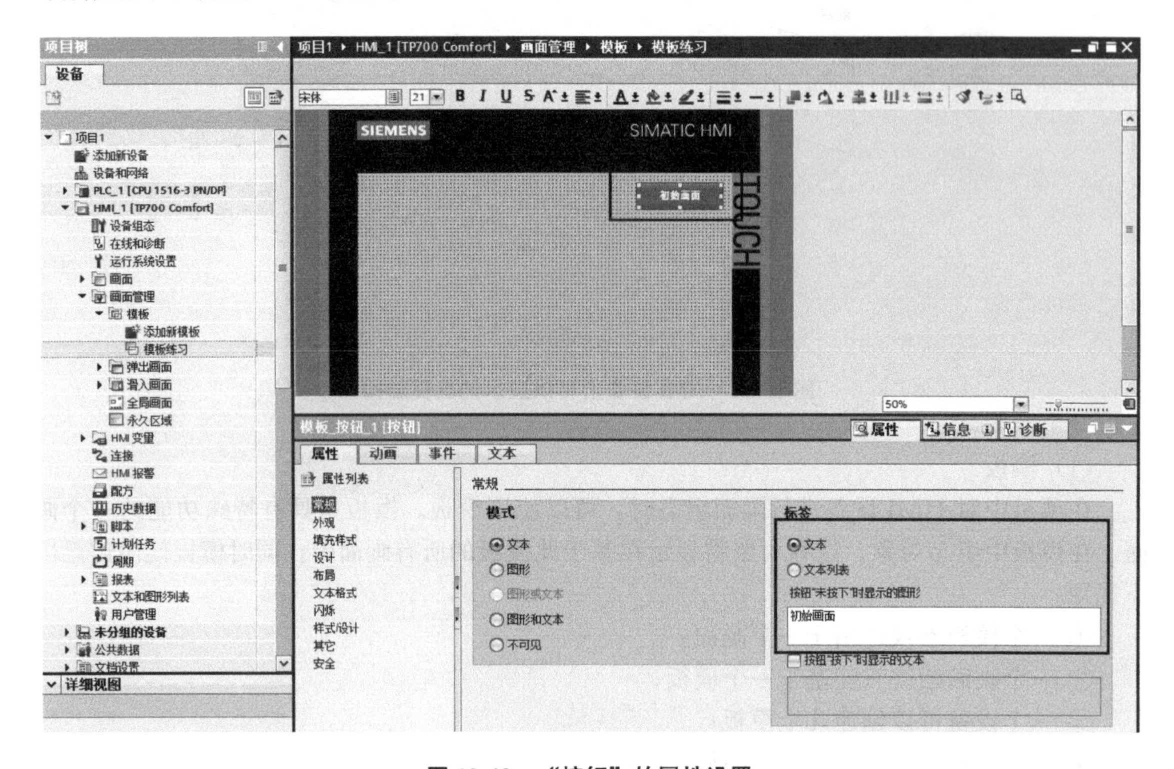

图 10-42 “按钮”的属性设置

HMI 设计中相应功能的执行总是与指定的事件相连接的，只有当该事件发生时，才触发功能。输入相应的文本后仅仅是静态显示，还需要为按钮单击事件选择功能。比如当单击“初始画面”时，这个按钮将触发执行画面切换的功能事件。

在按钮的“属性”的“事件”选项卡的“单击”对话框中，单击函数列表最上面一行“添加函数”右侧的按钮，在出现的系统函数列表中选择“画面”文件夹中的函数“激活屏幕”，如图 10-43 所示。

单击“画面名称”右侧的选择按钮，在出现的画面列表中选择需要切换的画面名（画面需要提前建立），比如选择“初始画面”，如图 10-44 所示。

2）组态时间日期

同样在进行画面布局设计时，一般希望在 HMI 的每幅监控画面都可以显示日期与时间，因此需要将日期与时间放在模板中。

在工具箱中的“元素”下面选择“日期/时间域”，将其拖拽放入模板中，并设置组态“日期/时间域”的属性。在属性视图中，单击“属性”选项卡的“常规”选项，右下角的“类型”如果组态为“输出”，则只用于显示；如果组态为“输入/输出”，还可以作为输入来修改当前的时间。如图 10-45 所示。

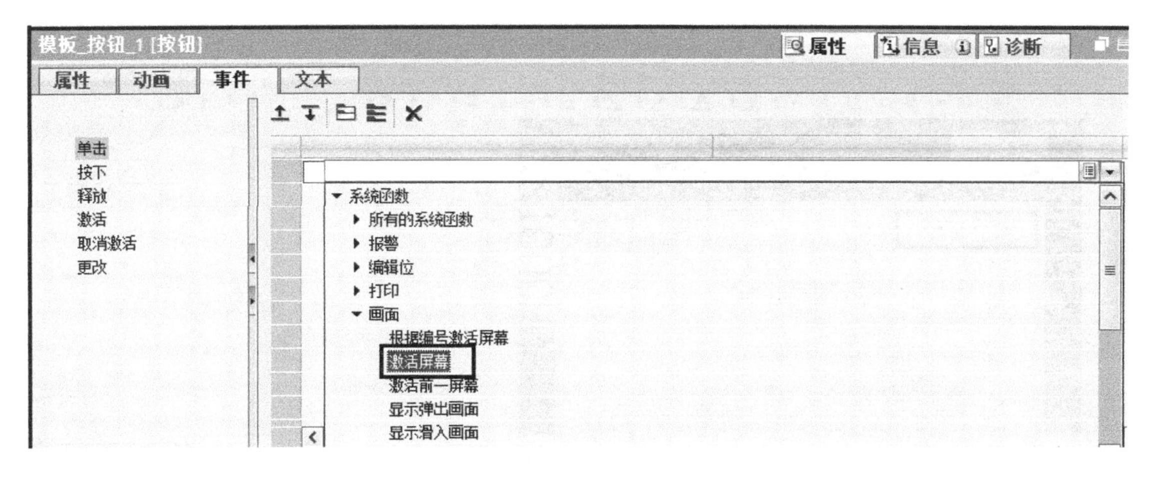

图 10-43　组态按钮单击事件

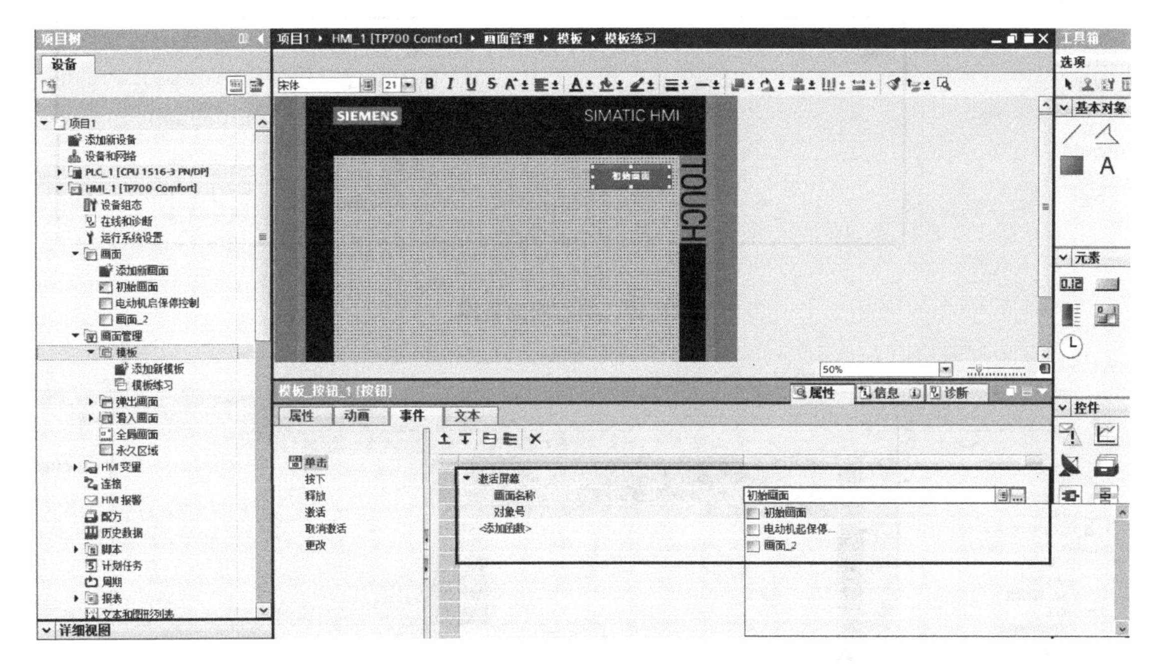

图 10-44　组态按钮单击事件切换的画面

(3) 画面模板的使用

画面模板的使用的前提是已创建了一个模板和一个画面。

画面模板创建之后，在组态新建其他画面时，可以选择是否应用画面模板。选中需要应用模板的画面，在其“属性”的“属性”选项卡中的“常规”对话框中，通过模板右侧选择按钮[...]，即可根据需要选择一个应用于该画面的已经建立的画面模板，如图 10-46 所示。

利用画面模板配置组态的画面如图 10-47 所示，可以看到画面模板对象的颜色看上去比实际颜色浅。

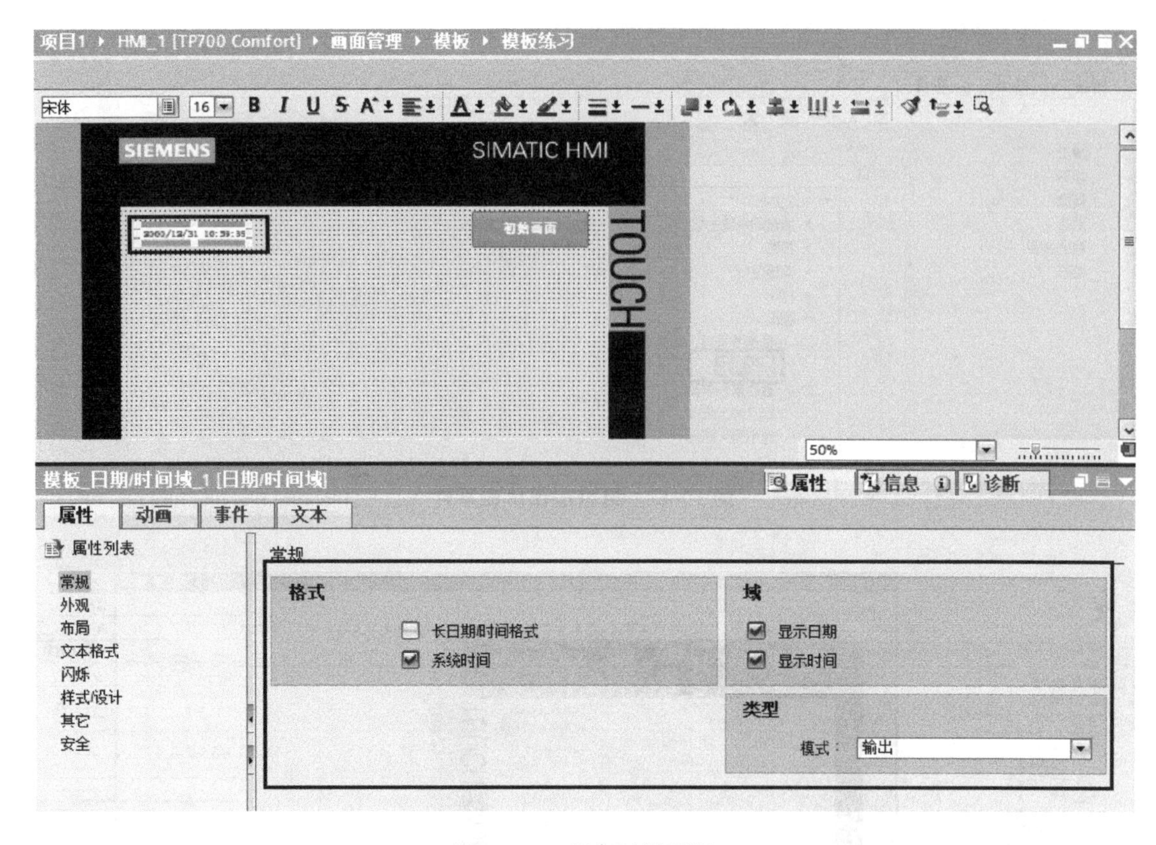

图 10-45　组态时间日期

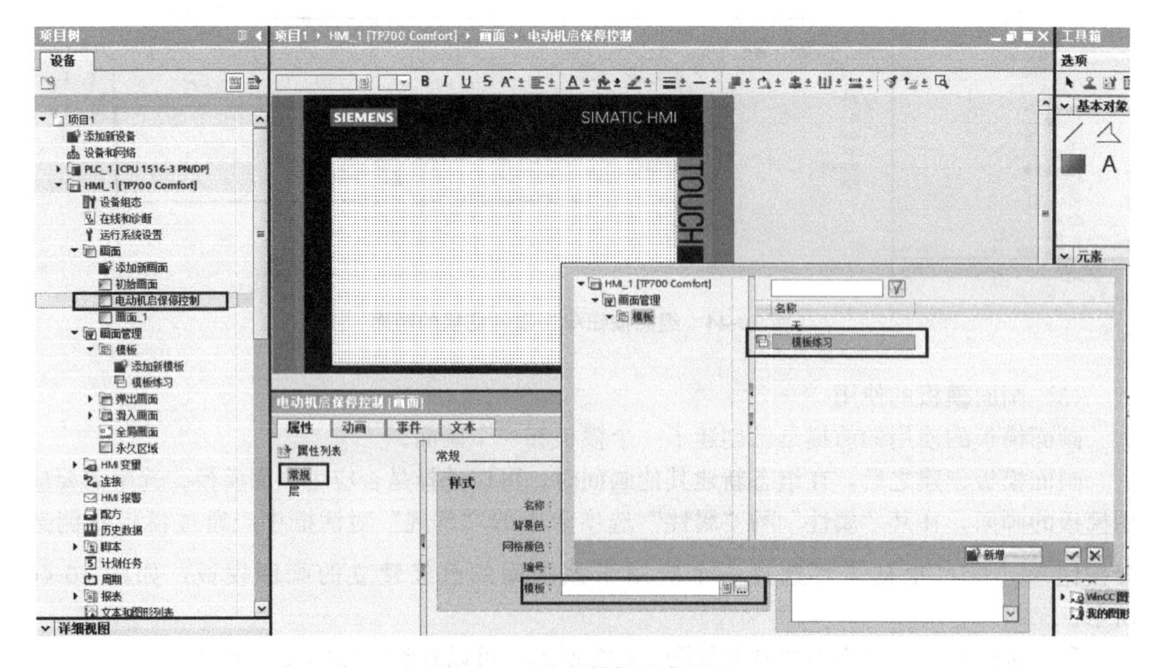

图 10-46　使用模板组态画面

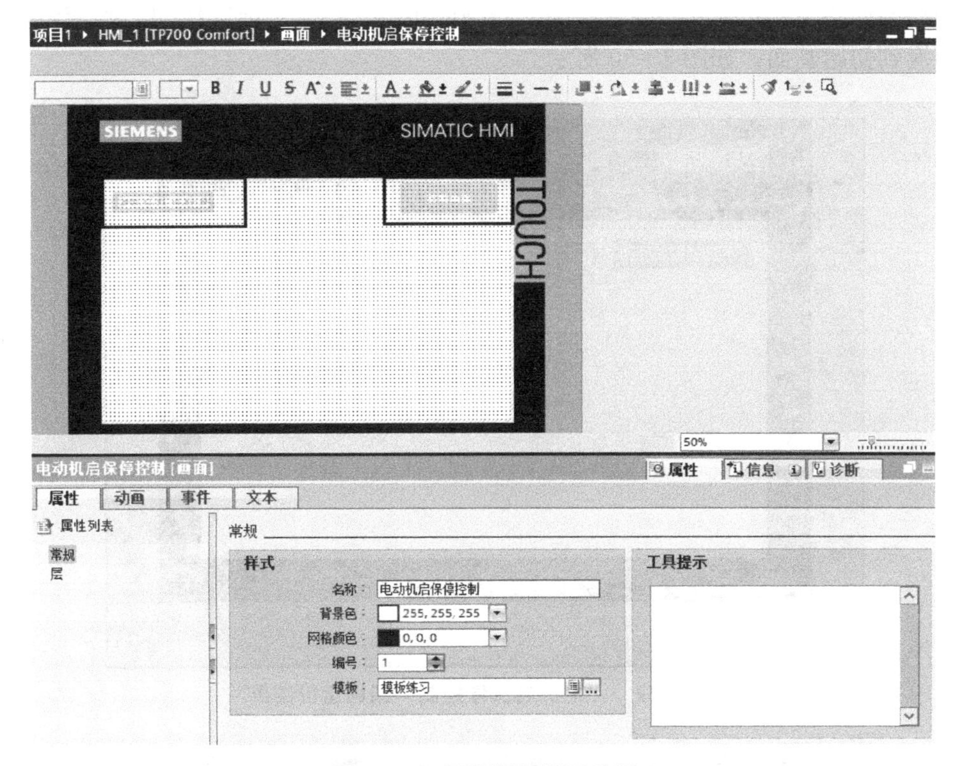

图 10-47　画面模板使用结果

在“初始画面”中添加文本“欢迎使用电动机启保停控制系统”，作为初始画面的标志。“电机启保停控制”画面使用了画面模板，因此运行画面中将会显示模板中组态的“初始画面”按钮和“日期/时间域”。如图 10-48 选中“电机启保停控制”画面，右键快捷菜单执行“开始仿真”，可以在没有触摸屏硬件实物的条件下进行模拟。

图 10-48　启动 HMI 仿真

运行结果如图 10-49 所示，通过单击运行画面中的“初始画面”按钮，画面将会响应事件自动切换到初始画面，如图 10-50 所示。

图 10-49 “电机启保停控制”画面运行结果

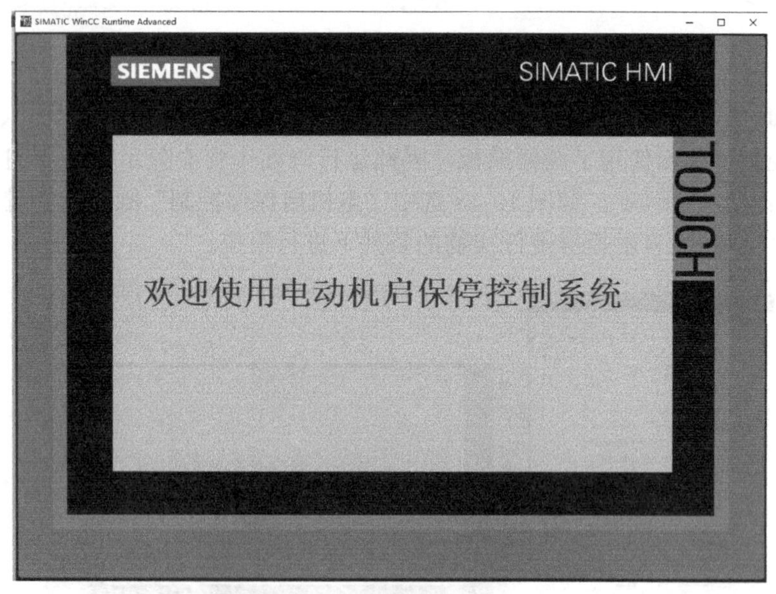

图 10-50 “初始画面”运行结果

（4）全局画面

无论使用哪个模板，都可为 HMI 设备定义用于所有画面的全局元素。而使用全局画面，则可以在其中定义独立的元素，这些元素独立于 HMI 设备中所有画面模板。

双击项目树“画面管理”文件夹中的“全局画面”图标，打开全局画面。在全局画面的“控件”中提供了系统诊断窗口、报警窗口和报警指示器功能。如图 10-51 所示。如果在全局画面中组态了报警窗口和报警指示器，则无论其他画面是否应用了模板，当系统运行中出现了报警信息时，报警窗口和报警指示器都会立即出现在当前画面中。

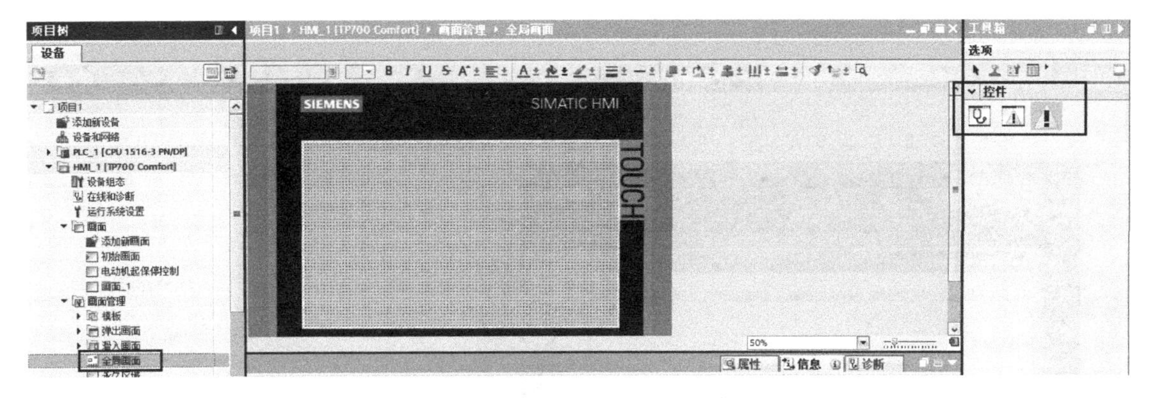

图 10-51　“全局画面”窗口布局

单击工具箱“控件”中的“系统诊断窗口”“报警窗口”和“报警指示器”，将其放入全局画面。通过鼠标的拖拽可以调整系统诊断窗口和报警窗口的大小，可以移动报警指示器的位置，如图 10-52 所示。

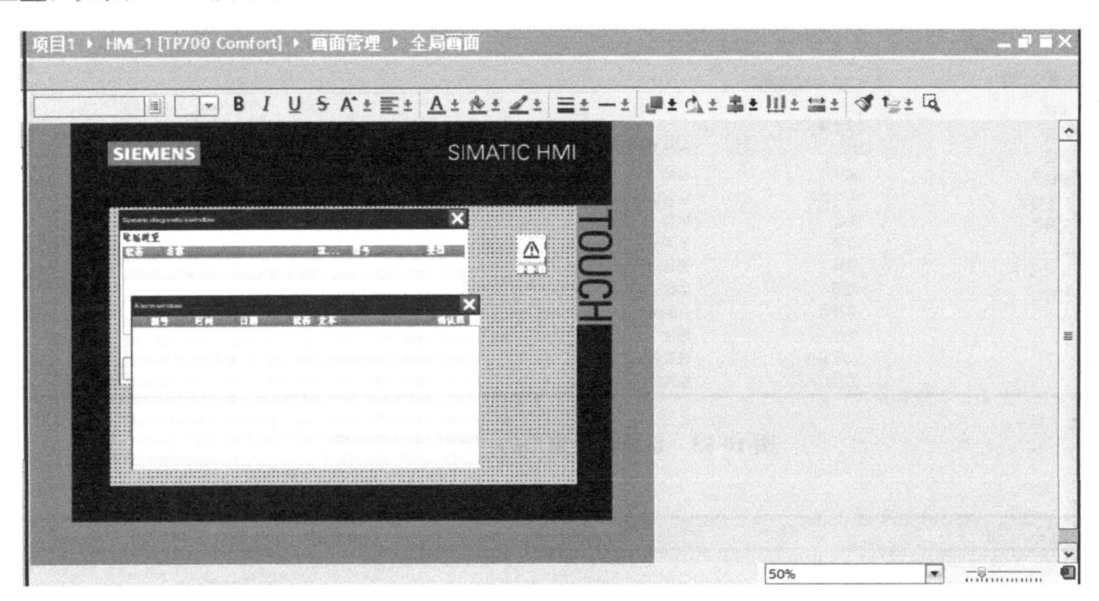

图 10-52　“全局画面”放置控件布局

1）组态系统诊断窗口

系统诊断窗口提供了工厂内所有可用设备的概览。用户可直接浏览错误的原因以及相关设备。在系统诊断窗口的“属性”选项卡的“列”对话框中，可以选择运行系统的设备视图和详细视图中所需的列，如图 10-53 所示。

在系统诊断窗口的“属性”选项卡的“窗口”对话框中，设置系统诊断窗口是否可关闭、是否可调整大小，如图 10-54 所示。

2）组态报警窗口

系统运行时如果出现了错误或故障，希望在当时显示的任一画面中立即出现报警提示信息。可以在报警窗口的“属性”选项卡“常规”对话框中，选择显示“报警”的“未决报警”和“未确认的报警”，也可以激活全部报警类别，如图 10-55 所示。

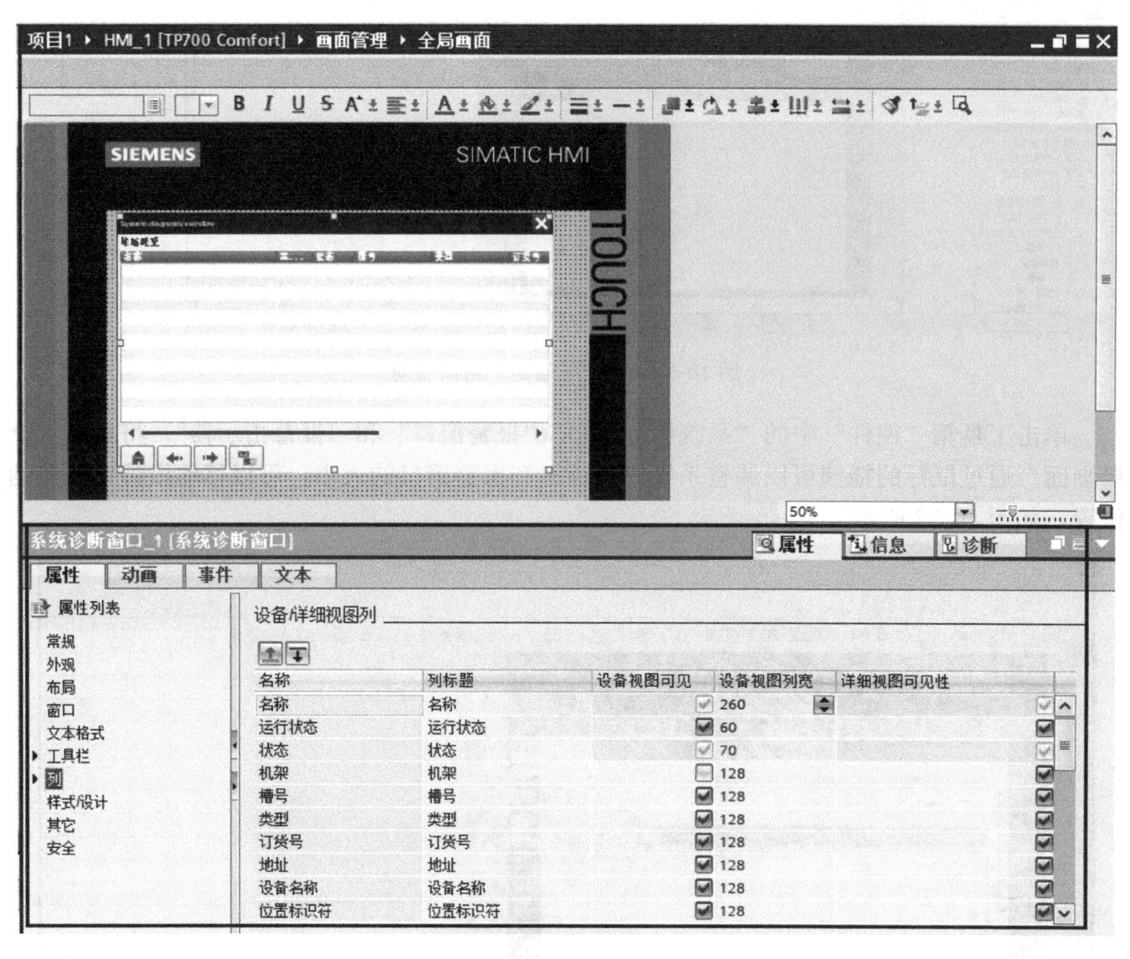

图 10-53　系统诊断窗口的“列”属性设置

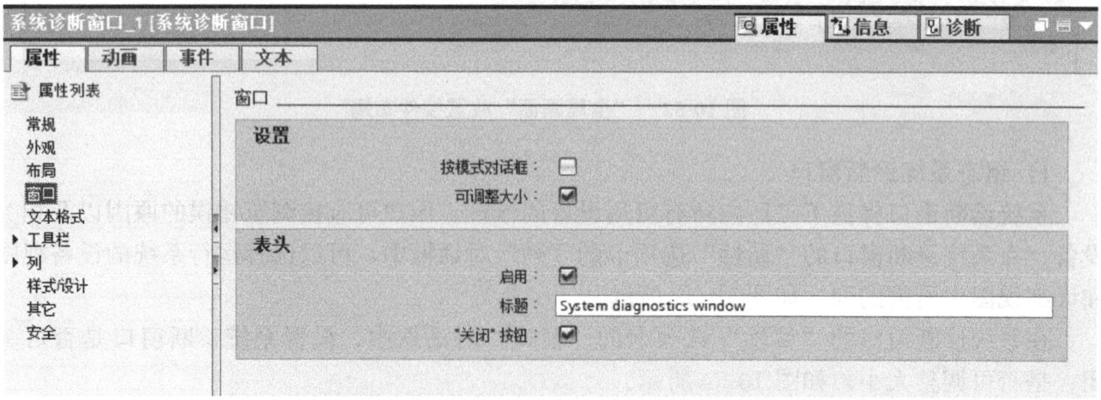

系统诊断窗口_1 [系统诊断窗口]
属性　信息　诊断
属性　动画　事件　文本
属性列表
常规
外观
布局
窗口
文本格式
工具栏
列
样式/设计
其它
安全
窗口
设置
按模式对话框：
可调整大小：
表头
启用：
标题：System diagnostics window
"关闭" 按钮：

图 10-54　系统诊断窗口的“窗口”属性设置

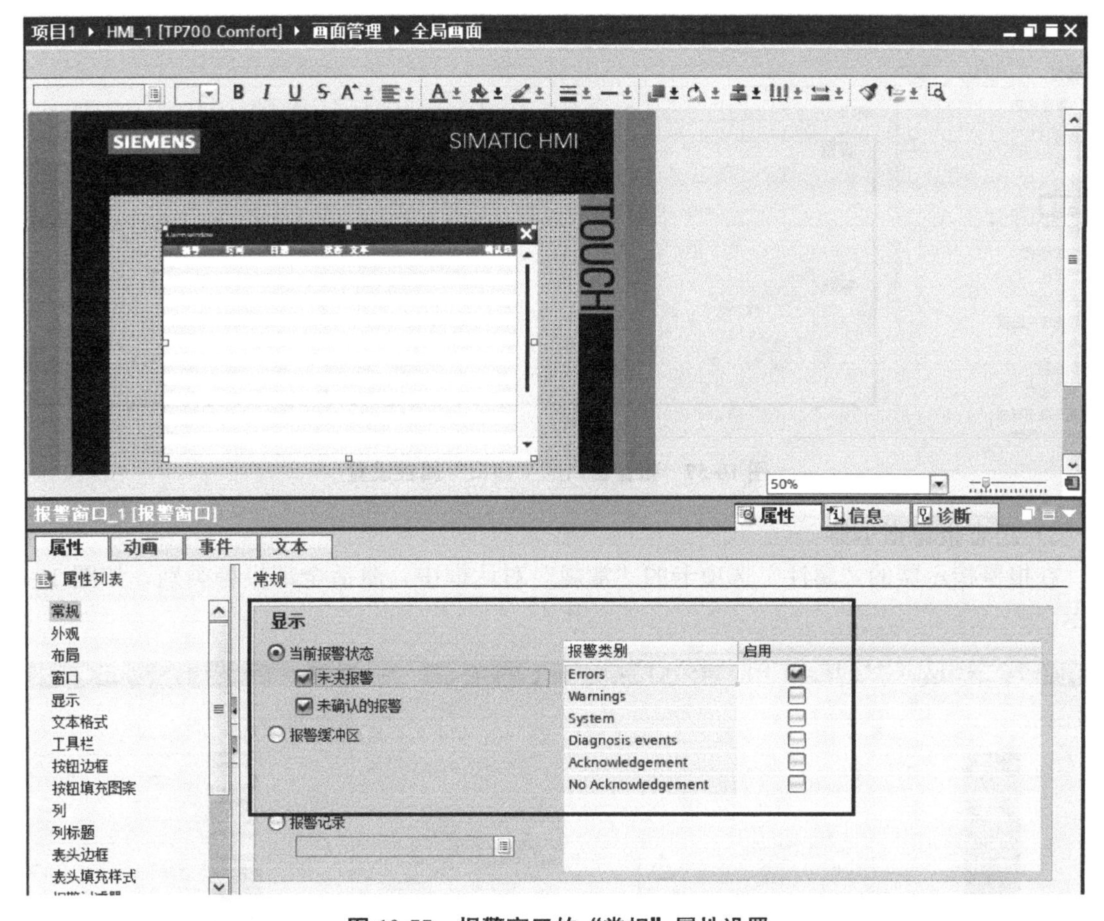

图 10-55　报警窗口的“常规”属性设置

在报警窗口的“属性”选项卡的“显示”对话框中，可以设置报警窗口显示的状态，是否激活垂直滚动和水平滚动条，如图 10-56 所示。

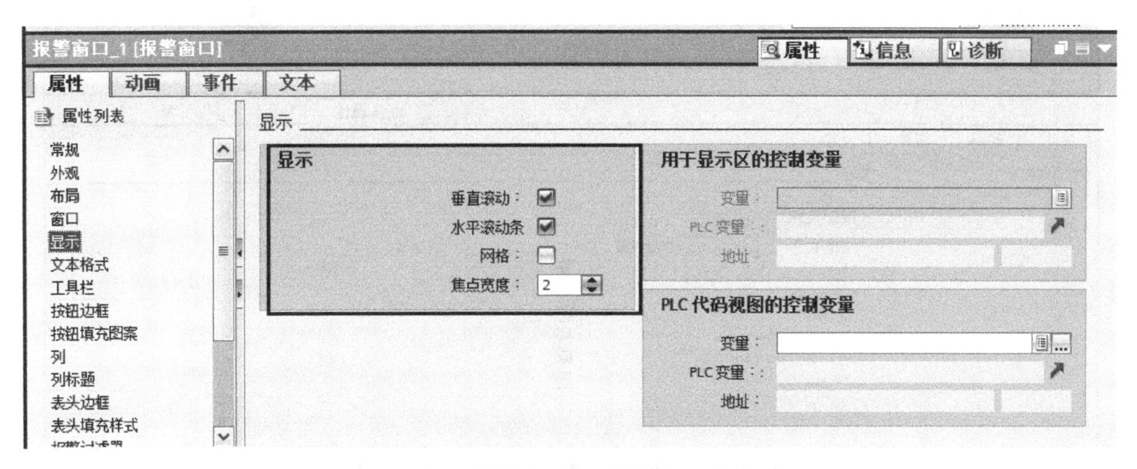

图 10-56　报警窗口的“显示”属性设置

在报警窗口的“属性”选项卡的“窗口”对话框中，设置报警窗口是否自动显示、是否可以关闭以及是否可以调整大小等，如图 10-57 所示。

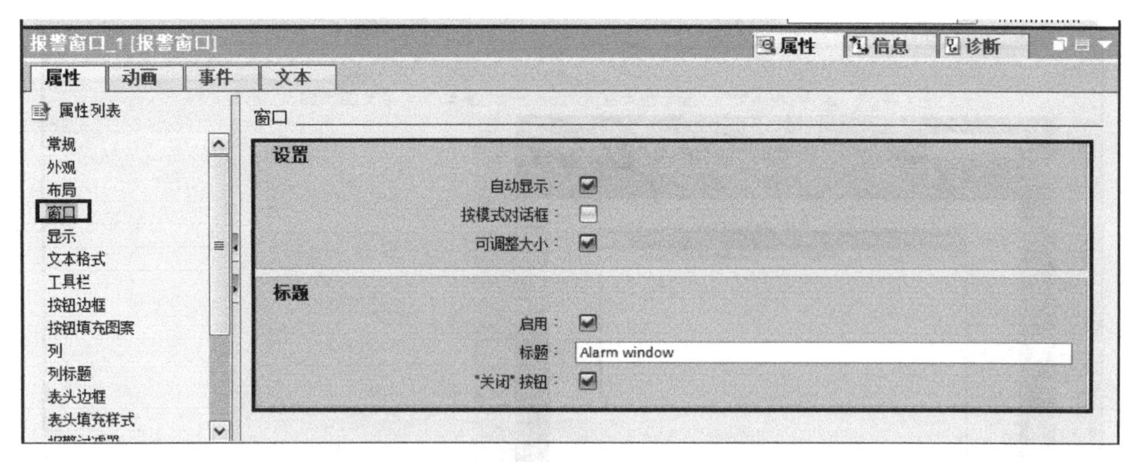

图 10-57　报警窗口的“窗口”属性设置

3）组态报警指示器

在报警指示器的“属性”选项卡的“常规”对话框中，激活全部报警类别，如图 10-58 所示。

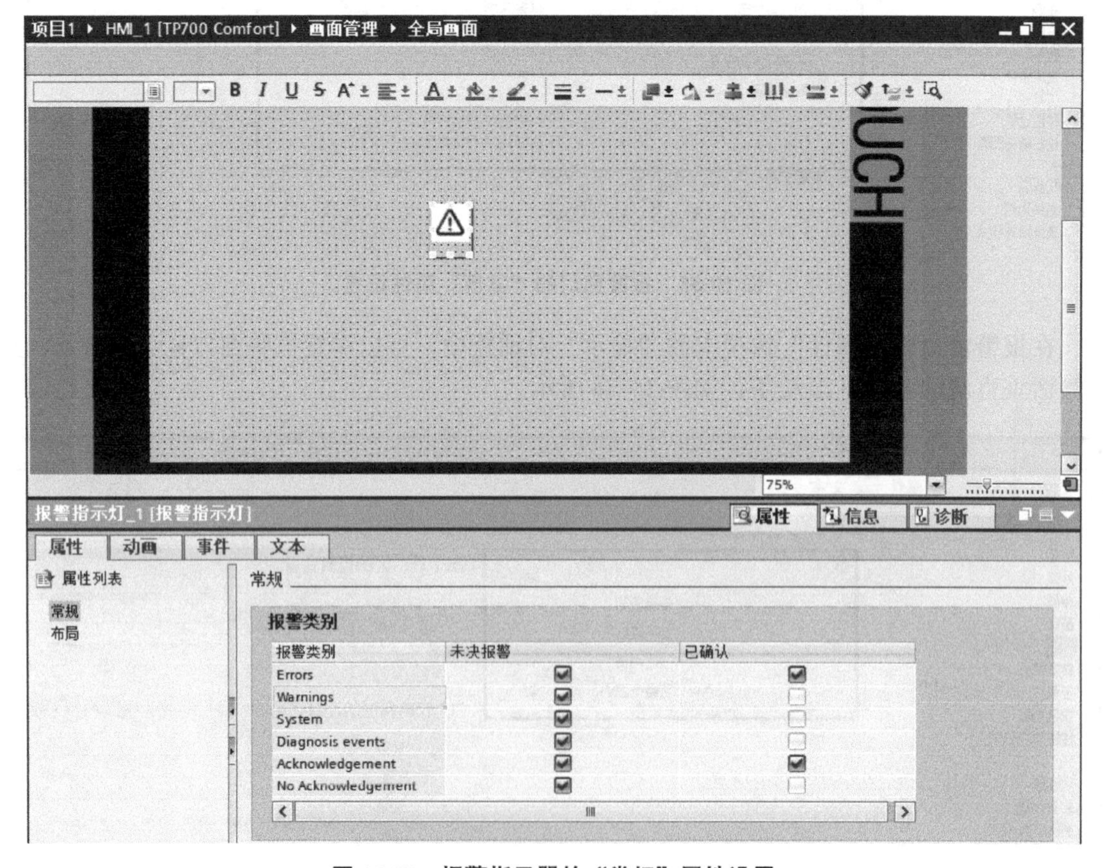

图 10-58　报警指示器的“常规”属性设置

在报警指示器的“事件”属性中选中“单击”，在“对象名称”可以设置单击报警指示器打开的报警窗口，如图 10-59 所示（需要提前在“全局画面”中放置“报警窗口”）。

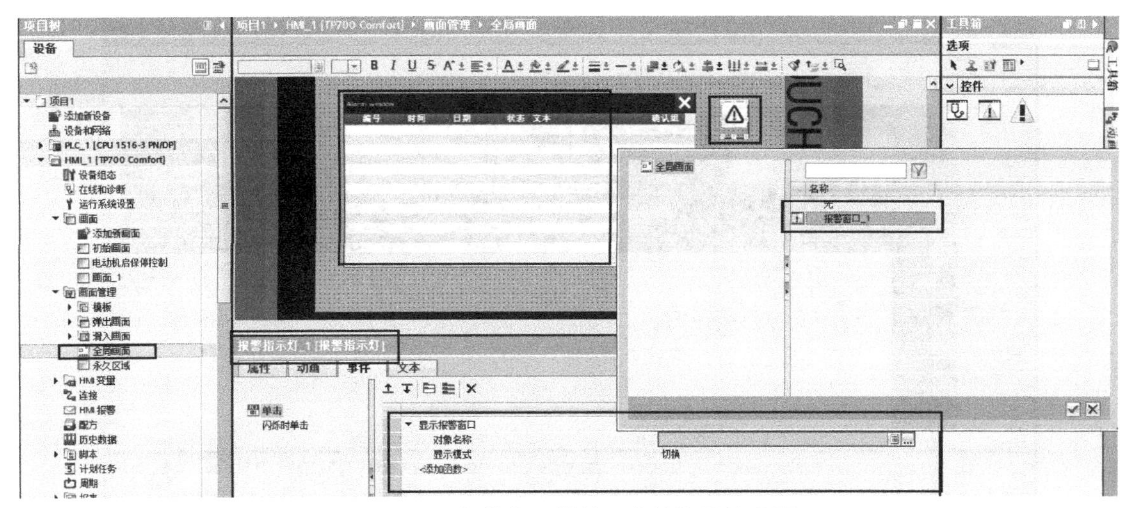

图 10-59 报警指示器的“事件”属性设置

10.5 TP 700 Comfort 画面设计

在画面设计中主要利用工具箱中的相关工具元素和控件等去完成画面的组态和设置，在画面设计的右侧资源卡中有着丰富的控件。画面中显示的各种 PLC 变量以及各种动画等均由这些控件来完成。

10.5.1 基本对象、元素的使用

(1) 文本域

文本域主要实现相应的文字描述，不与变量连接，运行时不能在操作单元上修改文本内容。选中需要添加文本的“电动机启保停控制”画面，使用工具箱中的基本对象，单击“文本域”，将其放入画面的基本区域中，默认的文本为“Text”，根据界面设计需要输入相应的文字，在属性视图中可以组态文本的颜色、字体大小和闪烁等属性，如图 10-60 所示。

放置完对象后，可以用鼠标左键选中放置的文本域对象，周围出现 8 个小正方形。将鼠标放在“文本域”上，光标会变为十字箭头图形。按住鼠标左键并移动鼠标，可以将选中的对象拖放到希望的位置上，松开左键，对象被释放到该位置。

用鼠标左键单击选中文本对象，选中某个角的小正方形，鼠标的光标变为 45°的双向箭头，按住左键并移动鼠标，可以同时改变按钮的长度和宽度。用鼠标左键选中按钮 4 条边中点的某个小正方形，鼠标的光标变为水平或垂直的双向箭头，按住左键并移动鼠标，可将选中的对象沿水平方向或垂直方向放大或缩小。

(2) 图形视图

为了更加形象地描述系统的设备，可以在画面中使用图形。图形是没有连接变量的静态显示元素。

使用工具箱中的基本对象，单击“图形视图”，将其放入初始画面的基本区域中，如图 10-61 所示。单击“属性”中的“常规”，单击图中，选择一张图片插入到画面中。

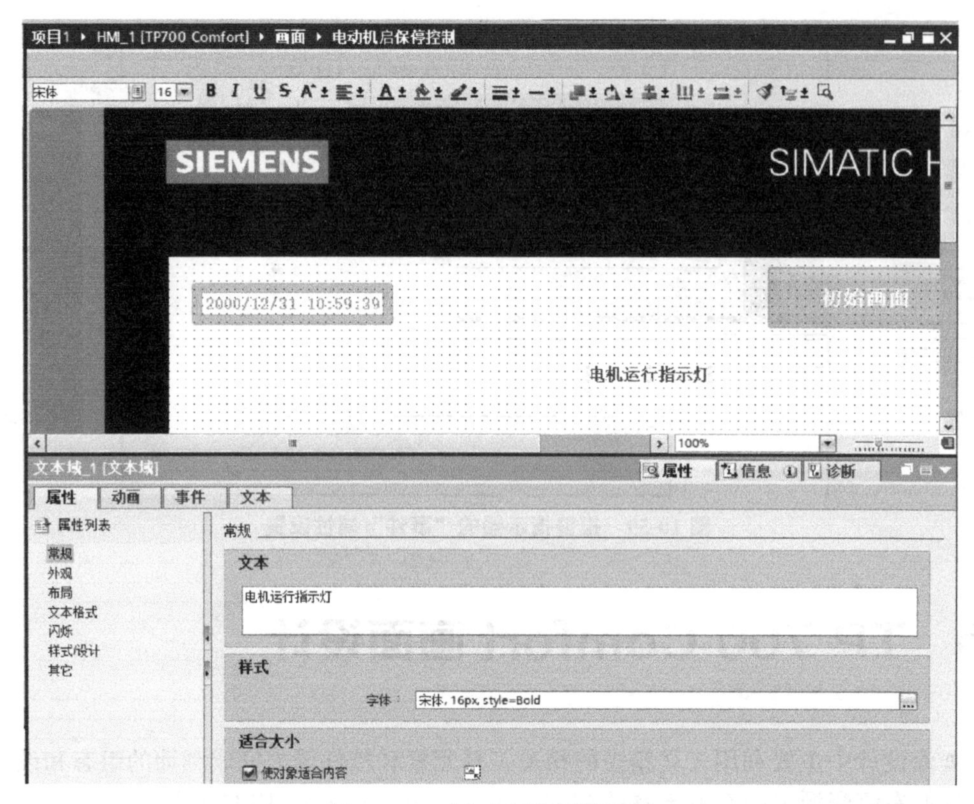

图 10-60 “文本域”属性设置

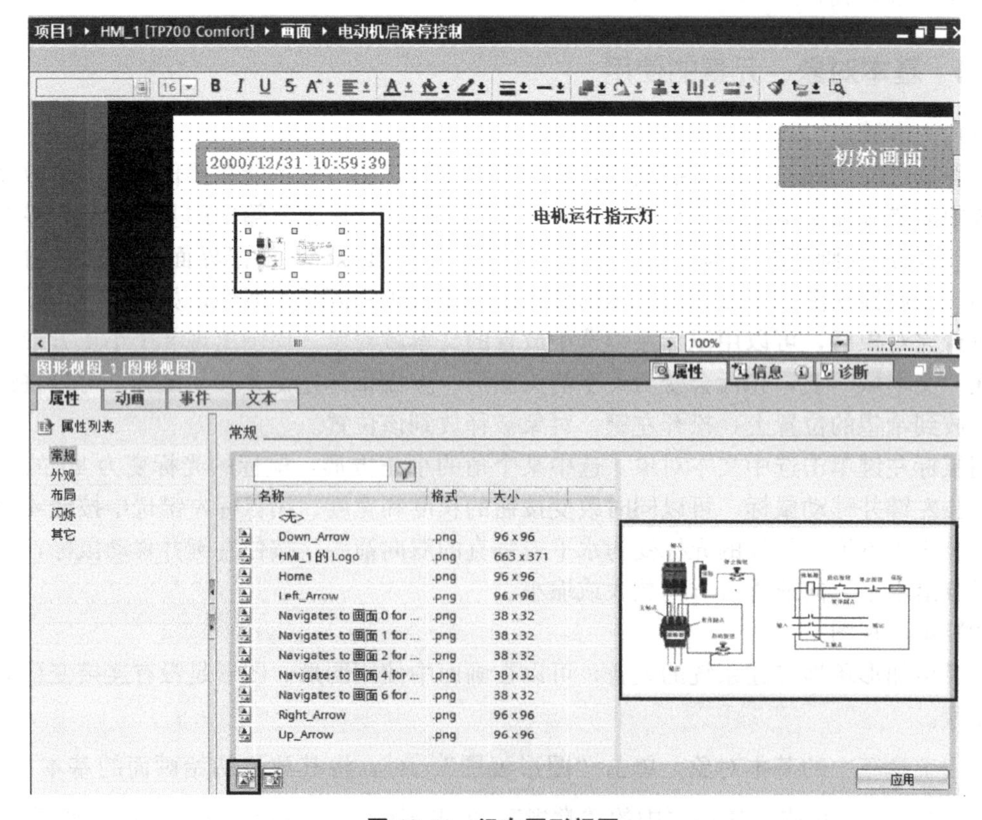

图 10-61 组态图形视图

（3）按钮

HMI 上组态的按钮与接在 PLC 输入端的物理按钮的功能是相同的，但是画面上按钮的功能比接在 PLC 输入端物理按钮的功能强大得多，可以将各种操作命令发送给 PLC，进而通过 PLC 的用户程序控制生产过程。并且 HMI 多幅画面之间的切换也是通过按钮来切换实现的。

使用工具箱中的元素，单击“按钮”，将其放入画面的基本区域，通过鼠标的拖拽可以调整按钮的大小。在按钮的“属性”选项卡的“常规”对话框中，输入相应的文字来提示操作人员该按钮的功能，例如，当操作人员单击启动按钮时，电机指示灯会亮起，代表电动机运行，如图 10-62 所示。

图 10-62　组态按钮的常规属性

如果勾选复选框“按钮‘按下’时显示的文本”，可以分别设置未按下时和按下时显示的文本。未勾选该复选框时，按下和未按下时按钮上的文本相同。选中巡视窗口的“外观”，设置按钮的背景色为浅灰色，文本色为黑色，如图 10-63 所示。

选中巡视窗口“属性”下面的“布局”，可以通过“位置和大小”区域的输入框微调按钮的位置和大小。如果选中“适合大小”区域的复选框“使对象适合内容”，将根据按钮上的文本的字数和字体大小自动调整按钮的大小。选中巡视窗口的“文本格式”，可以定义以像素点（px）为单位的文字的大小。字体为宋体，不能更改，还可以设置字形和附加效果。如图 10-64 所示。

设置按钮的事件功能，功能的执行总是与指定的事件相连接的。只有当该事件发生时，才触发功能。选中巡视窗口的“属性→事件→释放”，单击视图右边窗口的表格最上面一行，选择“系统函数”列表中“编辑位”下面的“复位位”。如图 10-65 所示。

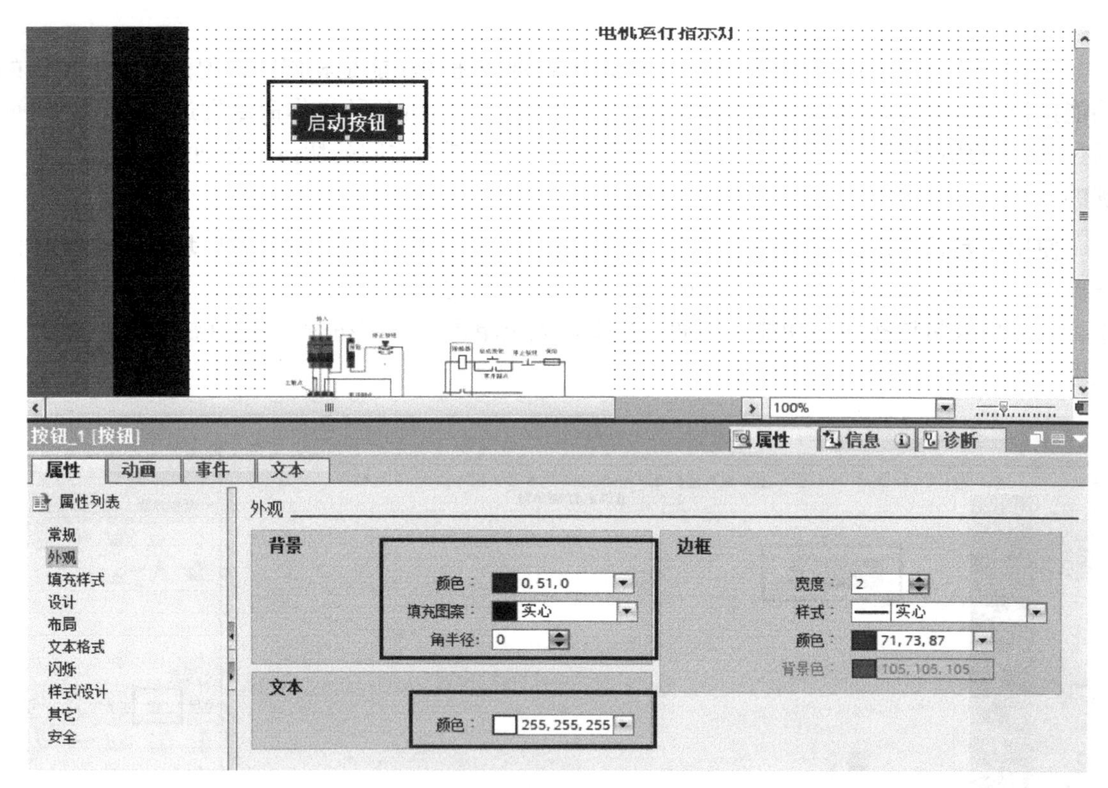

图 10-63　按钮“外观”属性设置

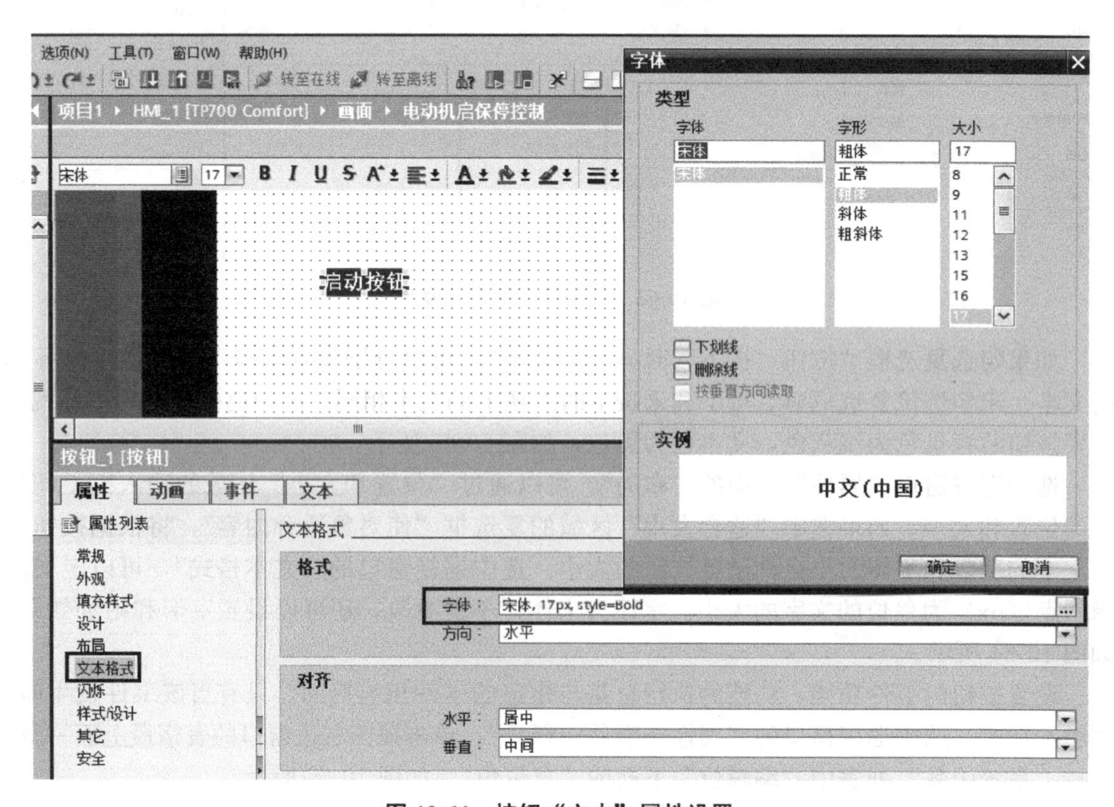

图 10-64　按钮“文本”属性设置

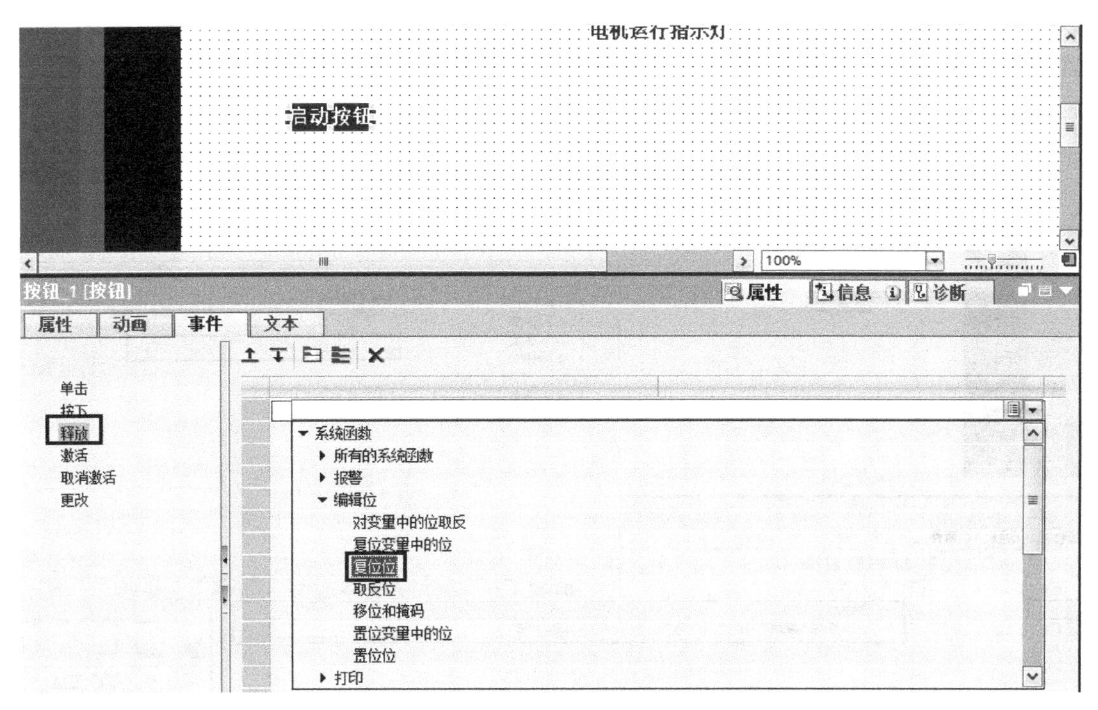

图 10-65　组态按钮释放时执行的函数

选中“复位位”之后，单击表中第 2 行“变量（输入/输出）”后面的选择按钮 ... ，选中该按钮下面出现的小对话框左边 PLC 的默认变量表中的变量“启动按钮”。如图 10-66 所示。在 HMI 运行时释放该按钮，将变量“启动按钮”复位为 0 状态。

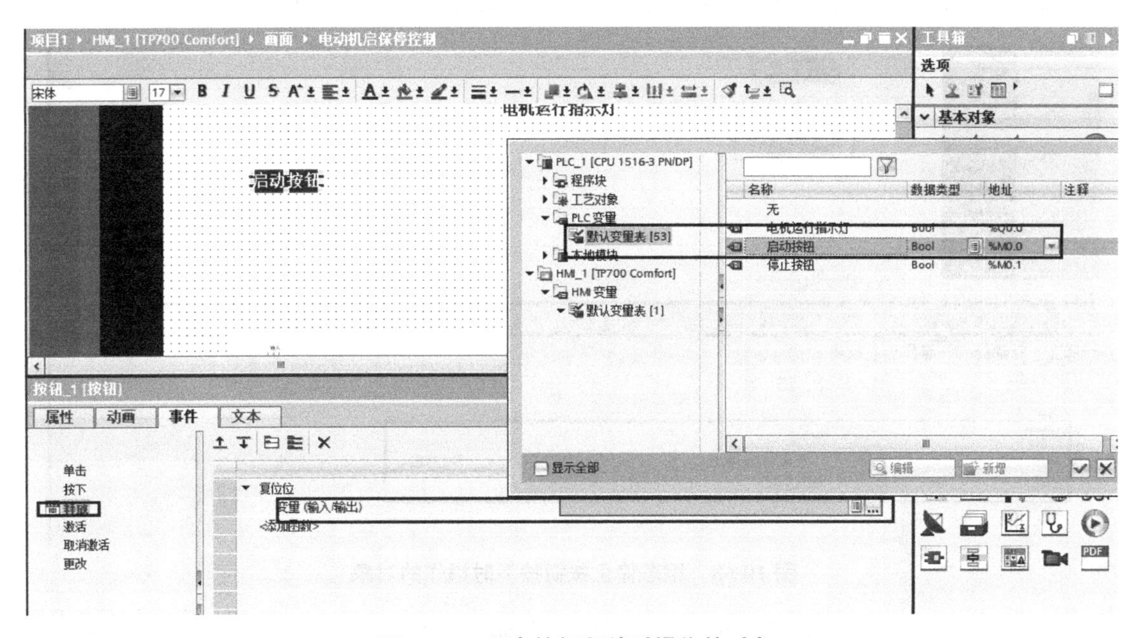

图 10-66　组态按钮释放时操作的对象

启动按钮具有点动按钮的功能，在按下按钮时变量“启动按钮”被置位，在释放按钮时被复位。因此选中巡视窗口的“属性→事件→按下”，用同样的方法设置在 HMI 运行时按下该按钮，选择“系统函数”列表中“编辑位”下面的“置位位”。如图 10-67 所示，同样将置位位关联到 PLC 的默认变量表中的变量“启动按钮”，在 HMI 运行时按下该按钮，置位为 1 状态。

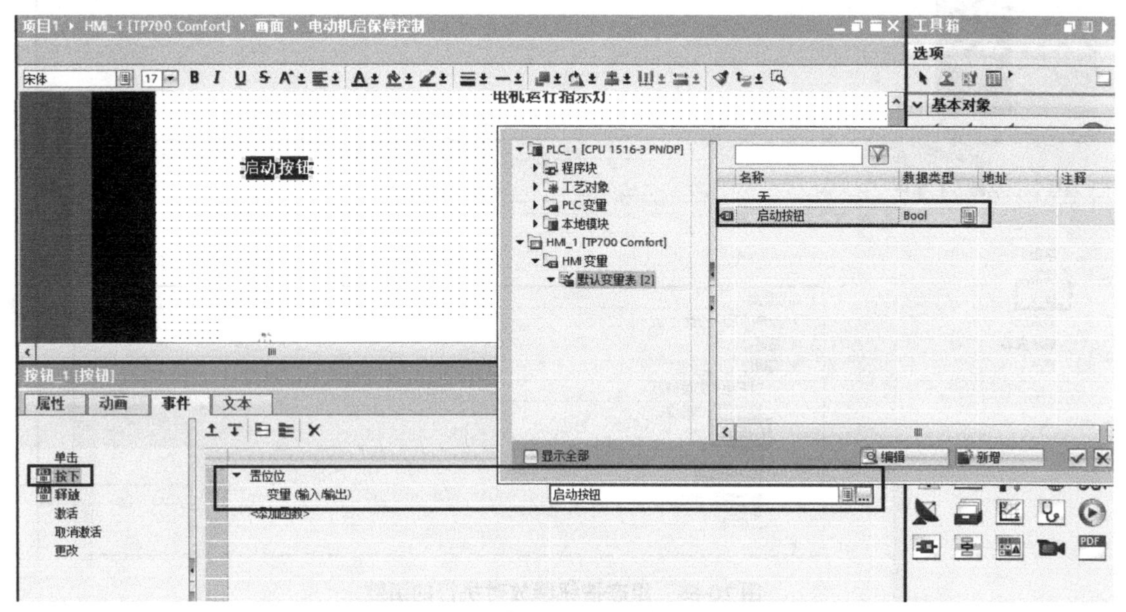

图 10-67　组态按钮按下时操作的对象

选中画面中组态好的“启动按钮”，执行复制和粘贴操作。放置好新生成的按钮后选中它，设置其文本为“停止按钮”，按下该按钮时将 PLC 的默认变量表中的变量“停止按钮”置位，放开该按钮时将它复位。“停止按钮”组态结果如图 10-68 所示。

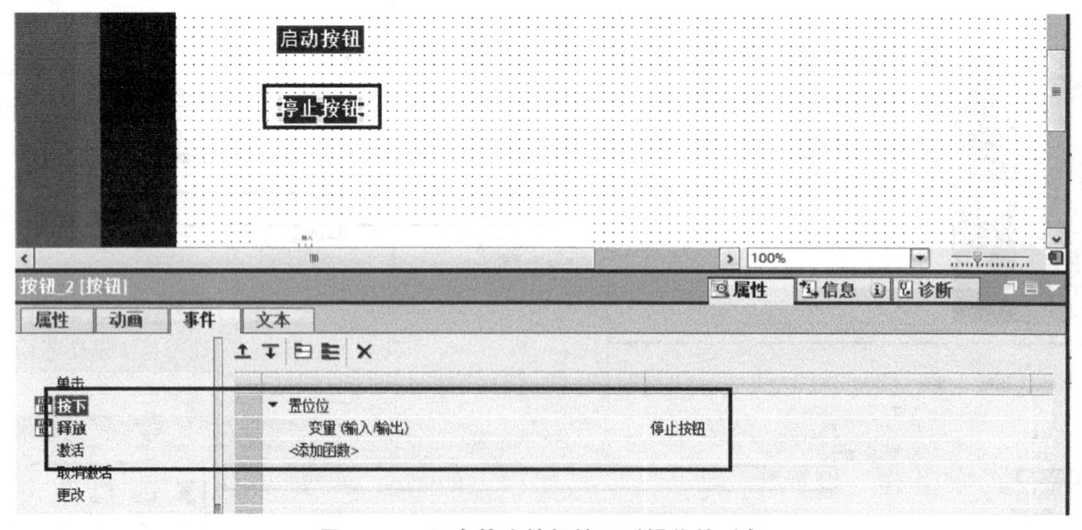

图 10-68　组态停止按钮按下时操作的对象

为了能够实现初始画面和“电动机启保停控制画面”的切换，在初始画面中放置按钮，并命名为“运行按钮”。在“运行按钮”按钮的“属性”的“事件”选项卡的“单击”对话框中，单击函数列表最上面一行右侧的按钮，在出现的系统函数列表中选择“画面”文件夹中的函数“激活屏幕”，如图 10-69 所示。

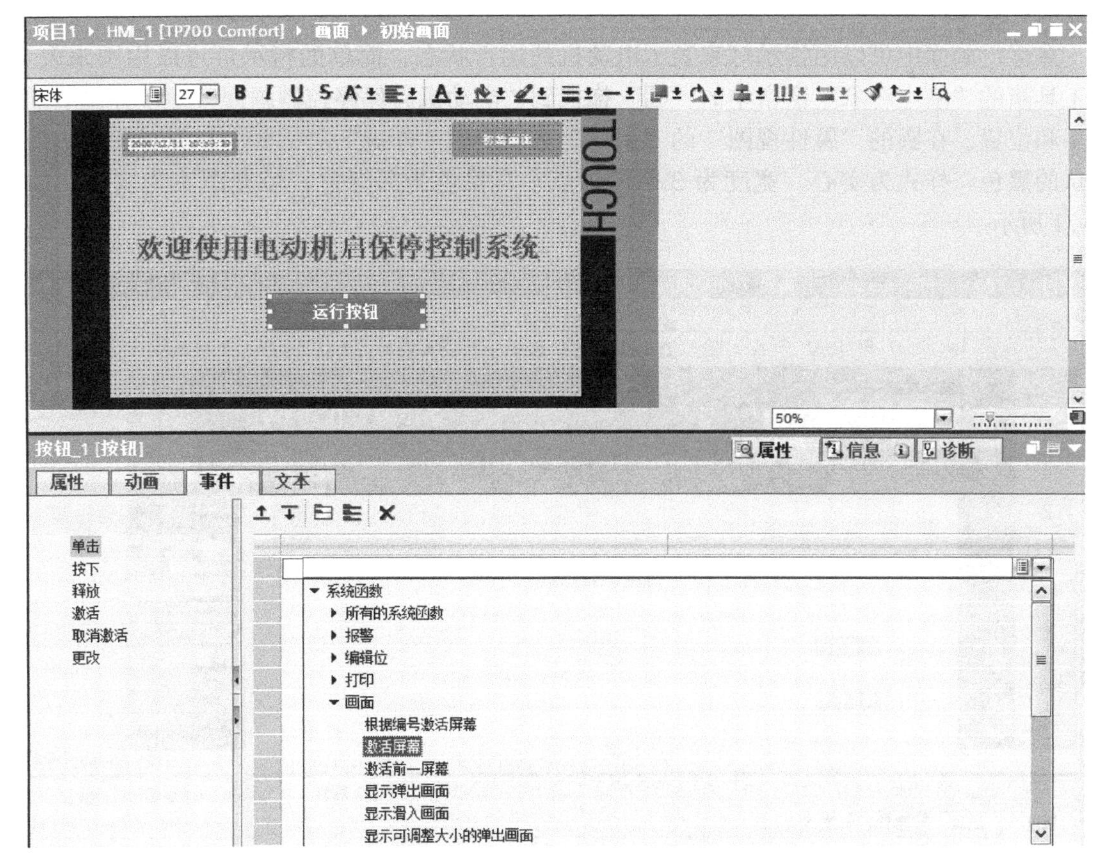

图 10-69　组态“运行按钮”单击时的函数

单击“画面名称”右侧的按钮，在出现的画面列表中选择需要切换的画面名“电动机启保停控制画面”，如图 10-70 所示。

图 10-70　组态“运行按钮”切换的画面

这样在系统运行时，通过单击初始画面中的“运行按钮”，画面将会从初始画面切换到“电动机启保停控制画面”。在“电动机启保停控制画面”中，可以借助于前面建立的画面模板的“初始画面”切换到初始画面。

（4）指示灯

在运行画面中可以用指示灯来表示电动机的运行状态，简单的指示灯可以用圆来表示。将工具箱的“基本对象”窗格中的“圆”拖拽到“电动机启保停控制画面”中，并调节圆的大小和位置。在圆的“属性视图”的“属性”选项卡的“外观”对话框中，设置圆的边框为默认的黑色，样式为实心，宽度为 2 个像素点，背景色为深绿色，填充图案为实心。如图 10-71 所示。

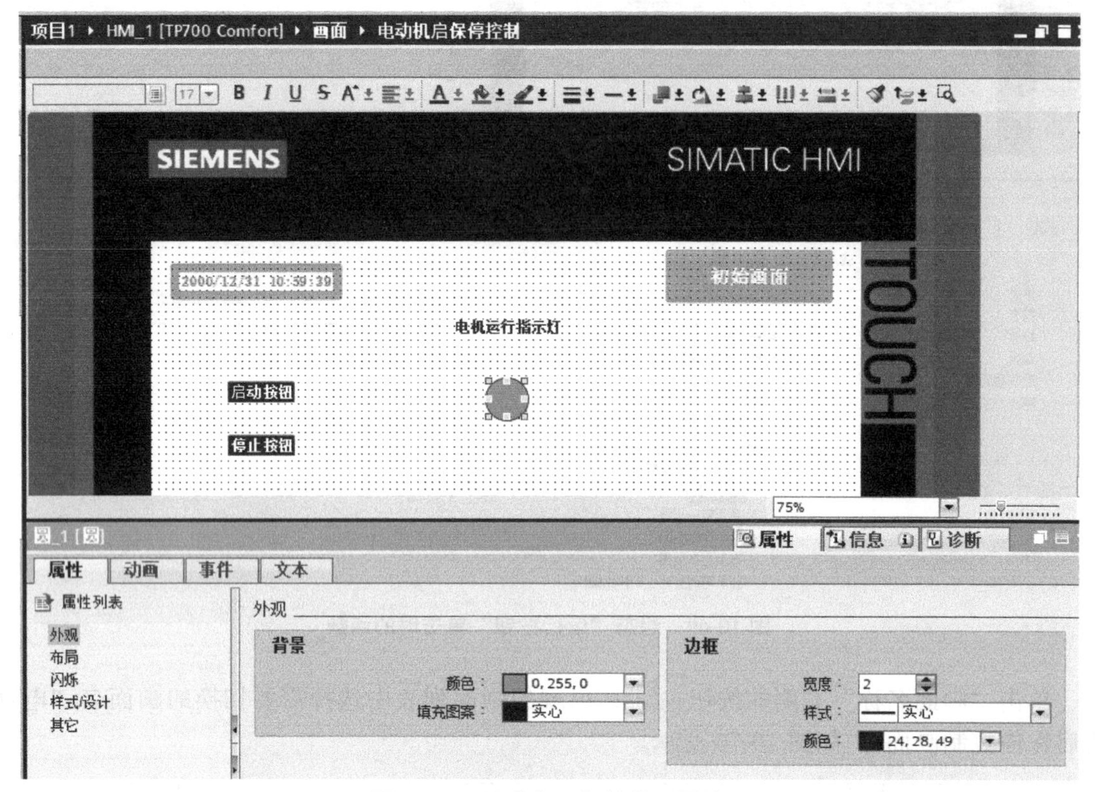

图 10-71　组态指示灯的外观属性

在圆的“属性视图”的“动画”选项卡的“显示”对话框中，双击其中的“添加新动画”，再双击出现的“添加动画”对话框中“外观”，如图 10-72 所示。

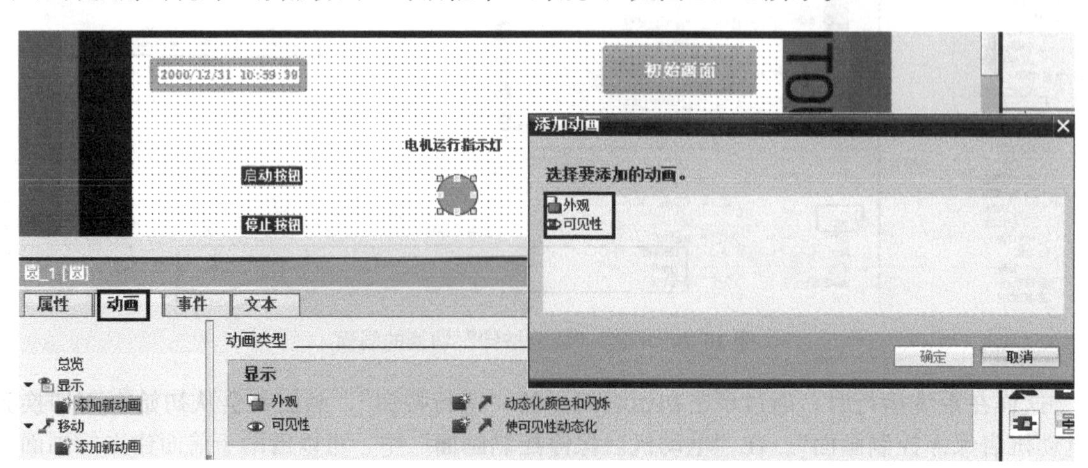

图 10-72　“添加动画”对话框

在出现的“外观”对话框中设置圆连接的 PLC 变量为位变量“电动机运行指示灯”，在类型中选择“范围”，在表中单击“添加”。在“范围”列中输入变量范围，当为 0 时，设置背景色和边框颜色均为灰色，无闪烁，表示电动机处于停止状态；当为 1 时，设置背景色和边框颜色均为绿色，表示电动机处于运行状态，如图 10-73 所示。

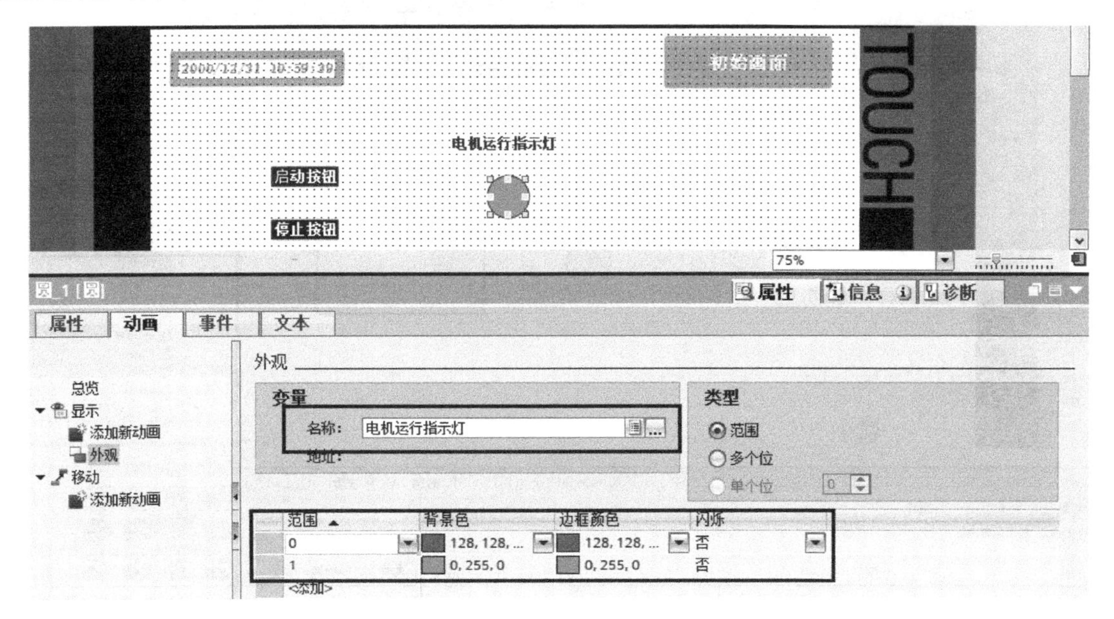

图 10-73　组态指示灯的动画属性

10.5.2　库和图形的使用

（1）WinCC 图形文件夹

在设计 HMI 监控画面需要绘制复杂图形时，可以利用 WinCC 软件提供的图形库。在工具窗口的库和图形中，存储了各种类型的常用图形对象供用户使用。一些比较复杂的图形，比如灌装液罐、阀门和指示灯等图形都可以直接从库中选取。

单击工具窗口中的“图形”，依次打开“WinCC 图形文件夹”相关的文件，如图 10-74 所示，可以把所需要的图形元素放入到画面中。

（2）库使用

库里面也含有丰富的图形对象，比如前面用几何图形圆作指示灯画面比较单调，也可以从库中选取更形象的指示灯。

单击库的“全局库”，依次打开“Button _ and _ switches”→“主模板”→“PilotLights”→“PlotLight _ Round _ G”，将选中的指示灯拖入画面合适位置，如图 10-75 所示。

组态运行指示灯的属性，在“常规”属性对话框中，连接变量选择“电机运行指示灯”。在“常规”属性的“内容”区域，组态“开”状态和“关”状态，当“电机运行指示灯”为 1 时，选择状态图形为绿灯亮，当“电机运行指示灯”为 0 时，选择状态图形灯灭，如图 10-76 所示。

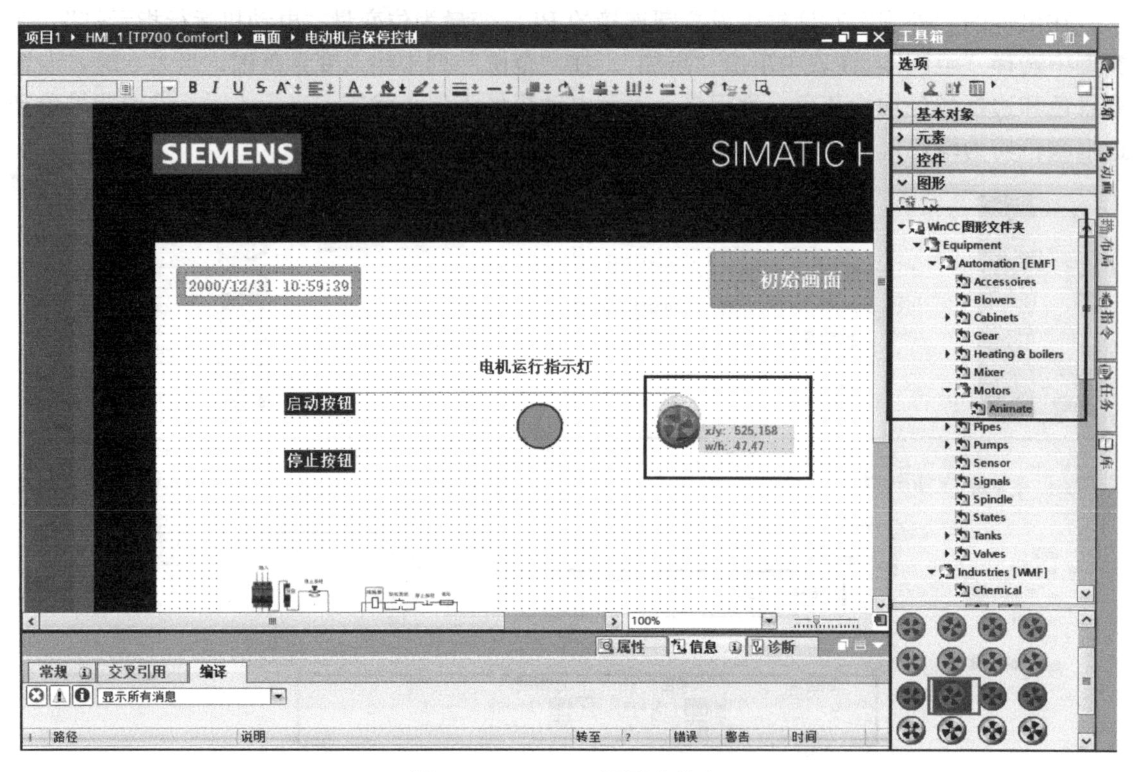

图 10-74　WinCC 图形文件夹

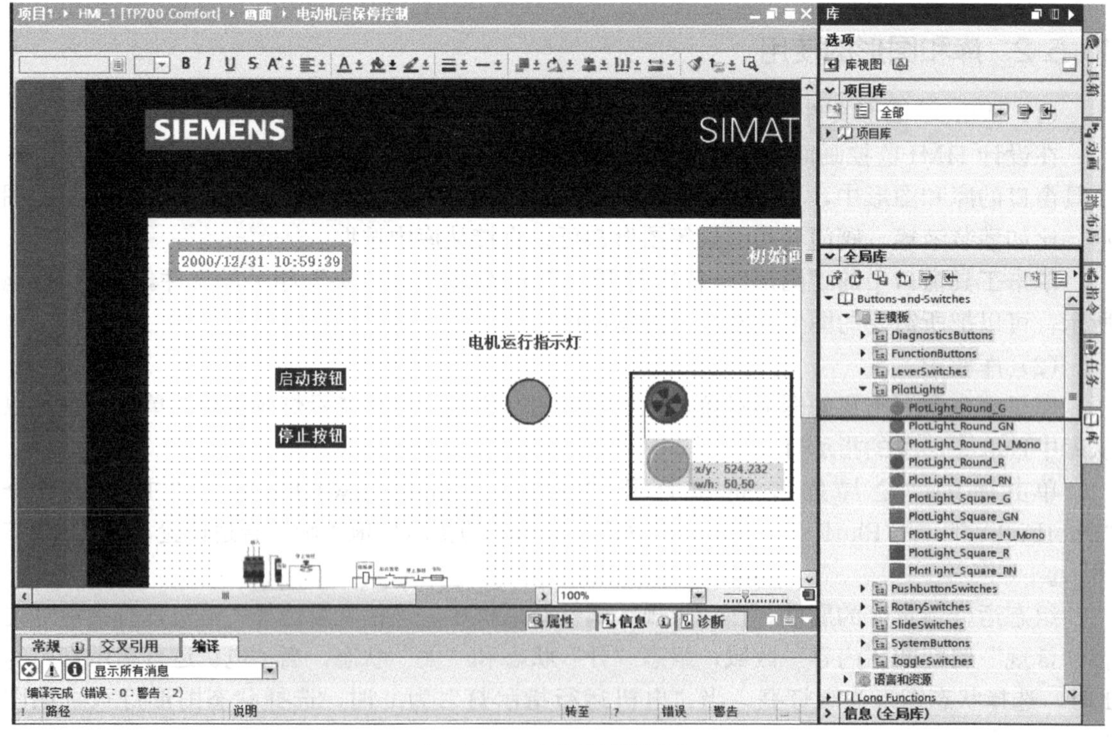

图 10-75　库中放置指示灯

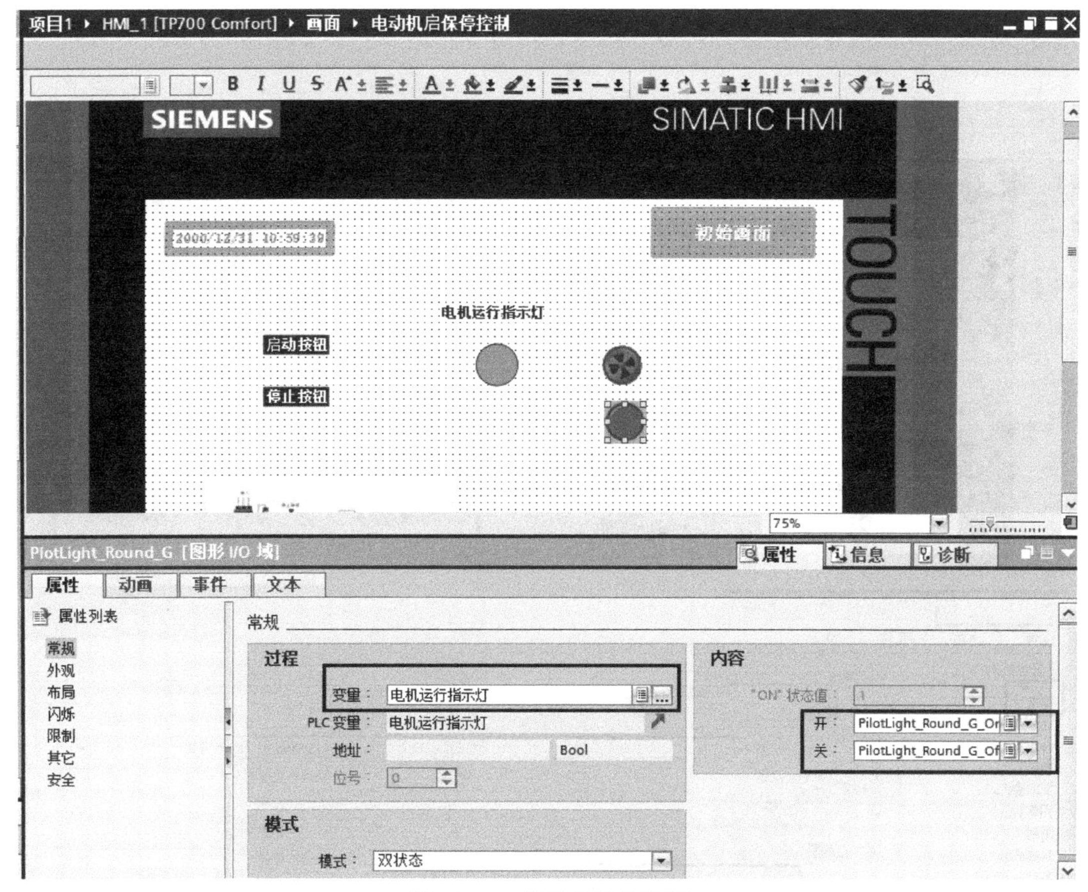

图 10-76　指示灯属性设置

10.5.3　组态 I/O 域

“I”是输入（Input）的简称，“O”是输出（Output）的简称，I/O 域即输入域与输出域的统称。I/O 域分为 3 种模式：输出域、输入域和输入/输出域。

① 输出域：只显示 PLC 中变量的数值，不能修改数值，可以在 HMI 上显示来自 PLC 的当前值，可以选择以数字、字母数字或符号的形式输出数值。例如将已经计数的数量显示在 HMI 上。

② 输入域：用于操作员输入要传送到 PLC 的数字、字母或符号，将输入的数值保存到指定的变量中。

③ 输入/输出域：同时具有输入和输出的功能，操作员可以用它来修改变量的数值，并将修改后的数值显示出来。

使用工具箱中的元素，单击“I/O 域”按钮，将其拖拽到画面的合适位置，通过鼠标的拖拽调整输出域的大小。同时为了清晰地说明输出域显示的数据，在其旁边放置文本域“计数”。

在 I/O 域的巡视窗口的“属性”选项卡的“常规”对话框中，选择 I/O 域的类型为“输出”模式。选择这个输出域所要连接的 PLC 过程变量为“转速当前值”（PLC 过程变量需要提前在 PLC 的项目变量表中创建）。选择显示数据的格式类型为“十进制”。根据实际生产情况选择格式样式为 s99999，不带小数，如图 10-77 所示。

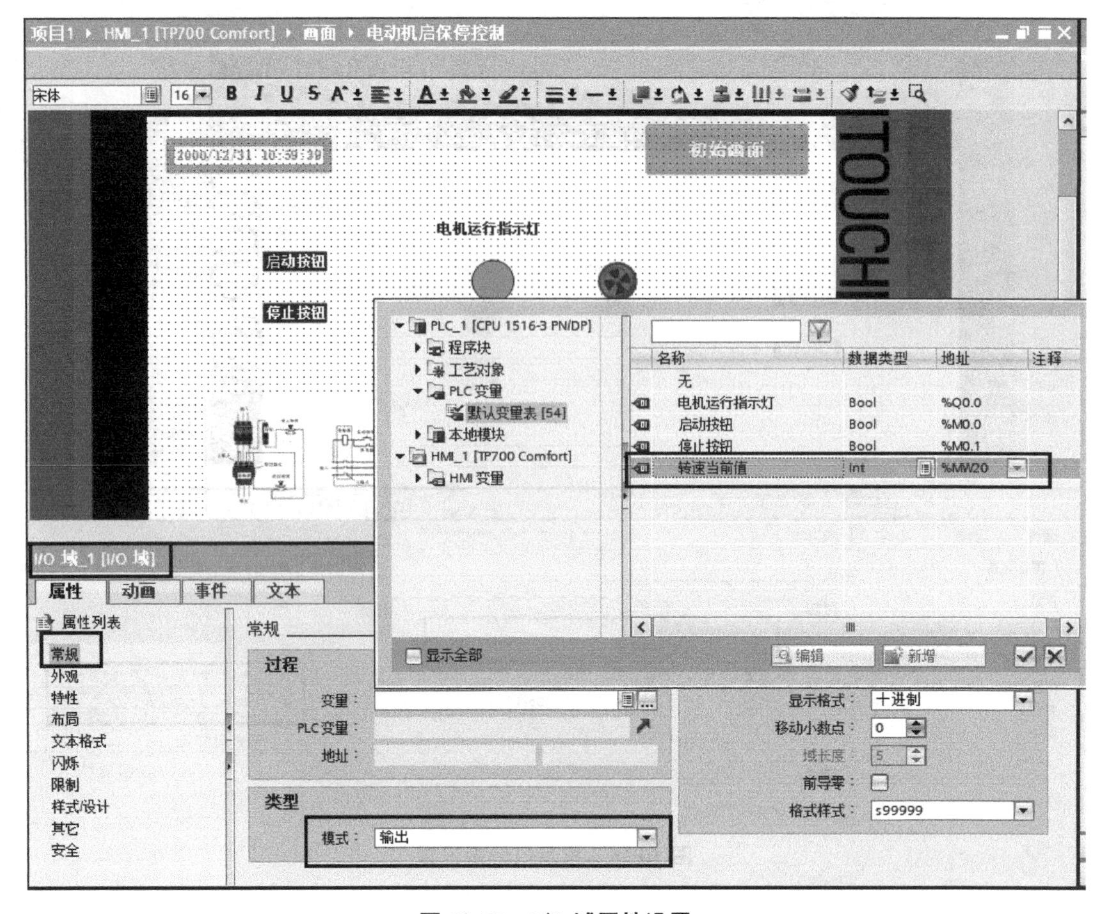

图 10-77　I/O 域属性设置

在图 10-77 的巡视窗口的“属性”下面的“限制”中，还可以设置连接的变量的值在超出上限和低于下限时在运行系统中对象的颜色。

10.5.4　变量的管理

变量是组态软件中的重要组成部分，操作人员在 HMI 上发布的指令通过变量和生成现场进行交互。一般在组态设计画面之前，需要先定义变量。

变量由符号名和数据类型组成，HMI 中的变量分为外部变量和内部变量。外部变量是与外部控制器（例如 PLC）具有过程连接的变量，必须指定与 HMI 相连接的 PLC 的内存位置，其值随 PLC 程序的执行而改变。外部变量是 HMI 与 PLC 进行数据交换的桥梁，HMI 和 PLC 都可以对其进行读写访问。最多可使用的外部变量数目与授权有关。

内部变量是与外部控制器没有过程连接的变量，其值存储在触摸屏的存储器中，只有名称，不用分配地址。只有 HMI 能够访问内部变量，用于 HMI 内部的计算或执行其他任务。内部变量没有数量限制，可以无限制地使用。

项目的每个 HMI 设备都有一个默认变量表，该变量表无法删除或移动。默认变量表包含 HMI 变量和系统变量（是否有系统变量则取决于 HMI 设备型号）。可在标准变量表中声明所有 HMI 变量，也可根据需要新建用户定制的变量表。在项目树中打开“HMI 变量”文件夹，然后双击默认变量表，默认变量表即打开。如图 10-78 所示。

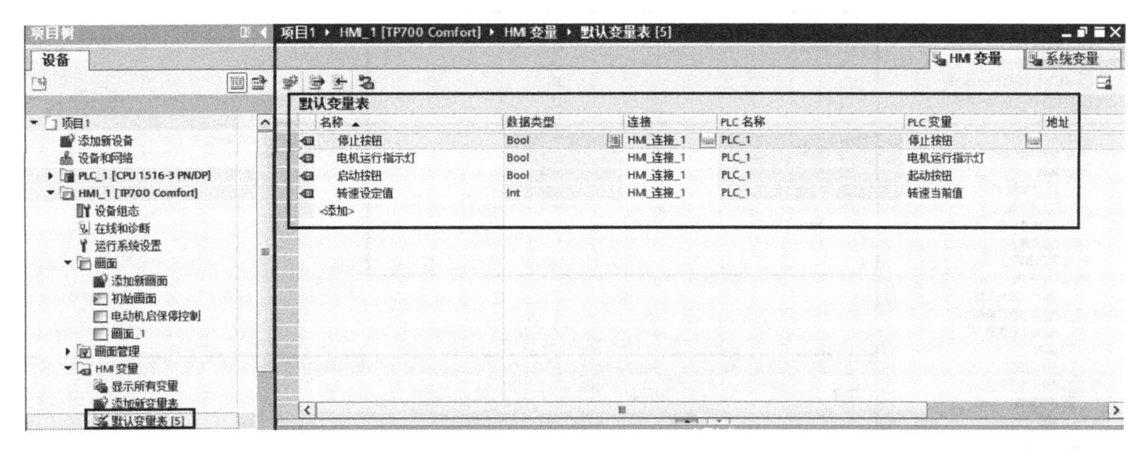

图 10-78　HMI 默认变量表

在默认变量表的“名称”列中，双击“添加”，可以创建一个新变量，设置变量的名称、数据类型、连接、PLC 名称、PLC 变量、地址和采集周期等参数。在“名称”列中输入一个唯一的变量名称。在“连接”列下拉菜单中，显示所有在通信连接时建立的“PLC 连接”和＜内部变量＞。如果是内部变量，选择＜内部变量＞。如果是外部变量，则选择与所需 PLC 的连接，比如选择“HMI _ 连接 _ 1”连接。如果需要的连接未显示，则必须先创建与 PLC 的连接。在“连接”编辑器中创建与外部 PLC 的连接。如果项目包含 PLC 并支持集成连接，则连接自动创建。

在过程画面中显示或记录的过程变量值需要实时进行更新，采集周期用来确定画面的刷新频率。设置采集周期时应考虑过程值的变化速率。比如温度的变化一般比较慢，比电气传动装置的速度变化慢得多，如果采集周期设置得太小，将显著地增加通信的负荷。HMI 采集周期最小值为 100ms，如图 10-79 所示，还可以双击项目树种中的“周期”，通过“添加”按钮自定义采集周期，如图 10-80 所示。

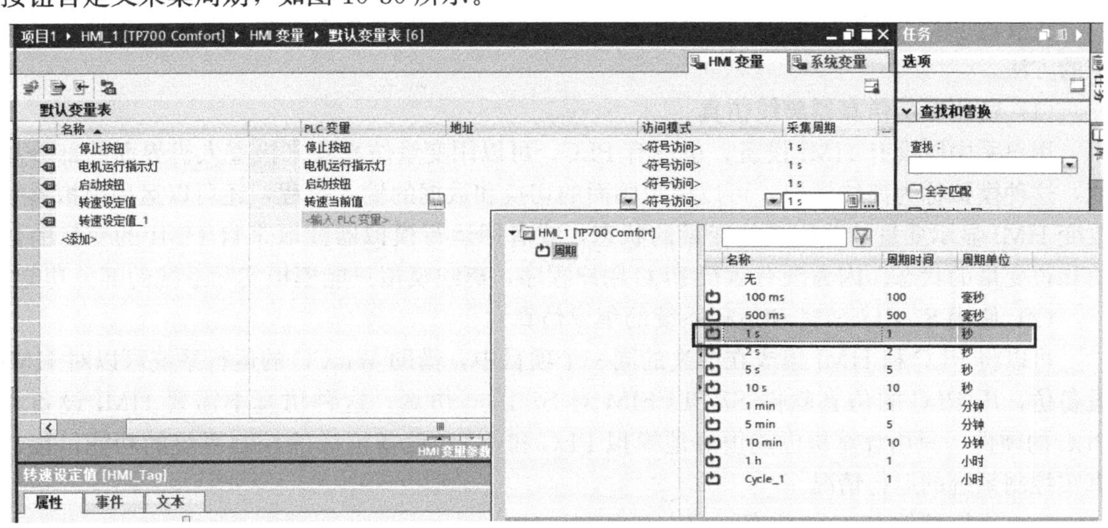

图 10-79　变量周期的设置

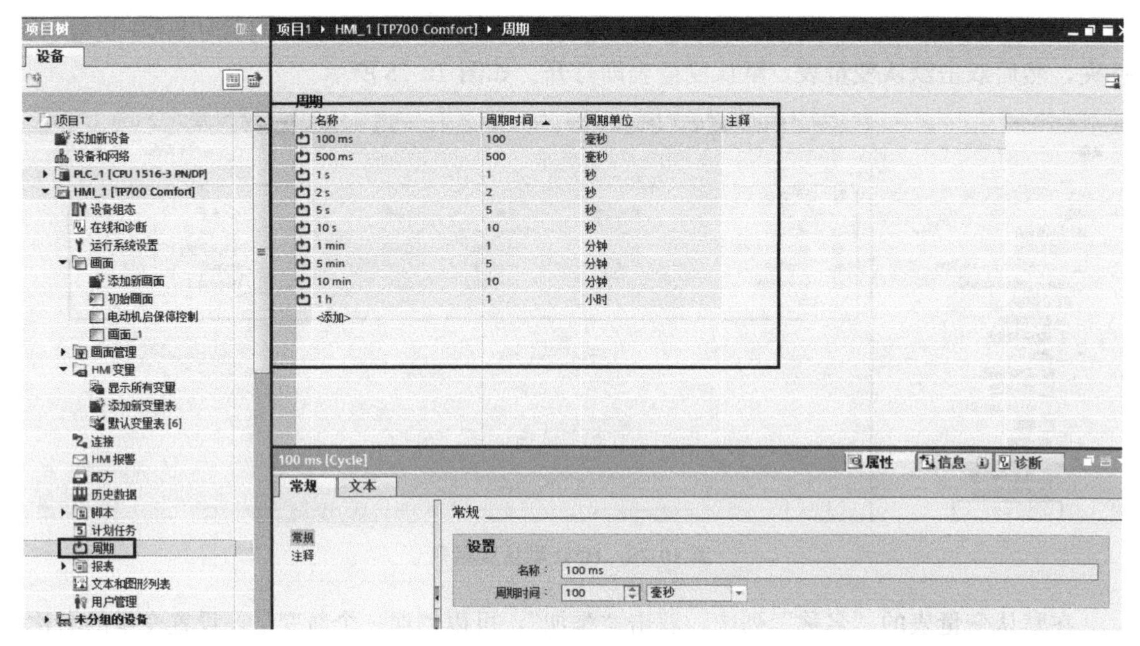

图 10-80　周期的设置

10.6　精智面板的仿真、运行与用户管理

HMI 的设备价格较高，而 WinnCC 提供了一个仿真软件，可以在没有 HMI 设备的情况下，通过 WinCC 的运行系统（Runtime）用来在计算机上运行用 WinnCC 的工程系统组态的项目，并可以查看进程。还可以用用它来测试项目，调试已组态的 HMI 设备功能。

10.6.1　HMI 仿真调试方法

在没有 HMI 设备的情况下，可以用运行系统来对 HMI 设备仿真。主要有 3 种仿真调试的方法。

（1）使用变量仿真器离线仿真

用户手中既没有 HMI 设备，也没有 PLC，可以用变量仿真器来检查人机界面的部分功能，这种模拟称为离线模拟，可以模拟画面的切换和数据的输入过程，还可以运用模拟器来改变 HMI 显示变量的数值或位变量的状态，或者用运行模拟器读取来自 HMI 的变量的数值和位变量的状态。因为没有运行 PLC 用户程序，离线模拟只能模拟实际系统的部分功能。

（2）使用 S7-PLCSIM 和运行系统的集成仿真

可以将 PLC 和 HMI 集成在博途的同一个项目中，借助 WinCC 的运行系统可以对 HMI 设备仿，用 PLC 的仿真软件 S7-PLCSIM 对 S7-1500 仿真。这种仿真不需要 HMI 设备和 PLC 的硬件，只用计算机也能很好地模拟 PLC 和 HMI 设备组成的控制系统的功能，接近真实控制系统的运行情况。

（3）连接硬件 PLC 的仿真

设计组态好 HMI 画面后，如果没有 HMI 设备，但是有 PLC，可以进行在线仿真调试。

在线仿真调试时需要连接计算机和 CPU 的以太网通信接口，运行 PLC 用户程序，用计算机模拟 HMI 设备的功能。在线模拟的效果与实际的 HMI 系统基本相同。这种模拟方便项目的调试，减少调试时刷新 HMI 设备的闪存的次数，节约调试时间。

在线仿真调试需要事先实现 PC 和 PLC 之间的通信，并将项目的用户程序和组态信息下载到 CPU，令 CPU 运行在 RUN 模式。然后选中项目树中的 HMI 设备，通过从菜单中选择“在线”→“仿真”→“启动”，出现仿真运行的 HMI 画面，运行效果与下载到 HMI 设备运行一致。

10.6.2　HMI 的离线仿真调试

在 WinCC 的项目组态界面，通过从菜单中选择“在线”→“仿真”→“使用变量仿真器”，可直接从正在运行的组态软件中启动运行模拟器。如果启动模拟器之前没有预先编译项目，则自动启动编译，编译的相关信息将被显示，如图 10-81 所示。如果编译中出现错误，用红色的文字显示出错信息。编译成功后才能模拟运行。

图 10-81　HMI 编译结果显示

启动带模拟器的运行系统后，将启动“SIMATIC WinCC Runtime Advanced”和“WinCC Runtime Advanced 仿真器”两个画面。

“SIMATIC WinCC Runtime Advanced”画面相当于真实的 HMI 设备画面，可以用鼠标单击操作，如图 10-82 所示。

图 10-82　SIMATIC WinCC Runtime Advanced

“WinCC Runtime Advanced 仿真器”画面是一个模拟表，在模拟表的“变量”列中输入用于项目调试的变量，在“模拟”列中可以选择如何对变量值进行处理。可用的仿真模式有以下五种：

① Sine　以正弦函数的方式改变变量值。

② 随机以随机函数的方式改变变量值。

③ 增量持续一步步地增加变量值。

④ 减量持续一步步地减小变量值。

⑤ ＜显示＞　显示当前变量值。

在“设置数值”列中为相关变量设置一个值，激活“开始”复选框，就可以模拟 PLC 上的变量进行项目的调试。如图 10-83 所示，可以看到当“电机运行指示灯”随机值为“1”时，HMI 运行画面中相应的电机运行指示灯为绿色。

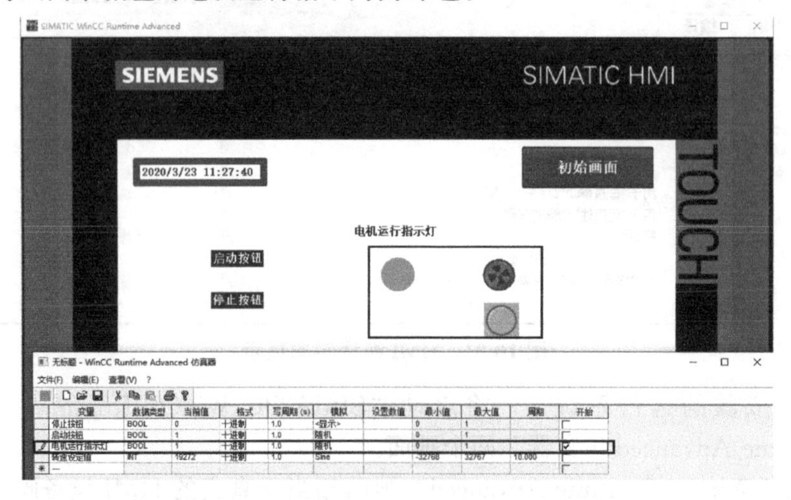

图 10-83　“WinCC Runtime Advanced 仿真器”运行

10.6.3　HMI 的在线仿真调试

如果没有 PLC，也可以借助使用 Portal 软件中的 PLC 仿真软件代替 PLC，进行 HMI 设备的在线仿真调试。

(1) PLC 程序设计

首先根据控制要求，在 PLC 中完成控制功能的程序设计。如图 10-84 所示为设计的“电机启保停控制”程序，这里为了模拟调试，给定了电机的当前转速值 13472。

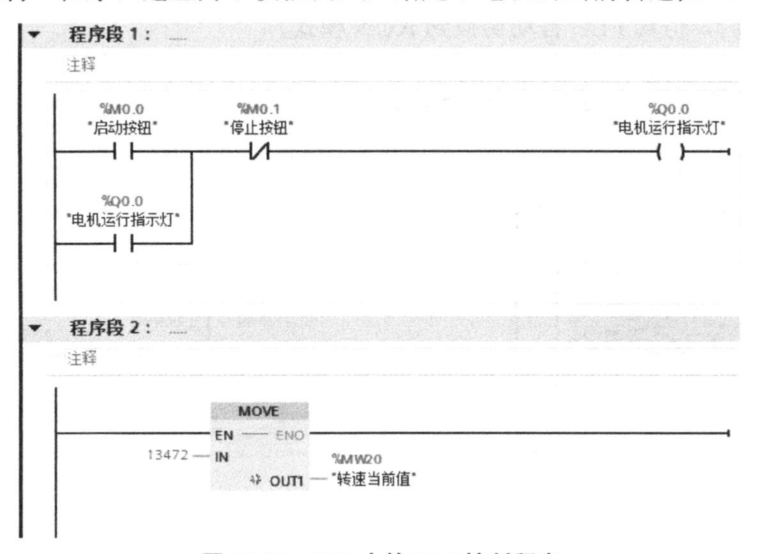

图 10-84　OB1 中的 PLC 控制程序

(2) 配置通信接口

将 Windows 的控制面板切换到“所有控制面板项”显示方式，双击其中的“设置 PG/PC 接口”，为 PLC 仿真软件设置 PG/PC 接口，例如选择“PLCSIM TCPIP.1”，如图 10-85 所示。

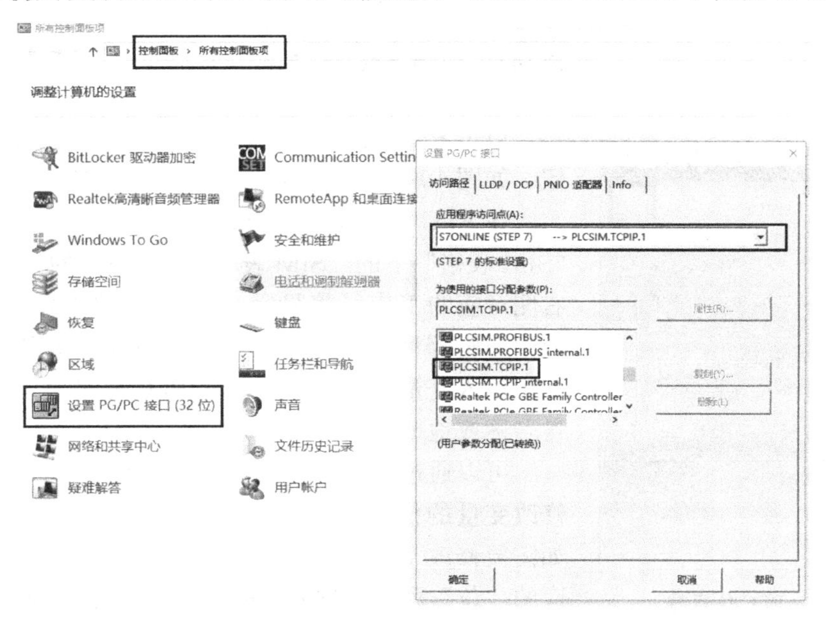

图 10-85　“设置 PG/PC 接口”对话框

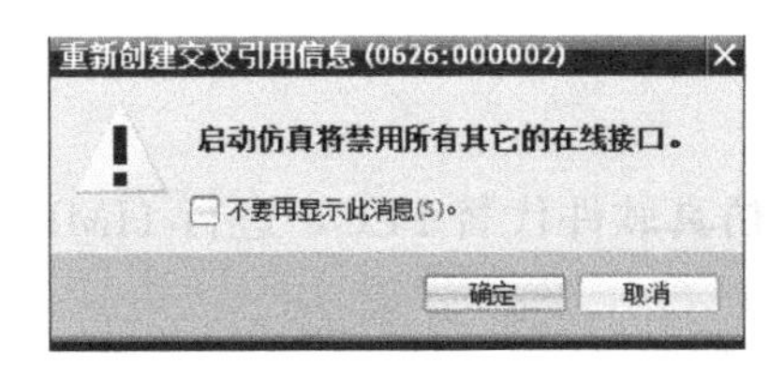

图 10-86　启动仿真器提示窗口

在 Portal 软件项目树中选中 PLC 站点，通过快捷菜单选择“开始仿真”命令，或鼠标单击菜单中“”工具，弹出如图 10-86 所示的提示窗口。

单击“确定”按钮之后，进入下载界面，下载过程与下载到真实 PLC 一样。只是通信接口参数的 PG/PC 接口需要选择“PLCSIM”，然后单击“开始搜索”按钮，选中显示的下载通信接口，如图 10-87 所示。单击“下载”按钮，执行下载 PLC 站点的硬件和软件。下载完成后，仿真 PLC 自动切换到 RUN 模式。

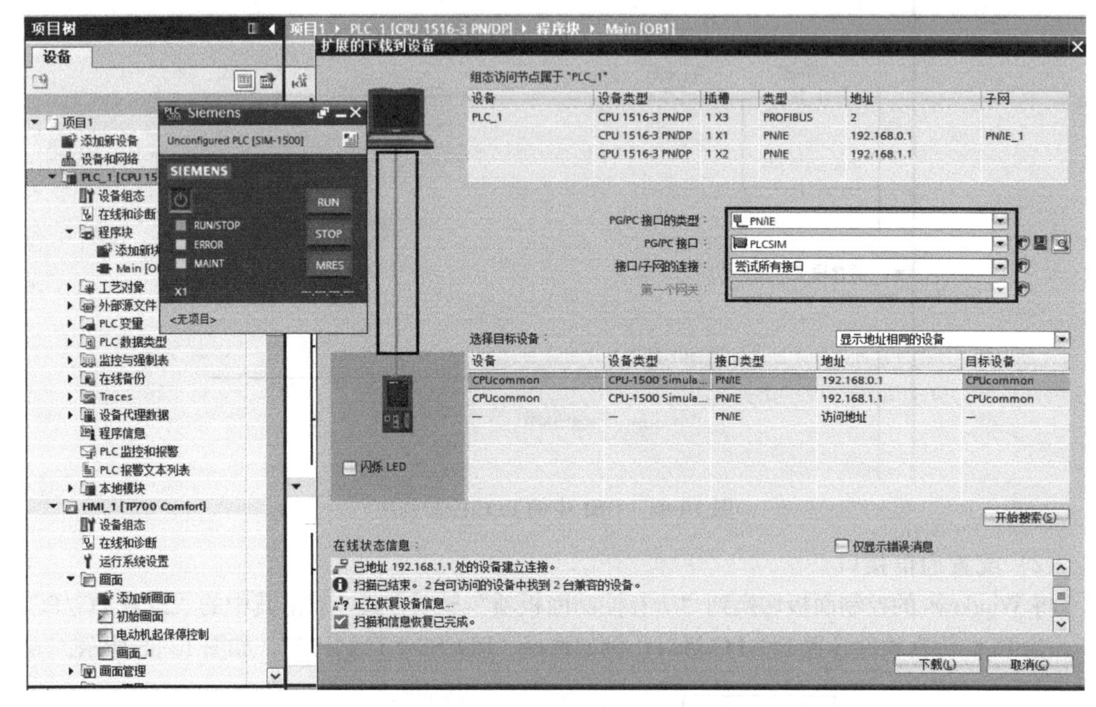

图 10-87　下载通信参数设置

图 10-88　PLC 仿真器精简视图运行界面

单击 PLC 仿真软件精简视图界面右上角的“”按钮，如图 10-88 所示，可以将仿真器切换到项目视图模式。

在 PLC 仿真软件的项目视图下，双击打开项目树“SIM 表格”下的“SIM 表格 1”或添加的其他 SIM 表格，右侧对应的工作区将显示 SIM 表格编辑器区域。在 SIM 表格编辑器区域的“名称”列中输入变量名或在“地址”列中输入变量地址，也可以从 PLC 变量表中复制/粘贴变量名称或地址，如图 10-89 所示。

可以通过 SIM 表格的“位”列和“一致修改”列，来修改变量的信号或数值（主要是针对输入外设变量）。例如需要修改 I0.0 变量信号的状态，可以在 I0.0 所在行对应的“位”列中勾选复选框，则 I0.0 信号变为“1”，再单击复选框，即取消勾选，则 I0.0 信号变为“0”。

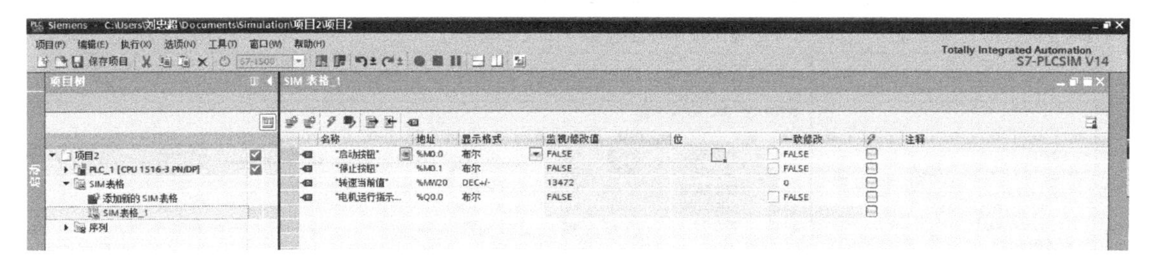

图 10-89　项目视图 SIM 表格编辑窗口

在 Portal 软件中，选中项目树中的 HMI _ 1 站点，对 HMI 设备的硬件和软件成功编译后，选中该设备，通过快捷菜单选择“开始仿真”命令，或鼠标单击菜单中“ ”工具，将进入 SIMATIC WinCC Runtime Advanced 软件界面，显示 HMI 设备的启动画面的运行状态，将启动设置“定义为初始画面”的初始画面，如图 10-90 所示。单击初始画面中的“运行按钮”，则切换到“电动机启保停控制”界面，如图 10-91 所示。

图 10-90　HMI 的初始画面

按下画面中的“启动按钮”，则 PLC 中的变量“启动按钮”（M0. 0）被置位 1 状态。由于图 10-84 OB1 梯形图的作用，变量“电机运行指示灯”（Q0. 0）变为 1 状态，画面上的指示灯亮。单击画面中的“停止按钮”，变量“电机运行指示灯”（Q0. 0）变为 0 状态，指示灯熄灭。按下画面中的“初始画面”按钮，则可以切换到 HMI 运行的初始画面。

通过 PLC 和 HMI 的集成仿真模拟，用户可以在不使用 PLC 和 HMI 设备的前提下，进而对工程项目的前期进行调试工作，既可以调试 PLC 项目程序，又可以调试上位监控系统，非常方便。

10. 6. 4　用户管理的组态与使用

在 HMI 系统运行时，可能根据运行情况需要创建或者修改某些比较重要的参数，比如温度的设定值修改、PID 控制器参数的修改、设备的运行时间修改、创建新的配方数据记录或者修改已有的数据记录中的条目等，这些重要的操作一般只能运行某些指定的专业人员来完成。因此，必须防止未经授权的人员对这些比较重要数据的访问和操作。可以需要设置拥

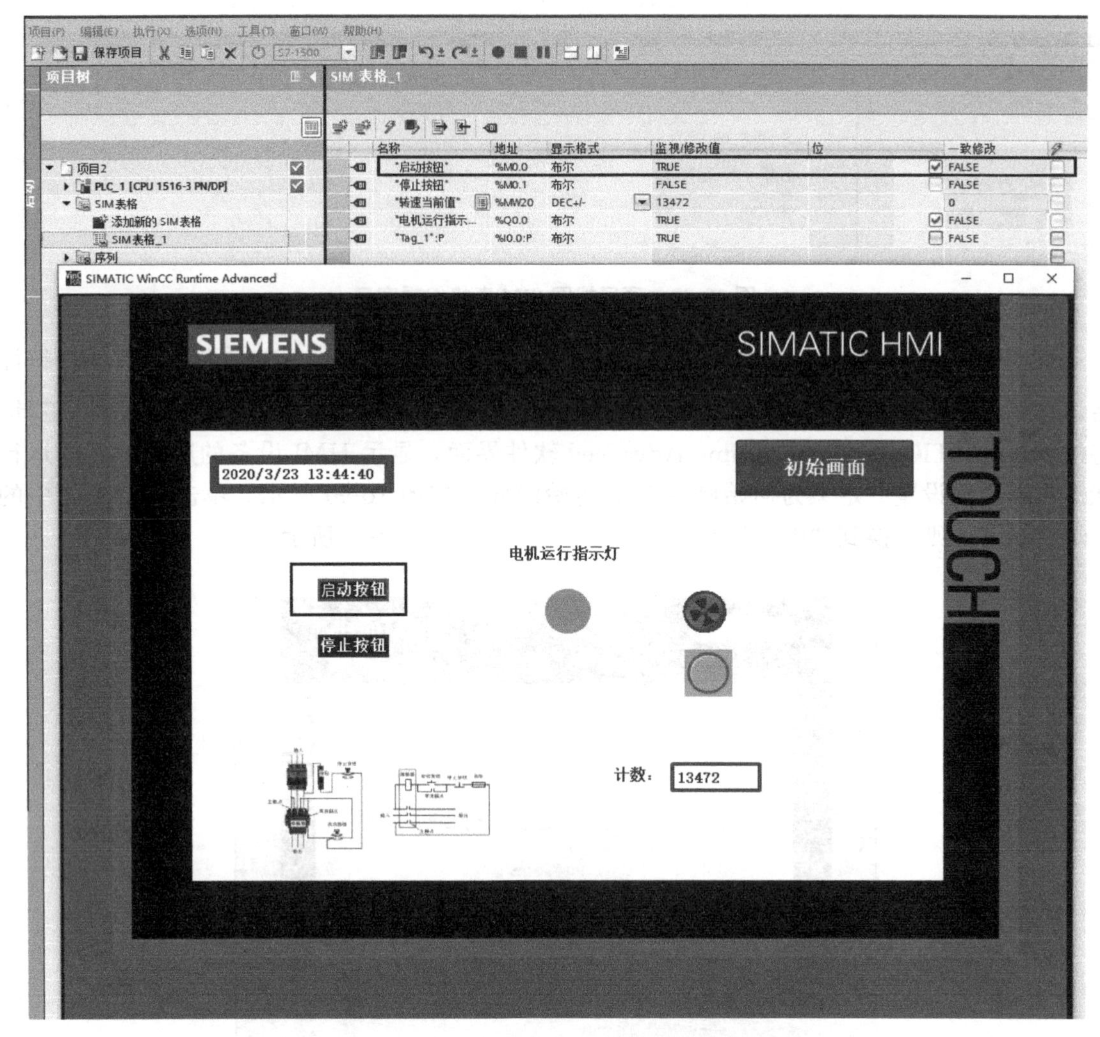

图 10-91　HMI 设备和 PLC 仿真器的在线调试

有特有访问权（即所谓的权限）的用户和用户组，然后组态操作安全相关的对象所需的权限。例如工程师在运行时可以不受限制地访问所有的变量，而操作员只能访问特定的输入域和功能键。

在 WinCC 用户管理分为对“用户组”的管理和“用户”的管理，并集中管理用户、用户组和权限。将用户和用户组与项目一起传送到 HMI 设备。通过用户视图在 HMI 设备中管理用户和密码。

在用户管理中，权限不是直接分配给用户，而是分配给用户组。同一个用户组中的用户具有相同的权限。组态时需要创建“用户组”和“用户”，在“组”编辑器中，为各用户组分配特定的访问权限。在“用户”编辑器中，将各用户分配到用户组，并获得不同的权限。

（1）用户管理的组态

双击项目树“HMI _ 1”中的“用户管理”，选择“用户组”选项卡，打开用户组管理编辑器。如图 10-92 所示，“组”编辑器显示已存在的用户组的列表，其中“管理员组”和“用户”组是自动生成的。“权限”编辑器，显示出为该用户组分配的权限。用户组和组权限的编号由用户管理器自动指定，名称和描述则由组态者指定。组的编号越大，权限越低。

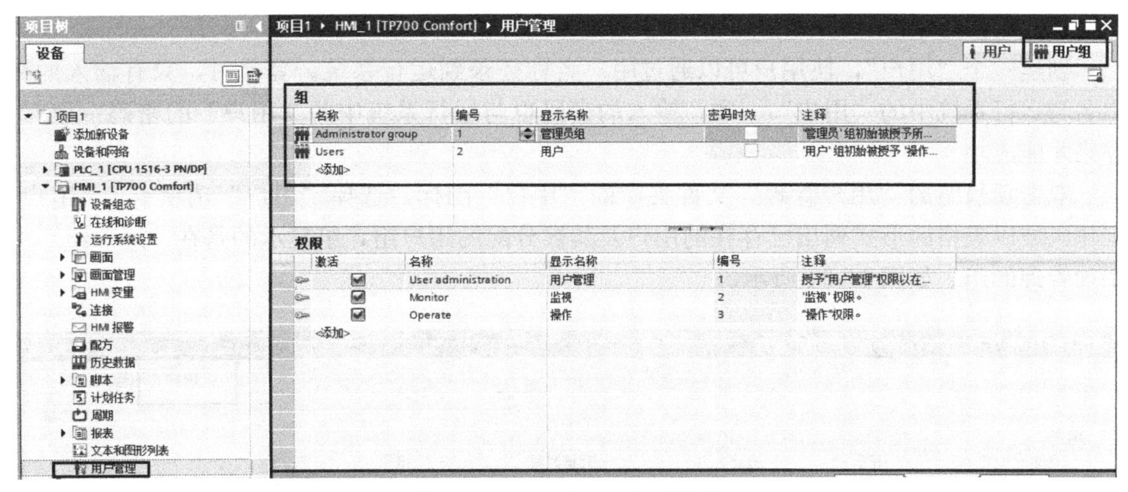

图 10-92　用户组管理编辑器

可以在“组”编辑器列表中添加用户组并在“权限”编辑器中设置其权限。双击组下面空白行的“＜添加＞”，将生成一个新的组。双击该组的“显示名称”列，可以修改运行时显示的名称。例如将新建“组 _ 1”显示名称设置为“班组长”。

在“权限”编辑器列表中，除了自动生成的“用户管理”（User administration）、“监视”（Monitor）和“操作”（Operate）权限外，用户还可以生成其他权限。例如，双击权限编辑器列表“激活”列中空白行的“＜添加＞”，生成新权限并修改名称为“访问运行画面”，同时在“组”编辑器列表中选中某一用户组，通过在“权限”编辑器列表中“激活”列的复选框勾选不同的选项，可以为该用户组分配不同权限。例如，“管理员”组选择所有权限选项，则权限最高；“班组长”组选择操作、监视和访问参数设置画面权限选项，“工程师”组选择操作和访问参数设置画面权限选项，“操作员”组选择操作权限选项，则这三组的权限依次降低。如图 10-93 所示。

项目1 ▸ HMI_1 [TP700 Comfort] ▸ 用户管理　　用户　用户组

组

名称	编号	显示名称	密码时效	注释
Administrator group	1	管理员组	☐	'管理员'组初始被授予所...
Users	2	用户	☐	'用户'组初始被授予'操作...
Group_1	3	班组长	☐	
<添加>				

权限

激活	名称	显示名称	编号	注释
☐	User administration	用户管理	1	授予'用户管理'权限以在...
☑	Monitor	监视	2	'监视'权限。
☑	Operate	操作	3	'操作'权限。
☑	访问运行画面	权限_1	4	
<添加>				

图 10-93　用户组添加新权限

(2) 用户的组态

创建一个“用户”，使用户可以通过用户名称登录到运行系统。登录时，只有输入的用户名与运行系统中的“用户”一致，输入的密码也与运行系统中的“用户”的密码一致时，登录才能成功。

双击项目树的“用户管理”文件夹中的“用户”图标，选择“用户”选项卡，“用户”工作区域以表格的形式列出已存在的用户及其被分配的用户组，组显示的是在“用户组”中添加管理的组。如图 10-94 所示。

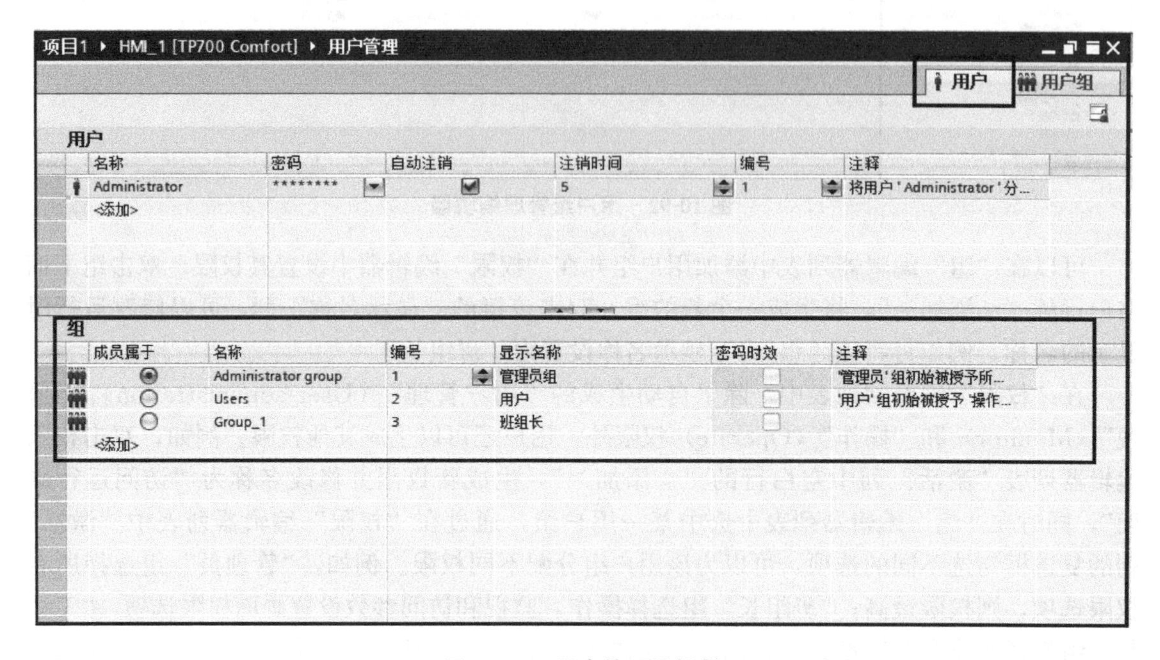

图 10-94 用户管理编辑器

双击已有用户下面的“<添加>”空白行，将生成一个新的用户。用户的名称只能使用数字和字符，不能使用汉字。在密码列输入登录系统的密码，为了避免输入错误，需要在输入两次，两次输入的值相同时才会被系统接收。口令可以包含数字和字母，注销时间是指在设置的时间内没有访问操作时，用户权限将被自动注销的时间，默认值为 5min。如图 10-95 所示。

在“用户”表中选择某一用户，可以为该用户在“组”表中分配用户组，于是用户便拥有了该用户组的权限。比如可以将新建立的用户“fly200578”分配到“Group _ 1”(班组长用户组)，如图 10-96 所示。

注意：一个用户只能分配给一个用户组。用户“Administrator”是自动生成的，属于管理员组，用灰色表示，是不可更改的。

(3) 用户管理的使用

单击工具箱控件中“用户视图”按钮，将其放入初始画面中，通过鼠标的拖拽可以调整用户视图的大小。在用户视图的“属性视图”的“属性”选项卡的“显示”对话框中，设置显示行数为 8，如图 10-97 所示。

在用户管理画面中放入两个按钮“登录”和“注销”。

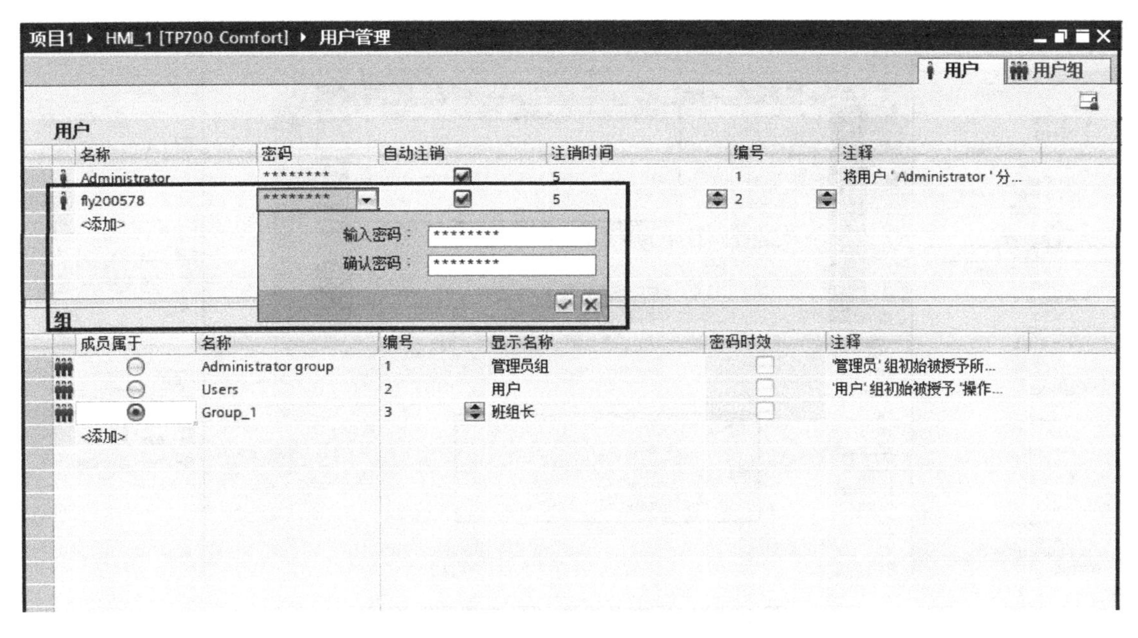

图 10-95　添加新用户

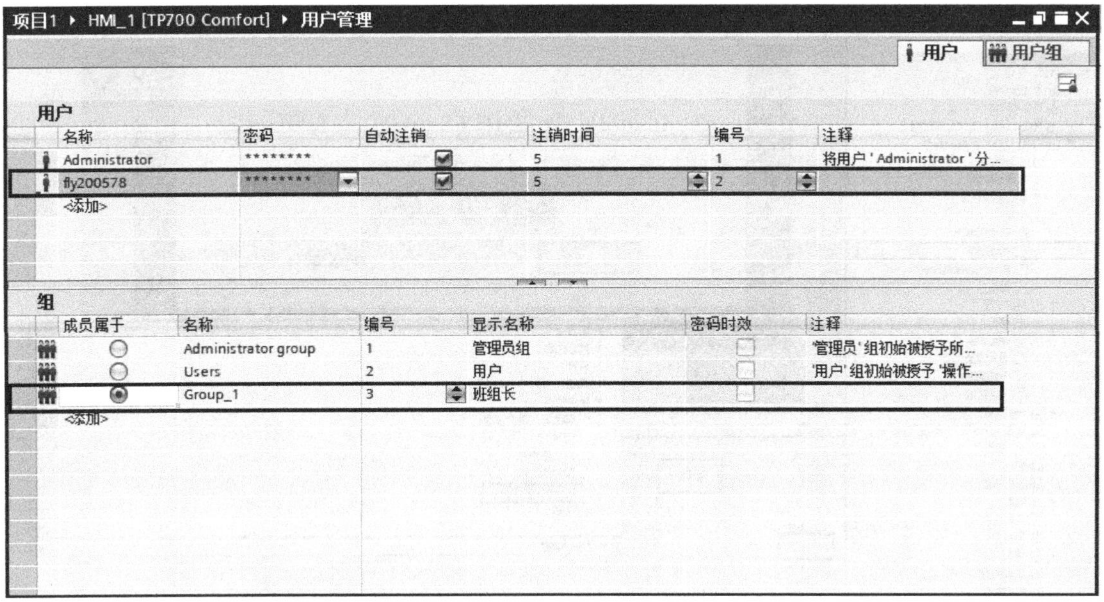

图 10-96　分配用户组别

在“登录”按钮的“属性视图”的“事件”选项卡的“按下”对话框中，单击函数列表最上面一行右侧的按钮，在出现的系统函数列表中选择“用户管理”文件夹中的函数“显示登录对话框”，如图 10-98 所示。

在“注销”按钮的“属性视图”的“事件”选项卡的“按下”对话框中，单击函数列表最上面一行右侧的按钮，在出现的系统函数列表中选择“用户管理”文件夹中的函数“注销”，如图 10-99 所示。

图 10-97　组态并设置“用户视图”属性

图 10-98　“登录”按钮属性设置

保存编译 HMI 项目，使系统处于运行状态，当按下“登录”按钮时显示登录对话框，如图 10-100 所示。

如图 10-101 为当前用户登录的结果，当单击“注销”按钮时，可以将当前登录的用户注销，以防止其他人利用当前登录用户的权限进行操作。

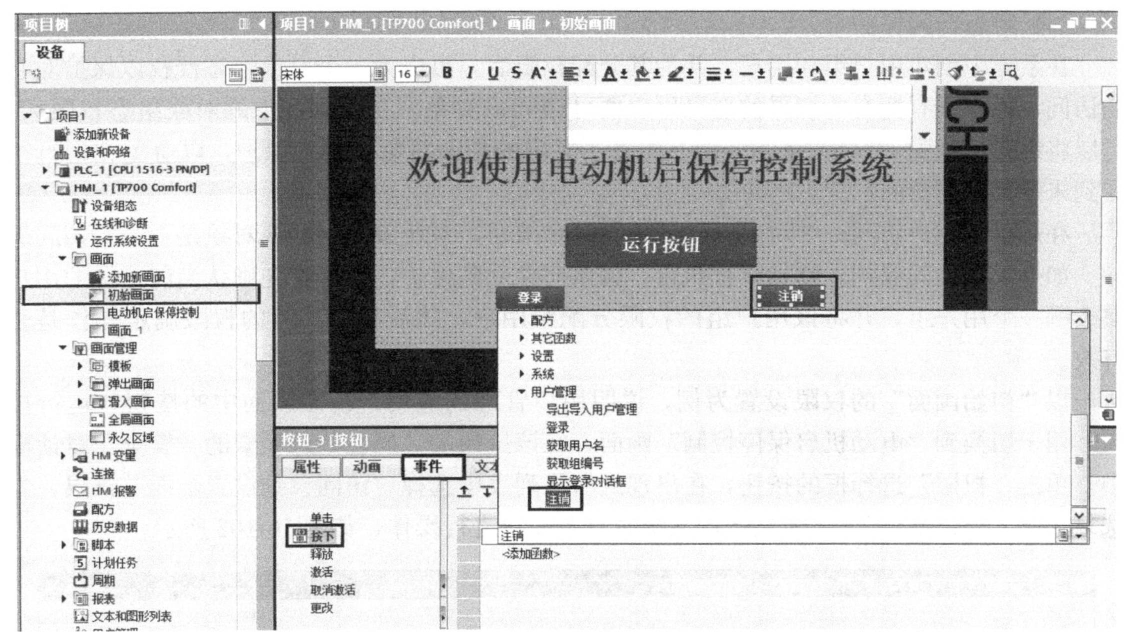

图 10-99　“注销”按钮属性设置

图 10-100　登录对话框

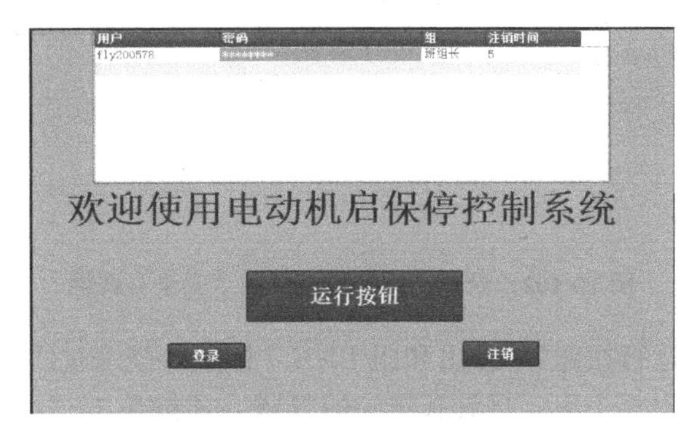

图 10-101　当前用户登录结果

（4）组态访问保护

在系统中创建用户组和用户，并为其分配权限后，可以为一个对象组态授权以保护对它的访问，这样所有拥有此权限的登录用户便可访问该对象。在对画面中的对象组态权限后，可以将组态传送到 HMI 设备后，所有组态了权限的画面对象会得到保护，以避免在运行时受到未经授权的访问。

在运行时用户访问一个对象，例如单击一个按钮，系统首先判断该对象是否受到访问保护。如果没有访问保护，则操作被执行。如该对象受到保护，系统首先确认当前登录的用户属于哪一个用户组，并将该用户组的权限分配给用户，然后根据拥有的权限确定操作是否有效。

以“初始画面”的权限设置为例，说明用户管理的应用。初始画面中的按钮“运行按钮”用于切换到“电动机启保停控制”画面，在该按钮的“属性”选项卡的“安全”对话框中，单击“权限”选择框的按钮，在出现的权限列表中选择“访问参数设置画面”权限，勾选复选框“允许操作”，才能在运行系统时对该按钮进行操作，如图 10-102 所示。

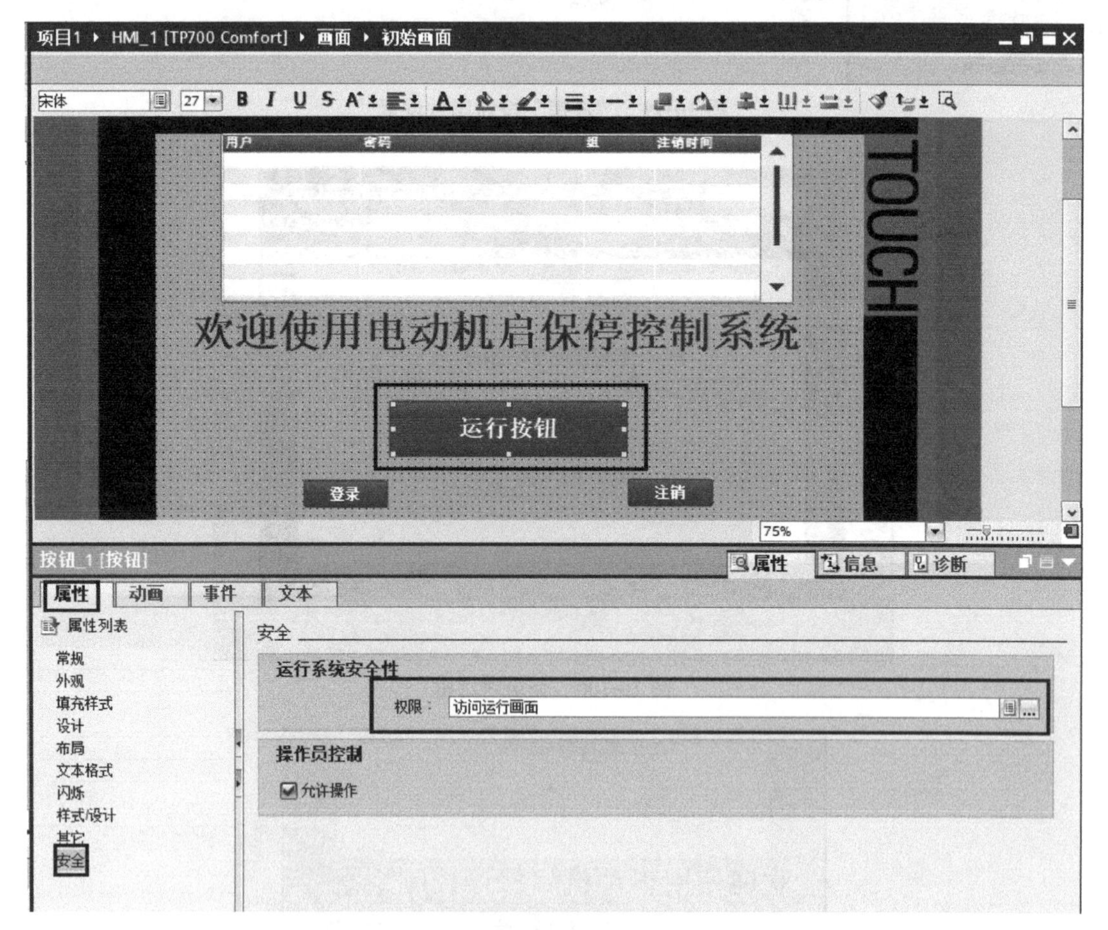

图 10-102　设置“运行按钮”的“安全”属性

运行系统时单击“运行按钮”，弹出和图 10-100 相似的登录对话框，请求输入用户名和密码。只有用户名和密码都正确，且具有相应的权限，才能单击“运行按钮”，进入“电动机启保停控制”画面。否则，再次弹出登录对话框，请求输入正确的用户名和密码。在系统运行时，放置的用户视图中会显示当前有效的用户名和分配的组。单击画面中的“注销”按钮，可以立即注销当前的用户权限，防止其他人利用当前登录用户的权限进行操作。一般在设计时将“用户视图”单独放在用户管理画面中，便于对用户和用户组进行统一的管理。

项目训练九　十字路口交通灯控制人机界面设计

一、训练目的

(1) 掌握西门子触摸屏的接线和参数设置。

(2) 熟练掌握 HMI 的画面组态设计方法。

(3) 掌握触摸屏与 PLC 之间通信和调试的方法。

(4) 熟悉西门子 PLC 编程软件及触摸屏的使用，能够熟练运用 PLC 编程软件编写一些简单程序并用触摸屏控制。

二、项目介绍

在当今自动化控制领域，PLC、触摸屏技术的综合应用相当广泛，PLC 具有功能强、可靠性高等一系列优点；触摸屏逐步取代过去设备的操作面板和指示仪表，成为应用越来越广泛的人机界面（HMI）。十字路口交通信号灯在日常生活中经常可以遇到，其控制通常采用数字电路控制或单片机控制都可以达到目的，这里以图 10-103 所示的十字路口交通灯为控制对象，利用西门子 PLC 和 HMI 模拟实现交通灯的控制和上位机设计，并完成项目的调试。

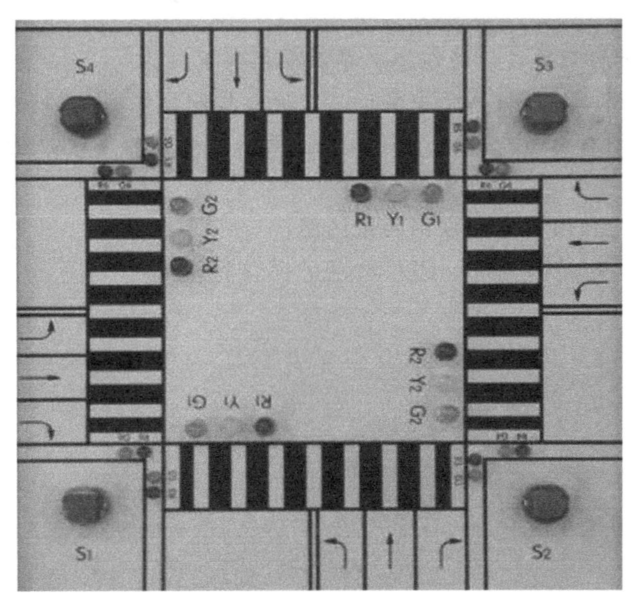

图 10-103　十字路口交通灯模型

控制要求如下：

R1、Y1、G1 分别为南北方向上的红、黄、绿指示灯。R2、Y2、G2 分别为东西方向上的红、黄、绿指示灯。

(1) 初始状态：装置投入运行时，所有灯都不亮，等待程序执行命令。

（2）启动操作：按下启动按钮 START，装置开始按下列给定规律运转：

东西向绿灯亮 25s 后，闪烁 3 次（1s/次），接着东西向黄灯亮，2s 后东西向红灯亮，25s 后东西向绿灯又亮……如此不断循环，直至停止工作。

南北向红灯亮 30s 后，南北向绿灯亮，25s 后南北向绿灯闪烁 3 次（1s/次），接着南北向黄灯亮，2s 后南北向红灯又亮……如此不断循环，直至停止工作。

（3）停止操作：按下停止按钮 STOP 后，所有灯都熄灭，等待下次程序执行命令。

三、项目实施步骤

（1）完成 HMI 和 PLC 以及之间的硬件接线。

（2）完成红绿灯 PLC 控制程序的编写和调试。

PLC 进行交通信号灯控制的 I/O 地址分配如表 10-1 所示。

表 10-1　交通信号灯控制 I/O 地址分配表

输入		输出	
地址	说明	地址	说明
M0.0	启动按钮	Q0.0	R1
M0.1	停止按钮	Q0.1	Y1
		Q0.2	G1
		Q0.3	R2
		Q0.4	Y2
		Q0.5	G2

（3）完成触摸屏画面的设计与组态。界面要求如下：

① 制作画面模板，在模板画面中显示“交通灯控制模拟项目”和系统日期时钟。

② 系统完成两个画面组态，一个为初始主画面，一个为系统画面。两画面之间能进行自由切换。

③ 在系统画面中作出交通灯控制的系统图。

（4）测试系统。完成触摸屏和 PLC 之间的通信和调试。

S7-1500 PLC系统设计与诊断

PLC 控制系统设计是一个理论问题与工程实际相结合的过程。其设计一般先应根据现场环境状况、工艺特点、控制规模以及控制要求等情况，确定系统总体控制方案、硬件选型、通讯网络结构、控制算法。然后进行系统设计，生产现场联调并不断完善，直到满足系统控制性能要求。

11.1 系统设计的原则和内容

11.1.1 设计原则

在实际控制系统中，由于被控对象往往是不一样的，使得控制系统的硬件结构、网络通讯方式、控制算法也不一样，但在控制系统的设计及实施过程中所遵循的设计原则是大致相同的，在设计 PLC 控制系统时，一般应遵循以下原则。

① 可靠性。安全可靠是一个控制系统的基本要求，安全永远是第一位重要的。保证 PLC 控制系统能够长期安全、可靠、稳定的运行是设计系统时必须考虑的。首先需要确保系统即使在恶劣的环境下仍能可靠运行，其次要保证系统能防止误操作。

② 经济实用性。在满足控制性能要求的前提下，应力求经济实用，不宜盲目追求软硬件系统的高指标、高性能。

③ 可扩展性。在设计实际系统时，应该适当考虑系统的可扩展性，无论是 PLC 容量、I/O 点数还是网络接口，应适当留有一定裕量，以满足因今后生产过程的改进或扩展带来的需求。

④ 易操作性。设计系统时应以人为本，充分考虑操作人员的思维与习惯。设计的人机界面应通俗易懂，便于操作员理解与操作。

11.1.2 设计内容

PLC 控制系统的设计内容主要包括系统总体结构、通信网络方式、硬件系统设计、程序编写、人机界面设计（需要在上位机上操作整个控制系统时）以及技术文档的编写、整理与归档几个方面。

① 根据控制对象实际被控 I/O 点数的多少确定控制系统的总体结构。例如，采用一个 PLC 还是多个 PLC，每个 PLC 带多少个模块等。

② 系统的网络结构是依据系统规模的大小来确定的。例如，如果系统规模比较大，传输的数据量多，可以考虑采用以太网或 DP 网。通信网络方式的设计对系统至关重要，合理的网络结构可以保证数据安全快速的传输。

③ 硬件系统的设计主要包括 PLC 及其各模块的选型、电气控制柜设计以及 I/O 模块端子接线图设计。I/O 模块端子多，在绘制 I/O 端子接线图时，必须严谨细致。

④ 程序设计主要是 PLC 控制程序的编写。依据工艺特点与控制要求，首先设计控制方案，然后依据控制方案进行程序设计。程序是整个控制的核心，程序的好坏直接影响到控制效果，因此，在设计程序时必须考虑有效性与简洁性。

⑤ 当控制系统需要在上位机上操作时，还应设计人机界面。人机界面设计要做到两点，一是内容要能反映工艺流程主体，不需要控制的设备且不是重要的设备可以不画；二是画面要简洁友好，便于操作员操作。

⑥ 技术文档的编写、整理与归档。项目技术文档主要包括系统说明书、系统布置图、电气原理图、硬件明细表、系统安装调试报告、上位机操作说明书以及系统维护手册。

11.1.3 设计步骤

PLC 控制系统的设计虽然与具体被控对象有关，但设计步骤则是基本一致的。设计一个实际的 PLC 控制项目，其过程可分为四个阶段：明确任务阶段、工程设计阶段、联调及投运阶段。

① 明确任务阶段。在设计系统前，根据客户提交的控制任务书，深入生产现场进行调研，了解现场环境情况、工艺流程以及控制性能要求。充分与客户方相关人员进行沟通，逐条进行认真分析，对含义不清的，双方协商讨论并最终确认。最后对控制任务书的可行性进行论证，主要包括技术可行性、进度可行性以及费用可行性。若论证可行，则可以与客户签订合同，合同内容包括经双方确认的任务书、付款方式、进度要求、验收方式、违约责任以及其他一些约定。

② 工程设计阶段。这部分主要包括硬件设计、程序编写以及人机界面设计。根据控制任务书统计被控点数，确定控制系统的规模，设计系统的总体结构。根据现场环境情况与工艺特点确定系统网络结构。对硬件进行选型，包括 PLC 型号、I/O 模块型号等。分配 I/O 点，设计 I/O 模块端子与输入输出设备的电气接线图。设计控制柜以及控制柜中的原件布置图。根据控制要求以及工艺特点，设计控制方案，画出控制方案图，根据控制方案设计控制程序，并对程序进行仿真调试并不断完善修改直到无误为止。最后设计人机界面，画出工艺流程图、设计报警页面、趋势页面以及报表。

③ 联调及投运阶段。系统硬件与程序设计完成后，即可将其与现场设备连接进行联调。联调分为两个阶段：一是单机调试，就是只对单个设备进行控制或单个工艺量进行检测；二是对整个生产过程进行调试。只有单机调试无误后方可对整个生产过程进行调试。若在调试过程中存在问题，则要仔细分析找出原因并对硬件或程序作相应修改。

11.2　硬件设计

11.2.1　PLC 的选型

对于 PLC 的选型，在满足控制要求的前提下，注重的是性价比，一般应遵循以下几个方面：

① 结构方面。按照物理结构，PLC 分为整体式和模块式。整体式模块所带的 I/O 点数比较少，I/O 模块的种类、输入输出点数的比例以及特殊模块的使用等方面灵活性不够强。模块式在以上几个方面比整体式选择余地多，且维修时更换模块方便。对于稍微复杂点的系统应该选用模块式 PLC。另外，根据安装方式，系统分为集中式、远程 I/O 式和多台 PLC 联网式。这主要取决于系统规模。集中式的 CPU、电源、I/O 模块在一个支架上。远程 I/O 式有多个支架，每个支架上配置有 I/O 模块及电源，支架之间通过通信接口模块相连。联网式有多台 PLC 通过网络连接。集中式适用于规模比较小的系统，远程 I/O 式适用于一般大的系统，联网式 PLC 适用于规模比较大的系统，每台 PLC 独立控制一部分设备，但相互之间又存在联系。

② 功能方面。当控制系统功能比较简单，例如只是处理些开关量和少量模拟量时，可选用低档 PLC。若控制系统需要 PID 运算、闭环控制、通信联网等功能时，则要选用中高档 PLC。

③ 实时性方面。对于大多数应用场合，PLC 的实时性不是问题。对于一些特殊场合，实时性要求较高，若此时系统规模比较大，点数多，用户程序必然比较长，扫描周期有点长，此时选择 CPU 处理速度快的 PLC，同时可以考虑采用高速响应模块和中断输入模块来提高系统的实时响应性。

④ 联网功能方面。对于大型系统，可能存在不同生产厂家的设备连在一个网络上，互相进行数据通信。因此，要将 PLC 纳入整个工厂自动化控制网络，应选用具有相应通信功能的 PLC。

11.2.2　I/O 模块的选型

PLC 控制系统与生产过程的联系是通过 I/O 接口模块来实现的。通过 I/O 接口模块可以将检测的各种工艺参数输给 PLC 控制器，同时，控制器又可以将运算好的数据通过 I/O 接口模块送给执行机构来实现对设备或生产过程的控制。I/O 接口模块主要包括开关量输入模块、开关量输出模块、模拟量输入模块、模拟量输出模块以及一些特殊模块（例如：称重模块、称重模块）等等，根据实际需要进行选用。

（1）开关量输入模块选择

PLC 的开关量输入模块用来检测来自现场（如行程开关、压力开关、按钮）的高电平信号，并将其转换为 PLC 内部的低电平信号。

按输入点数分：常用的有 8 点、12 点、16 点、32 点等开关量输入模块。

按工作电压分：常用的有直流 5V、12V、24V，交流 110V、220V 等开关量输入模块。

选择开关量输入模块主要考虑以下两点：

① 根据现场信号（如开关、按钮）与PLC输入模块距离的远近来选择电压高低。一般距离较近的设备选用较低电压模块，距离较远的设备选用较高电压模块，如12V电压模块一般不超过10m。

② 点数多的模块，如32点开关量输入模块，允许同时接通的点数取决于输入电压和环境温度。一般同时接通的点数不宜超过总输入点数的60%。

（2）开关量输出模块选择

开关量输出模块的功能是将PLC内部低电平的控制信号转换为外部所需电平的输出信号，驱动外部负载。开关量输出模块有三种输出方式：继电器输出、双向晶闸管输出以及晶体管输出。

① 输出方式的选择　继电器输出方式价格便宜，承受瞬时过电压和过电流能力较强，且具有隔离作用。但继电器有触点，寿命短，且响应速度较慢，适用于动作不频繁的交直流负载。当驱动电感性负载时，最大开关频率不得超过1Hz。双向晶闸管输出（交流）和晶体管输出（直流）都属于无触点开关输出，适用于通断频繁的感性负载。

② 输出电流的选择　模块的输出电流必须大于负载电流的额定值，同时，考虑到接通时的冲击电流效应以及干扰等因素，还要考虑留有一定的裕量。若负载电流较大，则输出模块不能直接驱动负载，应该增加中间环节（如通过一个继电器来实现）。

③ 驱动能力　在选用输出模块时，不但要看一个点的驱动能力，还要看整个输出模块满负载驱动能力，同时接通时的总电流值不能超过模块允许的最大电流。

（3）模拟量I/O模块选择

模拟量I/O模块是用来接收传感器产生的信号和输出模拟量控制信号。这些接口能测量压力、流量、温度等模拟量的数值，并输出电压或电流模拟信号驱动设备。典型的模拟信号类型有－10～10V、0～10V、0～4mA等。

（4）特殊功能I/O模块选择

在实际工程中，可能要用到一些特殊模块，如位置控制模块、计数器模块、称重模块以及闭环控制模块等，这些模块根据特定需要选用。

11.2.3 PLC容量估算

PLC容量包括I/O点数和用户存储器的存储容量两个方面。在做实际工程系统时根据系统规模合理选择，在满足控制系统要求的情况下适当留有裕量以便备用。

（1）I/O点数的确定

PLC的I/O点数就是被控对象的实际的输入输出点数，在设计控制系统时，一般选择系统实际点数的110%～115%作为PLC的I/O点数。

（2）用户存储器容量的确定

用户程序占用多少内存与许多因素有关，如I/O点数、程序结构、运算处理量等。在计算存储器容量时，常采用估算法。根据经验，每个I/O点及有关功能器件占用的内存如下。

开关量输入：所需存储器字节数＝输入点数×10。

开关量输出：所需存储器字节数＝输出点数×8。

模拟量输入：所需存储器字节数＝通道数×100。

模拟量输出：所需存储器字节数＝通道数×200。

定时器/计数器：所需存储器字节数＝定时器/计数器×2。

通信接口：所需存储器字节数＝接口个数×300。

在实际选择 PLC 的容量时，按存储器总字节数的 110%～125%作为所需存储器的容量，一般计算公式为

所需存储器容量(KB)＝(1.1～1.25)×(DI×10＋DO×8＋AI×100＋AO×200＋T/C×2＋CP×300)/1024

其中，DI 为开关量输入总点数；DO 为开关量输出总点数；AI 为模拟量输入通道总数；AO 为模拟量输出通道总数；T/C 为定时器/计数器总数；CP 为通信接口总数。

11.3　软件设计

11.3.1　设计前准备工作

（1）熟悉编程软件

编程软件是程序设计的前提。在设计程序前，应该通过在计算机上实际操作来熟悉编程软件的结构及使用方法，熟悉各种指令的含义。

（2）设计程序框图

程序框图是程序思想的体现，是编程的依据。在程序设计前，应根据控制要求确定用户程序结构以及详细的程序框图。程序框图应尽量做到模块化，确定模块的输入及输出，确定模块完成的功能，同时弄清各模块之间的联系。

（3）变量表的定义

变量包括三部分：一是 I/O 模块各通道对应的信号变量；二是需在上位机上显示或操作的变量；三是在各程序块中设定的局部中间变量；其中第三部分在设计程序块中定义。前两部分应该列表详细定义各变量的意义，包括变量名称、变量地址、变量对应的工艺参数名称。变量的命名应该遵循一定的规则，尽量做到能从名称中可以知道其所代表的设备名或工艺参数。

11.3.2　编写程序

在完成了设计程序前的准备工作之后就可以根据程序框图编写程序了。编写程序时，尽量采用模块化与结构化设计。同时多借鉴一些典型的程序，如单电机启动程序、双电机启动程序、单回路 PID 控制程序、多设备顺控程序、给料调节程序等。另外，要对程序做好注释，增强程序的可读性。这点非常重要，主要体现在两个方面：首先，一个大型项目，程序往往是几个人共同来编写，相互之间需要交流，增加注释有利于交流。其次，有利于维护人员后续对系统的维护。

11.3.3　程序测试

刚编好的程序不可避免地存在错误与缺陷，因此，程序编写完后，要对程序进行测试，

检验程序的正确性，确保程序能实现应有的功能。程序经排错、修改、测试无误后方可下载到 PLC 的 CPU 中与现场设备联调。

11.4 系统调试

11.4.1 调试步骤

系统调试时，应首先按要求将电源、I/O 端子、网络接口等外部接线连接好，确保系统与现场设备连接无误，然后将已经编写好的程序下载到 PLC 使其处于监控或运行状态，开始调试。系统调试流程如图 11-1 所示。

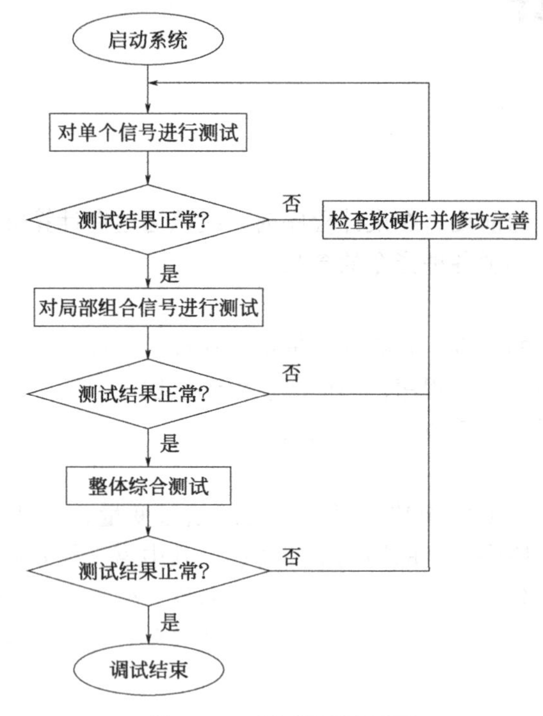

图 11-1 系统调试流程图

11.4.2 调试方法

（1）对单个信号进行调试

控制系统的信号是由一个个单独的信号组成的。在对系统进行调试时，先要对单个信号进行测试。例如，测试电机启动时，给一个启动指令，观察 PLC 对应开关量输出端子指示灯是否亮，同时观察设备是否已启动。如果在测试过程中发现不符合要求的地方，先检查接线是否正确，当接线无误时再检查程序并加以修改完善。直到每个单个信号测试符合系统性能要求为止。

（2）对局部组合信号进行调试

因为在工艺上联系紧密，系统中有些信号存在联锁关系。在调试时，将这部分信号视为局部组合信号。对这部分信号进行调试主要测试各程序相互之间的关系是否满足要求。例如，几台设备的启、停存在顺序之分且互为条件时，就应将这几台设备的启停程序作为局部组合程序来测试，发出启停信号后，观察设备是否按要求运行。若出现问题，应检查程序并加以修改，直到满足系统功能要求为止。

（3）整体综合调试

整体综合测试是对整个现场信号进行模拟实际运行情况进行测量和控制，观察整个系统的运行状态和性能是否符合控制性能要求。若在此过程中，达不到控制性能要求，应从软硬件两方面加以分析，找出解决办法，完善系统使控制达到要求。

11.4.3　系统开发技巧

（1）硬件设计

PLC 控制系统硬件设计是整个系统成功的基础，在硬件设计中应遵循以下原则。

① 可靠性。可靠性是控制系统的生命，系统不可靠，即使功能再完善和完美，经济型再好也没有用。在设计中，尽可能地选择可靠的元器件和产品，这样从器件上保证系统在调试使用中的质量，避免由于系统不可靠造成的生产和维修维护费用。

② 功能完善。在前期制定设计方案时，在保证系统基本控制功能的基础上，尽可能的将自检、报警等功能考虑周全。

③ 经济性。在满足保证系统控制功能和可靠性的基础上，尽可能地降低成本，越经济越好。

④ 扩展性。对于实际的控制系统，应尽可能的考虑系统的先进性和后续升级的可扩展性。

硬件设计完成后，在进行硬件接线时要特别注意 CPU、输入、输出等模块的电压极性，防止电源反接；并且要保证所有的触点接触良好，同时要特别注意防止短路。

（2）软件设计

① 对系统输入/输出点进行地址分配要遵循一定的原则。

② 在对大型控制系统进行编程时，最好采用分块处理的方式。比如模块化和结构化编程方式。

③ 在选择编程语言时，尽量选择直观的梯形图编程语言。在使用梯形图语言编程时，要遵循一定的规则，同时要做好程序的注释，以便于阅读和调试。

11.5　系统诊断

11.5.1　系统诊断含义

工程项目在运行过程中会出现故障，因此要求相关人员能够在最短的时间内快速查找并排除故障。所有 SIMATIC 产品都集成有诊断功能，用于快速检测系统故障并进行故障排除，比如设备故障/恢复、插入/移除事件、模块故障、I/O 访问错误、通道故障、参数分配错误、外部辅助电源故障等，这些组件可自动指出操作中可能发生的故障，并提供详细的相关信息。使用工厂级的诊断功能，可将意外停机时间降至最低。

SIMATIC 通过各种诊断方式，以统一的形式显示系统工厂范围的系统状态（模块和网络状态、系统错误报警），如图 11-2 所示。

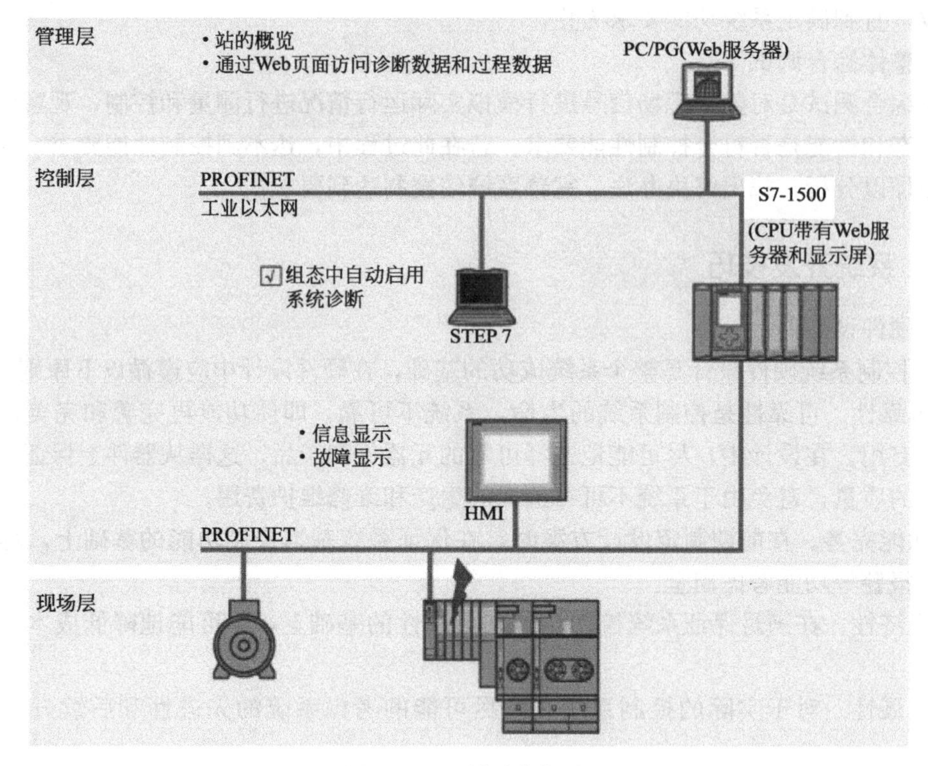

图 11-2　系统诊断概述

S7-1500 CPU 的系统诊断功能类似于 S7-300/400 的报告系统错误功能，但是与 S7-300/400 不同，S7-1500 的系统诊断功能作为操作系统的一部分，已经集成在 CPU 的固件中，可独立于循环用户程序执行。它是自然激活的，不能取消，因此在 CPU 处于 STOP 操作模式时也可以执行。即便处于 STOP 模式，也可立即检测到故障并发送到上位 HMI 设备、Web 服务器和 SIMATIC S7-1500 CPU 显示屏中，这样可确保系统诊断与工厂的实际状态始终保持一致。

SIMATIC 使用一个统一的显示机制，在系统中的所有客户端上显示诊断信息。无论采用什么显示设备，显示的系统诊断信息都相同。如图 11-3 所示为系统诊断的顺序。

11.5.2　系统诊断显示

系统诊断可以通过设备本身（LED 指示灯和 CPU 的显示屏）、TIA 博途软件、HMI 设备和 Web 服务器四种方式来显示查看。

（1）LED 指示灯

CPU、接口模块和 I/O 模块的所有硬件组件，都可以通过 LED 指示灯指示有关操作模式和内部/外部错误的信息。通过 LED 指示灯进行诊断是确定错误的原始工具。根据设备的不同，各 LED 指示灯的含义、LED 指示灯的不同组合以及发生故障时指示的补救措施都可能不同。关于具体说明，可以参考模块手册。

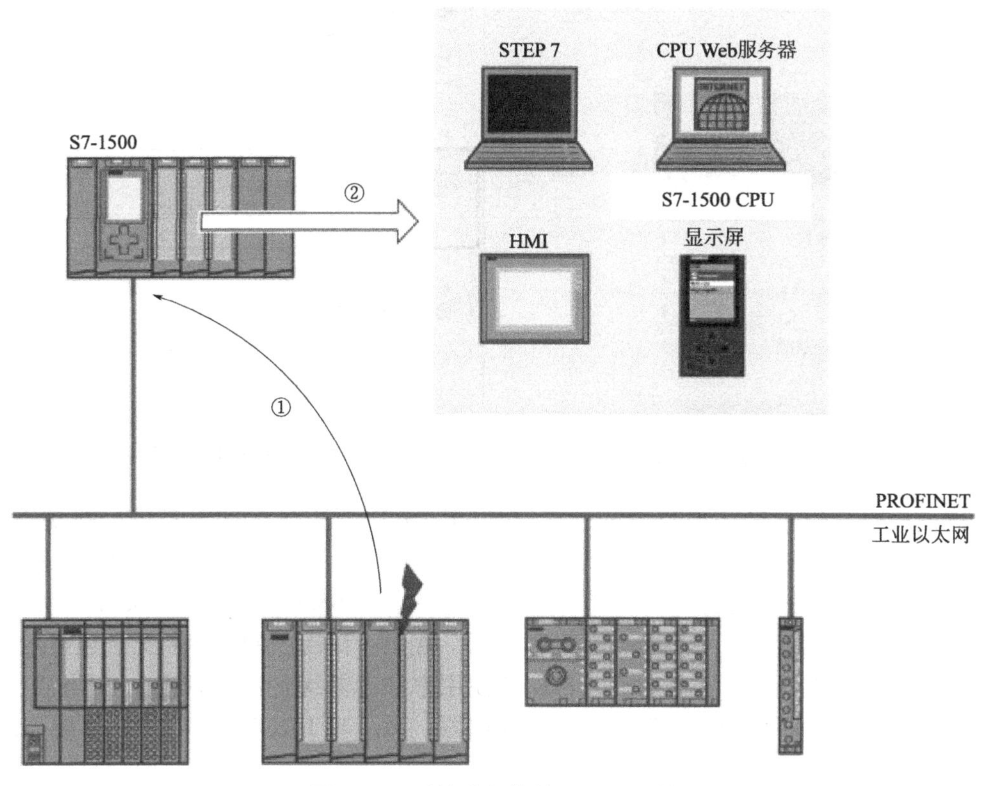

图 11-3　系统诊断的统一显示机制

①—设备检测到一个错误，并将诊断数据发送给指定的 CPU；
②—CPU 通知所连接的显示设备，并更新所显示的系统诊断信息

（2）通过 CPU 显示屏

S7-1500 自动化系统中的每个 CPU 都带有一个前面板，在面板上安装有显示屏和操作按键。通过 SIMATIC S7-1500 CPU 显示屏，可快速、直接地读取诊断信息。同时还可以通过显示屏中的不同菜单显示状态信息。当项目创建并已经下载到 CPU 后，可以通过 SIMATIC S7-1500 CPU 显示屏确定诊断信息。步骤操作如下。

① 选择显示屏上的“诊断”菜单。

② 在“诊断”菜单中，选择“诊断缓冲区”命令，如图 11-4 所示。

（3）使用 Portal STEP 7

如果使用 STEP 7，也可快速访问详细的诊断信息。当创建的项目已经下载到 CPU，当发生了一个错误，通过编程设备连接到 CPU 也可以快速访问详细的诊断信息。

可访问的设备是指通过接口直接连接或通过子网连接到 PG/PC 上的所有接通电源的设备。即使没有离线项目，在这些设备也可以显示诊断信息。

连接好 PG/PC 与 CPU，或者打开仿真器，在“在线”菜单中，选择“可访问的设备”命令，打开“可访问的设备”对话框。在该对话框中对接口进行相应设置，单击“开始搜索”按钮，在“所选接口的可访问节点”中选择相应的设备，单击“显示”按钮，确认对话框，则在项目树中显示该设备，如图 11-5 所示。图中显示的是仿真器，如果通过以太网连接了实物 S7-1500 PLC，则可以在计算机的网卡下面通过“更新可访问的设备”找到 S7-1500 PLC。

图 11-4　SIMATIC S7-1500 CPU 显示屏

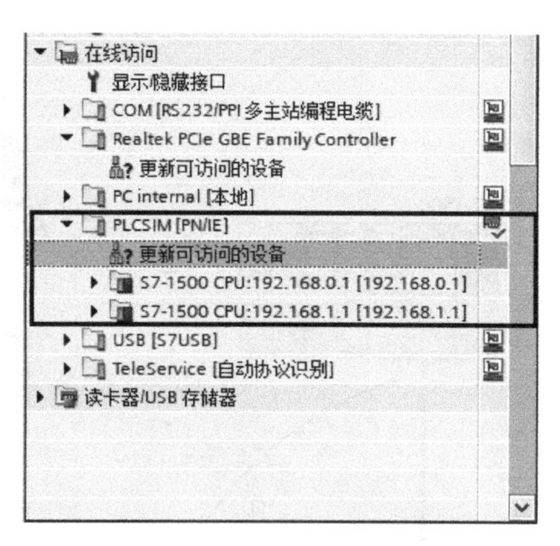

图 11-5　显示可访问的设备

上述过程也可以直接在项目树的“在线访问”子项下所显示的设备中，找到连接 S7-1500 PLC 的网络接口设备并展开，鼠标双击“更新可访问的设备”，实现可访问设备的显示。

双击图 11-5 中对应设备（如“S7-1500 CPU：192.168.0.1［192.168.0.1］”）下的“在线和诊断”，将在工作区中显示“在线和诊断”视图。该视图的“诊断”选项显示诊断信息，可查看有关诊断状态、循环时间、存储器使用率和诊断缓冲区的信息。“诊断”主要由常规、诊断状态、诊断缓冲区、循环时间、存储器、显示和 PROFINET 接口组成如图 11-6 所示为显示“诊断缓冲区”信息。

在图 11-6 巡视窗口中打开“诊断”选项卡和子选项卡“设备信息”，还可以查看详细的错误描述信息。

图 11-6　诊断缓冲区

诊断条目中的常规主要是项目中的 CPU 模块信息，包括模块、模块信息和制造商信息。其中模块包括订货号、插入的机架以及槽号，其窗口界面如图 11-7 所示。

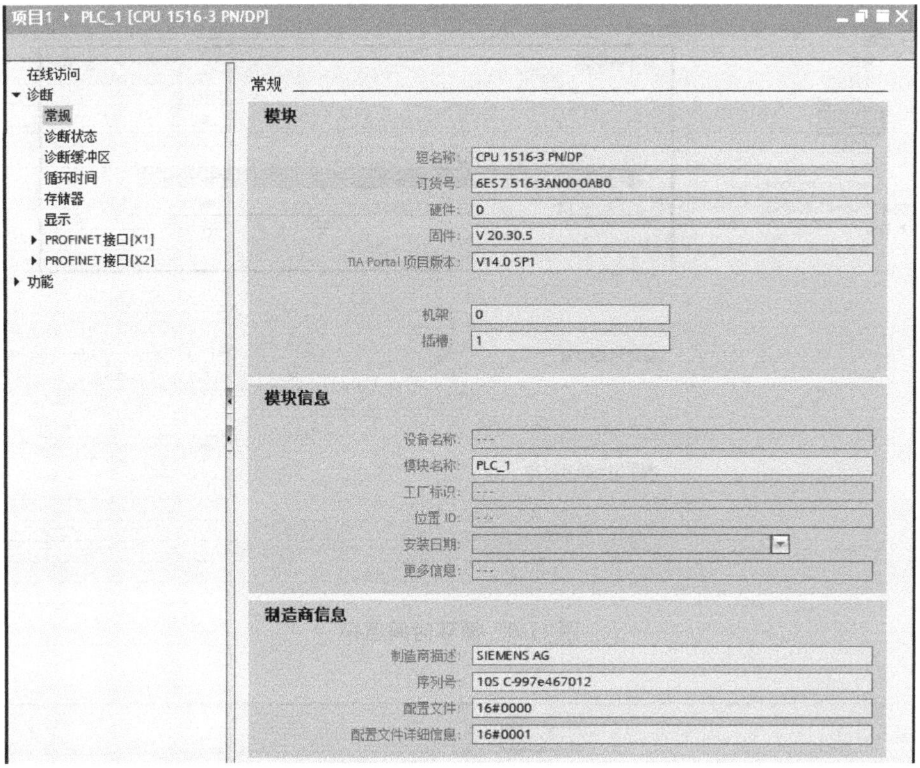

图 11-7　诊断中的常规界面

诊断缓冲区中包含模块上的内部和外部错误、CPU 中的系统错误、操作模式的转换、用户程序中的错误和移除/插入模块等诊断信息。当进行复位 CPU 的存储器时，诊断缓冲区中的内容将存储在保持性存储器中。通过诊断缓冲区，即便在很长时间之后，仍可对错误或事件进行评估，确定转入 STOP 模式的原因或者跟踪一个诊断事件的发生并对其进行相应处理。

循环时间可以监视在线 CPU 的循环时间，如图 11-8 所示。

而“在线和诊断”视图的“功能”选项还包括“分配 IP 地址、设置时间、固件更新(例如 PLC、显示屏)、指定设备名称、重置为出厂设置、格式化存储卡和保存服务数据”等功能。虽然并不直接用于系统诊断，但提供了许多非常方便的操作。

(4) 在线和诊断

选中项目树中的 PLC _ 1 站点，转至工具栏上的“转至在线”按钮，进入在线模式。工作区右边窗口中的计算机和 CPU 图形之间出现绿色的连线，表示它们之间建立起了连接。同时被激活的项目树或工作区的标题栏的背景色变为表示在线的橙色，项目树中的某些对象右边有表示状态的符号，如图 11-9 所示。选中项目树中在线的 PLC，单击工具栏上的“离线”按钮，将会进入离线模式，界面中的橙色和表示状态的图标消失。在和 PLC 连接在线之后，双击项目树下面的“在线和诊断” 在线和诊断，如图 11-10 所示，可以打开在线和诊断功能。

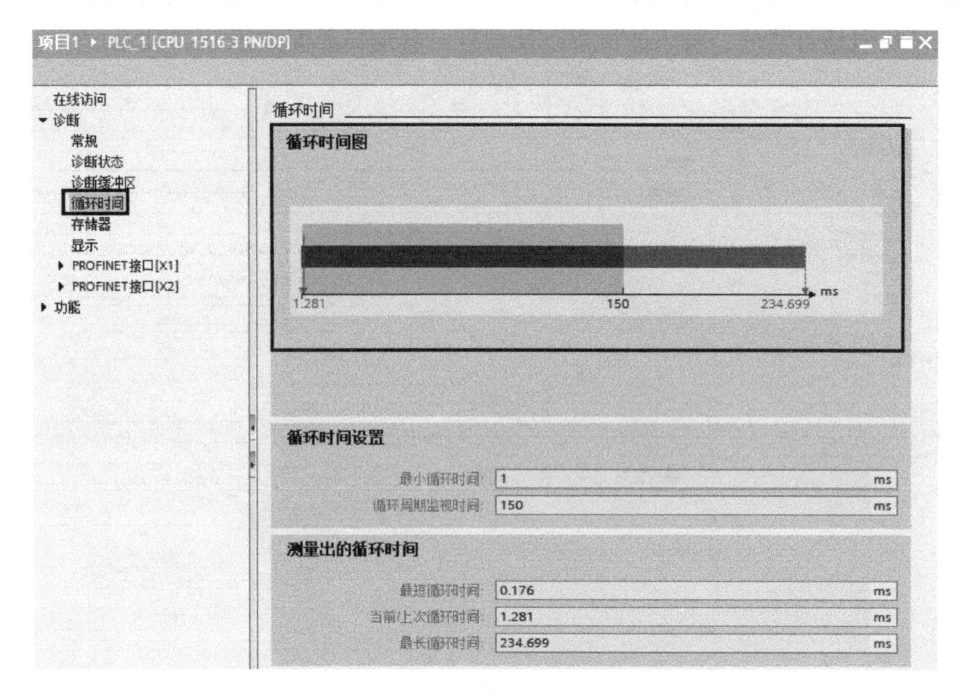

图 11-8　循环时间监视

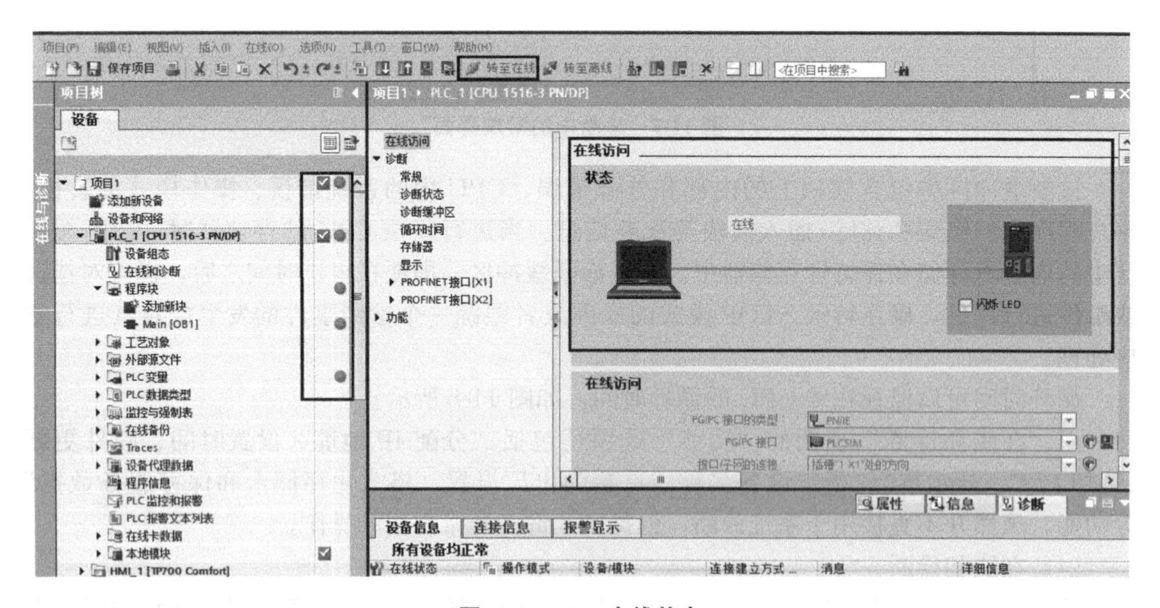

图 11-9　PLC 在线状态

在 STEP 7 中与设备建立在线连接时，可以确定设备及其下位组件（如果适用）的诊断状态，以及设备的操作模式。在线设备及下级组件右边显示的诊断符号及其含义见表 11-1。右下方的诊断符号可以与其他小符号（用于指示在线/离线比较的结果）组合在一起，用于比较状态的符号及其含义如表 11-2 所示。

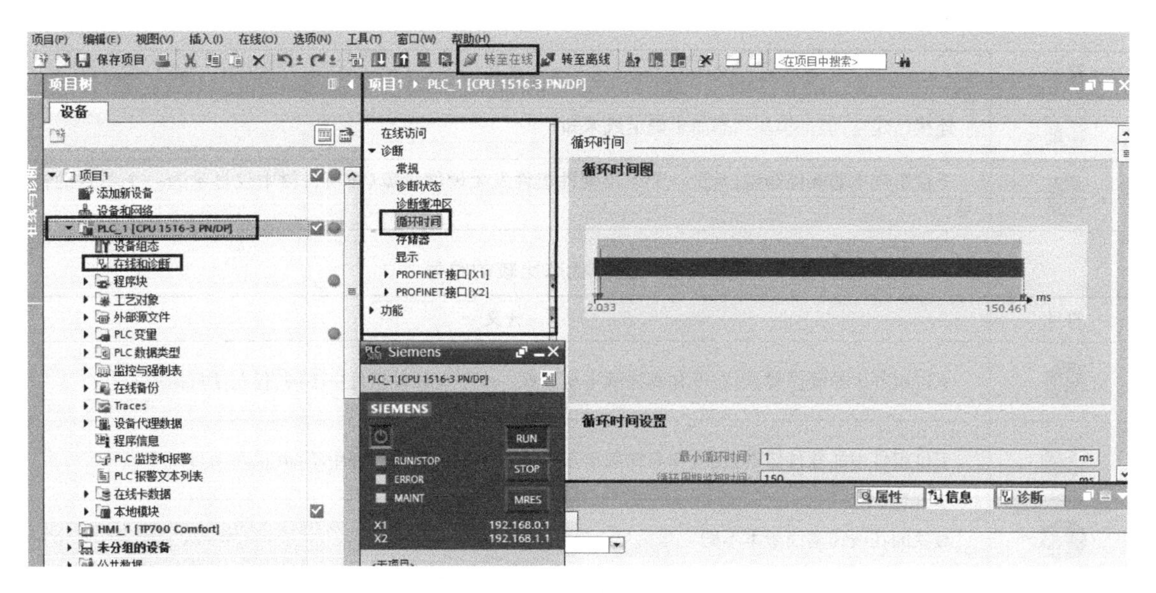

图 11-10　打开“在线和诊断”功能

表 11-1　模块和设备的诊断符号

符号	含义
	正在建立到 CPU 的连接
	无法通过所设置的地址访问 CPU
	组态的 CPU 和实际 CPU 型号不兼容。例如：现有的 CPU 315-2 DP 与组态的 CPU 1516-3 PN/DP 不兼容
	在建立与受保护 CPU 的在线连接时，未指定正确密码而导致密码对话框终止
	无故障
	需要维护
	要求维护
	错误
	模块或设备被禁用
	无法从 CPU 访问模块或设备（这里是指 CPU 下面的模块和设备）
	由于当前的在线组态数据与离线组态数据不同，因此诊断数据不可用
	组态的模块或设备与实际的模块或设备不兼容（这里是指 CPU 下面的模块或设备）
	已组态的模块不支持显示诊断状态（这里是指 CPU 下的模块）

续表

符号	含义
	连接已建立，但是模块状态尚未确定或未知
	下位组件中的硬件错误：至少一个下位硬件组件发生硬件故障（在项目树中仅显示为一个单独的符号）

表 11-2　进行状态比较的符号

符号	含义
	下位组件中的硬件错误：在线和离线版本至少在一个下位硬件组件中不同（仅在项目树中）
	下位组件中的软件错误：在线和离线版本至少在一个下位软件组件中不同（仅在项目树中）
	对象的在线和离线版本不同
	对象仅在线存在
	对象仅离线存在
	对象的在线和离线版本相同

（5）报警显示功能

监视窗口的“诊断”选项卡中包含与诊断事件和已组态报警事件等有关的信息。该选项卡有“设备信息”、“连接信息”和“报警显示”3个子选项卡。“设备信息”子选项卡中显示当前或之前建立在线连接的故障设备信息。“连接信息”子选项卡中显示连接的详细诊断信息。“报警显示”选项卡中显示系统诊断报警。

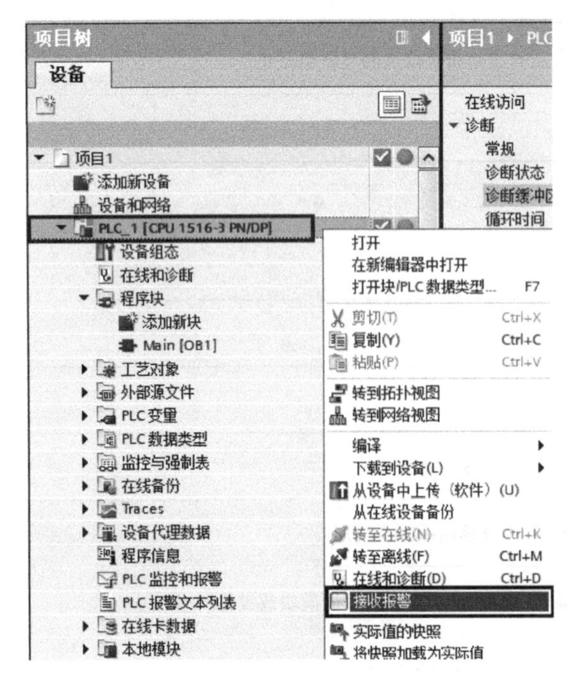

图 11-11　接收报警设置

要在 Portal 软件中接收报警，需要激活 CPU 的“接收报警”功能。在项目树中选择所需接收报警的 CPU，选择快捷菜单命令“转至在线”，在线连接相应的 CPU；再在项目树中重新选择所需的 CPU，然后选择快捷菜单命令“接收报警”，如图 11-11 所示。或者在“报警显示”选项卡的接收报警中选择相应的 PLC 进行设置，如图 11-12 所示。

此时，将在“报警显示”子选项卡中显示报警信息。在“报警显示”子选项卡的工具条中单击“当前报警”工具，显示最新的报警信息。

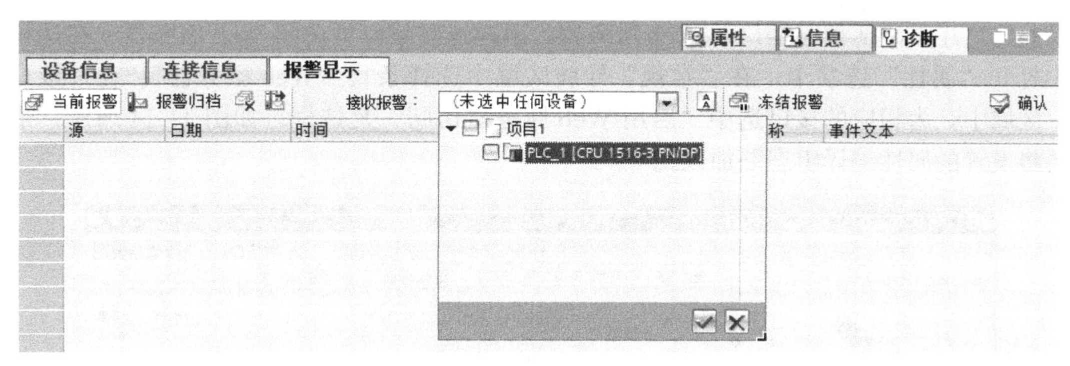

图 11-12　“报警显示”选项卡

11.5.3　通过 Web 服务器进行诊断故障

SIMATIC 系列的 CPU 中集成有一个 Web 服务器，可通过 PROFINET 显示系统诊断信息。在任何终端设备（如 PC 或智能手机）中，均可通过 Internet 浏览器访问 CPU 中的模块数据、用户程序数据和诊断数据。因此在访问 CPU 时可以无需安装博途 STEP 7。要实现基于 Web 服务器的网页访问，需要对访问的 CPU 进行组态参数设置。

（1）组态 Web 服务器

新建并打开项目，在“设备组态”界面中，选中 CPU，查看监视窗口的“属性”选项卡，在“常规”区域中，选择“Web 服务器”，勾选右边窗口的复选框“启用该接口访问 Web 服务器”，并勾选“仅允许通过 HTTPs 访问”和“启用自动更新”，“更新间隔”采用默认的 10s，如图 11-13 所示。

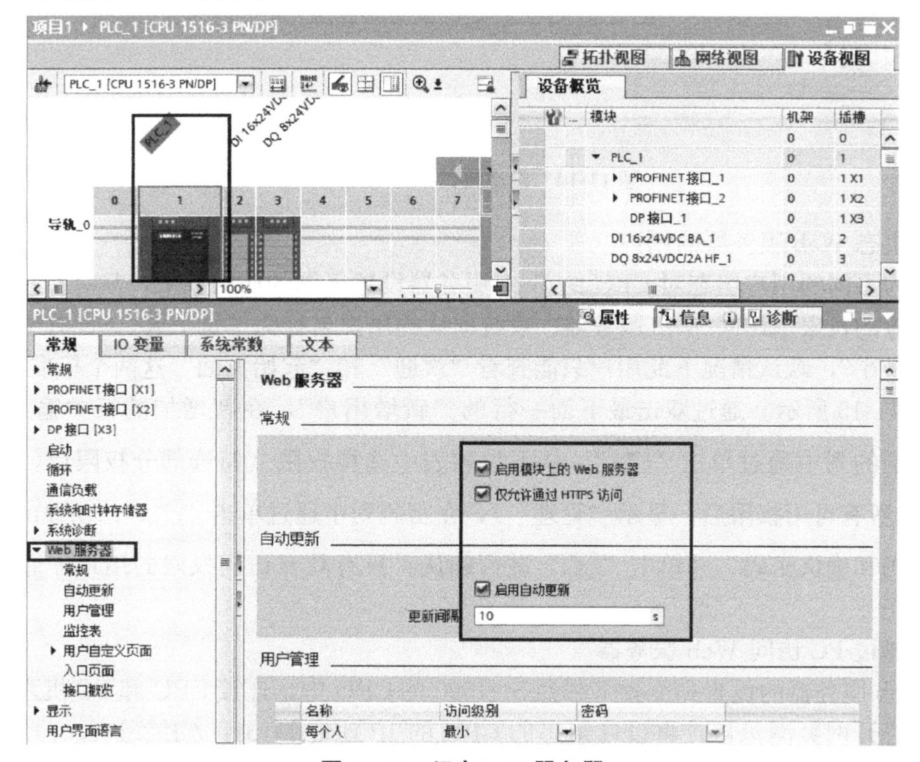

图 11-13　组态 Web 服务器

此外，还需激活相应接口的 Web 服务器，通过这些接口可访问 Web 服务器。在巡视窗口中打开“属性”选项卡，在“常规”导航区域中选择条目“Web 服务器”。在“接口概览”区域中，为相应的接口选中“启用 Web 服务器访问”复选框，如图 11-14 所示。最后需要将设置的属性编译组态并加载到 CPU 中。

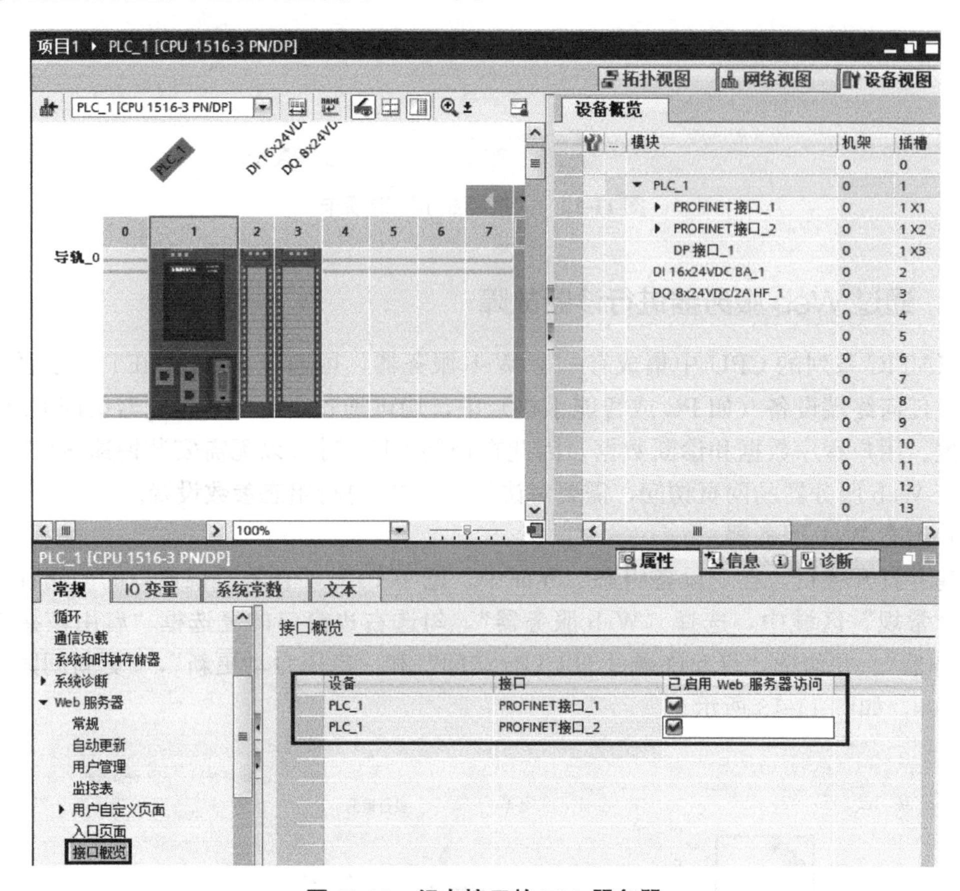

图 11-14　组态接口的 Web 服务器

（2）组态 Web 服务器的用户

可以为不同的用户组态对 CPU 的 Web 服务器设置不同的访问权限，只有授权的用户才可以以相应的权限来访问 Web 服务器。系统默认的用户名称为“每个人”，没有密码，访问级别为“最小”，默认情况下此用户只能查看“欢迎”和“起始页面”这两个标准的 Web 页面，如图 11-15 所示。通过双击最下面一行的“新增用户”，在新增加的行中输入用户名；在访问级别的列中通过单击“▼”，从下拉列表中选择权限（勾选部分权限后，显示“受限”；勾选所有可用权限后，显示“管理”），在密码列中通过单击“▼”，在弹出的对话框中输入密码和确认密码，并单击“✓”进行确认。只有具有访问权限的用户才能访问这些选项。

（3）通过 PC 访问 Web 服务器

将 Web 服务器的设置和配置下载到 S7-1500 的 CPU 中，连接 CPU 和 PC 机之间的以太网接口，打开网页浏览器，将设计组态的 CPU 的 IP 地址 https：//192.168.0.1/输入到浏览器的地址栏中，就可以通过网页访问 S7-1500 内置的 Web 服务器。配置的 S7-1500 PLC

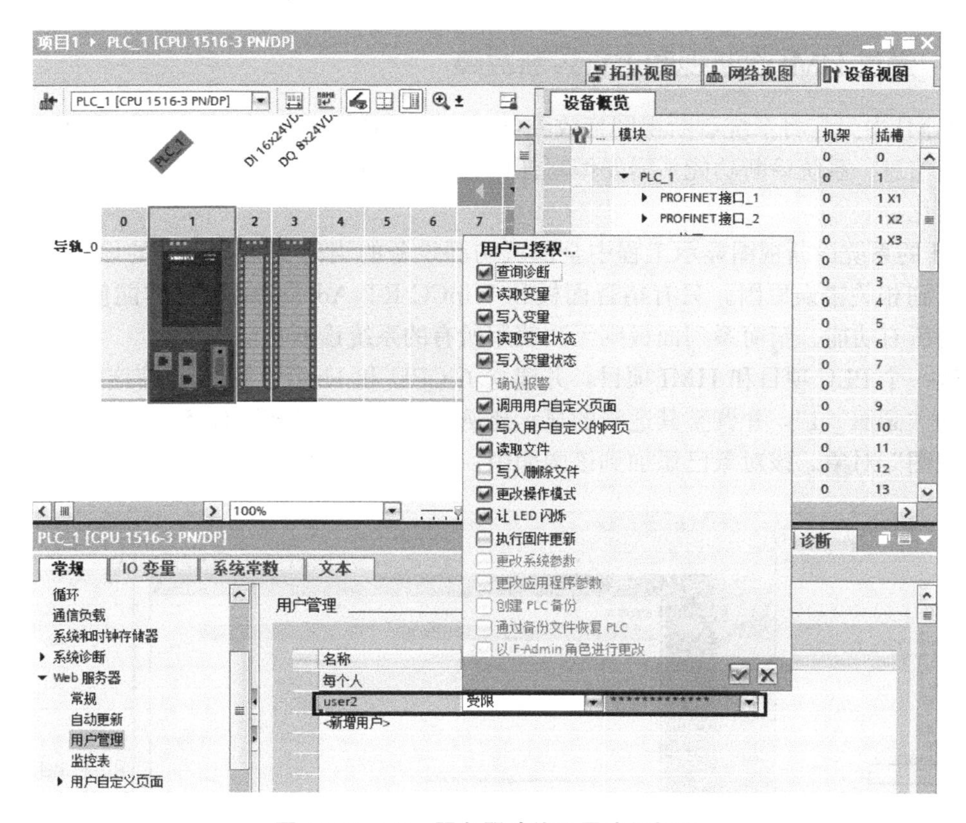

图 11-15　Web 服务器功能设置访问权限

和 PC 机应具有相同的子网。如图 11-16 所示为 Web 服务器的起始页面。“诊断缓冲区”页面显示诊断事件，可以选择要显示的条目数，如果选中某个条目，则页面底部显示该条目的详细信息。

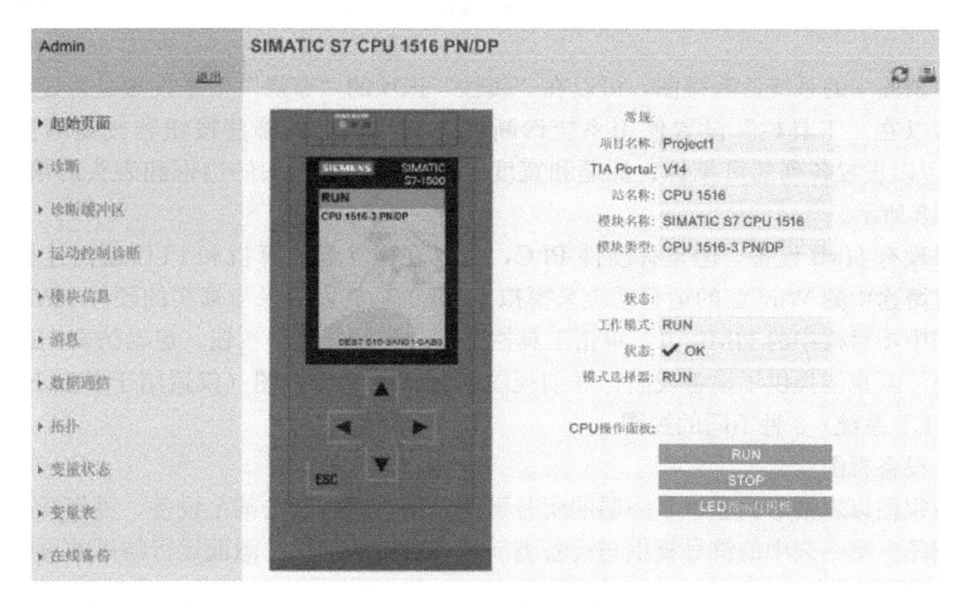

图 11-16　Web 服务器起始页面

11.5.4 通过 HMI 诊断视图进行诊断故障

在 HMI 中只需将系统诊断视图拖放到画面上，其系统运行时就可以用它来显示 PLC 的系统诊断信息。系统诊断功能不需要编写任何程序，PLC 编程和 HMI 组态的工作都得到了极大的简化。

HMI 的系统诊断视图显示工程中全部可访问设备的当前状态和详细的诊断数据。可以直接浏览到相关错误原因。只有精智面板和 WinCC RT Advanced 时，才能使用 HIM 诊断视图中的所有功能。精简系列面板则无法使用所有的系统诊断功能。

新建一个 PLC 项目和 HMI 项目，并建立了 CPU 和 HMI 之间的通信连接，打开 HMI 项目中的“画面_1”，并调整其适当的显示比例。双击“工具箱”任务卡“控件”中的“系统诊断视图”对象。该对象已添加到该画面中，如图 11-17 所示。

图 11-17 添加系统诊断视图

选中画面中的系统诊断视图，可以在“属性”选项的“布局”中来设置是否显示拆分视图。也可以在“工具栏”设置使用系统诊断视图工具栏上的哪些按钮和按钮的样式。在“列”中可以设置各列的可见性、标题和宽度等，以及设置表头的边框和表头的填充样式。如图 11-18 所示。

如果没有 HMI 设备，但是有硬件 PLC，可以在建立起计算机和 PLC 通信连接的情况下，通过博途中的 WinCC 的运行系统来模拟 HMI 的功能，效果与真实的硬件 HMI 基本上相同。选中项目树中的 HMI_1，单击工具栏上的“开始仿真”按钮，启动仿真 HMI。

系统诊断视图提供了设备视图、详细视图和分布式 I/O 视图（仅适用于 PROFIBUS 和 PROFINET 系统）3 种不同的视图。

（1）设备视图

设备视图以表格形式显示某一层的所有可用设备。通过双击某个设备，可打开下位设备或详细视图。第一列中的符号提供与设备当前状态有关的信息。画面运行结果的设备视图如图 11-19 所示。图中按钮 代表打开设备视图， 代表打开下位设备或详细视图（如果没有下位设备）， 代表打开上位设备或设备视图（如果没有上位设备）。

图 11-18　“系统诊断视图”的属性设置

图 11-19　画面运行结果的设备视图

单击[按钮图标]按钮可以打开如图 11-20 所示的诊断缓冲区视图。双击视图中的某个事件，将显示该事件的详细信息和错误可能的原因，如图 11-21 所示。

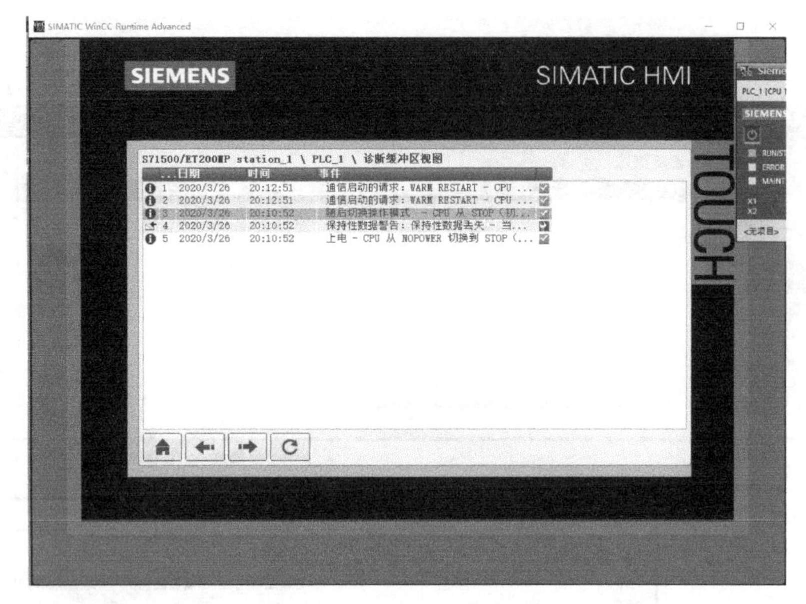

图 11-20　诊断缓冲区视图

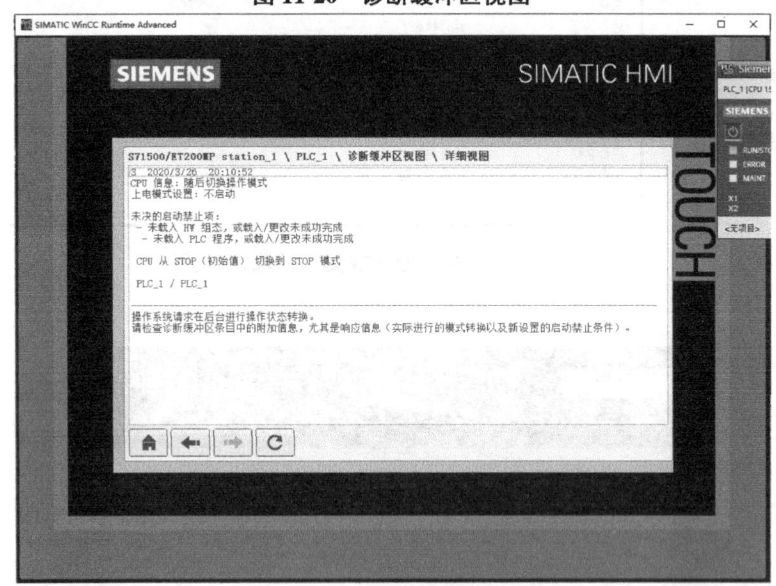

图 11-21　诊断缓冲区详细视图

同时在 Portal STEP7 打开系统的“在线和诊断”，如图 11-22 可知，通过 HMI 读取的诊断信息和在 Portal STEP7 获取的信息是一致的。

（2）详细视图

详细视图显示有关所选设备和任何未决错误的详细信息。在详细视图中检查数据是否正确。通过双击图 11-23 的某个设备，比如“DI 16×24VDC BA _ 1”，或者选中“DI 16×24VDC BA _ 1”，单击 ➡ 按钮，可以打开“DI 16×24VDC BA _ 1”的详细视图。

（3）分布式 I/O 视图

分布式 I/O 视图仅仅适用于分布式的 I/O 系统。在分布式 I/O 视图中，可以显示 PROFIBUS/PROFINET 子网中的设备状态。在该视图中，每个元素都将显示设备名称、设备类型和 IP 地址或 PROFIBUS 地址。

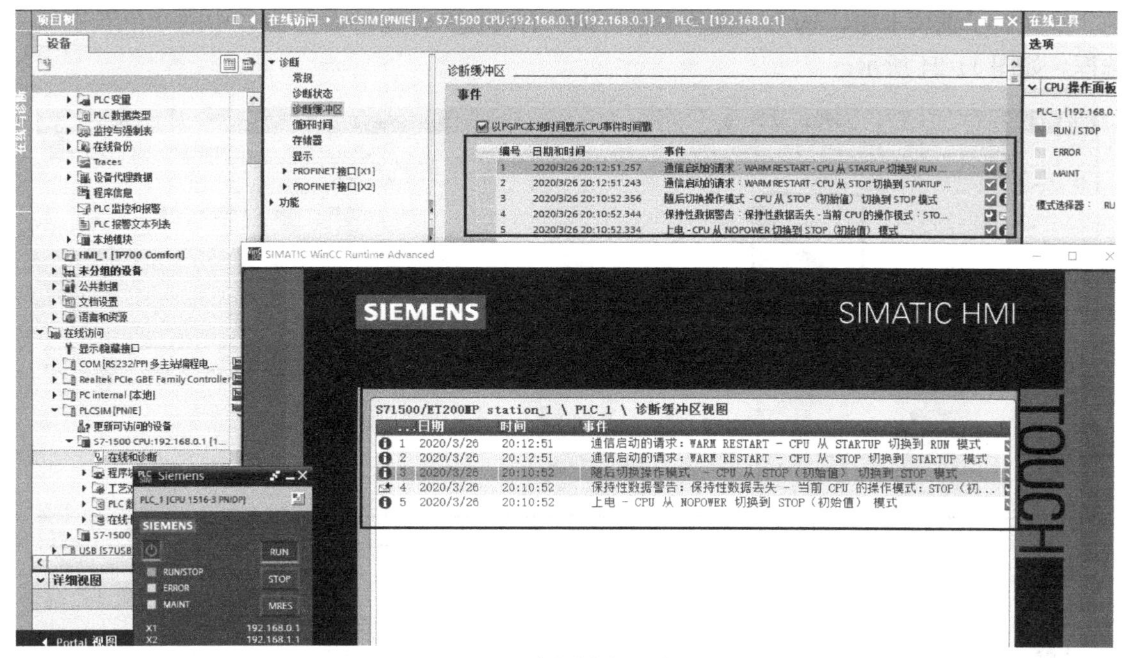

图 11-22　诊断缓冲区对比图

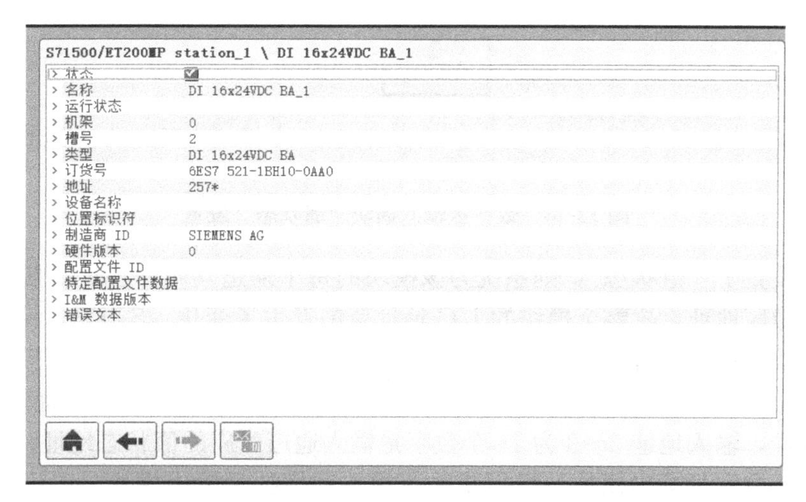

图 11-23　“DI 16×24VDC BA _ 1”的详细视图

11.5.5　通过过程映像输入进行系统诊断

除了事件驱动型系统诊断之外，SIMATIC 系列的一些输入和输出模块也可通过过程映像输入提供诊断信息。为了在发生故障时正确地处理输入和输出数据，某些模块使用值状态（QI，Quality Information）以供程序查询 I/O 数据的有效性从而做出正确的响应。

值状态是指通过过程映像输入（PII）供用户程序使用的 I/O 通道诊断信息，与过程映像输入相关的诊断信息与用户数据同步传输。值状态的每个位均指定给一个通道，并提供有关值有效性的信息（0=值不正确）。

要使用通道值状态时，需要对相应模块属性的“值状态”进行勾选。如果要对组态中央机架的数字量输入模块的通道设置“值状态”，可以在该模块的巡视窗口的“属性”选项卡的“常规”子选项卡中，选中“模块参数”的“DI 组态”，勾选右边窗口中的“值状态”复选框，如图 11-24 所示。

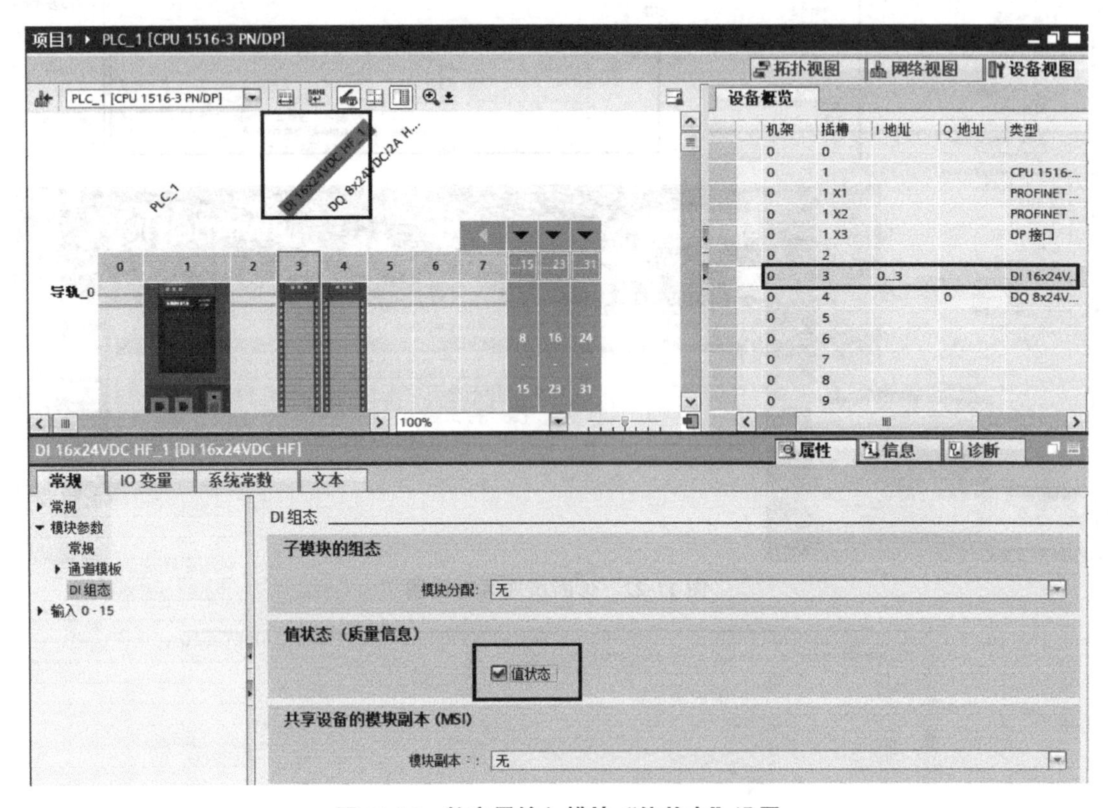

图 11-24 数字量输入模块“值状态”设置

注意：当设置了“值状态”，则系统为该模块的每个通道均唯一性地分配值状态位，占用输入过程映像区地址，故整个模块的 I/O 地址范围发生了变化。STEP 7 将自动地为值状态分配附加的输入地址。对于输入模块，STEP 7 直接在用户数据后面分配输入地址；对于输出模块，将分配下一个可用的输入地址。对于图 11-22 所示，其中输入地址 0～1 为数字量输入通道地址，输入地址 2～3 为 16 个数字量输入通道对应的值状态地址。

同理，对于数字量输出模块、模拟量输入模块和模拟量输出模块，若设置“值状态”，则需在相应模块“属性”选项卡“常规”子选项卡的“模块参数”选项的“DQ 组态”“AI 组态”或“AQ 组态”条目中勾选相应的“值状态”选项。

对 I/O 模块设置为值状态后，可以通过程序访问模块通道的值状态，并进行相应的响应处理。

 项目训练十 物流线仓库库存控制系统设计

一、训练目的

(1) 了解 PLC 控制系统典型的应用设计。

(2) 熟练掌握 HMI 的组态设计方法。

(3) 掌握 PLC 与触摸屏联合实现人机交互现场控制的设计方法。

(4) 掌握系统的调试和诊断方法，能够解决控制系统设计中的问题。

二、项目介绍

仓库的自动化管理在整个物流系统中至关重要，可以通过 PLC 和 HMI 实现物流仓库库存的显示。假设一物流线有可以存放 100 件包裹的临时仓库区，包裹的入库、出库通过两条传送带运输，传送带 1 将包裹运送至临时仓库，传送带 1 靠近仓库一侧安装的光电传感器 1 确定有多少包裹运送至仓库区。传送带 2 将仓库区中的包裹运送至货场，卡车从此处取走包裹并发送给用户。传送带 2 靠近仓库一侧安装的光电传感器 2 确定有多少包裹运送至货场。库存状态由一块显示面板指示，面板上有五个指示灯，分别显示“仓库区空”、“仓库区不空”、“仓库区装入 50%”、“仓库区装入 90%”和“仓库区满”五种库存状态。如图 11-25 为该控制系统的示意图。

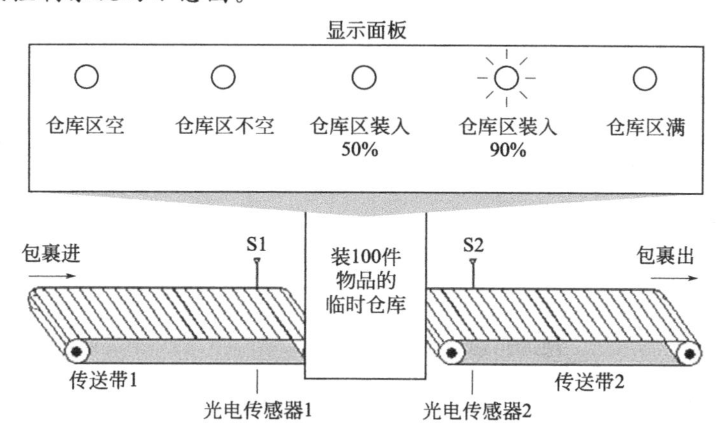

图 11-25 仓库库存控制系统示意图

三、项目实施步骤

(1) 完成 HMI 和 PLC 以及之间的硬件接线。

(2) 完成 PLC 控制程序的编写和调试。

根据物流线仓库库存控制系统的控制要求，确定系统所需的输入/输出设备，系统 I/O 分配，如表 11-3 所示。

表 11-3 仓库库存控制系统 I/O 分配表

输入		输出	
地址	说明	地址	说明
I0.0	仓库入库传感器 S1	Q0.0	“仓库区空”指示
I0.1	仓库出库传感器 S2	Q0.1	“仓库区不空”指示
I0.2	复位按钮	Q0.2	“仓库区装入 50%”指示
		Q0.3	“仓库区装入 90%”指示
		Q0.4	“仓库区满”指示

根据仓库库存系统的控制工艺，清空库存之后，当一个包裹由传送带 1 送入，入库光电传感器 S1 发出一个脉冲用于计数；而当一个包裹由传送带 2 送出，出库光电传感器 S2 发出一个脉冲同样用于计数。根据入库数和出库数即可计算出包裹库存数。

根据控制逻辑分析，控制程序可以采用线性化编程方式编写。系统的程序如图 11-26 所示。

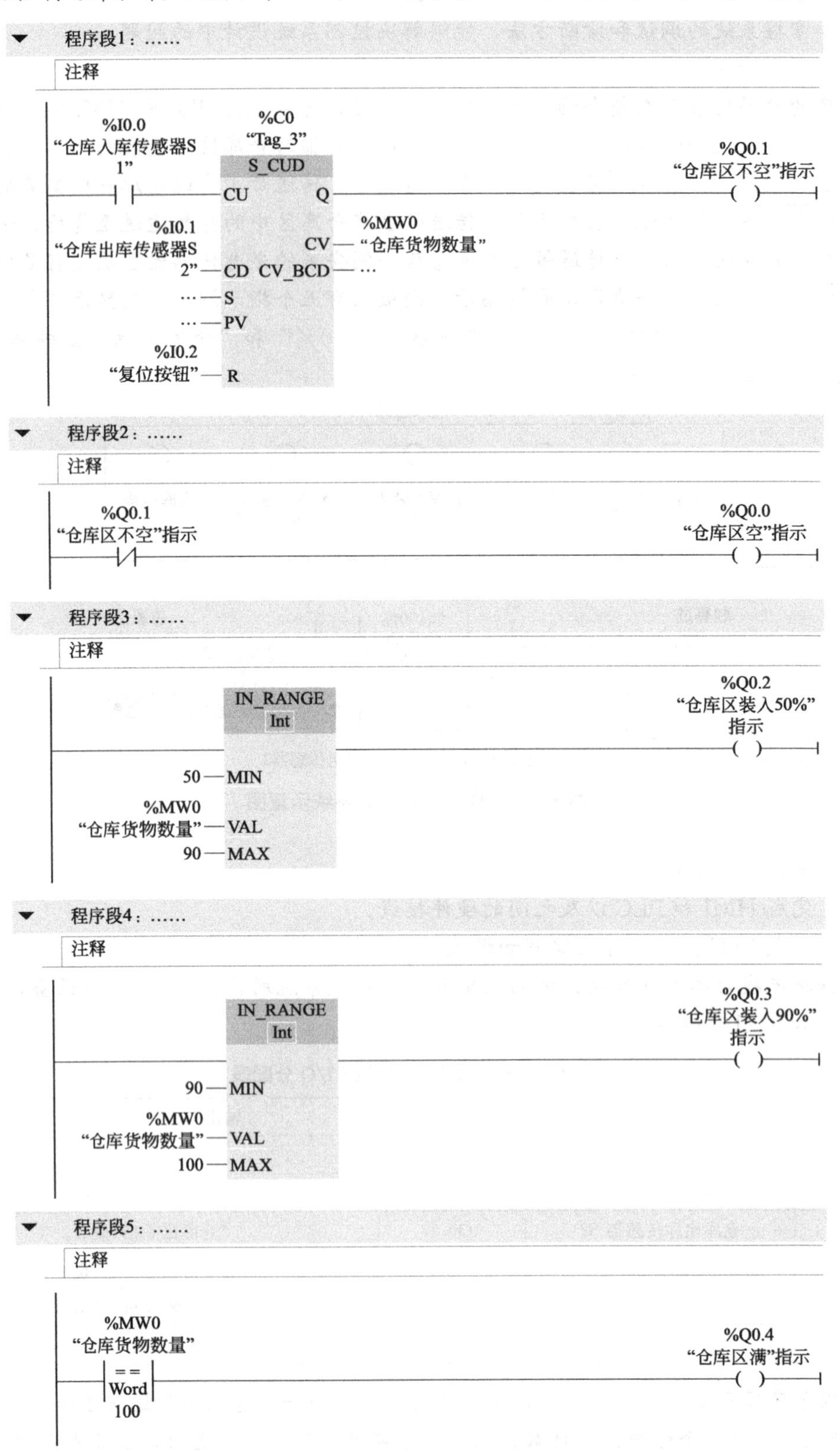

图 11-26 仓库库存控制系统程序

(3) 根据仓库库存控制系统的功能，完成触摸屏画面的设计与组态。

(4) 将用户程序、设备组态、HMI 画面组态分别下载到 CPU 中，并连接好线路，完成系统的故障诊断和测试，来验证调试现象和系统的控制要求是否一致。

参考文献

[1]刘忠超．西门子 S7-300 PLC 编程入门及工程实践．北京：化学工业出版社，2015.
[2] 刘忠超．电气控制与可编程自动化控制器应用技术．西安：西安电子科技大学出版社，2016.
[3] 刘忠超．组态软件实用技术教程．西安：西安电子科技大学出版社，2016.
[4] 刘忠超．西门子 S7-300/400 PLC 编程入门及工程实例．北京：化学工业出版社，2019.
[5] 刘华波，刘丹，赵岩岭，马艳．西门子 S7-1200 PLC 编程与应用．北京：机械工业出版社，2011.
[6] 张硕．TIA 博途软件与 S7-1200/1500 PLC 应用详解．北京：电子工业出版社，2017.
[7] 刘长青．S7-1500 PLC 项目设计与实践．北京：机械工业出版社，2017.
[8] 王淑芳．电气控制与 S7-1200 PLC 应用技术．北京：机械工业出版社，2017.
[9] 廖常初．S7-1200/1500 PLC 应用技术．北京：机械工业出版社，2019.
[10] 崔坚．SIMATIC S7-1500 与 TIA 博途软使用指南．北京：机械工业出版社，2017.